国家科学技术学术著作出版基金资助出版

金属塑性变形多尺度模拟

江树勇 著

科学出版社

北京

内 容 简 介

本书是一本关于金属塑性变形多尺度模拟的学术专著，体现了该领域的最新研究进展。本书以金属材料的塑性变形为主线，基于宏观尺度、介观尺度、微观尺度、纳观尺度和原子尺度，采用多尺度模拟手段深入阐述了金属塑性变形的物理本质。本书多尺度模拟的内容包括金属塑性变形宏观有限元模拟、金属塑性变形晶体塑性有限元模拟、金属塑性变形动态再结晶元胞自动机模拟、金属塑性变形离散位错动力学模拟、金属塑性变形分子动力学模拟和金属塑性变形第一性原理模拟。本书注重经典理论与现代模拟技术的结合，注重多学科之间的交叉与融通，旨在建立一个较为完备的金属塑性变形理论知识体系。

本书可供金属塑性加工、金属材料科学、计算材料科学、固体力学、凝聚态物理学等相关领域的研究人员阅读和参考，也可用作高等院校相关专业师生参考书。

图书在版编目(CIP)数据

金属塑性变形多尺度模拟 / 江树勇著. —北京：科学出版社，2022.6

ISBN 978-7-03-071120-5

Ⅰ. ①金… Ⅱ. ①江… Ⅲ. ①金属压力加工-塑性变形-计算机模拟 Ⅳ. ①TG301-39

中国版本图书馆 CIP 数据核字（2021）第 270554 号

责任编辑：张 震 韩海童 / 责任校对：樊雅琼
责任印制：吴兆东 / 封面设计：无极书装

科学出版社 出版
北京东黄城根北街 16 号
邮政编码：100717
http://www.sciencep.com

北京中科印刷有限公司 印刷
科学出版社发行 各地新华书店经销
*
2022 年 6 月第 一 版 开本：720×1000 1/16
2024 年 2 月第三次印刷 印张：29
字数：585 000

定价：198.00 元

（如有印装质量问题，我社负责调换）

前　言

金属塑性加工在国民经济发展中占有重要地位，金属塑性变形机制是金属塑性加工的重要理论基础。随着科学技术的迅速发展，学科交叉与繁荣日益突显，学科交叉不仅能促进各分支学科的发展，而且还能有利于发现新的学科生长点。本书就是作者基于这样一种理念，经过多年的学习、研究和积累，汇集了国内外最新科学研究成果，同时融入了部分原创性工作，最终撰写而成。本书以金属材料的塑性变形为主线，从宏观尺度、介观尺度、微观尺度、纳观尺度和原子尺度等多尺度视角为切入点，基于宏观有限元模拟技术、晶体塑性有限元模拟技术、元胞自动机模拟技术、离散位错动力学模拟技术、分子动力学模拟技术和第一性原理模拟技术，深入阐述了金属塑性变形的物理本质，建立了一个较为完备的金属塑性变形理论知识体系，呈现出了一个丰富多彩的金属塑性变形世界，力求给读者描绘出一幅关于金属塑性变形多尺度模拟的全景画面。本书涵盖了机械制造科学、材料科学、固体力学、量子力学和计算科学的交叉内容，体现了经典科学理论与现代分析方法的融合。

本书共 10 章，外加 2 个附录。第 1 章为金属中的位错、层错与孪晶，重点介绍了位错、层错与孪晶的基本定义及形成机制，阐明了位错、层错与孪晶之间的相互关系，为后续章节分析金属塑性变形机制提供组织结构基础。第 2 章为金属塑性变形的物理本质，重点介绍了金属塑性变形的位错滑移机制、位错攀移机制、不全位错的运动以及变形孪生机制，给出了基本滑移系和独立滑移系的概念，为后续章节基于多尺度分析金属塑性变形机制提供理论基础。第 3 章为金属多晶体的塑性变形，重点介绍了晶界在多晶体塑性变形中的角色以及金属多晶体塑性变形的变形织构，从晶界的几何特点、位错结构和原子排列描述了晶界的基本特征，在数学上描述了晶界变形、晶界滑动和晶界迁移，介绍了金属晶体塑性变形织构的基本定义与基本分类以及变形织构的统计描述方法。第 4 章为金属塑性变形宏观本构行为，首先介绍了应力张量理论基础和应变张量理论基础，给出了应力张量和应变张量涉及的基本概念，介绍了 Tresca（特雷斯卡）屈服准则和 Mises（米泽斯）屈服准则，基于塑性流动基本假设和一致性条件，描述了各向同性硬化、随动硬化和混合硬化材料的本构行为，同时也涉及了弹性、刚塑性、弹塑性和黏塑性本构行为。第 5 章为金属塑性变形宏观有限元模拟，介绍了刚塑性/刚黏塑性有限元变分原理、求解步骤及其关键问题的处理，最后针对旋压和锻造工艺，结合作者的研究工作，列举了金属塑性成形刚塑性和刚黏塑性有限元模拟案例。第6章为金属塑性变形晶体塑性有限元模拟，介绍了连续介质变形理论，从数学上描述了变形梯度、速度梯度、Cauchy-Green 应变张量、Almansi 应变张量、Green-Lagrange 应变张量、第一 Piola-Kirchhoff 应力张量、第二 Piola-Kirchhoff 应力张量和 Kirchhoff 应力张量的基本概念，介绍了唯像晶体塑性本构模型、基于位错密度的晶体塑性本构模型和基于孪晶密度的晶体塑性本构模型，阐述了晶体塑性有限元模拟的均匀化问题，最后列举了几个典型金属塑性变形晶体塑性有限元模拟的应用案例。第 7 章为金属塑性变形动态再结晶元胞自动机模拟，首先介绍了金属塑性变形动态再结晶理论基础，描述了元胞自动机模拟的基本原理，然后给出了金属塑性变形非连续动态再结晶的元胞自动机模拟案例。第 8 章为金属塑性变形离散位错动力学模拟，首先介绍了位错力学基础，具体涉及位错应力场、位错应变能、Peierls-Nabarro 力、位错之间的作用力、镜像力、Peach-Koehler 力和位错线张力，然后介绍了金属塑性变形离散位错动力学的理论基础，最后列举了一些金属塑性变形离散位错动力学模拟的应用案例。第 9 章为金属塑性变形分子动力学模拟，首先介绍了金属塑性变形分子动力学模拟理论基础，阐述了分子动力学模拟基本思想与方法，然后基于作者的研究工作，列举了多个金属塑性变形分子动力学模拟的应用案例。第 10 章为金属塑性变形第一性原理模拟，首先介绍了金属电子结构理论基础和第一性原理模拟理论基础，涉及金属多粒子体系的 Schrödinger 方程、Born-Oppenheimer 近似、Hartree-Fock 方程、Hohenberg-Kohn 定理和 Khon-Sham 方程，接着描述了求解相关方程的赝势平面波法、缀加平面波法、线性缀加平面波法和投影缀加平面波法，最后列举了几个金属塑性变形第一性原理模拟的应用案例。附录 A 为张量简介，具体内容涉及指标符号、向量简介、张量的定义、张量代数、常用的二阶张量、张量的分解和张量的微积分；附录 B 对狄拉克符号进行了简要介绍。

作者非常感谢哈尔滨工程大学张艳秋副教授所付出的辛苦工作，尤其是第 5 章的锻件成形有限元模拟案例，主要来自她的工作。我们一路走来，披星戴月，风雨同舟，攻坚克难，虽倍感艰辛，但志同道合，从未放弃，对未来永远充满希望，这源于我们对生活的热爱，对于学术的追求，对于科研的兴趣，更源于对理想和信仰的坚持，“不畏浮云遮望眼，自缘身在最高层”。在本书撰写过程中，博士研究生王宇、闫丙尧、于俊博、孙冬、王满和硕士研究生王哲、薛天祥、张道瑞、余伟强、李振宇在文献检索、绘图和公式录入方面做了许多工作，在此表示感谢。本书是目前国内外较为全面的一本介绍金属塑性变形多尺度模拟的书籍，作者在编写过程中进行了一些崭新的尝试，融入了一些新颖的学术思想。希望本书的出版能够对读者起到抛砖引玉的作用。为了保证本书知识体系的完整性和逻辑性，也为了学术的传播和传承，在撰写此书过程中，作者参考了一些国内外经典学术著作和高水平学术论文，并将其列入了各章后的参考文献，在此向这些文献作者表示深深的敬意和感谢。

在撰写此书过程中，作者力求做到淡泊宁静与心无旁骛，不敢存急功近利之心，不敢有哗众取宠之嫌，不敢行草率马虎之风，不敢露疏忽懈怠之意，但由于知识水平有限，不妥之处在所难免，敬请广大读者批评指正。

江树勇

2021年9月15日于太原

目 录

第 1 章　金属中的位错、层错与孪晶

1.1　理想金属晶体结构理论基础

1.1.1　金属晶体的正空间及原胞

1. 晶体结构的周期性

金属晶体是由大量原子组成的，不同金属晶体原子在空间中的排列方式和顺序是不同的，通常把原子在空间中的排列称为金属晶体结构。一般来说，金属晶体最基本的特征是原子的排列呈周期性。为了描述金属晶体的这种高度有序结构，可以选择一个合适的结构单元，然后可以将整个晶体结构看作由这种结构单元在三维空间中的周期性重复排列而组成的，它们之间既没有间隙又没有重叠。这样，便可以用这种周期性重复的结构单元来描述金属晶体的结构特征[1-3]。图 1.1 为金属晶体周期性结构的形成方式。在理想情况下，金属晶体是由空间中重复排列的相同原子团组成的，这些原子团被称为基元（basis）。如果将这些基元抽象成一个个几何点，则这些几何点的集合就称为晶格或点阵（lattice）。Bravais（布拉维）晶格是由基元在空间中的周期性重复排列形成的。晶体结构只能通过在每个晶格点上以同样的方式放置基元来得到。晶体结构是基元与 Bravais 晶格结合的结果，它们之间的关系可以简单描述为：基元+Bravais 晶格=晶体结构。将图 1.1（b）的基元放置在图 1.1（a）中晶格的每个格点上，通过观察图 1.1（c）中的可辨识基元，便可抽象出空间格点。一个基元可以由一个或多个原子组成，但其所包含的原子不能是等价的。如果有等价原子，则它就还可以进一步拆分为更小的单元，这是划分基元的必要条件。晶体的成分特征主要通过基元中原子的数量、种类和空间分布等情况体现出来。Bravais 晶格则主要反映了晶体结构的周期性。在 Bravais 晶格中，每个格点在几何上都是等价的，这是确定晶体是否属于 Bravais 晶格的标准。

Bravais 晶格中的原子排列非常有规律，如图 1.2 所示。以任意点为原点，沿三个非共面方向与最近的晶格点相连得到矢量 $\boldsymbol{a}_1$、$\boldsymbol{a}_2$ 和 $\boldsymbol{a}_3$。这些矢量的长度即为该方向上晶格点的周期，则任一点的位置矢量 $\boldsymbol{R}$ 可以表示为

$$\boldsymbol{R} = n_1\boldsymbol{a}_1 + n_2\boldsymbol{a}_2 + n_3\boldsymbol{a}_3 \tag{1.1}$$

式中，n_1、n_2和n_3为任意整数；$\boldsymbol{a}_1$、$\boldsymbol{a}_2$和$\boldsymbol{a}_3$为初基平移矢量（primitive translation vector），简称为基矢。显然，连接任意两个晶格点的矢量均具有式（1.1）的形式，即从任一晶格点开始，平移 $\boldsymbol{R}$ 矢量后一定会得到另一个晶格点，所以也将 $\boldsymbol{R}$ 称为晶格平移矢量。矢量 $\boldsymbol{R}$ 的端点即为晶格点，所以由晶格平移矢量 $\boldsymbol{R}$ 确定的晶格即为 Bravais 晶格。

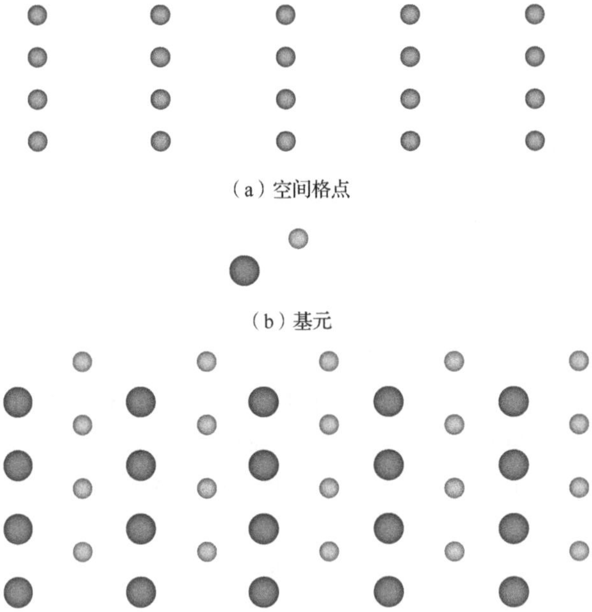

（a）空间格点

（b）基元

（c）晶体结构

图 1.1　金属晶体周期性结构的形成方式

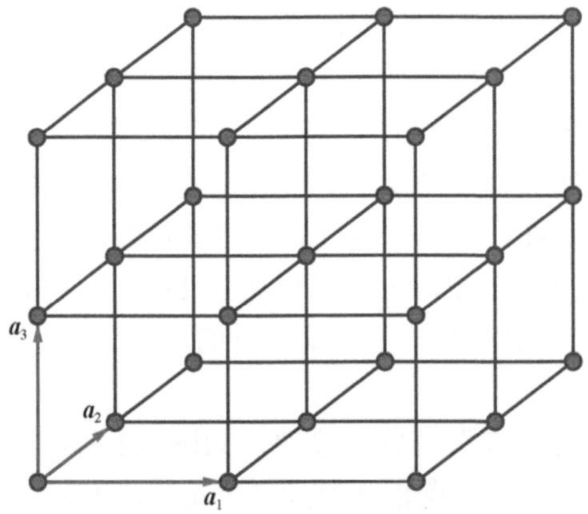

图 1.2　晶格基矢示意图

基矢$\boldsymbol{a}_1$、$\boldsymbol{a}_2$和$\boldsymbol{a}_3$的选取并不唯一。为了直观起见，图 1.3 给出了基矢选取的二维例子，其中$\boldsymbol{a}_1$和$\boldsymbol{a}_2$的选取方法均满足基矢的要求，所组成的$\boldsymbol{R}=n_1\boldsymbol{a}_1+n_2\boldsymbol{a}_2+n_3\boldsymbol{a}_3$得到的结果也完全相同。

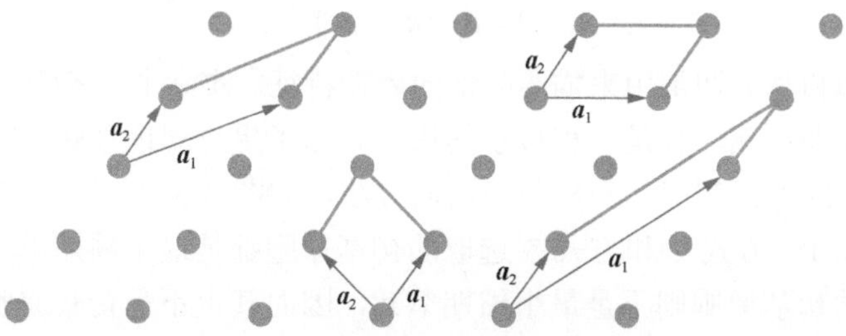

图 1.3　基矢的不同选取方法

2. 原胞

1）初基原胞

由于原子排列的周期性，每个晶格点在空间中占的体积均相同，设这个体积为Ω。如图 1.4 所示，如果以O为晶格原点，总可以找到沿三个非共面的方向与原点O相连的格点A、B和C以及沿三个方向的基矢$\boldsymbol{a}_1$、$\boldsymbol{a}_2$和$\boldsymbol{a}_3$，如果这三个基矢组成的平行六面体沿这三个方向作周期性平移，则它们必定能填满整个空间，

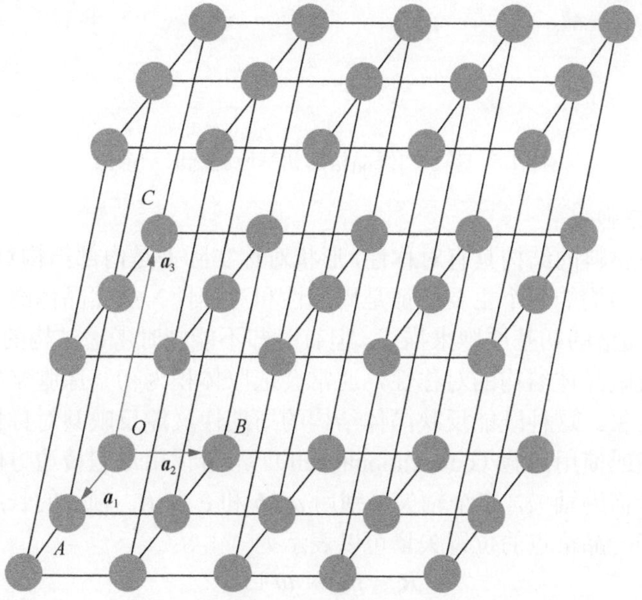

图 1.4　初基原胞与基矢

通常将这个平行六面体称为 Bravais 晶格的初基原胞或初基晶胞（primitive cell），将 $\boldsymbol{a}_1$、$\boldsymbol{a}_2$ 和 $\boldsymbol{a}_3$ 称为该初基原胞的基矢。选取初基原胞的必要条件是其结构只能包含一个格点。这个初基原胞的体积为

$$\Omega = \boldsymbol{a}_1 \cdot \left(\boldsymbol{a}_2 \times \boldsymbol{a}_3\right) \tag{1.2}$$

初基原胞和基矢通常用来描述晶格的周期特征。实际上，初基原胞就是具有最小晶格的周期单元，也是体积最小的原胞。为了更直观地理解初基原胞，可以采用二维晶格的方式阐明初基原胞的选取方法，如图 1.5 所示。从该图中可以看出，通过方式 1、方式 2 和方式 3 选取的初基原胞都是最小周期单元，而通过方式 4 所选取的初基原胞则不是最小周期单元，因而其也不是初基原胞。由此可以看出，对于晶格确定的金属晶体，选取初基原胞的方式有很多，原则上只要是最小周期结构单元都可以选取。然而，各种晶体结构均已经有习惯的初基原胞选取方式了。对于给定的晶格结构，无论采用哪种选取方式，其初基原胞中的原子数量都是相同的。

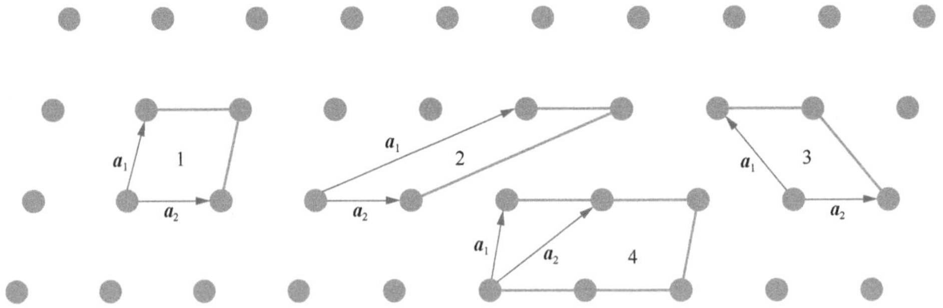

图 1.5　基于二维晶格的初基原胞选取示意图

2）惯用原胞

金属晶体材料的结构具有对称性，形状对称实际上是内部结构对称性的反映，因此金属晶体结构的两个主要特征是周期性和对称性。虽然晶体结构的周期性可以用 Bravais 晶格的初基原胞来描述，但有时却不能同时考虑结构的对称性。为了能够清楚地反映晶体结构的对称性，通常会选取体积为初基原胞整数倍的较大单元作为研究对象。这种既能反映晶体结构的周期性又能反映其对称性的重复单元称为惯用原胞或惯用晶胞（conventional cell）。沿着惯用原胞棱边方向且长度等于其棱长的矢量称为轴矢，三个轴矢分别用 $\boldsymbol{a}$、$\boldsymbol{b}$ 和 $\boldsymbol{c}$ 表示。轴矢的长度称为晶格常数。同样，任一晶格点的位置矢量可以表示为

$$\boldsymbol{R}_n = m\boldsymbol{a} + n\boldsymbol{b} + l\boldsymbol{c} \tag{1.3}$$

式中，m、n 和 l 为有理数。

可以看出，初基原胞是只考虑晶体结构周期性的最小重复单元，而惯用原胞则是同时考虑晶体结构周期性和对称性的最小重复单元。根据对称性不同，有的

Bravais 晶格的初基原胞与惯用原胞是相同的，而有的 Bravais 晶格的初基原胞与惯用原胞则明显不同，但后者的体积一定是前者的整数倍数，这个整数正是惯用原胞中所包含的晶格数。

3）Wigner-Seitz 原胞

选择一个格点为原点，从该原点出发连接所有其他晶格点得到所有连接矢量，并作所有连接矢量的垂直平分面，则这些平面将会在该原点周围形成一个凸多面体，不会再有任何连接矢量的垂直平分面通过该凸多面体。这种凸多面体的重复排列也可以填满整个空间，而且其体积等于一个格点的体积，即初基原胞的体积 Ω，这种凸多面体称为 Wigner-Seitz（维格纳-塞茨）原胞（Wigner-Seitz cell）。Wigner-Seitz 原胞可以显示晶格的对称性并且所选取的单元是最小重复单元，这是选取原胞的另一种方式。同样，为了更直观地理解 Wigner-Seitz 原胞，可以采用二维晶格的形式阐明 Wigner-Seitz 原胞的构成方式，如图 1.6 所示的阴影部分便是二维晶格的 Wigner-Seitz 原胞。可以看出，为了确定 Wigner-Seitz 原胞，实际上只需要从原点向最近邻原子和下一个最近邻原子作连接矢量，然后计算原点附近被其垂直平分面包围的凸多面体的体积是否等于初基原胞体积 Ω，再来确定是否需要更多的连接矢量。

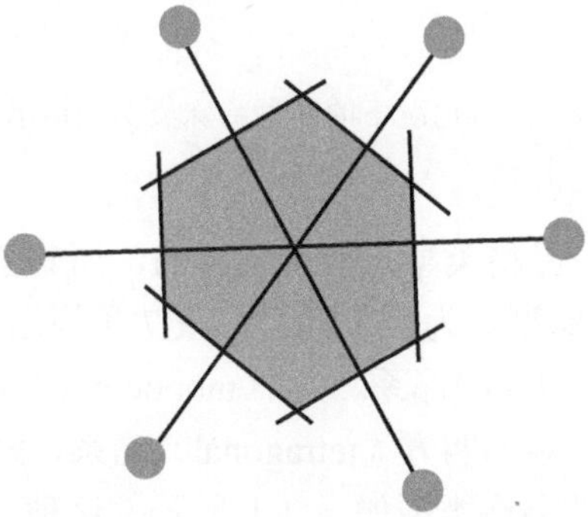

图 1.6　基于二维晶格的 Wigner-Seitz 原胞选取示意图

3. 金属晶格结构类型

1）二维晶格

由图 1.3 可以看出，晶格中初基原胞的基矢 $\boldsymbol{a}_1$ 和 $\boldsymbol{a}_2$ 具有任意性，由它们构成的普通晶格通常称为斜方晶格。斜方晶格只有围绕任一晶格点旋转一个 π 或 2π 时，该晶格才能保持不变。然而，某些特殊的斜方晶格在旋转 2π/ 3、2 π/ 4 和 2 π/6 的角度或进行镜像操作时也会保持晶格不变。如果要构造一个在一种或多种旋转对称操作下不变的晶格，就必须对初基原胞的基矢 $\boldsymbol{a}_1$ 和 $\boldsymbol{a}_2$ 施加一些限定条件。对此有四种不同的限定条件，每一种都能得到所谓的特殊类型晶格。因此，二维

Bravais 晶格有五种不同类型，即一种斜方晶格和四种特殊类型晶格（图 1.7）。图 1.7（a）代表正方晶格，其满足 $a_1=a_2$，且 $\varphi=90°$；图 1.7（b）代表六方晶格，其满足 $a_1=a_2$，且 $\varphi=120°$；图 1.7（c）代表长方晶格，其满足 $a_1\neq a_2$，且 $\varphi=90°$；图 1.7（d）代表有心长方晶格，其满足 $a_1\neq a_2$，且 $\varphi=90°$。

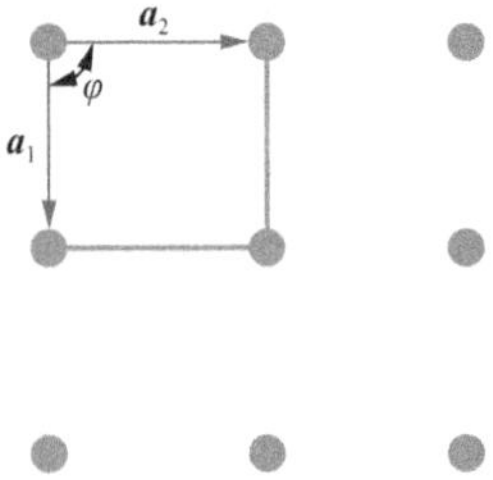

（a）正方晶格

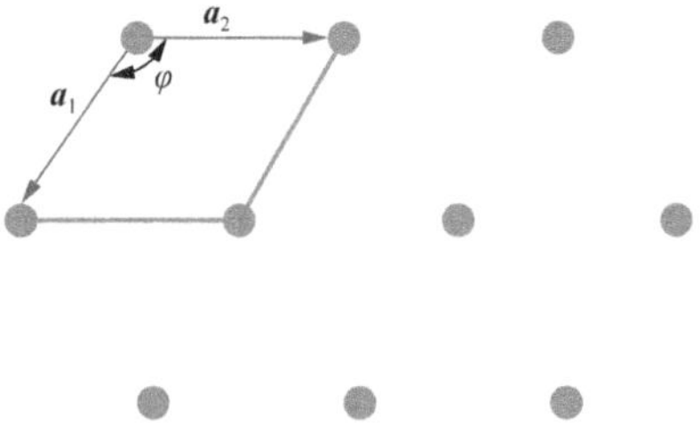

（b）六方晶格

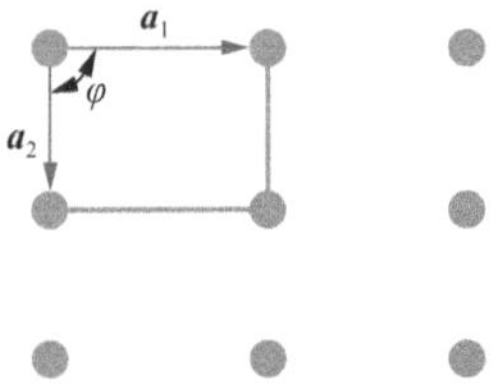

（c）长方晶格

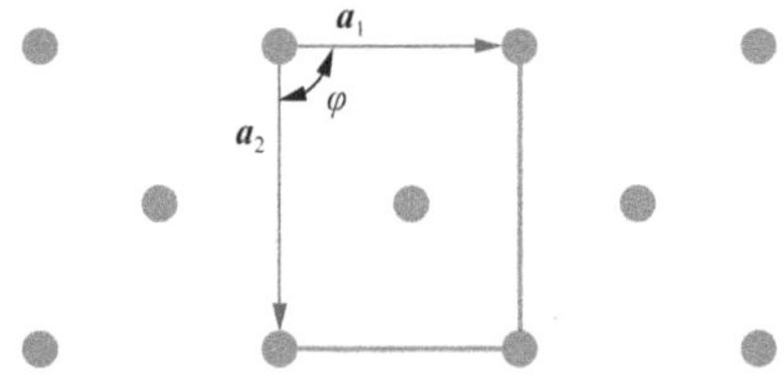

（d）有心长方晶格

图 1.7　二维情况下的四种特殊类型晶格示意图

2）三维晶格

对于三维晶格而言，晶格类型一般是三斜的，而其余的则是特殊类型晶格，一共能构建出 14 种晶格类型。为便于分类，按 7 种惯用原胞将这 14 种晶格类型分为 7 种晶系，即三斜（triclinic）晶系、单斜（monoclinic）晶系、正交（orthorhombic）晶系、三方（trigonal）晶系、四方（tetragonal）晶系、六方（hexagonal）晶系和立方（cubic）晶系，具体晶格类型如表 1.1 所示。这种晶系划分是基于惯用原胞轴矢间的特定关系进行的，如立方晶系的三个轴矢长度相等（$a=b=c$）且相互垂直（$\alpha=\beta=\gamma=90°$）。

表 1.1　7 大晶系 14 种晶格

晶系	轴矢关系	惯用原胞名称	晶格类型
三斜晶系	$a\neq b\neq c$ $\alpha\neq\beta\neq\gamma$	简单三斜	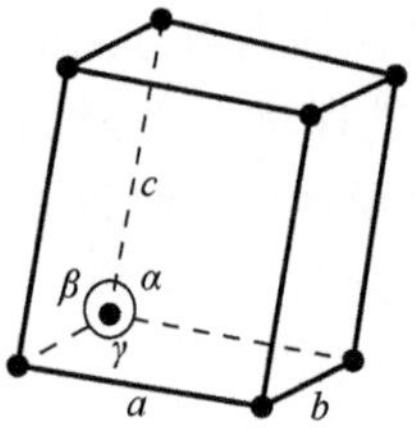

续表

晶系	轴矢关系	惯用原胞名称	晶格类型
单斜晶系	$a \neq b \neq c$ $\alpha = \gamma = 90°$ $\beta > 90°$	简单单斜	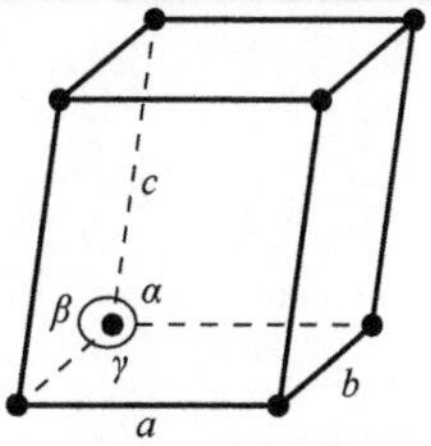
		底心单斜	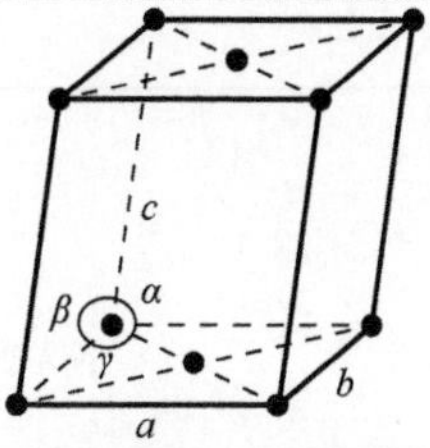
正交晶系	$a \neq b \neq c$ $\alpha = \beta = \gamma = 90°$	简单正交	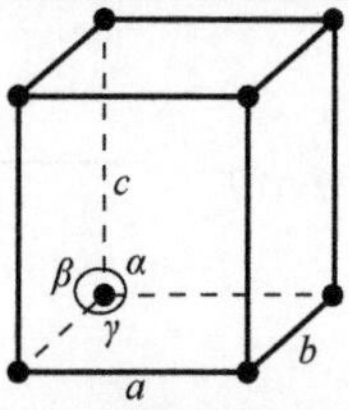
		底心正交	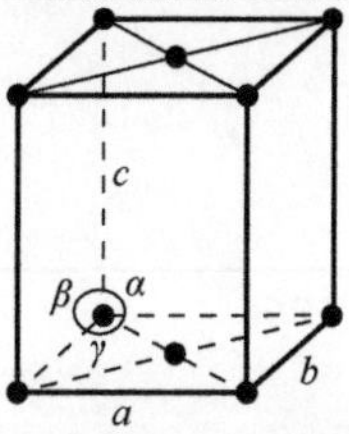
		体心正交	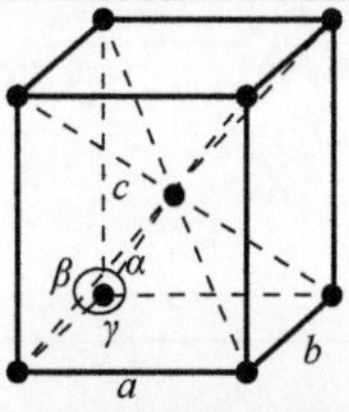
		面心正交	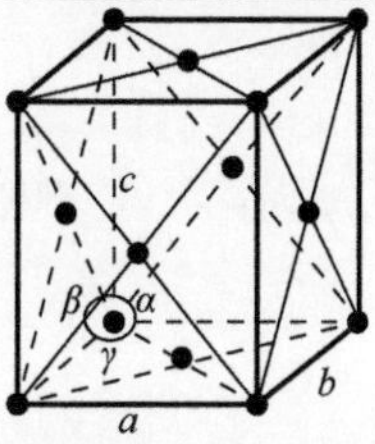

续表

晶系	轴矢关系	惯用原胞名称	晶格类型
三方晶系	$a=b=c$ $\alpha=\beta=\gamma\neq 90^\circ$	简单三方	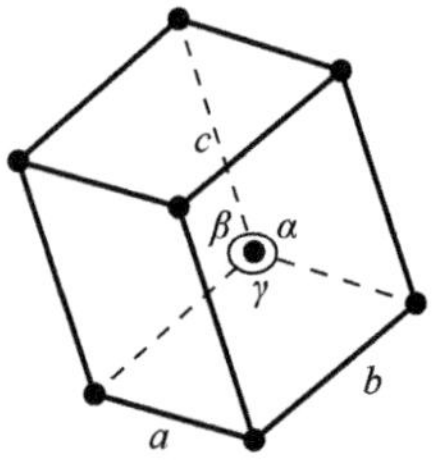
四方晶系	$a=b\neq c$ $\alpha=\beta=\gamma=90^\circ$	简单四方	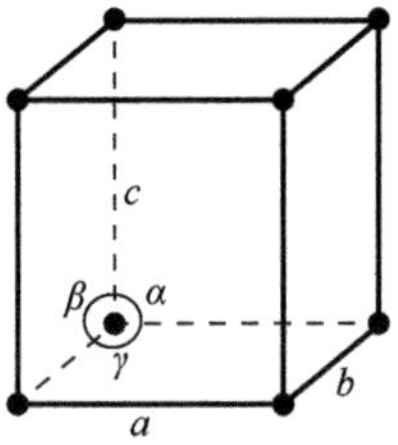
		体心四方	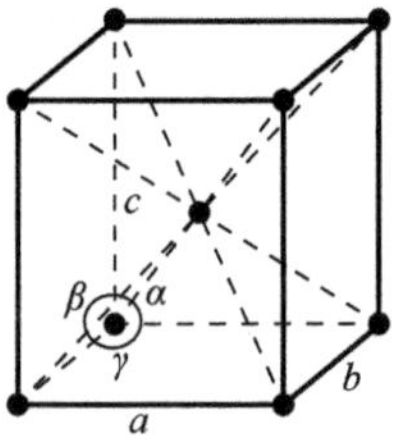
六方晶系	$a=b\neq c$ $\alpha=\beta=90^\circ$ $\gamma=120^\circ$	简单六方	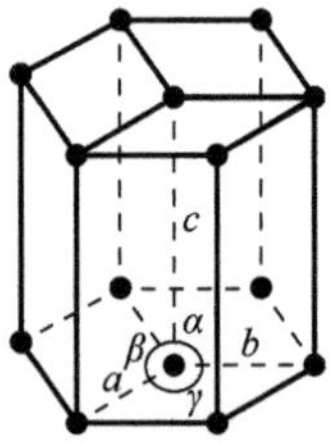
立方晶系	$a=b=c$ $\alpha=\beta=\gamma=90^\circ$	简单立方	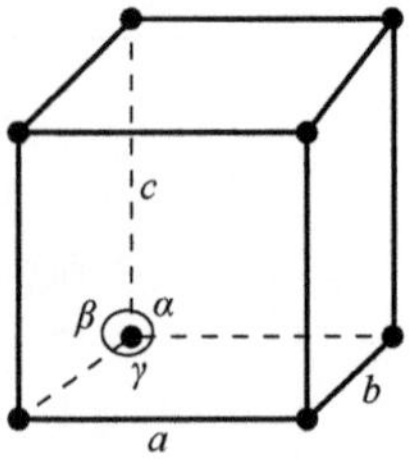

续表

晶系	轴矢关系	惯用原胞名称	晶格类型
立方晶系	$a=b=c$ $\alpha=\beta=\gamma=90^\circ$	体心立方	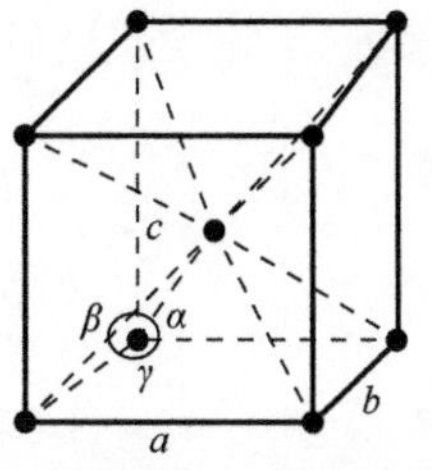
		面心立方	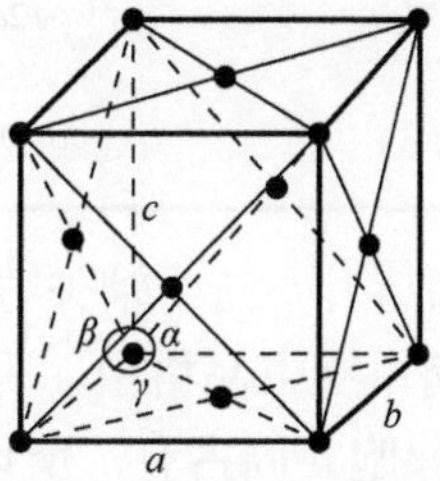

立方晶系包括简单立方（simple cubic，SC）、体心立方（body-centered cubic，BCC）和面心立方（face-centered cubic，FCC）三种晶格，如图 1.8 所示。其中只有简单立方的惯用原胞与初基原胞是一致的。有时，非初基原胞中的晶格点对称运算关系比初基原胞中的晶格点对称运算关系更简单明了。表 1.2 给出了三种立方晶格的特征参数。

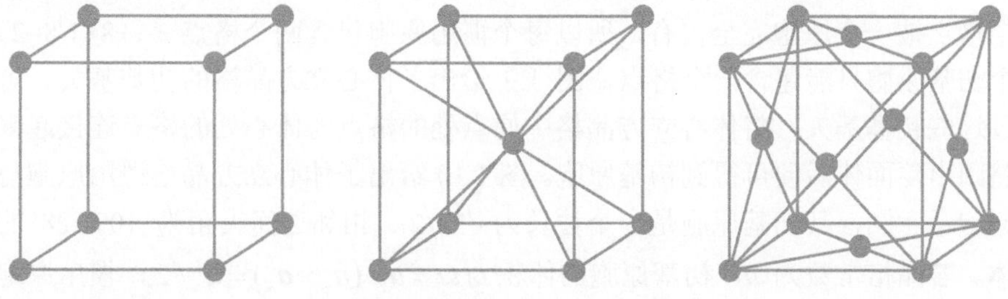

（a）简单立方　　（b）体心立方　　（c）面心立方

图 1.8　立方晶格的惯用原胞

表 1.2　立方晶格的特征参数

参数特征	简单立方	体心立方	面心立方
惯用原胞体积	a^3	a^3	a^3
单元惯用原胞格点数	1	2	4
初基原胞体积	a^3	$\frac{1}{2}a^3$	$\frac{1}{4}a^3$

续表

参数特征	简单立方	体心立方	面心立方
单位体积格点数	$\frac{1}{a^3}$	$\frac{2}{a^3}$	$\frac{4}{a^3}$
最近邻数	6	8	12
最近邻距离	a	$\frac{\sqrt{3}}{2}a=0.866a$	$\frac{a}{\sqrt{2}}=0.707a$
次近邻数	12	6	6
次近邻距离	$\sqrt{2}a$	a	a
堆积比率	$\frac{1}{6}\pi=0.524$	$\frac{\sqrt{3}\pi}{8}=0.680$	$\frac{\sqrt{2}\pi}{6}=0.740$

在立方晶系中，三个轴矢方向为 x、y 和 z，三个坐标轴的单位矢量分别为 $\boldsymbol{i}$、$\boldsymbol{j}$ 和 $\boldsymbol{k}$，则在简单立方晶格中，只有立方体的 8 个顶角处有格点，每个顶角的格点被周围 8 个原胞共同占有，所以，每个原胞只占 1/8 个顶角格点，平均每个原胞只含有一个格点，惯用原胞与初基原胞完全相同。如果晶格常数为 a，则两种原胞的体积均为 a^3，基矢和轴矢相同，则有

$$\begin{cases}\boldsymbol{a}_1=\boldsymbol{a}=a\boldsymbol{i}\\ \boldsymbol{a}_2=\boldsymbol{b}=a\boldsymbol{j}\\ \boldsymbol{a}_3=\boldsymbol{c}=a\boldsymbol{k}\end{cases} \tag{1.4}$$

在体心立方晶格中，除了立方体的顶角有格点外，其体心处还有一个格点，这个格点被一个原胞完全占有，所以每个惯用原胞包含两个格点（1+8×1/8=2）。每个初基原胞只能包含一个格点，图 1.9 给出了体心立方晶格的初基基矢。可以通过这些初基基矢，将体心立方晶格中原点处的格点与体心处的格点连接起来，完整画出菱面体后便可得到初基原胞。图 1.10 给出了体心立方晶格惯用原胞与初基原胞示意图，其初基原胞是一个边长为 $\sqrt{3}a/2$ 、相邻边间夹角为 109° 28′ 的六面体。若晶格常数为 a，初基原胞的体积为 $\Omega=\boldsymbol{a}_1\cdot(\boldsymbol{a}_2\times\boldsymbol{a}_3)=a^3/2$ ，惯用原胞的体积为 a^3 ，则基矢为

$$\begin{cases}\boldsymbol{a}_1=\dfrac{a}{2}(-\boldsymbol{i}+\boldsymbol{j}+\boldsymbol{k})\\ \boldsymbol{a}_2=\dfrac{a}{2}(\boldsymbol{i}-\boldsymbol{j}+\boldsymbol{k})\\ \boldsymbol{a}_3=\dfrac{a}{2}(\boldsymbol{i}+\boldsymbol{j}-\boldsymbol{k})\end{cases} \tag{1.5}$$

在面心立方晶格中，除了立方体的 8 个顶角有格点外，立方体的 6 个面中心处还有 6 个格点，而每个面上的格点又被两个相邻原胞共同占有，所以每个惯用

原胞包含 4 个格点（8 ×1/8+ 6×1/2= 4）。图 1.11 给出了面心立方晶格的初基基矢。图 1.12 为面心立方晶格惯用原胞与初基原胞示意图，通过基矢 $\boldsymbol{a}_1$、$\boldsymbol{a}_2$ 和 $\boldsymbol{a}_3$ 连接原点与面心处的格点作菱面体，即可得到面心立方晶格的初基原胞，初基原胞只包含一个格点，其体积为 $a^3/4$，轴间夹角为 60°，基矢为

$$\begin{cases}\boldsymbol{a}_1=\dfrac{a}{2}(\boldsymbol{j}+\boldsymbol{k})\\ \boldsymbol{a}_2=\dfrac{a}{2}(\boldsymbol{i}+\boldsymbol{k})\\ \boldsymbol{a}_3=\dfrac{a}{2}(\boldsymbol{i}+\boldsymbol{j})\end{cases}\tag{1.6}$$

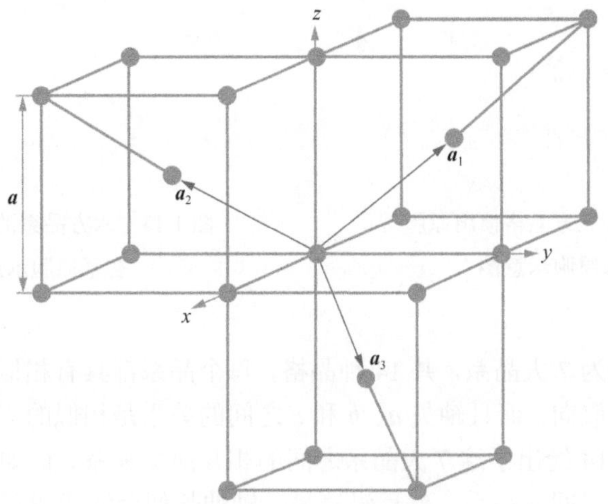

图 1.9　体心立方晶格的初基基矢

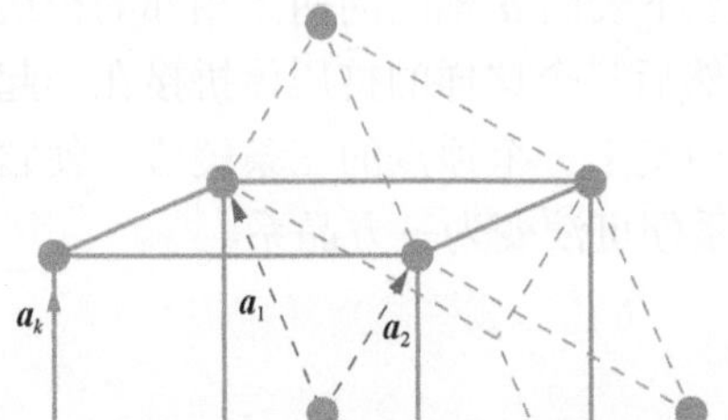

图 1.10　体心立方晶格惯用原胞与初基原胞示意图

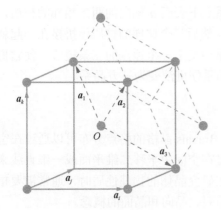

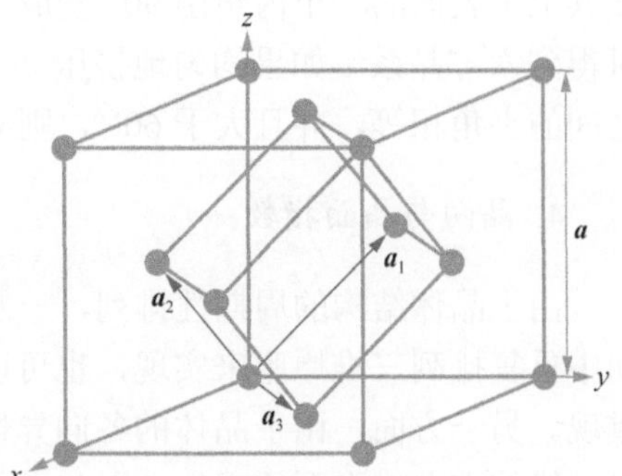

图 1.11　面心立方晶格的初基基矢

六方晶系的初基原胞是一个以含有 120° 夹角的菱形为底的直角棱柱，如图 1.13 所示为六方晶系的惯用原胞与初基原胞示意图，其中$|\boldsymbol{a}_1|=|\boldsymbol{a}_2|=|\boldsymbol{a}_3|$。

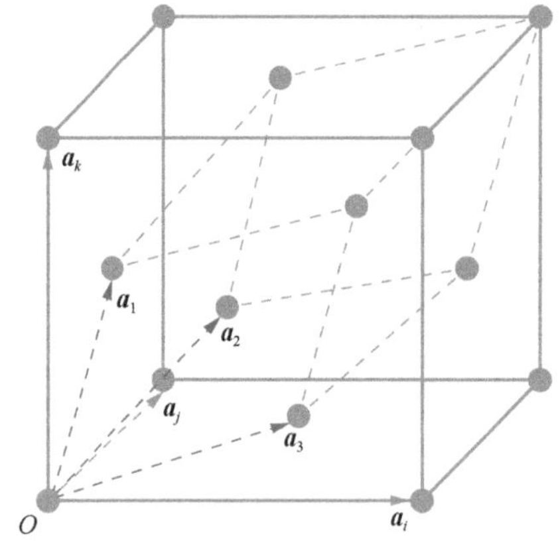

图 1.12　面心立方晶格惯用原胞与初基原胞示意图

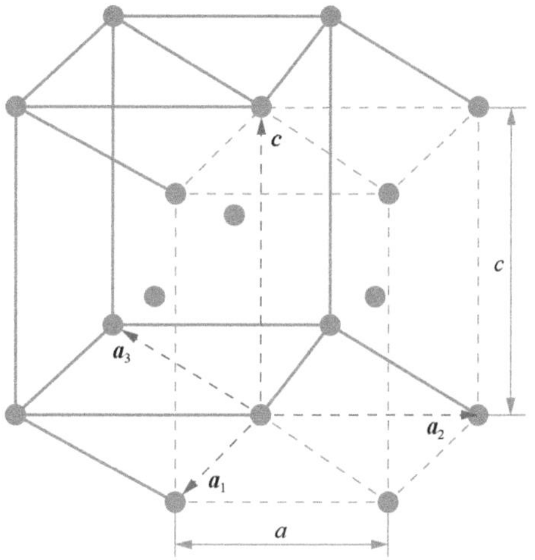

图 1.13　六方晶系的惯用原胞与初基原胞示意图

3）晶系

三维晶格分为 7 大晶系，共 14 种晶格，每个晶系都具有相似的惯用原胞，即具有相同的轴矢取向，而且轴矢 $\boldsymbol{a}$、$\boldsymbol{b}$ 和 $\boldsymbol{c}$ 之间的关系是相似的。这 7 大晶系可以相互演化，图 1.14 给出了这 7 大晶系之间的相互演变关系。例如，立方晶系沿某一轴伸长会演变成四方晶系，然后沿着另一轴伸长便会演变成正交晶系，再挤压正交晶系的另一组对面又可以演变成单斜晶系。通过挤压另一组对面，便可将单斜晶系转变为三斜晶系。同时挤压四方晶系上下表面 $\boldsymbol{a}$ 轴向的两条相邻的棱边，使其上下表面的一个内角由 90° 变成 120°，然后三个这样的挤压体拼接在一起就可得到六方晶系。如果均匀地挤压立方晶系相交于一个顶点的三条棱边，使它们之间的夹角相等，并且大于 60°，则立方晶系便可演变为三方晶系。

4. 晶向与晶面指数

由于晶体结构的周期性排列，一方面，Bravais 晶格的格点分布可以通过在空间中重复排列三维原胞来实现，也可以通过在空间中平移二维平面或一维直线来重现。另一方面，由于晶体的各向异性，在研究晶体的物理性质时，通常需要指出直线的方向或平面的方位，因此引入了晶列、晶向和晶面的概念。

1）格点指数

在 Bravais 晶格中，如果以任一格点为原点 O，以惯用原胞的轴矢 $\boldsymbol{a}$、$\boldsymbol{b}$ 和 $\boldsymbol{c}$

为单位矢量，则原点 O 到任一格点 P 的矢量 $\overrightarrow{OP}$ 可以表示为

$$\overrightarrow{OP} = l\boldsymbol{a} + m\boldsymbol{b} + n\boldsymbol{c} \tag{1.7}$$

式中，坐标 (l,m,n) 即为格点指数，用 $\left[(l,m,n)\right]$ 表示。若指数为负值，则将负号置于该指数的正上方，例如，若 l=−2、m=1 和 n=−3，则其表示为 $\left[(\bar{l},m,\bar{n})\right]$。

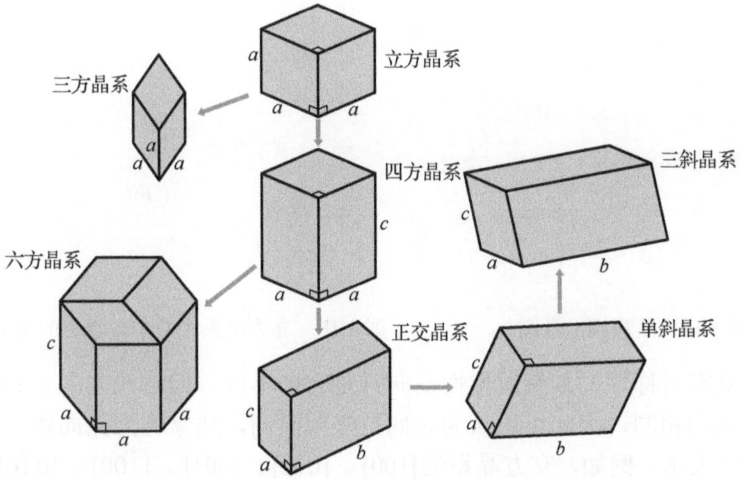

图 1.14　三维晶格 7 大晶系之间的演变关系

2）晶向指数

对于无限大的理想晶体来说，如果 Bravais 晶格中的任意两个格点连成一条直线，则这条直线将包含无穷多个呈周期性排列的格点，这样的一条直线称为晶列。对于任意 Bravais 晶格，均可以做出一系列平行晶列族，Bravais 晶格中的所有格点都分布在这些晶列族上。在 Bravais 晶格中，可以形成许多不同方向的晶列。图 1.15 显示了几种不同方向的晶列族。由图 1.15 可以看出，同一晶列族不仅具有相同的方向，而且其上格点的分布具有相同的周期性，即晶列族是一系列平行且等距直线系。不同晶列族不仅方向不同，而且格点分布的周期性一般也不同。通常把一组晶列的共同方向称为晶向，用晶向指数来区分和表示。

晶向指数实质上是晶向在三个轴上投影的互质整数，它代表一族晶列的取向。以晶格中的任一点为原点 O，以轴矢 $\boldsymbol{a}$、$\boldsymbol{b}$ 和 $\boldsymbol{c}$ 为单位矢量建立坐标系 x、y 和 z。然后在经过原点的晶列上求出沿晶向方向上的任一格点的位置矢量，即为 $h'\boldsymbol{a}+k'\boldsymbol{b}+l'\boldsymbol{c}$。再将系数 h'、k'和l' 变为互质整数 h、k 和 l，即 $h':k':l'=h:k:l$，则该晶列族的方向便可用 h、k 和 l 来表示，记作[hkl]，当其为负值时，记作[$\bar{h}\ \bar{k}\ \bar{l}$]，$h$、$k$ 和 l 便称作晶向指数。同一晶列可以用两个相反的晶向来表示，这两个晶向指数分别为[hkl]和[$\bar{h}\ \bar{k}\ \bar{l}$]。图 1.16 标出了立方晶系中几个较常见的重要晶向指数。

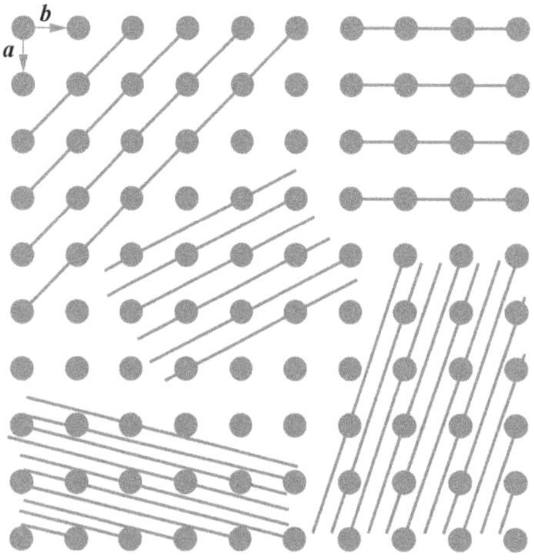

图 1.15　晶列族示意图

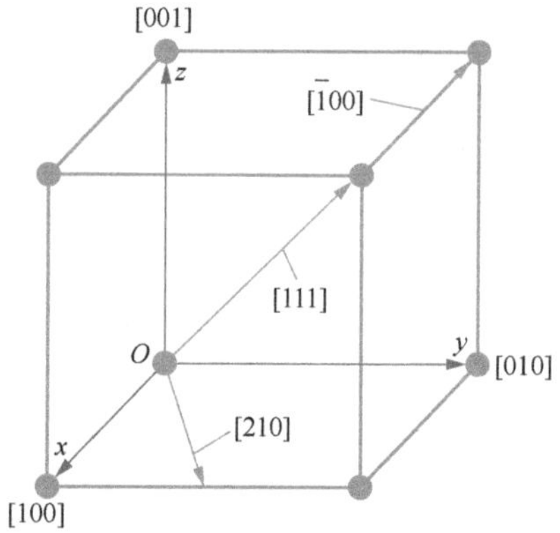

图 1.16　立方晶系中几个较常见的重要晶向指数

晶体具有对称性，具有对称性晶向只是方向不同，但这些方向上的格点分布和物理性质均相同，因此可以认为它们是等效晶向，通常称为晶向族。晶向族可以用$\langle hkl \rangle$表示。例如，立方晶系的[100]、[010]、[001]、[$\bar{1}$00]、[0$\bar{1}$0]和[00$\bar{1}$]六个晶向都是等效晶向，用$\langle 100 \rangle$表示。同样，$\langle 111 \rangle$的等效晶向有 8 个，$\langle 110 \rangle$的等效晶向有 12 个。

一般而言，晶向指数越小的晶列格点分布越密集，而晶向指数越大的晶列格点分布越稀疏。晶体中重要的晶列通常是那些晶向指数小的晶列。

3）晶面指数

过 Bravais 晶格中任意三个非共线格点可以作一个平面，这个平面包含无限个周期性分布的格点，称为晶面。在实际晶体中，晶面就是一系列原子所组成的平面。可以将整个 Bravais 晶格看作是由无数相互平行且等距分布的晶面组成的，这些晶面的集合称为晶面族。所有格点都位于这个晶面族上。在同一 Bravais 晶格中可以存在不同位向的晶面族。图 1.17 给出了一组不同位向的晶面指数与面间距。

为了描述 Bravais 晶格中某一晶面族的所有特征，并将该晶面族与其他晶面族区别开，必须给出其面间距和法线方向。面间距是两相邻晶面间的距离，可以通过几何方法求得；可以用晶面在三个坐标轴上截距的倒数来表示晶面族的法线方向，并用晶面指数来标记。设某晶面族中任意一个晶面在三个轴矢 $\boldsymbol{a}$、$\boldsymbol{b}$ 和 $\boldsymbol{c}$ 上的截距分别为 $r\boldsymbol{a}$、$s\boldsymbol{b}$ 和 $t\boldsymbol{c}$，将坐标(r, s, t)的倒数转换为相质整数，即 $h:k:l=\frac{1}{r}:\frac{1}{s}:\frac{1}{t}$，表示为$(hkl)$，这就是该晶面的晶面指数。

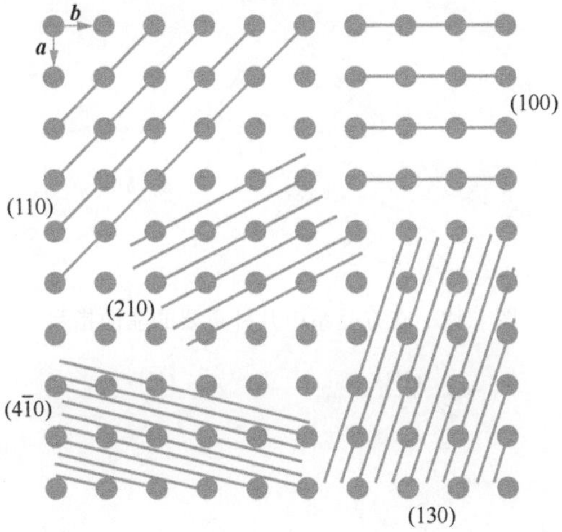

图 1.17　一组不同位向的晶面指数和面间距

在同一 Bravais 晶格中，格点指数、晶向指数和晶面指数原则上用基矢坐标系或轴矢坐标系表示都可以，但多数情况下，用轴矢坐标系表示更为方便，轴矢坐标系中的晶面指数也称为 Miller 米勒指数。

所有相互平行的晶面都用相同的晶面指数表示。图 1.17（没有画出垂直于 $\boldsymbol{a}$、$\boldsymbol{b}$ 的 $\boldsymbol{c}$ 轴）给出了一些晶面的晶面指数。从图中可以看出，(100)和(110)等这样指数简单晶面的表面密度较大，面间距也较大，这是因为所有格点都在一组平行且等距的面上而没有遗漏，所以面密度大的晶面必导致其面间距大。晶体容易沿着这些面间距大的晶面开裂，所以将这些晶面称为解理面。不同结构的晶体具有特定的解理面。例如，体心立方结构的解理面为{100}，密排六方结构的解理面为{1000}。

晶面指数(hkl)不仅可以表示某一具体晶面的位向，还可以表示一组相互平行的晶面。如果一个晶面的指数是(hkl)，另一个是$(\bar{h}\ \bar{k}\ \bar{l})$，则这两个晶面相互平行。图 1.18 给出了立方晶系中几种较常见、较重要晶面的 Miller 指数。由图可知，立方晶系中立方体的六个外表面的晶面指数分别为(100)、(010)、(001)、($\bar{1}$00)、(0$\bar{1}$0)、(00$\bar{1}$)。由于对称性，这些晶面都是等效的，它们的面间距和原子在表面上的分布等特征完全相同。在许多晶系中，都具有由这种对称性而产生的等效晶面，这些等效晶面称为晶面族，一般用$\{hkl\}$表示。图 1.19 给出了为立方晶系中{111}晶面族的所有等效晶面。

通常情况下，当晶面指数表示晶面族中某一特定晶面时，也可以不将其简化为互质整数。

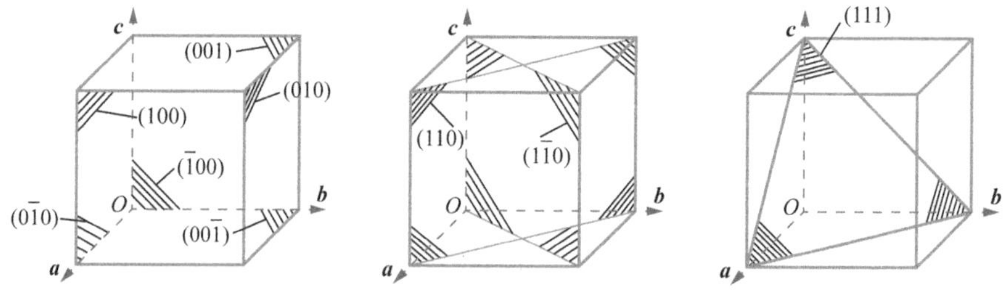

图 1.18　立方晶系中几种重要的晶面指数

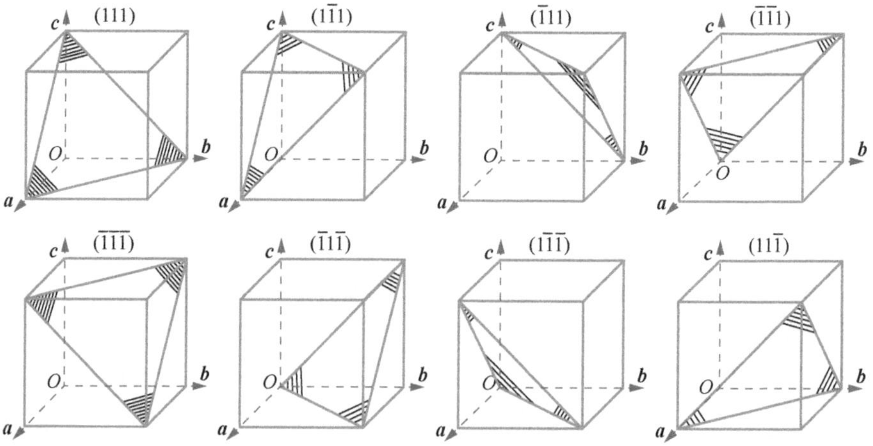

图 1.19　立方晶系中{111}晶面族中的等效晶面

4）六方晶系的晶向和晶面指数

由于晶体结构存在对称性，六方晶系中一些不平行的晶面族和晶向族在对称性和物理特性方面是等效的，用相同或相似的指数来表示这些等效的晶面指数和晶向指数可以方便后续的分析和处理。上述用三指数表示晶向指数和晶面指数的方法在原则上对任何晶系都是适用的，但六方晶系存在一个缺点，即其等效晶面和等效晶向的晶面与晶向不具有相似的指数。例如，六棱柱的两个相邻的外表面在晶体学上应该是等效的，但如果用三指数表示的话，它们的晶面指数分别为(100)和(110)。另外，夹角为 60° 的两个密排方向是等效的，但其方向指数分别为[100]和[110]。这种在晶体结构上本来应该是等效的晶面和晶向却不具有相似指数的现象给研究带来了很多不便。

为了解决这个问题，可以引入第四个指数，也就是使用四个坐标轴 $\boldsymbol{a}_1$、$\boldsymbol{a}_2$、$\boldsymbol{a}_3$ 和 $\boldsymbol{c}$。其中 $\boldsymbol{a}_1$、$\boldsymbol{a}_2$、$\boldsymbol{c}$ 不变，$\boldsymbol{a}_3=-(\boldsymbol{a}_1+\boldsymbol{a}_2)$。由图 1.20（a）可以看出，三个相互之间夹角为 120° 的轴与 $\boldsymbol{c}$ 轴构成了一个四轴坐标系。引入第四个指数后，晶体学等效晶面具有类似的指数。图 1.20（a）给出了分别以三指数和四指数标记的等效晶面。对于六方晶格的六个对称侧面，用三指数表示时，分别为(100)、(010)、

$(\bar{1}10)$、$(\bar{1}00)$、$(0\bar{1}0)$ 和 $(1\bar{1}0)$，而用四指数表示时，则分别为 $(10\bar{1}0)$、$(01\bar{1}0)$、$(\bar{1}100)$、$(\bar{1}010)$、$(0\bar{1}10)$ 和 $(1\bar{1}00)$。图 1.20（b）给出了分别以三指数和四指数标记的等效晶向。对于六边形的六个棱边，用三指数表示时，分别为[100]、[110]、[010]、$[\bar{1}00]$、$[\bar{1}\bar{1}0]$ 和 $[0\bar{1}0]$，而用四指数表示时，则分别为 $[2\bar{1}\bar{1}0]$、$[11\bar{2}0]$、$[\bar{1}2\bar{1}0]$、$[\bar{2}110]$、$[\bar{1}\bar{1}20]$ 和 $[1\bar{2}10]$。

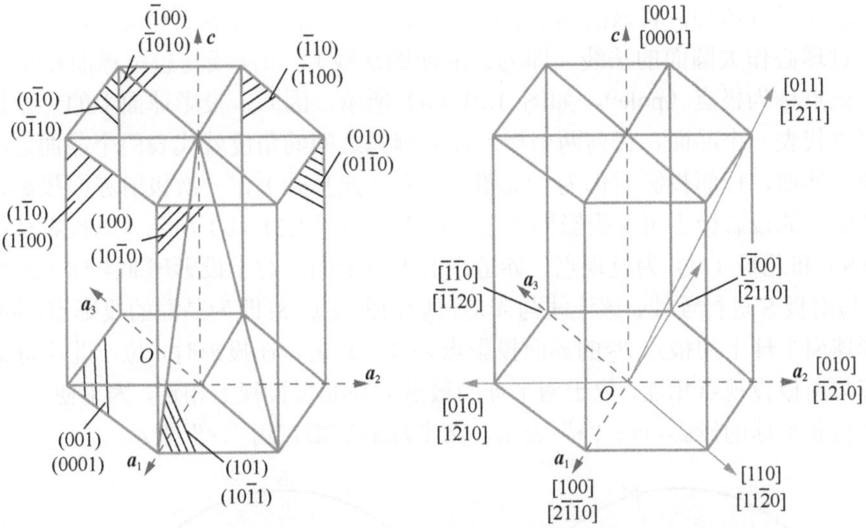

（a）以三指数和四指数标记的等效晶面　　（b）以三指数和四指数标记的等效晶向

图 1.20　六方晶格的晶向和晶面指数

然而，在确定六方晶系晶向和晶面的四指数时，又出现了一个新问题，即指数出现了不唯一性。例如，a_1 轴的指数可以是[1000]，还可以是 $[2\bar{1}\bar{1}0]$。这可以采用如下方法解决，即人为地添加一个合理的约束条件，使前三个指数之和为 0。例如，如果晶向指数为[*uvtw*]，则令 $u+v+t=0$，结果，a_1 轴的指数就只能为 $[2\bar{1}\bar{1}0]$。

晶向四指数的求解方法如下：首先得到在三轴坐标系 a_1、a_2、c 下的晶向指数 U、V、W，然后通过解析方法得到四指数[*uvtw*]。因为三轴和四轴坐标系均描述同一晶向，所以有

$$u\boldsymbol{a}_1 + v\boldsymbol{a}_2 + t\boldsymbol{a}_3 + w\boldsymbol{c} = U\boldsymbol{a}_1 + V\boldsymbol{a}_2 + W\boldsymbol{c} \tag{1.8}$$

又有 $\boldsymbol{a}_1 + \boldsymbol{a}_2 = -\boldsymbol{a}_3$，再由限制条件 $u + v = -t$，解得

$$u = \frac{1}{3}(-U + 2V)\,，\quad v = \frac{1}{3}(2U - V)\,，\quad w = W\,，\quad t = -\frac{1}{3}(U + V) \tag{1.9}$$

采用四指数法能够突出六方结构的特征，并能准确反映其晶向和晶面的等效性。

5. 极射赤面投影法

三维空间很难直观地表示出各个晶面之间的夹角。通过投影图可将三维图转化为二维图，便于研究。晶体投影方法中，应用最广泛的是极射赤面投影（stereographic projection）法。

晶体投影第一步为球面投影，将晶体放置于投影球的球心 O 处，使晶体中的任一晶面经过球心，将该晶面进行扩展，其必然与投影球表面相交形成一个大圆面，过球心作大圆面的法线（即为该晶面的法线），该法线与投影球面相交于 P 点，该点称为极点（pole），如图 1.21（a）所示。因此，投影球面上的一个极点就可以代表一个晶面，任何两个极点在大圆弧之间的角度就代表两个晶面之间的夹角。然而，球面投影后仍为三维图，需要在此基础上作一次极射赤面投影，即将球面上的投影极点再次投影到赤道平面上。如图 1.21（b）所示，以投影球的南极（S）和北极（N）为投视点，赤道平面为投影面，对于投影球北半球上的极点 P_1，与南极 S 进行连线，该连线与赤道投影面的交点 S_1 即为晶面的投影点。同理，投影球南半球上的极点 P_2 的赤面投影点为 S_2。总之，在投影时，位于北半球的极点应与南极投视点相连，位于南半球的极点应与北极投视点相连，为了便于区分，通常将北半球的投影点用“•”表示，南半球的投影点用“×”表示。

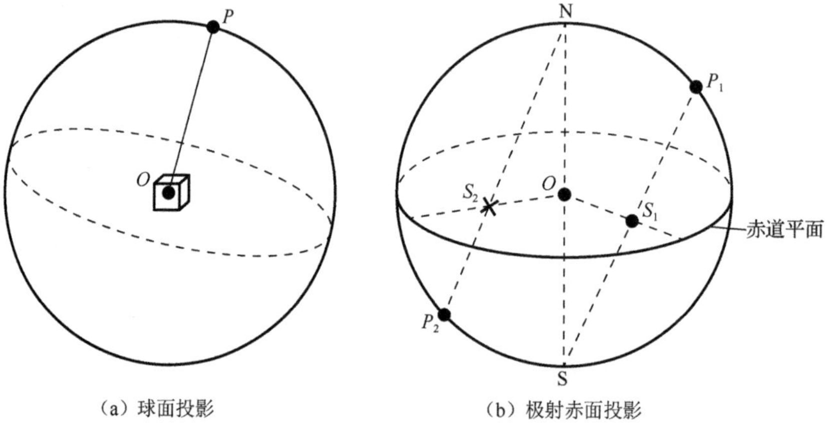

图 1.21　极射赤面投影原理

通常选取对称性明显的低指数晶面，如{001}、{011}和{111}等作投影面，这样构成的投影图称为标准投影图。利用标准投影图可以不经过计算就能标定出投影面所有极点的指数。由于立方晶系对称性最高，所以图 1.22 给出了立方晶系{001}、{011}和{111}三个晶面族的标准投影图。对于{001}晶面族来说，其包含 6 组晶面，去掉平行等价的晶面后，完全不平行的晶面只有 3 组，则称{001}晶面族的多重性因子为 3。同理可知，{011}和{111}晶面族的多重性因子分别为 6 和 4。

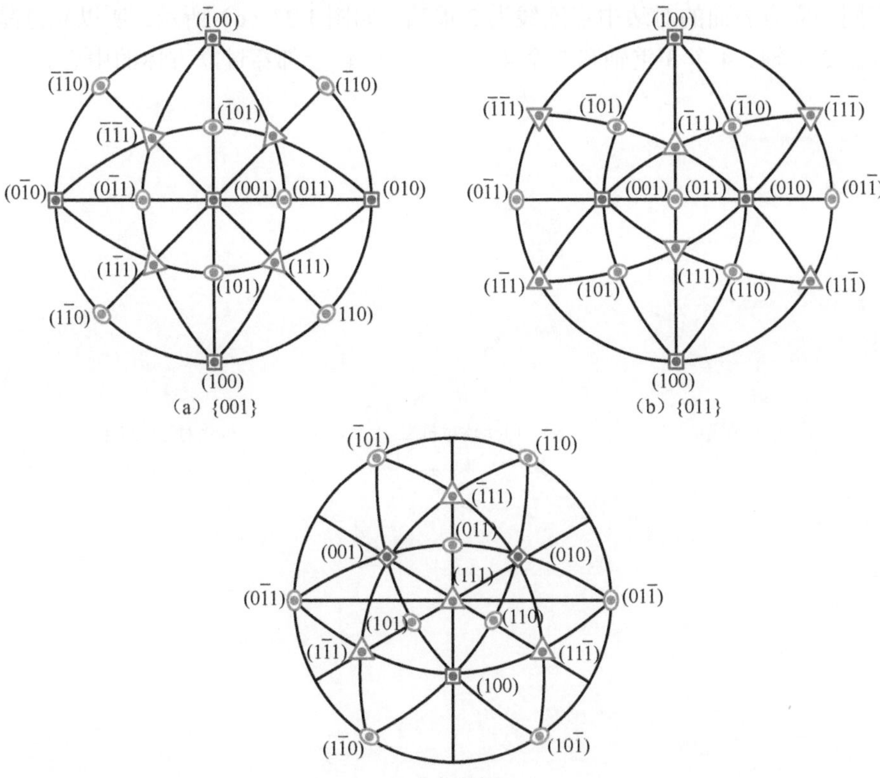

（a）{001}　（b）{011}　（c）{111}

图 1.22　立方晶系标准投影图

6. 晶体的对称性

金属晶体结构中原子的排列都是对称性很高的。晶体的对称性是指晶体经过一系列的对称操作后还能够与自身相重合的特性。由图 1.23 可知，对于立方晶格，绕中心轴线旋转 90°（图 1.23（a））或沿体对角线旋转 120°（图 1.23（b））后，均可与自身重合。这样的操作便是对称操作。对称操作所依赖的几何元素称为对称元素，如上面所述的旋转轴。下面分别对晶体的宏观对称性和微观对称性进行简要介绍。

1）旋转对称性

旋转对称操作是指晶体围绕某一固定轴旋转 $\theta=2\pi/n$ 角度后与自身重合的操作。由于晶体周期性的限制，其中 n 只能取 1、2、3、4 和 6，即晶体只有 1 重、2 重、3 重、4 重和 6 重这五种旋转轴。2 重、3 重、4 重和 6 重旋转轴通常用数字 2、3、4 和 6 表示，或用符号 C_2、C_3、C_4 和 C_6 表示。以立方晶格为例，对面面心连线为 4 重轴，如图 1.23（a）所示；体对角线为 3 重轴，如图 1.23（b）所示；

不在同一立方表面的对边中点连线为 2 重轴，如图 1.23（c）所示。所以立方晶格有 6 个 2 重轴、4 个 3 重轴和 3 个 4 重轴，这些轴全部穿过立方体的中心。

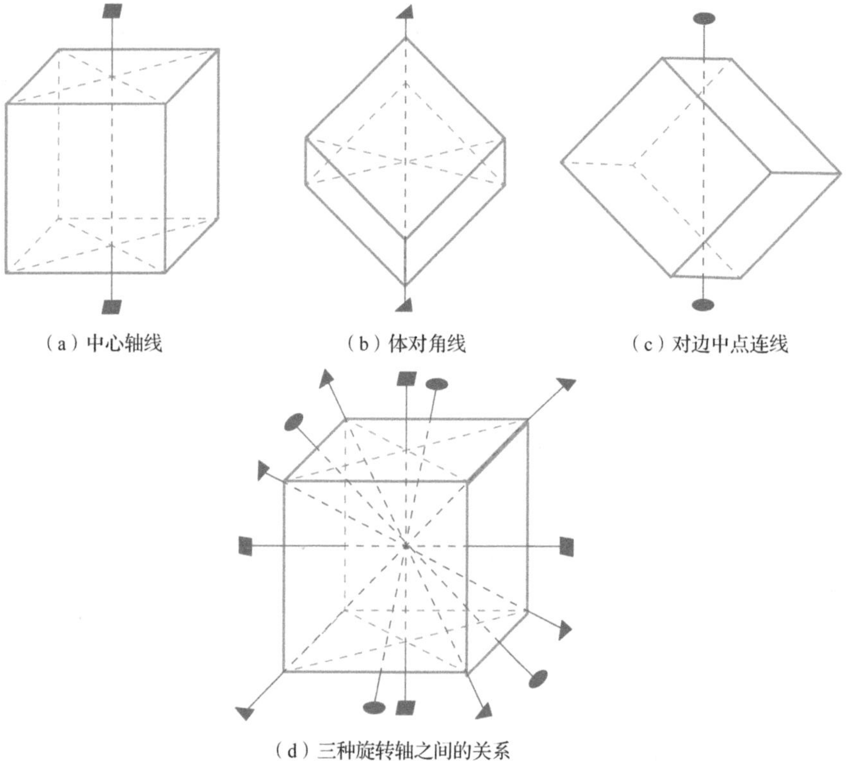
（a）中心轴线
（b）体对角线
（c）对边中点连线
（d）三种旋转轴之间的关系

图 1.23　立方晶格的旋转轴

晶体的宏观对称性与微观对称性密切相关。如果晶体微结构中存在 $n=5$ 的对称轴，则晶格点在垂直于对称轴平面上的分布应为正五边形，如图 1.24 所示。但这些正五边形并不能填满空间，而是有一些四边形的间隙，这就不能保证晶格结构的周期性。因而晶体结构在微观上没有 5 重旋转轴，对应的宏观形状也没有 5 重旋转轴。对于 n 大于 6 的情况也是一样的。

2）中心反演对称

如果金属晶体内有一个固定点，以该点为坐标原点 O，将晶体中任一点的位置矢量由 $\boldsymbol{r}$ 变为 $-\boldsymbol{r}$ 后，晶体仍然可以与自身重合的操作被称为中心反演操作，用符号 i 表示，这个固定点则称为反演中心。

3）镜像操作

如果金属晶体通过其晶体结构的某一个平面做镜面反射操作后，该晶体结构仍能与自身重合，则这种操作称为镜像操作或反映操作，反映的对称元素称为反射面或对称面，用 m（或 σ）表示。图 1.25 显示了立方晶格的所有对称面的方位。如果镜像是垂直于 x 轴的 y-z 平面，则镜像操作相当于进行了如下坐标变换：$x \to -x$，y 和 z 保持不变。

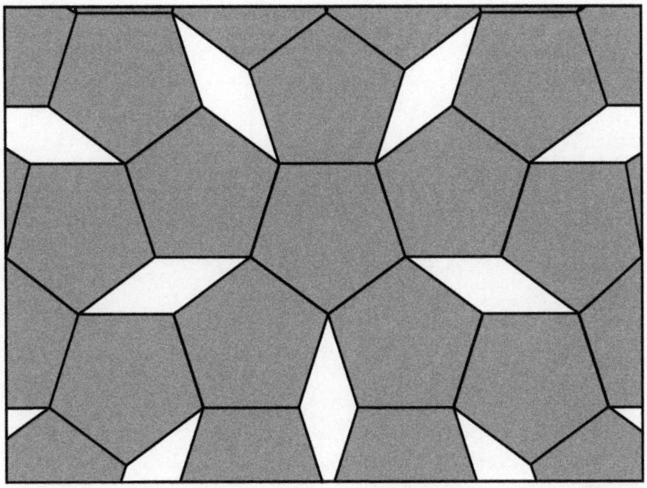

图 1.24　晶格中不存在 5 重旋转轴示意图

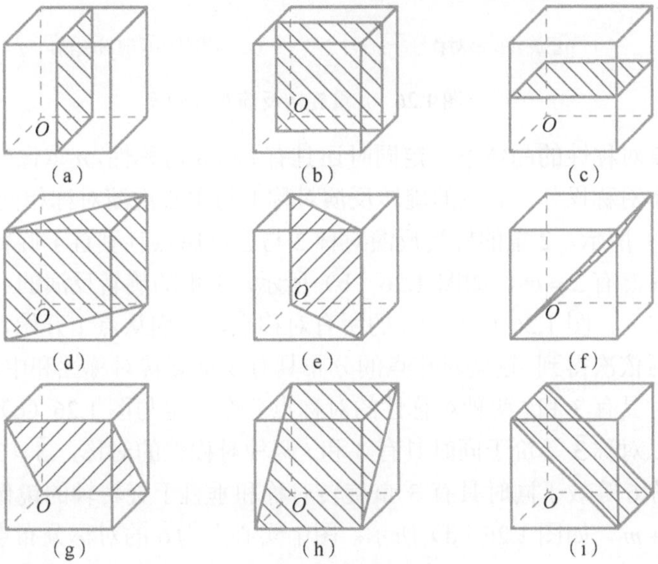

图 1.25　立方晶格的对称面

4）旋转反演操作

当晶体围绕某一固定轴旋转 $\theta=2\pi/n$ 角度后，再通过点 O 进行中心反演操作，晶体就可以与自身重合，这种操作称为旋转反演操作或像转操作。该固定轴称为

n 重旋转反演轴或像转轴，用符号 $\bar{n}$ 表示。由于晶体周期性的限制，也只能有 n=1、2、3、4 和 6，分别用数字 $\bar{1}$、$\bar{2}$、$\bar{3}$、$\bar{4}$、$\bar{6}$ 和符号 $\bar{C}_1$、$\bar{C}_2$、$\bar{C}_3$、$\bar{C}_4$、$\bar{C}_6$ 表示。图 1.26 为 $\bar{n}$ 操作示意图。

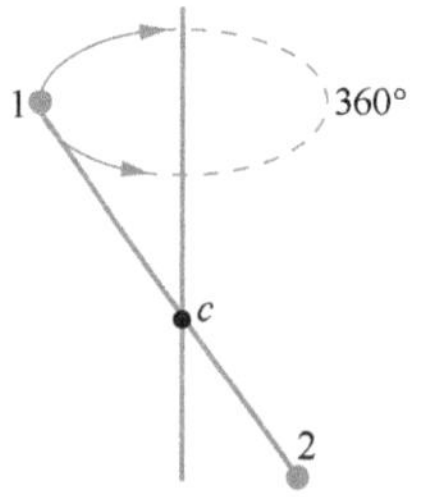

（a）1重旋转反演对称轴$\bar{1}$=i

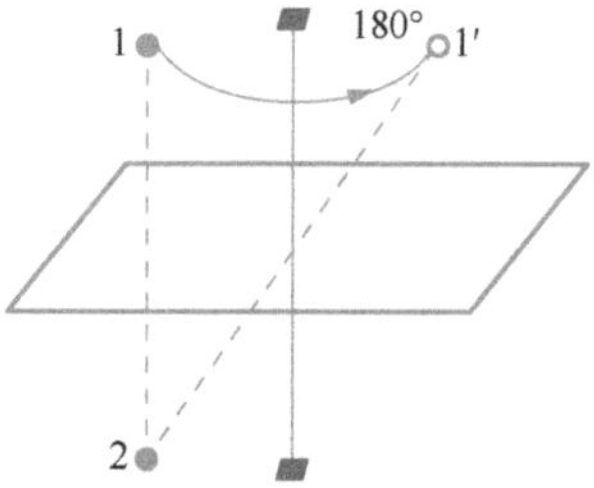

（b）2重旋转反演对称轴$\bar{2}$=m

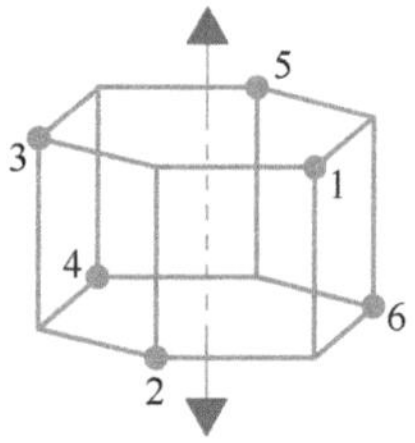

（c）3重旋转反演对称轴$\bar{3}$=3+i

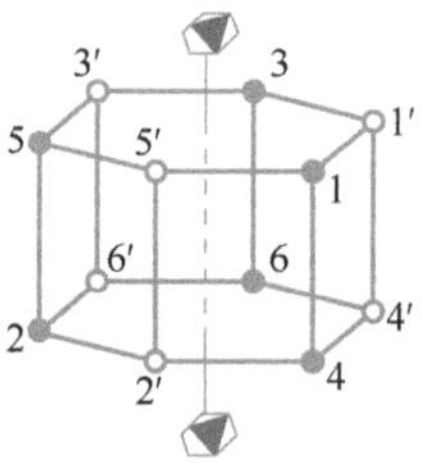

（d）6重旋转反演对称轴$\bar{6}$=3+m

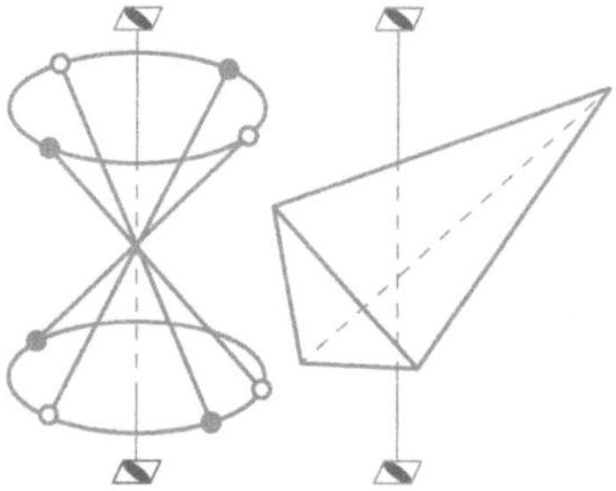

（e）4重旋转反演对称轴$\bar{4}$

图 1.26　n 重旋转反演对称轴 $\bar{n}$

具有 $\bar{n}$ 对称性的晶体不一定同时还具有 i 与 n 对称性，n 重像转操作并非都是独立的基本对称操作。1 重的旋转反演对称 $\bar{1}$ 与中心反演对称相同，即 $\bar{1}=i$，如图 1.26（a）所示。2 重的旋转反演对称 $\bar{2}$ 与通过原点且垂直于旋转轴平面镜像反映相同，显然有 $\bar{2}=m$，如图 1.26（b）所示。3 重的旋转反演的对称不是一个独立的对称单元。图 1.26（c）为 $\bar{3}$ 的所有对称点，它们从点 1 开始，经过 6 次 3 重旋转反演后依次得到。这些对称点的分布具有 3 重旋转对称性和中心反演对称性。相反，同时具有 3 和 i 两种对称性的对称点分布一定与图 1.26（c）相同，具有 $\bar{3}$ 对称。所以对称 $\bar{3}$ 等价于同时具有 3 和 i 两种对称性的对称，$\bar{3}=3+i$。6 重的旋转反演对称 $\bar{6}$ 等效于同时具有 3 重旋转对称和垂直于旋转轴的镜像反映对称，表示为 $\bar{6}=3+m$，如图 1.26（d）所示。图中实心点为 $\bar{6}$ 的对称分布点，空心点为每次对称操作所经过的点。4 重像转轴是一个独立的对称元素，由图 1.26（e）可以看出，$\bar{4}$ 的对称点分布既不具有 4 的对称性，也不具有 i 或 m 的对称性，$\bar{4}$ 始终包含一个 2 重的旋转对称轴；但反过来的话，有 2 的对称性并不一定具有 $\bar{4}$ 对称性，所以 $\bar{4}$ 是一个独立的元素。

如果金属晶体结构中存在一些特殊点，而所有的宏观对称操作都不改变这些特殊点的位置，则这种操作称为点对称操作。上述旋转操作、镜像操作、中心反演操作和像转操作均为点对称运算。以下 8 种操作可以作为晶体的基本点对称操作，即 C_1、C_2、C_3、C_4、C_6、i、m、$\bar{C}_4$。所有的点对称操作均可由这 8 种基本操作或其组合来完成。

5）螺旋操作

当晶体绕某一固定轴旋转 $\theta=2\pi/n$ 角度后再沿着旋转轴的方向平移 $l\cdot T/n$，晶体能够与自身重合的对称操作称为螺旋操作，旋转轴为 n 重螺旋轴，记为 n_l，其中 T 为 n 度螺旋轴方向上的晶体结构周期，n=1、2、3、4、6，l 为小于 n 的正整数。

金属锗结构上具有 4 重螺旋轴，即 l=1。图 1.27 为金属锗结构的 4 重螺旋轴位置。图 1.27（a）为金属锗结构的惯用原胞，将其投影到底面可以得到图 1.27（b），其中圆圈为原子的投影，圆中的数字表示该原子的实际位置。图 1.27（b）中的符号◉表示 4 重螺旋轴的位置，箭头表示其旋转方向。对比图 1.27（a）和图 1.27（b），可以清楚地理解这个对称操作的含义。

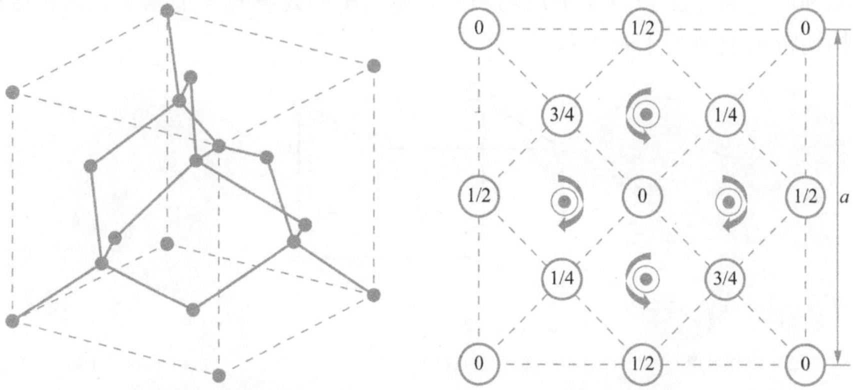

（a）金属锗的惯用原胞　　（b）金属锗惯用原胞在底面上的投影

图 1.27　金属锗结构的 4 重螺旋轴位置

1.1.2　三种常用金属晶体的基本结构

常用金属的晶格结构主要有体心立方晶格、面心立方晶格和密排六方晶格（hexagonal close-packed，HCP）。为了直观地理解三种典型金属的晶体结构，把晶体内部原子近似看成刚球，晶体就可看作是由许多刚球按一定几何规律堆垛而成的，如图 1.28 所示。从图中可以看出，原子在各个方向的排列都是很规则的，这种模型虽然立体感很强，也很直观，但很难看清其内部原子的排列规律和特点，为了清楚地表明金属原子在空间排列的规律性，常把组成晶体的刚球看作一个个质点，用假想的线把这些质点连接起来，就构成了质点模型，如图 1.29 所示。下面就以惯用晶胞为基础，结合刚球模型和质点模型，介绍上述三种典型金属的晶体结构。

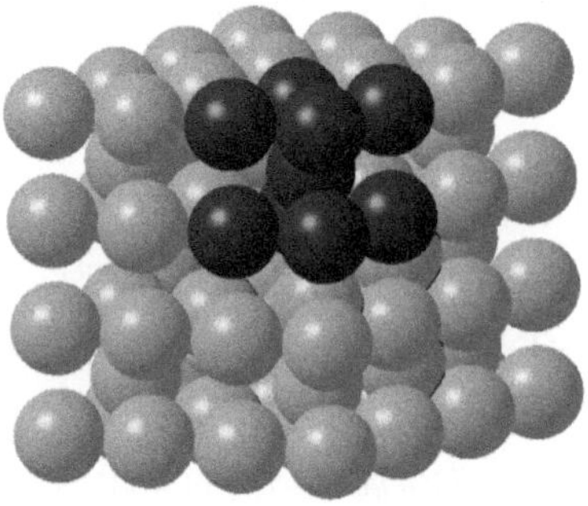

图 1.28　金属原子排列刚球模型示意图

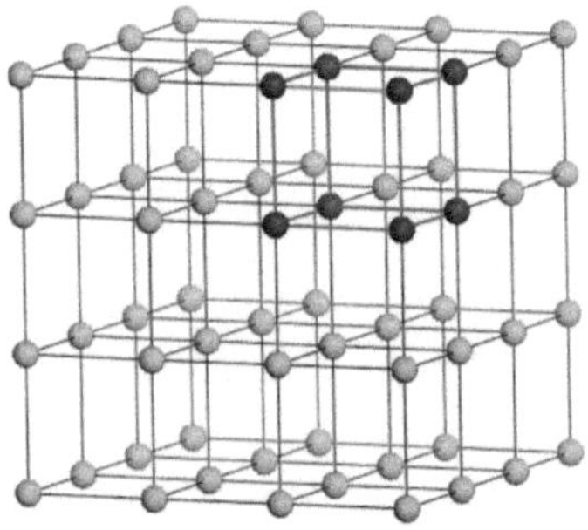

图 1.29　金属原子排列质点模型示意图

体心立方晶格的晶胞模型如图 1.30 所示。晶胞的三个棱边长度相等，三个轴间夹角均为 90°，构成一个立方体，故其晶格常数只有两个，即棱边长 a 和棱边间夹角 90°。立方晶胞的 8 个顶角和立方体的中心处各有一个原子。具有这种晶体结构的常用金属列于表 1.3。

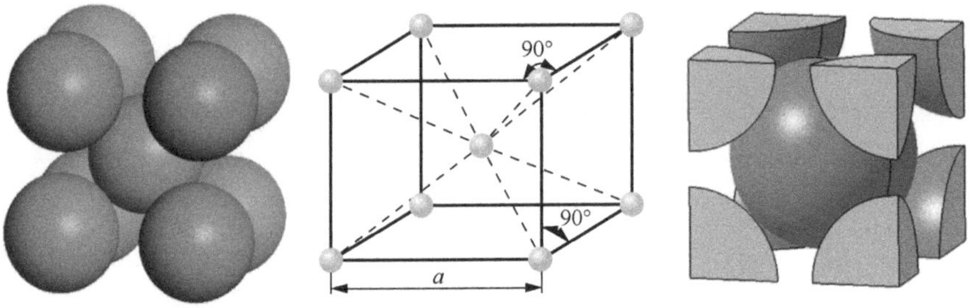

（a）刚球模型　（b）质点模型　（c）晶胞原子数

图 1.30　体心立方晶格的晶胞模型

表 1.3　典型体心立方晶体结构的金属及其晶格常数与原子半径（室温下测得）

金属	晶格常数 a /nm	原子半径 r/nm
Cr	0.289	0.125
Fe	0.287	0.124
Mo	0.315	0.136
K	0.533	0.231
Na	0.429	0.186
Ta	0.330	0.143
W	0.316	0.137
V	0.304	0.132

面心立方晶格的晶胞模型如图 1.31 所示。在立方体的 8 个顶角上和每一个面的中心都各有 1 个原子，其晶胞几何参数与体心立方晶格相同，也是只有两个晶格常数，即棱边长 a 和棱边间夹角 90°。具有这种晶体结构的常用金属列于表 1.4。

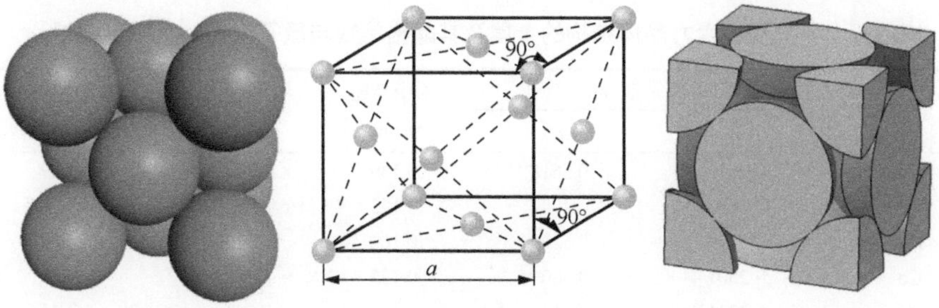

（a）刚球模型　　（b）质点模型　　（c）晶胞原子数

图 1.31　面心立方晶格晶胞模型

表 1.4　典型面心立方晶体结构的金属及其晶格常数与原子半径（室温下测得）

金属	晶格常数 a /nm	原子半径 r /nm
Al	0.405	0.143
Cu	0.362	0.128
At	0.408	0.144
Pb	0.495	0.175
Ni	0.352	0.125
Pt	0.393	0.139
Ag	0.409	0.144

密排六方晶格的晶胞模型如图 1.32 所示。在六方晶胞的 12 个顶角上各有 1 个原子，上下底面的中心各有 1 个原子，晶胞内部的空隙里还有 3 个原子。密排六方晶格的晶格常数有 4 个，一个是正六边形的边长 a，一个是上下底面之间

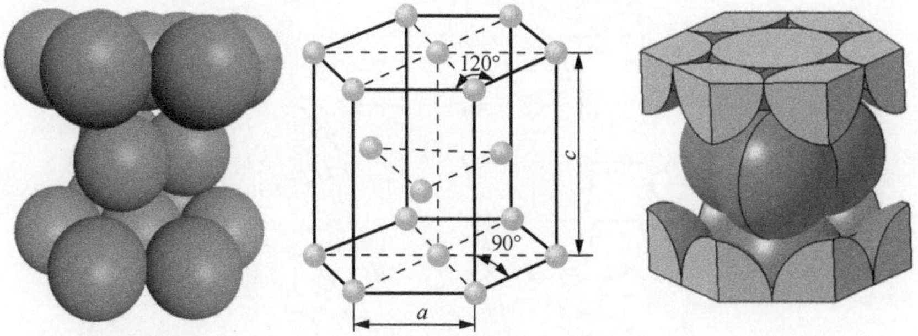

（a）刚球模型　　（b）质点模型　　（c）晶胞原子数

图 1.32　密排六方晶格的晶胞模型

的距离 c，c 与 a 之比 c/a 称为轴比，还有两个是棱边间的夹角，即上下底面上各棱边间的夹角 120° 和上下底面的各棱边与两侧面间的棱边之间的夹角 90°（图 1.32（b））。具有这种晶体结构的常用金属列于表 1.5。

表 1.5　典型密排六方晶体结构的金属及其晶格常数与原子半径（室温下测得）

金属	晶格常数/nm		原子半径	c/a	试验值与理想模型值（1.633）的偏移/%
	a	c	r/nm		
Cd	0.2973	0.5618	0.149	1.890	+15.7
Zn	0.2665	0.4947	0.133	1.856	+13.6
Mg	0.3209	0.5209	0.160	1.623	−0.66
Co	0.2507	0.4609	0.125	1.623	−0.66
Zr	0.3231	0.5148	0.160	1.593	−2.45
Ta	0.2950	0.4683	0.147	1.587	−2.81
Be	0.2286	0.3584	0.113	1.568	−3.98

1.2　位　　错

1.2.1　位错的基本概念

位错（dislocation）是金属晶体中的一种线缺陷，它是理想晶体中的原子面发生了局部错排引起的，最简单、最基本的位错主要有刃型位错（edge dislocation）和螺型位错（screw dislocation）两种[4-7]。

在规则排列的晶体中间错排了半列多余的原子面，犹如一把锋利的钢刀将晶体上半部分切开，沿切口加塞了一额外半原子面一样，将刃口处的原子列称为刃型位错，如图 1.33 所示，其中额外原子面的边界即为位错线。

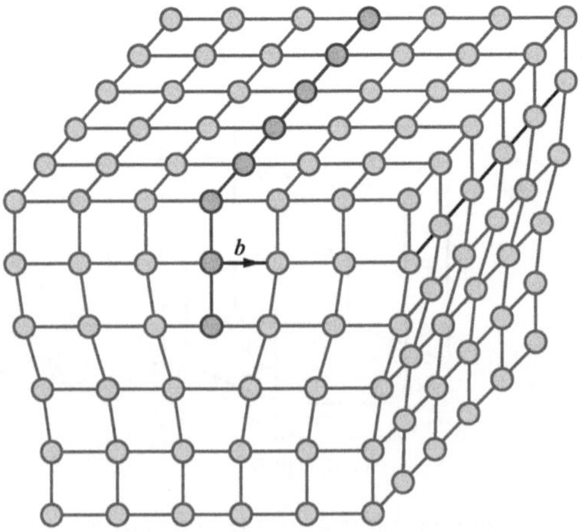

图 1.33　刃型位错示意图

晶体上下两部分的原子在某些区域相互吻合的排列次序发生了错动，即上下两层相邻原子出现了错排和不对齐的现象，使不吻合区域的原子被扭曲成了螺旋形，位错线附近的原子是按螺旋形排列的，因此这种位错称为螺型位错，如图 1.34 所示。实际晶体中的位错是上述各种位错组成的混合位错，这些位错在材料的塑性变形中起着重要的作用。

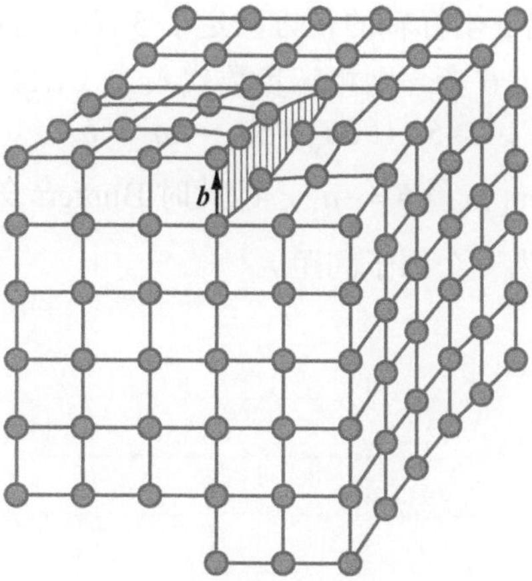

图 1.34　螺型位错示意图

1.2.2　位错的几何描述

1. Burgers 回路与 Burgers 矢量

Burgers（伯格斯）回路与 Burgers 矢量在几何上揭示了位错的本质，下面对两者的基本概念进行简要介绍。

由前面介绍的金属晶体学知识可知，在金属晶体中取三个基矢 $\boldsymbol{a}_x$、$\boldsymbol{a}_y$ 和 $\boldsymbol{a}_z$，其方向与 x、y 和 z 三个坐标轴的正方向一致，用这三个基矢作成平行六面体，在 $\boldsymbol{a}_x$、$\boldsymbol{a}_y$ 和 $\boldsymbol{a}_z$ 三个方向顺次堆积原子，便得到了整个金属晶体。从金属晶体的某一点出发，以一个基矢大小为一个步长，沿着基矢方向逐步走去，最后回到原来的出发点，从而形成一个闭合回路，该闭合回路即为 Burgers 回路[8-10]。设沿着 Burgers 回路在 $\boldsymbol{a}_x$ 方向走了 n_x 步，在 $\boldsymbol{a}_y$ 方向上走了 n_y 步，在 $\boldsymbol{a}_z$ 方向走了 n_z 步。若 Burgers 回路本身中没有包含位错线，且在各基矢方向所走的步长大小相同，且 n_x、n_y 和 n_z 都为整数，则下面的关系式成立，即

$$n_x\boldsymbol{a}_x + n_y\boldsymbol{a}_y + n_z\boldsymbol{a}_z = 0 \tag{1.10}$$

若 Burgers 回路本身中包含了位错线，则下面的关系式成立，即

$$n_x\boldsymbol{a}_x + n_y\boldsymbol{a}_y + n_z\boldsymbol{a}_z = \boldsymbol{b} \tag{1.11}$$

式中，矢量 $\boldsymbol{b}$ 的大小必须是晶体在某个方向上两原子间的距离或其整数倍，该矢

量 $\boldsymbol{b}$ 即为 Burgers 矢量。

以图 1.35 所示的刃型位错为例，从左上角 A 点出发，作逆时针方向的 Burgers 回路，设沿 x、y 和 z 三个坐标轴方向上相邻两原子的间距分别为基矢 $\boldsymbol{a}_x$、$\boldsymbol{a}_y$ 和 $\boldsymbol{a}_z$ 的大小，显然沿着 x 坐标轴方向上的步数为零，当从 A 点走到 B 点时，沿 z 坐标轴的反方向走了 5 步，当从 B 点走到 C 点时，沿 y 坐标轴的正方向走了 5 步，当从 C 点走到 D 点时，沿 z 坐标轴的正方向走了 5 步，当从 D 点又回到 A 点时，沿 y 坐标轴的负方向走了 6 步，则相应步数代入式（1.11）可得

$$-5\boldsymbol{a}_z + 5\boldsymbol{a}_y + 5\boldsymbol{a}_z - 6\boldsymbol{a}_y = \boldsymbol{b} \tag{1.12}$$

由式（1.12）可得 Burgers 矢量 $\boldsymbol{b} = -\boldsymbol{a}_y$，即此时 Burgers 矢量 $\boldsymbol{b}$ 的方向与 y 坐标轴的负方向一致，其大小为一个原子间距。

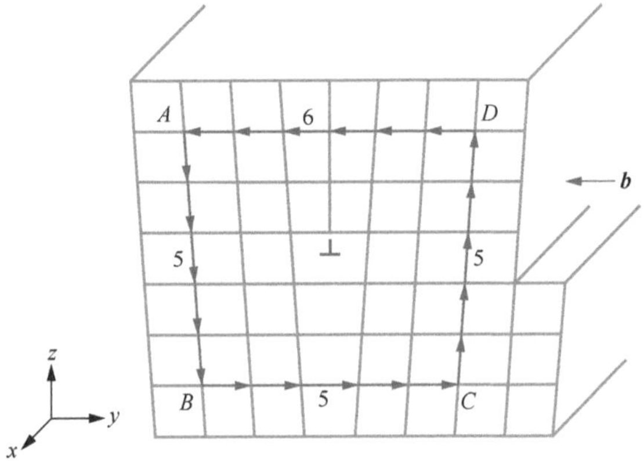

图 1.35　环绕刃型位错的 Burgers 回路

以图 1.36 所示螺型位错为例，也从左上角处 A 点出发，作逆时针的 Burgers 回路。当从 A 点走到 B 点时，沿 z 坐标轴的反方向走了 7 步，当从 B 点走到 C 点时，沿 y 坐标轴的正方向走了 9 步，当从 C 点走到 D 点时，沿 z 坐标轴的正方向走了 4 步，当从 D 点走到 E 点时，沿 x 坐标轴的负方向走了 1 步，当从 E 点走到 F 点时，沿 z 坐标轴的正方向走了 3 步，当从 F 点又回到 A 点时，沿 y 坐标轴的负方向走了 9 步，则相应步数代入式（1.11）可得

$$-7\boldsymbol{a}_z + 9\boldsymbol{a}_y + 4\boldsymbol{a}_z - \boldsymbol{a}_x + 3\boldsymbol{a}_z - 9\boldsymbol{a}_y = \boldsymbol{b} \tag{1.13}$$

由式（1.13）可得 $\boldsymbol{b} = -\boldsymbol{a}_x$，即此时 Burgers 矢量 $\boldsymbol{b}$ 的方向与 x 坐标轴的负方向一致，其大小为一个原子间距。

实际上，位错的存在破坏了金属晶体的无畸变点阵排列结构，因为在位错中心，原子间发生了很大的畸变，即使在离位错中心比较远的地方，这些畸变也是存在的。Burgers 回路就是把这些在位错中心四周原子间的畸变累积起来，最终由 Burgers 矢量表达出来，这就是 Burgers 矢量的物理意义。只要 Burgers 回路所包

含的位错没有改变，则无论所选择的 Burgers 回路的大小如何，最终所得出的 Burgers 矢量是不变的。因此，可以从 Burgers 回路的角度来定义位错，即一个 Burgers 回路绕着一个晶体缺陷作一闭合回路，如果在各个方向所走步数之矢量和不为零，则这个晶体缺陷就叫位错，该矢量和即为 Burgers 矢量。

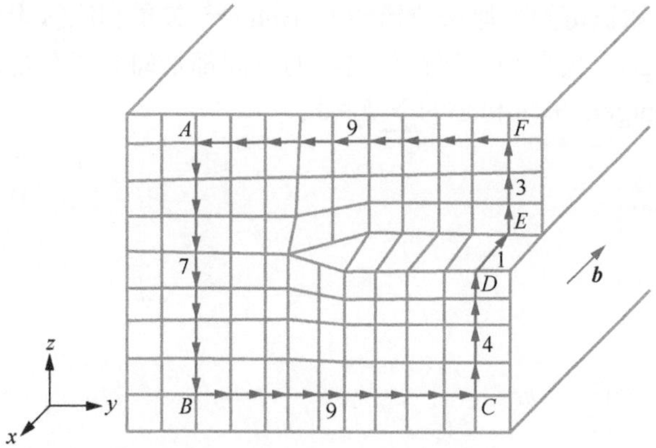

图 1.36　环绕螺型位错的 Burgers 回路

2. Burgers 矢量的守恒性

Burgers 矢量是表示位错环最基本性质的一个物理量，一个位错环的 Burgers 矢量具有守恒性，其主要表现在以下几个方面。

（1）设有一位错线，在其中途发生了分叉，生成了两根位错线，则位错线 Burgers 矢量保持守恒。如图 1.37 中的位错线 1，其分叉为 2 和 3 两根位错线，位错线 1 的 Burgers 矢量为 $\boldsymbol{b}_1$，位错线 2 和 3 的 Burgers 矢量分别为 $\boldsymbol{b}_2$ 和 $\boldsymbol{b}_3$，则有 $\boldsymbol{b}_1=\boldsymbol{b}_2+\boldsymbol{b}_3$。

（2）根据位错 Burgers 矢量守恒性，一个位错环只有一个 Burgers 矢量。如图 1.38 所示，假设位错环 *PQRS* 有两个不同的 Burgers 矢量，即 *PQR* 的 Burgers 矢量为 $\boldsymbol{b}_1$，*PSR* 的 Burgers 矢量为 $\boldsymbol{b}_2$。则按照位错的基本性质，*PQR* 与 *PSR* 两区域的变形就该有所不同，即在两区域之间一定有一位错线将它们区分开来。假定该位错线为 *PR*，则 *PR* 线的 Burgers 矢量应为 $\boldsymbol{b}_3=\pm(\boldsymbol{b}_1-\boldsymbol{b}_2)$。如果消除 *PR* 位错线，则必有 $\boldsymbol{b}_3=\boldsymbol{0}$，结果 $\boldsymbol{b}_1=\boldsymbol{b}_2$，与假设有两个不同的 Burgers 矢量相矛盾，所以 *PQRS* 位错环只有一个 Burgers 矢量。

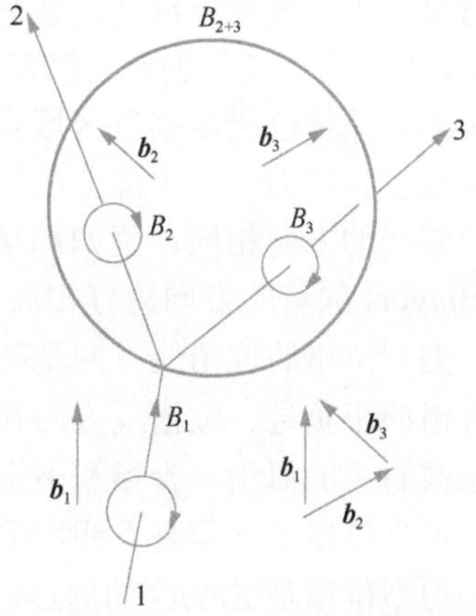

图 1.37　分叉位错的 Burgers 矢量守恒

（3）根据位错 Burgers 矢量守恒性，几个位错线相遇于一点成一结点，如果这些位错线都向着或背着结点，则这些位错线的 Burgers 矢量和恒为零。在金属晶体的位错网络中，个别的位错线必须成一环形，或相遇于一个结点，或终止在晶体外表面上，或终止在晶界上。如果组成结点的位错线方向都指向结点，如图 1.39 所示。由前面的知识可知，原来位错线的 Burgers 矢量和应等于位错线方向离开结点位错的 Burgers 矢量和。现在位错线的方向都是向着或全是离开结点，那么这些位错线的 Burgers 矢量和必为 $\sum \boldsymbol{b}_i = \mathbf{0}$ 。

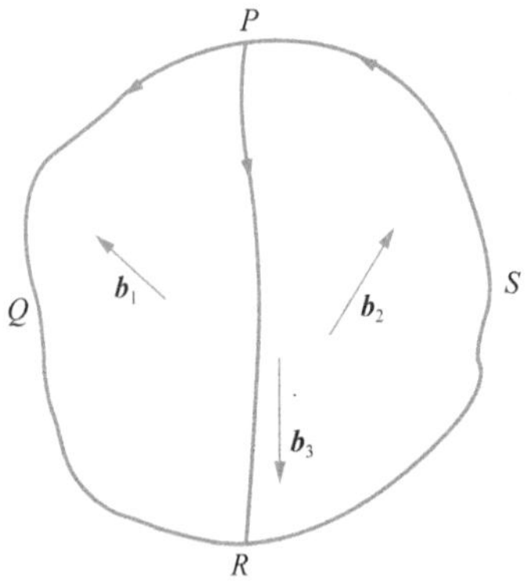

图 1.38　证明位错环只有一个 Burgers 矢量

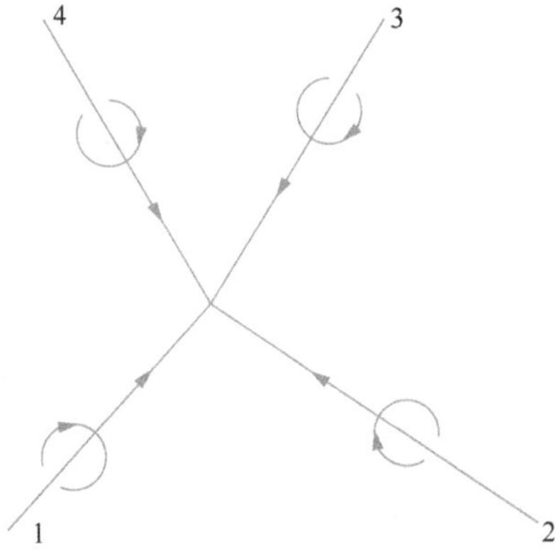

图 1.39　4 条位错线的方向指向结点

1.2.3　刃型位错

刃型位错的位错线与它的 Burgers 矢量相垂直。刃型位错有正负之分，如图 1.40 所示。若额外半原子面位于晶体的上半部分，则此处的位错线称为正刃型位错，以符号“⊥”表示。反之，若额外半原子面位于晶体的下半部分，则称为负刃型位错，以符号“T”表示。正刃型位错的上半部分晶体位错线临近区域受压应力，下半部分晶体位错线临近区域受拉应力，而负刃型位错的上半部分晶体位错线临近区域受拉应力，下半部分晶体位错线临近区域受压应力。设正负两种刃型位错的位错线的方向相同，例如都是从纸背指向纸面，则可以看出，这两种符号位错的 Burgers 矢量的方向恰好相反。

刃型位错的位错线方向是随位错的正负号和 Burgers 矢量的方向而定的。刃型位错的正负号、位错线方向和 Burgers 矢量方向三者之间的关系可以用右手坐标系或右手的拇指、食指和中指的关系来表明，如图 1.41 所示。

刃型位错不一定是直线，可以是在一个平面上任何形状的曲线。例如，图 1.42 中的刃型位错是 *EFHG* 的周边，这个位错是在晶体中多了一片 *EFHG* 的原子层所造成的，也可以在平行于 *EFHG* 平面的四周插入四片原子平面获得 *EFHG* 的周界而形成，此时 *EFHG* 实际上就是一片原子空位。所以，*EFHG* 可以看作晶体中多出的一层原子层或是一层原子层空位，其也称为棱柱位错。

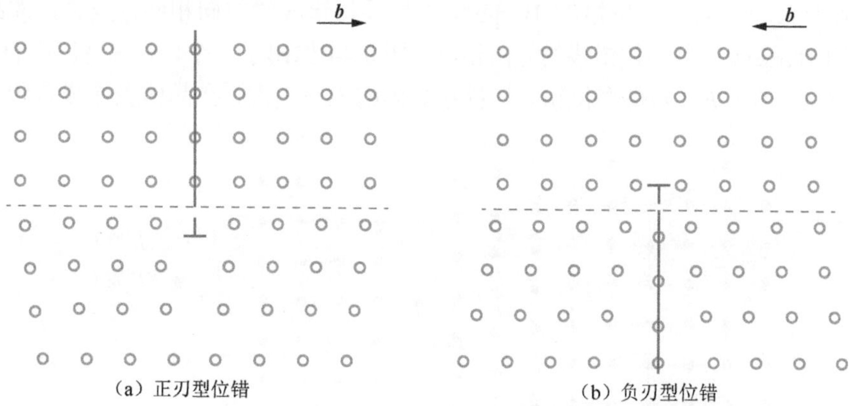

图 1.40　刃型位错的符号表示

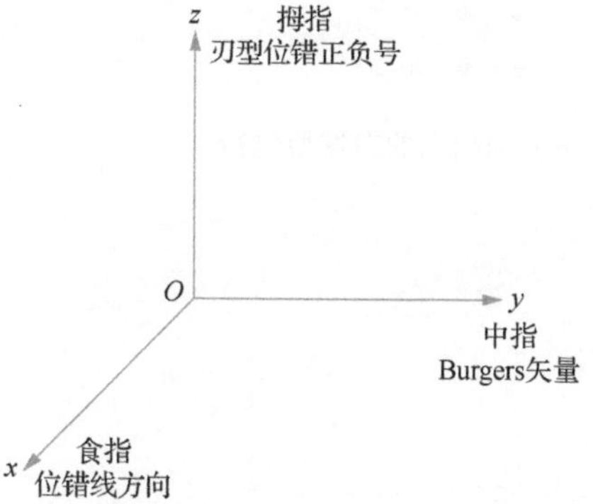

图 1.41　刃型位错的正负号、Burgers 矢量与位错线方向之间的右手坐标系关系

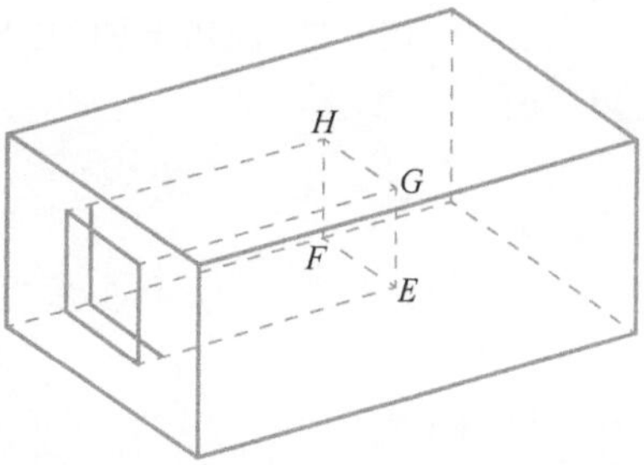

图 1.42　晶体中的纯刃型位错位错环

1.2.4　螺型位错

螺型位错线与它的 Burgers 矢量相平行。根据位错线附近原子呈螺旋形排列的旋转方向不同，可将螺型位错分为左螺型位错和右螺型位错两种。如图 1.43 所示，从晶体的上面俯视下去，在紧靠位错线 *BC* 上下两层原子的位置，○代表在位错线上面一层原子的位置，●代表位错线下面一层原子的位置。实际上，该螺型位错是将右上半个晶体的原子向前移动半个原子间距，即 0.5*b*，而将右下半个晶体的原子向后移动半个原子间距而成。换言之，该螺型位错是由右半个晶体中上下两部分的原子作前后相对移动一个原子间距而形成的。图 1.43 的螺旋为右手螺

旋，故该图中的位错为右螺型位错。反之，若在左半个晶体上将上半个晶体的原子向前移动半个原子间距，而将下半个晶体的原子向后移动半个原子间距，则形成左螺型位错。右螺型位错的 Burgers 矢量与位错线的方向相同，反之，左螺型位错的 Burgers 矢量与位错线的方向相反。图 1.44 给出了一个含有螺型位错的三维晶体模型。图中 *BC* 为螺型位错，其贯穿晶体的上下表面，在晶体表面成台阶 *AB*。

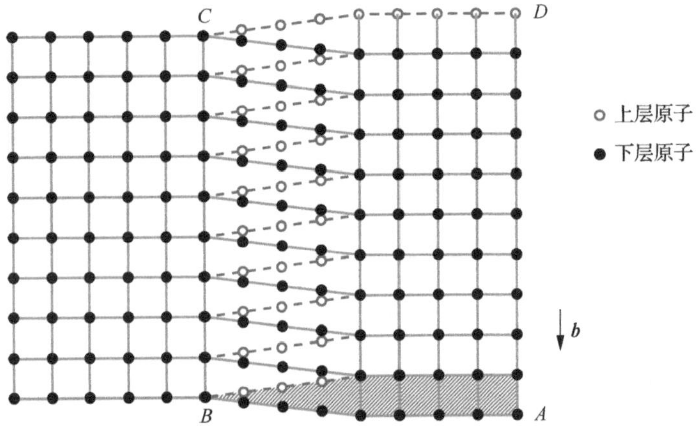

图 1.43　位错线方向与 Burgers 矢量方向相同的右螺型位错

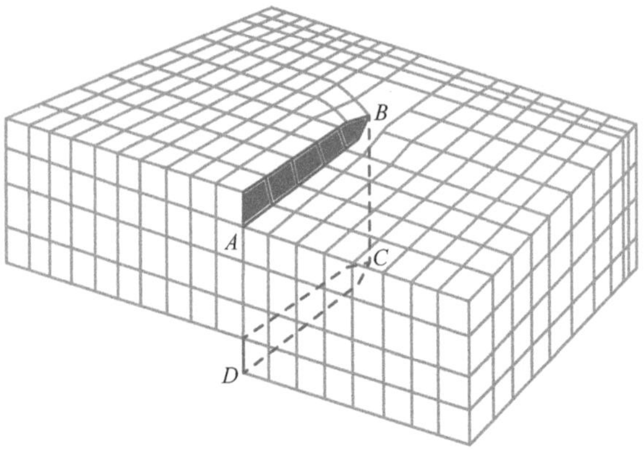

图 1.44　含有螺型位错三维晶体模型

1.2.5　混合位错

混合位错是指同时具有刃型位错和螺型位错基本特征的位错。很容易从 Burgers 矢量的角度来分析一个混合位错，假设有一混合位错 *AB*（图 1.45），该位错线的方向为从 *A* 到 *B*，已知它的 Burgers 矢量为 $\boldsymbol{b}$，该位错线和 Burgers 矢量 $\boldsymbol{b}$ 的夹角为 θ。将 Burgers 矢量 $\boldsymbol{b}$ 分解为两个分量 $\boldsymbol{b}_e$ 和 $\boldsymbol{b}_s$，$\boldsymbol{b}_e$ 垂直于 *AB*，$\boldsymbol{b}_s$ 平行于

AB，则有

$$\begin{cases} \boldsymbol{b}_e = \boldsymbol{b}\sin\theta \\ \boldsymbol{b}_s = \boldsymbol{b}\cos\theta \end{cases} \tag{1.14}$$

式中，$\boldsymbol{b}_e$ 为位错线 *AB* 中纯刃型位错部分的 Burgers 矢量；$\boldsymbol{b}_s$ 为位错线 *AB* 中纯螺型位错部分的 Burgers 矢量。根据前面确定刃型位错正负以及螺型位错左右的相关法则，图中 $\boldsymbol{b}_s$ 与位错线 *AB* 同向，则其对应于纯右螺型位错；图中 $\boldsymbol{b}_e$ 的方向指向右侧，则其对应于纯负刃型位错。据此可以看出，具有 Burgers 矢量 $\boldsymbol{b}$ 的混合位错线是由 Burgers 矢量为 $\boldsymbol{b}_e$ 的负纯刃型位错与 Burgers 矢量为 $\boldsymbol{b}_s$ 的纯右螺型位错所组成。图 1.46 给出了弧形的混合位错线 *AC*，在 *A* 点是纯右螺型位错，而在 *C* 点则是纯正刃型位错，*A* 点和 *C* 点之间的部分就是两者位错的混合型。图 1.47 为这条位错线上各小段的原子组态[11-13]。

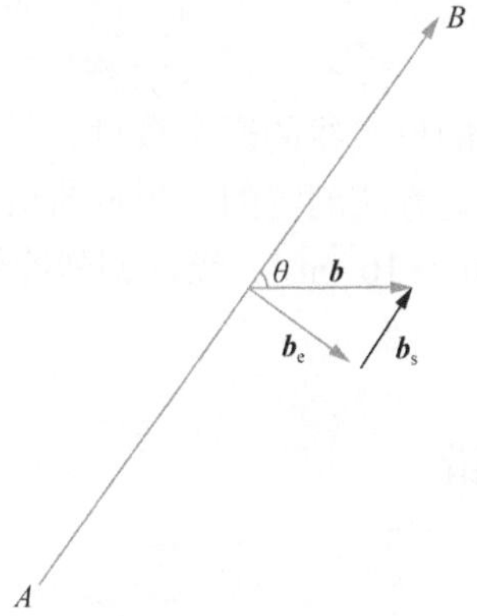

图 1.45　混合位错分解成刃型位错和螺型位错

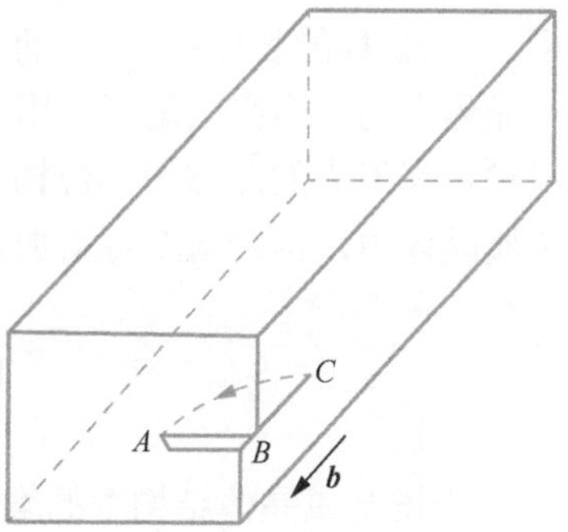

图 1.46　在晶体中的混合位错 *AC*

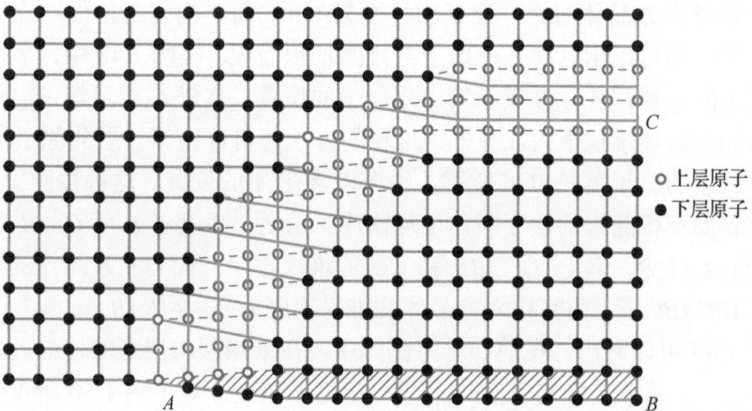

图 1.47　图 1.46 中混合位错 *AC* 的原子组态

1.2.6 位错密度

位错密度（dislocation density）是指晶体中单位体积所包含的位错线的长度，其表达式为

$$\rho = \frac{S}{V} \tag{1.15}$$

式中，V为晶体的体积；S为晶体中位错线的总长度，故位错密度ρ的量纲为$[L]^{-2}$，L 代表长度单位。

在许多情况下，位错线可以看作直线，而且是平行地从试样的一面穿到另外一面。于是位错密度就可以用与位错线垂直的单位面积中位错线与表面交点的个数来定义，即

$$\rho = \frac{n \times l}{l \times S} = \frac{n}{S} \tag{1.16}$$

式中，l为试样的长度；n为在面积S中所看到的位错线的露头数量。

晶体中的位错密度是可以用 X 射线以及其他方法测定的。测定的结果表明，在经过良好退火的晶体中，位错密度一般为 $10^8 \sim 10^{12}\text{m}^{-2}$。经过剧烈冷塑性变形的金属晶体中，位错密度可增加至 10^{16}m^{-2}。

1.3 层　　错

1.3.1 密堆金属晶体结构中的堆垛层次

图 1.48 为面心立方晶体的密排面。对于面心立方晶体而言，原子密排面为(111)面，对于密排六方晶体而言，原子密排面为(0001)面。换言之，面心立方晶体与密排六方晶体都可以用这样一个原子密排面堆积而成。在图 1.48 中，字母A表示第一层原子的位置，字母B表示第二层原子的位置，字母C表示第三层原子的位置，可以如此循环堆积下去。另外，堆积的方法还可以使第二层的原子落在C的位置，第三层的原子落在B的位置，也可以落在A的位置。这种按照A、B和C原子的位置而堆积起来的次序叫作堆垛次序。总之，A上可B可C，B上可C可A，C上可A可B，但无AA、BB和CC的堆垛次序。面心立方晶体的堆垛次序为…$ABCABCABC$…，而密排六方晶体的堆垛次序为…$ABABAB$…。

从图 1.49 可以看出，在面心立方晶体中，在堆垛层与层之间，最近邻的原子排成一条直线，即$[0\bar{1}\bar{1}]$与底面(111)成一角度。然而，对于图 1.50 所示的密排六方晶体，在堆垛层与层之间，最近邻的原子并没有排成一条直线，而是排成一条曲折线，每两个原子曲折一次。从而可以看出这两种晶体的堆垛次序是不同的。

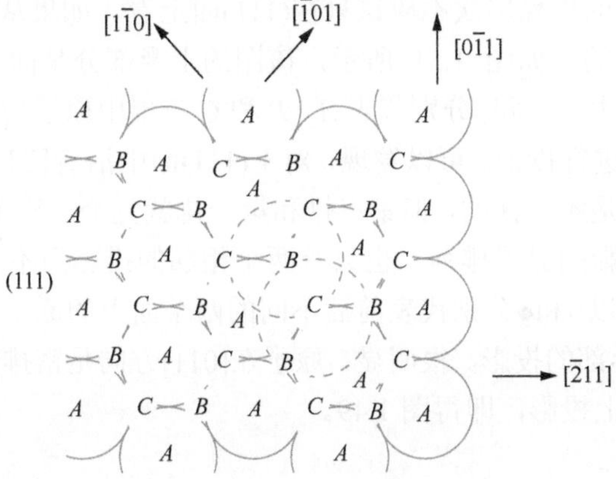

图 1.48　面心立方晶体的密排面

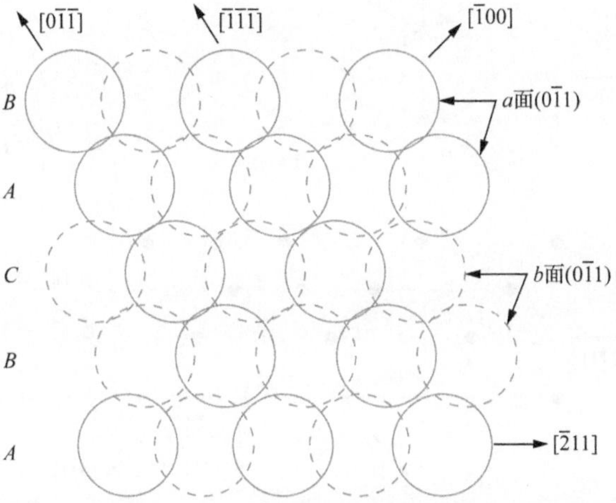

图 1.49　面心立方晶体中原子排列在 $(0\bar{1}1)$ 面上的投影

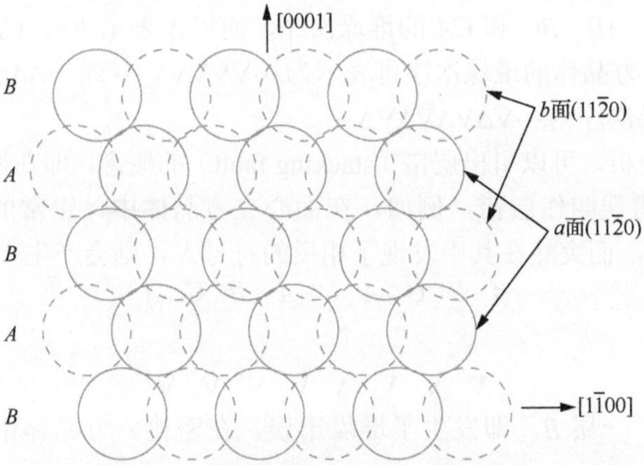

图 1.50　密排六方晶体中原子排列在 $(11\bar{2}0)$ 面上的投影

面心立方晶体的堆垛层次不应该只在(111)面上看。如果从 $(0\bar{1}1)$ 面上看，其特征也是非常明显的。如图 1.51 所示，该图的上半部分是面心立方晶体中(111)面的堆垛层次，图中□、×和△分别代表 *A*、*B* 和 *C* 三层中原子的位置。然后将各层原子在 $(0\bar{1}1)$ 面上进行投影。可以发现，对于(111)面中沿着 $[\bar{2}11]$ 方向上的原子排列，只有相邻两排是不一样的，但第三排和第一排就完全一样了。因此可以知道，对于 $(0\bar{1}1)$ 面上投影的原子排列，也只有两个相邻的投影面不同，第三面和第一面就完全相同了。以○和●分别代表前后不同的两个面上的原子位置，于是得到如图 1.51 所示的下半部的投影。很明显，原子在[011]方向是密排的。以实心球做成模型，在 $(0\bar{1}1)$ 面上投影，即得图 1.49。

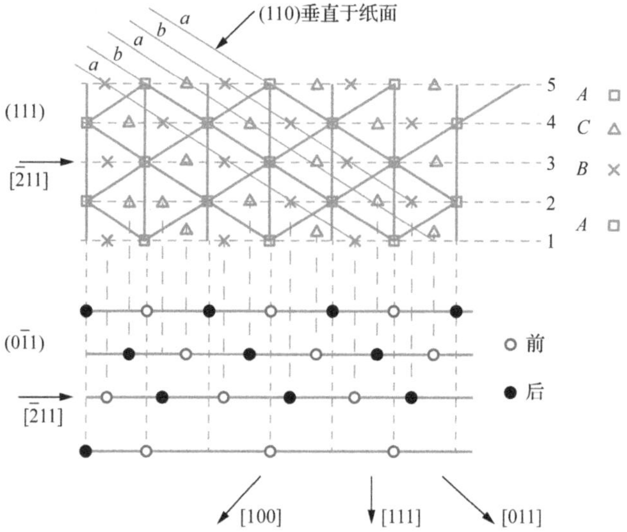

图 1.51　面心立方晶体原子排列在（111）面与 $(0\bar{1}1)$ 面上投影的对比图

如以∇表示 *AB*、*BC* 和 *CA* 的堆垛次序，而以Δ表示 *BA*、*CB* 和 *AC* 的堆垛次序，则面心立方晶体的堆垛次序可表示为…∇∇∇∇∇…或…ΔΔΔΔΔ…，而密排六方晶体的堆垛次序为…∇Δ∇Δ∇Δ∇Δ…。

通过以上分析，可以引出层错（stacking fault）的概念，即在原子正常的堆垛次序中发生了错误叫作层错，例如，在面心立方晶体中，正常的堆垛次序应为…∇∇∇∇∇∇…，而突然在其中发现了相反的符号Δ，则会产生一种层错，即

$$\begin{array}{ccccccccc} A & B & C & A & C & A & B & C & A \\ & & & & \uparrow & & & & \\ & \nabla & \nabla & \nabla & \Delta & \nabla & \nabla & \nabla & \nabla \end{array}$$

箭头表示漏掉了一层 *B*，即发生了堆垛错误。在密排六方晶体中产生的一种层错为

$$\begin{array}{ccccccccc} A & B & A & B & C & A & C & A & C \\ & & & & \uparrow & \uparrow & & & \\ \nabla & \Delta & \nabla & \nabla & \nabla & \Delta & \nabla & \Delta & \end{array}$$

箭头表示下面一层的堆垛次序发生了错误。图 1.52 为正常堆垛及层错的原子模型示意图。

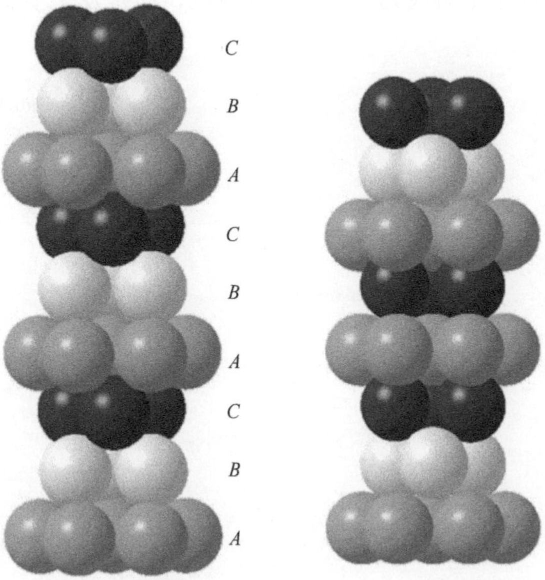

（a）正常堆垛　（b）层错

图 1.52　正常堆垛及层错的原子模型示意图

层错的存在破坏了晶体内部原子排列的周期性和完整性，并引起能量的升高。通常把产生单位面积层错所需的能量称为层错能（stacking fault energy）。金属的层错能越小，则出现层错的概率越大，层错多见于奥氏体不锈钢和 α-黄铜中。

1.3.2　面心立方晶体中的层错

在面心立方晶体中，可以通过三种方法形成层错，即原子层之间的滑移、内部抽出一层原子和外部插入一层原子[14, 15]。

在(111)面上将任意一层原子（例如原来在 C 位置的第三层原子）向 $[\bar{2}11]$ 方向滑移到 A 位置（图 1.51），然后各层也逐层移过一个位置，即 $A \to B \to C \to A$；换言之，把整个晶体分为上下两部分，以 C 层以上的半个晶体作为一个整体沿着 $[\bar{2}11]$ 方向滑移至 A 位置，各层的位置发生了变化。原始的堆垛次序为 $ABCABCABCABC$，而滑移后的堆垛次序变为

$$A\ B\ C\ A\ B\ A\ B\ C\ A\ B\ C\ A$$
$$\downarrow$$
$$\nabla\ \nabla\ \nabla\ \nabla\ \Delta\ \nabla\ \nabla\ \nabla\ \nabla\ \nabla\ \nabla$$

箭头表示滑移面所处的位置。原始堆垛次序基本特征可以用图 1.49 来描述，而滑移后堆垛次序的基本特征则可用图 1.53 来描述。尤其是要注意到，层错发生后，不同层中最近邻的原子不再成为一条倾斜的直线，而是发生了曲折。

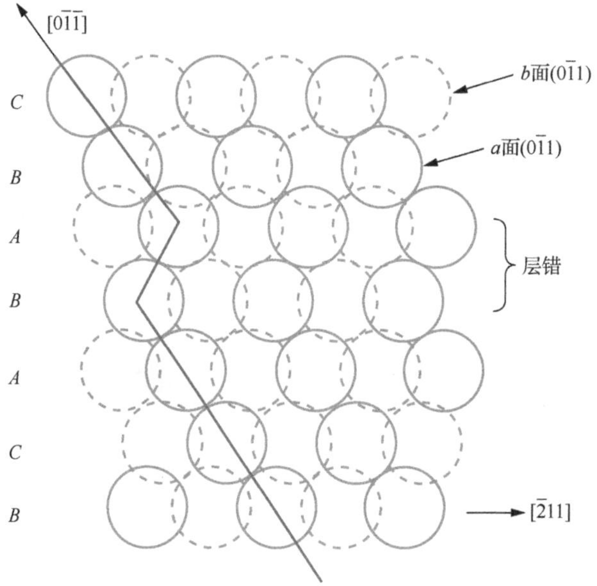

图 1.53　在面心立方晶体中用滑移方式或抽出一层原子的方式形成的层错

当在面心立方晶体中的正常堆垛次序中抽出一层 *C* 原子，则上面各层原子都垂直落到下一层的位置，原子的堆垛次序同样发生了改变，所获得的层错结果与上面滑移所得完全相同。这种通过从晶体内部抽出一层原子获得的层错，称为内禀层错（intrinsic stacking fault, ISF）。也可以用插进两层的办法得到完全相同的结果。例如，在 *B* 和 *C* 之间插进 *A* 和 *B* 两层，或在 *A* 和 *B* 之间插进 *B* 和 *A* 两层，或在 *C* 和 *A* 之间插进 *A* 和 *B* 两层，其结果与上面抽取一层 *C* 相同。

当在正常堆垛次序的面心立方晶体中的任意两层原子之间插进一层，例如在 *B* 和 *C* 两层之间插进一层 *A*，其余原子层不变，即

$$\downarrow$$
$$A\ B\ C\ A\ B\ |A|\ C\ A\ B\ C\ A$$
$$\nabla\ \nabla\ \nabla\ \nabla\ \Delta\ \ \Delta\ \nabla\ \nabla\ \nabla\ \nabla$$

这样形成的层错与使用前两种方法所得的层错不同，这样形成的层错被称为外禀层错（extrinsic stacking fault, ESF），该种层错的结构如图 1.54 所示。可

以发现，不同层最近邻的原子不成一直线而变成折线了，而且与图 1.53 中的折线不同。

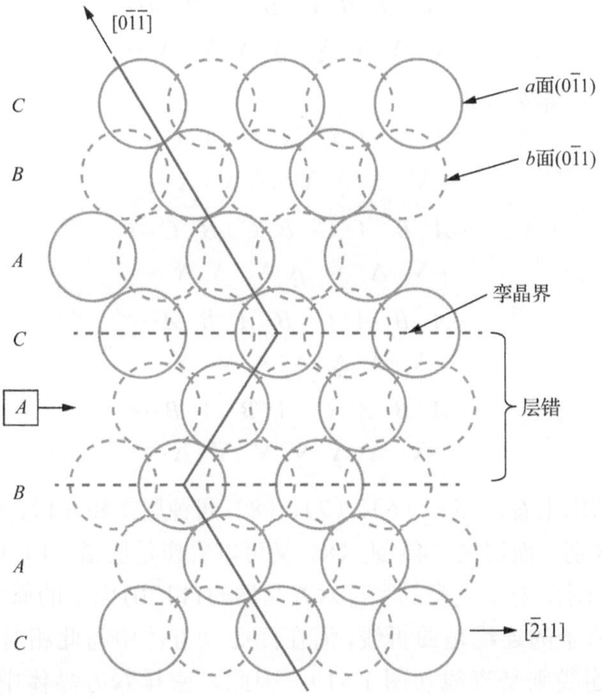

图 1.54　在面心立方晶体中用插进一层原子的方式形成的层错

1.3.3　密排六方晶体中的层错

在密排六方晶体中，最密排的一个原子面是(0001)面。对于一个完整的密排六方晶体，可以通过(0001)面按照…*ABABAB*…或…∇Δ∇Δ∇Δ∇…的层次堆垛而成。因此，密排六方晶体的层错就产生在(0001)面上。然而，如果两个相同的面做成近邻面，是无法构成层错的，即密排六方晶体中不可能形成 *AA* 或 *BB* 层错。因而，要想在密排六方晶体中形成层错，其中必须包含面心立方晶体的堆垛层次，如 *ABC* 或 *CBA*。下面给出了密排六方晶体中产生层错的 8 个例子，其中下面加点的符号 $\underset{\cdot}{\Delta}$ 或 $\underset{\cdot}{\nabla}$ 表示因其插入导致了层错的发生，右侧括号内的符号与数字表示插入的 $\underset{\cdot}{\Delta}$ 或 $\underset{\cdot}{\nabla}$ 的个数。

（1）　…*A B A B C B C B C*…　（1∇）
　　　…∇ Δ ∇ $\underset{\cdot}{\nabla}$ Δ ∇ Δ ∇…

（2）　…*A B A B C A C A C*…　（2∇）
　　　…∇ Δ ∇ $\underset{\cdot}{\nabla}$ $\underset{\cdot}{\nabla}$ Δ ∇ Δ…

（3） $$\begin{array}{c}\cdots A\ B\ A\ B\ C\ A\ B\ A\ B\cdots \\ \cdots\nabla\ \Delta\ \nabla\ \underset{\bullet}{\nabla}\ \underset{\bullet}{\nabla}\ \underset{\bullet}{\nabla}\ \Delta\ \nabla\cdots\end{array}$$ （3∇）

（4） $$\begin{array}{c}\cdots A\ B\ A\ B\ C\ B\ A\ B\ A\cdots \\ \cdots\nabla\ \Delta\ \nabla\ \underset{\bullet}{\nabla}\ \underset{\bullet}{\Delta}\ \Delta\ \nabla\ \Delta\cdots\end{array}$$ （∇Δ）

还可得到另一系列的形式：

（5） $$\begin{array}{c}\cdots A\ B\ A\ C\ A\ C\ A\ C\cdots \\ \cdots\nabla\ \Delta\ \underset{\bullet}{\Delta}\ \nabla\ \Delta\ \nabla\ \Delta\cdots\end{array}$$ （1Δ）

（6） $$\begin{array}{c}\cdots A\ B\ A\ C\ B\ C\ B\ C\cdots \\ \cdots\nabla\ \Delta\ \underset{\bullet}{\Delta}\ \underset{\bullet}{\Delta}\ \nabla\ \Delta\ \nabla\cdots\end{array}$$ （2Δ）

（7） $$\begin{array}{c}\cdots A\ B\ A\ C\ B\ A\ B\ A\cdots \\ \cdots\nabla\ \Delta\ \underset{\bullet}{\Delta}\ \underset{\bullet}{\Delta}\ \underset{\bullet}{\Delta}\ \nabla\ \Delta\cdots\end{array}$$ （3Δ）

（8） $$\begin{array}{c}\cdots A\ B\ A\ C\ A\ B\ A\ B\cdots \\ \cdots\nabla\ \Delta\ \underset{\bullet}{\Delta}\ \underset{\bullet}{\nabla}\ \nabla\ \nabla\ \Delta\cdots\end{array}$$ （Δ∇）

从层错的结构来看，（5）、（6）、（7）、（8）四种层错和（1）、（2）、（3）、（4）四种层错没有区别，而层错（4）或（8）又可以看作是层错（1）和（5）的复合。

如图 1.55 所示，对于完整的密排六方晶体的(11$\bar{2}$0)面上的原子排列，两相邻底面上的近邻原子的连线是曲折线，而在面心立方体中与此相对应的(110)面上的近邻原子的连线则是直线（图 1.51）。因此，密排六方晶体中的层错结构如图 1.56 所示。

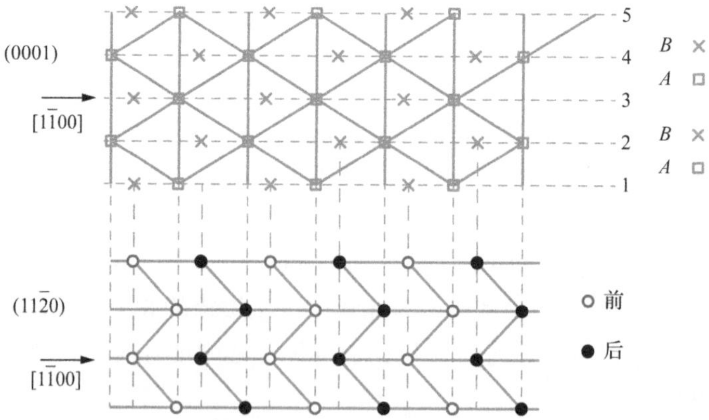

图 1.55　密排六方晶体中的原子排列在(0001)及 (11$\bar{2}$0) 面上的投影

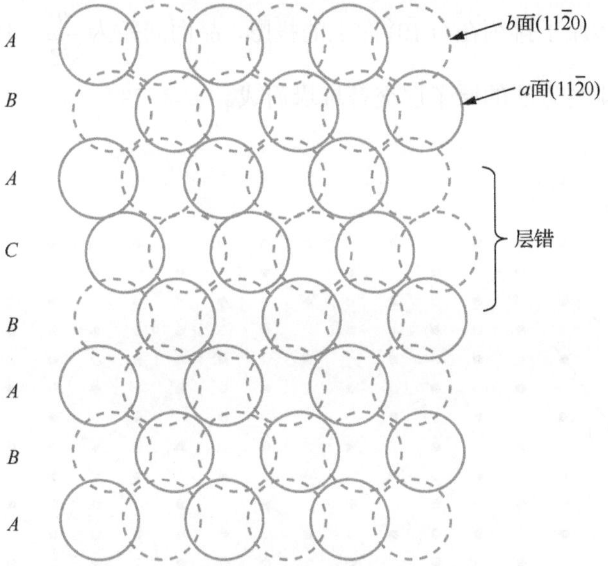

图 1.56　密排六方晶体中在 (11$\bar{2}$0) 面上所观察到的层错

1.3.4　体心立方晶体中的层错

图 1.57 为一个体心立方晶体的单晶胞。从图 1.57 中可以看出，原子最密排方向为[11$\bar{1}$] 晶向，[11$\bar{1}$] 晶向位于 (1$\bar{1}$0) 面上，而且 (1$\bar{1}$0) 面垂直于(112)面。图 1.58

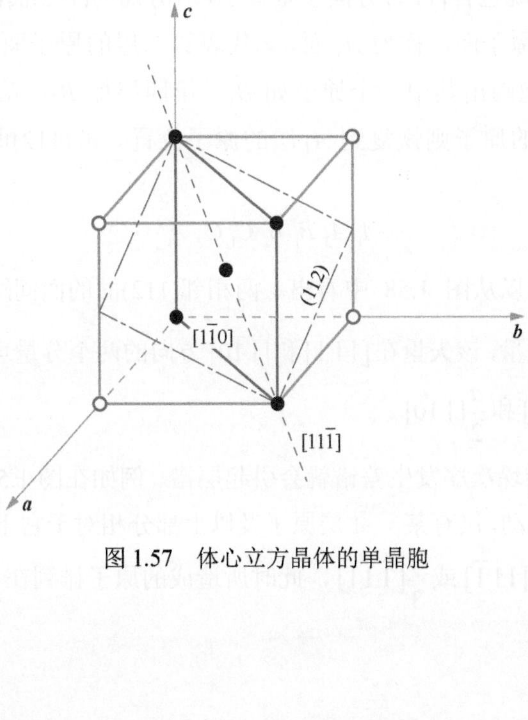

图 1.57　体心立方晶体的单晶胞

是体心立方晶体原子排列在 $(1\bar{1}0)$ 面上的投影，晶面间距为 $\frac{a}{\sqrt{2}}$。体心立方晶体就是由这样两种排列方法的原子层交替堆垛而成。

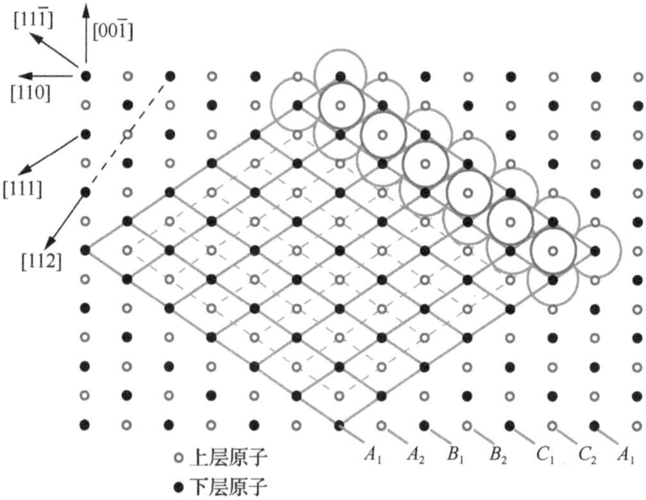

图 1.58　体心立方晶体原子排列在 $(1\bar{1}0)$ 晶上的投影

下面以体心立方晶体中(112)面的堆垛次序，介绍体心立方晶体中的层错形成情况。图 1.59 为既包含 $[11\bar{1}]$ 方向又垂直于 $(1\bar{1}0)$ 面的(112)面的原子排列方式。设●代表第一层的原子面，称为 A_1 面，○代表第二层的原子面，称为 A_2 面，第三层的原子面只能画出其中一个原子如 B_1，第四层如 B_2，第五层如 C_1，第六层如 C_2，第七层的原子则恢复到 A_1 层的原子位置。故(112)面各原子层的堆垛次序为

$$\cdots A_1\, A_2\, B_1\, B_2\, C_1\, C_2\, A_1 \cdots$$

这种堆垛次序也可以从图 1.58 中看出。两相邻(112)面的面间距为 $\frac{a}{6}[112]$，但相对产生一个位移矢量，该矢量在 $[11\bar{1}]$ 和 $[1\bar{1}0]$ 方向的两个分量可以由图 1.59 观察到，分别为 $\frac{a}{6}[11\bar{1}]$ 和 $\frac{a}{2}[1\bar{1}0]$。

如果(112)面堆垛次序发生差错就会引起层错。例如在图 1.58 中，让晶体所有部分都保持原状不动，仅有某一 A 层原子及以上部分相对于它下面的 C_2 层原子产生一个位移矢量 $\frac{a}{6}[11\bar{1}]$ 或 $\frac{a}{3}[\bar{1}\bar{1}1]$，此时所造成的原子排列在 $(1\bar{1}0)$ 面上的投影

如图 1.60 所示，很显然，这产生了层错，该层错的次序为

$$\cdots A_1\ A_2\ B_1\ B_2\ C_1\ C_2\ C_1\ C_2\ A_1\ A_2\ B_1\ B_2\cdots$$
$$\uparrow\ \uparrow$$

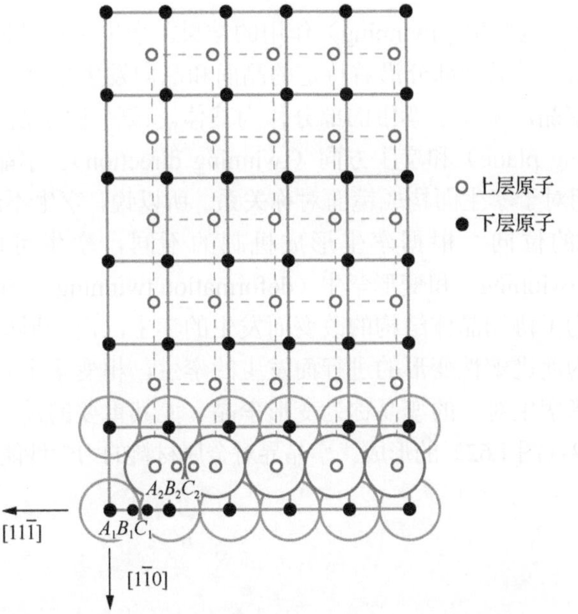

图 1.59　体心立方晶体原子排列在(112)面上的投影

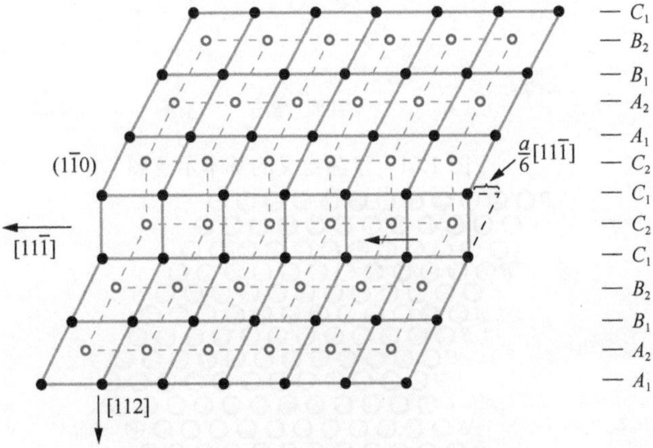

图 1.60　体心立方晶体中形成的层错

1.4 孪　　晶

1.4.1 孪晶的基本定义

孪晶（twin）是孪生（twinning）作用的结果。孪生是指晶体在切应力的作用下，其一部分相对于另一部分沿着特定的晶面和晶向发生平移（图 1.61），发生孪生的部分称为孪晶，未发生孪生的部分称为基体。该特定的晶面和晶向分别称为孪生面（twinning plane）和孪生方向（twinning direction）。孪晶和基体具有不同的位向，两者相对于孪生面构成镜面对称关系。所以说，孪生不改变晶体的结构，但会改变晶体的位向。根据孪生形成机制的不同，孪生可以分为相变孪生（transformation twinning）和变形孪生（deformation twinning），相变孪生是指晶体在发生相变时为了协调晶体结构的改变而发生的孪生，而变形孪生是指晶体在机械力的作用下为促进塑性变形的进行而发生的孪生，相变孪生对应的孪晶称为相变孪晶，而变形孪生对应的孪晶称为变形孪晶。尤其重要的是，孪晶的出现必然会伴随着孪晶界（图 1.62）的形成。孪晶界对金属材料的力学性能具有重要的影响。

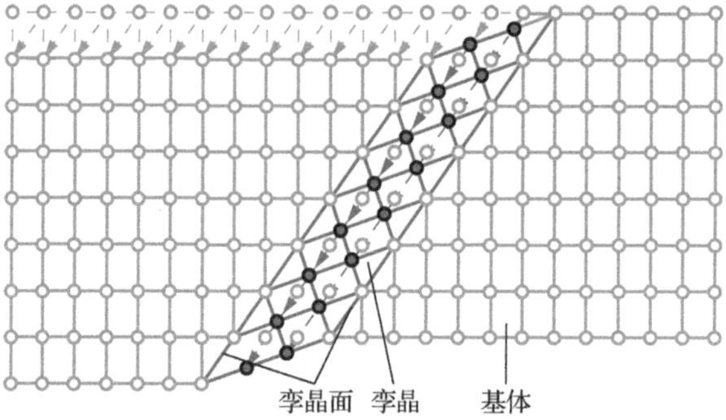

图 1.61　孪晶定义的基本示意图

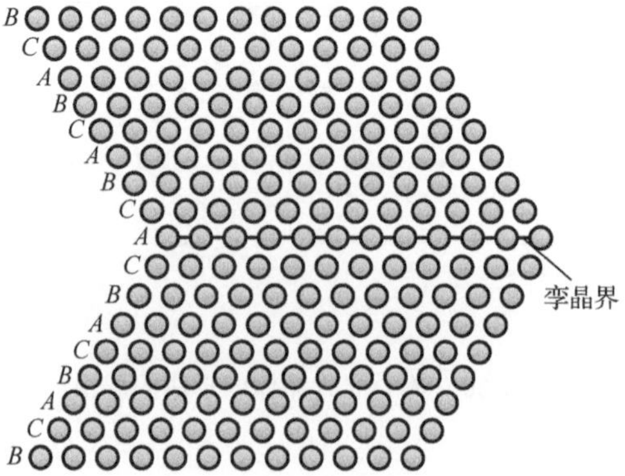

图 1.62　孪晶界结构示意图

1.4.2　孪晶的基本要素

如图 1.63 所示，孪生可以用四个要素来描述，即 $\boldsymbol{K}_1$、$\boldsymbol{\eta}_1$、$\boldsymbol{K}_2$ 和 $\boldsymbol{\eta}_2$。要素 $\boldsymbol{K}_1$ 就是孪生面，在孪生过程中该面不发生任何畸变，即面积和形状都不发生变化。要素 $\boldsymbol{K}_2$ 也是一个不发生畸变的平面，它在孪生后恰好变成椭球体与原球体相交的平面。要素 $\boldsymbol{\eta}_1$ 就是孪生方向，而要素 $\boldsymbol{\eta}_2$ 就是 $\boldsymbol{K}_2$ 面与切变面的交线。根据孪晶的形成特点，孪晶基本要素也可以用孪生的基本要素来描述。

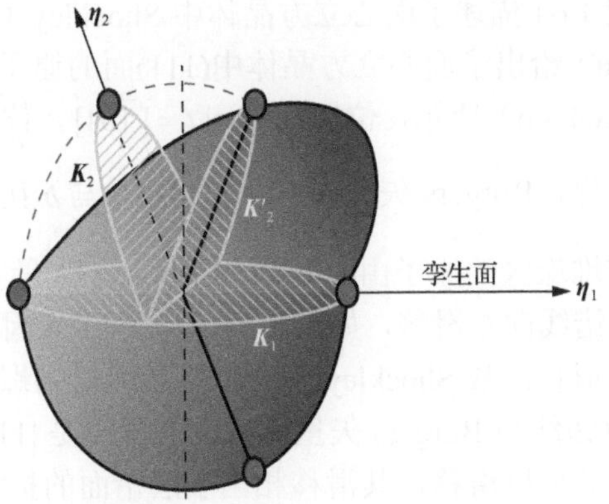

图 1.63　孪生剪切作用示意图

1.4.3　孪晶的基本类型

根据孪生的四要素 $\boldsymbol{K}_1$、$\boldsymbol{\eta}_1$、$\boldsymbol{K}_2$ 和 $\boldsymbol{\eta}_2$ 的取值问题，孪晶可以分为 I 型孪晶、II 型孪晶和复合孪晶。如果 $\boldsymbol{K}_1$ 的晶面指数和 $\boldsymbol{\eta}_2$ 的晶向指数是有理数，而 $\boldsymbol{K}_2$ 的晶面指数和 $\boldsymbol{\eta}_1$ 的晶向指数是无理数，则该孪晶称为 I 型孪晶。如果 $\boldsymbol{K}_2$ 的晶面指数和 $\boldsymbol{\eta}_1$ 的晶向指数是有理数，而 $\boldsymbol{K}_1$ 的晶面指数和 $\boldsymbol{\eta}_2$ 的晶向指数是无理数，则该孪晶称为 II 型孪晶。如果 $\boldsymbol{K}_1$ 的晶面指数、$\boldsymbol{\eta}_1$ 的晶向指数、$\boldsymbol{K}_2$ 的晶面指数和 $\boldsymbol{\eta}_2$ 的晶向指数都是有理数，则该孪晶称为复合孪晶。

1.5　位错与层错的关系

1.5.1　不全位错

1. 基本定义

位错的 Burgers 矢量可以不等于最短平移矢量的整数倍，这种位错称为不全位错或部分位错（partial dislocation）。不全位错沿滑移面扫过之后（关于位错滑移的相关概念在第 2 章进行详细介绍），滑移面上下层原子不再占有平常的位置，产生了错排，从而形成层错，不全位错通常伴随着层错而出现[8, 9]。

2. Shockley 不全位错

面心立方晶体与密排六方晶体的最密排面原子排列情况完全相同。如果按 *ABCABC*…顺序堆垛是面心立方，如果按 *ABAB*…顺序堆垛则是密排六方。层错破坏了晶体中正常的周期性，使电子发生额外的散射，从而使能量增加。层错不产生点阵畸变，因此层错能比晶界能低得多。晶体中层错区与正常堆垛区的交界便是不全位错。图 1.64 描述了面心立方晶体中 Shockley（肖克莱）不全位错的基本结构。图 1.64（a）给出了面心立方晶体中(111)面的原子堆垛位置，其中纸面即为(111)面。如图 1.64（b）所示，位错线方向 $\boldsymbol{t}=[\bar{1}01]$，位错线是左边正常堆垛区与右边层错区的交界，Burgers 矢量 $\boldsymbol{b}=\frac{a}{6}[\bar{1}2\bar{1}]$，$\boldsymbol{t}$ 与 $\boldsymbol{b}$ 互相垂直，故为刃型位错。位错线左侧正常堆垛区的原子由 *B* 位置沿 Burgers 矢量 $\boldsymbol{b}$ 滑移至 *C* 位置，即层错区扩大，不全位错线向左滑移，如图 1.64（c）所示。因为层错区与正常堆垛区交界线可以是各种形状，故 Shockley 不全位错还可以为螺型位错和混合位错。因为 Shockley 不全位错线与 Burgers 矢量所决定的平面是 $\{111\}$ 面，是面心立方晶体的原子最密排面，故可以滑移，其滑移相当于层错面的扩大和缩小。

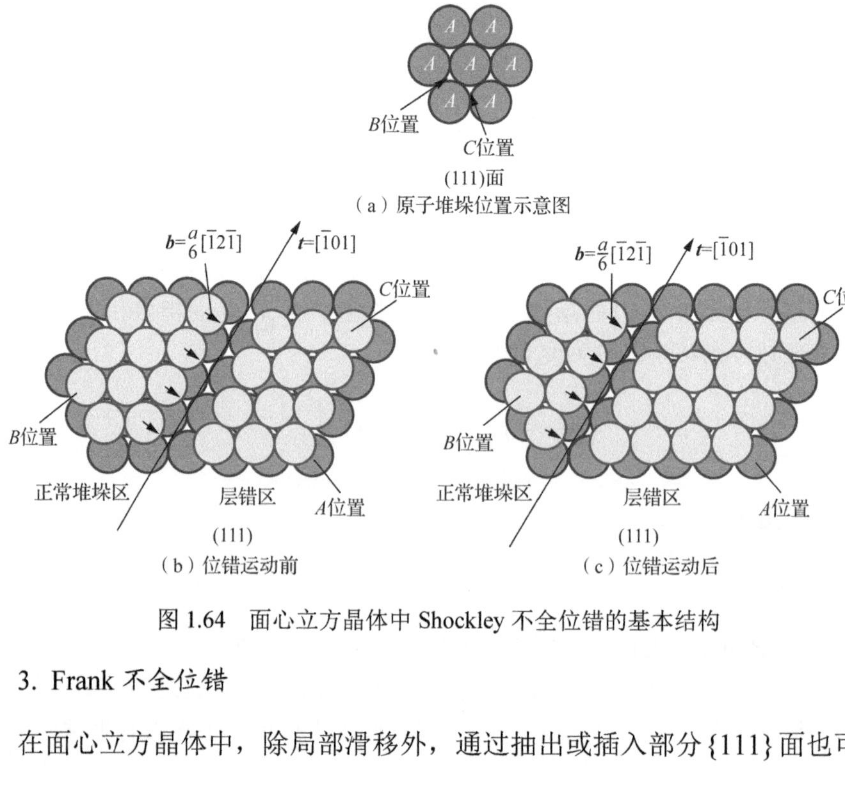

（a）原子堆垛位置示意图

（b）位错运动前　（c）位错运动后

图 1.64　面心立方晶体中 Shockley 不全位错的基本结构

3. Frank 不全位错

在面心立方晶体中，除局部滑移外，通过抽出或插入部分 $\{111\}$ 面也可以形成局部层错，如图 1.65 所示。在图 1.65（a）中，无层错区 {111} 面的堆垛次序为 *ABCABCABC*…，从中抽出部分 {111} 面，堆垛次序变为 *ABCABABCABC*…，产生了局部层错。在图 1.65（b）中，正常堆垛次序插入部分 {111} 面，堆垛次序变为 *ABCABCBABCABC*…，也产生了局部层错，层错区与正常堆垛区的交界就是 Frank（弗兰克）不全位错。其中抽出部分 {111} 面形成的层错就是内禀层错，内禀层错区与正常堆垛区交界称为负 Frank 不全位错，如图 1.65（a）所示；插入部分 {111} 面形成的层错就是外禀层错，外禀层错区与正常堆垛区交界称为正 Frank 不全位错，如图 1.65（b）所示。抽出部分 {111} 面会引起相邻 {111} 面的局部塌陷，插入部分 {111} 面会引起相邻 {111} 面的局部膨胀，因为 {111} 面间距为 $\frac{a}{3}\langle 111\rangle$，故 Frank 不全位错的 Burgers 矢量 $\boldsymbol{b}=\frac{a}{3}\langle 111\rangle$，所要说明的是正负 Frank 不全位错的 Burgers 矢量方向相反。

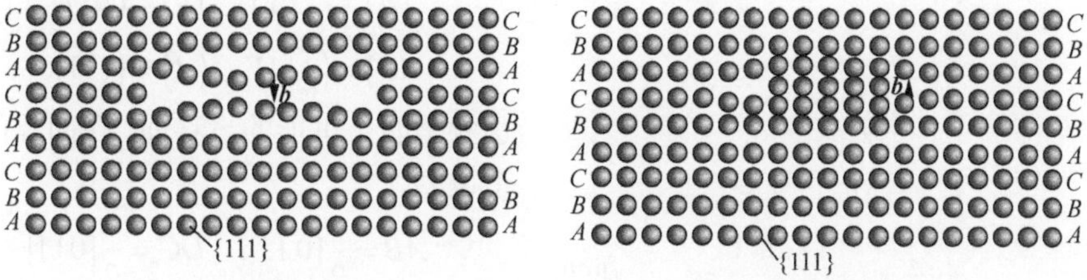

（a）负 Frank 不全位错　　（b）正 Frank 不全位错

图 1.65　面心立方晶体中的 Frank 不全位错

1.5.2　位错反应

1. 位错反应基本条件

如果 m 个 Burgers 矢量分别为 $\boldsymbol{b}_1,\boldsymbol{b}_2,\cdots,\boldsymbol{b}_i,\cdots,\boldsymbol{b}_m$ 的位错相遇并自发变成 n 个 Burgers 矢量分别为 $\boldsymbol{b}_1',\boldsymbol{b}_2',\cdots,\boldsymbol{b}_j',\cdots,\boldsymbol{b}_n'$ 的新位错，那么新旧位错的 Burgers 矢量必须满足以下条件[8-10]。

（1）几何条件：

$$\sum_{j=1}^{n}\boldsymbol{b}_j'=\sum_{i=1}^{m}\boldsymbol{b}_i \tag{1.17}$$

即新位错的 Burgers 矢量和应等于旧位错的 Burgers 矢量和。如果想到 $\boldsymbol{b}$ 是晶体的局部位移矢量，就不难理解，几何条件就是运动叠加原理。

（2）能量条件：

$$\sum_{j=1}^{n}\boldsymbol{b}_j'\leqslant\sum_{i=1}^{m}\boldsymbol{b}_i \tag{1.18}$$

即新位错的总能量应该不大于旧位错的总能量。

2. 面心立方晶体中的位错反应

由于在研究面心立方晶体中的位错分布时，(111)面和[110]方向具有基本的重要性。Thompson 在 1953 年的一篇论文里引入了一个基本的参考四面体和一套标记[11]。沿用这一套标记，可以很方便地了解面心立方晶体中位错线及 Burgers 矢量所在的晶面和晶向。

考虑图 1.66 所示的面心立方晶体中滑移系所在的四面体，把(001)、(010)及(100)三个面的面心及原点依次标以 A、B、C 和 D，则 A、B、C 和 D 的坐标就分别是(1/2,1/2,0)、(1/2,0,1/2)、(0,1/2,1/2)和(0,0,0)。

以 A、B、C 和 D 为顶点连成一个四面体，并各个顶点相对的面分别以圆括号中的小写字母标记如（a)、（b)、（c）和（d），显然

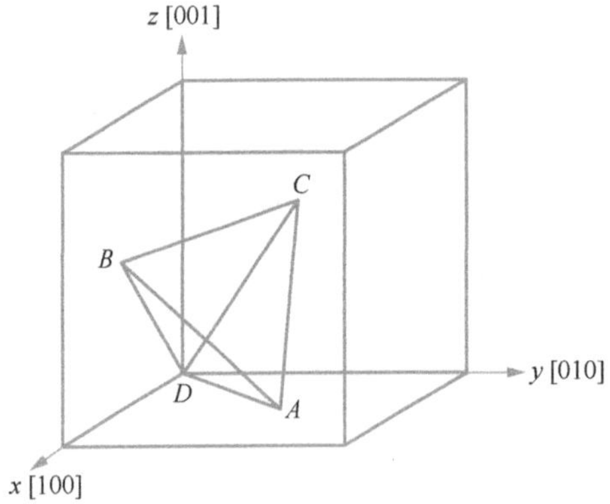

图 1.66　面心立方晶体中滑移系所在的四面体

$$(a)=(11\bar{1}),\quad (b)=(1\bar{1}1)$$
$$(c)=(\bar{1}11),\quad (d)=(111)$$

这就是四个可能的滑移面。四面体的六个棱为

$$\overrightarrow{AB}=\frac{1}{2}[0\bar{1}1],\quad \overrightarrow{DC}=\frac{1}{2}[011]$$
$$\overrightarrow{AC}=\frac{1}{2}[\bar{1}01],\quad \overrightarrow{DB}=\frac{1}{2}[101]$$
$$\overrightarrow{BC}=\frac{1}{2}[\bar{1}10],\quad \overrightarrow{DA}=\frac{1}{2}[110]$$

此中括弧内的数字与一般晶体学的符号相同，表示这四面体上六个棱的晶向，而括弧外的 1/2 则表示在此晶向上各原子之间距离为 1/2。也可以看作 $\overrightarrow{AB}$ 矢量在三个轴上的投影为$\left[0,\frac{\bar{1}}{2},\frac{1}{2}\right]$，简写为$\frac{1}{2}[0\bar{1}1]$。应当注意，数字 1/2 并非指面心立方晶体单胞边长的 1/2。这六个矢量以及和它们大小相等但方向相反的另外六个矢量就构成了面心立方晶体中全位错中 12 个可能的 Burgers 矢量。

（a)、（b)、（c）和（d）四个面的中心依次以α、β、γ和δ表示，于是四个 $\boldsymbol{n}$ 矢量可表示为

$$\overrightarrow{A\alpha}=\frac{1}{3}[\bar{1}\bar{1}1],\quad \overrightarrow{B\beta}=\frac{1}{3}[\bar{1}1\bar{1}]$$
$$\overrightarrow{C\gamma}=\frac{1}{3}[1\bar{1}\bar{1}],\quad \overrightarrow{D\delta}=\frac{1}{3}[111]$$

最后，12 个在[112]方向的滑移矢量为

$$\overrightarrow{\delta A}=\frac{1}{6}[11\bar{2}],\quad \overrightarrow{D\gamma}=\frac{1}{6}[211]$$

$$\overrightarrow{\delta B}=\frac{1}{6}[1\bar{2}1],\quad \overrightarrow{A\gamma}=\frac{1}{6}[\bar{1}\,\bar{2}1]$$

$$\overrightarrow{\delta C}=\frac{1}{6}[\bar{2}11],\quad \overrightarrow{B\gamma}=\frac{1}{6}[\bar{1}1\bar{2}]$$

$$\overrightarrow{C\beta}=\frac{1}{6}[1\,\bar{1}\,\bar{2}],\quad \overrightarrow{B\alpha}=\frac{1}{6}[\bar{2}1\bar{1}]$$

$$\overrightarrow{D\beta}=\frac{1}{6}[121],\quad \overrightarrow{C\alpha}=\frac{1}{6}[1\bar{2}\,\bar{1}]$$

$$\overrightarrow{A\beta}=\frac{1}{6}[\bar{2}\,\bar{1}1],\quad \overrightarrow{D\alpha}=\frac{1}{6}[112]$$

图 1.66 中的四面体，就被称为 Thompson 四面体。根据 Thompson 四面体，面心立方晶体中所有重要的滑移面和滑移矢量都可以用图 1.67 的形式表现出来，应用起来非常方便。

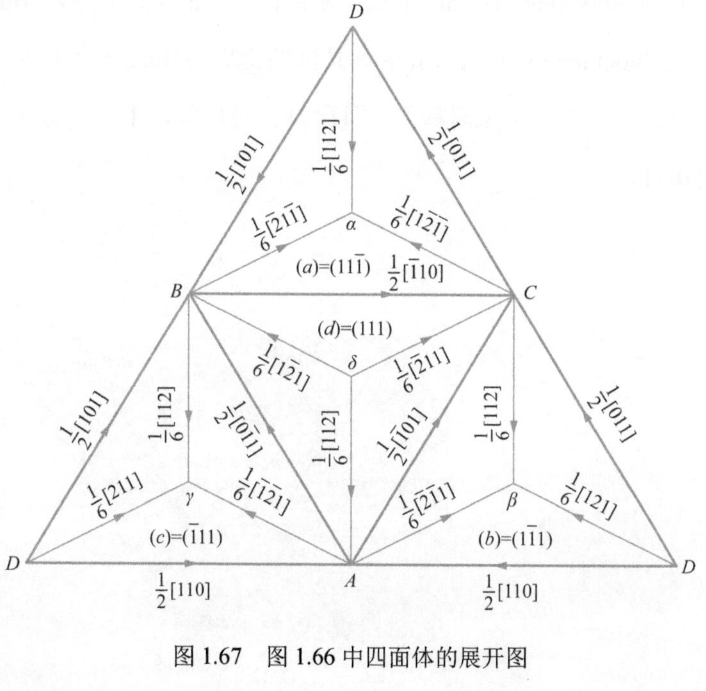

图 1.67　图 1.66 中四面体的展开图

1.5.3　扩展位错

面心立方晶体结构中的最短点阵矢量就是连接立方体定角原子和相邻面心原子的矢量，该矢量就是观测到的滑移方向。图 1.68(a)给出了面心立方晶体在(111)面内的滑移过程。如前所述，面心立方晶体可以看作由(111)面按 $ABCABC\cdots$ 顺序堆垛而成。在图 1.68（a）中，第一层原子占 A 位置，此时有两种凹坑出现，这里将△形状的凹坑看作 B 位置，将▽形状凹坑看作 C 位置，则当滑移矢量为单位位错 Burgers 矢量 $\boldsymbol{b}_1=\frac{a}{2}[10\bar{1}]$ 时，B 层原子直接滑过 A 层原子的“高峰”所需的能量较高。而如果 B 层原子沿着 $B\to C\to B$ 的锯齿形路径进行运动，先由 B 位置滑移到 C 位置，再由 C 位置滑移到下一个 B 位置就比较省力，即用 $\boldsymbol{b}_2+\boldsymbol{b}_3$ 两个不全位错的运动代替 $\boldsymbol{b}_1$ 全位错的运动，其中 $\boldsymbol{b}_2=\frac{a}{6}[\bar{1}2\bar{1}]$，$\boldsymbol{b}_3=\frac{a}{6}[\bar{2}11]$。为了描述上述滑移期间的原子运动，Heidenreich 和 Shockley 指出，全位错必须分解为两个不全位错[16]。对于上述滑移情况，分解过程要按照以下公式进行，即

$$\frac{a}{2}[10\bar{1}]\to\frac{a}{6}[\bar{1}2\bar{1}]+\frac{a}{6}[\bar{2}11] \tag{1.19}$$

一个全位错分解为两个不全位错，中间夹着一片层错的组态叫扩展位错，如图 1.68（b）所示。图中Ⅰ区和Ⅲ区为正常堆垛区，Ⅱ区为层错区，层错区与正常堆垛区的交界为 Shockley 不全位错线，其中Ⅰ区和Ⅱ区的交界为 Burgers 矢量 $\boldsymbol{b}_2=\frac{a}{6}[\bar{1}2\bar{1}]$ 的 Shockley 不全位错，Ⅱ区和Ⅲ区的交界为 Burgers 矢量 $\boldsymbol{b}_3=\frac{a}{6}[\bar{2}11]$ 的 Shockley 不全位错。Ⅰ区是未滑移区，Ⅲ区是已滑移区，Ⅰ区和Ⅲ区交界是全位错线 $\boldsymbol{b}_1=\frac{a}{2}[10\bar{1}]$。

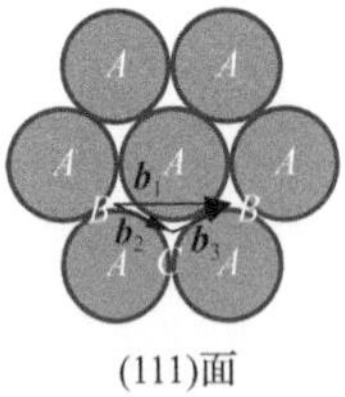

（a）滑移过程

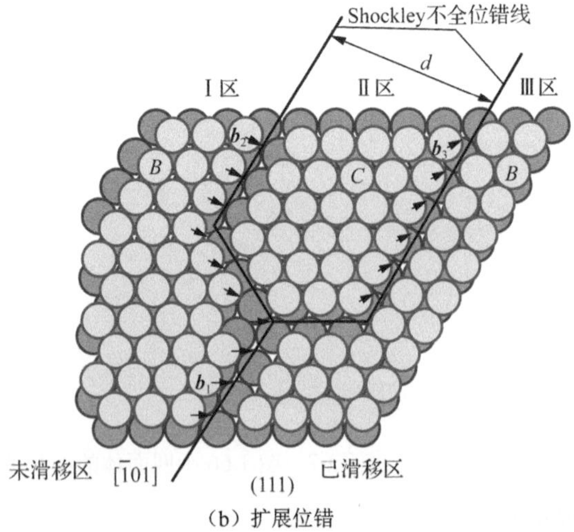

（b）扩展位错

图 1.68　面心立方晶体的滑移及扩展位错

在图 1.68（b）中，位错向左运动，图中小箭头表示原子移动的大小及方向，即各位错的 Burgers 矢量。在 $\boldsymbol{b}_1=\frac{a}{2}[10\bar{1}]$ 全位错线向左扫动的过程中，原子由一个 B 位置滑移到下一个 B 位置，已滑移区扩大，正常堆垛顺序并未改变。在 $\boldsymbol{b}_2=\frac{a}{6}[\bar{1}2\bar{1}]$ 的 Shockley 不全位错向左扫动的过程中，原子由 B 位置滑移到 C 位置，层错区向左扩大，与此同时，$\boldsymbol{b}_3=\frac{a}{6}[\bar{2}11]$ 的 Shockley 不全位错也向左滑移，以维持扩展位错宽度 d 保持定值，原子由原来的 C 位置滑移到 B 位置，使已滑移区扩大，未滑移区减小。显然，$\boldsymbol{b}_2+\boldsymbol{b}_3=\boldsymbol{b}_1$，即 Burgers 矢量为 $\boldsymbol{b}_2$ 和 $\boldsymbol{b}_3$ 的两条 Shockley 不全位错扫过，原子排列顺序恢复正常，这与 Burgers 矢量为 $\boldsymbol{b}_1$ 的全位错扫过的效果是一样的。

1.5.4 压杆位错

压杆位错是在一个离解位错从一个滑移面向另一个滑移面弯折时或该位错与另一个滑移面上的位错相交时形成的不全位错[12, 13]。如图 1.69 所示，假设位错 $\overrightarrow{AC}$ 在平面 δ 和 β（δ 和 β 分别代表相应平面的中心点）上均能滑移，该位错线可以从平面 δ 向平面 β 转弯，从而在两个平面上的层错间形成一个如图 1.69（a）所示的锐角，或者形成一个如图 1.69（b）所示的钝角。首先考虑图 1.69（a）所示的夹角为锐角的情况，此时一个离解位错 $\overrightarrow{AC}$ 沿着 Thompson 四面体中的两平面相交线 $\overrightarrow{AC}$ 从 δ 平面向 β 平面转弯。当一个 Burgers 矢量为 $\overrightarrow{AC}$ 的螺型位错转到一部分在 δ，而另一部分在 β 平面时，便会发生图 1.69（a）所示情况。当从远离该相交线的方向看 δ 平面上的位错时，将这条相交线看成是位错上的双重节点，则根据 δ 平面上的位错离解规则，Burgers 矢量为 $\overrightarrow{AC}$ 的位错可以离解为右侧的 Shockley 不全位错 $\overrightarrow{A\delta}$ 和左侧的 Shockley 不全位错 $\overrightarrow{\delta C}$。同理，当从远离该相交线的方向看 β 平面上的位错时，根据 β 平面上的位错离解规则，Burgers 矢量为 $\overrightarrow{AC}$ 的位错可以离解为右侧的 Shockley 不全位错 $\overrightarrow{C\beta}$ 和左侧的 Shockley 不全位错 $\overrightarrow{\delta A}$。在结点 P' 处，δ 平面上的 Shockley 不全位错 $\overrightarrow{A\delta}$ 和 β 平面上的 $\overrightarrow{\delta A}$ 便会相遇。作为一个双重结点，它们不能使 Burgers 矢量得到抵消。因此，结点 P' 和 P 必定是一个三重结点，沿着 P' 和 P 的连线必然会存在第三个不全位错将这两个结点连接到一起。如果从 P 点向 P' 点方向看，该位错的 Burgers 矢量为 $\overrightarrow{\beta\delta}$。如果从 P' 点向 P 点方向看，则该位错的 Burgers 矢量为 $\overrightarrow{\delta\beta}$。这样，便能满足结点规则了，并且在 P' 点和 P 点分别有

$$\overrightarrow{\delta C}+\overrightarrow{C\beta}+\overrightarrow{\beta\delta}=0 \tag{1.20}$$

和

$$\overrightarrow{A\delta}+\overrightarrow{\beta A}+\overrightarrow{\delta\beta}=0 \tag{1.21}$$

Burgers 矢量 $\overrightarrow{\delta\beta}$ 将 Thompson 四面体中的 δ 和 β 连接在一起、大小为 $b/3$ 的不全位错将层错包围在一个锐角里，称为第一种压杆位错。

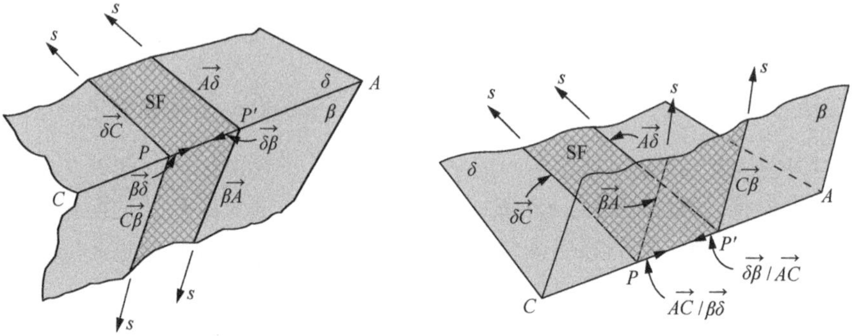

（a）第一种压杆位错　　　　（b）第二种压杆位错

图 1.69　压杆位错形成示意图

类似地，如果位错 $\overline{AC}$ 将一个从 δ 平面转向 β 平面的层错包围在一个钝角里（图 1.69（b）），便可以得到如下结论，即沿着两平面交线的 P 点和 P'点之间存在另一个不全位错。如果从 P 点向 P'点方向看，这个位错的 Burgers 矢量为 $\overrightarrow{AC}/\overrightarrow{\beta\delta}$，如果从 P'点向点 P 方向看，其 Burgers 矢量为 $\overrightarrow{\delta\beta}/\overrightarrow{AC}$。根据结点规则，在 P'点和 P 点分别有

$$\overrightarrow{\beta A}+\overrightarrow{\delta C}+\overrightarrow{AC}/\overrightarrow{\beta\delta}=0 \tag{1.22}$$

和

$$\overrightarrow{A\delta}+\overrightarrow{C\beta}+\overrightarrow{\delta\beta}/\overrightarrow{AC}=0 \tag{1.23}$$

这个新位错的 Burgers 矢量是线段 $\overline{\beta\delta}$ 的中点与线段 $\overline{AC}$ 中点之间的连线，反之亦然。该位错的 Burgers 矢量大小为 $\sqrt{2}b/3$，将层错包围在一个钝角里，称为第二种压杆位错。

1.6　层错与孪晶的关系

1.6.1　面心立方金属中的层错与孪晶

由前面的知识可知，在面心立方晶体中能够产生层错的晶面是(111)面，它是面心立方晶体的滑移面，同时也是孪生面。因此，孪生自然就会在层错面上发生，因为在孪生中原子的运动恰好是平行于孪生面切变到另一平衡位置，所发生的位移虽不是恒等点阵矢量，但是一个引向低能量位置的具有一定晶体学意义的矢量。因此，一薄层的孪晶是最可能的层错[17, 18]。

通过前面的图 1.49 和图 1.53 对比可以看出，当层错形成之后，就形成了一个薄层孪晶，该孪晶只有一个原子厚度，如图 1.70 所示。

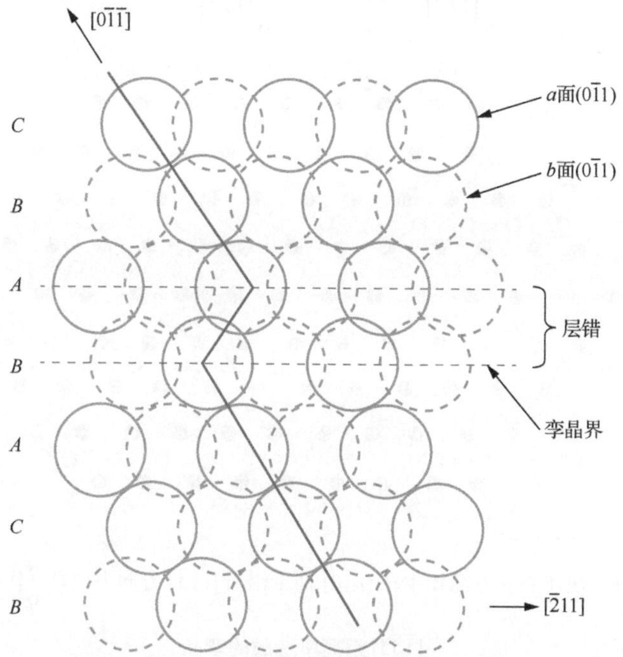

图 1.70　面心立方晶体中由层错所产生的孪晶

图 1.70 中的孪晶是通过滑移形成的层错而诱发的。当面心立方晶体通过插入一层原子而形成外禀层错时，同样可以形成孪晶，图 1.54 就产生了一个具有两个原子厚度的孪晶层。

1.6.2　体心立方金属中的层错与孪晶

在体心立方晶体中，最常观察到的孪生面是(112)面，孪生切变方向是[111]。为了明确(112)层错的情况，首先要弄清楚体心立方晶体中(112)的堆垛次序。图 1.71 表示体心立方晶体的一个孪晶。该图为孪晶的原子在 (1$\bar{1}$0) 面上的投影。应用上面引入的记号，这样的孪晶可以表示为

$$\cdots A_1\ A_2\ B_1\ B_2\ C_1\ C_2\ C_1\ A_1\ A_2\ B_1\ B_2\cdots$$
$$\uparrow$$

这里的孪晶间界是 C_2 面。以图 1.71 与图 1.58 相比较可以看出，在孪晶中每相邻两[112]面上原子的位移矢量为 $\frac{a}{6}[11\bar{1}]$ 或 $\frac{a}{3}[\bar{1}\bar{1}1]$。于是得出形成这样孪晶的切应变是

$$\frac{\frac{a}{6}[11\bar{1}]}{\frac{a}{6}[112]}=\frac{1}{\sqrt{2}} \quad 或 \quad \frac{\frac{a}{3}[\bar{1}\bar{1}1]}{\frac{a}{6}[112]}=\sqrt{2}$$

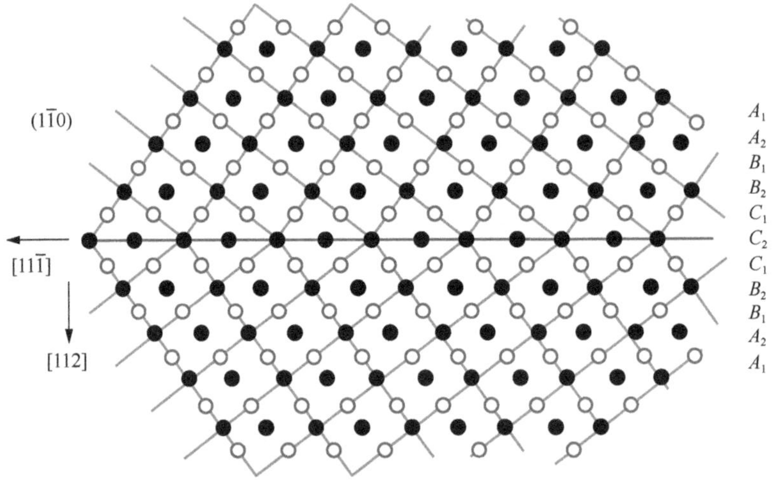

图 1.71　在体心立方晶体中在 $(1\bar{1}0)$ 面上沿着 $[11\bar{1}]$ 方向上位移 $\frac{a}{6}[11\bar{1}]$ 或 $\frac{a}{3}[\bar{1}\bar{1}1]$ 距离所造成的孪晶

由图 1.60 可以看出，当形成一个该图所示的层错时，就会形成一个孪晶，该孪晶相当于一个一层厚的孪晶，其孪晶界如图 1.72 所示。

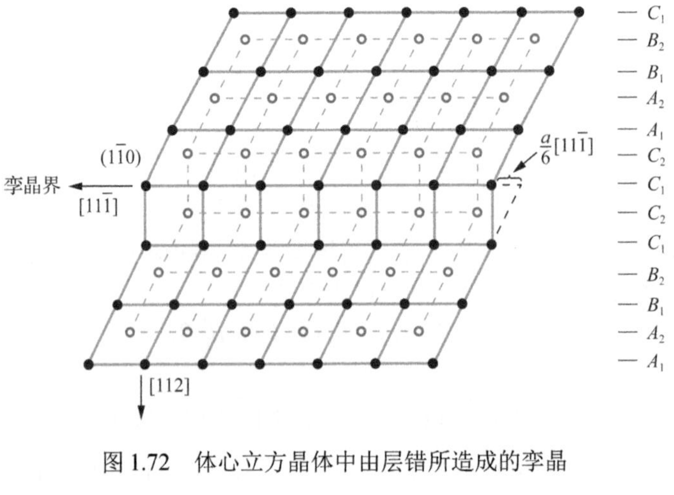

图 1.72　体心立方晶体中由层错所造成的孪晶

参 考 文 献

[1] Hull D, Bacon D J. Introduction to dislocations[M]. Amsterdam: Elsevier, 2011.
[2] 弗里埃德尔. 位错[M]. 王煜, 译. 北京: 科学出版社, 1984.
[3] 王亚男, 陈树江, 董希淳. 位错理论及其应用[M]. 北京: 冶金工业出版社, 2007.
[4] 钱临照. 晶体中的位错[M]. 北京: 北京大学出版社, 2014.
[5] 余永宁, 毛卫民. 材料的结构[M]. 北京: 冶金工业出版社, 2001.
[6] 杨顺华. 晶体位错理论基础[M]. 北京: 科学出版社, 1988.
[7] 潘金生, 仝健民, 田民波. 材料科学基础[M]. 北京: 清华大学出版社, 1998.
[8] Dowling N E, Katakam S, Narayanasamy R. Mechanical behavior of materials: Engineering methods for deformation, fracture, and fatigue[M]. New York: Pearson Education, 2012.
[9] 赵品. 材料科学基础教程[M]. 哈尔滨: 哈尔滨工业大学出版社, 2002.
[10] Bulatov V V, Cai W. Computer simulations of dislocations[M]. New York: Oxford University Press, 2006.
[11] Thompson N. Dislocation Nodes in Face-Centred Cubic Lattices[J]. Proceedings of the Physical Society B, 1953, 66(6): 481-492.
[12] Argon S. Strengthening mechanisms in crystal plasticity[M]. Oxford: Oxford University Press, 2008.
[13] Gumbsch P, Reinhard P. Multiscale modelling of plasticity and fracture by means of dislocation mechanics[M]. Berlin: Springer Science & Business Media, 2011.
[14] Li J C M. Mechanical properties of nanocrystalline materials[M]. Boca Raton: CRC Press, 2011.
[15] Priester L. Grain boundaries: from theory to engineering[M]. Berlin: Springer Science & Business Media, 2012.
[16] Heidenreich R D, Shockley W. Report of a conference on the strength of solids [R]. London: The Physical Society, 1948: 71-95.
[17] Lin J G, Balint D, Pietrzyk M. Microstructure evolution in metal forming processes[M]. Amsterdam: Elsevier, 2012.
[18] Pittrei M, Zanzotto G. Continuum models for phase transitions and twinning in crystals[M]. Boca Raton: CRC Press, 2002.

第 2 章　金属塑性变形的物理本质

2.1　位错滑移机制

2.1.1　位错滑移的晶体学描述

1. 基本滑移系

位错滑移（dislocation slip）是位错运动的基本方式之一，是指位错在由位错线和 Burgers 矢量构成的平面内运动。滑移时晶体的一部分会沿一定的晶面和晶向相对于另一部分发生滑动。如图 2.1 所示，在切应力 τ 的作用下，晶体首先发生弹性变形，此时晶格只出现了弹性扭曲。当切应力 τ 达到足够大时，晶体的一部分便会相对另一部分发生滑动。晶体滑移的距离是沿滑移方向上原子间距离的整数倍，这样便使得大量原子从一个平衡位置运动到另一个平衡位置。产生相对滑动的这一晶面和晶向分别称为滑移面（slip plane）和滑移方向（slip direction）。一般情况下，滑移面是原子排列最紧密的晶面，滑移方向是原子排列最紧密的晶向。以面心立方单晶的滑移为例（图 2.2），原子排列最紧密的晶面为(111)面，原子排列最紧密的晶向为[110]向。如果金属单晶始终沿着一组相互平行的滑移面和滑移方向进行滑移，则称为单滑移（图 2.2（c））。

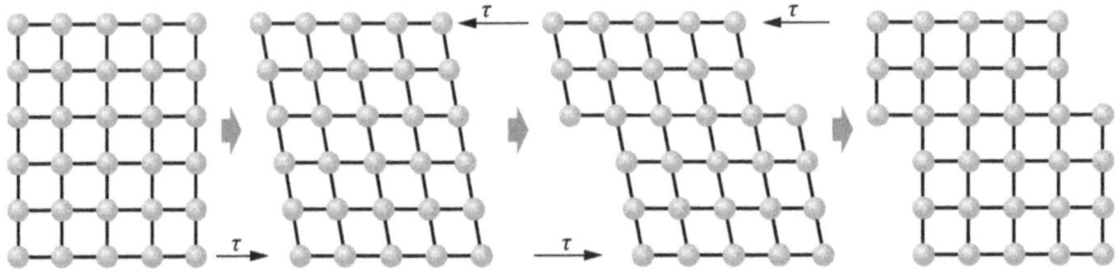

图 2.1　切应力作用下单晶体滑移变形示意图

一个滑移面及其面上的一个滑移方向构成一个滑移系（slip system）。每个滑移系表示晶体在滑移时可能采取的空间位向。每种晶格类型都有几个可能发生滑移的滑移面，且每个滑移面上又可能同时存在几个滑移方向，因而便会存在多个滑移系。滑移系的数量随金属的晶格类型不同而变化。在其他条件相同的情况下，晶体的滑移系越多，金属发生滑移的可能性就越大。面心立方、体心立方和密排六方三种常见金属晶体结构的主要滑移系见表 2.1。其中，面心立方金属的滑移面为{111}，是三种晶格中原子排列最紧密的面，共 4 个，每组有 3 个滑移方向，即〈110〉，因而共有 12 个滑移系。体心立方金属的滑移面为{110}，共 6 个，滑移方向为〈111〉，每个滑移面上有 2 个滑移方向，因而总共有 12 个滑移系。密排六方金属的滑移面一般为{0001}，该面包含 3 个滑移方向，即〈$11\bar{2}0$〉，所以共有 3 个滑移系。

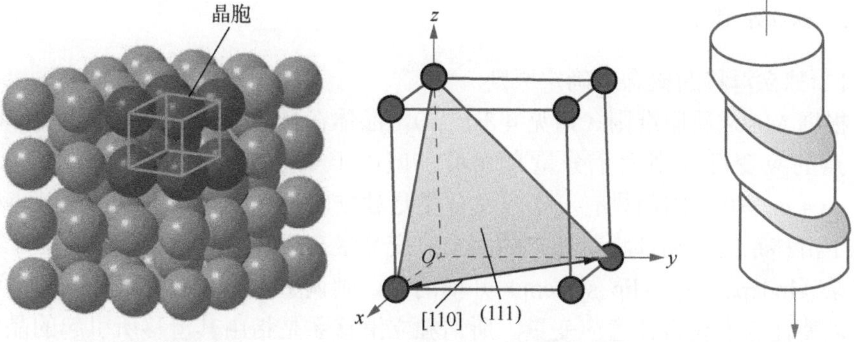

(a) 原子排列方式　　(b) (111) [110]滑移系　　(c) 单滑移

图 2.2　面心立方单晶的滑移

表 2.1　三种常见金属晶体结构的主要滑移系

	面心立方	体心立方	密排六方
滑移面	{111}	{110}	{0001}
滑移方向	〈110〉 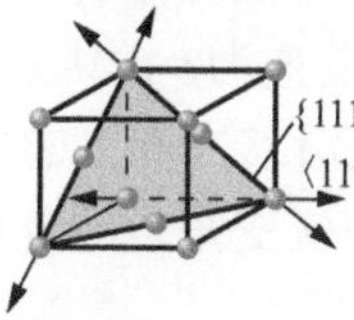	〈111〉 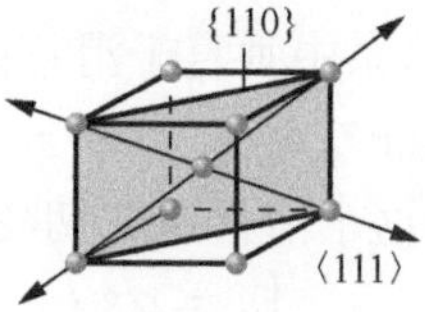	〈$11\bar{2}0$〉 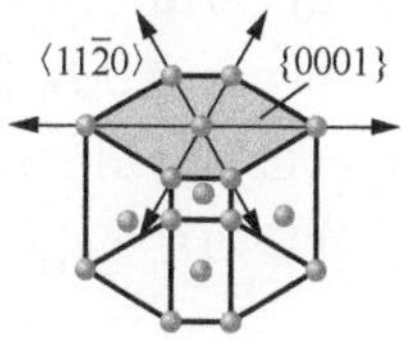
滑移系数目	4×3=12	6×2=12	1×3=3

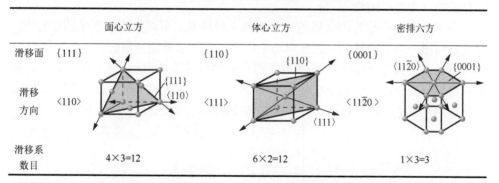

实际上，对于密排六方金属而言，滑移面还与轴比值 c/a 有关。对于金属镉和锌，c/a 的值分别为 1.886 和 1.856，原子排列最紧密的晶面是{0001}基面，此时{0001}基面必然是滑移面。当 c/a 的值小于理想值 1.633 时，基面不再是最密排面，因而此时{0001}基面不再是滑移面，而是其他滑移面在起作用。例如，对于 c/a 值为 1.589 的金属锆和 c/a 值为 1.587 的金属钛，室温下滑移发生在棱柱面{$10\bar{1}0$}上，然而在较高温度下滑移发生在棱锥面{$10\bar{1}1$}上。对于金属镁，其 c/a 值为 1.624，接近于理想值，在室温下{0001}基面上滑移，然而，当温度超过 225℃时，在棱锥面{$10\bar{1}1$}上也观察到了滑移现象。事实上，对于立方金属而言，晶面

{112}和{123}与晶面{110}一样，都具有同样的原子堆积密度，因而其滑移面的选择与变形温度有关，当温度低于 $T_m/4$ 时（T_m 为熔点温度），优先选择{112}面；当温度从 $T_m/4$ 变化至 $T_m/2$ 时，优先选择{110}面；当温度高于 $T_m/2$ 时，则优先选择{123}面。然而对于体心立方金属铁而言，所有的滑移面上都可以发生滑移，但同时具有共同的<111>滑移方向。

2. 独立滑移系

1）独立滑移的概念及确定原则

根据 Mises 屈服准则（请见 4.3.1 节），晶体在最复杂的情况下受力变形时，每一点的应变可以用六个分量来表示。但由于塑性变形时体积保持恒定，即 $\varepsilon_{11}+\varepsilon_{22}+\varepsilon_{33}=0$，因而只有五个应变分量是独立的。一般来说，晶体中某点处任意一个滑移系的开动都将对该点的六个应变分量有贡献。显然，如果有五个独立滑移系（independent slip system）开动的话，则调整这五个独立滑移系的滑移量便可以使任意点获得任意应变量。所谓独立滑移系是指由其滑移所引起的晶体形状的变化不能被其他滑移系组合所引起的滑移效应所代替。在金属多晶体变形过程中，如果开动的独立滑移系少于五个，那么相邻晶粒间界面的相互协调将无法维持而产生沿晶裂纹。因此，特定合金中独立滑移系的数量多少是衡量该材料塑性高低的一个重要因素。

为了确定一个给定的金属晶体中的独立滑移系，可以按照以下步骤进行[1]。首先，写出一给定滑移系上任意滑动量产生的应变张量的分量 ε_x、ε_y、ε_z、ε_{xy}、ε_{xz} 和 ε_{yz}。然后，假设滑移系中垂直于滑移面的单位矢量为 $\boldsymbol{s}$，其分量为 s_x、s_y 和 s_z，它们分别平行于一组正交轴 x、y 和 z。另外，设滑移方向上的单位矢量为 $\boldsymbol{t}$，其分量为 t_x、t_y 和 t_z。则这个滑移系在切变 α 角后的应变张量的分量为[1]

$$\begin{cases}\varepsilon_x=\alpha s_x t_x\\ \varepsilon_y=\alpha s_y t_y\\ \varepsilon_z=\alpha s_z t_z\\ \varepsilon_{xy}=\dfrac{\alpha}{2}\left(s_x t_y+s_y t_x\right)\\ \varepsilon_{xz}=\dfrac{\alpha}{2}\left(s_x t_z+s_z t_x\right)\\ \varepsilon_{yz}=\dfrac{\alpha}{2}\left(s_y t_z+s_z t_y\right)\end{cases} \tag{2.1}$$

利用上述关系，可得到在由 $\boldsymbol{s}$ 和 $\boldsymbol{t}$ 所定义的滑移系作用下产生一个 $\tan\alpha$ 大小的剪切应变的应变张量分量。由于 $\boldsymbol{s}$ 和 $\boldsymbol{t}$ 之间的关系是对称的，可以将 $\boldsymbol{s}$ 转变为滑移方向上的单位矢量，将 $\boldsymbol{t}$ 转变为垂直于滑移面的单位矢量，因而由 $\boldsymbol{s}$ 和 $\boldsymbol{t}$ 滑移系滑移所产生的应变与 $\boldsymbol{t}$ 和 $\boldsymbol{s}$ 滑移系滑移所产生的应变相同。其中 $\boldsymbol{s}$ 和 $\boldsymbol{t}$ 的方向通常用 Miller 指数来表示。当上述关系用于非立方晶体时，这些指数必须是在相同标准的正交坐标系下得到的。当 $\boldsymbol{s}$ 和 $\boldsymbol{t}$ 的方向按 Miller 指数（或 Miller-Bravais 指数）给出时，由同一对称点群中的一个滑移面和一个滑移方向组合所组成的所有滑移系称为一个滑移系族（family of slip system）。接下来，用与上面相同的方法写出其他四个滑移系上的这些分量，并使它们与第一个滑移系具有同一参考坐标系。最后，用每个滑移系的五个参量 $\varepsilon_x-\varepsilon_z$、$\varepsilon_y-\varepsilon_z$、$\varepsilon_{xy}$、$\varepsilon_{xz}$ 和 ε_{yz} 组成一个 5×5 的行列式。如果这个行列式的值不是零，那么所选的五个滑移系彼此独立，因为其中一个滑移系作用所产生的应变张量分量不能表示为其他滑移系作用所产生的应变张量分量的线性组合。如果这个 5×5 的行列式中任一行可以表示为其他行的线性组合，则这个行列式将等于零，由此可说明这五个滑移系不是彼此独立的。从物理学上说，如果只在一个滑移系的作用下就使晶体产生形状的变化，而这种变化又不能由其他滑移系的适当组合而产生，那么就说明这个滑移系是独立于其他滑移系的。

2）面心立方晶体的独立滑移系

面心立方晶体常见的滑移系族是 $\{111\}\langle 1\bar{1}0\rangle$，共有 12 种不同的滑移系。下面按照平行于惯用原胞棱边坐标轴来计算应变张量的分量。对于 $(111)[1\bar{1}0]$ 滑移系，$\boldsymbol{s}$ 的分量值为 $s_x=\dfrac{1}{\sqrt{3}}$、$s_y=\dfrac{1}{\sqrt{3}}$ 和 $s_z=\dfrac{1}{\sqrt{3}}$，$\boldsymbol{t}$ 的分量值为 $t_x=\dfrac{1}{\sqrt{2}}$、$t_y=-\dfrac{1}{\sqrt{2}}$ 和 $t_z=0$。则由式（2.1）可得 $\varepsilon_x=\dfrac{\alpha}{\sqrt{6}}$，$\varepsilon_y=-\dfrac{\alpha}{\sqrt{6}}$，$\varepsilon_z=0$，$\varepsilon_{xy}=0$，$\varepsilon_{xz}=\dfrac{\alpha}{2\sqrt{6}}$，$\varepsilon_{yz}=-\dfrac{\alpha}{2\sqrt{6}}$。同理，还可以写出由 $\{111\}\langle 1\bar{1}0\rangle$ 滑移系族中任意不同滑移系作用所产生的应变张量的分量。按照上述方法进行判断后，可知其中只有 5 个是独立的。

5 个独立滑移系可以通过多种方式选出，选择方式可以用图 2.3 中的 Thompson 四面体来说明，它是一个正四面体，其顶点分别为 A、B、C 和 D，四个顶点所对的平面分别为 α、β、γ 和 δ（同时也代表四个平面的中心点），它们即为滑移面。该四面体的一个边对应一个滑移方向，则 $\left(\overrightarrow{AB}\right)_\delta$ 表示 $(\bar{1}\bar{1}1)$ 面上 $[011]$ 方向的滑移。因此，$\left(\overrightarrow{AB}\right)_\delta$、$\left(\overrightarrow{AC}\right)_\delta$、$\left(\overrightarrow{AD}\right)_\beta$、$\left(\overrightarrow{AC}\right)_\beta$ 和 $\left(\overrightarrow{AB}\right)_\gamma$ 可能是五个独立滑移系。在该晶体结构中，每个滑移方向位于两个滑移面上，可以把这两个平面分别称为主滑移面（primary slip plane）和交滑移面（cross slip plane）。任何滑移系都可以用具有相同主滑移面或具有相同交滑移面的另外两个滑移系来表示，例如

$$\left(\overrightarrow{DB}\right)_\alpha+\left(\overrightarrow{BC}\right)_\alpha+\left(\overrightarrow{CD}\right)_\alpha=0 \tag{2.2}$$

$$\left(\overrightarrow{DB}\right)_\gamma+\left(\overrightarrow{BC}\right)_\delta+\left(\overrightarrow{CD}\right)_\beta=0 \tag{2.3}$$

这两个公式说明上述三个滑移系上的相同剪切所产生的晶体畸变为 0。可以看出，第一组剪切（式（2.2））作用在任何一点上都不会产生净位移，而第二组剪切（式（2.3））的作用只是使晶体绕着包含该滑移矢量的平面的法线 $\overrightarrow{A\alpha}$ 产生旋转。还有一组与式（2.3）类似的非独立滑移系组合，即

$$\left(\overrightarrow{CD}\right)_\alpha+\left(\overrightarrow{DC}\right)_\beta+\left(\overrightarrow{AB}\right)_\delta+\left(\overrightarrow{BA}\right)_\gamma=0 \tag{2.4}$$

同样，这些滑移矢量共面且和为零，它们的滑移面与包含该滑移矢量的另一晶面间的倾斜角度相等。这套滑移系组合的应用仅仅是使晶体围绕这个平面的法线 $\langle 100\rangle$ 旋转。因此，在选择五个独立的滑移系时，必须避免上述三种组合。

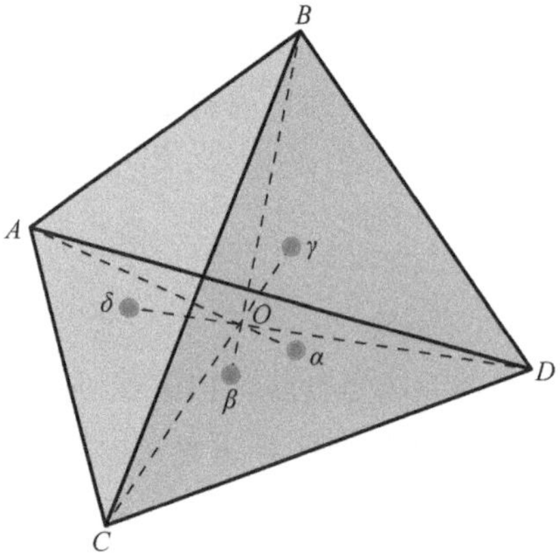

图 2.3　表示面心立方晶体中 $\{111\}\langle 1\bar{1}0\rangle$ 滑移系族中滑移面和滑移方向的 Thompson 四面体

面心立方晶体的 $\{111\}\langle 1\bar{1}0\rangle$ 滑移系族包含 12 个滑移系。如果任意选择这 12 种滑移系中的 5 种，则根据排列组合可选择 792 种滑移系组合。根据文献[2]，除去式（2.2）形式的 144 种、式（2.3）形式的 228 种和式（2.4）形式的 36 种外，共有 384 种不同的组合方法能得到 5 个独立滑移系。面心立方晶体能选择 5 个完全独立的滑移系方式如此之多，进一步说明了面心立方晶体具有较高塑性的原因。

3）体心立方晶体的独立滑移系

当体心立方晶体的滑移系族为 $\{1\bar{1}0\}\langle 111\rangle$ 时，因为在法向量为 $\boldsymbol{s}$ 的平面上沿 $\boldsymbol{t}$ 方向滑移产生的应变张量分量与在法向量为 $\boldsymbol{t}$ 的平面上沿 $\boldsymbol{s}$ 方向滑移产生的应变张量分量相同，所以面心立方晶体的分析同样适用于体心立方晶体，这些滑移系也可以用图 2.3 所示的 Thompson 四面体表示。字母 $\boldsymbol{\alpha}$、$\boldsymbol{\beta}$、$\boldsymbol{\gamma}$ 和 $\boldsymbol{\delta}$ 在这里代表滑移方向，字母对（例如 AB）在这里代表滑移面 AOB，则每个滑移方向位于三个滑移面上。在这个滑移系中，$\boldsymbol{\delta}_{AB}$ 表示 (011) 平面上 $[\bar{1}11]$ 方向的滑移。如果 $\boldsymbol{\delta}_{AB}$、

$\boldsymbol{\delta}_{AC}$、$\boldsymbol{\beta}_{AD}$、$\boldsymbol{\beta}_{AC}$ 和 $\boldsymbol{\gamma}_{AB}$ 可能是由 5 个独立滑移系组成的组合，则从 12 个不同的滑移系统中选择这样 5 个滑移系的方式也有 384 种。同样，这些滑移系选择方式也除去了类似于式（2.2）～式（2.4）中任一关系的组合。体心立方晶体在低温时的滑移系族为 $\{11\bar{2}\}\langle 111\rangle$，此时有 648 种构成 5 个完全独立滑移系的组合。如果中温时的 $\{1\bar{1}0\}\langle 111\rangle$ 与 $\{11\bar{2}\}\langle 111\rangle$ 之间也可以构成滑移系组合，则可能有 21252 种构成 5 个独立滑移系的方式（其中一些应该去掉）。虽然体心立方晶体中可构成 5 个完全独立滑移系的方式如此之多，但体心立方晶体材料在低温下仍然会变脆，这种现象不能用独立滑移系统的数量来解释。

4）密排六方晶体的独立滑移系

密排六方晶体中常见的滑移系族是 $\{0001\}\langle 11\bar{2}0\rangle$，只有 2 个独立的滑移系和 3 种不同选择独立滑移系组合的方式。这样晶体既不能沿着平行于传统的晶体轴进行延伸，也不能改变与基面轴垂直的两轴之间的夹角。有些六方晶体材料还经常会在其他滑移系上滑移。锆还会在 $\{10\bar{1}0\}\langle 11\bar{2}0\rangle$ 滑移系族上滑移，该滑移系族同样也是只有 2 个独立的滑移系并且有 3 种不同的方式选择独立滑移系组合。这些滑移系允许与基面上的两个晶体轴平行方向的延伸以及它们之间夹角的改变。如果晶体材料同时具有上述两种滑移系族（$\{0001\}\langle 11\bar{2}0\rangle$ 和 $\{10\bar{1}0\}\langle 11\bar{2}0\rangle$），也只是具有 4 个独立滑移系，能构成 4 个独立滑移系的选择方式共有 9 种。此外，许多六方结构晶体材料（锌、镉和钛）还可以在 $\{10\bar{1}1\}\langle 11\bar{2}0\rangle$ 滑移系族上进行锥面滑移。这种滑移系族有 6 种不同的滑移系，它们可以产生 4 个独立滑移系，有 9 种不同的选择独立滑移系组合的方式。由 $\{10\bar{1}1\}\langle 11\bar{2}0\rangle$ 滑移系族产生的形状变化与由 $\{0001\}\langle 11\bar{2}0\rangle$ 和 $\{10\bar{1}0\}\langle 11\bar{2}0\rangle$ 这两种滑移系族同时独立作用的效果相同。在任何情况下都不可能有平行于六方晶体轴的延伸。在锌[3]和镉[4]中，还发现了 $\{11\bar{2}2\}\langle 11\bar{2}1\rangle$ 滑移系族。这个滑移系族有 6 个不同的滑移系，它们能提供 5 个独立的滑移系，因而可以实现一般的塑性变形。$\{11\bar{2}2\}\langle 11\bar{2}1\rangle$ 族中一个滑移系的开动可以使晶体沿平行于组成六边形的晶体轴方向延伸。

2.1.2　位错滑移的力学条件

晶体的滑移是在切应力的作用下发生的。如图 2.4 所示，一个理想的简单立方结构晶体沿坐标轴三个方向的尺寸分别为 L_x、L_y 和 L_z。当在其上表面沿 x 方向施加作用力 T_x 且底面固定时，晶体所受的切应力为

$$\sigma_{xy}=\frac{T_x}{L_xL_z} \tag{2.5}$$

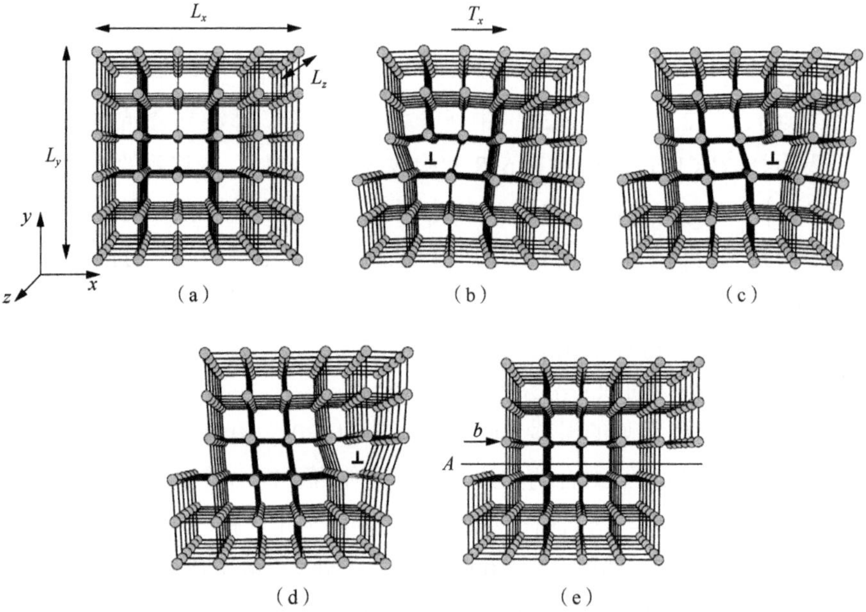

图 2.4 位错滑移示意图

假设一个刃型位错在晶体的左侧形核，然后向右侧运动，最后在力的作用下到达晶体的右侧表面。假定位错线矢量 $\boldsymbol{\xi}$ 指向坐标轴 z 的正方向，其 Burgers 矢量为 $\boldsymbol{b}=[b_x \quad 0 \quad 0]$。在位错运动过程中，位错沿 x 方向运动的距离为 L_x，晶体上半部分与下半部分相对错开的距离为 b。由于晶体顶面的距离为 b_x，所以作用力 T_x 所做的总功 W 为

$$W = b_x \cdot T_x \tag{2.6}$$

也可以把 W 看成每单位长度的位错线运动所需驱动力 f_x 所做的功。由于位错线的长度为 L_z，位错走过的距离为 L_x，则有

$$W = L_x \cdot f_x L_z \tag{2.7}$$

因此

$$f_x = \frac{W}{L_x L_z} = b_x \sigma_{xy} \tag{2.8}$$

但作用在晶体上的实际作用力并不总是平行于滑移面的切应力。当作用于滑移系上的切应力达到某一临界值时，滑移便会在该滑移系上发生。这个临界值称为临界分切应力（critical resolved shear stress），用 τ_k 表示。许多实验证明，当不同取向的金属单晶体开始滑移时，其拉伸应力是不一样的，但此时临界分切应力则是完全相同的，这种规律称为临界分切应力定律。临界分切应力可由图 2.5 求得。假设圆柱形金属单晶试样的横截面积为 A，其在轴向拉力 F 的作用下发生塑

性变形，拉力 F 与滑移方向的夹角为 λ，与滑移面法线的夹角为 φ，则可求得 F 在滑移方向的分力为 $F\cos\lambda$，滑移面的面积为 $A/\cos\phi$，因此，外力 F 所引起的滑移方向上的分切应力为

$$\tau = \frac{F\cos\lambda}{A/\cos\phi} = \frac{F}{A}\cos\lambda\cdot\cos\phi \tag{2.9}$$

式中，F/A 为试样拉伸时横截面上的正应力。

当滑移系中的分切应力达到临界值 τ_k 时，晶体开始沿该滑移系发生滑移。此时金属开始出现宏观屈服现象，即 $F/A=\sigma_s$，将其代入式（2.9），可得

$$\tau_k = \sigma_s\cos\lambda\cdot\cos\phi \tag{2.10}$$

$$\sigma_s = \frac{\tau_k}{\cos\lambda\cdot\cos\phi} \tag{2.11}$$

式中，$\cos\lambda\cdot\cos\phi$ 称为取向因子（orientation factor），即 Schmid 因子。

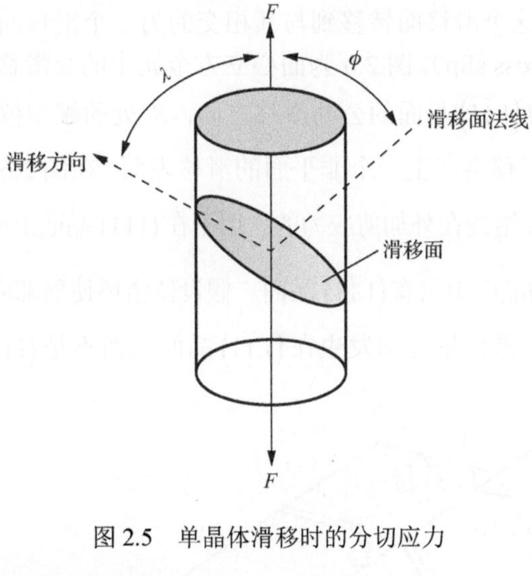

图 2.5　单晶体滑移时的分切应力

2.1.3　位错滑移诱发塑性应变

在外部应力的作用下，晶体中的位错将发生运动，从而使晶体沿特定的晶面和晶向发生滑移，这样，晶体材料就会在宏观上表现为塑性变形，即发生塑性屈服。一般来说，运动位错扫过的面积应该与它在晶体中所诱发的塑性应变成正比，这一思想源于作用在位错上的力与局部应力成正比的理论。根据图 2.4，该位错扫过的整个面积为 $\Delta A = L_x L_z$，则总塑性应变为

$$\varepsilon_{xy}^{\mathrm{p}} = \frac{b_x}{2L_y} = \frac{b_x\Delta A}{2V} \tag{2.12}$$

式中，$V = L_x L_y L_z$ 为晶体的体积。这个结果也可以推广到任何位错的情况。假设

该位错的 Burgers 矢量为 $\boldsymbol{b}=\begin{bmatrix}b_1 & b_2 & b_3\end{bmatrix}$，其在某平面扫过的面积为 ΔA，该平面的法线矢量为 $\boldsymbol{n}=\begin{bmatrix}n_1 & n_2 & n_3\end{bmatrix}$（$n_1^2+n_2^2+n_3^2=1$），则诱发的塑性应变为

$$\varepsilon_{ij}^{\mathrm{p}}=\frac{(b_i n_j+b_j n_i)\Delta A}{2V} \tag{2.13}$$

假设所有位错的总长度为 L，这些位错的平均速度为 v，则它们在时间 Δt 内扫过的总面积为 $\Delta A=vL\Delta t$，因此位错运动与宏观变形之间的关系（即著名的 Orowan 方程）为

$$\dot{\varepsilon}^{\mathrm{p}}=\rho bv \tag{2.14}$$

式中，$\dot{\varepsilon}^{\mathrm{p}}$ 为塑性应变速率；ρ 为位错密度。

2.1.4 交滑移

一般来说，螺型位错倾向于沿着某一晶面运动。但当它在这一滑移面上的运动受阻时，它将从这个滑移面转移到与其相交的另一个滑移面上继续运动，这个过程叫作交滑移(cross slip)。图 2.6 为面心立方金属中的交滑移示意图，图中 $[\bar{1}01]$ 晶向是 (111) 晶面和 $(1\bar{1}1)$ 晶面的公共滑移方向，S 处的螺型位错可以在这两个晶面上自由滑动，交滑移会产生一个非平面的滑移表面。在图 2.6 的（a）中，Burgers 矢量为 $\boldsymbol{b}=\dfrac{a}{2}[\bar{1}01]$ 位错线在外加剪应力的作用下在 (111) 晶面上向左运动。其他含有这一 Burgers 矢量的晶面中只有 $(1\bar{1}1)$ 晶面。假设位错环使局部应力场增大，引起位错运动发生变化，导致位错运动发生在 $(1\bar{1}1)$ 晶面上而不是 (111) 晶面上。与具有

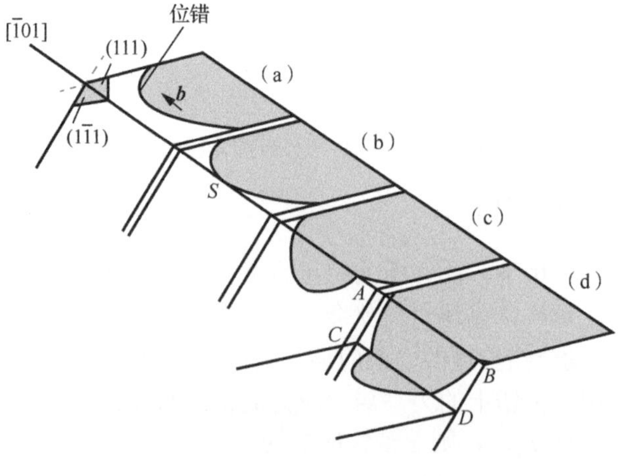

图 2.6 面心立方金属中的交滑移示意图

(a) 位错在 (111) 晶面上运动；(b) 位错运动到 S 点后受阻；(c) 位错发生交滑移；(d) 位错发生双交滑移

单一滑移面的刃型位错和混合位错不同，纯螺型位错可以在$(1\bar{1}1)$晶面和(111)晶面上自由运动，因此会在图 2.6 中的（b）的 S 处发生交滑移。然后，位错将在$(1\bar{1}1)$晶面上运动，如图 2.6 中的（c）所示。交滑移后该位错又再次在另一个$(1\bar{1}1)$晶面与(111)晶面的交界处发生交滑移，从而又转回与原滑移面平行的滑移面上继续滑移，这种现象称为双交滑移（double cross slip），如图 2.6 中的（d）所示。

2.1.5　多滑移

对于具有多组滑移系的金属晶体，如果有几组滑移系相对于外力轴的取向相同，分切应力同时达到了临界值，或者由于滑移时的转动，使另一组滑移系的分切应力也达到临界值，则滑移就会在多组滑移系上同时或交替进行，这种滑移过程称为多滑移（multiple slip）。

金属晶体在发生塑性变形时，在金属表面可以看到许多滑移带，而且每个滑移带内包含许多滑移线，如图 2.7 所示。这表明金属塑性变形是不均匀的，实际上大量滑移只出现在一部分晶面上，而位于这部分晶面之间的一些晶面并没有发生形变。另外，从图 2.7 中可以发现，该图中的滑移线都是相互平行的，这是单滑移的基本特征。然而，对于多滑移而言，其滑移线不再表现相互平行的特征，其分布情况更为复杂。

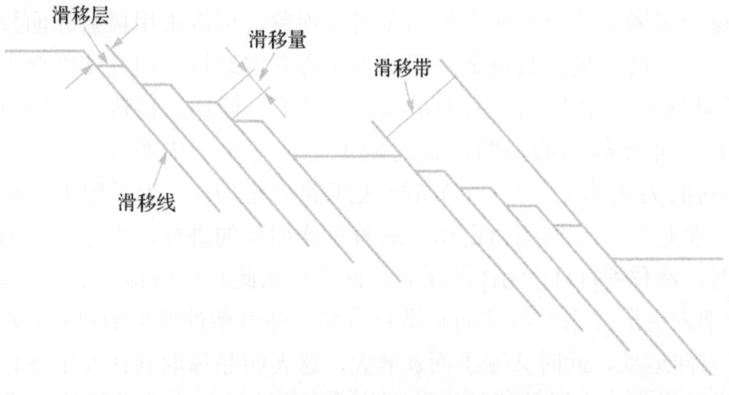

图 2.7　滑移带和滑移线结构示意图

事实上，对于金属塑性变形出现滑移线相互平行的情况，一般只发生在无约束变形的金属单晶体中，如图 2.8（a）所示，这是一种非常理想的情况。然而，金属在实际拉伸变形时，拉伸试样的两端是固定的，所以试样两端的平面无法横向自由移动，结果晶体的滑移面和滑移方向逐渐向拉伸轴靠近，晶体的取向必然发生变化，如图 2.8（b）所示。随着金属塑性变形的继续进行，金属晶体还要围绕拉伸轴旋转，造成晶格旋转和晶格弯曲，如图 2.8（c）所示。对于图 2.8（b）

和图 2.8（c）的情况，由于晶体取向发生了变化，必然有更多的滑移系开动，实现多滑移，以实现塑性变形的继续进行。

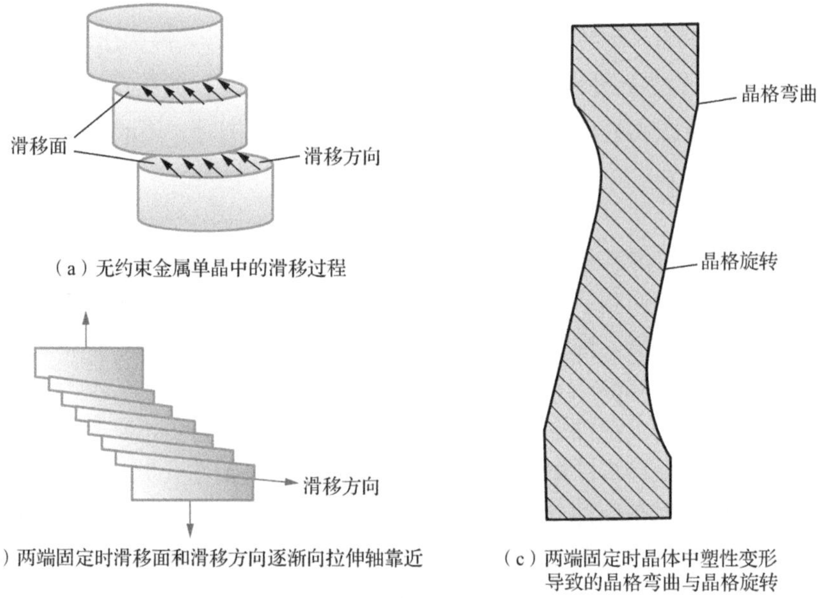

（a）无约束金属单晶中的滑移过程

（b）两端固定时滑移面和滑移方向逐渐向拉伸轴靠近

（c）两端固定时晶体中塑性变形导致的晶格弯曲与晶格旋转

图 2.8　金属晶体位错滑移机制示意图

为了进一步揭示图 2.8 所发生的多滑移现象，可以采用极射赤面投影法来进行研究，为了方便起见，假设金属晶体为面心立方结构，而且塑性变形过程中，拉伸加载轴相对于晶体转动，而不是晶体相对于拉伸加载轴转动。如图 2.9（a）所示，假设拉伸加载轴的初始位置对应于单位三角形中的 P 点，拉伸加载轴与$[\bar{1}01]$晶向的夹角为λ，与(111)晶面法线的夹角为ϕ（为了便于理解，可以对照图 2.5）。根据临界分切应力定律，随着拉伸加载的进行，当分切应力达到临界分切应力时，滑移系$(111)[\bar{1}01]$将开动，该滑移系此时可以称为主滑移系，（111）和$[\bar{1}01]$分别为主滑移系的滑移面和滑移方向。随着塑性变形的进行，P 点将沿着虚线$[\bar{1}01]$方向运动，此时λ减小而ϕ增大，这表明晶体取向在发生变化。随着塑性变形的继续进行，主滑移系的滑移面将偏离最大分切应力的位置。当 P 点运动到(001)和$(\bar{1}11)$晶面对应投影点的对称线的位置时，此时晶体取向的变化导致滑移将同时出现在主滑移系和次滑移系（又称为共轭滑移系）$(\bar{1}\bar{1}1)[011]$上，因为此时这两个滑移系所受的分切应力相等。在进行多滑移或双重滑移期间，为了在主滑移系和次滑移系上维持相等的应力，晶格将继续发生转动，拉伸轴沿着对称线朝$[\bar{1}12]$方向运动，如图 2.9（b）所示。事实上，在晶体取向达到对称线之后，晶体还要继续在主滑移系上滑移，于是导致取向超越此对称线，即继续在主滑移系内向[$\bar{1}$01]方向滑移。随着一定数量的附加主滑移之后，共轭滑移系突然起作用，进一步的滑移便集中在此共轭滑移系上，接着又在反方向上超越对称线。

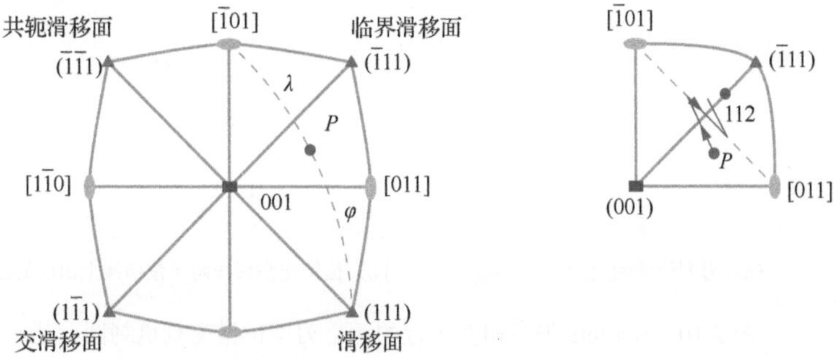

（a）面心立方晶体中的滑移系　　　　（b）主滑移系的超越现象

图 2.9　面心立方晶体中滑移的极射赤面表示法

2.1.6　位错的交割

1. *刃型位错与刃型位错的交割*

如图 2.10（a）所示，在切应力作用下，具有 Burgers 矢量 $\boldsymbol{b}_1$ 的刃型位错 $\overrightarrow{AB}$ 沿滑移面（Ⅰ）向下滑移，与 Burgers 矢量为 $\boldsymbol{b}_2$ 的刃型位错 $\overrightarrow{CD}$ 相交割，且 $\boldsymbol{b}_1$ 平行于 $\boldsymbol{b}_2$。根据位错类型确定规则，当位错 $\overrightarrow{AB}$ 向下滑移时，平面（Ⅰ）左边的晶体会沿 $\boldsymbol{b}_1$ 方向运动，而右边的晶体则向相反的方向运动，因而 $\overrightarrow{AB}$ 与 $\overrightarrow{CD}$ 交割后将在 $\overrightarrow{CD}$ 上产生一个小台阶 $\overrightarrow{PP'}$，且 $\overrightarrow{PP'}=\boldsymbol{b}_1$。由于 $\overrightarrow{PP'}$ 的滑移面也是原 $\overrightarrow{CD}$ 位错的滑移面（平面（Ⅱ）），所以台阶 $\overrightarrow{PP'}$ 在线张力的作用下会自行消失，位错 $\overrightarrow{CD}$ 则恢复其直线形状。这种位于同一滑移面上的位错台阶通常被称为扭折（kink）。为了确定两个位错交割后位错形状的变化，假设位错 $\overrightarrow{AB}$ 不滑移，根据相对运动原理，位错 $\overrightarrow{CD}$ 沿其滑移面（Ⅱ）向上滑移。根据位错类型确定规则，在位错 $\overrightarrow{CD}$ 与位错 $\overrightarrow{AB}$ 交割后，位错 $\overrightarrow{AB}$ 上也会出现扭折。图 2.10（b）为位错 $\overrightarrow{AB}$ 和 $\overrightarrow{CD}$ 交割后在两条位错线上出现的扭折。这些扭折在线张力的作用下都会自行消失，所以两条位错线最终仍然是直线。

图 2.11 为 Burgers 矢量相互垂直的两条不共面刃型位错的交割情况。根据相对运动的规律和原理可知，位错 $\overrightarrow{AB}$ 在交割后的形状不变，而在位错 $\overrightarrow{CD}$ 上则产生了一个小台阶 $\overrightarrow{PP'}$，且 $\overrightarrow{PP'}$ 平行于 $\boldsymbol{b}_1$。与上述情况不同，这个台阶的滑移面是Ⅰ，而不是交割前位错 $\overrightarrow{CD}$ 的滑移面（Ⅱ），它在位错 $\overrightarrow{CD}$ 的线张力作用下不会自行消失。这种位于不同滑移面上的位错台阶被称为割阶（jog）。由于滑移方向上的 Burgers 矢量长度通常只有一个原子间距，所以当位错 $\overrightarrow{CD}$ 发生滑移时，割阶 $\overrightarrow{PP'}$ 也随之滑移。很明显，刃型位错上的割阶一般不会影响位错的后续滑移。

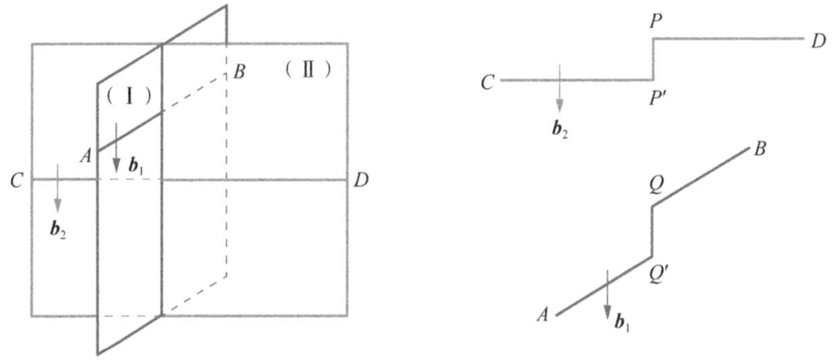

（a）刃型位错的交割　　（b）位错交割后在两条位错线上出现的扭折情况

图 2.10　Burgers 矢量相互平行的两个刃型位错交割机制图

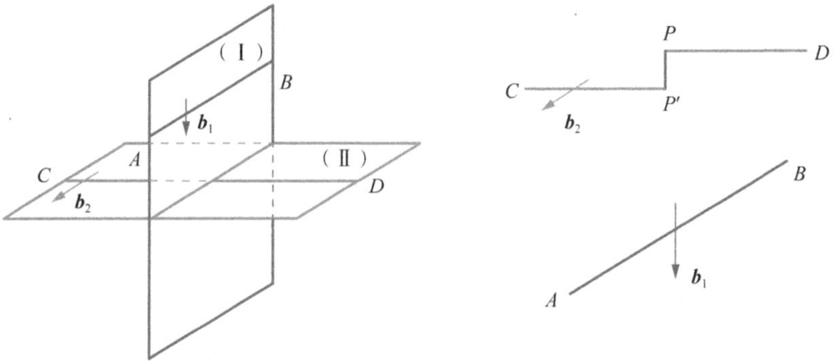

（a）刃型位错的交割　　（b）位错交割后在两条位错线上出现的割阶和扭折

图 2.11　Burgers 矢量相互垂直的两个刃型位错交割机制图

2. 刃型位错与螺型位错的交割

图 2.12 为刃型位错 $\overrightarrow{AB}$ 在滑移过程中与螺型位错 $\overrightarrow{CD}$ 交割的情况。根据位错类型确定规则和相对运动原理可知，交割后在位错 $\overrightarrow{AB}$ 和 $\overrightarrow{CD}$ 上将分别形成刃型台阶 $\overrightarrow{PP'}$ 和 $\overrightarrow{QQ'}$，其中 $\overrightarrow{PP'}=\boldsymbol{b}_2,\overrightarrow{QQ'}=\boldsymbol{b}_1$。$\overrightarrow{PP'}$ 是割阶，因为它的滑移面（$\boldsymbol{b}_1\times\boldsymbol{b}_2$）不是位错 $\overrightarrow{AP}$ 和 $\overrightarrow{P'B}$ 的滑移面。从图 2.12（a）可以直观地观察到割阶 $\overrightarrow{PP'}$ 的形成过程。由于螺型位错 $\overrightarrow{CD}$ 周围的原子面是螺旋面而非平面，因此，当位错 $\overrightarrow{AB}$ 通过位错 $\overrightarrow{CD}$ 后，它的 $\overrightarrow{AP}$ 段和 $\overrightarrow{P'B}$ 段不在同一层上，而在螺距为 $\boldsymbol{b}_2$ 的螺旋面上，两段之间的线段 $\overrightarrow{PP'}$ 就是割阶。图 2.12（b）中螺型位错 $\overrightarrow{CD}$ 上的台阶 $\overrightarrow{QQ'}$ 是扭折而非割阶，因为它的滑移面（$\boldsymbol{b}_1\times\boldsymbol{b}_2$）也是位错 $\overrightarrow{CD}$ 的滑移面，或者说 $\overrightarrow{CQ}$、$\overrightarrow{QQ'}$ 和 $\overrightarrow{Q'D}$ 三段位错都在同一滑移面（$\boldsymbol{b}_1\times\boldsymbol{b}_2$）内，由于螺型位错的滑移面可以是包含位错线的任何平面，因而在线张力的作用下 $\overrightarrow{QQ'}$ 可能会自行消失，使位错 $\overrightarrow{CD}$ 恢复直线形状。

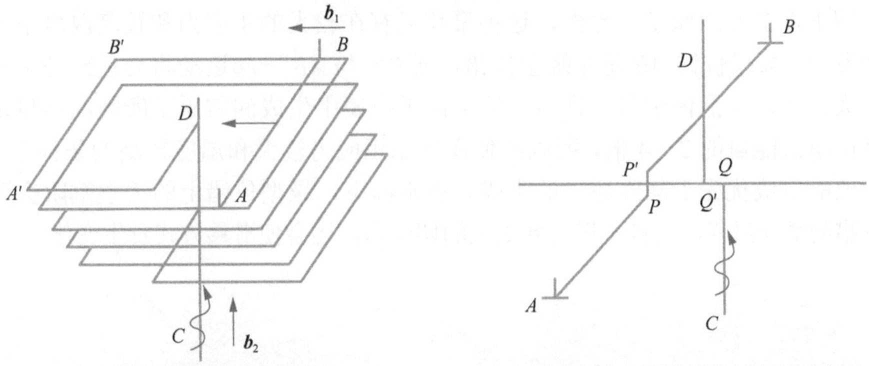

（a）刃型位错与螺型位错的交割　　（b）位错交割后两条位错线上的割阶和扭折

图 2.12　刃型位错与螺型位错交割机制图

3. 螺型位错与螺型位错的交割

如图 2.13 所示，Burgers 矢量为 $\boldsymbol{b}_1$ 的右螺型位错 $\overrightarrow{AB}$ 在滑移过程中与另一个 Burgers 矢量为 $\boldsymbol{b}_2$ 的右螺型位错 $\overrightarrow{CD}$ 交割的情况。与前面一样，可以判断出在位错 $\overrightarrow{AB}$ 和 $\overrightarrow{CD}$ 上会分别形成台阶 $\overrightarrow{PP'}$ 和 $\overrightarrow{QQ'}$，其中 $\overrightarrow{PP'}=\boldsymbol{b}_2$，$\overrightarrow{QQ'}=\boldsymbol{b}_1$。虽然 $\overrightarrow{PP'}$ 和 $\overrightarrow{QQ'}$ 都是螺型位错上的台阶，但 $\overrightarrow{PP'}$ 是割阶，$\overrightarrow{QQ'}$ 是扭折。这是由于位错 $\overrightarrow{AB}$ 的滑移面已经确定，而位错 $\overrightarrow{CD}$ 的滑移面并不确定，它可以是任何包含位错线 $\overrightarrow{CD}$ 的平面。所以，台阶 $\overrightarrow{QQ'}$ 可以在线张力作用下消失，使位错 $\overrightarrow{CD}$ 在交割后恢复直线形状，但台阶 $\overrightarrow{PP'}$ 却不会消失。

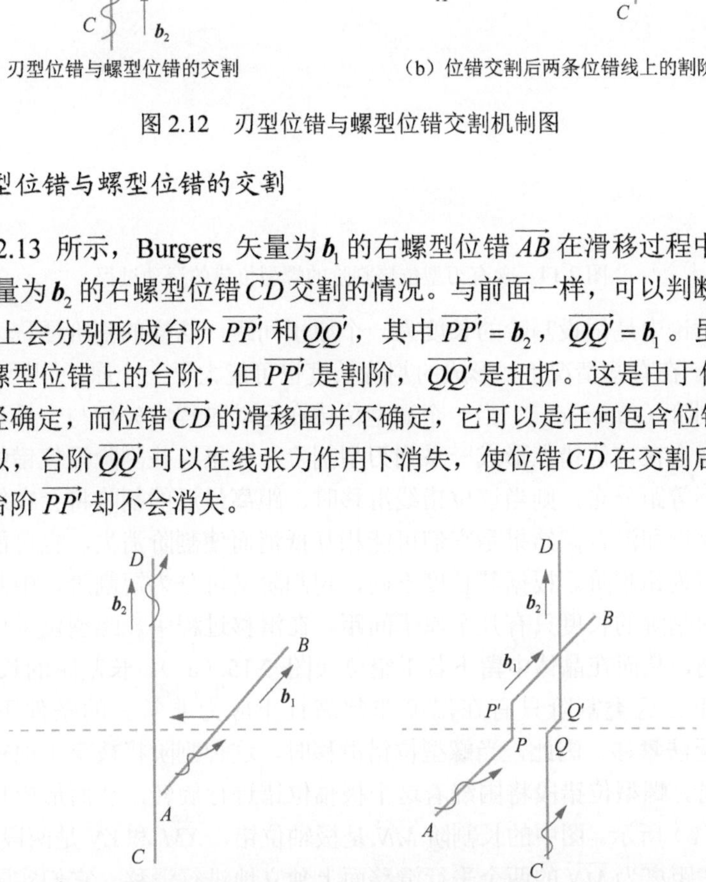

（a）两个右螺型位错的交割　　（b）位错交割后在两条位错线上出现的割阶和扭折情况

图 2.13　螺型位错与螺型位错交割机制图

螺型位错上的刃型割阶不能随着位错一起滑移。由图 2.14 可以看出，台阶 $\overrightarrow{PP'}$ 的滑移面是图中的阴影面，其只能沿位错线 $\overrightarrow{AB}$ 方向滑移。如果要使台阶 $\overrightarrow{PP'}$ 与位错 $\overrightarrow{AB}$ 一起运动，只能通过攀移，因为其攀移面（$PP'M'M$ 面）是刃型位错的额外半原子面。台阶 $\overrightarrow{PP'}$ 与位错 $\overrightarrow{AB}$ 一起运动将使额外半原子面缩小，从而在晶体中留下许多间隙原子。然而，这种攀移只有在较大的正应力和较高温度下才有可能发生。如果位错 $\overrightarrow{AB}$ 是左螺型位错，则 $\overrightarrow{PP'}$ 与 $\overrightarrow{AB}$ 一起运动将会使额外半原子面增大，从而在晶体中留下许多空位。由于金属中生成间隙原子所需的能量是生成空位所需能量的 2～4 倍，所以即使在外加正应力较大和温度较高的条件下，也是空位的生成优先于间隙原子的生成。在常温下，螺型位错上的刃型割阶会阻碍该位错的继续滑移，这样不仅需要更大的切应力，还会使滑移方式发生变化。

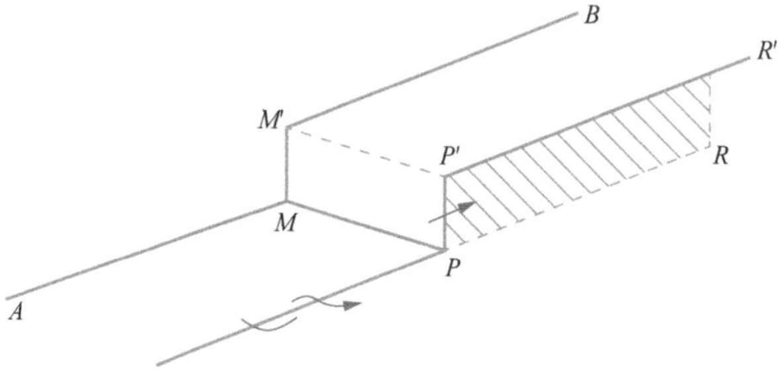

图 2.14　含有刃型位错割阶的螺型位错的运动过程

上述讨论中是假设割阶的长度为一个原子间距，这样的割阶便称为基本割阶（basic jog）。在有些情况下，形成的割阶长度也可能大于一个原子间距，这样的割阶称为超割阶（super jog）。当一个螺型位错在运动过程中先后与一系列螺型位错交割时，就会在该位错上形成一系列刃型割阶，如果这些割阶沿位错线的分布不均匀，即不等距分布，则当该位错线滑移时，距离最近的割阶将会在线张力作用下而相互靠近和汇合。结果是它们可能相互抵消而使割阶消失，也可能是它们相互叠加而成为超割阶。根据其长度不同，超割阶又可分为短割阶、中割阶和长割阶三类。短割阶的长度只有几个原子间距。在滑移过程中，螺型位错可能拽着割阶一起运动，从而在晶体中留下若干空位（图 2.15（a））。长割阶的长度大于 60 个原子间距。这类割阶只有在温度非常高且正应力非常大的条件下才可能攀移，否则无法攀移。因此，当螺型位错滑移时，这种割阶将被牢牢地钉扎住而成为极轴位错。螺型位错段将围绕着这个极轴位错进行旋转，从而形成扫动位错，如图 2.15（b）所示。图中的长割阶 $\overrightarrow{MN}$ 是极轴位错，$\overrightarrow{XM}$ 和 $\overrightarrow{YN}$ 是两段扫动位错，它们分别在距离为 $\overrightarrow{MN}$ 的两个平行滑移面上独立地进行滑移。它们实际上是两个同极轴的 L 形位错源。中割阶的长度介于短割阶和长割阶之间，如图 2.15（c）所示。这种割阶 $\overrightarrow{MN}$ 仍然难以攀移，所以它仍然是一个极轴错位，而 $\overrightarrow{MN}$ 和 $\overrightarrow{YN}$ 也仍然是扫动位错。然而，中割阶与长割阶还是有一定的区别。对于长割阶而言，当两个扫动位错滑移（旋转）到有两个位错段（图 2.15（b）中 $\overrightarrow{OM}$ 和 $\overrightarrow{NP}$）相互平行的位置时，因为它们之间的距离 $\overrightarrow{MN}$ 很小，使得这两段平行的位错段之间的相互作用力（吸引力）非常大，导致该段位错不可能继续滑移，只有其他部分

（图 2.15（b）中的 $\overrightarrow{XO}$ 和 $\overrightarrow{PY}$ ）可以继续滑移。这样就形成了一对相距很近的平行异号位错（图 2.15（b）$\overrightarrow{OM}$ 和 $\overrightarrow{NP}$ ），这对位错被称为位错偶极子（dislocation dipole）。

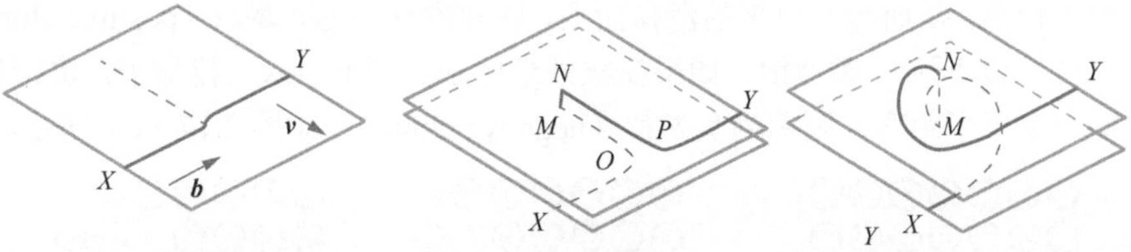

（a）短割阶　　（b）长割阶　　（c）中割阶

图 2.15　含有割阶的螺型位错的滑移过程

综上所述，割阶和扭折是位错的小单元，它们与所处的位错线具有相同的 Burgers 矢量 ***b***，如图 2.16 所示。与位错线具有相同滑移面的扭折不会阻碍位错的滑移，反而还会有助于位错的运动。同样地，刃型位错中的割阶（图 2.16（c））也不会影响滑移。螺型位错中的割阶（图 2.16（d））具有刃型位错特征，但只能沿着直线滑移。

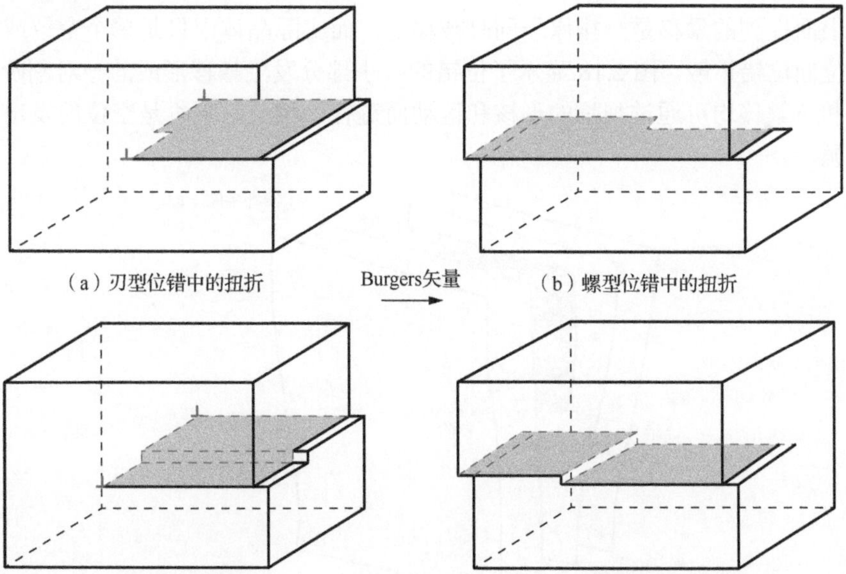

（a）刃型位错中的扭折　　（b）螺型位错中的扭折

（c）刃型位错中的割阶　　（d）螺型位错中的割阶

图 2.16　刃型位错和螺型位错中的割阶和扭折

2.2　位错攀移机制

在低温条件下，原子很难发生扩散，并且非平衡的点缺陷浓度的缺乏也限制了位错的运动，所以此时的原子运动几乎完全依赖滑移。然而，在较高的温度下，刃型位错可以通过攀移（climb）过程向滑移面外运动，图 2.17 为刃型位错攀移示意图。如果将一排垂直于纸面的原子 A（图 2.17（a））移走，位错线将向上移动一个原子距离，从而跑到原来的滑移面上，这种攀移称为正攀移（positive climb），如图 2.17（b）所示。类似地，如果在额外半原子平面下引入一排原子，位错将向下移动一个原子距离，则称为负攀移（negative climb），如图 2.17（c）所示。

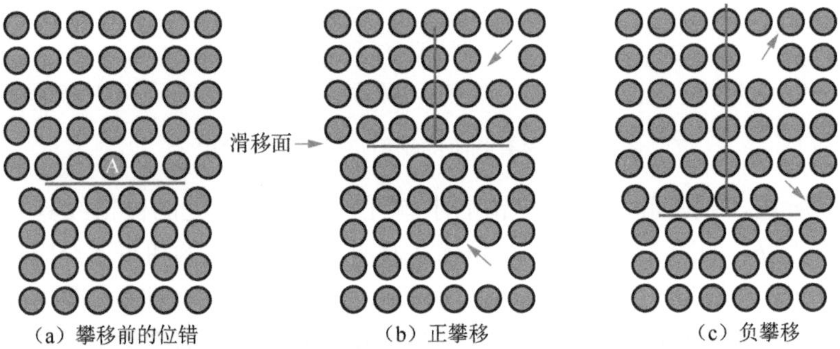

图 2.17　刃型位错的正攀移和负攀移（箭头表示空位运动的方向）

上面提到的攀移是一排原子同时被移走，而实际晶体中只是单个空位或一小团空位向位错扩散。图 2.18 显示了位错的一小部分发生攀移形成的一对割阶。正攀移和负攀移均可通过割阶的形核和运动而进行。相反，割阶是空位的发出源和吸收源。

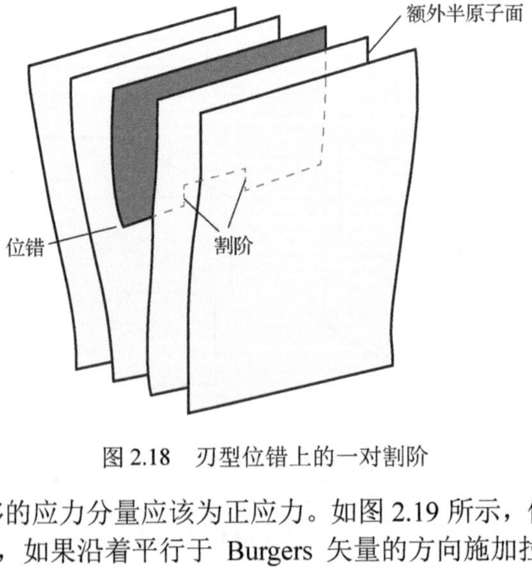

图 2.18　刃型位错上的一对割阶

引起位错攀移的应力分量应该为正应力。如图 2.19 所示，假设晶体中存在长度为 l 的刃型位错，如果沿着平行于 Burgers 矢量的方向施加拉应力 σ_x，则单位长度位错所做的功为

$$F_y d_y = -\sigma_x d_y b \tag{2.15}$$

可得

$$F_y = -\sigma_x b \tag{2.16}$$

式中，d_y 为攀移位移；F_y 为攀移力；b 为 Burgers 矢量的大小。

式（2.16）中的负号含义如下：若 σ_x 为拉应力，则 F_y 向下；如果 σ_x 为压应力，则 F_y 向上。与滑移力一样，攀移力可以通过外部或内部应力源产生。位错线的张力也会产生攀移力，但在这种情况下，所产生的力会减少额外半原子面上位错线的长度。然而，由于点缺陷的产生和湮灭也与攀移有关，所以除了这些机械攀移力外，还应考虑缺陷浓度变化引起的攀移力。

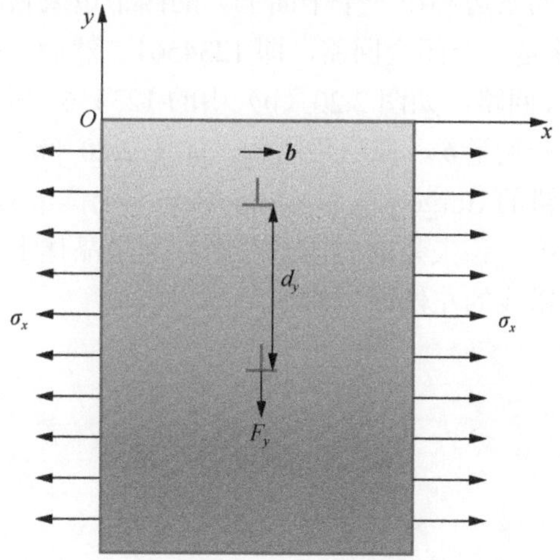

图 2.19　作用在刃型位错上的攀移力

2.3　不全位错的运动

从第 1 章可知，不全位错有其自身的特点，不同类型的不全位错具有不同的运动特性。Shockley 位错可以滑移但不能攀移，Frank 位错可以攀移但不能滑移。全位错滑移运动的特性对 Shockley 位错都适用。然而，纯螺型的 Shockley 位错不能在任意表面上滑移，只能在具有层错的面上滑移。Frank 位错的运动只能以攀移的形式发生，这与全位错的攀移运动相同。由于 Frank 位错可以攀移但不能滑移，而攀移又必须通过原子扩散来实现，因此 Frank 位错的运动非常困难。对于能以纯滑移来运动的位错，如 Shockley 不全位错和全位错，称为滑动位错（glissile dislocation），而不能运动的位错，如 Frank 位错，有时称为固定位错（sessile dislocation）。

与全位错一样，不全位错的一个重要特征在于其 Burgers 矢量。求解不全位错的 Burgers 矢量的方法也与求解全位错 Burgers 矢量的方法相似，但有一定的区别。

首先，确定不全位错线的方向。设实际晶体中某个不全位错正方向是从纸内指向纸面的，在这个不全位错所在的晶体中围绕这个不全位错作一个 Burgers 回路，回路的方向与全位错的方向相同，遵循右手螺旋法则，如图 2.20（a）所示。然而，在不全位错所在的晶体中，Burgers 回路必须从层错上开始，如图 2.20（a）所示的点 1，而在全位错所在的晶体中，Burgers 回路则可以从任意点出发，只要不遇到位错即可。Burgers 回路所走的步数必须沿着矢量 $\boldsymbol{t}$ 进行，也就是要走图中菱形（实际上菱形的四条边不在一个平面上）的四个边或它的短对角线（长对角线不行）。这样的回路是一个闭合回路，即 1234561。然后，在一个完整的晶体中作一个类似的 Burgers 回路，如图 2.20（b）中的 1234567 所示，该回路不闭合。由终点 7 向起点 1 引一矢量 $\boldsymbol{b}$，使回路闭合，如图 2.20（b）所示。这个矢量 $\boldsymbol{b}$ 即是实际晶体中不全位错的 Burgers 矢量。Shockley 不全位错的 Burgers 矢量可以与不全位错线成任意角度，该矢量的方向只与滑移面上晶体上半部分受压和受拉有关，而与层错位于位错线的左侧或右侧无关。

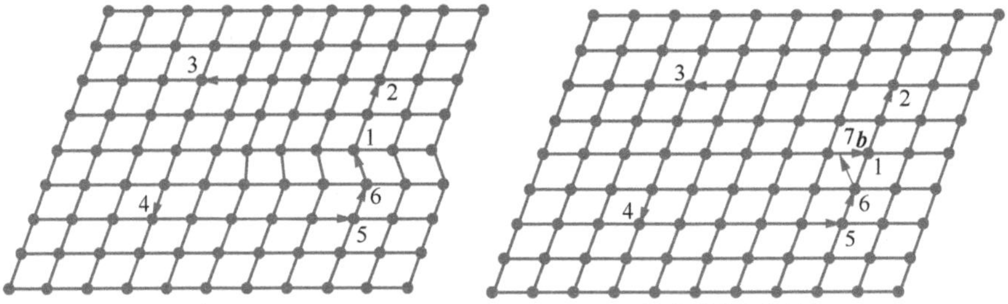

（a）实际晶体　　（b）不含位错的完整晶体

图 2.20　Shockley 位错的 Burgers 回路与 Burgers 矢量

正 Frank 位错的 Burgers 矢量如图 2.21 所示。在图中，层错位于位错线的右侧，Burgers 矢量的长度等于 $|\boldsymbol{n}|$，方向向下，即 $\boldsymbol{b}=-\boldsymbol{n}$。可以证明，如果层错位于位错线的左侧，则 Burgers 矢量的长度也等于 $|\boldsymbol{n}|$，但方向向上，即 $\boldsymbol{b}=+\boldsymbol{n}$。需要注意的是，在图 2.21（b）中，Burgers 回路从 1 到 6 的后面一步并没有将 6 和 1 连接起来。在图 2.21（a）中，6 到 1 的连线与 1 到 2 的连线关于通过 1 的横线是对称的。因此，图 2.21（b）中的 6 到 7 的连线与 1 到 2 的连线相对于水平线是对称的，所以 7 到 1 的连线垂直于水平方向，其长度等于 $|\boldsymbol{n}|$。

同理，可以求得负 Frank 位错的 Burgers 矢量。现将所得结果与上述正 Frank 位错的结果列于表 2.2。

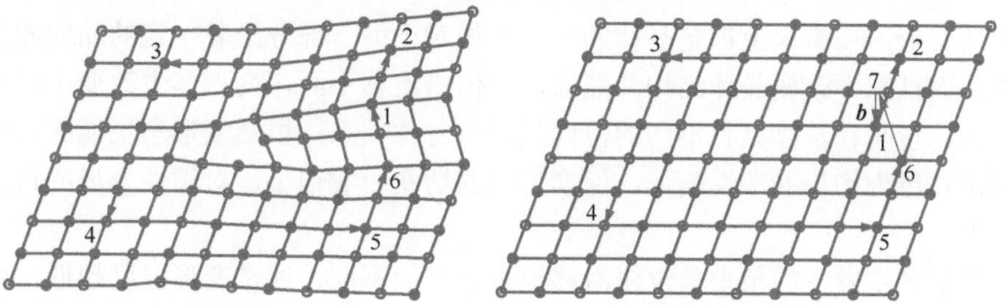

（a）实际晶体　　　　（b）不含位错的完整晶体

图 2.21　正 Frank 位错的 Burgers 回路与 Burgers 矢量

表 2.2　Frank 位错的 Burgers 矢量

Frank 位错	Burgers 矢量	
	层错在位错线左侧	层错在位错线右侧
正	$+\boldsymbol{n}$	$-\boldsymbol{n}$
负	$-\boldsymbol{n}$	$+\boldsymbol{n}$

必须注意的是，上述确定的 Burgers 矢量方向是基于位错线方向是从纸内到纸面这一标准。如果位错线方向反过来，则 Burgers 矢量方向也要反过来。综上所述，与全位错相比，不全位错的 Burgers 矢量的不同之处在于不全位错的四周并非都是好的区域。不全位错的 Burgers 回路必须从层错所在区域出发，最后还要穿过层错所在区域。不全位错的 Burgers 矢量总是一个矢量 $\boldsymbol{f}$（完整晶体上下两部分做相对运动而形成层错的位移矢量），它不是晶格常数的整数倍。Shockley 位错和 Frank 位错的特性见表 2.3。

表 2.3　Shockley 位错和 Frank 位错的特性

分类	Shockley 位错	Frank 位错	
		正	负
形成不全位错方法	在(111)面上作不均匀滑移	插入一层(111)	抽去一层(111)
位错类型	刃型，螺型	刃型	
Burgers 矢量	$\boldsymbol{b}=\dfrac{a}{6}[112]$ 在(111)平面上	$\boldsymbol{b}=\dfrac{a}{3}[111]$ 垂直于(111)面	
位错线	在(111)面上	在(111)面上	
运动方式	滑移，不攀移	攀移，不滑移	

2.4　变形孪生机制

根据 1.4 节已经初步给出了变形孪生的基本定义，变形孪生与位错滑移一样，都是金属塑性变形的基本方式，在宏观上都是金属晶体在切应力作用下发生的均匀剪切变形，在微观上都是晶体的一部分相对于另一部分沿着一定的晶面和晶向平移，而且都不改变晶体结构。然而，与位错滑移不同，变形孪生改变了晶体学的位向，孪晶和基体具有不同的位向且保持对称关系；虽然变形孪生能够比位错滑移诱发更为均匀的塑性变形，但孪生时的切变一般很小，对塑性变形的直接贡献不大。

变形孪生发生的条件与位错滑移也有很大的不同，通常变形温度越低，变形速率越高，变形孪生越容易发生。对于对称度较低的金属材料，更容易发生变形孪生，这主要是由于低对称金属材料一般无法满足塑性变形准则中所需要的 5 个独立滑移系，因而依靠变形孪生作为补充条件来实现金属材料的塑性变形[5]。

2.4.1 变形孪生的剪切变形

变形孪生的重要作用就是使金属晶体发生剪切变形，如图 2.22 所示。假设一个半径为单位 1 的球状单晶体，其对应的方程为

$$x^2 + y^2 + z^2 = 1 \tag{2.17}$$

该球状单晶体经过孪生变形后，孪生剪切量γ将三个正交基矢$\boldsymbol{m} = [i \quad j \quad k]$变换为$\bar{\boldsymbol{m}} = [\bar{i} \quad \bar{j} \quad \bar{k}]$，则有

$$\bar{\boldsymbol{m}} = \boldsymbol{m}\begin{bmatrix} 1 & \gamma & 0 \\ 0 & 1 & 0 \\ 0 & 0 & 1 \end{bmatrix} = \begin{bmatrix} i & j & k \end{bmatrix}\begin{bmatrix} 1 & \gamma & 0 \\ 0 & 1 & 0 \\ 0 & 0 & 1 \end{bmatrix} \tag{2.18}$$

所以，孪生线性变换矩阵$\boldsymbol{A}$可以表示为

$$\boldsymbol{A} = \begin{bmatrix} 1 & \gamma & 0 \\ 0 & 1 & 0 \\ 0 & 0 & 1 \end{bmatrix} \tag{2.19}$$

结果，晶体的矢量$\boldsymbol{n} = (x, y, z)$经过线性变换后变为$\boldsymbol{n}' = [x' \quad y' \quad z']$，则有

$$\begin{bmatrix} x' \\ y' \\ z' \end{bmatrix} = \boldsymbol{A}\begin{bmatrix} x \\ y \\ z \end{bmatrix} = \begin{bmatrix} 1 & \gamma & 0 \\ 0 & 1 & 0 \\ 0 & 0 & 1 \end{bmatrix}\begin{bmatrix} x \\ y \\ z \end{bmatrix} \tag{2.20}$$

将式（2.20）代入式（2.17），经过一定的数学变换，则有

$$(x')^2 + (1+\gamma^2)(y')^2 + (z')^2 - 2\gamma x'y' = 1 \tag{2.21}$$

从式（2.21）可以看出，孪生变形将一个球状单晶体变成了一个椭球体。

孪生剪切量γ可以通过下式计算，即

$$\gamma = 2\cot 2\phi \tag{2.22}$$

式中，2ϕ为$\boldsymbol{K}_1$平面与$\boldsymbol{K}_2$平面的夹角，如图 2.22 所示。

当$\boldsymbol{K}_1$和$\boldsymbol{\eta}_2$（或$\boldsymbol{K}_2$和$\boldsymbol{\eta}_1$）确定时，便可以将结构的具体孪生模式定义出来，

但是通常把所有的晶体元素和剪切的标量大小γ一起表示出来，表 2.4 给出了常见晶体的孪生模式。

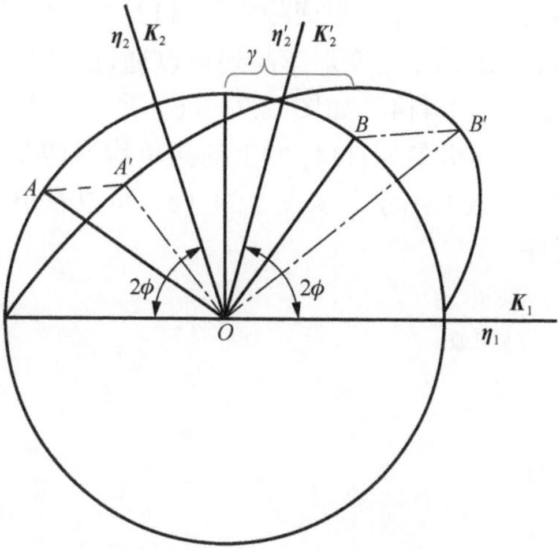

图 2.22　切变量γ与$\boldsymbol{K}_1$、$\boldsymbol{K}_2$夹角2ϕ的关系

表 2.4　常见晶体的孪生模式

晶体结构	$\boldsymbol{K}_1$	$\boldsymbol{K}_2$	$\boldsymbol{\eta}_1$	$\boldsymbol{\eta}_2$	γ
FCC	$\{111\}$	$\{11\bar{1}\}$	$\langle 11\bar{2}\rangle$	$\langle 112\rangle$	$1/\sqrt{2}$
BCC	$\{112\}$	$\{\bar{1}\bar{1}2\}$	$\langle \bar{1}\bar{1}1\rangle$	$\langle 111\rangle$	$1/\sqrt{2}$
HCP	$\{10\bar{1}2\}$	$\{\bar{1}012\}$	$\langle \bar{1}011\rangle$	$\langle \bar{1}01\bar{1}\rangle$	$\left((c/a)^2-3\right)/\left((c/a)\sqrt{3}\right)$
	$\{11\bar{2}1\}$	$\{0001\}$	$\langle 11\bar{2}6\rangle$	$\langle 11\bar{2}0\rangle$	
	$\{11\bar{2}2\}$	$\{11\bar{2}4\}$	$\langle 11\bar{2}3\rangle$	$\langle 22\bar{4}3\rangle$	
$\alpha-$U（正交）	$\{130\}$	$\{1\bar{1}0\}$	$\langle 3\bar{1}0\rangle$	$\langle 110\rangle$	0.299
	$\{1\bar{7}2\}$	$\{112\}$	$\langle 312\rangle$	$\langle 3\bar{7}2\rangle$	0.228
FCT（面心立方）	$\{101\}$	$\{10\bar{1}\}$	$\langle 10\bar{1}\rangle$	$\langle 101\rangle$	$c/a-a/c$

一般认为，切变（shear）和重组（shuffle）是变形孪生的主要机制。对于只有一种原子的单晶格结构，变形孪生的机制主要是晶格的均匀切变，尤其适用于体心立方晶体的$\{112\}\langle\bar{1}\bar{1}1\rangle$孪生模式和面心立方晶体的$\{\bar{1}\bar{1}1\}\langle 112\rangle$孪生模式。图 2.23 给出了只有一种原子的体心立方晶体中$\{112\}\langle\bar{1}\bar{1}1\rangle$孪生模式机制图，该孪生机制是晶格的均匀切变。在几乎所有的单原子晶格结构中，孪生及其共轭模式在晶体学上都是等价的，且其切变比任何其他具有相同孪生机制的多原子晶格类型都要小得多。而对于具有两种及以上原子的晶格结构，切变+重组是变形孪生的主要机制，在变形过程中可能有一种以上的孪生模式。在具有两种原子的 B2 结构中，通过图 2.23 那样的简单均匀切变只能得到图 2.24（a）所示的伪孪晶，其中

孪生剪切量为 0.707。虽然以这种方式得到的孪晶在晶格上是关于{112}面对称的，但在元素上却是不对称的，因而不稳定，被称为伪孪晶（pseudo twin）。需要通过后续沿$\langle\bar{1}\bar{1}1\rangle$方向的原子重组，才能形成稳定的{112}$\langle\bar{1}\bar{1}1\rangle$孪晶，如图 2.24（b）所示。Goo 等[6]认为{112}$\langle\bar{1}\bar{1}1\rangle$变形孪晶还可以通过{112}面上的反向剧烈剪切获得，此时孪生剪切量为 1.414，如图 2.24（c）所示。另外，B2 结构中还有{114}$\langle\overline{22}1\rangle$孪生模式，其机制为{114}面上的简单均匀切变和随后的原子重组，如图 2.24（d）和图 2.24（e）所示。从图 2.24（e）可以看出，这种重组导致了孪晶边界附近的轻微无序。

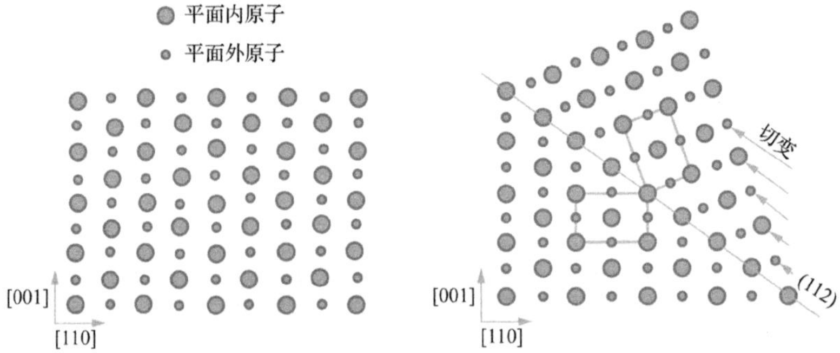

（a）均匀切变前　　（b）均匀切变后

图 2.23　只有一种原子的体心立方晶体中{112}$\langle\bar{1}\bar{1}1\rangle$孪生模式机制图

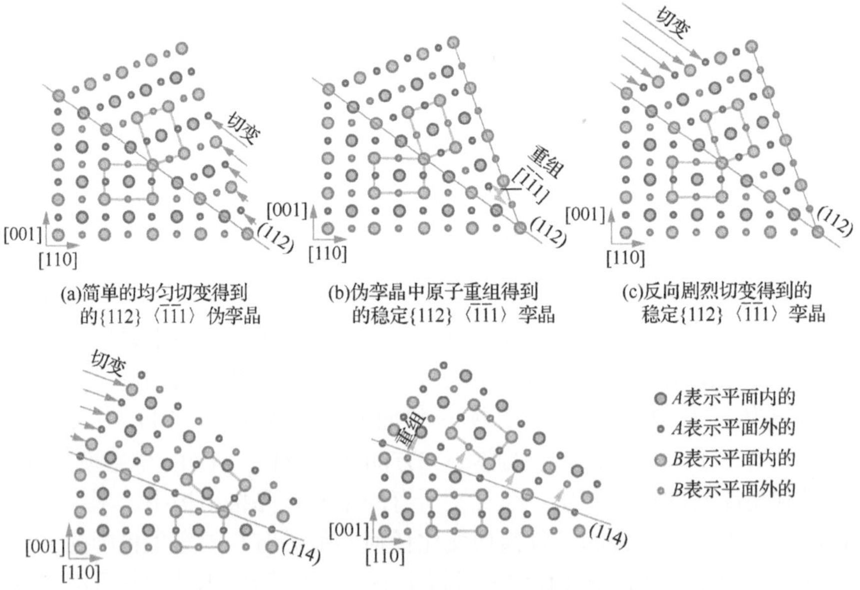

(a)简单的均匀切变得到的{112}$\langle\bar{1}\bar{1}1\rangle$伪孪晶　　(b)伪孪晶中原子重组得到的稳定{112}$\langle\bar{1}\bar{1}1\rangle$孪晶　　(c)反向剧烈切变得到的稳定{112}$\langle\bar{1}\bar{1}1\rangle$孪晶

(d)简单的均匀切变得到的{114}$\langle\overline{22}1\rangle$伪孪晶　　(e)伪孪晶中原子重组得到的稳定{114}$\langle\overline{22}1\rangle$孪晶

图 2.24　具有两种原子的 B2 结构中{112}$\langle\bar{1}\bar{1}1\rangle$和{114}$\langle\overline{22}1\rangle$孪生模式机制图

2.4.2 变形孪生的位错基础

传统上认为，面心立方金属中的形变孪晶是由具有相同 Burgers 矢量的不全位错在连续平面上滑移而形成的。这些位错的共同滑移产生了一个宏观应变来适应施加的应变。面心立方金属中孪生不全位错的 Burgers 矢量为 $\boldsymbol{b}_1=\frac{a}{6}\langle 112\rangle$，其大小为 $\frac{a}{\sqrt{6}}$，如图 2.25 所示。如果变形孪生通过带有 Burgers 矢量 $\boldsymbol{b}_1$ 的不全位错发生在球形晶粒的孪晶界上方，则该晶粒将切变为一个新的形状，如图 2.22 所示。孪生不全位错均为可在滑移面上运动的 Shockley 不全位错。在每个滑移面上均有三个等效的 Shockley 不全位错。例如，如图 2.25 所示，(111) 滑移面上的三个不全位错为 $\boldsymbol{b}_1=B\delta=\frac{a}{6}\langle 2\bar{1}\bar{1}\rangle$，$\boldsymbol{b}_2=A\delta=\frac{a}{6}\langle \bar{1}2\bar{1}\rangle$，$\boldsymbol{b}_3=C\delta=\frac{a}{6}\langle \bar{1}\bar{1}2\rangle$，另外还有三个与它们相反的 Burgers 矢量 $-\boldsymbol{b}_1$、$-\boldsymbol{b}_2$ 和 $-\boldsymbol{b}_3$。三个 Burgers 矢量的大小和方向如图 2.25（b）所示。可以看出，面心立方金属连续密排面上的原子堆垛顺序为 *ABCABCABCABC*。当不全位错在滑移面上运动时，会产生一个层错，层错上方的所有原子都改变了位置。由图 2.25（b）所示的 Burgers 矢量的大小和方向，不全位错运动引起的原子堆剁位置的变化可以描述如下。不全位错 $\boldsymbol{b}_1$ 的运动导致了 $A\rightarrow B$，$B\rightarrow C$，$C\rightarrow A$；不全位错 $\boldsymbol{b}_2$ 的运动导致了 $A\rightarrow B$，$B\rightarrow C$，$C\rightarrow A$；不全位错 $\boldsymbol{b}_3$ 的运动导致了 $A\rightarrow B$，$B\rightarrow C$，$C\rightarrow A$。由此可以看出，虽然三个 Burgers 矢量的方向不同，但它们会引起相同的堆垛位置变化。而具有相反方向的三个位错 $-\boldsymbol{b}_1$、$-\boldsymbol{b}_2$ 和 $-\boldsymbol{b}_3$ 则会引起堆垛顺序的反向，即 $B\rightarrow A$，$C\rightarrow B$，$A\rightarrow C$。

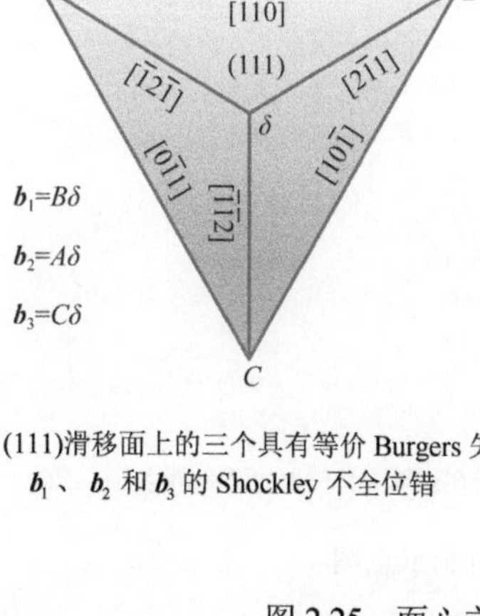

（a）(111)滑移面上的三个具有等价 Burgers 矢量 $\boldsymbol{b}_1$、$\boldsymbol{b}_2$ 和 $\boldsymbol{b}_3$ 的 Shockley 不全位错

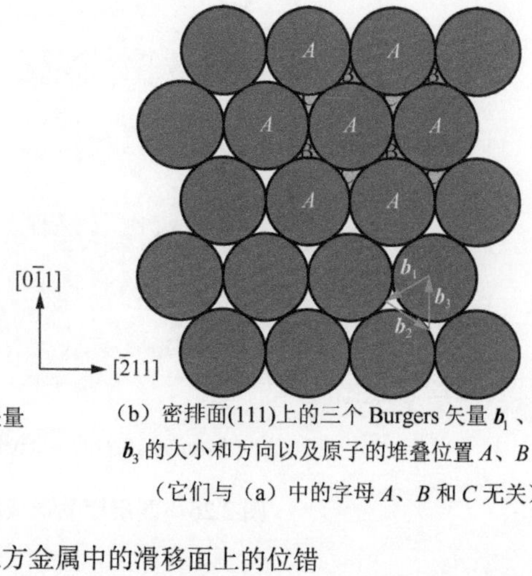

（b）密排面(111)上的三个 Burgers 矢量 $\boldsymbol{b}_1$、$\boldsymbol{b}_2$ 和 $\boldsymbol{b}_3$ 的大小和方向以及原子的堆叠位置 *A*、*B* 和 *C*（它们与（a）中的字母 *A*、*B* 和 *C* 无关）

图 2.25　面心立方金属中的滑移面上的位错

变形孪晶可以通过 Shockley 不全位错在连续滑移面上的滑移而形成。图 2.26（a）显示了通过具有相同 Burgers 矢量的不全位错滑移形成的四层孪晶。第一个不全位错 $\boldsymbol{b}_1$ 的滑移产生了一个内禀层错，相当于去掉了一层 *C* 原子。在与之相邻的滑移面上，除了在与第一层同时滑动产生了一个 $\boldsymbol{b}_1$ 的滑移外，还与第一层之间产生了第二个 $\boldsymbol{b}_1$ 不全位错的滑移，从而将层错转化为双层孪晶核。值得注意的是，双层孪晶核相当于一个外禀层错，相当于在 *BC* 层之间插入了一层 *A* 原子。$\boldsymbol{b}_1$ 不全位错的进一步滑移会使双层孪晶核逐渐转变成 2.26（a）所示的四层孪晶。从图 2.26（b）可以看出，三个 Burgers 矢量（$\boldsymbol{b}_1$、$\boldsymbol{b}_2$ 和 $\boldsymbol{b}_3$）的不全位错在连续滑移面上的混合滑移也可以产生与图 2.26（a）所示堆垛顺序相同的四层孪晶。换句话

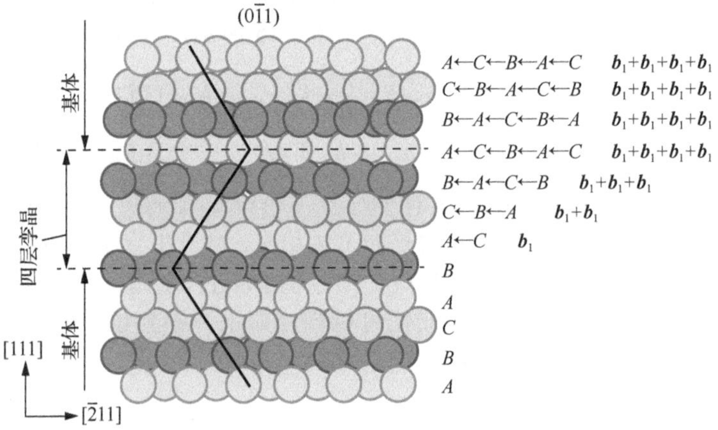

（a）四个具有相同Burgers矢量$\boldsymbol{b}_1$的不全位错在连续滑移面上滑移

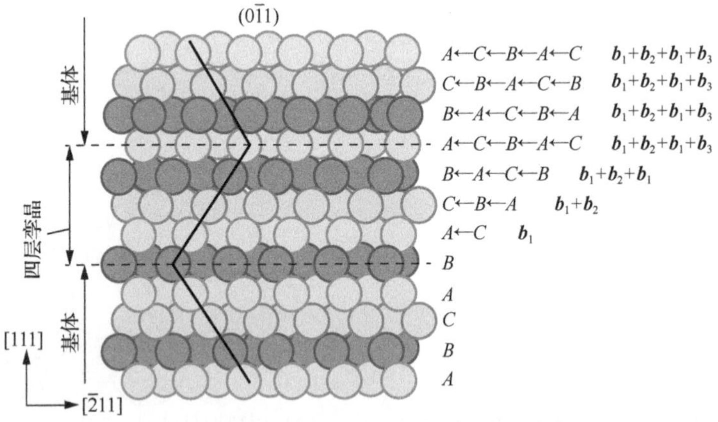

（b）四个具有不同Burgers矢量的不全位错在连续滑移面上的混合滑移

图 2.26　四层孪晶形成机制示意图

说，孪晶既可以由相同不全位错的滑移形成，也可以由不同不全位错的滑移形成，这是因为三个不全位错 $\boldsymbol{b}_1$ 、$\boldsymbol{b}_2$ 和 $\boldsymbol{b}_3$ 会产生相同的堆垛顺序移位，尽管它们的方向不同。

需要注意的是，图 2.26 中描述的两种变形孪生过程所产生的宏观应变有很大的不同。在图 2.26（a）中，所有不全位错都具有相同的 Burgers 矢量，因此产生相同方向的剪切应变。这样可以共同产生较大的宏观应变，从而改变晶体的形状。相比之下，图 2.26（b）中所描述的孪生过程将产生一个更小的宏观应变，因为带有不同 Burgers 矢量的不全位错将晶格向不同方向剪切。图 2.26 中描述的两个孪生过程将会对孪晶形态产生影响。图 2.27（a）中的孪生过程在粗晶面心立方金属中比较常见，而图 2.26（b）中的孪生过程则在纳米晶面心立方金属中很常见。

2.4.3　变形孪生的物理机制

1. 极轴机制

1）体心立方金属中的极轴机制

Cottrell 和 Bilby[7]提出了一个实现体心立方金属变形孪生的极轴机制，其模型如图 2.27 所示。考虑一段 Burgers 矢量为 $\frac{a}{2}[111]$ 的全位错 $\overline{AOC}$ 位于 (112) 晶面上，但不在 $[11\bar{1}]$ 方向。如果外加应力足够大，其中一段位错线 $\overline{OB}$ 可能会发生如下离解反应，即

$$\frac{a}{2}[111] \rightarrow \frac{a}{3}[112] + \frac{a}{6}[11\bar{1}] \tag{2.23}$$

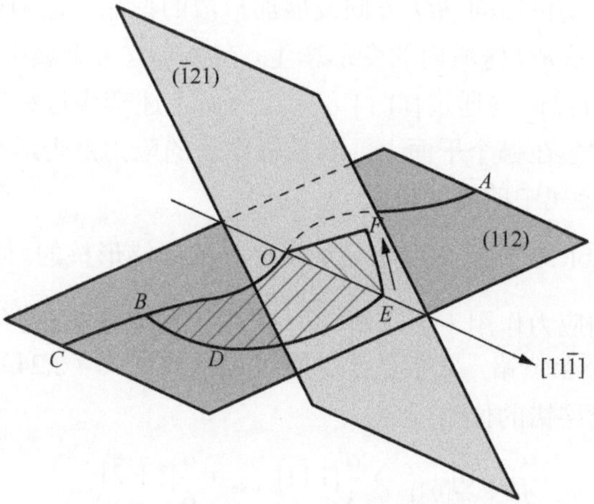

图 2.27　体心立方晶体中的 Cottrell 和 Bilby 极轴机制

首先考虑不全位错$\frac{a}{3}[112]$，由于位错线$\overrightarrow{OB}$位于(112)晶面上，其 Burgers 矢量处处与位错线垂直，所以该位错是一个纯刃型位错且在(112)晶面上是不可滑动的，即该位错为固定位错。而另一个位错$\frac{a}{6}[11\bar{1}]$的滑移面就是(112)晶面，因此可以由 OB 线分离出去，以 O 点和 B 点为固定结点而做滑移运动。位错$\frac{a}{6}[11\bar{1}]$在(112)面上运动的结果就是引起一个孪生切变，形成一个单层孪晶，即一个层错。但是，当这一位错运动到(112)晶面与$(\bar{1}21)$晶面的交线$[11\bar{1}]$上时，它便成为一个纯螺型位错，此时$(\bar{1}21)$晶面也成为该位错的滑移面，在合适的应力条件下，该位错可以转移到$(\bar{1}21)$晶面上去运动。在$(\bar{1}21)$晶面上，Burgers 矢量为$\frac{a}{6}[11\bar{1}]$的位错$\overrightarrow{OE}$是滑动位错，可以滑移。这样，三条位错便形成具有一个结点的极轴机制。位错$\overrightarrow{OE}$以极轴位错$\overrightarrow{OB}$为轴，以$(\bar{1}21)$晶面为扫动面绕 O 点转动，其结果是向 OB 方向形成一个层错，与原来(112)晶面上形成的单层层错形成的夹角为锐角。$\overrightarrow{OE}$每转一圈便会在$(\bar{1}21)$晶面上形成一个单层孪晶，如果应力条件继续满足，$\overrightarrow{OE}$位错就能绕 O 点不断地转动，从而形成多层孪晶。应该注意的是，当 $BDEO$ 在(112)晶面上运动时便会在该面上产生一个单层孪晶，随之$\overrightarrow{OE}$又在$(\bar{1}21)$晶面上扫过而形成向 OB 方向发展的多层孪晶，这两种孪生的运动是一致的，因为它们的 Burgers 矢量都是同一个$\frac{a}{6}[11\bar{1}]$。除了在结点 O 处会因扫动而形成孪晶外，在结点 B 处也同理会发生由扫动位错向 BO 方向发展而形成的孪晶。这两处对向生成的孪晶相互补充，最后完成 BO 区域内的变形孪生。在体心立方金属中，由于(112)晶面、$(\bar{1}21)$晶面和$(2\bar{1}1)$晶面均通过$[11\bar{1}]$方向，因而上述孪生过程在这三个平面上均可能发生，具体发生在哪个平面上，要看该面上的应力是否适合。

2）面心立方金属中的极轴机制

1961 年，Venables[8]提出变形孪晶是从单一的层错形核的。他认为一个$\frac{a}{2}\langle 110\rangle$的棱柱位错在外加应力作用下会离解为一个不可滑动的 Frank 不全位错和一个可滑动的 Shockley 不全位错，它们位于共轭孪晶面内。式（2.24）为在一个$\{111\}$孪晶平面上产生内禀层错的位错反应。

$$\frac{a}{2}[1\bar{1}0]_{(11\bar{1})} \rightarrow \frac{a}{3}[1\bar{1}1]_{\text{sessile}} + \frac{a}{6}[1\bar{1}\bar{2}]_{(1\bar{1}1)} \tag{2.24}$$

$\frac{a}{2}[1\bar{1}0]$全位错和$\frac{a}{3}[1\bar{1}1]$Frank 不全位错都可以作为极轴位错。由于极轴位错

的螺旋特性，可滑动的$\frac{a}{6}[1\bar{1}\bar{2}]$ Shockley 不全位错在沿着极轴位错的螺旋路径扫过的时候，会在下一个$(11\bar{1})$平面上遇到 Frank 不全位错，这个过程可以在相邻的$(11\bar{1})$平面上重复进行而产生没有层错的完美孪晶。随后，Cohen 和 Weertman[9]提出，当$\frac{a}{2}\langle 110\rangle$滑移位错遇到 Lomer-Cottrell 势垒时，会被阻塞并分解为 Frank 不全位错和 Shockley 不全位错。Shockley 不全位错在适当的平面$\{111\}$上运动，将产生许多孤立的内禀层错，它们合并起来并会形成孪晶。

2. 压杆位错交滑移机制

Mori 和 Fujita[10]提出面心立方金属材料的共轭面发生孪生是通过由$\frac{a}{6}\langle 110\rangle$压杆位错的激活而引起的交滑移机制。在他们提出的模型中，当主平面上的 Shockley 不全位错遇到一个类似 Lomer-Cottrell 势垒的障碍时，它便会离解为一个压杆位错和位于共轭孪晶面上的另一个 Shockley 不全位错，具体位错反应式如下：

$$\frac{a}{6}\left[\bar{1}21\right]_{(11\bar{1})} \to \frac{a}{6}\left[01\bar{1}\right]_{\text{sessile}} + \frac{a}{6}\left[\bar{1}12\right]_{(1\bar{1}1)} \tag{2.25}$$

位错$\frac{a}{6}\left[\bar{1}12\right]_{(1\bar{1}1)}$为可滑动位错，其在$(1\bar{1}1)$晶面上的滑移将形成一个内禀层错，即一个单层孪晶核。在合适的应力条件下，大量类似的单层孪晶将会按上述机制形核，当这些单层孪晶重叠在一起时，便会形成微孪晶，进而长大为更大的孪晶。

3. 三层孪晶机制

前面提到的变形孪生机制是基于多滑移的概念。Mahajan 和 Chin[11]在 1973 年提出了不需要多次滑移的孪生理论，在他们的模型中，两个具有不同 Burgers 矢量的共面$\frac{a}{2}\langle 110\rangle$滑移位错会通过如下反应在三个连续密排$\{111\}$平面上分解成三个不同的 Shockley 不全位错，即

$$\frac{a}{2}\left[10\bar{1}\right]_{(111)} + \frac{a}{2}\left[01\bar{1}\right]_{(111)} \to 3\times\frac{a}{6}\left[11\bar{2}\right]_{(111)} \tag{2.26}$$

从而形成了一个外禀-内禀层错组合的双层错构形，它可以作为一个三层孪晶核，如图 2.28 所示。这些孪晶核在$\{111\}$面上的相互生长会导致不完美的宏观孪晶的形成，即孪晶不会在每个连续的$\{111\}$面上产生，因为在大体积范围内，不会在每个孪晶面上都有层错产生。

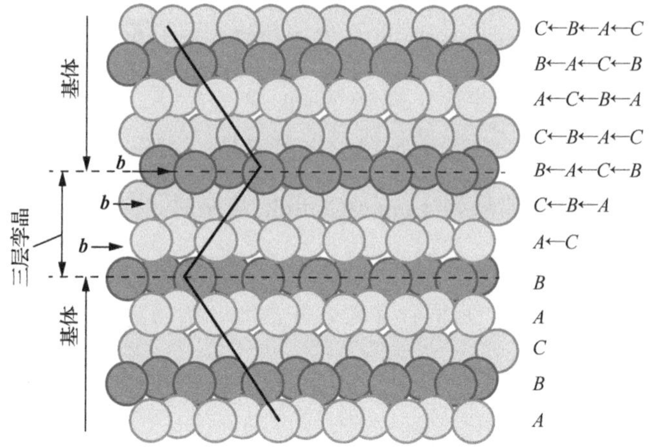

图 2.28　三层孪晶形成示意图

2.4.4　变形孪生力学条件

诱发变形孪生的必要条件是材料内部的剪切应力超过临界孪生切应力（critical twinning shear stress）$(\tau_c)_{\text{twin}}$。对于极轴位错机制，诱发变形孪生的临界应力为[12]

$$(\tau_c)_{\text{twin}} = \frac{\gamma_{\text{eff}}}{b_{\text{t}}} + \frac{Gb_{\text{t}}}{L_0} \tag{2.27}$$

式中，γ_{eff} 为有效层错能；b_{t} 为孪生位错的 Burgers 矢量；L_0 为形成孪晶核的不可动位错的长度；G 为剪切模量。

对于三层孪晶位错机制，诱发变形孪生的临界孪生切应力为[13]

$$(\tau_c)_{\text{twin}} = \frac{\gamma_{\text{eff}}}{3b_{\text{t}}} + \frac{3Gb_{\text{t}}}{L_0} \tag{2.28}$$

参 考 文 献

[1] Groves G W, Kelly A. Independent slip systems in crystals[J]. Philosophical Magazine, 1963, 8(89): 877-887.

[2] Bishop J, Hill R. A theoretical derivation of the plastic properties of a polycrystalline face-centered metal[J]. Philosophical Magazine, 1951, 42(334): 1298-1307.

[3] Robert L, Bell M D. Isotope transfer test for diagnosis of ventriculosubarachnoidal block[J]. Journal of Neurosurgery, 1957, 14(6): 674-679.

[4] Price P B. Nonbasal glide in dislocation - free cadmium crystals. I. the (1011)[1210] system[J]. Journal of Applied Physics, 1961, 32(9): 1746-1750.

[5] Christian J W, Mahajan S. Deformation twinning[J]. Progress in Materials Science, 1995, 39: 1-157.

[6] Goo E, Duerig T, Melton K, et al. Mechanical twinning in $Ti_{50}Ni_{47}Fe_3$ and $Ti_{49}Ni_{51}$ alloys[J]. Acta Metallurgica, 1985, 33(9):1725-1733.

[7] Cottrell A H, Bilby B A. A mechanism for the growth of deformation twins in crystals[J]. Philosophical Magazine, 2010, 42(329): 573-581.

[8] Venables J A. Deformation twinning in face-centered cubic metals[J]. Philosophical Magazine, 1961, 6(63): 379-396.

[9] Cohen J B, Weertman J. A dislocation model for twinning in f.c.c metals[J]. Acta Metallurgica. 1963, 11(8): 996-998.

[10] Mori T, Fujita H. Dislocation reactions during deformation twinning in Cu-11at.% Al single crystals[J]. Acta Metallurgica, 1980, 28(6): 771-776.

[11] Mahajan S, Chin G Y. Formation of deformation twins in f.c.c. crystals[J]. Acta Metallurgica, 1973, 21(10): 1353-1363.

[12] Shen Y F, Wang Y D, Liu X P, et al. Deformation mechanisms of a 20Mn TWIP steel investigated by in situ neutron diffraction and TEM[J]. Acta Materialia, 2013, 61(16): 6093-6106.

[13] Steinmetz D R, Jäpel T, Wietbrock B, et al. Revealing the strain-hardening behavior of twinning-induced plasticity steels: Theory, simulations, experiments[J]. Acta Materialia, 2013, 61(2): 494-510.

第 3 章　金属多晶体的塑性变形

3.1　晶界的几何描述

3.1.1　晶界的定义及其自由度

晶界（grain boundary）是两个相成分相同而取向不同的晶粒之间的界面。在理想情况下，可以采用图 3.1 中的双晶原子构形来研究晶界。该双晶的晶界是由两个取向不同的半无限大晶粒相互连接而形成的，此处的两个晶粒分别用不同的颜色表示。这个晶界在原子尺度上无限大，而且是平直的。晶界在几何上可以用五个宏观自由度来描述，其中三个宏观自由度用来定义两个晶粒之间的晶体学取向关系，它们与旋转轴 u 和转角 θ 有关。在一个坐标系中，两个取向不同的晶粒可以看成是其中一个晶粒绕某一旋转轴 u 旋转一个角度 θ 而形成的。在一个三维坐标系中，u 轴取向的确定需要 2 个变量，即 u 轴的 3 个方向余弦中的任意 2 个，这样 u 轴的 2 个方向余弦和 θ 共同决定了两晶粒的相对取向，即共需 3 个自由度。另外两个宏观自由度用来定义晶界平面（即图 3.1 中两个晶粒之间的界面），其与晶粒之间的位向关系可用该晶界平面的法线 $\boldsymbol{n}$ 来描述，而且确定该法线 $\boldsymbol{n}$ 在坐标系中的方向需要 2 个自由度[1, 2]。

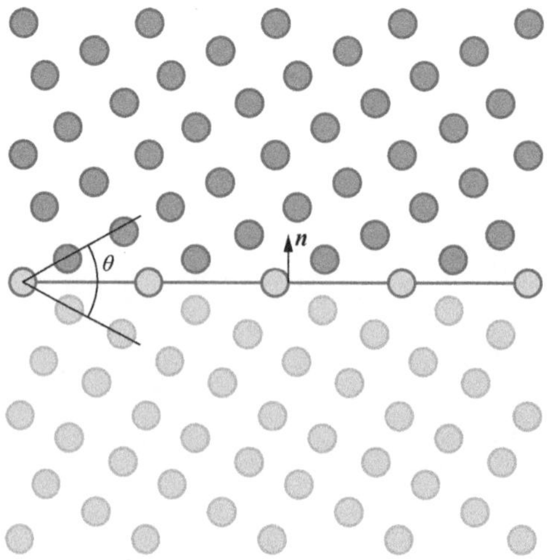

图 3.1　双晶原子构形

3.1.2　基于几何描述的晶界分类

根据旋转轴 $[uvw]$ 相对于晶界平面 $\{hkl\}$ 的取向不同，晶界可以分为倾斜晶界（tilt grain boundary）、扭转晶界（twist grain boundary）、混合晶界（mixed grain boundary）、对称晶界（symmetric grain boundary）和非对称晶界（asymmetric grain boundary）。如果旋转轴 $[uvw]$ 位于晶界平面内，则该晶界称为倾斜晶界，如图 3.2 所示。如果旋转轴 $[uvw]$ 垂直于晶界平面，该晶界称为扭转晶界，如图 3.3 所示。如果旋转轴 $[uvw]$ 既不位于晶界平面，又不垂直于晶界平面，而是与晶界平面之间成某一角度，则该晶界称为混合晶界。如果两个晶粒之间的平面（设为平面 1 和平面 2）能够用表达式 $\{hkl\}_1=\{hkl\}_2$ 来定义，则该晶界称为对称晶界，否则称为非对称晶界[3]。

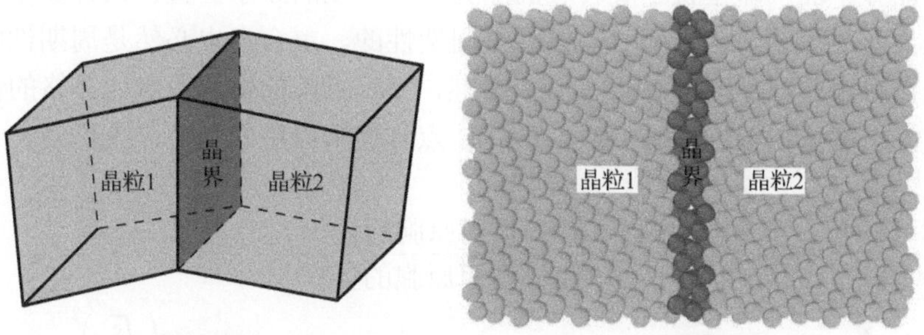

（a）模块构形　　（b）原子构形

图 3.2　倾斜晶界示意图

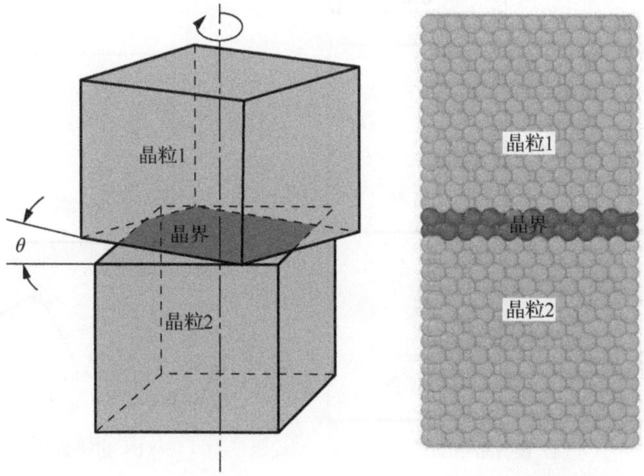

（a）模块构形　　（b）原子构形

图 3.3　扭转晶界示意图

3.1.3 重合位置点阵

在一个理想的晶体中，原子都有一个确定的平衡位置，在这个位置上，原子的自由能最小。如果原子偏离了这个平衡位置，就必然会导致其自由能增加。因此，可以假定晶体会尽量使原子保持在它们的理想位置，晶界处的原子也是这样。由于存在取向关系，晶体平面需要通过晶界从一个晶粒到另一个晶粒，也就是说，在晶界处，有些原子的位置与两个相邻晶粒的理想位置均重合。这种格点称为重合位置点阵（coincidence site lattice，CSL）。由于相邻晶粒之间的取向关系是用旋转来描述的，因此可以知道重合位置点阵在什么条件下会产生。图 3.4 为立方晶体中绕着⟨100⟩轴旋转 36.87° 获得的 $\Sigma=5$ 晶界。如果只考虑两个相邻晶格在（100）晶界平面（即垂直于旋转轴的晶界平面）上的原子位置，则许多重合点的出现是显而易见的。由于两个晶格都是周期性的，重合点也必然是周期性的，这些重合点组成的网格即为 CSL 点阵。显然，CSL 点阵的惯用原胞比晶格的惯用原胞大。为了度量 CSL 点阵的密度或 CSL 点阵惯用原胞的大小，人们定义了如下物理量[4]：

$$\Sigma=\frac{\text{CSL惯用原胞的体积}}{\text{晶格惯用原胞的体积}} \tag{3.1}$$

例如，对于绕着⟨100⟩轴旋转 36.87° 得到的晶界，有 $\Sigma=\dfrac{a\left(\sqrt{5}a\right)^2}{a^3}=5$。

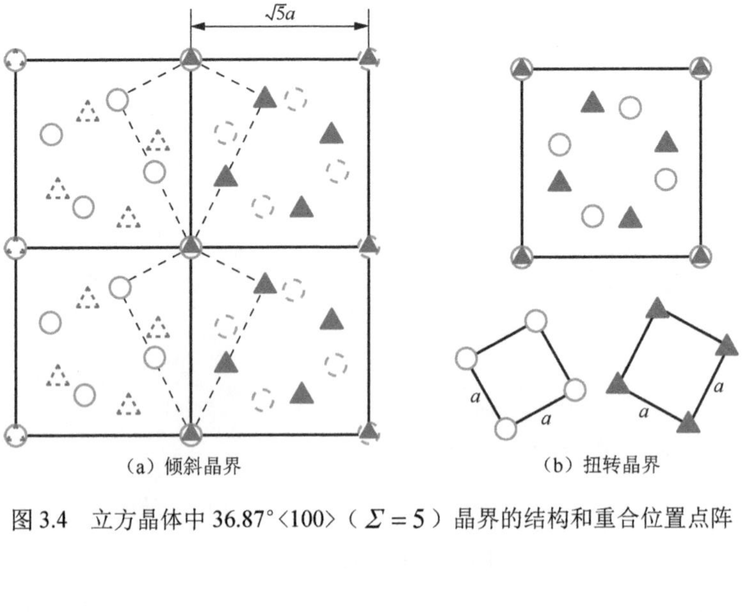

（a）倾斜晶界　（b）扭转晶界

图 3.4　立方晶体中 36.87°⟨100⟩（$\Sigma=5$）晶界的结构和重合位置点阵

图 3.4 是一个非常简单的二维情况。在实际晶体中，CSL 点阵是一个三维点阵，其形成过程可以通过如下类比进行解释。取一个晶格，每个晶格的格点携带两个原子，例如一个圆形和一个三角形，如图 3.4 所示。以通过格点的轴为旋转轴转动三角形原子，而保持圆形原子不变。经历这个转动之后，又出现了三角形原子和圆形原子重合的晶格点。这些重合点由于晶格的周期性而形成了一个三维点阵，即 CSL 点阵。为了将这种晶体学结构应用到晶界，必须定义晶界平面的空间方向。对于对称晶界，在定义好这个平面的空间方向之后，需要在该平面的一边移除圆形原子，在该平面的另一边移除三角形原子。结果产生了一个有晶界的双晶体，晶界的结构由位于晶界上的原子组成，如图 3.4（a）所示（晶界平面垂直于纸面，图中虚线点阵表示移除的原子）。对于图 3.4（b）中的扭转晶界，由于晶界平面平行于纸面，需要移除的原子不在该平面内，因此未显示。如果两个晶粒的原子在重合位置匹配得好，则晶界能量低。所以，重合位置比非重合位置更有利于晶界的形成。晶体间具有高密度重合位置的晶界称为CSL 晶界或特殊晶界。这里的 Σ 是一个整数（对于立方结构的晶体材料，该值为奇数），其随着转角 θ 而不连续变化。Σ 值越小，晶界越规则，小角度晶界的特征为 $\Sigma=1$，因为除了位错核心的原子外，几乎所有的晶格点都是重合点。具有孪晶取向关系晶界的 $\Sigma=3$，而共格孪晶界中所有晶格位置均为重合位置。这与 $\Sigma=3$ 并不矛盾，因为 CSL 点阵是垂直于晶界延伸的三维点阵，在平行于共格孪晶界的平面中，每隔两个平面上的位置才是完全重合的。对于面心立方晶格结构，当共格孪晶界为{111}平面时，这种现象更为明显。由于{111}面的堆垛顺序为 *ABC*，在平行于共格孪晶界{111}平面中，每隔两个平面才会发生三维点阵的重合。三维重合位置点阵只存在于立方结构晶体材料或具有特定轴比的密排六方结构晶体材料中。在其他情况下，大多数晶界被描述为“近特定取向”。

3.1.4 O 点阵

O（origin）点阵是由 CSL 点阵扩展而来的一种更具有普遍性的点阵。它是在两个相互穿插的点阵 *L*1 和 *L*2 中由环境相同的点（不一定是阵点）形成的点阵。CSL 点阵一定是 O 点阵，它是 O 点阵的子集，如图 3.5 所示。如果将图中 O 点阵的任意一个阵点作为原点，也可以通过同样的变换操作得到同样的结果，因此得名 O 点阵。O 点阵是两个穿插点阵的最佳匹配位置。两个穿插晶体只有在特殊的取向关系下才能产生 CSL 点阵，但两种穿插点阵在任何取向下都能产生 O 点阵。

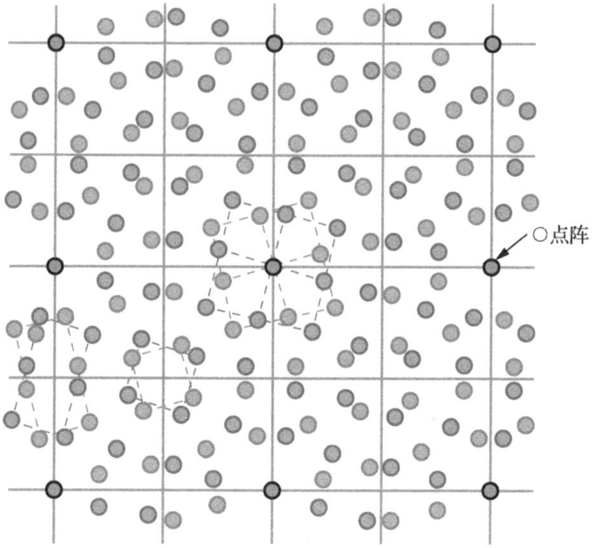

图 3.5　O 点阵示意图

3.1.5　完整位移变换点阵

实际金属材料中的晶界未必都是重合晶界，也就是说，重合点阵只在非常特殊的旋转中出现。对于偏离重合位置的晶界，Bollmann[5]通过引进完整位移变换（displacement shift complete, DSC）点阵对其进行了几何上的定义，并保持 CSL 点阵不变。也就是说，如果将两个相邻点阵中的一个点阵移动一个 DSC 基矢，则 CSL 点阵将进行整体移动。DSC 点阵的网格最大，它包含了两种点阵的所有阵点，如图 3.6 所示。当然，CSL 点阵的所有平移矢量都是 DSC 点阵的矢量，但 DSC 点阵的基矢要小得多。由图 3.6 可知，DSC 点阵是连接两个相互穿插点阵所有实际阵点的最大公共点阵。DSC 点阵不仅包括这两个实际点阵，还包括不属于这两个实际点阵的“虚点阵”。从图中可以看出 CSL 点阵是 DSC 点阵的超点阵。当两个实际点阵被相对平移任意一个 DSC 基矢时，界面上的原子排列没有改变，只是构形的原点发生了变化。此外，在立方晶格中，DSC 点阵与 CSL 点阵是相反的，即当晶界上原子的错配程度增加时，CSL 点阵的尺寸增大，而 DSC 点阵的尺寸减小。

晶界可以看成是晶体中的好区域与坏区域交替相间组合而成的。通过 CSL 点阵和由其推广的 O 点阵密排面的晶界称为奇异晶界（singular grain boundary），取向差与这些奇异晶界邻近的晶界称为邻位晶界（vicinal grain boundary）。奇异晶界中插入晶界位错便可成为邻位晶界。晶界位错的 Burgers 矢量 $\boldsymbol{b}$ 就是 DSC 点阵的基矢。

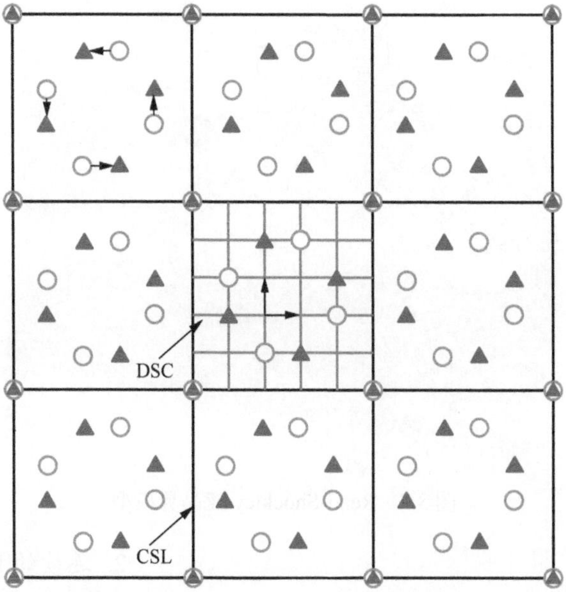

图 3.6　立方晶格 36.87°⟨100⟩（$\Sigma = 5$）晶界的 CSL 点阵和 DSC 点阵

3.2　晶界的基本结构

3.2.1　基于本征位错的晶界结构

1. Read-Shockley 模型

第一种小角度倾斜晶界（亚晶界）模型是由 Read 和 Shockley[6]提出来的，该模型认为晶界由周期性分布的位错构成，这些位错使得相邻两个晶粒之间可以保持较小的取向差。这个模型后来扩展至涵盖任何取向差的晶界。这里引入的位错被称为本征位错（intrinsic dislocation），因为它们是构成亚晶界结构所必需的条件。由距离为 d 且具相同 Burgers 矢量 $\boldsymbol{b}$ 的刃型位错构成位错墙，该位错墙形成的晶界是取向差为 $\theta = b / d$ 的对称倾斜亚晶界，如图 3.7 所示，其中 b 为 Burgers 矢量 $\boldsymbol{b}$ 的大小。

在 Read-Shockley 模型中，将单位表面的晶界能计算为构成晶界的所有位错能量之和，即

$$\gamma = \gamma_0 \theta \left(A - \ln \theta \right) \tag{3.2}$$

式中，γ_0 和 A 为常数。在小角度晶界条件下，晶界能随着取向差的增加呈线性增加。这个 Read-Shockley 公式适用于取向差小于 15° 的情况，当取向差大于该值时，位错核心之间的距离通常会发生重叠。

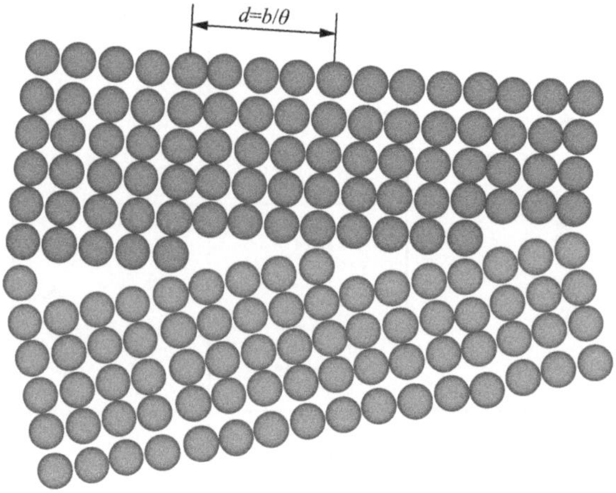

图 3.7　Read-Shockley 亚晶界模型

2. 连续的 Frank-Bilby 模型

连续的 Frank-Bilby 模型是 Frank[7]和 Bilby[8]在 Read-Shockley 模型基础上的扩展。但是，该模型不是基于孤立的位错，而是基于适应晶界取向差连续分布的位错。为了适应转动 $\boldsymbol{R}$，一个矢量为 $\boldsymbol{X}$ 的晶界段上所必需的位错密度 $\boldsymbol{B}$ 为

$$\boldsymbol{B}=\left(1-\boldsymbol{R}^{-1}\right)\boldsymbol{X} \tag{3.3}$$

式中，$\boldsymbol{B}$ 由图 3.8 中的 Frank 回路来确定，其与 Burgers 回路等价。该模型适用于所有大角度晶界。在图 3.8 中，在矢量 $\boldsymbol{X}_{\mathrm{I}}$ 周围的一个晶体上追踪到一个闭合回路。将这个回路记录在晶界周围，从而 $\boldsymbol{X}_{\mathrm{I}}=\boldsymbol{X}_{\mathrm{II}}$。它不再闭合，晶界位错在长度 X 上的含量由非闭合矢量 $\boldsymbol{B}$ 给出。

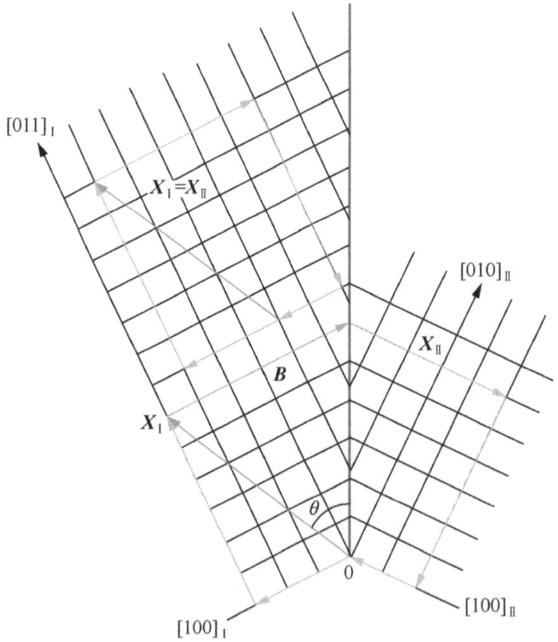

图 3.8　Frank 回路

3.2.2　基于原子结构的晶界结构

晶界的原子结构一直是许多研究的主题。原子的排列最初是用结构单元

（structure unit）来描述的，后来出现了原子计算，该方法利用原子之间的势能来计算晶界能和更稳定的结构。通过对结构单元概念进行扩展，使得在对称和非对称晶界下的所有材料都可以采用更系统的原子方法。

在结构单元模型中，晶界被认为完全是由结构单元构成，这些结构单元几乎都是复杂的规则多面体，如图 3.9 所示[9]。如果晶界是周期性的，那么结构单元就是周期性建立的。有学者提出了一个对称周期性晶界（symmetrical periodic boundary）的简单分类，该分类已经通过原子计算得到证实。*AAA* 型晶界是由单一结构单元组成的，该结构单元称为有利重合晶界（favored coincidence boundary），该类晶界能量最小。这类晶界包括面心立方材料中的Σ=3（111）和Σ=11（113）对称倾斜晶界。非有利重合晶界（unfavored coincidence boundary）的周期短，包含几个结构单元，该类晶界中有些晶界是奇异晶界，如图 3.9 中的 *ABAB*。图 3.10 为体心立方铁中的几种结构单元，图中黑色和灰色球表示不同{110}面和{100}面上的原子，*A*、*B* 和 *C* 分别表示不同的结构单元。一般晶界的结构单元排列顺序较为复杂。实际上，对于取向差为θ的长周期对称晶界，其θ角的范围可以用取向差为θ_1和θ_2的两个限定晶界进行描述，并且有$\theta_1<\theta<\theta_2$，它们周期较短，具有相同的旋转轴和正中面。这些限定晶界的能量并不一定低。然而，结构单元的描述主要适用于倾斜晶界周围的低指数轴，用这些术语来描述扭转晶界是比较困难的。

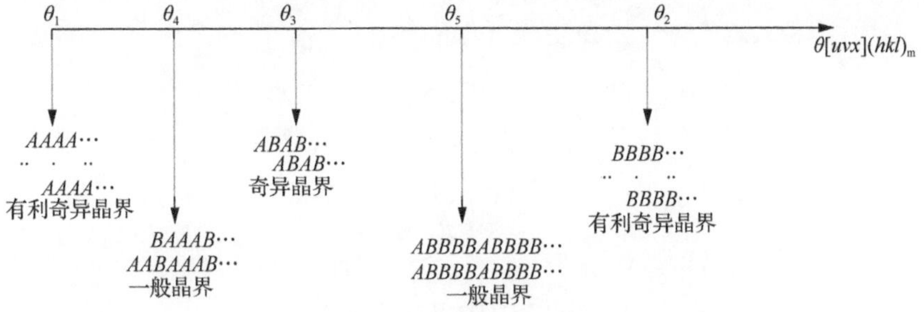

图 3.9　由结构单元构成对称晶界的示意图

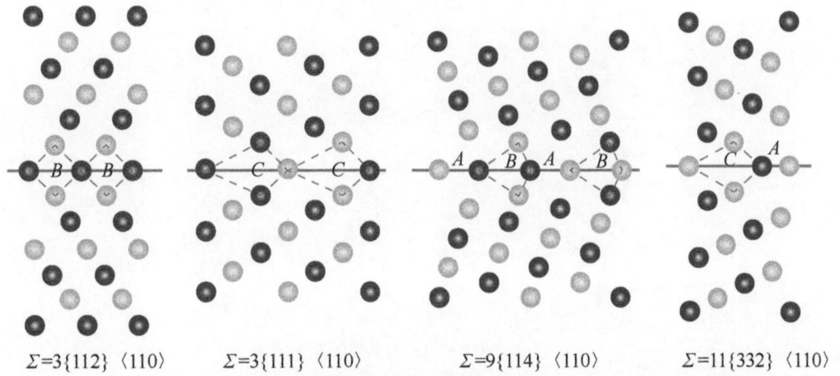

（a）黑色和灰色球表示不同的{110}面

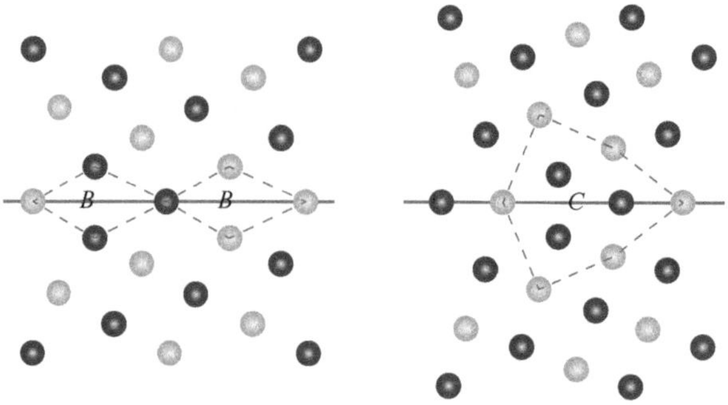

$\Sigma=5\{310\}\langle 100\rangle$　　$\Sigma=5\{210\}\langle 100\rangle$

（b）黑色和灰色球表示不同的{100}面

图 3.10　体心立方铁中的几种结构单元

利用高分辨透射电镜观测可以确定晶界的结构单元。图 3.11 显示了两个基于高分辨透射电镜观测而绘制的晶界结构单元的例子。

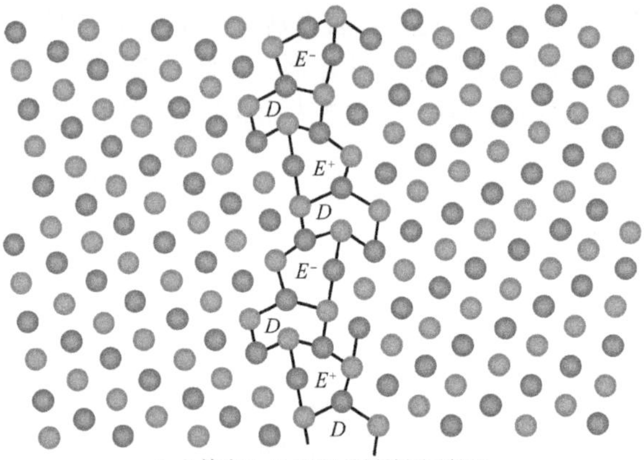

（a）锗中$\Sigma=11\{332\}$晶界的原子结构

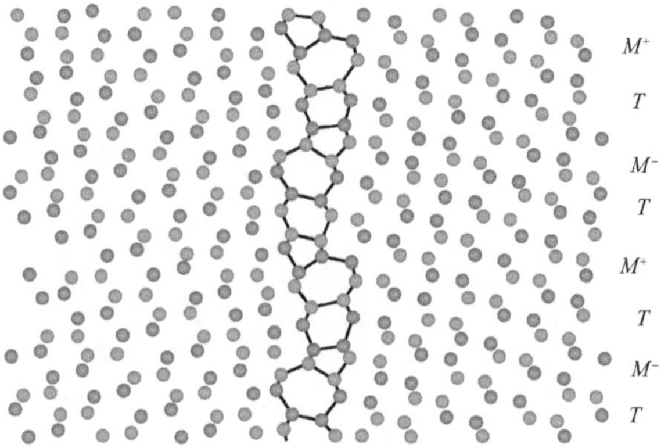

（b）镍中$\Sigma=11\{332\}$晶界的原子结构

图 3.11　晶界结构单元的描述

3.3　晶界的晶体缺陷

与晶体一样，晶界处的平衡结构也会受三种类型的晶体缺陷的影响而被扰乱，这三种缺陷包括点缺陷（空位、间隙原子和置换原子）、线缺陷（非本征位错）和体缺陷（析出相和夹杂物等）。线缺陷对材料的力学行为有重要影响。而且，它们与点缺陷和体缺陷的相互作用还会影响材料塑性变形时的多晶断裂行为。因此，为了解决多晶材料在塑性变形中的问题，有必要简要介绍这三种类型的缺陷。

3.3.1　点缺陷

除 Σ=3{111}共格孪晶界外，空位和间隙原子或置换原子（合金元素或杂质）等点缺陷（point defect）在晶界中的密度通常比在基体中大得多。它们可能是在材料的制备过程中形成的，也可能是由于随后的热处理而在晶体内和不同晶界位置之间再分布而产生的。无论如何，都可以将这种现象称为偏析。晶间偏析不仅影响晶界结构和能量，而且影响晶界缺陷和晶界行为。偏析对晶体结构和性能的影响也很大，比如脆性或强化、晶间腐蚀、晶界滑动和电性能的改变等。

与晶体一样，纯平衡晶界中含有空位和自间隙原子。在晶界结构的 i 位置，每种缺陷的浓度由以下关系给出：

$$C_{\mathrm{d}}^{i} = \exp(S_{\mathrm{d}}^{i} / k) \cdot \exp(-E_{\mathrm{d}}^{i} / (kT)) \tag{3.4}$$

式中，S_{d}^{i} 和 E_{d}^{i} 分别为 i 位置的缺陷形成熵和内能。这些值通常比晶体所需要的值要低。对于类似的晶间位置，空位处的这些值比间隙原子要低。可以用两种缺陷的形成能（与晶体的形成能相似）分离出双晶界。如果要形成一个自间隙原子，在孪晶界中所需的相对较小位移要比晶体内大。一个位置的空位通常具有较高的局域性，并在该位置附近引发很小的原子位移。然而，它在这个位置也可能处于不稳定状态，从而导致少数相邻原子的位置发生变化，如图 3.12 所示（图中不同颜色圆点表示垂直于[111]轴的不同晶面上的原子）。在图 3.12（a）中，$\Sigma = 7\left(41\overline{5}\right)\left[111\right]$ 晶界上位置 5 的空位是不稳定的，初始位置 9 的原子填充了这个空位，导致位置 9′的原子迁移到了 9 和 9′之间的中间位置。在图 3.12（b）中，$\Sigma = 13\left(52\overline{7}\right)\left[111\right]$ 晶界上位置 20 的空位是不稳定的，初始位置 16 的原子填充了该空位，而初始位置 1 的原子同时填充了位置 16。

自间隙原子以三种形式存在，包括位于原子间开放区域内的局域分布、分散分布在一个相对较大区域内的离域分布以及呈垂直于倾斜轴的哑铃状分布。图 3.13 给出了上述三种自间隙原子分布形式（图中不同颜色表示平行于纸面的不同晶面上的原子）。图 3.13（a）表示自间隙原子在 $\Sigma = 9\left(1\overline{2}2\right)\left[011\right]$ 晶界的 I 位置呈局域分布，图 3.13（b）表示自间隙原子在 $\Sigma=5(310)[001]$ 晶界中 I 和 I' 位置呈离域分布，图 3.13（c）表示自间隙原子在 $\Sigma=9(41\bar{1})[011]$ 晶界的 K 位置呈哑铃状分布，图 3.13（d）表示自间隙原子在 $\Sigma=13(52\bar{7})[111]$ 晶界的 K 位置呈哑铃状分布。自间隙原子具体以哪种形式存在，取决于局部空间约束条件和原子之间的结合力。

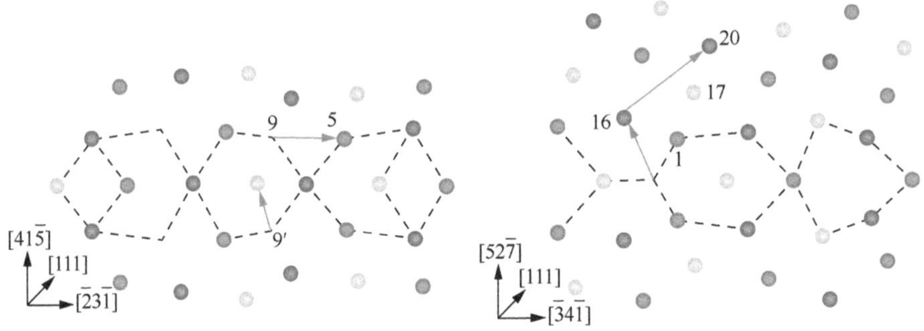

（a）$\Sigma=7(41\bar{5})[111]$ 晶界　　（b）$\Sigma=13(52\bar{7})[111]$ 晶界

图 3.12　铜晶界中空位不稳定性

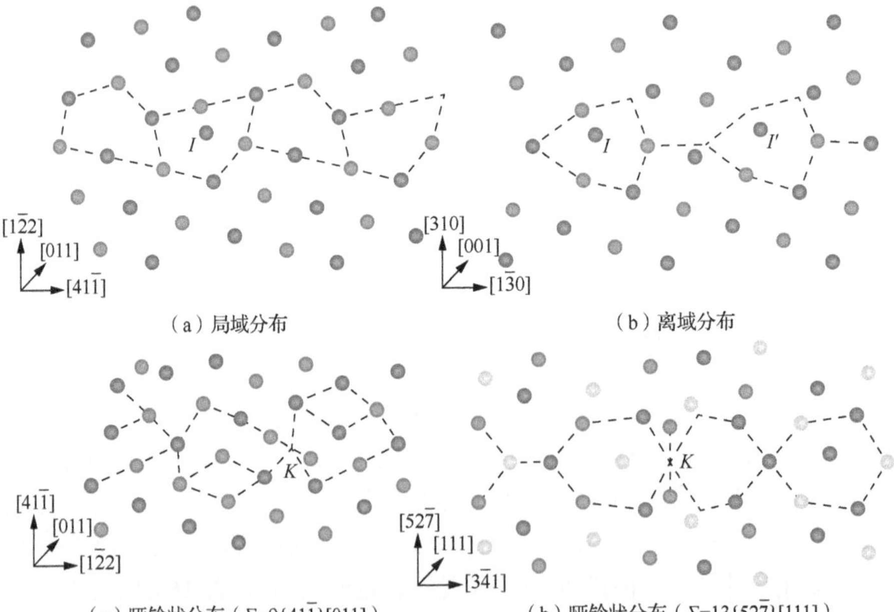

（a）局域分布　　（b）离域分布

（c）哑铃状分布（$\Sigma=9\{41\bar{1}\}[011]$）　　（b）哑铃状分布（$\Sigma=13\{52\bar{7}\}[111]$）

图 3.13　铜晶界中间隙原子的分布形式

溶质原子可以在晶界中以间隙原子或置换原子的形式存在。通过模拟得到的原子结构可以预测给定的溶质原子优先选择晶界中的哪个位置，图 3.14 给出了一个例子，在该图中，不同颜色圆点表示垂直于[001]轴的不同晶面上的原子。

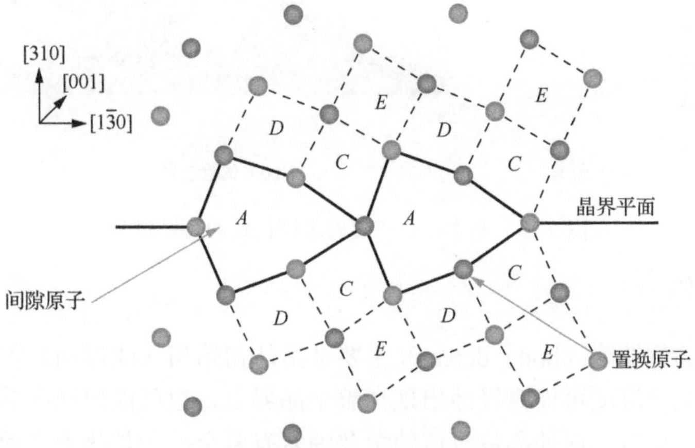

图 3.14　铁中 $\Sigma=5(310)[001]$ 倾斜晶界的原子分布

晶界可以充当点缺陷的吸收源和发生源，这种特性使晶界在一些重要的物理现象中发挥着重要的作用，如回复、蠕变和辐射等。晶界点缺陷的存在是晶间扩散的主要原因，晶间扩散通常比晶体内扩散更快，并对材料在高温下的大部分性能起主导作用[10]。

3.3.2　线缺陷

晶界内的线缺陷（linear defect）是指晶界在平衡结构之外的位错，也称为非本征位错（extrinsic dislocation），它可能直接由外加应力引起，也可能由晶体内的位错与晶界之间的相互作用引起，这种相互作用发生在塑性变形或再结晶过程中。非本征位错是孤立的（即非周期性的），因此保持了长程应力场。非本征位错会使晶界的周期性发生中断。图 3.15（a）为非本征位错打破本征位错规则排列的示意图，其中本征位错包括初级本征位错和次级本征位错。图 3.15（b）为金属 Au 中观察到的非本征位错打破本征位错规则排列的现象，可以发现，位于高衬度非本征位错两侧小角度扭转晶界中的初级螺型位错阵列发生了移动（见虚线表示的移动）[3]。

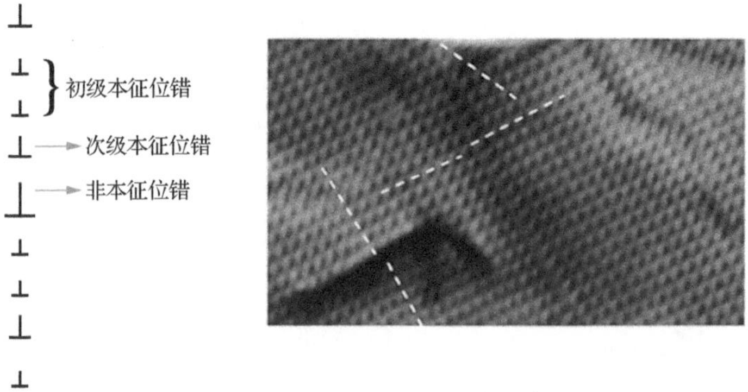

（a）示意图　　（b）试验结果

图 3.15　非本征位错打破本征位错的规则排列

3.3.3　体缺陷

晶界内的体缺陷（body defect）主要是指从初始相（或母相）沉淀析出的晶界第二相。晶界沉淀可能自发地出现在整个晶界上，也可能出现在具有长程弹性应力场的晶间位置。促使晶界沉淀的主要因素有两个：一是热力学效应，这种条件下的异质形核激活势垒小于匀质形核；二是动力学效应，这种条件下的晶界扩散系数高于晶体内扩散系数，从而使分离的原子迅速向任何临界晶核迁移。

沉淀析出的热力学原理与体积析出的热力学原理相同。第二相晶核在一个基体（晶界平面）上形核，形核的一个关键参数就是接触角 φ，如图 3.16 所示。基体相为 α 相，析出相为 β 相，则界面应力（在这里可以将其视为能量）在三相点 A 处的平衡条件为

$$\cos\varphi = \frac{\gamma_{\alpha\alpha}}{2\gamma_{\alpha\beta}} \tag{3.5}$$

式中，$\gamma_{\alpha\alpha}$ 为基体 α 相之间的界面应力；$\gamma_{\alpha\beta}$ 为基体相 α 和析出相 β 之间的界面应力。当 φ 接近于 0，即当润湿系数 $m=\cos\varphi$ 接近于 1 时，β 相晶核在 α-α 晶界沉淀的趋势更强。因此，晶界能否有利于成为异质形核的位置，取决于晶界能量与沉淀相和母相之间所形成的界面能量的相对值。

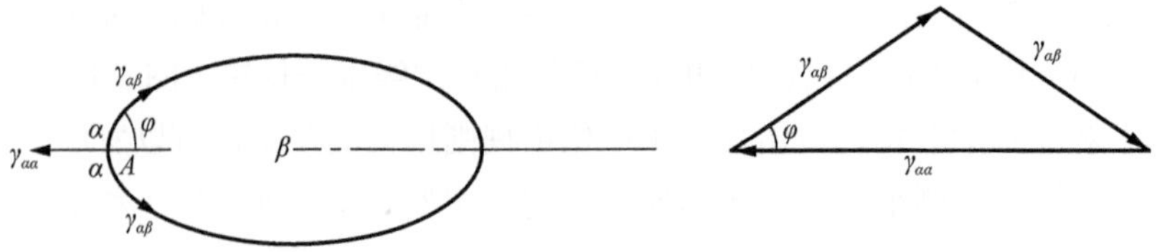

（a）受力图　　（b）矢量图

图 3.16　一般晶界上形成的不规则晶核及其在平衡状态下的界面应力

晶界析出相对晶界的所有性能都有影响。它们会阻碍晶界的迁移，也是腐蚀优先发生的位置。当它们位于非本征位错上时，能够钉扎住这些位错，因而对位错运动会产生影响。晶界处的化学过程和机械过程之间的耦合作用对于偏析和沉淀析出来说都是一样的。

3.4　塑性变形过程中的晶界

晶界在多晶材料的塑性变形过程中起着重要作用。传统上，人们对晶界的影响有不同尺度的理解。在微观尺度上，人们主要考虑晶格位错与构成晶界微观结构的特定缺陷之间的相互作用，因而无法观察晶粒间长程相互作用的整体现象。在宏观尺度上，人们认为晶界的影响来自多晶体中晶粒之间的弹性和塑性变形不协调，因而在该尺度上只考虑晶粒间的平均效应，而无法观察到晶界上由于其特性而出现的特殊现象。多晶模型可以在中间的“介观”尺度上研究材料的局部响应，该尺度的研究范围在 0.1～10μm。

3.4.1　变形不协调性

1. 变形不协调性的数学描述

多晶体在塑性变形过程中具有变形不协调性（deformation incompatibility），其原理如图 3.17 所示。为了形象地描述这种变形，假定多晶体的晶粒没有黏合到一起，并像单晶一样在明确的滑移系上滑移变形。在这种变形过程中，晶粒之间出现了缝隙和重叠现象（图 3.17（b））。如果在晶界附近增加额外的弹塑性变形，晶粒间的黏合便会得到恢复，可以看出，多晶体中的晶粒变形是不均匀的。

为了理解变形不协调性的概念，考虑由两个不同取向晶粒 A 和 B 组成的无限大材料，两个晶粒由晶界隔开（图 3.18）。令 $\left(X_1, X_2, X_3\right)$ 为与无限大材料一致的宏观参考坐标系，$\left(x_1^A, x_2^A, x_3^A\right)$ 和 $\left(x_1^B, x_2^B, x_3^B\right)$ 为与两个晶粒的晶体点阵一致的两个参考坐标系。为了简单起见，假设晶界平面为 $\left(X_1, 0, X_3\right)$。晶粒 A、B 之间的晶界可以用其相对于宏观坐标轴的取向以及两晶粒之间的取向差来表征。晶粒之间的取向差向量用 $\boldsymbol{\theta} = \boldsymbol{I}\Delta\theta$ 来表示，其中 $\boldsymbol{I}$ 是两个晶粒的公共旋转轴向量，$\Delta\theta$ 是晶粒 A 为了与晶粒 B 具有相同取向而需要绕公共旋转轴向量转动的角度。

因此，需要定义如下 8 个参数，包括用来表示其中一个晶粒取向的 3 个角度、用来定义将晶粒 A 旋转到晶粒 B 的 3 个参数和用来定义晶界平面相对于宏观轴转动的 2 个参数。

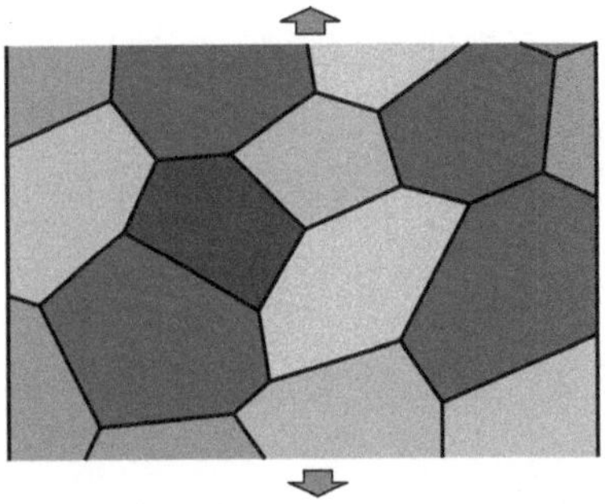

（a）多晶体变形

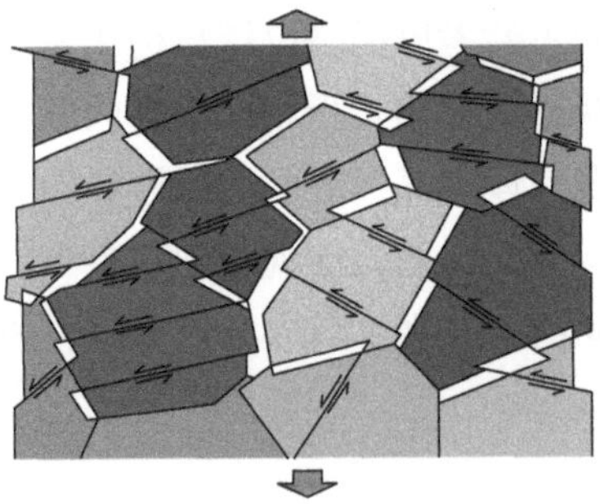

（b）产生缝隙和重叠

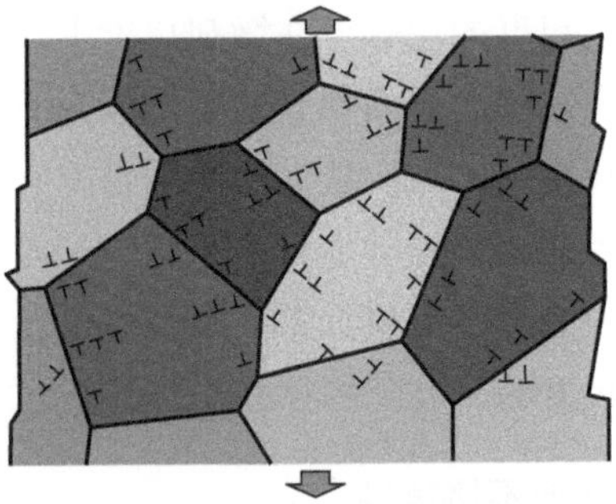

（c）诱发几何必需位错以保持变形协调性[11]

图 3.17　多晶体塑性变形的描述

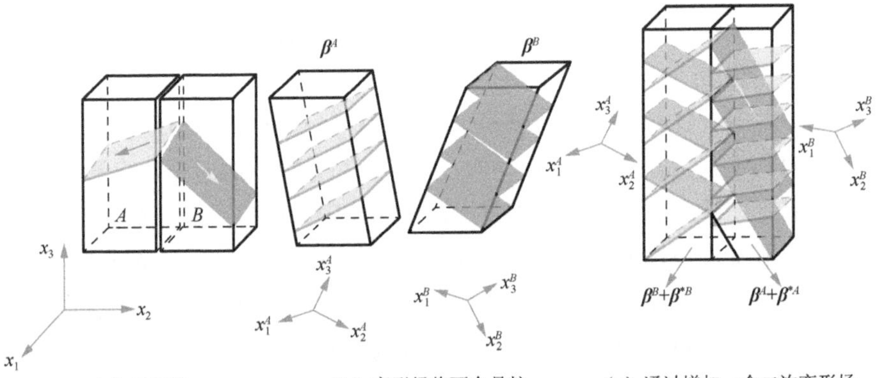

（a）双晶体　（b）变形场将两个晶粒强行分开　（c）通过增加一个二次变形场来保证晶粒黏合在一起

图 3.18　双晶中二次滑移系形成机制

令 $M(X_1,X_2,X_3)$ 和 $N(X_1+\mathrm{d}X_1,X_2+\mathrm{d}X_2,X_3+\mathrm{d}X_3)$ 为两个相邻点，在一个外加应变场的作用下，这两个点分别运动到 M' 和 N' 点。如果 M 和 N 点属于同一个晶粒，则相对位移 $\mathrm{d}\boldsymbol{u}=\boldsymbol{u}(N)-\boldsymbol{u}(M)$ 是一个连续可微函数。$\mathrm{d}\boldsymbol{u}$ 的一阶表达式为

$$\mathrm{d}\boldsymbol{u}=\left.\frac{\partial \boldsymbol{u}}{\partial X_i}\right|_M \mathrm{d}X_i \tag{3.6}$$

假设

$$\begin{cases} \boldsymbol{\varepsilon} = \dfrac{1}{2}\left(\nabla \boldsymbol{u} + \left(\nabla \boldsymbol{u}\right)^{\mathrm{T}}\right) \\ \boldsymbol{\omega} = \dfrac{1}{2}\left(\nabla \boldsymbol{u} - \left(\nabla \boldsymbol{u}\right)^{\mathrm{T}}\right) \end{cases} \tag{3.7}$$

式中，$\boldsymbol{\varepsilon}$ 和 $\boldsymbol{\omega}$ 分别为 N 点相对于 M 点的应变张量和转动张量。则有

$$\mathrm{d}\boldsymbol{u}(N) = \boldsymbol{\varepsilon}(N)\mathrm{d}\boldsymbol{X} + \boldsymbol{\omega}(N)\mathrm{d}\boldsymbol{X} \tag{3.8}$$

并且有

$$\mathrm{d}u_i(N) = \varepsilon_{ij}(N)\mathrm{d}X_j + \omega_{ij}(N)\mathrm{d}X_j \tag{3.9}$$

位移梯度（displacement gradient）$\boldsymbol{\beta} = \boldsymbol{\varepsilon} + \boldsymbol{\omega}$。

如果 M 点和 N 点分别属于晶粒 A 和晶粒 B，而且如果两个晶粒分别以位移梯度 $\boldsymbol{\beta}^A$ 和 $\boldsymbol{\beta}^B$ 发生变形，则有

$$\boldsymbol{\beta}^A \neq \boldsymbol{\beta}^B \tag{3.10}$$

于是位移 $\mathrm{d}\boldsymbol{u} = \boldsymbol{u}(N) - \boldsymbol{u}(M)$ 不再是一个连续可微函数，结果有

$$\mathrm{rot}\boldsymbol{\beta} \neq 0 \tag{3.11}$$

式中，

$$(\mathrm{rot}\boldsymbol{\beta})_{ij} = (\nabla \times \boldsymbol{\beta})_{ij} = e_{ljk}\beta_{ki,j} \tag{3.12}$$

式（3.13）给出了 9 个条件，这些条件可以通过散度条件联系起来，总共可以提供 6 个独立的方程。由于应变张量是对称张量，而转动张量是反对称张量，因此可以将式（3.12）表示为 $\boldsymbol{\varepsilon}$ 的函数，则

$$\mathrm{inc}\boldsymbol{\varepsilon} \neq 0 \tag{3.13}$$

式中，

$$(\mathrm{inc}\boldsymbol{\varepsilon})_{ij} = e_{ikl}e_{jmn}\varepsilon_{lm,kn} \tag{3.14}$$

如果晶粒是自由的，它们就不再是紧挨着排列，如图 3.18（b）所示。为了保证晶粒黏合在一起，即保证晶界交叉点处位移的连续性，并假设晶体处于纯弹性协调变形条件下，则产生的弹性应变场 $\boldsymbol{\varepsilon}^{\mathrm{e}*}$ 和弹性转动场 $\boldsymbol{\omega}^{\mathrm{e}*}$ 必须分别加入式（3.8）中，使 $\mathrm{d}\boldsymbol{u}(N)$ 是连续可微分的，则有

$$\mathrm{rot}\left(\boldsymbol{\beta} + \boldsymbol{\beta}^{\mathrm{e}*}\right) = 0 \tag{3.15}$$

式中，$\boldsymbol{\beta}^{\mathrm{e}*}$ 为变形协调弹性位移梯度。

或

$$\mathrm{inc}\left(\boldsymbol{\varepsilon} + \boldsymbol{\varepsilon}^{\mathrm{e}*}\right) = 0 \tag{3.16}$$

Nye[12]和 Kröner[13]将位错密度张量 $\boldsymbol{\alpha}$ 定义为

$$\boldsymbol{\alpha} = \mathrm{rot}\boldsymbol{\beta} = -\mathrm{rot}\boldsymbol{\beta}^{\mathrm{e}*} \tag{3.17}$$

将不协调性张量 $\boldsymbol{\eta}$ 定义为

$$\boldsymbol{\eta} = \mathrm{inc}\boldsymbol{\varepsilon} = -\mathrm{inc}\boldsymbol{\varepsilon}^{\mathrm{e}*} \tag{3.18}$$

张量 $\boldsymbol{\varepsilon}^{\mathrm{e}*}$ 对应任意点上的应变场，以便使变形协调。

当施加载荷引起塑性变形时，每个晶粒都经历一个位移梯度，在无限小变形条件下，位移梯度表示为

$$\boldsymbol{\beta} = \boldsymbol{\beta}^{\mathrm{e}} + \boldsymbol{\beta}^{\mathrm{p}} \tag{3.19}$$

式中，$\boldsymbol{\beta}^{\mathrm{e}}$ 和 $\boldsymbol{\beta}^{\mathrm{p}}$ 分别为弹性位移梯度和塑性位移梯度。

对于两个不同的晶粒 A 和 B，有

$$\boldsymbol{\beta}^{A} \neq \boldsymbol{\beta}^{B} \tag{3.20}$$

在弹塑性变形不协调情况下，位错密度张量 $\boldsymbol{\alpha}$ 可以写作

$$\boldsymbol{\alpha} = \mathrm{rot}\boldsymbol{\beta} = -\mathrm{rot}\left(\boldsymbol{\beta}^{\mathrm{e}*} + \boldsymbol{\beta}^{\mathrm{p}*}\right) = -\mathrm{rot}\boldsymbol{\beta}^{*} \tag{3.21}$$

式中，$\boldsymbol{\beta}^{*}$ 为变形协调位移梯度，它会协调初始的变形不协调性。内部的应力场与弹性部分 $\boldsymbol{\varepsilon}^{\mathrm{e}*}$ 相关。

需要注意的是，如果 δS 是一个法线为 $\boldsymbol{n}$ 的表面单元，该表面单元的封闭轮廓为 δC，$\delta\boldsymbol{b}$ 是穿过表面单元 δS 位错的 Burgers 矢量（在 δC 上测得），则位错密度张量 $\boldsymbol{\alpha}$ 可定义如下：

$$\alpha_{ij} n_i \delta S = \delta b_j \tag{3.22}$$

式中，α_{ij} 为位错密度张量 $\boldsymbol{\alpha}$ 的分量；n_i 为表面单元 δS 法线 $\boldsymbol{n}$ 的分量；δb_j 为 Burgers 矢量 $\delta\boldsymbol{b}$ 的分量。

2. 变形不协调性的基本条件

本节仍然以具有平面晶界的双晶体来研究多晶体塑性变形的不协调性[14-17]。以由两个晶粒 A 和 B 组成的无限大双晶体为例来计算变形不协调条件。这两个晶粒 A 和 B 被一个法线为 $\boldsymbol{X}_2$ 的平面界面隔开。假设施加在每个晶粒上的位移梯度分别为 $\boldsymbol{\beta}^{A}$ 和 $\boldsymbol{\beta}^{B}$，如果 $\boldsymbol{\beta}^{A}$ 和 $\boldsymbol{\beta}^{B}$ 在晶粒内部是均匀的，则双晶任意一点的位移梯度 $\boldsymbol{\beta}$ 可以写成

$$\boldsymbol{\beta} = \boldsymbol{\beta}^{A} + \Delta\boldsymbol{\beta} H(V) \tag{3.23}$$

式中，V 为体积；$H(V)$ 为 Heaviside 函数（其定义如下：如果该点位于晶粒 A 内，则 $H(V)=0$，如果该点位于晶粒 B 内，则 $H(V)=1$）；$\Delta\boldsymbol{\beta}$ 为晶粒的位移梯度差，其表达式如下：

$$\Delta\boldsymbol{\beta} = \boldsymbol{\beta}^{B} - \boldsymbol{\beta}^{A} \tag{3.24}$$

如果 $\Delta\boldsymbol{\beta} = \boldsymbol{\beta}^{B} - \boldsymbol{\beta}^{A} \neq \boldsymbol{0}$，则变形不协调。

位错密度张量的分量为

$$\alpha_{pi} = e_{pjk} \Delta\beta_{ki} n_j \delta S \tag{3.25}$$

式中，$\Delta\beta_{ki}$ 为张量 $\Delta\boldsymbol{\beta}$ 的分量。

在双晶的特定情况下，其可以简化为 α_{1i} 和 α_{3i} 这两项。通过将变形协调位移梯度差 $\Delta\boldsymbol{\beta}^*$ 加到 $\Delta\boldsymbol{\beta}$ 上，可以保证 $\boldsymbol{\beta}$ 的协调性，则有

$$\begin{cases} \alpha_{1i} = \Delta\beta_{3i} + \Delta\beta_{3i}^* = 0 \\ \alpha_{3i} = \Delta\beta_{1i} + \Delta\beta_{1i}^* = 0 \end{cases} \tag{3.26}$$

根据文献[12]，有 $\alpha_{jk} = b_k t_j$，其中 b_k 是 Burgers 矢量 $\boldsymbol{b}$ 的 k 分量，t_j 是位错线上与矢量 $\boldsymbol{b}$ 相关的单位矢量的 j 分量。因此 $\Delta\boldsymbol{\beta}^*$ 与晶界平面内的螺型位错和刃型位错的连续分布等价。晶粒 A 和晶粒 B 中的变形协调位移梯度差 $\Delta\boldsymbol{\beta}^*$ 分布以及与变形协调弹性应变梯度差 $\Delta\boldsymbol{\varepsilon}^{e*}$ 有关的内应力分布只能基于弹性各向同性而进行简单的计算，Kröner[13]针对上述计算提出了一种解析计算方法。Rey 和 Zaoui[16, 17]已经证明了在双晶体中存在三个不连续的内应力张量分量，它们在双晶体中的平均值为零。

3.4.2 晶界滑动

晶界滑动（grain boundary sliding）就是一个晶粒相对于另一个晶粒在晶界平均面上不做任何旋转的运动。这种滑动需要晶界或含有物质局部迁移的晶界网络结构的几何变形，因此这种晶界滑动可以称为滑动协调变形。

1. 晶界滑动基本数学描述

虽然晶内塑性变形和晶界滑动之间存在一定的相关性，但两者之间的协调性还存在一定的争议。例如对于锌多晶体，其具有密排六方结构，因此滑移系很少，甚至在室温条件下就可在其内部观察到一些晶界滑动。这种在三叉晶界处产生的滑动是不均匀的，如图 3.19 所示。令 $\boldsymbol{r}$ 为给定介质内任一点的位置矢量，该介质内的位移场 $\boldsymbol{u}(\boldsymbol{r})$ 以不连续的滑动越过一个表面 S，该表面所封闭的体积为 V，对于介质中的任一位置，有[18]

$$\boldsymbol{u}(\boldsymbol{r}) = \boldsymbol{U}(\boldsymbol{r}) + \boldsymbol{W}(\boldsymbol{r}) H(V) \tag{3.27}$$

式中，$\boldsymbol{U}$ 和 $\boldsymbol{W}$ 都是 $\boldsymbol{r}$ 的连续可微函数；$H(V)$ 为 Heaviside 函数，如果该点位于体积 V 内部，则 $H(V)=0$，如果该点位于体积 V 外部，则 $H(V)=1$；$\boldsymbol{W}(\boldsymbol{r})$ 为晶界平面（表面 S）上相邻晶粒的位移场，因此其对应于表面 S 上的位移间断，必须满足下列条件。如果该点位于表面 S 上，则有

$$\boldsymbol{W}(\boldsymbol{r}) \cdot \boldsymbol{n}(\boldsymbol{r}) = 0 \tag{3.28}$$

式中，$\boldsymbol{n}(\boldsymbol{r})$是表面 S 上点 $\boldsymbol{r}$ 位置的法线。根据小应变公式，利用直角坐标和相关的经典符号，得到位移梯度张量为

$$\beta_{ij}=u_{j,i}=U_{j,i}+W_{j,i}H(V)-W_j(S)n_i\delta(S) \tag{3.29}$$

式中，β_{ij} 为位移梯度张量的分量；$U_{j,i}$ 为$\boldsymbol{U}(\boldsymbol{r})$对 $\boldsymbol{r}$ 的偏微分；$W_j(S)$为表面 S 上位移间断的分量；$\delta(S)$ 为表面 S 上的 Dirac 函数，如果该点位于体积 V 内部，则 $\delta(S)=0$；如果该点位于体积 V 外部，则 $\delta(S)=1$。

应变场 ε_{ij} 和旋转场 ω_{ij} 很容易由 β_{ij} 的对称部分和非对称部分得到，因而表达形式与式（3.29）相同，即添加了三个不同参数：第一个参数是指每个区域都是单独连续的；第二个参数是指整个表面 S 上存在间断；第三个参数是一个 δ 型奇异点，其对表面 S 上的表面滑动起具体作用。

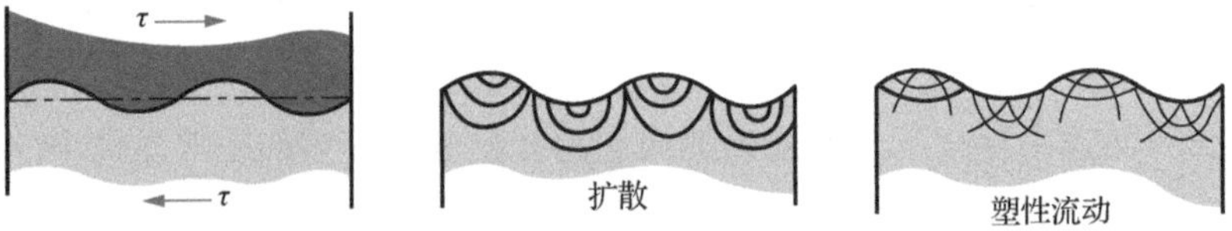

（a）非平面晶界的滑动协调机制　（b）晶粒内的扩散协调机制　（c）晶粒内的位错运动协调机制

图 3.19　扩散协调变形机制示意图

2. 晶界滑动基本机制

1）扩散协调变形机制

如果原子能通过扩散的方式进入或移出晶界来协调较大幅度的运动，便会引起晶界滑动。晶界区域是原子流的发生源和吸收源，原子会在邻近晶粒内或沿晶界的扩散产生流动（图 3.19）。

当晶界为一般晶界时，假设滑动速率由扩散协调变形速率控制，稳态滑动的特征就是具有恒定的滑动速率，其速率值与外加应力和扩散系数成正比。如果晶界滑动是由体积扩散引起的，则滑动速率与晶界周期λ成正比；而如果晶界滑动是由晶界扩散引起的，则滑动速率与晶界周期λ不成正比。当温度较低和λ较小时，优先发生晶界扩散。如果晶界是邻位晶界，且局部位错密度相对较高而使位错容易以滑移和攀移的方式沿着晶界运动，结果相似。如果位错的 Burgers 矢量之和在剪切方向上，则产生正或负位错攀移的必要流动条件就与一般晶界的计算结果相同。在奇异晶界和邻位晶界的滑动过程中，晶间位错的作用已经在许多研究中得到证实。例如在铜中，晶界滑动涉及一系列位错的位移。在锌中，晶界滑动是由非本征位错的运动引起的。这些位错可以在应力的作用下直接在晶界内产生。在大多数情况下，这些非本征位错是由晶粒内的位错与晶界相互作用而产生的。可以通过以下方式进行区分。

（1）纯晶界滑动可以在低应力条件下观察到，不伴随任何晶粒变形，Coble 蠕变就属于这种情况。对铜双晶体的试验研究表明，低能量晶界具有较高的抗滑动能力[19]。一般晶界内不含位错，这与这些缺陷在高温下的快速调节是一致的。但如果一般晶界存在偏析，则位错的存在需要被关注。

（2）诱导晶界滑动是相邻晶粒塑性变形时引起的高度加速滑动，这种滑动已经在锌中得到了证实[20]，如图 3.20 所示为晶界滑动量 s 与时间的关系曲线。位错与晶界的相互作用可以分解为晶间位错，在邻位晶界处可以分解为具有 DSC 基矢的位错，在一般晶界处可以分解为无数个无穷小的位错。在这些位错的离域核心处的剪切可以增加晶界滑动。需要注意的是，在一般晶界中能够发现具有不可忽略的 Burgers 矢量的位错。在每一种情况下，晶界都扮演着位错吸收源的角色。位错在晶界内协调作用过程中，滑动位错诱发滑动，而固定位错则改变取向关系。

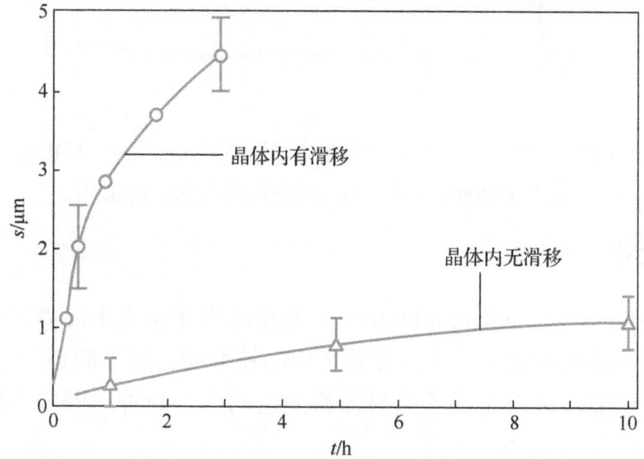

图 3.20　受相同应力作用下的两个相同锌双晶体中晶界滑动量随时间的变化曲线[20]

2）晶内塑性变形协调机制

晶内塑性变形协调机制发生在相对较高的应力条件下，该机制比较复杂，具体机制取决于晶界作为位错发生源还是位错吸收源。晶间滑移的障碍会引起局部应力集中，该应力集中会因晶粒中的位错发出而得到释放，从而导致硬化的发生和变形速率随应力呈幂律关系变化。所有这些过程的动力学都随晶界结构的不同而不同，奇异晶界和邻位晶界的滑动速率比一般晶界要低[21]，如图 3.21 所示。实际上，一般晶界中的位错协调更容易一些，而且，在经过扩散过程协调的情况下，奇异晶界和邻位晶界并不是理想的位错发生源和吸收源。

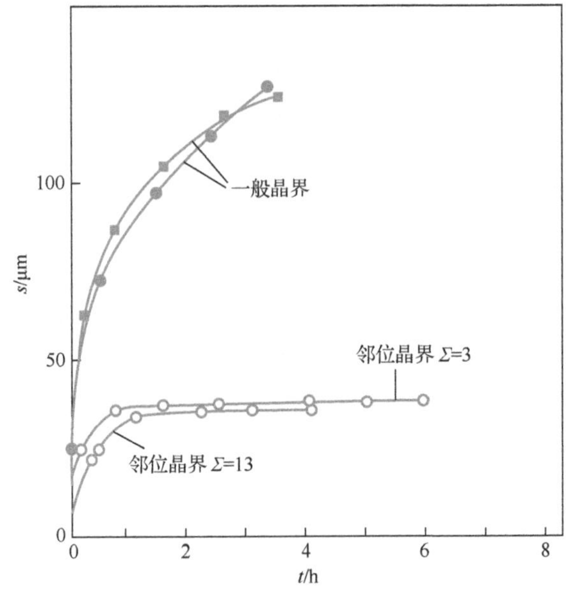

图 3.21　铝中两个一般晶界和两个邻位晶界在应力 $\sigma = 1\text{MPa}$ 和温度 T=800K 条件下滑动量随时间变化的曲线[21]

3.4.3　晶界迁移

晶界迁移（grain boundary migration）是指晶界在垂直于晶界切面方向发生了位移。晶界迁移的速率取决于多种参数，如晶粒取向、晶界倾角、温度和杂质等。根据是否涉及扩散，可以将关于晶界迁移的运动分为两种，即非守恒运动和守恒运动。

（1）非守恒运动：在扩散过程占主导的情况下，晶界空位浓度的升高有利于晶粒长大。为了维持局部结构的平衡，必然会发生晶粒和三叉晶界的迁移。这种迁移会导致弯曲晶界的形成，如图 3.22 所示[22]。

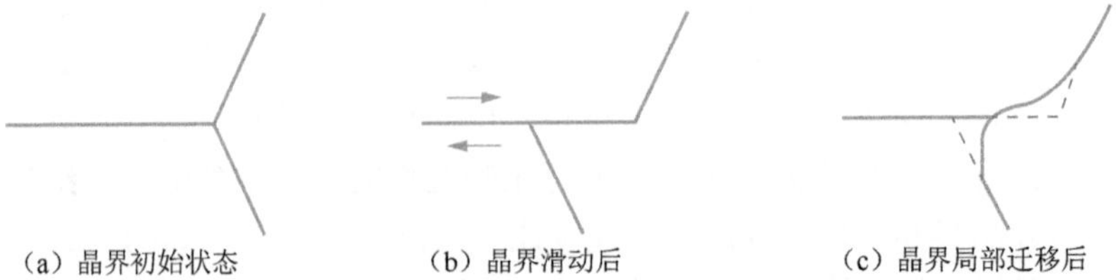

图 3.22　弯曲晶界形成机制示意图

（2）守恒运动：在迁移与滑动的耦合作用下，引起晶界滑动的位错将具有一个台阶。耦合系数β是迁移距离与平行于晶界方向的位移之比。β可以通过几何模型进行预测[23]。图 3.23 为在一个平行于 Σ=9 晶界的 DSC 点阵内由位错滑移而产生的晶界迁移。可以看出，通过一个 Burgers 矢量为 $\boldsymbol{b}_1$ 的位错滑移，晶界由 GB1（实线）的位置迁移到 GB2（虚线）的位置。

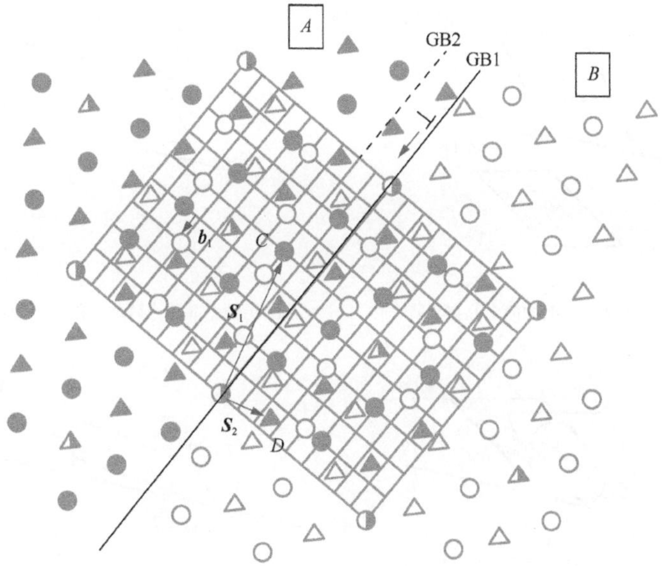

图 3.23　晶界平面为（114）的 $\Sigma=9$ 重合晶界的迁移

然而，试验得到的耦合系数往往小于几何模型的预测值。此外，后者不能应用于一般晶界。为此人们提出了一种剪切迁移几何模型（shear migration geometrical model, SMGM），在该模型中，迁移是通过位错间断的运动实现的，该位错间断的 Burgers 矢量与晶界平行。另外，这种迁移还涉及有限数量原子的局部重排，但并不发生长程扩散，如图 3.24 所示。图中所示晶界平面指数为无理数，说明没有重合点阵。在图 3.24（a）所示的垂直于晶界平面的两个晶格点阵中，两个平行四边形（1 和 2）分别代表两个点阵单元，它们包含相同数量的原子，其中点阵单元 2 可以通过图 3.24（b）所示的平行于晶界平面的简单剪切变换为点阵单元 1。这一过程相当于位错沿晶界平面在等效位置之间的不断滑移，导致间断台阶平行于晶界运动，其位移矢量 $\boldsymbol{s}$ 垂直于晶界迁移矢量 $\boldsymbol{m}$。由于晶界平面指数为无理数，故没有沿晶界平面周期性重复的位移矢量，因此无法定义 DSC 矢量，但可以定义一个位错间断，它的 Burgers 矢量 $\boldsymbol{b}$ 定义为间断台阶底部和顶部剪切矢量的差值，即 $\boldsymbol{b}=\boldsymbol{s}_1-\boldsymbol{s}_2$，如图 3.24（c）所示，其中 $\boldsymbol{b}$ 在两个点阵中的坐标均为无理数。Burgers 矢量 $\boldsymbol{b}$ 的位错沿着高度为 h 为台阶滑动，形成图 3.24（c）所示的灰色区域，同时，该区域内的原子发生重组，最终实现晶界迁移。为了满足平均晶界平面的要求，通常需要在晶界处设置多个阶梯平面和台阶，位错沿阶梯平面的不断运动导致台阶平行于阶梯平面运动，从而导致了晶界的迁移。使用更小的平行四边形会产生相同的迁移模式，但 Burgers 矢量大小和台阶高度均为上述情况的一半，如图 3.24（d）所示[24]。

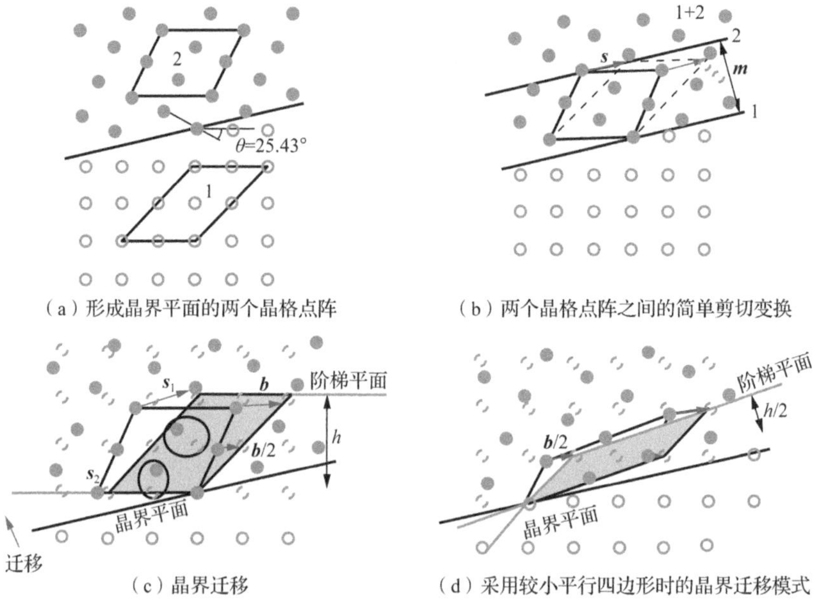

（a）形成晶界平面的两个晶格点阵　　（b）两个晶格点阵之间的简单剪切变换

（c）晶界迁移　　（d）采用较小平行四边形时的晶界迁移模式

图 3.24　面心立方结构金属中一个一般晶界（25.43°〈100〉）的剪切迁移几何模型

通过剪应力驱动的晶界迁移已经在许多试验中得到了证实。Li 等[25]首次进行了应力驱动晶界迁移的试验观察，他们制备了含有倾斜角度 θ=2° 的小角度倾斜晶界的纯锌双晶样品。如图 3.25（a）所示，将此双晶体以悬臂梁的方式进行加载，用光学显微镜在倾斜照明下进行观察，通过晶界两侧的亮度差异可以确定晶界的位置。图 3.25（b）为试验结果，图中从左到右依次为晶界在正载荷、负载荷和再次正载荷下迁移的照片，其中箭头表示当前晶界位置，虚线标记为迁移前的晶界位置。可以看出，当载荷为正时，晶界向左侧迁移，而当载荷为负时，晶界向右迁移[25]。

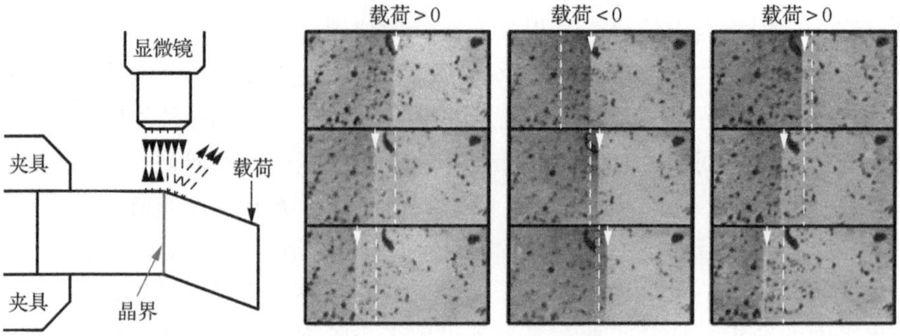

（a）试验装置　　（b）试验结果

图 3.25　应力驱动晶界迁移实验

在多晶体中，通过试验也观察到了应力驱动的晶界迁移，尽管这种迁移过程不可避免地受到其他因素的影响（三叉晶界的约束）。例如，Rupert 等[26]发现在多晶铝薄膜中，晶粒尺寸的分布与畸变能量密度有关。首先，在薄膜上施加应力时，晶粒发生长大，其次，在畸变能量密度较大的地方，晶粒生长较快。他们得到的结论是应力驱动的晶界迁移会影响多晶体微观结构的演化。Sharon 等[27]在对多晶铂薄膜进行晶界迁移研究时，也得到了类似的结果。通过原位透射电子显微镜，Mompiou 等[28]在铝多晶中发现晶界迁移动力学对外加应力敏感，图 3.26 为铝多晶体中晶界（用白线标出）在垂直方向拉伸应力作用下的演变过程[28]。

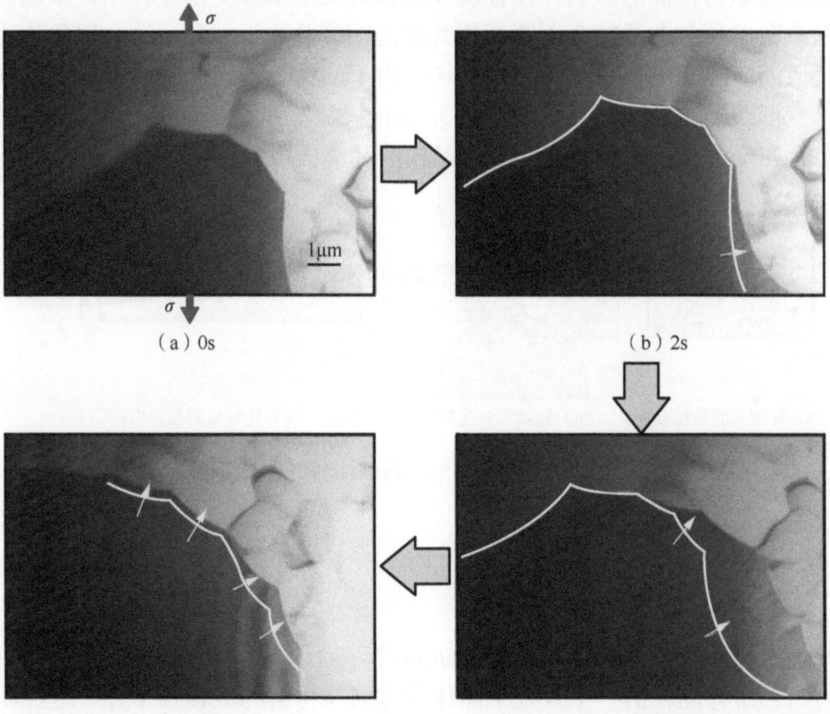

（a）0s　（b）2s　（c）21s　（d）3s

图 3.26　铝多晶体中晶界在垂直方向拉伸应力作用下的演变过程

3.5　变 形 织 构

3.5.1　变形织构的基本定义

金属材料通常是由许多晶粒组成的多晶体。如果多晶体中的晶粒是随机排列的，则组成多晶体的单个晶粒的各向异性相互抵消，便会使多晶体表现为各向同性。然而，在将金属材料制成最终产品的塑性加工过程中，通常会产生晶体取向

（crystal orientation）的非随机分布，从而导致宏观试样的各向异性行为。因此，除了晶粒尺寸、晶粒形貌、相分布和相形貌外，取向分布对宏观材料力学行为的影响也很重要。金属晶体中的取向分布称为晶体织构（crystal texture），或简称为织构。根据定义，材料的织构是多晶体中各晶粒取向的宏观平均值，称为宏观织构。在微观尺度上的取向分布可能不同于宏观平均值，通常称为微观织构。显然，在变形组织中，非均匀变形基体的取向分布与均匀变形基体的取向分布有很大不同。宏观织构决定了材料的各向异性，而微观织构则提供了材料变形行为和微观结构演变的信息。微观织构包含了晶界特征分布，因此所有涉及晶界的机制都主要受到微观织构特征的影响。在金属多晶材料发生塑性变形过程中，多晶体中原来为任意取向的各个晶粒会逐渐调整其取向而彼此趋于一致，这一现象称为晶粒的择优取向（preferred orientation），这种由于塑性变形使晶粒具有择优取向的组织叫作变形织构（deformation texture）。如图 3.27 所示，金属多晶体材料在轧制后都会存在变形织构，图中箭头表示晶粒的晶体学取向。

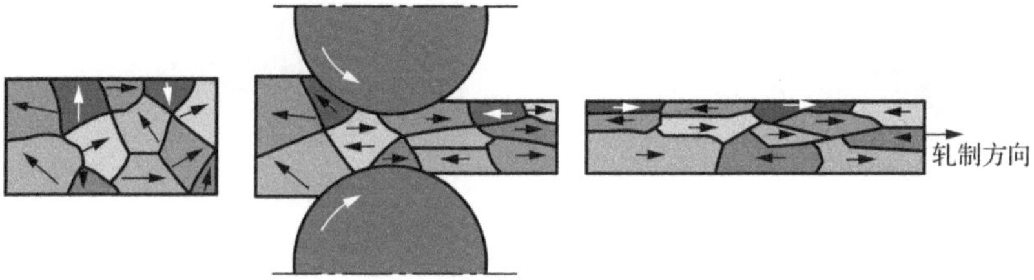

（a）轧制前的晶粒取向　（b）轧制中的晶粒取向　（c）轧制后的晶粒取向

图 3.27　轧制过程中变形织构的形成示意图

3.5.2　变形织构的基本分类

1. 丝织构

丝织构也称作纤维织构（fibre texture），存在于具有旋转对称性的金属材料中，即材料内部所有晶粒的一个或几个晶体学方向与材料的旋转轴平行。这种织构存在于拉拔、轧制或挤压成形的棒材中。冷压缩变形会使多晶体中各晶粒的某一晶面垂直于压缩轴的方向，这种择优取向分布也称丝织构。图 3.28 为理想〈100〉丝织构示意图，其中所有晶粒的〈100〉方向均与棒材的拉伸轴方向平行。丝织构是一种最简单的择优取向，因为它只涉及一个丝轴方向。所以，丝织构通常用平行于丝轴的晶向指数〈*uvw*〉来表示。然而，实际金属材料中的丝织构并不是全部晶粒均与拉伸轴的方向平行。例如，冷拉拔铝丝中大部分晶粒的〈111〉方向与拉伸轴平行，其余晶粒则不同程度地偏离拉伸轴，呈弥散分布，所以该铝丝中的织构为〈111〉丝结构。在冷拉拔铜丝中，约 60%晶粒的〈111〉方向与拉伸轴的方向平行，而其他 40%晶粒则是〈100〉方向平行于拉伸轴的方向，也就是说，冷拉铜丝有〈111〉 +〈100〉双丝织构。

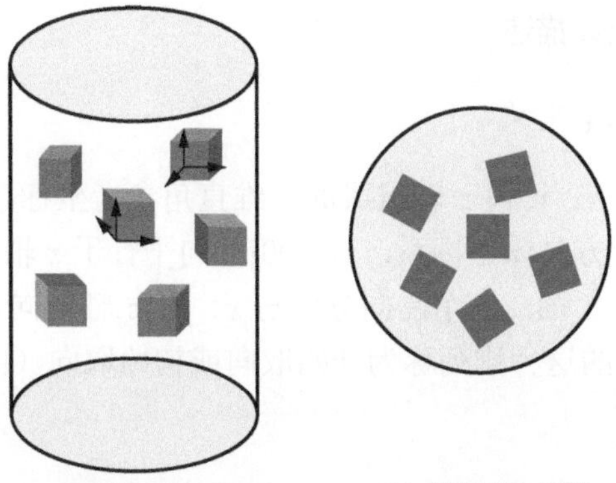

（a）棒材中大部分晶粒的〈100〉方向与拉伸轴方向平行　　（b）横截面放大图

图 3.28　理想〈100〉丝织构示意图

丝织构的类型和取向分布的弥散程度与材料的成分、晶体结构的类型和变形工艺等有关。例如，面心立方金属的冷拉拔变形织构主要是〈111〉和〈100〉丝织构，体心立方金属的冷拉拔变形织构主要是〈110〉丝织构，而密排六方金属的拉拔织构可能是〈10$\bar{1}$0〉或〈11$\bar{2}$0〉丝织构。面心立方金属的冷压缩织构因层错能的高低有差异，例如层错能较高的铜合金主要是〈110〉丝织构，而层错能较低的铜合金还会同时产生一些〈111〉丝织构。与面心立方金属相反，体心立方金属一般在冷压缩时会出现〈111〉和〈100〉织构。密排六方金属镁在压缩时的织构为〈0001〉丝织构。

2. 板织构

对于轧制成形的金属板带结构，材料中的各个晶粒的某一晶向〈*uvw*〉平行于轧制方向（rolling direction, RD）（简称轧向），而且各晶粒的某一晶面{*hkl*}平行于轧制平面（简称轧面），这种类型的择优取向称为板织构（plate texture），一般用{*hkl*}〈*uvw*〉来表示。例如，冷轧铝板有{110}〈112〉板织构，铁合金中会出现{100}〈001〉板织构。图 3.29 为理想{100}〈001〉板织构示意图。

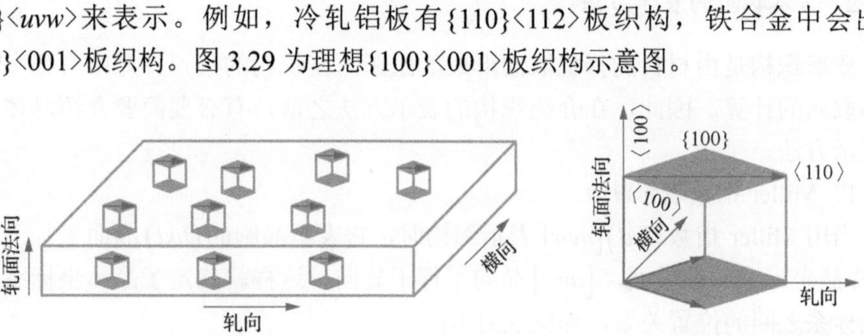

（a）板中大部分晶粒取向趋于一致　　（b）图（a）中单个晶粒的取向

图 3.29　理想{100}〈110〉板织构示意图

3.5.3　变形织构的统计描述

1. 晶体取向的基本定义

设空间中存在由 x、y 和 z 轴组成的三维直角参考坐标系以及由[100]、[010]和[001]晶向组成的立方晶体坐标系，且[100]晶向平行于 x 轴，[010]晶向平行于 y 轴，[001]晶向平行于 z 轴，三个晶向分别与 x、y、z 轴同向。晶体坐标系中晶体晶向在参考坐标系中的这种排列称为开始取向或初始取向（图 3.30（a））。

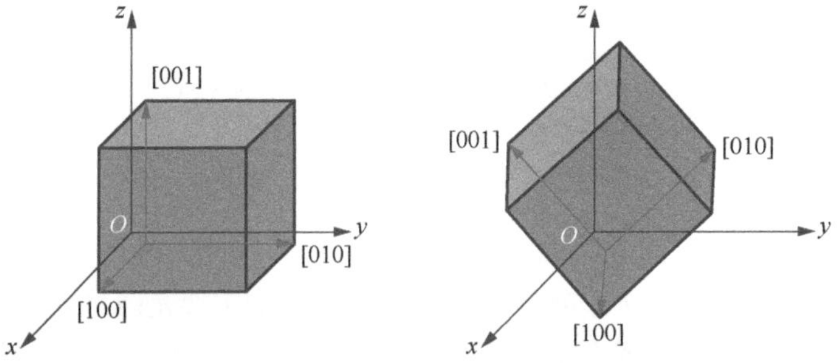

（a）初始取向　　（b）任意取向

图 3.30　取向的确定

如果将多晶体或单晶体置于参考坐标系 $Oxyz$ 内，每个晶粒或单晶晶体坐标的〈100〉方向通常不具有上述排列特征，因而它们没有初始取向，只有任意取向（图 3.30（b））。如果将具有初始取向的晶体坐标系旋转到与单晶或多晶中晶粒的坐标系一致，则旋转后的晶体坐标系将具有与该晶体坐标系一致的取向。综上所述，晶体取向表达了晶体坐标系在参考坐标系下的排列方式。实际晶体的取向可以表示为从具有初始取向的晶体坐标系到实际晶体坐标系的转动角度。

2. 晶体取向的表示方法

变形织构是由材料的择优取向形成的组织，在织构的模拟计算中有很多关于晶体取向的计算。因此，在介绍织构的表示方法之前，有必要简要介绍晶体取向的表示方法。

1）Miller 指数表示法

当用 Miller 指数 $(hkl)[uvw]$ 表示织构时，它表示晶胞的 (hkl) 晶面平行于轧板（即样品坐标系）的轧面，$[uvw]$ 晶向平行于轧向。这样就确定了晶体坐标系与参考坐标系之间的位置关系，如图 3.31 所示。

2）矩阵表示法

在取向的矩阵表示法中，为了描述多晶体中每个晶粒的取向，首先需要建立两个 Cartesian 坐标系，其中一个是参考坐标系（也称全局坐标系），另一个是晶体坐标系（也称局部坐标系）。以轧制为例，如图 3.32 所示，以轧制方向、横向（transverse direction, TD）和轧面法线方向（normal direction, ND）为参考坐标轴。晶体坐标系的选择与晶体的结构有关。对于立方结构的金属，以形成正交坐标系的晶向[100]、[010]和[001]为晶体坐标系的三个坐标轴。

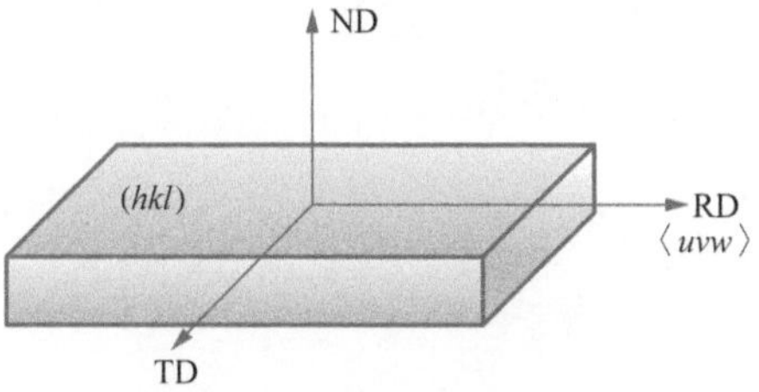

图 3.31 Miller 指数表示法示意图

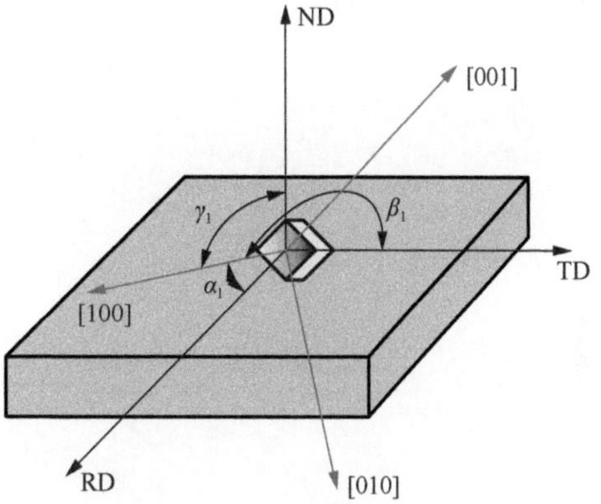

图 3.32 晶体坐标系在参考坐标系中的相对取向

确定好晶体坐标系和参考坐标系后，晶体取向就定义为晶体坐标系在参考坐标系中的位置，其表达式为

$$\boldsymbol{C}_{\mathrm{c}} = \boldsymbol{g}\boldsymbol{C}_{\mathrm{r}} \tag{3.30}$$

式中，$\boldsymbol{C}_{\mathrm{c}}$ 与 $\boldsymbol{C}_{\mathrm{r}}$ 分别为晶体坐标系和参考坐标系；$\boldsymbol{g}$ 是描述晶体取向的取向矩阵，可以表示如下：

$$\boldsymbol{g} = \begin{bmatrix} \cos\alpha_1 & \cos\beta_1 & \cos\gamma_1 \\ \cos\alpha_2 & \cos\beta_2 & \cos\gamma_2 \\ \cos\alpha_3 & \cos\beta_3 & \cos\gamma_3 \end{bmatrix} \tag{3.31}$$

其中，α、β 和 γ 分别为晶体坐标系的三个坐标轴与参考坐标系三个坐标轴的夹角。在式（3.32）中，三个行矢量分别为晶体坐标轴在参考坐标轴上的投影，三个列矢量分别为参考坐标轴在晶体坐标轴上的投影。这个矩阵为正交矩阵，它的逆矩阵等于转置矩阵。

Miller 指数表示法与取向矩阵表示法有如下关系：

$$\begin{bmatrix} h \\ k \\ l \end{bmatrix} = \boldsymbol{g}\begin{bmatrix} 0 \\ 0 \\ 1 \end{bmatrix}, \quad \begin{bmatrix} u \\ v \\ w \end{bmatrix} = \boldsymbol{g}\begin{bmatrix} 1 \\ 0 \\ 0 \end{bmatrix} \tag{3.32}$$

3）Euler 角表示法

晶体的取向只需要用三个自变量来加以描述，最常用的方法是用 Euler 角来表示。图 3.33 以轧制的三个方向为样品参考坐标系，给出了以初始取向为起始位置的三个 Euler 转动，其转动顺序为 φ_1、Φ 和 φ_2。具体转动过程如下：在转动前先将晶体坐标系的[100]、[010]和[001]轴分别与样品参考坐标系的 RD、TD 和 ND 方向重合，就得到了初始方向。首先令晶体坐标系绕[001]轴（即 ND 轴）转动 φ_1 角，然后绕转动后的[100]轴转动 $\varPhi$ 角，最后是绕转动后的[001]轴再转动 φ_2 角。φ_1、$\varPhi$ 和 φ_2 这三个独立的角叫作 Euler 角。这种转动可以获得任意的晶体取向，所以取向 $\boldsymbol{g}$ 可以表示为

$$\boldsymbol{g}=[\varphi_1 \quad \varPhi \quad \varphi_2] \tag{3.33}$$

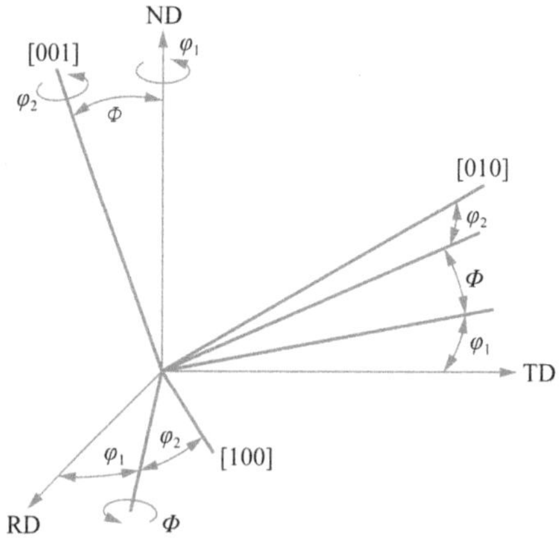

图 3.33　取向的 Euler 转动

可以用转动矩阵表示坐标系的转动，即用转动矩阵建立 Euler 角的方向与取向矩阵之间的关系。三个转动矩阵分别为

$$\begin{cases} \boldsymbol{g}_{\varphi_1}=\begin{bmatrix} \cos\varphi_1 & \sin\varphi_1 & 0 \\ -\sin\varphi_1 & \cos\varphi_1 & 0 \\ 0 & 0 & 1 \end{bmatrix} \\ \boldsymbol{g}_{\varPhi}=\begin{bmatrix} 1 & 0 & 0 \\ 0 & \cos\varPhi & \sin\varPhi \\ 0 & -\sin\varPhi & \cos\varPhi \end{bmatrix} \\ \boldsymbol{g}_{\varphi_2}=\begin{bmatrix} \cos\varphi_2 & \sin\varphi_2 & 0 \\ -\sin\varphi_2 & \cos\varphi_2 & 0 \\ 0 & 0 & 1 \end{bmatrix} \end{cases} \tag{3.34}$$

取向矩阵是由上述三个转动矩阵依次相乘得到的，具体表示为

$$\boldsymbol{g}=\boldsymbol{g}_{\varphi_2}\boldsymbol{g}_{\varPhi}\boldsymbol{g}_{\varphi_1} \tag{3.35}$$

根据式（3.35），任何取向都可以用三个 Euler 角表示。以（$\varphi_1,\varPhi,\varphi_2$）为坐标轴建立坐标系，则空间中的每一点都表示一个取向。这个空间称为 Euler 空间，如图 3.34 所示。

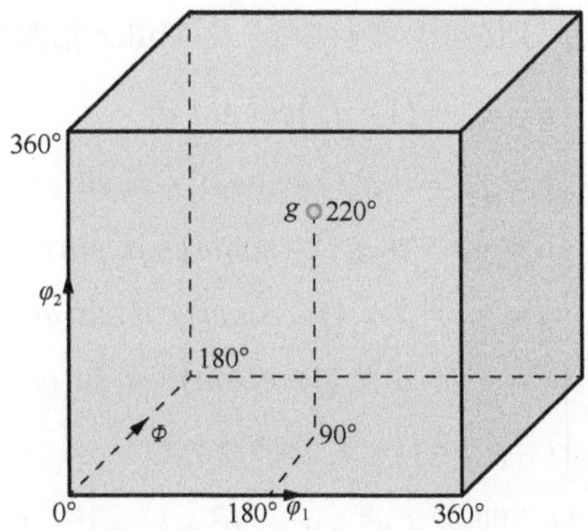

图 3.34　Euler 空间表示取向示意图

对于一般结构的晶体（三斜晶系），Euler 空间的取值范围定义为$\varphi_1 \geqslant 0°$，$\varphi_2 \leqslant 360°$，$0° \leqslant \Phi \leqslant 360°$；而对于高度对称的立方晶系，该范围不能保证 Euler 空间中的点与空间取向关系的一一对应。根据晶体对称性，立方晶系取向空间的取值范围为$\varphi_1 \geqslant 0°$，$\Phi \leqslant 90°$，$\varphi_2 \leqslant 90°$；六方晶系取向空间的取值范围为$\varphi_1 \geqslant 0°$，$\Phi \leqslant 90°$，$0° \leqslant \varphi_2 \leqslant 60°$；四方晶系取向空间的取值范围为$\varphi_1 \geqslant 0°$，$\Phi \leqslant 90°$，$\varphi_2 \leqslant 90°$。

4）轴角表示法

除了可以用三个按顺序转动的 Euler 角表示取向外，还可以用一个转动来描述晶体取向，即选定一个旋转轴后绕这个轴转动一定角度，使参考坐标系统与晶体坐标系重合。这种表示方法称为轴角表示法，如图 3.35 所示。旋转轴的单位矢量为 $\boldsymbol{d}$，其分量为(dx, dy, dz)的方向余弦，绕旋转轴的转动角度为ω。这样便可以用$\{\boldsymbol{d},\omega\}$来表示转动。

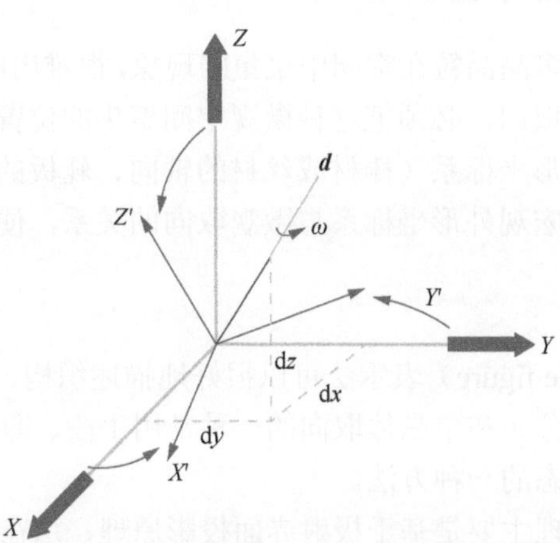

图 3.35　轴角表示法示意图

轴角表示法中$\{\boldsymbol{d},\omega\}$与取向矩阵参数$g_{ij}$及 Miller 指数的关系如下：

$$\begin{cases} u = g_{11} = \left(1-d_1^2\right)\cos\omega + d_1^2 \\ v = g_{21} = d_2 d_1\left(1-\cos\omega\right) - d_3\sin\omega \\ w = g_{31} = d_3 d_1\left(1-\cos\omega\right) + d_2\sin\omega \\ h = g_{13} = d_1 d_3\left(1-\cos\omega\right) - d_2\sin\omega \\ k = g_{23} = d_2 d_3\left(1-\cos\omega\right) + d_1\sin\omega \\ l = g_{33} = \left(1-d_3^2\right)\cos\omega + d_3^2 \end{cases} \tag{3.36}$$

但这是归一化的指数，即$u^2+v^2+w^2=h^2+k^2+l^2=1$，还应将其换算成互质的整数。

反之，若已知由 Miller 指数或 Euler 角算出矩阵取向，则根据下式可从矩阵参数算出转动角度和旋转轴的数值，即

$$\begin{cases} 1+2\cos\omega = g_{11}+g_{22}+g_{33} \\ 2d_1\sin\omega = g_{23}-g_{32} \\ 2d_2\sin\omega = g_{31}-g_{13} \\ 2d_3\sin\omega = g_{12}-g_{21} \end{cases} \tag{3.37}$$

考虑到概念上的混淆和方法的实用性，轴角表示法是目前最常用的描述晶粒间取向差的方法。当相邻两个晶粒的取向矩阵已知时，很容易得到晶粒间的取向差矩阵。当用轴角法来描述晶粒间取向差时，该角度是能使两晶粒的晶体坐标系重合的最小转动角，该方法具有一定的物理意义，即可以根据相邻晶粒之间的角度判断它们之间的晶界属于大角度晶界还是小角度晶界。

3. 织构的图形表示方法

择优取向是一种多晶晶粒在空间中聚集的现象，很难用肉眼准确确定其取向。为了直观地表示择优取向，必须把这种微观空间聚集的位置、角度、方向和分布密度与材料的宏观外形坐标系（棒材或丝材的轴向、轧板的轧向和轧面的法向）关联起来。通过材料宏观外形坐标系与微观取向的关系，便可以直观地了解多晶体的择优取向。

1）极图

织构的极图（pole figure）表示法可以很好地描述织构。到目前为止，极图仍然是描述多晶体取向分布和单晶体取向的一种常用手段，即表示各$\{hkl\}$面法向在参考坐标系中分布状态的一种方法。

极图表示法的原理主要是基于极射赤面投影原理，这在第 1 章已经进行了简要介绍。下面以具体的轧制样品为例，介绍极图表示法表征织构的基本原理。取

以 x、y、z 为坐标轴的 Cartesian 坐标系作为样品坐标系（参考坐标系），以坐标系原点为中心，作一个半径为单位长度 1 的球面。将具有一定取向的晶体置于该坐标系的球心原点，并假设晶体所有晶面都经过球心。然后作该晶体所有$\{hkl\}$晶面的法线，这些法线将与球面相交于若干点，形成球面投影图，如图 3.36 所示。投影球的赤道平面与轧面（即试样的被测面）重合。轧面的法线投影到大圆的圆心处。轧向与赤道大圆平面的竖直直径重合，横向与赤道大圆平面的水平直径重合。对于放置在球体中心的晶体，晶面法线与上半球的交点为 P，从下半球的南极 S 向 P 点发射射线，与赤道大圆平面相交于点 P'，该点即为该晶面的极射赤面投影。

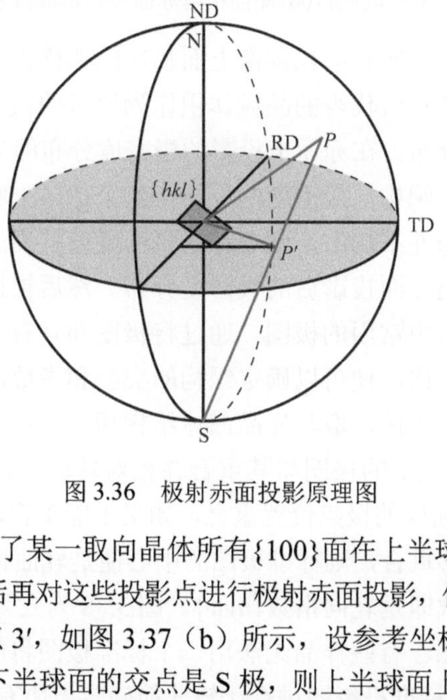

图 3.36　极射赤面投影原理图

图 3.37（a）给出了某一取向晶体所有{100}面在上半球面的投影，如图中的点 1、点 2 和点 3。然后再对这些投影点进行极射赤面投影，使它们与赤道大圆平面相交于点 1′、点 2′和点 3′，如图 3.37（b）所示，设参考坐标系中 z 方向与上半球面的交点是 N 极，与下半球面的交点是 S 极，则上半球面上每个投影点与 S 极点之间的连线即为投影线。这种表示晶体取向的极射赤面投影图称为极图，图 3.37（c）即是相应的{100}晶面的极图。图 3.37（c）所示极图上各点位置可以用两个角 α 和 β 表示，其中角 α 表示$\{hkl\}$晶面法向与样品坐标系轧面法向的夹角，角 β 表示$\{hkl\}$晶面法向绕轧面法向转动的角度。

如果把一个单晶体放在一个投影球的中心，它的一些特定的晶面依次与赤道平面重合，然后把其他晶面的法线投影到赤道面上，就得到了一个标准极图。这些特定的晶面常采用低指数晶面。在立方晶系中，（001）、（110）和（111）是最常用的，它们的标准极图可以参考图 1.22 中的标准投影图。这些单晶标准极图可用于织构的标定。

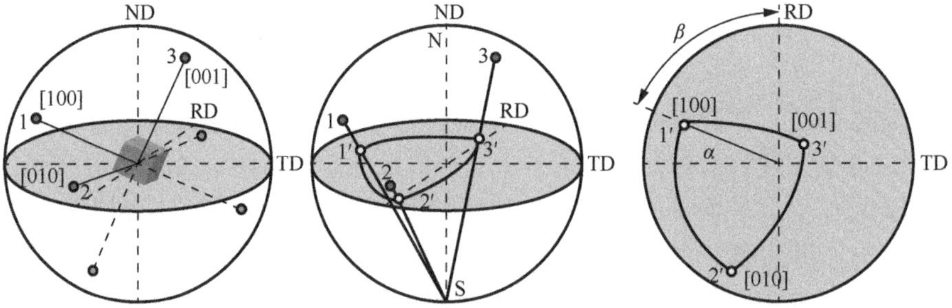

（a）{100}晶面法线的球面投影　（b）投影点的极射赤面投影　（c）{100}极图

图 3.37　某一取向{100}晶面极射赤面投影形成过程示意图

如果一个多晶体中的所有晶粒都像上面描述的那样投影，那么在球面和赤面上会产生许多点。将各点所代表的晶粒体积作为该点的权重，球面上各点的加权密度分布即为极密度分布。在赤面上投影的极密度分布即为极图。

如果多晶体中没有织构，极密度的分布在整个球体上将是均匀的。相反，如果极图上的极密度分布并不均匀，则会存在极密度值较高的地方。这时可以根据极密度的高低，计算出赤面投影后的极密度分布。然后根据具体情况画出等密度线，便可得到织构分析中常用的极图。通过将极图和具有与试样相同晶体结构的单晶体标准极图进行对比，便可以确定织构的类型和指数，并可以比较其择优取向的程度。以板材织构为例，取与样品晶体结构相同的单晶标准投影（基圆极图相同），将绘制在透明纸上的极图与其重合并相对转动，使极图上{*hkl*}极密度区与标准投影图上{*hkl*}面族的极点位置重合，如果不能重合，换另一张标准投影图再对比一次，一旦能够重合，则标准极图的中心便是轧面指数{*hkl*}，与轧制方向重合的点所对应的指数即是轧向指数{*uvw*}。图 3.38 为立方晶体中理想(001)[100]板织构的几种典型极图。有些样品无法用一个标准极图将所有极密度高的区域都匹配出来，需要与其他标准投影图进行比较才能确定出所有的高密度区域的指数。显然，这种样品具有双重织构或多重织构。板织构常用极图来描述，但丝织构则往往不需要测定极图。

然而，极图有其自身的局限性。因为极图只是一个二维平面图，它上面的一个点不能代表三维空间中的一个取向，所以只能用一些点表示一个空间取向。这就造成了极图上极密度的不确定性。{*hkl*}极图上一点的极密度实际上就是该极射投影点上具有一系列取向的某一{*hkl*}平面法线方向的累积密度。因此，如果极图上某点的极密度发生变化，则无法准确确定是哪个取向在变化。极图的这一致命弱点使得其无法对织构进行定量分析，只能停留在定性甚至半定性的水平上。

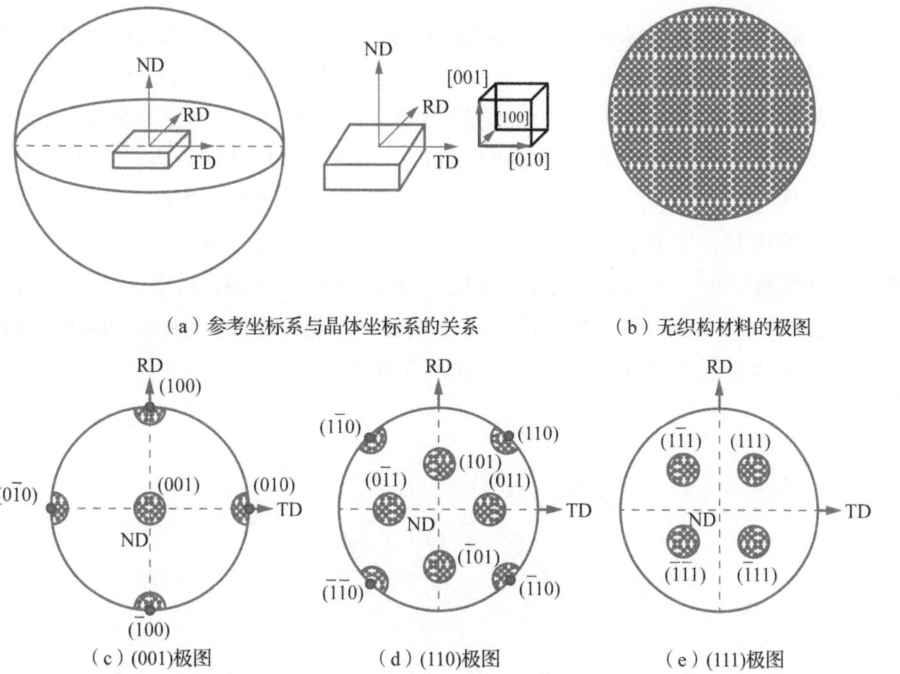

图 3.38　立方晶体中理想（001）[100]板织构的几种典型极图

2）反极图

在实际的织构分析中，不仅需要分析晶体取向在样品参考坐标系中的分布，有时还需要分析样品的参考坐标轴在晶体坐标系中的分布情况。1940 年，Barrett 和 Levenson 提出可以用反极图（inverse pole figure）表达样品参考坐标轴的分布情况[29]。通过绘制参考坐标轴的密度分布图，即反极图，可以表示多晶体内部各晶粒的特性在晶体坐标系中的分布。通常以晶体坐标系中的三个特征坐标轴作为晶体的参考坐标系。例如，在立方晶体中，可以用[100]、[010]和[001]这三个方向来构成晶体的参考坐标系。

反极图表示的是对选定的某一宏观坐标（拉伸轴、轧面法向 ND 或轧向 RD 等）在各个晶粒内的出现情况进行统计并绘出其分布规律的一种极射赤面投影图。具体来说，晶体中各晶粒与选定的方向（轧向、横向和轧面法向）均有一定的取向关系。首先将各晶粒转动，使它们全部转到标准极射赤面投影图的位置，即晶粒的(001)面平行于投影面，(100)极点竖直向上，再将选定方向的新位置按其分布规律标注在标准极射赤面投影图上。例如，板织构材料有三个特征形貌方向——轧向、横向和轧面法向，因此需要三张反极图，分别表示这三个特征形貌方向在晶体空间中的分布概率。每张反极图上分别给出相应特征方向出现的极点分布。在三张反极图中，第一张是轧向（RD）反极图，它反映了各晶粒平行轧制方向的晶向极点分布；第二张是轧面法向（ND）反极图，表示平行于轧面法线的晶向极点分布；第三张是横向（TD）反极图，表示各晶粒平行于横向的晶向极点分布。

单晶的标准投影图是绘制反极图的基础坐标。图 3.39 为立方晶系（001）标准投影图（图中只显示了低指数晶面指数）。从图 3.39 可以看出，由于立方晶系的高度对称性，属于同一晶面族的晶面取向会多次出现在投影图中。为了避免这种不必要的重复，只在标准投影图中选择一个球面三角形投影区域作为绘制反极图的基础坐标。对于对称性为 24 的 432 立方晶体材料来说，只需要绘制全部反极图的 1/24 即可。对于不同的晶系，晶体坐标的取法不同。一般取（001）标准投影中主要晶体学极点构成的三角形，如图 3.40 所示。

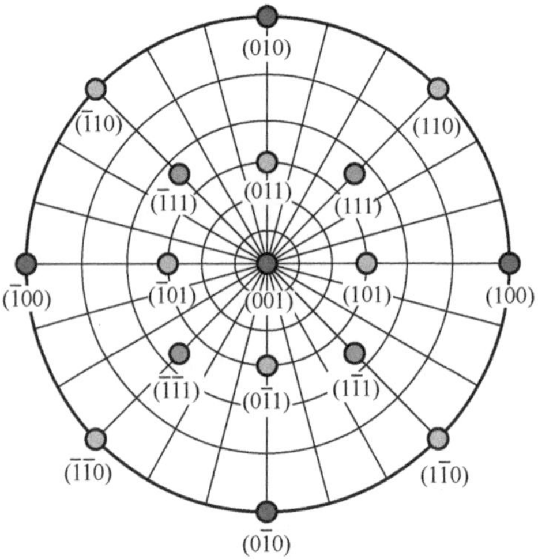

图 3.39　立方晶系（001）标准投影图

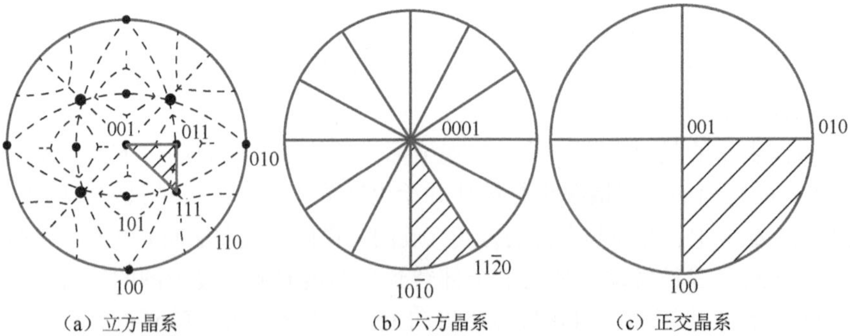

（a）立方晶系　（b）六方晶系　（c）正交晶系

图 3.40　反极图所取投影三角形

材料的织构指数也可以由反极图给出的轴向密度分布来得到。图 3.41 为挤压铜棒的轴向反极图，由图可知，该反极图的（111）极点处有很高的极密度，表明铜棒中各晶粒的（111）面法线与棒的轴向平行，即该挤压铜棒具有〈111〉丝织构，也就是说，由轴向反极图上的高极密度区可以确定挤压铜棒丝织构的指数。如果要确定板织构的指数，则至少需要两张反极图。在轧向（RD）的反极图中，密度高的指数为轧向指数[*uvw*]。在轧面法向（ND）的反极图中，密度高的指数为轧面指数（*hkl*），还可绘制横向（TD）的反极图来核对。如果在反极图上有两个或两个以上密度高的区域，则表明该材料具有双重织构或多重织构。

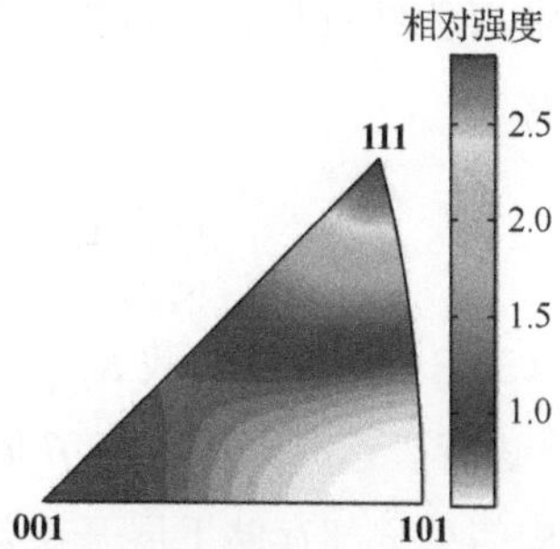

图 3.41　挤压铜棒的轴向反极图[33]

在织构研究中，反极图与极图一样具有局限性。板织构的反极图仅给出了样品材料的轧向、横向和轧面法向在晶体坐标空间中的分布，而没有给出晶粒取向的分布。采用试图法可以从三张独立的反极图中确定样品的织构成分及其漫散情况。由于这三张反极图之间没有任何外在联系，所以用试图法来确定织构的内容，其困难程度不亚于极图分析。

3）取向分布函数

极图和反极图都是用二维图像表示晶体的三维取向分布，都有一定的缺点，尤其是在织构复杂和漫散的情况下，很容易导致误判。为了弥补极图和反极图的不足，Bunge 和 Roe 在 20 世纪 60 年代末分别提出了一种描述三参数结构的方法，即取向分布函数（orientation distribution function, ODF）[31,32]。

取向分布函数的计算与极密度分布函数密切相关。由前述可知，测量极密度分布并绘制极图是分析观测织构的基本方法。如果将样品放置在坐标系 *Oxyz* 的原点 *O* 处，在不同的 α 角和 β 角处测量某一 $\{hkl\}$ 极图中各点的极密度分布 $p(\alpha,\beta)$。这个极密度表达了多晶体中每个晶粒的 $\{hkl\}$ 晶面法线在 (α,β) 处的分布强弱。在这里，当取向完全随机时，定义 $p(\alpha,\beta)=1$。极密度分布函数应该是调和函数，所以它满足 Laplace 方程。通过求解 Laplace 方程可得极密度分布函数 $p(\alpha,\beta)$ 为

$$p(\alpha,\beta)=\sum_{i=0}^{\infty}\sum_{n=-l}^{l}F_l^n K_l^n(\alpha,\beta),\quad 0\leqslant\alpha\leqslant\pi;\ 0\leqslant\beta\leqslant 2\pi \tag{3.38}$$

式中，$K_l^n(\alpha,\beta)$ 为球函数；F_l^n 为二维线性展开系数，它们是一组常数。球函数可表达为

$$K_l^n(\alpha,\beta)=\sqrt{\frac{(l-n)!}{(l+n)!}\frac{2l+1}{4\pi}}P_l^n(\cos\alpha)\mathrm{e}^{in\beta},\ n=-l,-l+1,\cdots,l;\ l=1,2,3,\cdots \tag{3.39}$$

式中，l 为线性展开的级数；$P_l^n\left(\cos\alpha\right)$ 是 Hobson 连带 Legendre 函数。令 $x=\cos\alpha$，则有

$$P_l^n\left(x\right)=\left(-1\right)^l\frac{\left(l+n\right)!\left(1-x^2\right)^{-n/2}}{\left(l-n\right)!2^l l!}\frac{\mathrm{d}^{l-n}}{\mathrm{d}x^{l-n}}\left(1-x^2\right)^l \tag{3.40}$$

式（3.38）中的球函数 $K_l^n\left(\alpha,\beta\right)$ 可以用式（3.39）中已知的标准函数 $P_l^n\left(\cos\alpha\right)$ 和 $\mathrm{e}^{\mathrm{i}n\beta}$ 进行表达。给定 α 和 β 值即可求出 $P_l^n\left(\cos\alpha\right)$ 和 $\mathrm{e}^{\mathrm{i}n\beta}$ 的值。显然，多晶样品的织构信息全部存储于展开系数数组 $K_l^n\left(\alpha,\beta\right)$ 之中。

极密度分布函数 $p\left(\alpha,\beta\right)$ 的织构信息也存储在展开系数组 F_l^n 中。当得到完整极图的极密度分布函数时，根据球函数的正交关系，可导出以下方程来求展开系数 F_l^n 的值，即

$$F_l^n=\int_{\alpha=0}^{\pi}\int_{\beta=0}^{2\pi}p\left(\alpha,\beta\right)K_l^{*n}\left(\alpha,\beta\right)\sin\alpha\mathrm{d}\alpha\mathrm{d}\beta,\ n=-l,-l+1,\cdots,l;\ l=1,2,3,\cdots \tag{3.41}$$

式中，$K_l^{*n}\left(\alpha,\beta\right)$ 是 $K_l^n\left(\alpha,\beta\right)$ 的共轭复数表达式。根据 Hobson 连带 Legender 函数的性质和式（3.39）可得

$$K_l^{*n}\left(\alpha,\beta\right)=\sqrt{\frac{\left(l-n\right)!}{\left(l+n\right)!}\frac{2l+1}{4\pi}}P_l^n\left(\cos\alpha\right)\frac{1}{\mathrm{e}^{\mathrm{i}n\beta}} \tag{3.42}$$

由式（3.39）可知 $K_l^n\left(\alpha,\beta\right)$ 为已知的球函数，故 $K_l^{*n}\left(\alpha,\beta\right)$ 也为已知球函数。

由前文可知，通过三个独立的转动角度来确定晶体取向的最常用方法是用 Euler 角 $\left(\varphi_1,\varPhi,\varphi_2\right)$ 来表示。因而可以建立一个具有 3 个自变量的函数[33]：

$$f(g)=f(\varphi_1,\varPhi,\varphi_2)=\frac{\Delta V(g)V}{\Delta g} \tag{3.43}$$

式（3.43）为取向分布函数，用于表示取向 $g=\left(\varphi_1,\varPhi,\varphi_2\right)$ 上的取向分布密度，其中 ΔV 为取向在取值 $g+\Delta g$ 范围内的晶粒体积之和，V 为样品的总体积。当方向完全随机时，取向密度 $f(g)$ 定义为 1。

根据旋转群的一些概念和性质，可以将取向分布函数展开为级数形式的广义球函数的线性组合。具体形式如下：

$$f(g)=f(\varphi_1,\varPhi,\varphi_2)=\sum_{l=0}^{\infty}\sum_{m=-l}^{l}\sum_{n=-l}^{l}C_l^{mn}T_l^{mn}(\varphi_1,\varPhi,\varphi_2) \tag{3.44}$$

式中，C_l^{mn} 是三维线性展开系数，它们是一组常数；$T_l^{mn}(\varphi_1,\varPhi,\varphi_2)$ 即是广义球函数，其定义为

$$T_l^{mn}(\varphi_1,\varPhi,\varphi_2)=\mathrm{e}^{\mathrm{i}m\varphi_2}P_l^{mn}(\cos\varPhi)\mathrm{e}^{\mathrm{i}n\varphi_1} \tag{3.45}$$

其中，$P_l^{mn}(\cos\varPhi)$ 是广义连带 Legendre 函数，令 $x=\cos\varPhi$，则有

$$p_l^{mn}(\cos\Phi) = P_l^{mn}(x)$$
$$= \frac{(-1)^{l-n}\,\mathrm{i}^{n-m}}{2^l(l-m)!}\sqrt{\frac{(l-m)!(l+n)!}{(l+m)!(l-n)!}}(1-x)^{-\frac{n-m}{2}}(1+x)^{-\frac{n+m}{2}}\frac{d^{l-n}}{dx^{l-n}}[(1-x)^{l-m}(1+x)^{l+m}] \tag{3.46}$$

由式（3.45）和式（3.46）可知，当 Euler 角$(\varphi_1,\Phi,\varphi_2)$已知时，即可求出$T_l^{mn}(\varphi_1,\Phi,\varphi_2)$的值。取向分布函数$f(\varphi_1,\Phi,\varphi_2)$中的全部织构信息都存储在式（3.44）中的常系数组C_l^{mn}之中。另外，多晶样品的织构信息还全部存储在式（3.38）所示极密度分布函数的展开系数组F_l^n中。只要建立了极密度分布函数$p(\alpha,\beta)$的球函数展开系数F_l^n与取向分布函数$f(\varphi_1,\Phi,\varphi_2)$的广义球函数展开系数$C_l^{mn}$的关系，便可借助测量样品的极图而获得其取向分布函数。而F_l^n和C_l^{mn}存在如下关系：

$$F_l^n = \frac{4\pi}{2l+1}\sum_{m=-l}^{l} C_l^{mn} K_l^{*m}(\delta,\omega) \tag{3.47}$$

由式（3.42）可知，$K_l^{*m}(\delta,\omega)$是已知球函数，其中(δ,ω)表示[*hkl*]晶向在晶体坐标系内的方向，如图 3.42 所示。通过实际测量多晶样品的极密度分布，即获得$p(\alpha,\beta)$数据后，根据已知的球函数$K_l^n(\alpha,\beta)$，借助式（3.38）便可求出各F_l^n值，然后利用式（3.47）求出C_l^{mn}，最后把C_l^{mn}代入式（3.44）便可算出所需的取向分布函数。

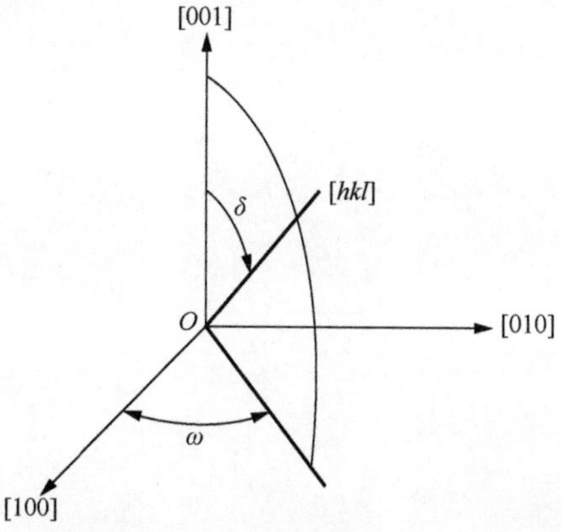

图 3.42　晶体坐标系内$\{hkl\}$方向的(δ,ω)表达法

由式（3.47）可知，对每个有确定n值的F_l^n都与$2l+1$个C_l^{mn}系数相对应，即C_l^{mn}系数中的m可取$-l,-l+1,\cdots,l$。所以若要求得$2l+1$个C_l^{mn}系数就要有$2l+1$个具有不同$\{hkl\}$值的式（3.48），组成一个线性方程组来求解。式（3.44）中的l可取值到无穷大，但实际上将级数展开至有限值即可，例如，立方晶系展开至$l=22$时截断造成的偏差便小到可以忽略，但还是需要测量$2l+1=45$个$p(\alpha,\beta)$。这个

测量工作量还是很大，实际上不可能测得这么多数据。由于实际晶体和样品均有一定的对称性，可以将所需测量的 $p(\alpha,\beta)$ 大幅缩减。例如立方晶体通常需要测量 3 组以上的 $p(\alpha,\beta)$，六方晶体通常需要测量 4 组以上 $p(\alpha,\beta)$。

取向分布函数有两种表示方法。第一种方法是绘制 ODF 截面图。根据取向空间中测量的极密度数据，可以计算出取向分布函数。为方便分析和比较，通常把 ODF 截面图绘制在一个平面上，在垂直于取向空间的某一个 Euler 角坐标轴方向，从取向空间截取若干个等间隔取向面（通常每隔 5° 的 φ_2 作一组截面图），然后在各取向面上绘制取向分布函数（即取向密度等值线），进而得到取向分布函数的图像表达。图 3.43 为取向分布函数垂直于 φ_2 方向的一系列截面图。由这些截面图可以获得高密度织构的 Euler 角，进而得到高密度织构指数。

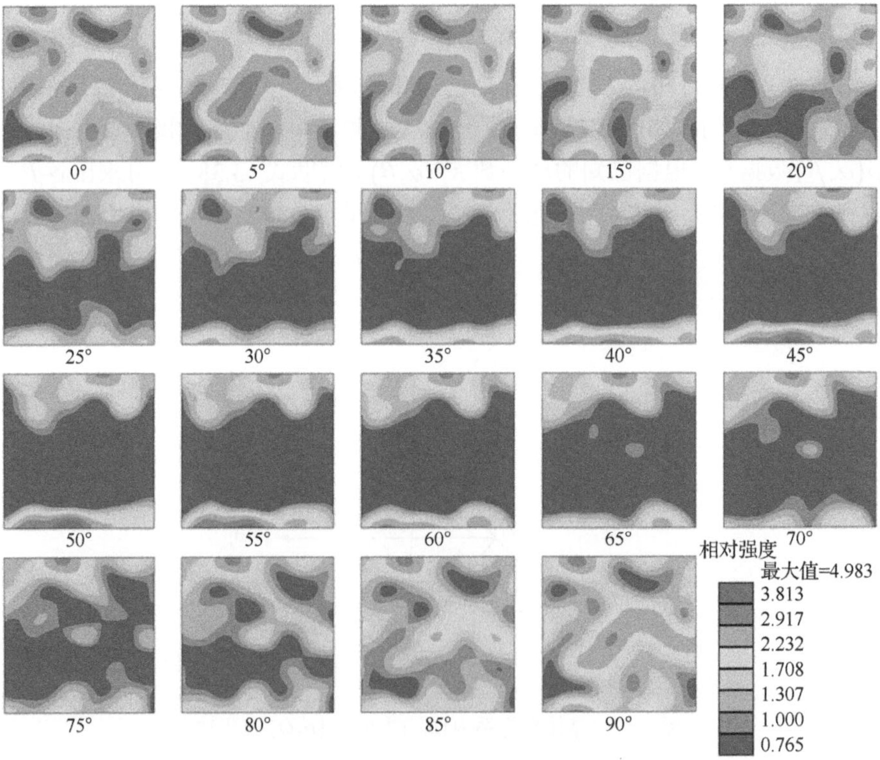

图 3.43 取向分布函数截面图

在大多数情况下，人们并不需要分析取向分布函数提供的所有数据，只需要分析取向空间中某一个具有代表性的或最重要截面上取向分布的变化情况。图 3.44 给出了面心立方和体心立方晶系中 $\varphi_2 = 45°$ 截面图上的一些重要取向的相对位置。

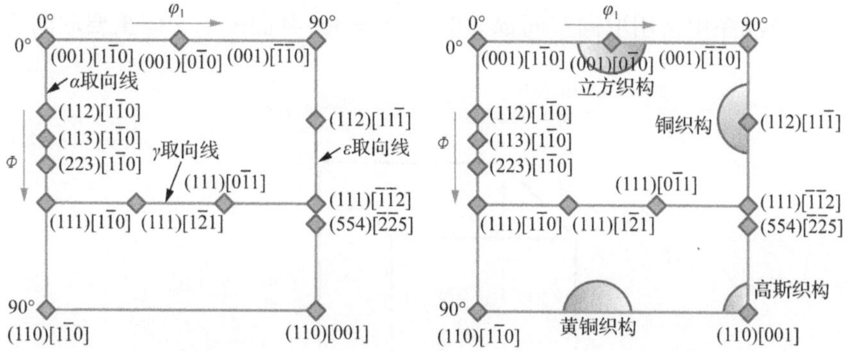

（a）体心立方　　　　（b）面心立方

图 3.44　立方晶系 $\varphi_2 = 45^\circ$ 截面图上的一些重要取向的相对位置

然而，六方晶系中，取向分布函数与晶体平面和取向之间并没有直接的联系。为了在六方晶系中表达织构元素，有必要引入六方晶系和立方晶系之间的转换关系。在三维坐标系中，[100]、[010]和[001]方向分别平行于 x、y 和 z 参考坐标轴。在六方晶系中，使$\left[1010\right]$、$\left[11\bar{2}0\right]$和$\left[0001\right]$方向分别平行于 x_1、x_2 和 x_3 参考坐标轴，如图 3.45 所示。因此，需要找到取向 $\boldsymbol{g}\left(\varphi_1, \Phi, \varphi_2\right)$ 与{*hkil*}[*uvtw*]之间的关系，该关系可表示为

$$\begin{bmatrix} h \\ k \\ i \\ l \end{bmatrix} = \begin{bmatrix} \dfrac{\sqrt{3}}{2} & -\dfrac{1}{2} & 0 \\ 0 & 1 & 0 \\ -\dfrac{\sqrt{3}}{2} & -\dfrac{1}{2} & 0 \\ 0 & 0 & c/a \end{bmatrix} \begin{bmatrix} \sin\Phi \sin\varphi_2 \\ \sin\Phi \cos\varphi_2 \\ \cos\Phi \end{bmatrix} \tag{3.48}$$

$$\begin{bmatrix} u \\ v \\ t \\ w \end{bmatrix} = \begin{bmatrix} \dfrac{2}{3} & -\dfrac{1}{3} & 0 \\ 0 & \dfrac{2}{3} & 0 \\ -\dfrac{2}{3} & -\dfrac{1}{3} & 0 \\ 0 & 0 & c/a \end{bmatrix} \begin{bmatrix} \cos\varphi_1 \cos\varphi_2 - \sin\varphi_1 \sin\varphi_2 \cos\Phi \\ -\cos\varphi_1 \sin\varphi_2 - \sin\varphi_1 \cos\varphi_2 \cos\Phi \\ \sin\varphi_1 \sin\Phi \end{bmatrix} \tag{3.49}$$

在这里，六方晶系材料中这些晶粒的{*hkil*}面与板的轧面平行，而它们的[*uvtw*]方向与轧向平行。然而，由于六方晶系材料的晶格和结构的对称性，其取向空间（或称 Euler 空间）被限制在较小的区域{π/2, π/2, π/3}。这个限制适用于六方晶系材料中的所有织构元素。此外，*c*/*a* 比值对{*hkil*}面和[*uvtw*]方向的 Miller 指数的影响使 l 和 w 的指数受到限制，即 $l=\left(c/a\right)\cos\Phi$ 和 $l=\left(c/a\right)\ \sin\varphi_1 \sin\Phi$。图 3.46

给出了六方晶系中常用取向空间 $\varphi_2 = 0°$ 和 $\varphi_2 = 30°$ 截面图上一些重要取向的相对位置。

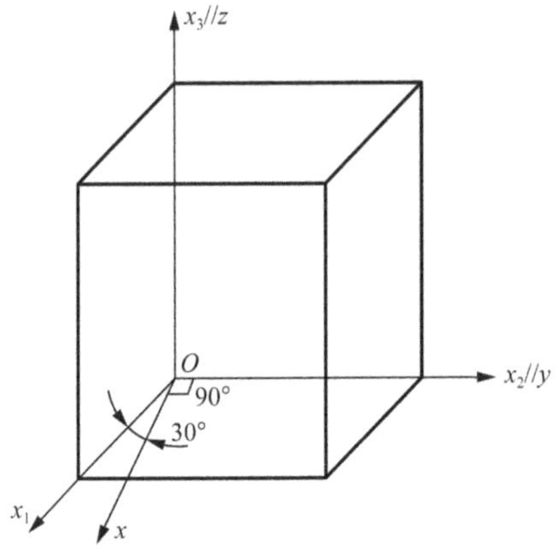

图 3.45　用 $\{O, x_1, x_2, x_3\}$ 表示的六方晶系和用 $\{O, x, y, z\}$ 表示的立方晶系的示意图

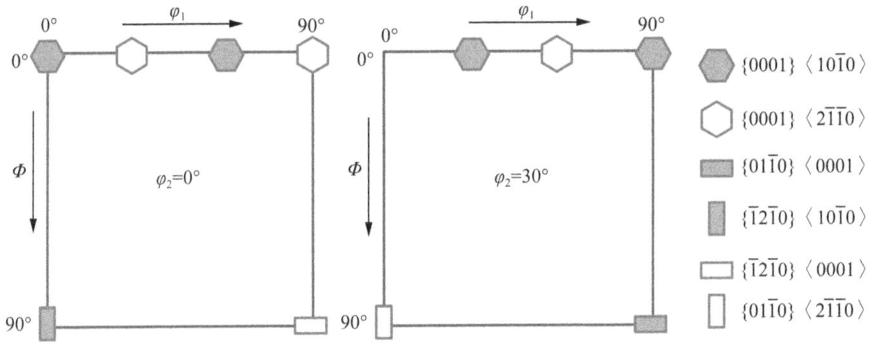

图 3.46　六方晶系中常用取向空间内 $\varphi_2 = 0°$ 和 $\varphi_2 = 30°$ 截面图上一些重要取向的相对位置

取向分布函数的第二种方法是分析取向分布函数的取向线。在很多情况下，人们需要分析取向空间中某些特定取向线上取向分布函数的变化情况，无须分析由取向分布函数提供的所有数据。因此，取向分布函数的分析可以简化为取向线的分析。图 3.47（a）为体心立方多晶金属冷轧变形过程中晶粒取向聚集的取向线。其中 α 取向线是 $\varphi_1 = 0°$、$\Phi = 0° \sim 90°$ 和 $\varphi_2 = 45°$ 的线，该线上的重要取向有 $\{001\}\langle 110\rangle$、$\{112\}\langle 110\rangle$ 和 $\{111\}\langle 1\bar{1}0\rangle$ 等。γ 取向线是 $\varphi_1 = 0° \sim 90°$、$\Phi = 54.7°$ 和 $\varphi_2 = 45°$ 的线，该取向线上的重要取向有 $\{111\}\langle 011\rangle$ 和 $\{111\}\langle 11\bar{2}\rangle$。$\alpha$ 取向线与 γ 取向线在 $(0°, 54.7°, 45°)$ 处相交。此外，还有 η、ξ 和 ε 取向线等。图 3.47（b）为面心立方多晶金属冷轧变形过程中晶粒取向聚集的取向线。可以看出，β 取向线上的重要取向是 $\{123\}\langle 634\rangle$、$\{112\}\langle 111\rangle$ 和 $\{011\}\langle 211\rangle$。因此，通过分析取向线的取向密度，可以很容易地得到样品的主要织构类型和强度。同

时，在分析取向线时，还应给出取向线对应的位置变化，即取向线 φ_1 和 $\varPhi$ 的准确值，从而确定此时取向密度的峰值位置。

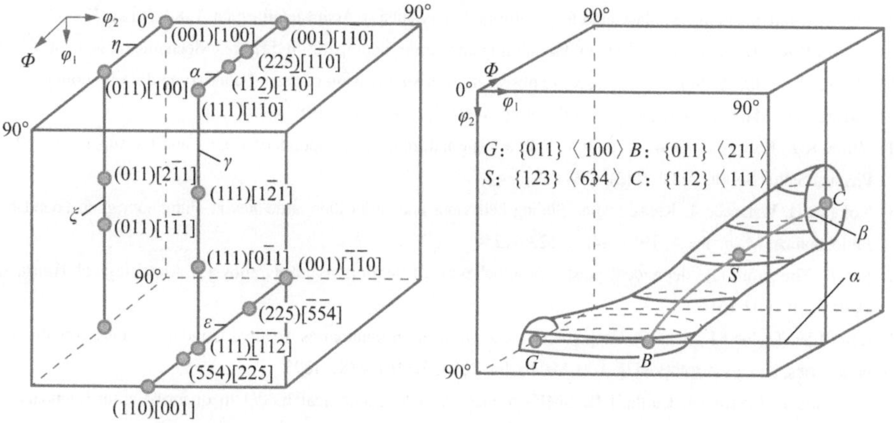

（a）体心立方　　（b）面心立方

图 3.47　立方金属多晶体冷轧变形过程中晶粒取向聚集的取向线

参 考 文 献

[1] Han J, Thomas S L, Srolovitz D J. Grain-boundary kinetics: A unified approach[J]. Progress in Materials Science, 2018, 98: 386-476.

[2] Zhang J, Ludvig W, Zhang Y, et al. Grain boundary mobilities in polycrystals[J]. Acta Materialia, 2020, 191: 211-220.

[3] 路易赛特・普利斯特. 晶界与晶体塑性[M]. 江树勇, 张艳秋, 译. 北京: 机械工业出版社，2016.

[4] Gottstein G, Shvindlerman L S. Grain boundary migration in metals: Thermodynamics, kinetics, applications[M]. 2nd ed. Boca Raton: CRC Press, 2010.

[5] Bollmann W. Crystal defects and crystalline interfaces[M]. Berlin: Springer-Verlag, 1970.

[6] Read W T, Shockley W. Dislocation models of crystal grain boundaries[J]. Physical Review, 1950, 78(3): 275-289.

[7] Frank F C. Report of the symposium on the plastic deformation of crystalline solids[M]. Pittsburgh: Carnegie Institute of Technology, 1950.

[8] Bilby B A. Report on the conference on defects in crystalline solids[C]. London: The Physical Society, 1955.

[9] Xu J, Jiang Y, Yang L, et al. Assessment of the CSL and SU models for bcc-Fe grain boundaries from first principles[J]. Computational Materials Science, 2016, 122: 22-29.

[10] Domingos H S, Carlsson J M, Bristowe P D, et al. The formation of defect complexes in a ZnO grain boundary[J]. Interface Science, 2004, 12(2-3): 227-234.

[11] Ashby M F. The deformation of plastically non-homogeneous materials[J]. Philosophical Magazine, 1970, 21: 399-424.

[12] Nye J F. Some geometrical relations in dislocated solids[J]. Acta Metallurgica, 1953, 1(2): 153-162.

[13] Kröner E. Kontinuumstheorie der versetzungen und eigenspannungen[M]. Berlin: Springer-Verlag, 1958.

[14] Hirth J P. The influence of grain boundaries on mechanical properties[J]. Metallurgical Transactions, 1972, 3(12): 3047-3067.

[15] Hook R E, Hirth J P. The deformation behavior of isoaxial bicrystals of Fe-3% Si[J]. Acta Metallurgica, 1967, 15(3): 535-551.

[16] Rey C, Zaoui A. Slip heterogeneities in deformed aluminium bicrystals[J]. Acta Metallurgica, 1980, 28(6): 687-697.

[17] Rey C, Zaoui A. Grain boundary effects in deformed bicrystals[J]. Acta Metallurgica, 1982, 30(2): 523-535.

[18] Mussot P, Rey C, Zaoui A. Grain boundary sliding and strain incompatibility[J]. Res Mechanica, 1985, 14: 69-79.

[19] Monzen R , Sumi Y, Mori T. Microscopic observation of suppression of grain boundary sliding by boundary nodes and steps[J]. Materials Science and Engineering A, 1992, 159(2): 193-198.

[20] Valiev R Z, Kaibyshev O A, Astanin V V, et al. The nature of grain boundary sliding and the superplastic flow[J]. Physica Status Solidi, 1983, 78(2): 439-448.

[21] Kokawa H, Watanabe T, Karashima S. Sliding behaviour and dislocation structures in aluminium grain boundaries[J]. Philosophical Magazine A, 1981, 44(6): 1239-1254.

[22] Lee D. The strain rate dependent plastic flow behavior of zirconium and its alloys[J]. Metallurgical Transactions, 1970, 1(6): 1607-1616.

[23] Cahn J W, Taylor J E. A unified approach to motion of grain boundaries, relative tangential translation along grain boundaries, and grain rotation[J]. Acta Materialia, 2004, 52(16): 4887-4898.

[24] Mompiou F, Legros M, Caillard D. SMIG model: A new geometrical model to quantify grain boundary-based plasticity[J]. Acta Materialia, 2010, 58(10): 3676-3689.

[25] Li C H, Edwards E H, Washburn J, et al. Stress-induced movement of crystal boundaries[J]. Acta Metallurgica, 1953, 1(2): 223-229.

[26] Rupert T, Gianola D S, Gan Y, et al. Experimental observations of stress-driven grain boundary migration[J]. Science, 2009, 326: 1686-1690.

[27] Sharon J A, Su P C, Prinz F B, et al. Stress-driven grain growth in nanocrystalline Pt thin films[J]. Scripta Matererialia, 2011, 64(1): 25-28.

[28] Mompiou F, Caillard D, Legros M. Grain boundary shear-migration coupling – I. In situ TEM straining experiments in Al polycrystals[J]. Acta Materialia, 2009, 57(7): 2198-2209.

[29] Barret C S, Levenson L H. The structure of aluminum after compression[J]. Transactions of the Metallurgical Society of AIME, 1940, 137: 112-127.

[30] Pardis N, Chen C, Ebrahimi R, et al. Microstructure, texture and mechanical properties of cyclic expansion-extrusion deformed pure copper[J]. Materials Science & Engineering A, 2015, 628: 423-432.

[31] Bunge H J. Three-dimensional orientation distribution function of crystals in cold-rolled copper [J]. Journal of Applied Physics, 1968, 39: 5503-5514.

[32] Roe R J. Description of crystallite orientation in polycrystalline materials. III. general solution to pole figure inversion [J]. Journal of Applied Physics, 1965, 36: 2024-2031.

[33] 毛卫民. 张新明晶体学材料织构定量分析[M]. 北京：冶金工业出版社, 1993.

第4章　金属塑性变形宏观本构行为

4.1　应力张量理论基础

作用在物体上的力可以分为三类，即边界力、体力和内力。边界力是指作用于物体边界上的力，通常源于其他物体的接触而产生的力，一般用每单位面积上的作用力来表示。体力是指作用于物体内部的力，如重力和磁力就是体力的典型例子，通常用每单位质量或每单位体积上的作用力来表示。内力是指物体内相邻区域相互之间的作用力，也用每单位面积上的作用力来表示。由于内力源于物体的两个相邻区域之间的相互作用，因而内力会在物体两个相邻区域的界面上进行传播。然而，边界力表示物体的外部和内部之间的相互作用，因而在物体的表面上传播。由此可以看出，边界力和内力基本具有相同的形式，因而统称为面力[1, 2]。为了在数学上描述面力，下面介绍应力的概念以及度量应力的不同方式。

4.1.1　Cauchy 应力张量

1. Cauchy 定理

考虑一个处于任意当前构形的物体 Ω，如图 4.1 所示。假设 Γ 是物体 Ω 的一个定向表面，在该表面上的点 x 处的单位法向量为 $\boldsymbol{n}$。Cauchy（柯西）定理表明，在点 x 处的面力即为每单位面积上的作用力，它是指表面 Γ 一侧的材料作用于表面 Γ 的作用力，而且法向量 $\boldsymbol{n}$ 指向表面 Γ 另一侧的材料，该面力只由穿过法向量 $\boldsymbol{n}$ 的表面决定。这就意味着在点 x 处具有单位法向量 $\boldsymbol{n}$ 的任何表面（如图 4.1 中的表面 Γ 和表面 Π），都会传播相同的作用力。这个每单位面积上的作用力就称为 Cauchy 应力张量（stress tensor），用 $\boldsymbol{t}(\boldsymbol{n})$ 表示，其取决于点 x 与时间，在此为了方便而省略了。如果表面 Γ 属于物体 Ω 的边界，则 Cauchy 应力张量就代表周围环境对 Ω 的接触作用力[3]。

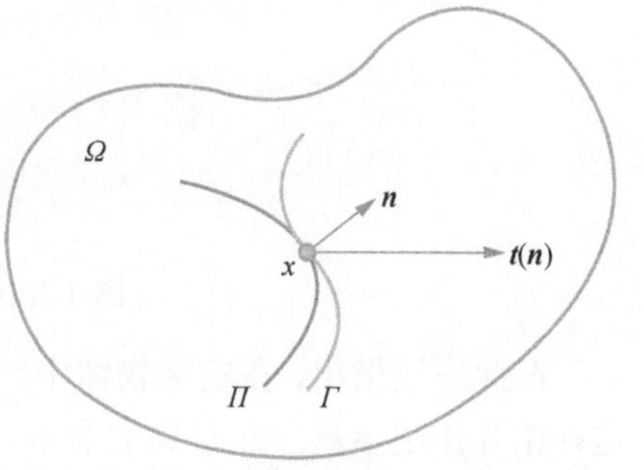

图 4.1　物体面力作用示意图

2. 动量守恒定理

假定物体 Ω 遭受一个面力 $\boldsymbol{t}(x,\boldsymbol{n})$ 和一个体力 $\boldsymbol{b}(x)$ 。空间力场 $\boldsymbol{b}(x)$ 代表作用于物体 Ω 内部的每单位质量的作用力。动量守恒定理表明，对于以 Γ 为边界的物体 Ω 的当前构形的任意部分 Ψ 线动量守恒，即

$$\int_{\Gamma}\boldsymbol{t}(\boldsymbol{n})\mathrm{d}a+\int_{\Psi}\rho\boldsymbol{b}\mathrm{d}v=\int_{\Psi}\rho\dot{\boldsymbol{v}}\mathrm{d}v \tag{4.1}$$

还有角动量守恒，即

$$\int_{\Gamma}x\times\boldsymbol{t}(\boldsymbol{n})\mathrm{d}a+\int_{\Psi}x\times\rho\boldsymbol{b}\mathrm{d}v=\int_{\Psi}x\times\rho\dot{\boldsymbol{v}}\mathrm{d}v \tag{4.2}$$

式中，da 为面元矢量；dv 为体元矢量；$\rho=\rho(x)$ 表示质量密度场，即物体 Ω 的当前构形中的每单位体积质量。上面两个公式的右侧都包含了惯量成分，其中 $\dot{\boldsymbol{v}}=\ddot{\boldsymbol{u}}$ 表示物体 Ω 中的加速度场。

3. Cauchy 应力张量基本定义

Cauchy 定理是连续介质力学中基本的定理之一，根据 Cauchy 定理和动量守恒定理，面力 $\boldsymbol{t}(x,\boldsymbol{n})$ 与其作用的表面上的法向量 $\boldsymbol{n}$ 呈线性关系，即存在一个二阶张量场 $\boldsymbol{\sigma}(x)$ ，下面的表达式成立（图 4.2）：

$$\boldsymbol{t}\left(x,\boldsymbol{n}\right)=\boldsymbol{\sigma}\left(x\right)\boldsymbol{n} \tag{4.3}$$

而且 $\boldsymbol{\sigma}$ 是对称的，即

$$\boldsymbol{\sigma}=\boldsymbol{\sigma}^{\mathrm{T}} \tag{4.4}$$

张量 $\boldsymbol{\sigma}$ 就是 Cauchy 应力张量，也经常称为真实应力张量，或简称为应力张量。

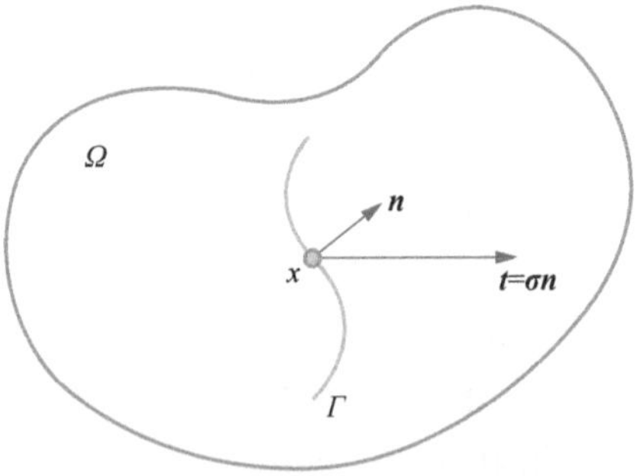

图 4.2　Cauchy 应力示意图

在此应该指出，在实际物体中，力实际上是通过原子之间的相互作用实现的，这种相互作用参量显然是离散参量。采用应力张量对这种原子之间的相互作用进行连续的数学描述只有在平均角度才有意义，而且只有对足够大的材料才是有效的。这一结论同样适用于与物体相关的应变场或其他任何连续场。能够描述连续介质材料的最小体积单元就是代表性体积单元[4-6]。

使用一个正交基 $\{\boldsymbol{e}_1, \boldsymbol{e}_2, \boldsymbol{e}_3\}$，Cauchy 应力张量可以表示为

$$\boldsymbol{\sigma} = \sigma_{ij}\boldsymbol{e}_i \otimes \boldsymbol{e}_j = \begin{bmatrix} \sigma_{11} & \sigma_{12} & \sigma_{13} \\ \sigma_{21} & \sigma_{22} & \sigma_{23} \\ \sigma_{31} & \sigma_{32} & \sigma_{33} \end{bmatrix} \tag{4.5}$$

其分量为

$$\sigma_{ij} = (\boldsymbol{\sigma}\boldsymbol{e}_i) \cdot \boldsymbol{e}_j \tag{4.6}$$

由式（4.6）可知，矢量 $\boldsymbol{\sigma}\boldsymbol{e}_i$ 就是作用在物体表面的单位面积作用力，$\boldsymbol{e}_i$ 就是该物体表面上相应点的法向量。Cauchy 应力分量 e_{ij} 就是 $\boldsymbol{\sigma}\boldsymbol{e}_i$ 在 $\boldsymbol{e}_j$ 方向上的投影大小。这种投影关系可以用图 4.3 中无穷小的立方体单元描述，在该立方体单元中，三个互相垂直的平面上的基矢分别为 $\boldsymbol{e}_1$、$\boldsymbol{e}_2$ 和 $\boldsymbol{e}_3$。σ_{11}、σ_{22} 和 σ_{33} 代表立方体单元各个面上的正应力，与各个面垂直，而其余的分量 σ_{12}、σ_{13}、σ_{21}、σ_{23}、σ_{31} 和 σ_{32} 代表立方体单元各个面上的剪应力，与各个面平行。

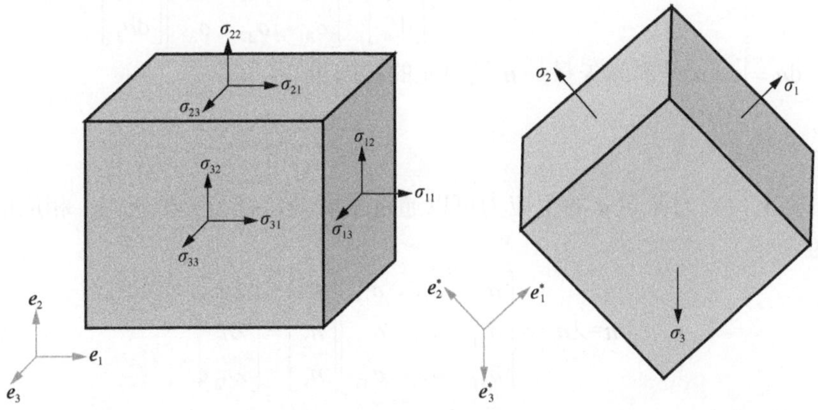

图 4.3　Cauchy 应力张量示意图

由于 Cauchy 应力张量的对称性，Cauchy 应力张量也可以用下式表示，即

$$\boldsymbol{\sigma} = \sum_{i=1}^{3} \sigma_i \boldsymbol{e}_i^* \otimes \boldsymbol{e}_i^* \tag{4.7}$$

从上式可以看出，存在一个正交基 $\{\boldsymbol{e}_1^*, \boldsymbol{e}_2^*, \boldsymbol{e}_3^*\}$，Cauchy 应力张量的所有剪应力分量都为零，只存在正应力分量。在这样一个正交基，正应力分量 e_i 就是应力张量 $\boldsymbol{\sigma}$ 的特征值，称为主 Cauchy 应力，正交基 $\{\boldsymbol{e}_1^*, \boldsymbol{e}_2^*, \boldsymbol{e}_3^*\}$ 所定义的方向称为主应力方向(principal stress orientation)，如图 4.3 所示。则用主应力表达的应力张量为

$$\boldsymbol{\sigma} = \begin{bmatrix} \sigma_1 & 0 & 0 \\ 0 & \sigma_2 & 0 \\ 0 & 0 & \sigma_3 \end{bmatrix} \tag{4.8}$$

4. 求解质点任一方向斜切面上的应力矢量

已知一点的应力张量$\boldsymbol{\sigma}$，可以求得该质点任意方向斜切面的应力矢量$\boldsymbol{T}$，具体表达式为[7-9]

$$\boldsymbol{T}=\boldsymbol{\sigma n}\leftrightarrow\left[T_i\right]=\sigma_{ij}n_j\Leftrightarrow\begin{bmatrix}T_1\\T_2\\T_3\end{bmatrix}=\begin{bmatrix}\sigma_{11}&\sigma_{12}&\sigma_{13}\\\sigma_{21}&\sigma_{22}&\sigma_{23}\\\sigma_{31}&\sigma_{32}&\sigma_{33}\end{bmatrix}\begin{bmatrix}n_1\\n_2\\n_3\end{bmatrix}\tag{4.9}$$

式中，$\boldsymbol{n}$为该斜切面上的法向量，其分量为n_1、n_2和n_3；T_1、T_2和T_3为应力矢量$\boldsymbol{T}$的三个分量。

同样，已知一点的应力张量$\boldsymbol{\sigma}$，可以求得该质点任意方向面元上的作用力$\mathrm{d}\boldsymbol{f}$，具体表达式为

$$\mathrm{d}\boldsymbol{f}=\boldsymbol{\sigma}\mathrm{d}\boldsymbol{a}\Leftrightarrow\mathrm{d}f_i=\sigma_{ij}\mathrm{d}a_j\Leftrightarrow\begin{bmatrix}\mathrm{d}f_1\\\mathrm{d}f_2\\\mathrm{d}f_3\end{bmatrix}=\begin{bmatrix}\sigma_{11}&\sigma_{12}&\sigma_{13}\\\sigma_{21}&\sigma_{22}&\sigma_{23}\\\sigma_{31}&\sigma_{32}&\sigma_{33}\end{bmatrix}\begin{bmatrix}\mathrm{d}a_1\\\mathrm{d}a_2\\\mathrm{d}a_3\end{bmatrix}\tag{4.10}$$

式中，$\mathrm{d}\boldsymbol{a}=\left|\mathrm{d}\boldsymbol{a}\right|\boldsymbol{n}$是面元矢量；$\boldsymbol{n}$是面元的法向量。

5. 应力不变量

事实上，应力张量$\boldsymbol{\sigma}$的主应力可以通过求解其特征值λ来获得，相应的特征方程为

$$\boldsymbol{\sigma n}=\lambda\boldsymbol{n}\Leftrightarrow\begin{bmatrix}\sigma_{11}&\sigma_{12}&\sigma_{13}\\\sigma_{21}&\sigma_{22}&\sigma_{23}\\\sigma_{31}&\sigma_{32}&\sigma_{33}\end{bmatrix}\begin{bmatrix}n_1\\n_2\\n_3\end{bmatrix}=\begin{bmatrix}\lambda n_1\\\lambda n_2\\\lambda n_3\end{bmatrix}\tag{4.11}$$

上式可以转变为

$$\begin{bmatrix}\sigma_{11}-\lambda&\sigma_{12}&\sigma_{13}\\\sigma_{21}&\sigma_{22}-\lambda&\sigma_{23}\\\sigma_{31}&\sigma_{32}&\sigma_{33}-\lambda\end{bmatrix}\begin{bmatrix}n_1\\n_2\\n_3\end{bmatrix}=0\tag{4.12}$$

当向量$\boldsymbol{n}$不是零向量时，则左侧张量的行列式一定为零，则有

$$\det\boldsymbol{\sigma}=0\Leftrightarrow\begin{vmatrix}\sigma_{11}-\lambda&\sigma_{12}&\sigma_{13}\\\sigma_{21}&\sigma_{22}-\lambda&\sigma_{23}\\\sigma_{31}&\sigma_{32}&\sigma_{33}-\lambda\end{vmatrix}=0\tag{4.13}$$

通过式（4.13）可以获得一个关于λ的三次方程：

$$\lambda^3-J_1\lambda^2-J_2\lambda-J_3=0\tag{4.14}$$

该方程必然存在三个实根，对应于三个主应力。由于对应一点的应力张量，其三个主应力的数值是确定的，因而方程（4.14）的三个系数J_1、J_2和J_3应该是单值

的，即不随坐标而改变，因而 J_1、J_2 和 J_3 分别称为应力张量的第一不变量（first invariant）、第二不变量（second invariant）和第三不变量（third invariant），相应的表达式为

$$J_1 = \mathrm{tr}\boldsymbol{\sigma} = \sigma_{11} + \sigma_{22} + \sigma_{33} \tag{4.15}$$

$$J_2 = \frac{1}{2}\left(\mathrm{tr}\boldsymbol{\sigma}^2 - (\mathrm{tr}\boldsymbol{\sigma})^2\right) = -(\sigma_{11}\sigma_{22} + \sigma_{22}\sigma_{33} + \sigma_{33}\sigma_{11}) + \sigma_{23}^2 + \sigma_{31}^2 + \sigma_{12}^2 \tag{4.16}$$

$$J_3 = \det\boldsymbol{\sigma} = \begin{vmatrix} \sigma_{11} & \sigma_{12} & \sigma_{13} \\ \sigma_{21} & \sigma_{22} & \sigma_{23} \\ \sigma_{31} & \sigma_{32} & \sigma_{33} \end{vmatrix} \tag{4.17}$$

6. 应力球张量和应力偏张量

现设 σ_m 为应力张量三个正应力分量的平均值，即

$$\sigma_m = \frac{1}{3}\mathrm{tr}\boldsymbol{\sigma} = \frac{1}{3}\left(\sigma_{11} + \sigma_{22} + \sigma_{33}\right) = \frac{1}{3}J_1 = \frac{1}{3}\left(\sigma_1 + \sigma_2 + \sigma_3\right) \tag{4.18}$$

式中，σ_m 一般叫作平均应力，是不变量，与所取坐标无关，对于一个确定的应力状态，它是单值的。则可以定义一个应力球张量（stress spherical tensor）为

$$\sigma_m \boldsymbol{I} = \begin{bmatrix} \sigma_m & 0 & 0 \\ 0 & \sigma_m & 0 \\ 0 & 0 & \sigma_m \end{bmatrix} \tag{4.19}$$

可以进一步定义一个应力偏张量（stress deviatoric tensor）$\boldsymbol{\sigma}'$，即

$$\boldsymbol{\sigma}' = \begin{bmatrix} \sigma_{11} - \sigma_m & \sigma_{12} & \sigma_{13} \\ \sigma_{21} & \sigma_{22} - \sigma_m & \sigma_{23} \\ \sigma_{31} & \sigma_{32} & \sigma_{33} - \sigma_m \end{bmatrix} \tag{4.20}$$

很明显，

$$\begin{bmatrix} \sigma_{11} & \sigma_{12} & \sigma_{13} \\ \sigma_{21} & \sigma_{22} & \sigma_{23} \\ \sigma_{31} & \sigma_{32} & \sigma_{33} \end{bmatrix} = \begin{bmatrix} \sigma_{11} - \sigma_m & \sigma_{12} & \sigma_{13} \\ \sigma_{21} & \sigma_{22} - \sigma_m & \sigma_{23} \\ \sigma_{31} & \sigma_{32} & \sigma_{33} - \sigma_m \end{bmatrix} + \begin{bmatrix} \sigma_m & 0 & 0 \\ 0 & \sigma_m & 0 \\ 0 & 0 & \sigma_m \end{bmatrix} \tag{4.21}$$

即

$$\boldsymbol{\sigma} = \boldsymbol{\sigma}' + \sigma_m \boldsymbol{I} \tag{4.22}$$

可以看出，一点的应力张量可以分解为应力球张量和应力偏张量。应力球张量表示一种球应力状态，其在任何切面上都没有剪应力，所以它不能使物体产生形状变化和塑性变形，而只能产生体积变化。应力偏张量只能使物体产生形状变化，而不能产生体积变化。材料的塑性变形也主要与应力偏张量有关。另外，应力偏张量同样存在三个不变量，可用 J_1'、J_2' 及 J_3' 表示，即

$$J_1' = \mathrm{tr}\boldsymbol{\sigma}' = \left(\sigma_{11} - \sigma_m\right) + \left(\sigma_{22} - \sigma_m\right) + \left(\sigma_{33} - \sigma_m\right) = 0 \tag{4.23}$$

$$\begin{aligned} J_2' &= \frac{1}{2}(\mathrm{tr}(\boldsymbol{\sigma}'^2) - (\mathrm{tr}\boldsymbol{\sigma}')^2) \\ &= \frac{1}{6}\left(\left(\sigma_{11} - \sigma_{22}\right)^2 + \left(\sigma_{22} - \sigma_{33}\right)^2 + \left(\sigma_{33} - \sigma_{11}\right)^2\right) + \sigma_{12}^2 + \sigma_{23}^2 + \sigma_{31}^2 \end{aligned} \tag{4.24}$$

$$J_3' = \det \boldsymbol{\sigma}' = \begin{vmatrix} \sigma_{11} - \sigma_m & \sigma_{12} & \sigma_{13} \\ \sigma_{21} & \sigma_{22} - \sigma_m & \sigma_{23} \\ \sigma_{31} & \sigma_{32} & \sigma_{33} - \sigma_m \end{vmatrix} \tag{4.25}$$

7. 等效应力

等效应力（equivalent stress）可以将复杂的应力状态等效为一维应力状态，对于任意坐标系，其表达式为

$$\begin{aligned} \bar{\sigma} &= \sqrt{3J_2'} \\ &= \sqrt{\frac{1}{2}\left(\left(\sigma_{11} - \sigma_{22}\right)^2 + \left(\sigma_{22} - \sigma_{33}\right)^2 + \left(\sigma_{33} - \sigma_{11}\right)^2 + 6\left(\sigma_{12}^2 + \sigma_{23}^2 + \sigma_{31}^2\right)\right)} \end{aligned} \tag{4.26}$$

4.1.2 Cauchy 应力张量的客观性

如图 4.4 所示的物体，被一个法向量为 $\boldsymbol{n}$ 的平面切割，则获得一个无限小相交平面，其面积为 ΔA [10-13]。

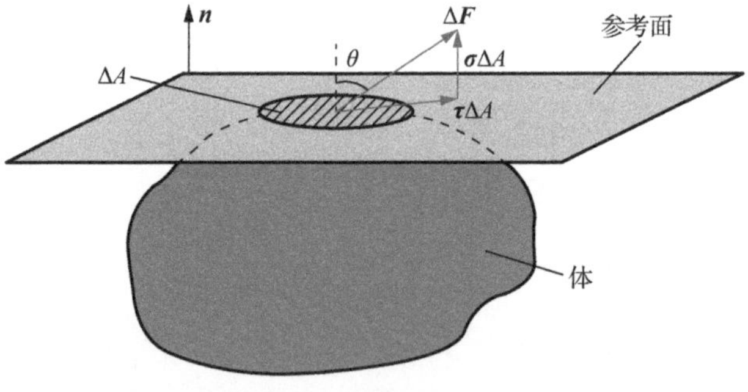

图 4.4　法向量为 $\boldsymbol{n}$ 的平面切割某一物体示意图

在均匀应力状态下，作用在 ΔA 上的合力为 $\Delta\boldsymbol{F}$，作用在 ΔA 上的应力向量被定义为

$$\boldsymbol{t} = \left(\frac{\Delta\boldsymbol{F}}{\Delta A}\right)_{\Delta A \to 0} \tag{4.27}$$

根据定义，$\boldsymbol{t}$ 是一个带有法向分量 $\boldsymbol{\sigma}$ 和切向分量 $\boldsymbol{\tau}$ 的向量，如图 4.5 所示。现在来看在一个法向量为 $\boldsymbol{n}$（其分量分别为 n_x、n_y 和 n_z）的特定平面内，法向量 $\boldsymbol{n}$

和应力向量 $\boldsymbol{t}$ 是如何与应力张量 $\boldsymbol{\sigma}$ 相关联的。考虑图 4.5（a）所示的三个正交平面和图 4.5（b）所示的相应平面 ABC。

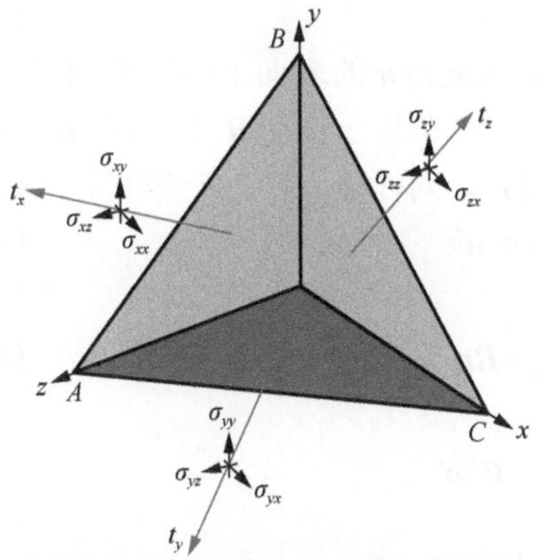

（a）作用在三个正交平面上的应力向量以及沿着 x、y、z 三个方向上的分量

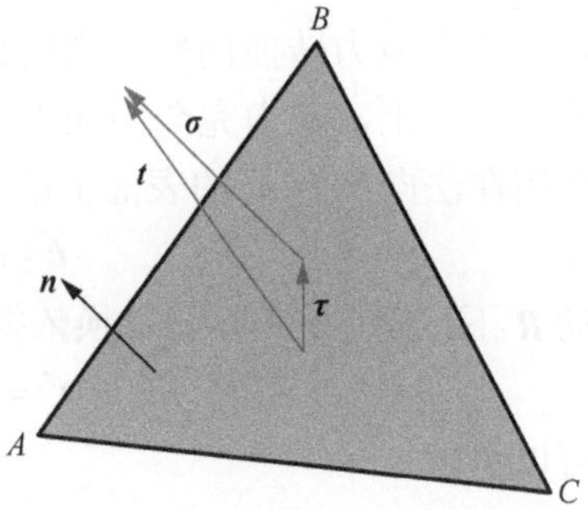

（b）作用在图（a）中 ABC 平面上的合应力向量

图 4.5　应力向量示意图

在图 4.5（a）中的每个正交平面上，都作用着一个应力向量。例如，在平面“x”上，也就是与 x 方向垂直的平面上，应力分量是 t_x，则在三个正交平面上的应力分量为

$$t_x = \begin{bmatrix} \sigma_{xx} \\ \sigma_{xy} \\ \sigma_{xz} \end{bmatrix},\quad t_y = \begin{bmatrix} \sigma_{yx} \\ \sigma_{yy} \\ \sigma_{yz} \end{bmatrix},\quad t_z = \begin{bmatrix} \sigma_{zx} \\ \sigma_{zy} \\ \sigma_{zz} \end{bmatrix} \tag{4.28}$$

通常在平面“x”上，应力在 x 方向的分量记为 σ_{xx}，在 y 方向标记为 σ_{xy}，以此类推。如果平面 ABC 的面积是 A，那么三个正交平面的面积为

$$A_x = \begin{bmatrix} 1 \\ 0 \\ 0 \end{bmatrix} \cdot A\boldsymbol{n} = An_x,\quad A_y = \begin{bmatrix} 0 \\ 1 \\ 0 \end{bmatrix} \cdot A\boldsymbol{n} = An_y,\quad A_z = \begin{bmatrix} 0 \\ 0 \\ 1 \end{bmatrix} \cdot A\boldsymbol{n} = An_z \tag{4.29}$$

考虑力的平衡，平面 ABC 上的合力必须与通过三个正交平面上的力相平衡，则有

$$\boldsymbol{t}A = t_x A_x + t_y A_y + t_z A_z = t_x = \begin{bmatrix} \sigma_{xx} \\ \sigma_{xy} \\ \sigma_{xz} \end{bmatrix} An_x + \begin{bmatrix} \sigma_{yx} \\ \sigma_{yy} \\ \sigma_{yz} \end{bmatrix} An_y + \begin{bmatrix} \sigma_{zx} \\ \sigma_{zy} \\ \sigma_{zz} \end{bmatrix} An_z \tag{4.30}$$

所以

$$\boldsymbol{t} = \begin{bmatrix} \sigma_{xx} \\ \sigma_{xy} \\ \sigma_{xz} \end{bmatrix} n_x + \begin{bmatrix} \sigma_{yx} \\ \sigma_{yy} \\ \sigma_{yz} \end{bmatrix} n_y + \begin{bmatrix} \sigma_{zx} \\ \sigma_{zy} \\ \sigma_{zz} \end{bmatrix} n_z = \begin{pmatrix} \sigma_{xx} & \sigma_{yx} & \sigma_{zx} \\ \sigma_{xy} & \sigma_{yy} & \sigma_{zy} \\ \sigma_{xz} & \sigma_{yz} & \sigma_{zz} \end{pmatrix} \begin{bmatrix} n_x \\ n_y \\ n_z \end{bmatrix} \tag{4.31}$$

注意，由于力矩或转动平衡的原因，应力张量是对称的，所以$\sigma_{xy}=\sigma_{yx}$。式（4.31）可以写成

$$\boldsymbol{t}=\boldsymbol{\sigma n} \tag{4.32}$$

现在考虑应力转换问题。考虑作用在法向量为$\boldsymbol{n}$的表面上的应力向量$\boldsymbol{t}$。在所研究的质点上，应力完全由应力张量$\boldsymbol{\sigma}$描述。在某一转动$\boldsymbol{R}$下，应力向量$\boldsymbol{t}$转换为作用在法向量为$\boldsymbol{n}^*$的表面上的应力向量$\boldsymbol{t}^*$，同样地，应力$\boldsymbol{\sigma}$也转换到$\boldsymbol{\sigma}^*$，即

$$\boldsymbol{t}=\boldsymbol{\sigma n},\quad \boldsymbol{t}^*=\boldsymbol{\sigma}^*\boldsymbol{n}^* \tag{4.33}$$

在转动$\boldsymbol{R}$下，向量$\boldsymbol{t}$和$\boldsymbol{n}$的转换依据下式:

$$\boldsymbol{t}^*=\boldsymbol{Rt},\quad \boldsymbol{n}^*=\boldsymbol{Rn} \tag{4.34}$$

由此可以得出

$$\boldsymbol{t}^*=\boldsymbol{R\sigma n},\quad \boldsymbol{n}=\boldsymbol{R}^{\mathrm{T}}\boldsymbol{n}^* \tag{4.35}$$

综合上式，则有

$$\boldsymbol{t}^*=\boldsymbol{R\sigma R}^{\mathrm{T}}\boldsymbol{n}^* \tag{4.36}$$

然而

$$\boldsymbol{t}^*=\boldsymbol{\sigma}^*\boldsymbol{n}^* \tag{4.37}$$

最后可以得出

$$\boldsymbol{\sigma}^*=\boldsymbol{R\sigma R}^{\mathrm{T}} \tag{4.38}$$

因此，可以得出，与向量不同，应力张量$\boldsymbol{\sigma}$可以根据式（4.38）进行转换。为了详细了解这一过程，可以考虑应力张量的一种二维转换情况。将应力张量$\boldsymbol{\sigma}$相对于XY坐标系旋转一个θ角，则转换后的应力张量$\boldsymbol{\sigma}^*$相对于XY坐标系变为

$$\begin{aligned}
\sigma^*_{XX}&=\sigma_{XX}\cos^2\theta+2\sigma_{XY}\sin\theta\cos\theta+\sigma_{YY}\sin^2\theta\\
\sigma^*_{YY}&=\sigma_{XX}\sin^2\theta-2\sigma_{XY}\sin\theta\cos\theta+\sigma_{YY}\sin^2\theta\\
\sigma^*_{XY}&=\left(\sigma_{YY}-\sigma_{XX}\right)\sin\theta\cos\theta+\sigma_{XY}\left(\cos^2\theta-\sin^2\theta\right)
\end{aligned} \tag{4.39}$$

与旋转角为对应的旋转矩阵$\boldsymbol{R}$为

$$\boldsymbol{R}=\begin{bmatrix}\cos\theta & -\sin\theta\\ \sin\theta & \cos\theta\end{bmatrix} \tag{4.40}$$

则有

$$\boldsymbol{\sigma}^*=\begin{bmatrix}\cos\theta & -\sin\theta\\ \sin\theta & \cos\theta\end{bmatrix}\begin{bmatrix}\sigma_{XX} & \sigma_{XY}\\ \sigma_{YX} & \sigma_{YY}\end{bmatrix}\begin{bmatrix}\cos\theta & \sin\theta\\ -\sin\theta & \cos\theta\end{bmatrix} \tag{4.41}$$

将上式这些矩阵相乘，便可以得到式（4.39）。仿照式（4.38），对于任意张量$\boldsymbol{A}$，如果它按照下式进行转动，则称为标架无差异性（frame indifference）或客观性（objectivity）。

$$\boldsymbol{A}^*=\boldsymbol{QAQ}^{\mathrm{T}} \tag{4.42}$$

式中，$\boldsymbol{Q}$为转动张量。将式（4.38）与式（4.42）比较可知，Cauchy 应力张量是

客观的。下面举一个具体的例子来说明 Cauchy 应力张量的客观性。

考虑一个最初平行于 Y 坐标轴的杆，横截面积为 A，受到恒定轴向载荷 P 的作用，如图 4.6（a）所示。在这个构形中，相对于 XY 坐标系，杆中的应力为

$$\sigma_{XX}=0,\sigma_{YY}=\frac{P}{A},\sigma_{XY}=0 \tag{4.43}$$

引入一个共旋坐标系 xy，该坐标系与杆一起转动。最初，相对于共旋坐标系 xy 的杆内应力与上式是类似的，即

$$\sigma_{xx}=0,\sigma_{yy}=\frac{P}{A},\sigma_{xy}=0 \tag{4.44}$$

如图 4.6（b）所示，杆相对于 XY 坐标系旋转了 θ 角，旋转 90°表明相对于物质坐标系 XY 发生了应力变化（图 4.6（c））。相对于共旋坐标系 xy，杆在 y 方向上受到不变的应力 P/A，所有其他应力分量为零。

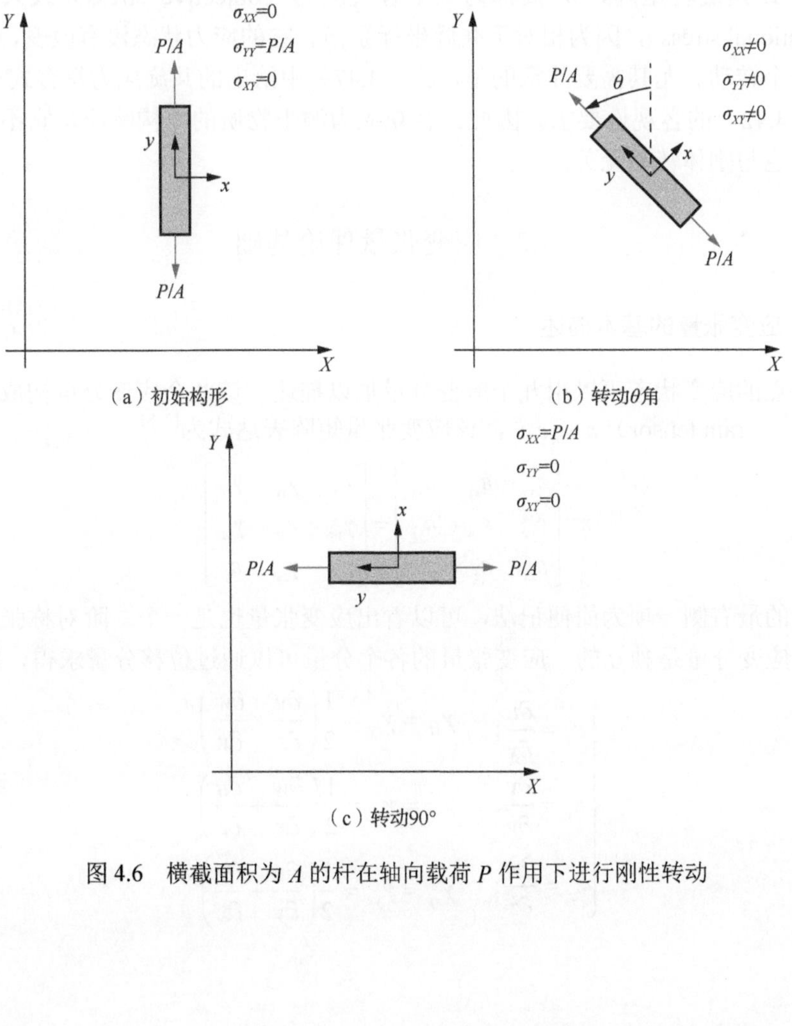

（a）初始构形　（b）转动θ角　（c）转动90°

图 4.6　横截面积为 A 的杆在轴向载荷 P 作用下进行刚性转动

然而，相对于物质坐标系 XY 进行测量时，可以看到杆中的应力发生了明显变化。例如，如图 4.6（c）所示，当杆旋转 90°时，它与 X 轴平行，因此，相对于物质坐标系 XY 的应力是

$$\sigma_{XX}=\frac{P}{A},\sigma_{YY}=0,\sigma_{XY}=0 \tag{4.45}$$

因此，它们与图 4.6（a）所示的初始状态完全不同。但是，相对于共旋坐标系的应力与之前的相同，其表达式为

$$\sigma_{xx}=0,\sigma_{yy}=\frac{P}{A},\sigma_{xy}=0 \tag{4.46}$$

相对于共旋坐标系 xy 的应力用 $\boldsymbol{\sigma}^*$ 表示，相对于物质坐标系 XY 的应力用 $\boldsymbol{\sigma}$ 表示，则有

$$\boldsymbol{\sigma}^*=\boldsymbol{R}\boldsymbol{\sigma}\boldsymbol{R}^{\mathrm{T}} \tag{4.47}$$

式中，$\boldsymbol{R}$ 是旋转矩阵，$\boldsymbol{\sigma}^*$ 被称为一个客观应力（objective stress）或共旋应力（corotational stress），因为相对于共旋坐标系 xy，它的应力状态没有改变，只是发生了一个转动。尤其需要注意的是，式（4.47）中给出的共旋应力符合式（4.38）和式（4.42）的客观性要求。因此，客观应力源于物质的本构响应，它不依赖于取向，也与刚体转动无关。

4.2　应变张量理论基础

4.2.1　应变张量的基本描述

一点的应变状态可以用九个应变分量加以描述，该九个应变分量构成一个应变张量（strain tensor）$\boldsymbol{\varepsilon}=\varepsilon_{ij}e_ie_j$，该应变张量矩阵表达式为[7, 8]

$$\boldsymbol{\varepsilon}=\begin{bmatrix}\varepsilon_{xx} & \varepsilon_{xy} & \varepsilon_{xz}\\ \varepsilon_{yx} & \varepsilon_{yy} & \varepsilon_{yz}\\ \varepsilon_{zx} & \varepsilon_{zy} & \varepsilon_{zz}\end{bmatrix}=\begin{bmatrix}\varepsilon_{x} & \gamma_{xy} & \gamma_{xz}\\ \gamma_{yx} & \varepsilon_{y} & \gamma_{yz}\\ \gamma_{zx} & \gamma_{zy} & \varepsilon_{z}\end{bmatrix} \tag{4.48}$$

上式中的最右侧一项为简便记法，可以看出应变张量也是一个二阶对称张量，只有六个应变分量是独立的。应变张量的各个分量可以通过位移分量求得，则有

$$\begin{cases}\varepsilon_x=\dfrac{\partial u}{\partial x}; & \gamma_{yz}=\gamma_{zy}=\dfrac{1}{2}\left(\dfrac{\partial v}{\partial z}+\dfrac{\partial w}{\partial y}\right)\\ \varepsilon_y=\dfrac{\partial v}{\partial y}; & \gamma_{zx}=\gamma_{xz}=\dfrac{1}{2}\left(\dfrac{\partial w}{\partial x}+\dfrac{\partial u}{\partial z}\right)\\ \varepsilon_z=\dfrac{\partial w}{\partial z}; & \gamma_{xy}=\gamma_{yx}=\dfrac{1}{2}\left(\dfrac{\partial u}{\partial y}+\dfrac{\partial v}{\partial x}\right)\end{cases} \tag{4.49}$$

式中，u、v 和 w 分别为沿着 x、y 和 z 坐标轴的三个位移分量。

式（4.49）可以简记为

$$\varepsilon_{ij}=\frac{1}{2}\left(\frac{\partial u_i}{\partial x_j}+\frac{\partial u_j}{\partial x_i}\right) \tag{4.50}$$

如果以三个应变主轴为坐标轴，则在三个主轴方向上的剪应变均为零，用主应变表达的应变张量为

$$\varepsilon_{ij}=\begin{bmatrix}\varepsilon_x & 0 & 0\\ 0 & \varepsilon_y & 0\\ 0 & 0 & \varepsilon_z\end{bmatrix} \tag{4.51}$$

4.2.2　应变张量的不变量

应变张量同样存在三个不变量，其表达式为

$$I_1=\mathrm{tr}\boldsymbol{\varepsilon}=\varepsilon_x+\varepsilon_y+\varepsilon_z \tag{4.52}$$

$$I_2=\frac{1}{2}\left[\mathrm{tr}\boldsymbol{\varepsilon}-\left(\mathrm{tr}\boldsymbol{\varepsilon}\right)^2\right]=-\left(\varepsilon_x\varepsilon_y+\varepsilon_y\varepsilon_z+\varepsilon_z\varepsilon_y\right)+\gamma_{yz}^2+\gamma_{zx}^2+\gamma_{xy}^2 \tag{4.53}$$

$$I_3=\det\boldsymbol{\varepsilon}=\begin{vmatrix}\varepsilon_x & \gamma_{xy} & \gamma_{xz}\\ \gamma_{yx} & \varepsilon_y & \gamma_{yz}\\ \gamma_{zx} & \gamma_{zy} & \varepsilon_z\end{vmatrix} \tag{4.54}$$

式中，I_1、I_2 和 I_3 分别为应变张量第一不变量、第二不变量和第三不变量，它们不随坐标的变化而改变。如果坐标轴为主轴，则三个应变张量不变量为

$$\begin{cases}I_1=\varepsilon_1+\varepsilon_2+\varepsilon_3\\ I_2=-\left(\varepsilon_1\varepsilon_2+\varepsilon_2\varepsilon_3+\varepsilon_3\varepsilon_1\right)\\ I_3=\varepsilon_1\varepsilon_2\varepsilon_3\end{cases} \tag{4.55}$$

4.2.3　应变球张量和应变偏张量

设三个正应变分量的平均值为 ε_m，即

$$\varepsilon_m=\frac{1}{3}\left(\varepsilon_x+\varepsilon_y+\varepsilon_z\right)=\frac{1}{3}\left(\varepsilon_1+\varepsilon_2+\varepsilon_3\right)=\frac{1}{3}I_1 \tag{4.56}$$

同样，ε_m 是一个不变量，与所取坐标无关，对于一个确定的应变状态，它是单值的。则可以定义一个应变球张量为

$$\varepsilon_m\boldsymbol{I}=\begin{bmatrix}\varepsilon_m & 0 & 0\\ 0 & \varepsilon_m & 0\\ 0 & 0 & \varepsilon_m\end{bmatrix} \tag{4.57}$$

可以进一步定义一个应变偏张量 $\boldsymbol{\varepsilon}'$，即

$$\boldsymbol{\varepsilon}' = \begin{bmatrix} \varepsilon_x - \varepsilon_m & \gamma_{xy} & \gamma_{xz} \\ \gamma_{yx} & \varepsilon_y - \varepsilon_m & \gamma_{yz} \\ \gamma_{zx} & \gamma_{zy} & \varepsilon_z - \varepsilon_m \end{bmatrix} \tag{4.58}$$

很明显，

$$\begin{bmatrix} \varepsilon_x & \gamma_{xy} & \gamma_{xz} \\ \gamma_{yx} & \varepsilon_y & \gamma_{yz} \\ \gamma_{zx} & \gamma_{zy} & \varepsilon_z \end{bmatrix} = \begin{bmatrix} \varepsilon_x - \varepsilon_m & \gamma_{xy} & \gamma_{xz} \\ \gamma_{yx} & \varepsilon_y - \varepsilon_m & \gamma_{yz} \\ \gamma_{zx} & \gamma_{zy} & \varepsilon_z - \varepsilon_m \end{bmatrix} + \begin{bmatrix} \varepsilon_m & 0 & 0 \\ 0 & \varepsilon_m & 0 \\ 0 & 0 & \varepsilon_m \end{bmatrix} \tag{4.59}$$

即

$$\boldsymbol{\varepsilon} = \boldsymbol{\varepsilon}' + \varepsilon_m \boldsymbol{I} \tag{4.60}$$

如果用分量表示，则有

$$\varepsilon_{ij} = \varepsilon'_{ij} + \delta_{ij}\varepsilon_m \tag{4.61}$$

应变偏张量表示单元体的形状变化，应变球张量表示体积变化。应注意，塑性变形时体积不变，$\varepsilon_m = 0$，所以应变偏张量就是应变张量。

4.2.4　等效应变

等效应变（equivalent strain）可以将复杂的应变状态等效为一维应变状态，对于任意坐标系，其表达式为

$$\bar{\varepsilon} = \frac{\sqrt{2}}{3}\sqrt{\left(\varepsilon_x - \varepsilon_y\right)^2 + \left(\varepsilon_y - \varepsilon_z\right)^2 + \left(\varepsilon_z - \varepsilon_x\right)^2 + 6\left(\gamma_{xy}^2 + \gamma_{yz}^2 + \gamma_{zx}^2\right)} \tag{4.62}$$

对于主轴坐标系，其表达式为

$$\bar{\varepsilon} = \frac{\sqrt{2}}{3}\sqrt{\left(\varepsilon_1 - \varepsilon_2\right)^2 + \left(\varepsilon_2 - \varepsilon_3\right)^2 + \left(\varepsilon_3 - \varepsilon_1\right)^2} \tag{4.63}$$

4.2.5　应变增量张量

一点的应变增量张量（strain increment tensor）$\mathrm{d}\boldsymbol{\varepsilon}$ 也是二阶对称张量，对于任意坐标系，其分量表达式为

$$\mathrm{d}\varepsilon_{ij} = \begin{bmatrix} \mathrm{d}\varepsilon_x & \mathrm{d}\gamma_{xy} & \mathrm{d}\gamma_{xz} \\ \mathrm{d}\gamma_{yx} & \mathrm{d}\varepsilon_y & \mathrm{d}\gamma_{yz} \\ \mathrm{d}\gamma_{zx} & \mathrm{d}\gamma_{zy} & \mathrm{d}\varepsilon_z \end{bmatrix} \tag{4.64}$$

应变增量张量的各个分量可以通过位移增量分量求得，其表达式为

$$\mathrm{d}\varepsilon_{ij} = \frac{1}{2}\left[\frac{\partial}{\partial x_j}\left(\mathrm{d}u_i\right) + \frac{\partial}{\partial x_i}\left(\mathrm{d}u_j\right)\right] \tag{4.65}$$

应变增量张量和应变张量一样，具有三个主方向、三个主应变增量、三个不变量、偏张量、球张量和等效应变增量。它们的定义和表达式的形式都和应变张

量一样，只要用 $\mathrm{d}\varepsilon_{ij}$ 代替各表达式中的 ε_{ij} 就可以了。但应指出，塑性变形过程中某瞬时的应变增量 $\mathrm{d}\varepsilon_{ij}$ 是当时具体变形条件下的无限小应变，而当时的全量应变则是该瞬时以前变形积累的结果；该瞬时的变形条件和以前的变形条件不一定相同，所以应变增量的主轴和当时的全量应变主轴不一定重合。

4.2.6　应变速率张量

一点的应变速率张量（strain rate tensor）$\dot{\boldsymbol{\varepsilon}}$ 也是二阶对称张量，对于任意坐标系，其分量表达式为

$$\dot{\varepsilon}_{ij}=\begin{bmatrix}\dot{\varepsilon}_x & \dot{\gamma}_{xy} & \dot{\gamma}_{xz}\\ \dot{\gamma}_{yx} & \dot{\varepsilon}_y & \dot{\gamma}_{yz}\\ \dot{\gamma}_{zx} & \dot{\gamma}_{zy} & \dot{\varepsilon}_z\end{bmatrix} \tag{4.66}$$

应变速率张量的各个分量可以通过各个速度分量求得，其表达式为

$$\begin{cases}\dot{\varepsilon}_x=\dfrac{\partial\dot{u}}{\partial x}; & \dot{\gamma}_{yz}=\dot{\gamma}_{zy}=\dfrac{1}{2}\dot{\varphi}_{yz}=\dfrac{1}{2}\left(\dfrac{\partial\dot{v}}{\partial z}+\dfrac{\partial\dot{w}}{\partial y}\right)\\ \dot{\varepsilon}_y=\dfrac{\partial\dot{v}}{\partial y}; & \dot{\gamma}_{zx}=\dot{\gamma}_{xz}=\dfrac{1}{2}\dot{\varphi}_{zx}=\dfrac{1}{2}\left(\dfrac{\partial\dot{w}}{\partial x}+\dfrac{\partial\dot{u}}{\partial z}\right)\\ \dot{\varepsilon}_z=\dfrac{\partial\dot{w}}{\partial z}; & \dot{\gamma}_{xy}=\dot{\gamma}_{yx}=\dfrac{1}{2}\dot{\varphi}_{xy}=\dfrac{1}{2}\left(\dfrac{\partial\dot{u}}{\partial y}+\dfrac{\partial\dot{v}}{\partial x}\right)\end{cases} \tag{4.67}$$

式中，$\dot{u}$、$\dot{v}$ 和 $\dot{w}$ 分别为沿着 x、y 和 z 坐标轴的三个速度分量。

式（4.67）可以简写为

$$\dot{\varepsilon}_{ij}=\frac{1}{2}\left(\frac{\partial\dot{u}_i}{\partial x_j}+\frac{\partial\dot{u}_j}{\partial x_i}\right) \tag{4.68}$$

4.3　塑性屈服准则

在金属材料的质点处于多向应力状态时，当各个应力分量之间满足一定的数学关系时，质点进入塑性状态，这种关系称为屈服准则（yield criterion）。屈服准则的一般数学表达式为

$$f\left(\sigma_{ij}\right)=K \tag{4.69}$$

式中，$f\left(\sigma_{ij}\right)$ 是应力分量的函数，即屈服函数；K 要么是一个只与材料在变形时性质有关的常数，要么是一个与材料性质以及应变历史有关的函数。下面就各向同性材料的屈服准则进行介绍。

4.3.1　理想刚塑性材料屈服准则

1. Tresca 屈服准则

Tresca 于 1864 年提出了一个屈服准则，即当材料质点中的最大剪应力达到某一定值时，材料就发生塑性屈服，该定值只取决于材料变形条件下的性质，而与应力状态无关，如设三个主应力满足 $\sigma_1 \geqslant \sigma_2 \geqslant \sigma_3$，则 Tresca 屈服准则的数学表达式为[14,15]

$$f\left(\sigma_{ij}\right)=\left|\sigma_1-\sigma_3\right|=K_\alpha \tag{4.70}$$

式中，常数 K_α 可通过试验求得，即为材料单向拉伸试验所得的屈服应力 σ_y。图 4.7 为 Tresca 屈服准则所代表的屈服表面（yield surface）。

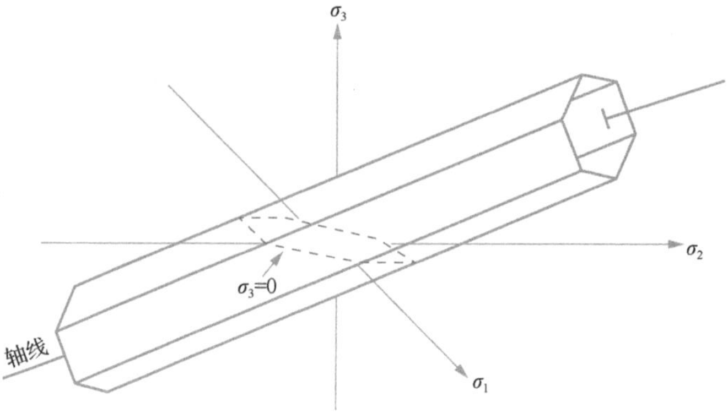

图 4.7　Tresca 屈服准则的屈服表面

2. Mises 屈服准则

Richard von Mises 于 1913 年提出了另一种屈服准则，当质点应力状态的等效应力达到某一与应力状态无关的定值时，材料就发生塑性屈服。

对于任意坐标系，Mises 屈服准则的数学表达式为

$$f(\sigma_{ij})=\bar{\sigma}=\sqrt{\frac{1}{2}\left((\sigma_x-\sigma_y)^2+(\sigma_y-\sigma_z)^2+(\sigma_z-\sigma_x)^2+6(\tau_{xy}^2+\tau_{yz}^2+\tau_{zx}^2)\right)}=K_\alpha \tag{4.71}$$

对于主轴坐标系，Mises 屈服准则的数学表达式为

$$f(\sigma_{ij})=\bar{\sigma}=\sqrt{\frac{1}{2}\left((\sigma_1-\sigma_2)^2+(\sigma_2-\sigma_3)^2+(\sigma_3-\sigma_1)^2\right)}=K_\alpha \tag{4.72}$$

以上两式中的常数 K_α 同样可通过试验求得，即为材料单向拉伸试验所得的屈服应力 σ_y。图 4.8 为 Mises 屈服准则所代表的屈服表面。

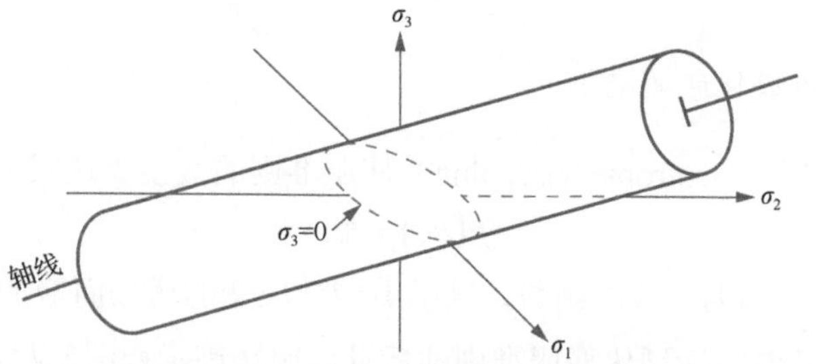

图 4.8　Mises 屈服准则的屈服表面

图 4.9 和图 4.10 分别为 Tresca 屈服准则和 Mises 屈服准则在 π 平面上和 σ_1-σ_2 平面上屈服轨迹的对比。可以看出，Tresca 六边形内接于 Mises 圆，这意味着在六个角点上，两个准则是一致的。实际上，Tresca 屈服准则和 Mises 屈服准则实际上是相当接近的，而且两者有一些共同点，例如屈服准则的表达式都和坐标系选择无关，三个主应力可以任意置换而不影响屈服，各表达式都与球张量无关。

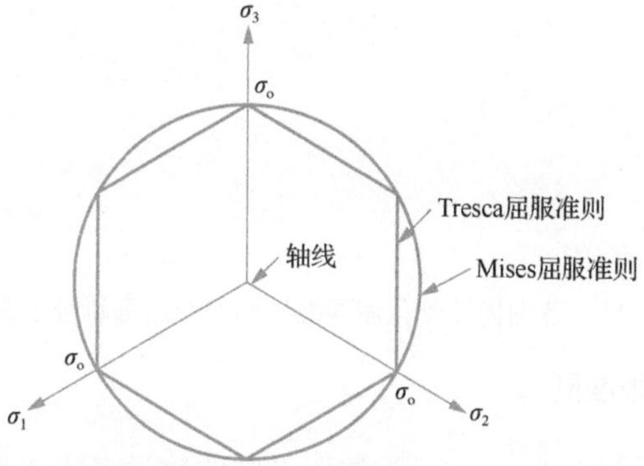

图 4.9　Tresca 屈服准则和 Mises 屈服准则在 π 平面上的屈服轨迹对比

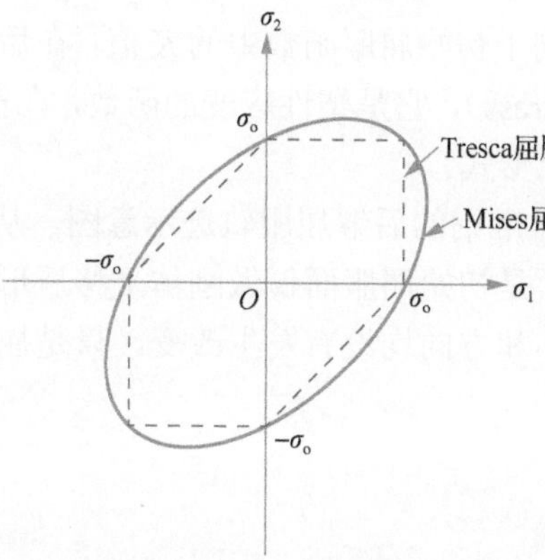

图 4.10　Tresca 屈服准则和 Mises 屈服准则在 σ_1-σ_2 平面上的屈服轨迹对比

4.3.2　各向同性硬化屈服准则

各向同性硬化（isotropic hardening）屈服准则的数学表达式为

$$f\left(\sigma_{ij}\right)=K_\beta \tag{4.73}$$

式中，K_β 是一个单调增长的函数，其随着塑性应变的增加而增加。

图 4.11 为各向同性硬化屈服准则的后继屈服轨迹示意图。从图 4.11 中可以看出，各向同性硬化模型的后继屈服面的形状、中心和方位与初始屈服面相同，而后继屈服面的大小将随着材料的硬化过程而演变，围绕着初始屈服表面中心产生均匀的膨胀。

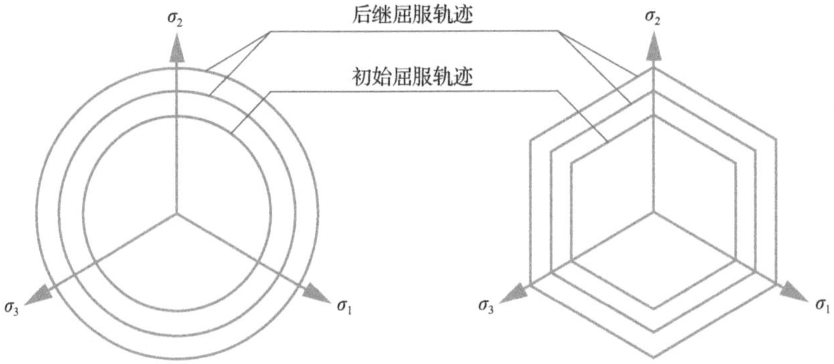

图 4.11　各向同性硬化屈服准则的后继屈服轨迹示意图

4.3.3　随动硬化屈服准则

随动硬化（kinematic hardening）屈服准则的数学表达式为

$$f\left(\sigma_{ij}-\alpha_{ij}\right)=K_\gamma \tag{4.74}$$

式中，K_γ 是一个常数，等同于初始屈服函数中的 K 值，在后继屈服过程中保持不变；α_{ij} 称为背应力（back stress），它是塑性应变的函数，在塑性变形过程中变化，它反映了材料的另一种硬化形式。

图 4.12 为随动硬化屈服准则的后继屈服轨迹示意图。从图 4.12 中可以看出，随动硬化模型的后继屈服面是初始屈服面仅做刚体平移后形成的，其没有发生转动，该屈服面的形状、大小和方向均没有发生改变，只是屈服面的中心位置移动了 OP 。

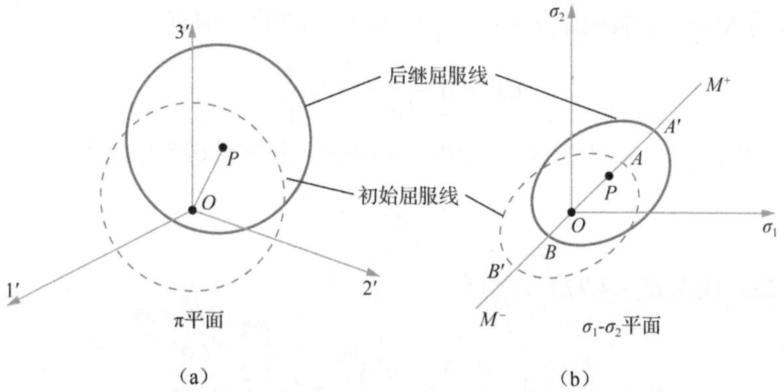

图 4.12　随动硬化屈服准则的后继屈服轨迹示意图

4.4　塑性流动基本假设

根据前面介绍的金属塑性屈服准则，可以清楚地知道金属开始发生塑性屈服的必要条件。接下来有必要弄清楚，当金属发生塑性屈服后，如果继续加载，金属是如何流动的。事实上，金属塑性流动的方向可以通过塑性流动基本假设（normality hypothesis of plasticity）来确定。根据金属塑性流动基本假设，金属塑性流动时塑性应变增量 $\mathrm{d}\boldsymbol{\varepsilon}^{\mathrm{p}}$ 的方向（相对于主应力方向）垂直于加载点处屈服面的切线，如图 4.13 所示。如果用屈服函数 f 表示，则有[16, 17]

$$\mathrm{d}\boldsymbol{\varepsilon}^{\mathrm{p}}=\mathrm{d}\lambda\frac{\partial f}{\partial\boldsymbol{\sigma}}\text{或}\dot{\boldsymbol{\varepsilon}}^{\mathrm{p}}=\dot{\lambda}\frac{\partial f}{\partial\boldsymbol{\sigma}}\tag{4.75}$$

式中，塑性应变增量的方向（或等效为塑性应变速率）由 $\partial f/\partial\boldsymbol{\sigma}$ 给出，而塑性应变速率大小由 $\dot{\lambda}$ 决定，其被称为塑性乘子（plastic multiplier）。

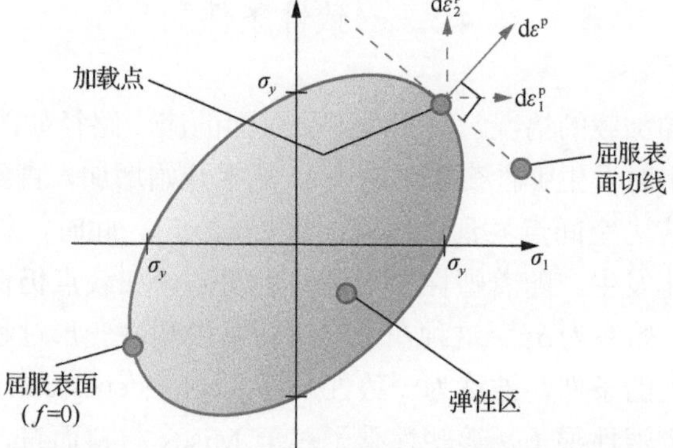

图 4.13　在平面应力条件下的 Mises 屈服面上阐明塑性流动基本假设

如果将 Mises 屈服函数 $f=\bar{\sigma}-\sigma_y$ 代入式（4.75），则有

$$\mathrm{d}\boldsymbol{\varepsilon}^{\mathrm{p}}=\mathrm{d}\lambda\frac{\partial f}{\partial\boldsymbol{\sigma}}=\frac{3}{2}\mathrm{d}\lambda\frac{\boldsymbol{\sigma}'}{\bar{\sigma}} \tag{4.76}$$

为了阐明塑性乘子的物理意义，给出等效塑性应变增量 $\mathrm{d}\bar{\varepsilon}^{\mathrm{p}}$ 的表达式，即

$$\mathrm{d}\bar{\varepsilon}^{\mathrm{p}}=\left(\frac{2}{3}\mathrm{d}\boldsymbol{\varepsilon}^{\mathrm{p}}:\mathrm{d}\boldsymbol{\varepsilon}^{\mathrm{p}}\right)^{1/2} \tag{4.77}$$

将式（4.76）代入式（4.77），则有

$$\mathrm{d}\bar{\varepsilon}^{\mathrm{p}}=\left(\frac{3}{2}\frac{2}{3}\mathrm{d}\lambda\frac{\boldsymbol{\sigma}'}{\bar{\sigma}}:\frac{3}{2}\mathrm{d}\lambda\frac{\boldsymbol{\sigma}'}{\bar{\sigma}}\right)^{1/2}=\mathrm{d}\lambda\frac{\left(\frac{3}{2}\boldsymbol{\sigma}':\boldsymbol{\sigma}'\right)^{1/2}}{\bar{\sigma}} \tag{4.78}$$

又因为

$$\bar{\sigma}=\left(\frac{3}{2}\boldsymbol{\sigma}':\boldsymbol{\sigma}'\right)^{1/2} \tag{4.79}$$

则有

$$\mathrm{d}\bar{\varepsilon}^{\mathrm{p}}=\mathrm{d}\lambda \tag{4.80}$$

等同于

$$\dot{\bar{\varepsilon}}^{\mathrm{p}}=\dot{\lambda} \tag{4.81}$$

因此，对应于一个 Mises 材料，塑性乘子就是等效塑性应变增量。则式（4.76）可以重写为

$$\mathrm{d}\boldsymbol{\varepsilon}^{\mathrm{p}}=\frac{3}{2}\frac{\mathrm{d}\bar{\varepsilon}^{\mathrm{p}}}{\bar{\sigma}}\boldsymbol{\sigma}' \tag{4.82}$$

根据式（4.82），如果能够计算出等效塑性应变增量 $\mathrm{d}\bar{\varepsilon}^{\mathrm{p}}$，也就可以计算出塑性乘子，在已知载荷的条件下，就可以计算出塑性应变增量分量。

4.5　一致性条件

考虑单轴拉伸加载的情况，其相对于屈服面的应力路径如图 4.14 所示。当材料在外加载荷作用时发生弹性变形，应力 σ_2 从零开始增加，直到加载点（即与当前加载相对应的应力空间点）到达屈服面满足 $\sigma_2=\sigma_y$。此时，材料开始发生塑性变形，但没有硬化发生。随着塑性变形进一步发生，加载点仍保持在屈服面上，即应力保持不变，始终为 σ_y。这种在金属材料发生塑性变形过程中要求加载点始终保持在屈服面上的条件，被称为一致性条件（consistency condition）。这个一致性条件有助于确定塑性乘子，该塑性乘子对于 Mises 材料而言，等价于等效塑性应变增量[17]。

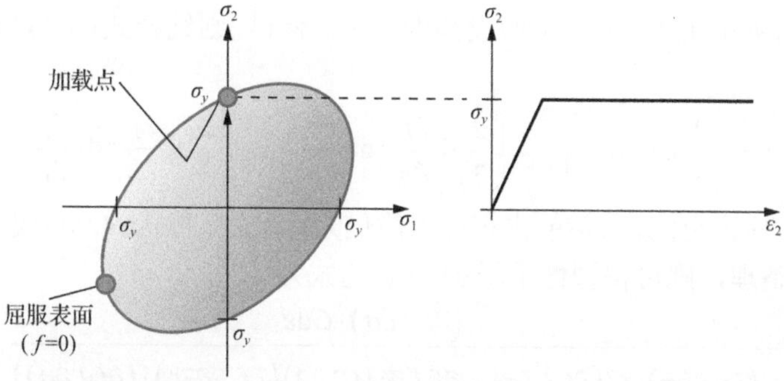

图 4.14　平面应力下的 Mises 屈服面及其对应的沿着 σ_2 方向的单轴应变下的应力应变曲线

很明显，屈服函数依赖于应力分量和屈服应力 σ_y。然而，当考虑硬化时，屈服应力会增加，并且通常作为等效塑性应变 $\bar{\varepsilon}^{\mathrm{p}}$ 的函数。因此，屈服函数的表达式也可以写为

$$f\left(\boldsymbol{\sigma},\bar{\varepsilon}^{\mathrm{p}}\right)=\bar{\sigma}-\sigma_y=\bar{\sigma}\left(\boldsymbol{\sigma}\right)-\sigma_y\left(\bar{\varepsilon}^{\mathrm{p}}\right)=0 \tag{4.83}$$

则对应于应力和等效塑性应变增量变化的一致性条件为

$$f\left(\boldsymbol{\sigma}+\mathrm{d}\boldsymbol{\sigma},\bar{\varepsilon}^{\mathrm{p}}+\mathrm{d}\bar{\varepsilon}^{\mathrm{p}}\right)=0 \tag{4.84}$$

将其按 Taylor 级数进行展开，则有

$$f\left(\boldsymbol{\sigma}+\mathrm{d}\boldsymbol{\sigma},\bar{\varepsilon}^{\mathrm{p}}+\mathrm{d}\bar{\varepsilon}^{\mathrm{p}}\right)=f\left(\boldsymbol{\sigma},\bar{\varepsilon}^{\mathrm{p}}\right)+\frac{\partial f}{\partial \boldsymbol{\sigma}}:\mathrm{d}\boldsymbol{\sigma}+\frac{\partial f}{\partial \bar{\varepsilon}^{\mathrm{p}}}\mathrm{d}\bar{\varepsilon}^{\mathrm{p}} \tag{4.85}$$

注意上式中的所有各项都是标量。现在只考虑主应力空间情况，从而使问题便于处理。利用 Voigt 符号，将主应力分量和主应变分量都定义为矢量，则两个张量的内积 $\partial f/\partial\boldsymbol{\sigma}:\mathrm{d}\boldsymbol{\sigma}$ 就可以看成两个矢量的内积（标量积）$\partial f/\partial\boldsymbol{\sigma}\cdot\mathrm{d}\boldsymbol{\sigma}$，结果可以得到一个标量，当然，这只有在主应力空间才成立。结合式（4.83）～式（4.85），则有

$$\frac{\partial f}{\partial \boldsymbol{\sigma}}\cdot\mathrm{d}\boldsymbol{\sigma}+\frac{\partial f}{\partial \bar{\varepsilon}^{\mathrm{p}}}\mathrm{d}\bar{\varepsilon}^{\mathrm{p}}=0 \tag{4.86}$$

下面用增量形式的 Hooke 定律来建立应力和弹性应变之间的关系，写成列向量形式，则有

$$\mathrm{d}\boldsymbol{\sigma}=\boldsymbol{C}\mathrm{d}\boldsymbol{\varepsilon}^{\mathrm{e}}=\boldsymbol{C}\left(\mathrm{d}\boldsymbol{\varepsilon}-\mathrm{d}\boldsymbol{\varepsilon}^{\mathrm{p}}\right) \tag{4.87}$$

式中，$\boldsymbol{C}$ 为弹性刚度矩阵。将式（4.75）代入式（4.87）可得

$$\mathrm{d}\boldsymbol{\sigma}=\boldsymbol{C}\left(\mathrm{d}\boldsymbol{\varepsilon}-\mathrm{d}\lambda\frac{\partial f}{\partial \boldsymbol{\sigma}}\right) \tag{4.88}$$

再将式（4.88）代入式（4.86），则有

$$\frac{\partial f}{\partial \boldsymbol{\sigma}}\cdot\boldsymbol{C}\left(\mathrm{d}\boldsymbol{\varepsilon}-\mathrm{d}\lambda\frac{\partial f}{\partial \boldsymbol{\sigma}}\right)+\frac{\partial f}{\partial \bar{\varepsilon}^{\mathrm{p}}}\mathrm{d}\bar{\varepsilon}^{\mathrm{p}}=0 \tag{4.89}$$

采用 $\mathrm{d}\bar{\varepsilon}^{\mathrm{p}}$ 最普遍的形式，即并不假设其为 Mises 材料，则结合式(4.75)和式(4.77)，有

$$\mathrm{d}\bar{\varepsilon}^{\mathrm{p}}=\left(\frac{2}{3}\mathrm{d}\boldsymbol{\varepsilon}^{\mathrm{p}}:\mathrm{d}\boldsymbol{\varepsilon}^{\mathrm{p}}\right)^{1/2}=\left(\frac{2}{3}\mathrm{d}\lambda\frac{\partial f}{\partial\boldsymbol{\sigma}}:\mathrm{d}\lambda\frac{\partial f}{\partial\boldsymbol{\sigma}}\right)^{1/2}=\left(\frac{2}{3}\mathrm{d}\lambda\frac{\partial f}{\partial\boldsymbol{\sigma}}\cdot\mathrm{d}\lambda\frac{\partial f}{\partial\boldsymbol{\sigma}}\right)^{1/2} \tag{4.90}$$

式中，对于主应力空间，张量的内积可以简化为标量积。将式(4.90)代入式(4.89)，并重新进行整理，则可得塑性乘子 $\mathrm{d}\lambda$ 的表达式为

$$\mathrm{d}\lambda=\frac{(\partial f/\partial\boldsymbol{\sigma})\cdot\boldsymbol{C}\mathrm{d}\boldsymbol{\varepsilon}}{(\partial f/\partial\boldsymbol{\sigma})\cdot\boldsymbol{C}(\partial f/\partial\boldsymbol{\sigma})-\partial f/\partial\bar{\varepsilon}\left((2/3)(\partial f/\partial\bar{\varepsilon}^{\mathrm{p}})\cdot(\partial f/\partial\boldsymbol{\sigma})\right)^{1/2}} \tag{4.91}$$

将式（4.91）代入式（4.88），则可以获得应力增量的表达式为

$$\begin{aligned}\mathrm{d}\boldsymbol{\sigma}&=\boldsymbol{C}\left(\mathrm{d}\varepsilon-\frac{\partial f}{\partial\boldsymbol{\sigma}}\frac{(\partial f/\partial\boldsymbol{\sigma})\cdot\boldsymbol{C}\mathrm{d}\varepsilon}{(\partial f/\partial\boldsymbol{\sigma})\cdot\boldsymbol{C}(\partial f/\partial\boldsymbol{\sigma})-\partial f/\partial\bar{\varepsilon}\left((2/3)(\partial f/\partial\bar{\boldsymbol{\varepsilon}})\cdot(\partial f/\partial\boldsymbol{\sigma})\right)^{1/2}}\right)\\&=\left(\boldsymbol{C}-\boldsymbol{C}\frac{\partial f}{\partial\boldsymbol{\sigma}}\frac{(\partial f/\partial\boldsymbol{\sigma})\cdot\boldsymbol{C}\mathrm{d}\varepsilon}{(\partial f/\partial\boldsymbol{\sigma})\cdot\mathrm{C}(\partial f/\partial\boldsymbol{\sigma})-\partial f/\partial\bar{\varepsilon}\left((2/3)(\partial f/\partial\bar{\varepsilon})\cdot(\partial f/\partial\boldsymbol{\sigma})\right)^{1/2}}\right)\mathrm{d}\varepsilon\end{aligned} \tag{4.92}$$

或

$$\mathrm{d}\boldsymbol{\sigma}=\boldsymbol{C}_{\mathrm{ep}}\mathrm{d}\varepsilon \tag{4.93}$$

式中，$\boldsymbol{C}_{\mathrm{ep}}=\boldsymbol{C}-\boldsymbol{C}\dfrac{\partial f}{\partial\boldsymbol{\sigma}}\dfrac{(\partial f/\partial\boldsymbol{\sigma})\cdot\boldsymbol{C}\mathrm{d}\varepsilon}{(\partial f/\partial\boldsymbol{\sigma})\cdot\boldsymbol{C}(\partial f/\partial\boldsymbol{\sigma})-\partial f/\partial\bar{\varepsilon}\left((2/3)(\partial f/\partial\bar{\varepsilon})\cdot(\partial f/\partial\boldsymbol{\sigma})\right)^{1/2}}$ 称为切向刚度矩阵（tangential stiffness matrix）。当不发生塑性变形时，$\mathrm{d}\lambda=0$，此时，$\boldsymbol{C}_{\mathrm{ep}}\equiv\boldsymbol{C}$，即为弹性刚度矩阵。如果有塑性变形发生，当知道全应变增量时，应力增量可以通过式（4.92）获得。

4.6　弹性本构行为

4.6.1　弹性本构行为的一般描述

在线弹性介质中，应力张量和应变张量的本构关系（constitutive relationship）可以通过 Hooke 定律建立，即

$$\sigma_{ij}=C_{ijkl}\varepsilon_{kl} \tag{4.94}$$

式中，C_{ijkl} 称为介质的弹性模量。C_{ijkl} 是一个四阶张量，共有 81 个分量。由于应力张量和应变张量都是对称张量，即 $\sigma_{ij}=\sigma_{ji}$，$\varepsilon_{kl}=\varepsilon_{lk}$，则有

$$C_{ijkl}=C_{jikl}=C_{ijlk}=C_{jilk} \tag{4.95}$$

因此，C_{ijkl} 的分量可以减少到 36 个。因此应力分量和应变分量本构关系的矩阵表

达式为

$$\begin{bmatrix}\sigma_x\\\sigma_y\\\sigma_z\\\tau_{yz}\\\tau_{zx}\\\tau_{xy}\end{bmatrix}=\begin{bmatrix}C_{11}&C_{12}&C_{13}&C_{14}&C_{15}&C_{16}\\C_{21}&C_{22}&C_{23}&C_{24}&C_{25}&C_{26}\\C_{31}&C_{32}&C_{33}&C_{34}&C_{35}&C_{36}\\C_{41}&C_{42}&C_{43}&C_{44}&C_{45}&C_{46}\\C_{51}&C_{52}&C_{53}&C_{54}&C_{55}&C_{56}\\C_{61}&C_{62}&C_{63}&C_{64}&C_{65}&C_{66}\end{bmatrix}\begin{bmatrix}\varepsilon_x\\\varepsilon_y\\\varepsilon_z\\\gamma_{yz}\\\gamma_{zx}\\\gamma_{xy}\end{bmatrix} \tag{4.96}$$

由于 Green 应变能存在的条件限制，使 C_{ijkl} 具有对 ij 和 kl 的对称性，因此 C_{ijkl} 的独立分量下降为 21 个。通过晶体的对称性，C_{ijkl} 独立分量的数量可以进一步减小，例如，对于三斜晶系有 18 个独立分量，单斜晶系有 13 个独立分量，正交晶系有 9 个独立分量，四方晶系和三方晶系有 6 个独立分量，六方晶系有 5 个独立分量，立方晶系有 3 个独立分量。则对应的三斜晶系本构方程为

$$\begin{bmatrix}\sigma_x\\\sigma_y\\\sigma_z\\\tau_{yz}\\\tau_{zx}\\\tau_{xy}\end{bmatrix}=\begin{bmatrix}C_{11}&C_{12}&C_{13}&C_{14}&C_{15}&C_{16}\\C_{12}&C_{22}&C_{23}&C_{24}&C_{25}&C_{26}\\C_{13}&C_{23}&C_{33}&C_{34}&C_{35}&C_{36}\\C_{14}&C_{24}&C_{34}&C_{44}&C_{45}&C_{46}\\C_{15}&C_{25}&C_{35}&C_{45}&C_{55}&C_{56}\\C_{16}&C_{26}&C_{36}&C_{46}&C_{56}&C_{66}\end{bmatrix}\begin{bmatrix}\varepsilon_x\\\varepsilon_y\\\varepsilon_z\\\gamma_{yz}\\\gamma_{zx}\\\gamma_{xy}\end{bmatrix} \tag{4.97}$$

单斜晶系的本构方程为

$$\begin{bmatrix}\sigma_x\\\sigma_y\\\sigma_z\\\tau_{yz}\\\tau_{zx}\\\tau_{xy}\end{bmatrix}=\begin{bmatrix}C_{11}&C_{12}&C_{13}&0&C_{15}&0\\C_{12}&C_{22}&C_{23}&0&C_{25}&0\\C_{13}&C_{23}&C_{33}&0&C_{35}&0\\0&0&0&C_{44}&0&C_{46}\\C_{15}&C_{25}&C_{35}&0&C_{55}&0\\0&0&0&C_{46}&0&C_{66}\end{bmatrix}\begin{bmatrix}\varepsilon_x\\\varepsilon_y\\\varepsilon_z\\\gamma_{yz}\\\gamma_{zx}\\\gamma_{xy}\end{bmatrix} \tag{4.98}$$

正交晶系的本构方程为

$$\begin{bmatrix}\sigma_x\\\sigma_y\\\sigma_z\\\tau_{yz}\\\tau_{zx}\\\tau_{xy}\end{bmatrix}=\begin{bmatrix}C_{11}&C_{12}&C_{13}&0&0&0\\C_{12}&C_{22}&C_{23}&0&0&0\\C_{13}&C_{23}&C_{33}&0&0&0\\0&0&0&C_{44}&0&0\\0&0&0&0&C_{55}&0\\0&0&0&0&0&C_{66}\end{bmatrix}\begin{bmatrix}\varepsilon_x\\\varepsilon_y\\\varepsilon_z\\\gamma_{yz}\\\gamma_{zx}\\\gamma_{xy}\end{bmatrix} \tag{4.99}$$

四方晶系的本构方程为

$$\begin{bmatrix}\sigma_x\\\sigma_y\\\sigma_z\\\tau_{yz}\\\tau_{zx}\\\tau_{xy}\end{bmatrix}=\begin{bmatrix}C_{11}&C_{12}&C_{13}&0&0&C_{16}\\C_{12}&C_{22}&C_{23}&0&0&-C_{16}\\C_{13}&C_{23}&C_{33}&0&0&0\\0&0&0&C_{44}&0&0\\0&0&0&0&C_{44}&0\\C_{16}&-C_{16}&0&0&0&C_{66}\end{bmatrix}\begin{bmatrix}\varepsilon_x\\\varepsilon_y\\\varepsilon_z\\\gamma_{yz}\\\gamma_{zx}\\\gamma_{xy}\end{bmatrix} \tag{4.100}$$

$$\begin{bmatrix}\sigma_x\\\sigma_y\\\sigma_z\\\tau_{yz}\\\tau_{zx}\\\tau_{xy}\end{bmatrix}=\begin{bmatrix}C_{11}&C_{12}&C_{13}&0&0&0\\C_{12}&C_{11}&C_{13}&0&0&0\\C_{13}&C_{13}&C_{33}&0&0&0\\0&0&0&C_{44}&0&0\\0&0&0&0&C_{44}&0\\0&0&0&0&0&C_{66}\end{bmatrix}\begin{bmatrix}\varepsilon_x\\\varepsilon_y\\\varepsilon_z\\\gamma_{yz}\\\gamma_{zx}\\\gamma_{xy}\end{bmatrix} \tag{4.101}$$

三方晶系的本构方程为

$$\begin{bmatrix}\sigma_x\\\sigma_y\\\sigma_z\\\tau_{yz}\\\tau_{zx}\\\tau_{xy}\end{bmatrix}=\begin{bmatrix}C_{11}&C_{12}&C_{13}&C_{14}&0&0\\C_{12}&C_{11}&C_{13}&-C_{14}&0&0\\C_{13}&C_{13}&C_{33}&0&0&0\\C_{14}&-C_{14}&0&C_{44}&0&0\\0&0&0&0&C_{44}&C_{14}\\0&0&0&0&C_{14}&(C_{11}-C_{12})/2\end{bmatrix}\begin{bmatrix}\varepsilon_x\\\varepsilon_y\\\varepsilon_z\\\gamma_{yz}\\\gamma_{zx}\\\gamma_{xy}\end{bmatrix} \tag{4.102}$$

六方晶系的本构方程为

$$\begin{bmatrix}\sigma_x\\\sigma_y\\\sigma_z\\\tau_{yz}\\\tau_{zx}\\\tau_{xy}\end{bmatrix}=\begin{bmatrix}C_{11}&C_{12}&C_{13}&0&0&0\\C_{12}&C_{11}&C_{13}&0&0&0\\C_{13}&C_{13}&C_{33}&0&0&0\\0&0&0&C_{44}&0&0\\0&0&0&0&C_{44}&0\\0&0&0&0&0&(C_{11}-C_{12})/2\end{bmatrix}\begin{bmatrix}\varepsilon_x\\\varepsilon_y\\\varepsilon_z\\\gamma_{yz}\\\gamma_{zx}\\\gamma_{xy}\end{bmatrix} \tag{4.103}$$

立方晶系的本构方程为

$$\begin{bmatrix}\sigma_x\\\sigma_y\\\sigma_z\\\tau_{yz}\\\tau_{zx}\\\tau_{xy}\end{bmatrix}=\begin{bmatrix}C_{11}&C_{12}&C_{12}&0&0&0\\C_{12}&C_{11}&C_{12}&0&0&0\\C_{12}&C_{12}&C_{11}&0&0&0\\0&0&0&C_{44}&0&0\\0&0&0&0&C_{44}&0\\0&0&0&0&0&C_{44}\end{bmatrix}\begin{bmatrix}\varepsilon_x\\\varepsilon_y\\\varepsilon_z\\\gamma_{yz}\\\gamma_{zx}\\\gamma_{xy}\end{bmatrix} \tag{4.104}$$

4.6.2　各向异性材料的本构关系

1. 极端各向异性材料的本构关系

极端各向异性弹性常数共有 21 个独立分量，其本构关系的矩阵表达式为

$$\begin{bmatrix} \varepsilon_x \\ \varepsilon_y \\ \varepsilon_z \\ \gamma_{yz} \\ \gamma_{zx} \\ \gamma_{xy} \end{bmatrix} = \begin{bmatrix} S_{11} & S_{12} & S_{13} & S_{14} & S_{15} & S_{16} \\ S_{12} & S_{22} & S_{23} & S_{24} & S_{25} & S_{26} \\ S_{13} & S_{23} & S_{33} & S_{34} & S_{35} & S_{36} \\ S_{14} & S_{24} & S_{34} & S_{44} & S_{45} & S_{46} \\ S_{15} & S_{25} & S_{35} & S_{45} & S_{55} & S_{56} \\ S_{16} & S_{26} & S_{36} & S_{46} & S_{56} & S_{66} \end{bmatrix} \begin{bmatrix} \sigma_x \\ \sigma_y \\ \sigma_z \\ \tau_{yz} \\ \tau_{zx} \\ \tau_{xy} \end{bmatrix} \tag{4.105}$$

极端各向异性要远比各向同性复杂。不仅存在大量的不同材料常数 S_{ij}，而且如果 xyz 坐标系的方向发生变化，则它们的值也要发生改变。

2. 正交各向异性材料的本构关系

如果材料对称于三个正交平面，即彼此之间成 90° 的平面，这就存在一种称为正交各向异性材料的特殊情况。在该种情况中，Hooke 定律的复杂程度介于各向同性和一般各向异性之间，弹性常数的独立系数减少为 9 个。为了描述 S_{ij} 值随着 xyz 坐标系的方向而变化的情况，确定与材料的对称面平行的方向上所对应的这些值较为方便，此处将用大写字母 (X,Y,Z) 来表示这种特殊的坐标系。正交各向异性材料的本构表达式为

$$\begin{bmatrix} \varepsilon_x \\ \varepsilon_y \\ \varepsilon_z \\ \gamma_{yz} \\ \gamma_{zx} \\ \gamma_{xy} \end{bmatrix} = \begin{bmatrix} \dfrac{1}{E_X} & -\dfrac{v_{YX}}{E_Y} & -\dfrac{v_{ZX}}{E_Z} & 0 & 0 & 0 \\ -\dfrac{v_{XY}}{E_X} & \dfrac{1}{E_Y} & -\dfrac{v_{ZY}}{E_Z} & 0 & 0 & 0 \\ -\dfrac{v_{XZ}}{E_X} & -\dfrac{v_{YZ}}{E_Y} & \dfrac{1}{E_Z} & 0 & 0 & 0 \\ 0 & 0 & 0 & \dfrac{1}{G_{YZ}} & 0 & 0 \\ 0 & 0 & 0 & 0 & \dfrac{1}{G_{ZX}} & 0 \\ 0 & 0 & 0 & 0 & 0 & \dfrac{1}{G_{XY}} \end{bmatrix} \begin{bmatrix} \sigma_x \\ \sigma_y \\ \sigma_z \\ \tau_{yz} \\ \tau_{zx} \\ \tau_{xy} \end{bmatrix} \tag{4.106}$$

相应的例子包括具有正交晶系的单晶，此时有 $\alpha = \beta = \gamma = 90^\circ$，但 $a \neq b \neq c$ 。

3. 横观各向同性材料的本构关系

横观各向同性材料是指一个平面内（例如在 xOy 平面）的所有方向上的性能都是相同的，但在第三个方向（ z 方向）上则是不同的，因而存在 5 个独立的弹性常数。其本构表达式为

$$\begin{cases}\varepsilon_x = \dfrac{1}{E}\left(\sigma_x - v\sigma_y\right) - \dfrac{v'}{E'}\sigma_z \\ \varepsilon_y = \dfrac{1}{E}\left(\sigma_y - v\sigma_x\right) - \dfrac{v'}{E'}\sigma_z \\ \varepsilon_z = \dfrac{1}{E'}\sigma_z - \dfrac{v'}{E'}\left(\sigma_x + \sigma_y\right) \\ \gamma_{xy} = \dfrac{2\left(1+v\right)}{E}\tau_{xy} \\ \gamma_{yz} = \dfrac{1}{G'}\tau_{yz} \\ \gamma_{zx} = \dfrac{1}{G'}\tau_{zx}\end{cases} \tag{4.107}$$

式中，E 和 v 为 xOy 平面内的弹性模量和泊松比；E' 和 G' 为垂直 xOy 平面 z 方向的弹性模量和剪切模量；v' 反映了 z 方向受拉引起的 xOy 平面内纤维收缩效应的泊松比。

4.6.3　各向同性材料的本构关系

在各向同性材料中，独立弹性系数减少为两个，即弹性模量 E 和泊松比 v，则其本构表达式为

$$\begin{cases}\varepsilon_x = \dfrac{1}{E}\left(\sigma_x - v(\sigma_y + \sigma_z)\right) \\ \varepsilon_y = \dfrac{1}{E}\left(\sigma_y - v(\sigma_z + \sigma_x)\right) \\ \varepsilon_z = \dfrac{1}{E}\left(\sigma_z - v(\sigma_x + \sigma_y)\right) \\ \gamma_{xy} = \dfrac{2(1+v)}{E}\tau_{xy} \\ \gamma_{yz} = \dfrac{2(1+v)}{E}\tau_{yz} \\ \gamma_{zx} = \dfrac{2(1+v)}{E}\tau_{zx}\end{cases} \tag{4.108}$$

其张量形式为

$$\varepsilon_{ij} = \frac{1+v}{E}\sigma_{ij} - \frac{3v}{E}\sigma_m\delta_{ij} \tag{4.109}$$

4.7　塑性本构行为

4.7.1　理想刚塑性材料本构行为

材料发生塑性变形时的增量本构方程是由 Maurice Levy 和 Richard von Mises 先后发现，人们通常称其为 Levy-Mises 方程。Levy-Mises 方程的建立基于以下假设条件：材料是理想刚塑性材料（rigid plastic material）；材料符合 Mises 屈服准则；应力主轴和应变增量的主轴重合。

在满足以上假设条件的基础上，材料发生塑性变形时的增量本构方程表达如下：

$$\mathrm{d}\varepsilon_{ij} = \frac{3}{2}\frac{\mathrm{d}\overline{\varepsilon}}{\overline{\sigma}}\sigma'_{ij} \tag{4.110}$$

将 $\sigma'_{ij} = \sigma_{ij} - \sigma_m\delta_{ij}$ 代入上式展开，可以得

$$\begin{cases} \mathrm{d}\varepsilon_x = \dfrac{\mathrm{d}\overline{\varepsilon}}{\overline{\sigma}}\left(\sigma_x - \dfrac{1}{2}\left(\sigma_y + \sigma_z\right)\right) \\ \mathrm{d}\varepsilon_y = \dfrac{\mathrm{d}\overline{\varepsilon}}{\overline{\sigma}}\left(\sigma_y - \dfrac{1}{2}\left(\sigma_z + \sigma_x\right)\right) \\ \mathrm{d}\varepsilon_z = \dfrac{\mathrm{d}\overline{\varepsilon}}{\overline{\sigma}}\left(\sigma_z - \dfrac{1}{2}\left(\sigma_x + \sigma_y\right)\right) \\ \mathrm{d}\gamma_{xy} = \dfrac{3\mathrm{d}\overline{\varepsilon}}{2\overline{\sigma}}\tau_{xy} \\ \mathrm{d}\gamma_{yz} = \dfrac{3\mathrm{d}\overline{\varepsilon}}{2\overline{\sigma}}\tau_{yz} \\ \mathrm{d}\gamma_{zx} = \dfrac{3\mathrm{d}\overline{\varepsilon}}{2\overline{\sigma}}\tau_{zx} \end{cases} \tag{4.111}$$

4.7.2　各向同性硬化材料的本构行为

许多金属经历塑性变形时，都会发生硬化现象，也就是说，要想进一步发生塑性变形，所需的应力就会增加，其通常是等效塑性应变 $\overline{\varepsilon}^{\mathrm{p}}$ 的函数，可记为

$$\overline{\varepsilon}^{\mathrm{p}} = \int \mathrm{d}\overline{\varepsilon}^{\mathrm{p}} = \int \dot{\overline{\varepsilon}}^{\mathrm{p}}\mathrm{d}t \tag{4.112}$$

$\dot{\overline{\varepsilon}}^{\mathrm{p}}$ 的定义可以由下式给出，即

$$\dot{\overline{\varepsilon}}^{\mathrm{p}} = \left(\frac{2}{3}\dot{\boldsymbol{\varepsilon}}^{\mathrm{p}} : \dot{\boldsymbol{\varepsilon}}^{\mathrm{p}}\right)^{1/2} \approx \left(\frac{2}{3}\dot{\boldsymbol{\varepsilon}} : \dot{\boldsymbol{\varepsilon}}\right)^{1/2} \tag{4.113}$$

图 4.15 给出了一个关于非线性硬化的单轴应力应变曲线，同时也给出了初始屈服面和后断屈服面的示意图。很明显，与初始屈服面相比，后断屈服面不断在

扩展。屈服面的这种扩展在应力空间的各个方向上都是均匀的，因而称为各向同性硬化[17]。

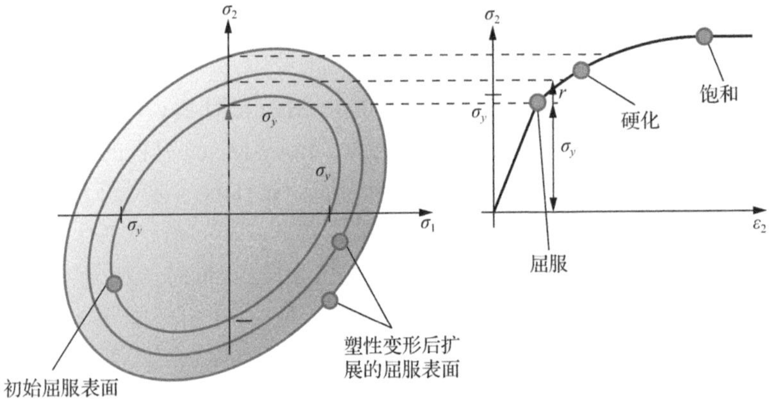

图 4.15 各向同性硬化示意图

从图 4.15 中可以看出，当沿着 σ_2 方向加载时，加载点开始沿着该方向从坐标原点开始移动，直到在 σ_2=σ_y 处遇到初始屈服面，此时在该点处发生了塑性屈服。随着后续塑性变形硬化的发生，为了保证加载点始终保持在屈服面上，屈服面必须随着 σ_2 的增加而扩展，扩展量经常被看作等效塑性应变 $\bar{\varepsilon}^{\mathrm{p}}$ 的函数，此时屈服函数与式（4.83）相同，即

$$f\left(\boldsymbol{\sigma},\bar{\varepsilon}^{\mathrm{p}}\right)=\bar{\sigma}-\sigma_y=\bar{\sigma}\left(\boldsymbol{\sigma}\right)-\sigma_y\left(\bar{\varepsilon}^{\mathrm{p}}\right)=0 \tag{4.114}$$

式中，$\sigma_y(\bar{\varepsilon}^{\mathrm{p}})$ 可以表示如下：

$$\sigma_y\left(\bar{\varepsilon}^{\mathrm{p}}\right)=\sigma_{y0}+r\left(\bar{\varepsilon}^{\mathrm{p}}\right) \tag{4.115}$$

其中，σ_{y0} 为初始屈服应力；$r(\bar{\varepsilon}^{\mathrm{p}})$ 为各向同性硬化函数，其常见表达式为

$$\dot{r}\left(\bar{\varepsilon}^{\mathrm{p}}\right)=b\left(Q-r\left(\bar{\varepsilon}^{\mathrm{p}}\right)\right)\dot{\bar{\varepsilon}}^{p}\text{或}\mathrm{d}r\left(\bar{\varepsilon}^{\mathrm{p}}\right)=b\left(Q-r\left(\bar{\varepsilon}^{\mathrm{p}}\right)\right)\mathrm{d}\bar{\varepsilon}^{\mathrm{p}} \tag{4.116}$$

其中，b 和 Q 为材料常数。对于随着塑性应变的增加而出现饱和应力的单轴应力应变曲线，式（4.116）可以表现为一个指数形式。依据初始条件 $r(0)=0$，对式（4.116）进行积分，则有

$$r\left(\bar{\varepsilon}^{\mathrm{p}}\right)=Q\left(1-\mathrm{e}^{-b\bar{\varepsilon}^{\mathrm{p}}}\right) \tag{4.117}$$

事实上，Q 就是 $r(\bar{\varepsilon}^{\mathrm{p}})$ 的饱和值，根据式（4.115），硬化时达到的峰值应力就是 $(\sigma_{y0}+Q)$。材料常数 b 代表硬化时达到饱和应力的速率。下面以线性各向同性硬化材料为例，介绍其本构行为。

首先，写出线性各向同性硬化函数，即

$$\mathrm{d}r\left(\bar{\varepsilon}^{\mathrm{p}}\right)=h\mathrm{d}\bar{\varepsilon}^{\mathrm{p}} \tag{4.118}$$

式中，h 是常数。对于这种硬化模式，可以用图 4.16 所示的单轴应力应变曲线来加以描述。在单轴加载条件下，$\mathrm{d}\bar{\varepsilon}^{\mathrm{p}}=\mathrm{d}\varepsilon^{\mathrm{p}}$，而且由图 4.15 和图 4.16 可知，各向同性硬化引起的应力增加即为$\mathrm{d}r(\bar{\varepsilon}^{\mathrm{p}})$，因此，根据式（4.118），则有

$$\mathrm{d}\varepsilon^{\mathrm{p}}=\frac{\mathrm{d}\sigma}{h} \tag{4.119}$$

很明显，弹性应变的增量是

$$\mathrm{d}\varepsilon^{\mathrm{e}}=\frac{\mathrm{d}\sigma}{E} \tag{4.120}$$

则总应变是

$$\mathrm{d}\varepsilon=\frac{\mathrm{d}\sigma}{E}+\frac{\mathrm{d}\sigma}{h}=\mathrm{d}\sigma\left(\frac{E+h}{Eh}\right) \tag{4.121}$$

即

$$\mathrm{d}\sigma=E\left(1-\frac{E}{E+h}\right)\mathrm{d}\varepsilon \tag{4.122}$$

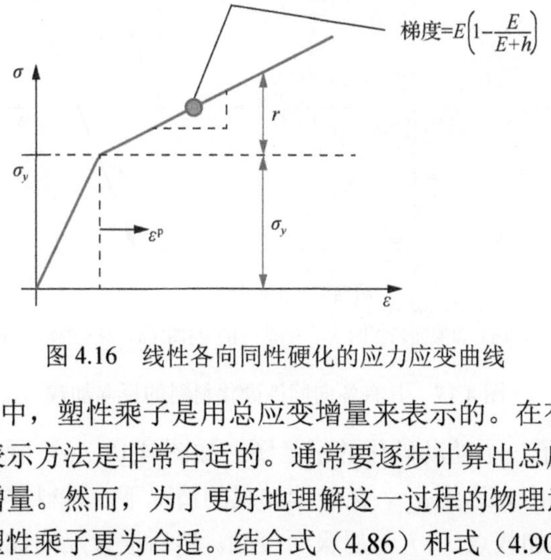

图 4.16　线性各向同性硬化的应力应变曲线

在式（4.91）中，塑性乘子是用总应变增量来表示的。在有限元法等计算模拟技术中，这种表示方法是非常合适的。通常要逐步计算出总应变增量，然后计算出相应的应力增量。然而，为了更好地理解这一过程的物理意义，用一个已知应力增量来描述塑性乘子更为合适。结合式（4.86）和式（4.90），则有

$$\frac{\partial f}{\partial\sigma}\mathrm{d}\sigma+\frac{\partial f}{\partial\bar{\varepsilon}^{\mathrm{p}}}\mathrm{d}\bar{\varepsilon}^{\mathrm{p}}=\frac{\partial f}{\partial\sigma}\mathrm{d}\sigma+\frac{\partial f}{\partial\bar{\varepsilon}^{\mathrm{p}}}\mathrm{d}\lambda\left(\frac{2}{3}\frac{\partial f}{\partial\sigma}\cdot\frac{\partial f}{\partial\sigma}\right)=0 \tag{4.123}$$

重新整理式(4.123)，就可以得到塑性乘子，下面用应力增量$\mathrm{d}\sigma$来表示塑性乘子，则有

$$\mathrm{d}\lambda=\frac{-(\partial f/\partial\sigma)\cdot\mathrm{d}\sigma}{\partial f/\partial\bar{\varepsilon}^{\mathrm{p}}\left((2/3)(\partial f/\partial\sigma)\cdot(\partial f/\partial\sigma)\right)} \tag{4.124}$$

4.7.3　随动硬化材料的本构行为

在载荷单调增加的条件下，通常假设发生的任何硬化都是各向同性的，但对于存在反向加载的情况，这种假设并不成立。如图 4.17 所示，考虑一个各向同性硬化材料，当应变达到 ε_i 时（对应如图 4.17 所示的加载点（1）），开始反向加载，此时材料表现为弹性变形，因为应力值低于塑性屈服应力，应力和应变一直保持线性关系，直到加载点（2）。在这一点，加载点再次落到扩展屈服面上，载荷的任何进一步增加都会导致塑性变形。图 4.17（b）表明各向同性硬化在反向加载时导致了一个非常大的弹性区域，然而在试验中发现，情况并非如此。事实上，一个更小的弹性区域出现了，这通常是由 Bauschinger 效应和随动硬化引起的。在随动硬化中，屈服面在应力空间中发生平移而不是扩展[17]。

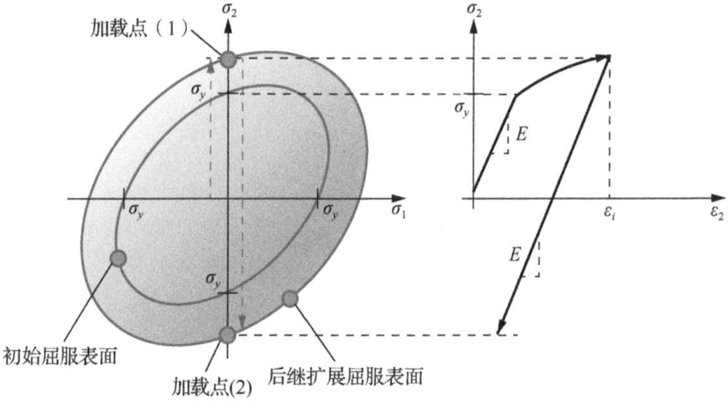

（a）屈服面示意图　　（b）与图（a）对应的应力应变曲线

图 4.17　具有各向同性硬化材料的反向加载

图 4.18 给出了一个随动硬化的示意图。如图 4.18（a）所示，应力随着变形而增加，直到屈服应力达到 σ_y。在继续加载的情况下，材料发生塑性变形，屈服面发生平移，此时加载点（1）与屈服面接触。然后进行反向加载，使材料发生弹性变形，直到加载点（2）再次与屈服面接触。可以发现，此时的弹性区域要比图 4.17（b）中各向同性硬化的弹性区域小得多。实际上，对于图 4.18 中的随动硬化，弹性区域的尺寸为 $2\sigma_y$，而对于各向同性硬化，弹性区域的尺寸则为 $2(\sigma_y + r)$。在存在随动硬化的塑性流动下，一致性条件是仍然成立的。在塑性流动过程中，加载点必须始终位于屈服面上。此外，塑性流动基本假设仍然成立，即塑性应变增量的方向与加载点处屈服面的切线方向是垂直的。

描述屈服面的屈服函数必须依赖于屈服面在应力空间中的位置。考虑如图 4.18 所示的初始屈服面，在施加载荷发生塑性变形的情况下，屈服表面平移到了如

图 4.18 所示的新位置，结果初始中心点也被平移了$|x|$，因而需要确定相对于新的屈服面中心的应力来了解屈服情况。在没有随动硬化的情况下，用应力张量表示的屈服函数为

$$f=\bar{\sigma}-\sigma_y=\left(\frac{3}{2}\boldsymbol{\sigma}':\boldsymbol{\sigma}'\right)^{1/2}-\sigma_y \tag{4.125}$$

当存在随动硬化时，屈服函数为

$$f=\left(\frac{3}{2}(\boldsymbol{\sigma}'-\boldsymbol{x}'):(\boldsymbol{\sigma}'-\boldsymbol{x}')\right)^{1/2}-\sigma_y \tag{4.126}$$

式中，$\boldsymbol{x}$ 是随动硬化变量，就是前面所提到的背应力。因为它是在应力空间中定义的变量，所以它和应力具有相同的分量，可以把它写成一个张量，或者用 Voigt 符号表示，写成一个向量。

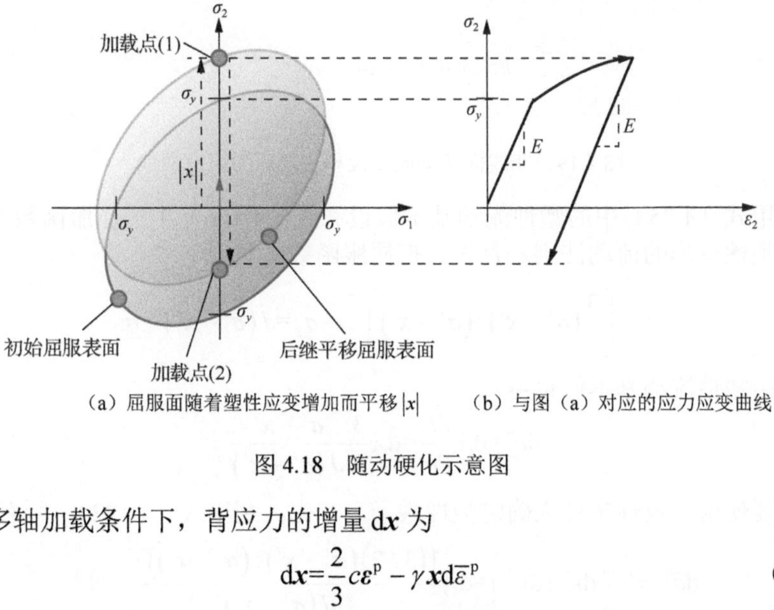

（a）屈服面随着塑性应变增加而平移$|x|$　　（b）与图（a）对应的应力应变曲线

图 4.18　随动硬化示意图

在多轴加载条件下，背应力的增量 d$\boldsymbol{x}$ 为

$$\mathrm{d}\boldsymbol{x}=\frac{2}{3}c\boldsymbol{\varepsilon}^{\mathrm{p}}-\gamma\boldsymbol{x}\mathrm{d}\bar{\varepsilon}^{\mathrm{p}} \tag{4.127}$$

等效于

$$\dot{\boldsymbol{x}}=\frac{2}{3}c\dot{\boldsymbol{\varepsilon}}^{\mathrm{p}}-\gamma\boldsymbol{x}\dot{\bar{\varepsilon}}^{\mathrm{p}} \tag{4.128}$$

式中，c 和 γ 都是材料常数。在单轴加载条件下，对于单调增加的塑性应变，式(4.127)可以写成 $\boldsymbol{x}$ 的标量形式，即

$$\mathrm{d}x=c\mathrm{d}\varepsilon^{\mathrm{p}}-\gamma x\mathrm{d}\varepsilon^{\mathrm{p}} \tag{4.129}$$

对上式进行积分，并在 $\varepsilon^{\mathrm{p}}=0$ 时 $x=0$，则有

$$x=\frac{c}{\gamma}\left(1-\mathrm{e}^{-\gamma\varepsilon^{\mathrm{p}}}\right) \tag{4.130}$$

对于上面这种非线性硬化模式，相应的应力应变曲线伴随着平移的屈服面如图 4.19 所示。随着塑性应变的增加，式（4.130）中的背应力 x 达到饱和，饱和值为 c/γ，对应的最大饱和应力（maximum saturated stress）为 σ_y+c/γ。常数 γ 是时间常数，它决定了应力饱和速率，c/γ 值决定了饱和应力的大小。下面来研究非线性随动硬化的流动法则。

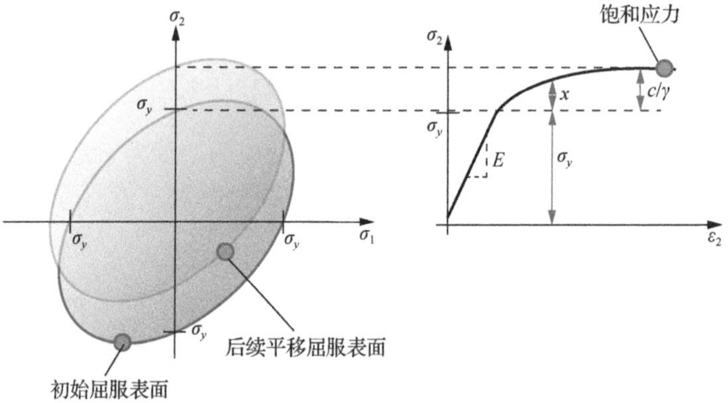

图 4.19　非线性随动硬化及相应的应力应变曲线

利用式（4.75）中的塑性流动基本假设和式（4.126）中的屈服函数来确定随动硬化塑性变形的流动法则。首先，把屈服函数 f 写成

$$f=\left[\frac{3}{2}(\boldsymbol{\sigma}'-\boldsymbol{x}'):(\boldsymbol{\sigma}'-\boldsymbol{x}')\right]^{1/2}-\sigma_y=J(\boldsymbol{\sigma}'-\boldsymbol{x}')-\sigma_y \tag{4.131}$$

然后，由塑性流动基本假设得

$$\mathrm{d}\boldsymbol{\varepsilon}^{\mathrm{p}}=\mathrm{d}\lambda\frac{\partial f}{\partial\boldsymbol{\sigma}}=\mathrm{d}\lambda\frac{3}{2}\frac{\boldsymbol{\sigma}'-\boldsymbol{x}'}{J(\boldsymbol{\sigma}'-\boldsymbol{x}')} \tag{4.132}$$

下面需要使用一致性条件来确定塑性乘子。首先，利用式（4.132），则有

$$\mathrm{d}\bar{\varepsilon}^{\mathrm{p}}=\left(\frac{2}{3}\mathrm{d}\boldsymbol{\varepsilon}^{\mathrm{p}}:\mathrm{d}\boldsymbol{\varepsilon}^{\mathrm{p}}\right)=\mathrm{d}\lambda\frac{\left((3/2)(\boldsymbol{\sigma}'-\boldsymbol{x}'):(\boldsymbol{\sigma}'-\boldsymbol{x}')\right)^{1/2}}{J(\boldsymbol{\sigma}'-\boldsymbol{x}')}=\mathrm{d}\lambda \tag{4.133}$$

上式适用于基于 Mises 屈服函数的随动硬化情况。该屈服函数取决于应力 $\boldsymbol{\sigma}$ 和背应力 $\boldsymbol{x}$，它们都是张量。然而，为了简单起见，现在将再次使用主应力空间，并使用 Voigt 符号。则一致性条件变成

$$\frac{\partial f}{\partial\boldsymbol{\sigma}}\cdot\mathrm{d}\boldsymbol{\sigma}+\frac{\partial f}{\partial\boldsymbol{x}}\cdot\mathrm{d}\boldsymbol{x}=0 \tag{4.134}$$

结合式（4.87）中的 Hooke 定律、式（4.75）中的塑性流动基本假设和式（4.134），则有

$$\frac{\partial f}{\partial \boldsymbol{\sigma}}\cdot\boldsymbol{C}\left(\mathrm{d}\varepsilon-\mathrm{d}\lambda\frac{\partial f}{\partial \boldsymbol{\sigma}}\right)+\frac{\partial f}{\partial \boldsymbol{x}}\left(\frac{2}{3}c\mathrm{d}\boldsymbol{\varepsilon}^{\mathrm{p}}-\gamma\boldsymbol{x}\mathrm{d}\lambda\right)=\frac{\partial f}{\partial \boldsymbol{\sigma}}\cdot\boldsymbol{C}\left(\mathrm{d}\varepsilon-\mathrm{d}\lambda\frac{\partial f}{\partial \boldsymbol{\sigma}}\right)+\frac{\partial f}{\partial \boldsymbol{x}}\left(\frac{2}{3}c\mathrm{d}\lambda\frac{\partial f}{\partial \boldsymbol{\sigma}}-\gamma\boldsymbol{x}\mathrm{d}\lambda\right)$$
$$=0 \tag{4.135}$$

所以

$$\mathrm{d}\lambda=\frac{(\partial f/\partial\boldsymbol{\sigma})\cdot\boldsymbol{C}\mathrm{d}\varepsilon}{(\partial f/\partial\boldsymbol{\sigma})\cdot\boldsymbol{C}(\partial f/\partial\boldsymbol{\sigma})+\gamma(\partial f/\partial\boldsymbol{\sigma})\cdot\boldsymbol{x}-(2/3)c(\partial f/\partial\boldsymbol{x})\cdot(\partial f/\partial\boldsymbol{\sigma})} \tag{4.136}$$

则塑性应变增量为

$$\mathrm{d}\boldsymbol{\varepsilon}^{\mathrm{p}}=\frac{(\partial f/\partial\boldsymbol{\sigma})\cdot\boldsymbol{C}\mathrm{d}\varepsilon}{(\partial f/\partial\boldsymbol{\sigma})\cdot\boldsymbol{C}(\partial f/\partial\boldsymbol{\sigma})+\gamma(\partial f/\partial\boldsymbol{\sigma})\cdot\boldsymbol{x}-(2/3)c(\partial f/\partial\boldsymbol{x})\cdot(\partial f/\partial\boldsymbol{\sigma})}\cdot\frac{\partial f}{\partial\boldsymbol{\sigma}} \tag{4.137}$$

由式（4.87）可得应力增量。将其简化为单轴加载情况，首先，通过应力增量而不是应变增量来确定塑性乘子，则有

$$\frac{\partial f}{\partial\boldsymbol{\sigma}}\cdot\mathrm{d}\boldsymbol{\sigma}+\frac{\partial f}{\partial\boldsymbol{x}}\cdot\mathrm{d}\boldsymbol{x}=\frac{\partial f}{\partial\boldsymbol{\sigma}}\cdot\mathrm{d}\boldsymbol{\sigma}+\frac{\partial f}{\partial\boldsymbol{x}}\cdot\left(\frac{2}{3}c\mathrm{d}\boldsymbol{\varepsilon}^{\mathrm{p}}-\gamma\boldsymbol{x}\mathrm{d}\overline{\varepsilon}^{\mathrm{p}}\right)=0 \tag{4.138}$$

由式（4.131）中的屈服函数可知，$\partial f/\partial\boldsymbol{x}=-\partial f/\partial\boldsymbol{\sigma}$ 和 $\mathrm{d}\overline{\varepsilon}^{\mathrm{p}}=\mathrm{d}\lambda$，结合式（4.132），则式（4.138）变为

$$\frac{\partial f}{\partial\boldsymbol{\sigma}}\cdot\mathrm{d}\boldsymbol{\sigma}-\frac{\partial f}{\partial\boldsymbol{\sigma}}\cdot\left(\frac{2}{3}c\mathrm{d}\lambda\frac{\partial f}{\partial\boldsymbol{\sigma}}-\gamma\boldsymbol{x}\mathrm{d}\lambda\right)=0 \tag{4.139}$$

则有

$$\mathrm{d}\lambda=\frac{-(\partial f/\partial\boldsymbol{\sigma})\cdot\mathrm{d}\boldsymbol{\sigma}}{\gamma(\partial f/\partial\boldsymbol{\sigma})\cdot\boldsymbol{x}-(2/3)c(\partial f/\partial\boldsymbol{\sigma})\cdot(\partial f/\partial\boldsymbol{\sigma})} \tag{4.140}$$

4.7.4 混合硬化材料的本构行为

混合硬化（combined isotropic and kinematic hardening）是指材料塑性变形时各向同性硬化和随动硬化同时发生的情形。这种情况特别适用于循环塑性，在一个单独的塑性循环中，随动硬化是主要的硬化过程，主要表现为 Bauschinger 效应。然而，在多循环塑性中，材料也发生各向同性硬化，这样在一个给定的循环中，拉伸峰值应力和压缩峰值应力从一个循环到下一个循环期间都会增加，直到达到饱和值。该过程如图 4.20 所示。从应力和应变为零的点开始，材料受到如图 4.21 所示的应变，应力不断增大，直到在 *A* 点达到屈服，材料随动硬化导致屈服面平移，如图 4.20 所示。一旦应变达到峰值，发生反向应变，材料在 *B* 点表现出弹性。弹性变形继续发生，直到加载点在 *C* 点再次到达屈服面，塑性变形重新开始，直到下一个反向应变发生。屈服面由于随动硬化再次发生平移。以这种方式产生的应力应变回线 *BCDB* 被称为迟滞回线（hysteresis loop）。如果除了随动硬化外，材料也发生各向同性硬化，则屈服面发生平移的同时也会逐渐发生扩展，如图 4.20 右图中的迟滞回线（虚线）所示。由于各向同性硬化，在一个迟滞回线中的峰值

应力和峰值应变增加的这一过程，通常被称为循环硬化，因为它经常发生在一个循环到另一个循环的多循环中。另外，循环硬化在每个循环内都会发生[17]。

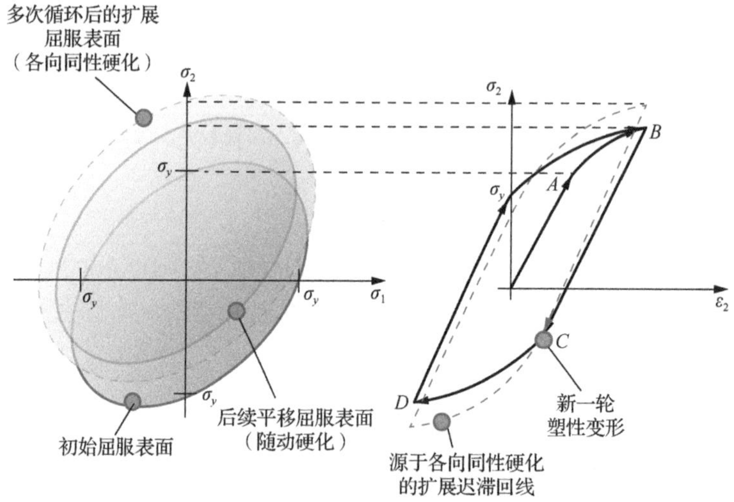

图 4.20　混合硬化示意图

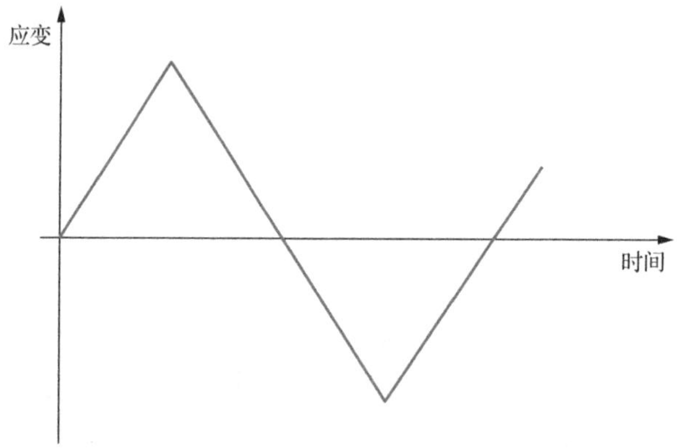

图 4.21　导致循环塑性的应变加载

下面考虑非线性随动硬化和各向同性硬化的情况，两种情况分别由式（4.127）和式（4.116）给出。为了确定塑性乘子，将像之前一样使用一致性条件。对于混合硬化情况，屈服函数取决于应力、背应力和等效塑性应变，则有

$$f=J(\boldsymbol{\sigma}'-\boldsymbol{x}')-r(\bar{\varepsilon}^{\mathrm{p}})-\sigma_y \tag{4.141}$$

因此一致性条件成为

$$\frac{\partial f}{\partial \boldsymbol{\sigma}}\cdot \mathrm{d}\boldsymbol{\sigma}+\frac{\partial f}{\partial \boldsymbol{x}}\cdot \mathrm{d}\boldsymbol{x}+\frac{\partial f}{\partial \bar{\varepsilon}^{\mathrm{p}}}\cdot \mathrm{d}\bar{\varepsilon}^{\mathrm{p}}=0 \tag{4.142}$$

将式（4.87）和式（4.127）中的 $\mathrm{d}\boldsymbol{\sigma}$ 和 $\mathrm{d}\boldsymbol{x}$ 代入，并根据式（4.141）取

$\partial f / \partial \overline{\varepsilon}^{\mathrm{p}} = -(\partial r / \partial \overline{\varepsilon}^{\mathrm{p}})$，同时结合式（4.116），则有

$$\frac{\partial f}{\partial \boldsymbol{\sigma}} \cdot \boldsymbol{C}\left(\mathrm{d}\boldsymbol{\varepsilon} - \mathrm{d}\boldsymbol{\varepsilon}^{\mathrm{p}}\right) + \frac{\partial f}{\partial \boldsymbol{x}} \cdot \left(\frac{2}{3} c \mathrm{d}\boldsymbol{\varepsilon}^{\mathrm{p}} - \gamma \boldsymbol{x} \mathrm{d}\overline{\varepsilon}^{\mathrm{p}}\right) - b\left(Q - r\left(\overline{\varepsilon}^{\mathrm{p}}\right)\right)\mathrm{d}\overline{\varepsilon}^{\mathrm{p}} = 0 \quad (4.143)$$

按照各向同性硬化和随动硬化的推导原则，可以重新整理式（4.143）以得到塑性乘子。假设材料符合 Mises 塑性变形行为，即 $\mathrm{d}p=\mathrm{d}\lambda$，并将式（4.75）中的 $\mathrm{d}\boldsymbol{\varepsilon}^{\mathrm{p}}$ 代入，得到塑性乘子为

$$\mathrm{d}\lambda = \frac{(\partial f / \partial \boldsymbol{\sigma}) \cdot \boldsymbol{C} \mathrm{d}\boldsymbol{\varepsilon}}{(\partial f / \partial \boldsymbol{\sigma}) \cdot \boldsymbol{C}(\partial f / \partial \boldsymbol{\sigma}) - \gamma(\partial f / \partial \boldsymbol{\sigma}) \cdot \boldsymbol{x} + (2/3) c (\partial f / \partial \boldsymbol{\sigma}) \cdot (\partial f / \partial \boldsymbol{\sigma}) + b\left(Q - r\left(\overline{\varepsilon}^{\mathrm{p}}\right)\right)} \quad (4.144)$$

与前面类似，可以根据应力的增量而不是应变增量来确定塑性乘子，则式（4.142）可以写为

$$\frac{\partial f}{\partial \boldsymbol{\sigma}} \cdot \mathrm{d}\boldsymbol{\sigma} + \frac{\partial f}{\partial \boldsymbol{x}} \cdot \left(\frac{2}{3} c \mathrm{d}\boldsymbol{\varepsilon}^{p} - \gamma \boldsymbol{x} \mathrm{d}\overline{\varepsilon}^{\mathrm{p}}\right) - b\left(Q - r\left(\overline{\varepsilon}^{\mathrm{p}}\right)\right)\mathrm{d}\overline{\varepsilon}^{\mathrm{p}} = 0 \quad (4.145)$$

因此塑性乘子变为

$$\mathrm{d}\lambda = \frac{(\partial f / \partial \boldsymbol{\sigma}) \cdot \boldsymbol{C} \mathrm{d}\boldsymbol{\sigma}}{(2/3) c (\partial f / \partial \boldsymbol{\sigma}) \cdot (\partial f / \partial \boldsymbol{\sigma}) - \gamma(\partial f / \partial \boldsymbol{\sigma}) \cdot \boldsymbol{x} + b\left(Q - r(\overline{\varepsilon}^{\mathrm{p}})\right)} \quad (4.146)$$

正如前面的例子，可以将其简化为 Mises 材料单轴加载的形式，得到单轴应力增量为

$$\mathrm{d}\boldsymbol{\sigma} = E\left(1 - \frac{E}{E + c - \gamma \boldsymbol{x} + b\left(Q - r(\overline{\varepsilon}^{\mathrm{p}})\right)}\right)\mathrm{d}\boldsymbol{\varepsilon} \quad (4.147)$$

4.8　黏塑性材料的本构行为

对于前面本构行为的描述，只考虑了与时间无关的塑性行为，也就是说，无论是应变控制加载还是应力控制加载，应力应变关系都被假定为不依赖于加载速率。材料的塑性受加载速率影响的行为称为黏塑性（viscoplasticity）。黏塑性这一术语按惯例是指金属材料的塑性变形力学行为是依赖于加载速率的，其主要变形过程是受晶体位错滑移支配的，但也可能通过像扩散激活位错攀移等热激活过程来实现增强。对于黏塑性而言，弹塑性（elastoplasticity）应变分解仍然成立，其屈服行为仍然由与时间无关的塑性屈服函数来描述。此外，塑性流动规律也是利用塑性流动基本假设而得到，金属材料一旦发生塑性屈服，材料的硬化行为要么是各向同性硬化的，要么是随动硬化的。然而，一个重要的区别是一致性条件不再适用，因此加载点可能位于屈服面之外。因此，一些黏塑性模型被称为过应力

(over stress) 模型。图 4.22 给出了材料的应力应变响应和相应的屈服面，其中假设屈服面是由于线性各向同性硬化而扩展。图 4.22（a）表明加载点（1）位于屈服面上，与图 4.22（b）中单轴加载应力应变曲线上的点相对应。对于不依赖于时间的塑性情况，该点对应的应力值就是屈服应力 σ_y 和线性各向同性硬化中得到的 $r(\bar{\varepsilon}^{\mathrm{p}})$ 之和，即 $\boldsymbol{\sigma}=\sigma_y+r(\bar{\varepsilon}^{\mathrm{p}})$，相应的应力应变曲线如图 4.22（b）中所示的虚线部分[17]。

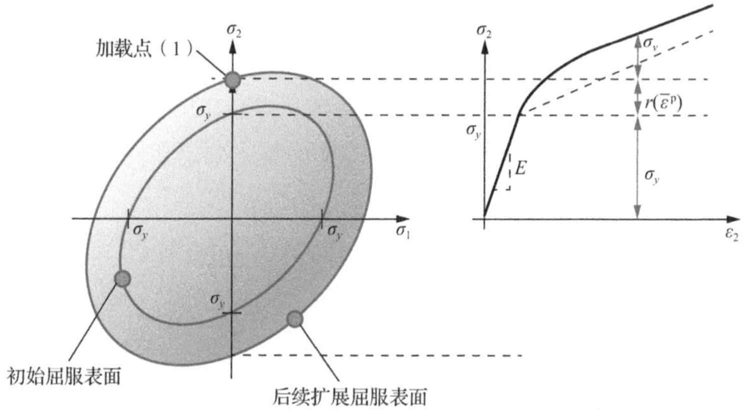

（a）Mises 屈服面　　（b）与图（a）对应的应力应变曲线

图 4.22　具有线性各向同性硬化的黏塑性平面应力状态下的屈服行为

然而，对于黏塑性的情况，流动应力由于黏性应力 σ_v 的存在而增加，如图 4.22（b）中的实线所示。有许多类型的公式用于表示黏性应力，但是通常都包含一个等效塑性应变速率 $\dot{\bar{\varepsilon}}^{\mathrm{p}}$。下面考虑常用的幂律函数，即

$$\sigma_v=K\left(\dot{\bar{\varepsilon}}^{\mathrm{p}}\right)^m \tag{4.148}$$

式中，K 和 m 都是材料常数。常数 m 称为材料的应变率敏感因子。由图 4.22（b）可知，包含应力速率敏感性的应力应变曲线为

$$\boldsymbol{\sigma}=\sigma_y+r\left(\bar{\varepsilon}^{\mathrm{p}}\right)+\sigma_v=\sigma_y+r\left(\bar{\varepsilon}\right)+K\left(\dot{\bar{\varepsilon}}^{\mathrm{p}}\right)^m \tag{4.149}$$

对于黏塑性情况，单轴应力取决于屈服应力、屈服应力的硬化和塑性应变率。因此，应力响应依赖于应变速率。所以，黏塑性有时被称为依赖于时间的塑性或依赖于速率的塑性。下面更详细地介绍由式（4.149）描述的单轴加载力学行为，然而为了简化，假设材料是理想塑性的，即材料在塑性变形时没有各向同性硬化发生，此时 $r(\bar{\varepsilon}^{\mathrm{p}})=0$。在这种情况下，式（4.149）将变成

$$\boldsymbol{\sigma}=\sigma_y+K\left(\dot{\bar{\varepsilon}}^{\mathrm{p}}\right)^m \tag{4.150}$$

如果把应变控制的加载应用于单轴加载试样，如图 4.23（a）所示，则在不同的应变速率范围内，应力响应（对于给定 σ_y、K 和 m）就是塑性应变的函数，如

图 4.23（b）所示。很明显，应力是依赖于应变速率的，对于三种应变速率，相应的应力由式（4.150）得到。一旦金属材料达到屈服，对于单轴加载的理想塑性材料，因为 $\mathrm{d}\boldsymbol{\sigma}=0$，$\mathrm{d}\bar{\varepsilon}^{\mathrm{p}}=\mathrm{d}\boldsymbol{\varepsilon}$ 或者等同于 $\dot{\bar{\varepsilon}}^{\mathrm{p}}=\dot{\boldsymbol{\varepsilon}}$，则应力为

$$\begin{cases}\sigma_1=\sigma_y+K\dot{\varepsilon}_1^m\\ \sigma_2=\sigma_y+K\dot{\varepsilon}_2^m\\ \sigma_3=\sigma_y+K\dot{\varepsilon}_3^m\end{cases}\tag{4.151}$$

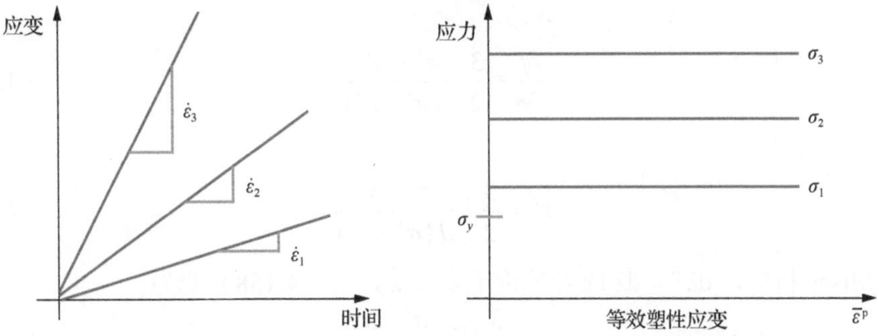

（a） 施加的应变　　（b）依赖于应变速率的应力响应

图 4.23　应变控制加载的黏塑性流动行为

许多金属材料都表现出依赖于应变速率的塑性，但与图 4.23 中的应力应变曲线不同的是，它们也会表现出各向同性硬化或随动硬化。回顾式（4.149）中给出的各向同性硬化情况。将公式重新整理，则有

$$\dot{\bar{\varepsilon}}^{\mathrm{p}}=\left(\frac{\sigma-r-\sigma_y}{K}\right)^{1/m}\tag{4.152}$$

如果除发生各向同性硬化外，还发生随动硬化，则式（4.152）变为

$$\dot{\bar{\varepsilon}}^{\mathrm{p}}=\left(\frac{\sigma-x-r-\sigma_y}{K}\right)^{1/m}\tag{4.153}$$

式（4.152）和式（4.153）就是描述单轴加载塑性应变率关于单轴应力的本构方程，它取决于内变量，即各向同性硬化量 r 和随动硬化量 x。对于 Mises 材料，单轴应力与等效应力相同，单轴塑性应变速率与等效塑性应变速率相同。因此，式（4.153）可以写成

$$\dot{\bar{\varepsilon}}^{\mathrm{p}}=\left(\frac{J(\boldsymbol{\sigma}'-\boldsymbol{x}')-r-\sigma_y}{K}\right)^{1/m}\tag{4.154}$$

对于黏塑性情况，需要一个如式（4.154）的本构方程，可以将等效塑性应变速率与应力和内部硬化变量联系起来。这可以代替与时间无关塑性中的一致性条件，从而使得加载点在塑性变形期间始终停留在屈服面上。对于黏塑性情况，由

于黏性应力或过应力，加载点可能位于屈服面之外。除黏塑性本构方程外，还利用了塑性流动基本假设和弹性本构方程(即 Hooke 定律)。对于黏塑性，由式(4.75)得到的塑性流动基本假设为

$$\dot{\boldsymbol{\varepsilon}}^{\mathrm{p}}=\dot{\lambda}\frac{\partial f}{\partial\boldsymbol{\sigma}}\tag{4.155}$$

由上一节得到的屈服函数为

$$f=J\left(\boldsymbol{\sigma}'-\boldsymbol{x}'\right)-r\left(\bar{\varepsilon}^{\mathrm{p}}\right)-\sigma_y\tag{4.156}$$

则有

$$\frac{\partial f}{\partial\boldsymbol{\sigma}}=\frac{3}{2}\frac{\boldsymbol{\sigma}'-\boldsymbol{x}'}{J\left(\boldsymbol{\sigma}'-\boldsymbol{x}'\right)}\tag{4.157}$$

并且

$$\dot{\boldsymbol{\varepsilon}}^{\mathrm{p}}=\frac{3}{2}\dot{\lambda}\frac{\boldsymbol{\sigma}'-\boldsymbol{x}'}{J\left(\boldsymbol{\sigma}'-\boldsymbol{x}'\right)}\tag{4.158}$$

对于 Mises 材料，$\mathrm{d}\bar{\varepsilon}^{\mathrm{p}}=\mathrm{d}\lambda$ 或者等价于 $\dot{\bar{\varepsilon}}^{\mathrm{p}}=\dot{\lambda}$，式（4.158）变为

$$\dot{\boldsymbol{\varepsilon}}^{\mathrm{p}}=\frac{3}{2}\dot{\bar{\varepsilon}}^{\mathrm{p}}\frac{\boldsymbol{\sigma}'-\boldsymbol{x}'}{J\left(\boldsymbol{\sigma}'-\boldsymbol{x}'\right)}\tag{4.159}$$

将式（4.154）中的本构方程与式（4.159）结合起来，就可以得到具有混合硬化的黏塑性流动法则，即

$$\dot{\boldsymbol{\varepsilon}}^{\mathrm{p}}=\frac{3}{2}\left(\frac{J\left(\boldsymbol{\sigma}'-\boldsymbol{x}'\right)-r-\sigma_y}{K}\right)^{1/m}\frac{\boldsymbol{\sigma}'-\boldsymbol{x}'}{J\left(\boldsymbol{\sigma}'-\boldsymbol{x}'\right)}\tag{4.160}$$

为了使该模型更加完备，需要各向同性硬化变量 r 和随动硬化变量 x 的演化方程以及 Hooke 定律的率形式。由式（4.116）和式（4.128）可知，硬化速率为

$$\dot{r}\left(\bar{\varepsilon}^{\mathrm{p}}\right)=b\left(Q-r\right)\dot{\bar{\varepsilon}}^{\mathrm{p}}\tag{4.161}$$

$$\dot{\boldsymbol{x}}=\frac{2}{3}c\dot{\boldsymbol{\varepsilon}}^{\mathrm{p}}-\gamma\boldsymbol{x}\dot{\bar{\varepsilon}}^{\mathrm{p}}\tag{4.162}$$

Hooke 定律的张量形式为

$$\dot{\boldsymbol{\sigma}}=2G\dot{\boldsymbol{\varepsilon}}^{\mathrm{e}}+\lambda\mathrm{tr}(\dot{\varepsilon}^{\mathrm{e}})\boldsymbol{I}\tag{4.163}$$

式中，

$$\dot{\boldsymbol{\varepsilon}}^{\mathrm{e}}=\dot{\boldsymbol{\varepsilon}}-\dot{\boldsymbol{\varepsilon}}^{\mathrm{p}}\tag{4.164}$$

G 为剪切模量；$\boldsymbol{I}$ 为单位张量；λ 为 Lame 常数，其可以由弹性模量 E 和泊松比 v 求得，即

$$\lambda=\frac{Ev}{\left(1-2v\right)\left(1+v\right)}\tag{4.165}$$

式（4.160）～式（4.164）构成完备的弹黏塑性模型。对于给定的时间 t，已知当

前总应变速率$\dot{\boldsymbol{\varepsilon}}$、硬化变量$r$和$\boldsymbol{x}$以及应力$\boldsymbol{\sigma}$，这些方程可以用来确定一个给定时间步的应力。

4.9　弹塑性材料的本构行为

Prandtl 和 Reuss 在 Levy-Mises 方程的基础上进一步考虑了弹性形变，他们认为，在塑性变形时，总应变增量$\mathrm{d}\varepsilon_{ij}$是塑性应变增量$\mathrm{d}\varepsilon_{ij}^{\mathrm{p}}$及弹性应变增量$\mathrm{d}\varepsilon_{ij}^{\mathrm{e}}$之和，即

$$\mathrm{d}\varepsilon_{ij} = \mathrm{d}\varepsilon_{ij}^{\mathrm{p}} + \mathrm{d}\varepsilon_{ij}^{\mathrm{e}} \tag{4.166}$$

式中，$\mathrm{d}\varepsilon_{ij}^{\mathrm{e}}$和应力之间的关系与 Levy-Mises 方程相同，即

$$\mathrm{d}\varepsilon_{ij}^{\mathrm{p}} = \mathrm{d}\lambda\sigma_{ij}' = \frac{3}{2}\frac{\mathrm{d}\bar{\varepsilon}^{\mathrm{p}}}{\bar{\sigma}}\sigma_{ij}' \tag{4.167}$$

对于弹性变形的 Hooke 定律的一般表达式为

$$\varepsilon_{ij}^{\mathrm{e}} = \frac{1}{2G}\sigma_{ij}' + \frac{1-2v}{E}\sigma_m\delta_{ij} \tag{4.168}$$

则弹性应变增量$\mathrm{d}\varepsilon_{ij}^{\mathrm{e}}$可由式（4.168）微分得到，即

$$\mathrm{d}\varepsilon_{ij}^{\mathrm{e}} = \frac{1}{2G}\mathrm{d}\sigma_{ij}' + \frac{1-2v}{E}\mathrm{d}\sigma_m\delta_{ij} \tag{4.169}$$

将以上两式代入式（4.166），即可得到 Prandtl-Reuss 方程：

$$\mathrm{d}\varepsilon_{ij} = \mathrm{d}\lambda\sigma_{ij}' + \frac{1}{2G}\mathrm{d}\sigma_{ij}' + \frac{1-2v}{E}\mathrm{d}\sigma_m\delta_{ij} \tag{4.170}$$

通过式（4.170）可知，如$\mathrm{d}\varepsilon_{ij}$为已知，则应力张量$\sigma_{ij}$是确定的，但对于理想塑性材料，仍然不能由$\sigma_{ij}$求得确定的$\mathrm{d}\varepsilon_{ij}$值。对于硬化材料，变形过程每瞬时的$\mathrm{d}\lambda$是定值，因此，Reuss 方程中的$\mathrm{d}\varepsilon_{ij}$和$\sigma_{ij}$之间完全是单值关系。

参 考 文 献

[1] Dowling E N. 工程材料力学行为[M]. 江树勇，张艳秋，译. 北京：机械工业出版社，2015.

[2] 卓家寿，黄丹. 工程材料的本构演绎[M]. 北京：科学出版社，2009.

[3] Ionescu I R, Bouvier S, Cazacu O, et al. Plasticity of crystalline materials: From dislocations to continuum[M]. New York: Wiley, 2011.

[4] de Souza N E A, Perić D, Owen D R J. Computational methods for plasticity: Theory and applications[M]. New York: John Wiley & Sons, 2008.

[5] Ottosen N S, Ristinmaa M. The mechanics of constitutive modeling[M]. Amsterdam: Elsevier, 2005.

[6] Anandarajah A. Computational methods in elasticity and plasticity: Solids and porous media[M]. Berlin: Springer Science & Business Media, 2011.

[7] 王仁, 黄文彬, 黄筑平. 塑性力学引论[M]. 北京：北京大学出版社, 2006.

[8] 汪大年. 金属塑性成形原理[M]. 北京: 机械工业出版社, 1985.

[9] Li J, Mao H. Computational plasticity: With emphasis on the application of the unified strength theory[M]. Berlin: Springer Science & Business Media, 2012.
[10] Miller A K. Unified constitutive equations for creep and plasticity[M]. Berlin: Springer Science & Business Media, 2012.
[11] Schröder J, Hackl K. Plasticity and beyond: Microstructures, crystal-plasticity and phase transitions[M]. Berlin: Springer Science & Business Media, 2013.
[12] Hashiguchi K, Yamakawa Y. Introduction to finite strain theory for continuum elasto-plasticity[M]. New York: John Wiley & Sons, 2012.
[13] Pippan R, Gumbsch P. Multiscale modelling of plasticity and fracture by means of dislocation mechanics[M]. Berlin: Springer Science & Business Media, 2011.
[14] Oñate E, Owen R. Computational plasticity[M]. Berlin: Springer, 2007.
[15] Chaboche J L. Unified constitutive laws of plastic deformation[M]. Amsterdam: Elsevier, 1996.
[16] Chen W F, Saleeb A F. Constitutive equations for engineering materials: Elasticity and modeling[M]. Amsterdam: Elsevier, 2013.
[17] Dunne F, Petrinic N. Introduction to computational plasticity[M]. New York: Oxford University Press, 2005.

第 5 章　金属塑性变形宏观有限元模拟

5.1　刚塑性/刚黏塑性有限元基本原理

5.1.1　力学基本原理

如图 5.1 所示，有一块体积为V、表面积为S的物体。该物体为刚塑性/刚黏塑性材料（rigid viscoplastic material），在物体表面上，S_F为力面，S_U为速度面。该物体在外力F作用下发生塑性变形，满足如下基本方程[1-4]。

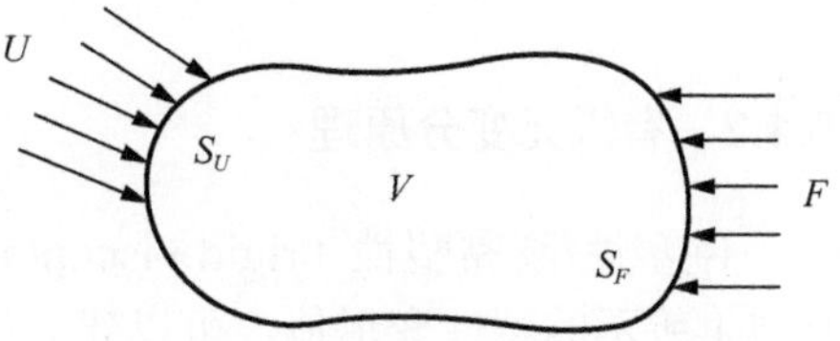

图 5.1　平衡状态下的塑性变形体

1. 平衡微分方程

$$\frac{\partial \sigma_{ij}}{\partial x_j} = 0 \tag{5.1}$$

2. 屈服准则

$$\bar{\sigma} = \sqrt{\frac{3}{2}\sigma'_{ij}\sigma'_{ij}} \tag{5.2}$$

式中，$\bar{\sigma}$为等效应力，且$\bar{\sigma} = \bar{\sigma}(\varepsilon)$；$\sigma'_{ij}$为应力偏张量分量。

3. 本构方程

$$\dot{\varepsilon}_{ij} = \frac{3}{2}\frac{\dot{\bar{\varepsilon}}}{\bar{\sigma}}\sigma'_{ij} \tag{5.3}$$

式中，$\dot{\bar{\varepsilon}}$为等效应变速率，且$\dot{\bar{\varepsilon}} = \sqrt{\frac{2}{3}\dot{\varepsilon}_{ij}\dot{\varepsilon}_{ij}}$。

4. 相容条件

$$\dot{\varepsilon}_{ij} = \frac{1}{2}\left(\frac{\partial u_i}{\partial x_j} + \frac{\partial u_j}{\partial x_i}\right) \tag{5.4}$$

式中，u_i和u_j为位移分量；x_i和x_j为坐标分量。

5. 体积不可压缩条件

$$\dot{\varepsilon}_V = \dot{\varepsilon}_{ij}\delta_{ij} = \dot{\varepsilon}_{kk} = \dot{\varepsilon}_x + \dot{\varepsilon}_y + \dot{\varepsilon}_z = 0 \tag{5.5}$$

式中，$\dot{\varepsilon}_V$ 为体积应变速率；δ_{ij} 为 Krönecker 符号。

6. 边界条件

力学边界条件：

$$\sigma_{ij} n_j = F_i \tag{5.6}$$

式中，n_j 为表面单位法向量分量；F_i 为外力分量。

速度边界条件：

$$u_i = \overline{u}_i \tag{5.7}$$

5.1.2 有限元变分原理

刚塑性/刚黏塑性（rigid viscoplasticity）有限元变分原理可阐述如下，对于图 5.1 所示的塑性变形体，可以建立如下泛函[1, 5-8]：

$$\pi = \int_V \overline{\sigma}\dot{\overline{\varepsilon}}\mathrm{d}V - \int_{S_F} F_i u_i \mathrm{d}S \quad \text{（刚塑性材料）} \tag{5.8}$$

$$\pi = \int_V E(\dot{\varepsilon}_{ij})\mathrm{d}V - \int_{S_F} F_i u_i \mathrm{d}S \quad \text{（刚黏塑性材料）} \tag{5.9}$$

则在满足相容条件（compatibility condition）、体积不可压缩条件（incompressibility condition）和速度边界条件（velocity boundary condition）的一切许可速度场 u_i 中，真实解使泛函 π 的一阶变分为零，即

$$\delta\pi = \int_V \overline{\sigma}\delta\dot{\overline{\varepsilon}}\mathrm{d}V - \int_{S_F} F_i \delta u_i \mathrm{d}S = 0 \tag{5.10}$$

式中，对于刚塑性材料，等效应力是等效应变的函数，即 $\overline{\sigma}=\overline{\sigma}(\overline{\varepsilon})$；对于刚黏塑性材料，等效应力是等效应变和等效应变速率的函数，即 $\overline{\sigma}=\overline{\sigma}(\overline{\varepsilon},\dot{\overline{\varepsilon}})$。

刚塑性/刚黏塑性有限元变分原理实际上就是求解带有附加条件泛函的驻值问题，但是在实际问题中，寻找一个既满足相容条件、体积不可压缩条件和速度边界条件的速度场是很困难的，而寻找一个满足相容条件和速度边界条件的速度场是很容易的。因而可以将体积不可压缩条件引入泛函，重新构造一个修正泛函：

$$\pi^* = \int_V \overline{\sigma}\dot{\overline{\varepsilon}}\mathrm{d}V + \int_V \frac{\alpha}{2}\dot{\varepsilon}_V^2 \mathrm{d}V - \int_{S_F} F_i u_i \mathrm{d}S \tag{5.11}$$

式中，α 为罚因子（penalty factor），它是一个很大的正数，一般取 $10^5 \sim 10^7$。

在引入体积不可压缩条件后，原泛函 π 的由体积不可压缩附加条件驻值问题转化为修正泛函 π^* 的无体积不可压缩附加条件驻值问题。修正泛函 π^* 的驻值条件是它的一阶变分为零，即

$$\delta\pi^* = \int_V \overline{\sigma}\delta\dot{\overline{\varepsilon}}\mathrm{d}V + \alpha\int_V \dot{\varepsilon}_V \delta\dot{\varepsilon}_V \mathrm{d}V - \int_{S_F} F_i \delta u_i \mathrm{d}S = 0 \tag{5.12}$$

式（5.12）为建立罚函数法（penalty function method）刚塑性/刚黏塑性有限元基本方程的基础。

5.1.3　有限元法的求解步骤

1. 单元及形函数的确定

本章三维刚塑性有限元模拟中采用的是四节点四面体等参单元[1, 9-12]，如图 5.2 所示。

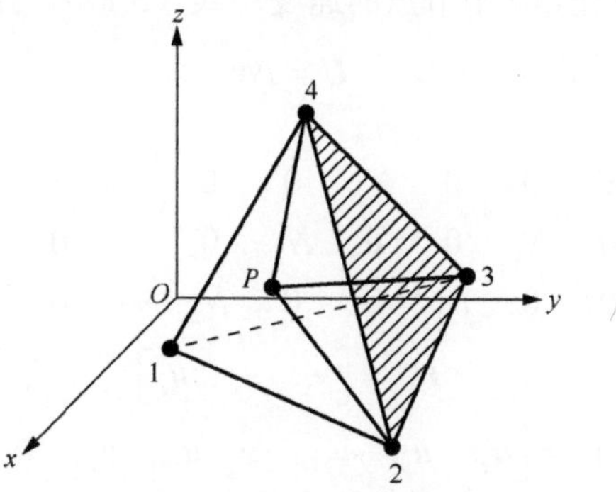

图 5.2　四面体等参单元

根据四面体单元的几何特点，引进的自然坐标为体积坐标，单元内任意一点 P 的体积坐标(L_1, L_2, L_3, L_4)是

$$L_1=\frac{\mathrm{vol}(P234)}{\mathrm{vol}(1234)},\quad L_2=\frac{\mathrm{vol}(P341)}{\mathrm{vol}(1234)},\quad L_3=\frac{\mathrm{vol}(P412)}{\mathrm{vol}(1234)},\quad L_4=\frac{\mathrm{vol}(P123)}{\mathrm{vol}(1234)} \tag{5.13}$$

式中，vol(1234)为整个四面体的体积；vol(P234)为四面体 P234 的体积；vol(P341)为四面体 P341 的体积；vol(P412)为四面体 P412 的体积；vol(P123)为四面体 P123 的体积。且有

$$L_1+L_2+L_3+L_4=1 \tag{5.14}$$

则单元的形函数（shape function）为

$$N_i=L_i,\quad i=1,2,3,4 \tag{5.15}$$

根据等参单元的性质，单元内任一点的坐标和速度均可由形状函数通过节点插值得到，即

$$\begin{cases} x=\sum_{i=1}^{4}N_i x_i \\ y=\sum_{i=1}^{4}N_i y_i \\ z=\sum_{i=1}^{4}N_i z_i \end{cases} \tag{5.16}$$

式中，(x_i, y_i, z_i) 为单元第 i 个节点的坐标。

$$\begin{cases} u_x = \sum_{i=1}^{4} N_i u_{xi} \\ u_y = \sum_{i=1}^{4} N_i u_{yi} \\ u_z = \sum_{i=1}^{4} N_i u_{zi} \end{cases} \tag{5.17}$$

式中，u_{xi}, u_{yi}, u_{zi} 为单元第 i 个节点的速度。式（5.17）写成矩阵形式为

$$\boldsymbol{U} = \boldsymbol{N}\boldsymbol{v} \tag{5.18}$$

式中，

$$\boldsymbol{N} = \begin{bmatrix} N_1 & 0 & 0 & N_2 & 0 & 0 & \cdots & N_4 & 0 & 0 \\ 0 & N_1 & 0 & 0 & N_2 & 0 & \cdots & 0 & N_4 & 0 \\ 0 & 0 & N_1 & 0 & 0 & N_2 & \cdots & 0 & 0 & N_4 \end{bmatrix} \tag{5.19}$$

$$\boldsymbol{U}^{\mathrm{T}} = \begin{bmatrix} u_x & u_y & u_z \end{bmatrix} \tag{5.20}$$

$$\boldsymbol{v}^{\mathrm{T}} = \begin{bmatrix} u_{x1} & u_{y1} & u_{z1} & \cdots & u_{x4} & u_{y4} & u_{z4} \end{bmatrix} \tag{5.21}$$

式（5.20）和式（5.21）中的符号 T 为矩阵的转置符号。

2. 单元应变速率矩阵的确定

将式（5.17）代入相容条件式（5.4），可得单元内各应变速率分量：

$$\dot{\boldsymbol{\varepsilon}} = \begin{bmatrix} \dot{\varepsilon}_x \\ \dot{\varepsilon}_y \\ \dot{\varepsilon}_z \\ \dot{\varepsilon}_{xy} \\ \dot{\varepsilon}_{yz} \\ \dot{\varepsilon}_{zx} \end{bmatrix} = \begin{bmatrix} \dfrac{\partial u_x}{\partial x} \\ \dfrac{\partial u_y}{\partial y} \\ \dfrac{\partial u_z}{\partial z} \\ \dfrac{1}{2}\left(\dfrac{\partial u_x}{\partial y} + \dfrac{\partial u_y}{\partial x}\right) \\ \dfrac{1}{2}\left(\dfrac{\partial u_y}{\partial z} + \dfrac{\partial u_z}{\partial y}\right) \\ \dfrac{1}{2}\left(\dfrac{\partial u_z}{\partial x} + \dfrac{\partial u_x}{\partial z}\right) \end{bmatrix} = \begin{bmatrix} \sum_{i=1}^{4} \dfrac{\partial N_i}{\partial x} u_{xi} \\ \sum_{i=1}^{4} \dfrac{\partial N_i}{\partial y} u_{yi} \\ \sum_{i=1}^{4} \dfrac{\partial N_i}{\partial z} u_{zi} \\ \dfrac{1}{2}\sum_{i=1}^{4}\left(\dfrac{\partial N_i}{\partial y} u_{xi} + \dfrac{\partial N_i}{\partial x} u_{yi}\right) \\ \dfrac{1}{2}\sum_{i=1}^{4}\left(\dfrac{\partial N_i}{\partial z} u_{yi} + \dfrac{\partial N_i}{\partial y} u_{zi}\right) \\ \dfrac{1}{2}\sum_{i=1}^{4}\left(\dfrac{\partial N_i}{\partial x} u_{zi} + \dfrac{\partial N_i}{\partial z} u_{xi}\right) \end{bmatrix} \tag{5.22}$$

写成矩阵形式为

$$\dot{\boldsymbol{\varepsilon}} = \boldsymbol{B}\boldsymbol{v} \tag{5.23}$$

式中，$\boldsymbol{B}$ 为单元应变速率矩阵，其形式为

$$\boldsymbol{B}=\begin{bmatrix} X_1 & 0 & 0 & X_2 & 0 & 0 & \cdots & X_4 & 0 & 0 \\ 0 & Y_1 & 0 & 0 & Y_2 & 0 & \cdots & 0 & Y_4 & 0 \\ 0 & 0 & Z_1 & 0 & 0 & Z_2 & \cdots & 0 & 0 & Z_4 \\ Y_1 & X_1 & 0 & Y_2 & X_2 & 0 & \cdots & Y_4 & X_4 & 0 \\ 0 & Z_1 & Y_1 & 0 & Z_2 & Y_2 & \cdots & 0 & Z_4 & Y_4 \\ Z_1 & 0 & X_1 & Z_2 & 0 & X_1 & \cdots & Z_4 & 0 & X_4 \end{bmatrix} \tag{5.24}$$

其中，X_i、Y_i 和 Z_i $(i=1,2,3,4)$ 为形状函数对整体坐标的偏导，具体形式为

$$\begin{bmatrix} X_i \\ Y_i \\ Z_i \end{bmatrix}=\begin{bmatrix} \dfrac{\partial N_i}{\partial x} \\ \dfrac{\partial N_i}{\partial y} \\ \dfrac{\partial N_i}{\partial z} \end{bmatrix}=\boldsymbol{J}^{-1}\begin{bmatrix} \dfrac{\partial N_i}{\partial L_1}-\dfrac{\partial N_i}{\partial L_4} \\ \dfrac{\partial N_i}{\partial L_2}-\dfrac{\partial N_i}{\partial L_4} \\ \dfrac{\partial N_i}{\partial L_3}-\dfrac{\partial N_i}{\partial L_4} \end{bmatrix} \tag{5.25}$$

其中，$\boldsymbol{J}^{-1}$ 为坐标变换的雅可比矩阵的逆矩阵，即

$$\boldsymbol{J}^{-1}=\frac{1}{|\boldsymbol{J}|}\begin{bmatrix} \dfrac{\partial y}{\partial L_2}\dfrac{\partial z}{\partial L_3}-\dfrac{\partial y}{\partial L_3}\dfrac{\partial z}{\partial L_2} & \dfrac{\partial y}{\partial L_3}\dfrac{\partial z}{\partial L_1}-\dfrac{\partial y}{\partial L_1}\dfrac{\partial z}{\partial L_3} & \dfrac{\partial y}{\partial L_1}\dfrac{\partial z}{\partial L_2}-\dfrac{\partial y}{\partial L_2}\dfrac{\partial z}{\partial L_1} \\ \dfrac{\partial z}{\partial L_2}\dfrac{\partial x}{\partial L_3}-\dfrac{\partial z}{\partial L_3}\dfrac{\partial x}{\partial L_2} & \dfrac{\partial z}{\partial L_3}\dfrac{\partial x}{\partial L_1}-\dfrac{\partial z}{\partial L_1}\dfrac{\partial x}{\partial L_3} & \dfrac{\partial z}{\partial L_1}\dfrac{\partial x}{\partial L_2}-\dfrac{\partial z}{\partial L_2}\dfrac{\partial x}{\partial L_1} \\ \dfrac{\partial x}{\partial L_2}\dfrac{\partial y}{\partial L_3}-\dfrac{\partial x}{\partial L_3}\dfrac{\partial y}{\partial L_2} & \dfrac{\partial x}{\partial L_3}\dfrac{\partial y}{\partial L_1}-\dfrac{\partial x}{\partial L_1}\dfrac{\partial y}{\partial L_3} & \dfrac{\partial x}{\partial L_1}\dfrac{\partial y}{\partial L_2}-\dfrac{\partial x}{\partial L_2}\dfrac{\partial y}{\partial L_1} \end{bmatrix} \tag{5.26}$$

其中，$|\boldsymbol{J}|$ 为雅可比行列式的值，其形式如下：

$$|\boldsymbol{J}|=\begin{vmatrix} \dfrac{\partial x}{\partial L_1} & \dfrac{\partial y}{\partial L_1} & \dfrac{\partial z}{\partial L_1} \\ \dfrac{\partial x}{\partial L_2} & \dfrac{\partial y}{\partial L_2} & \dfrac{\partial z}{\partial L_2} \\ \dfrac{\partial x}{\partial L_3} & \dfrac{\partial y}{\partial L_3} & \dfrac{\partial z}{\partial L_3} \end{vmatrix}=\frac{\partial x}{\partial L_1}\frac{\partial y}{\partial L_2}\frac{\partial z}{\partial L_3}+\frac{\partial x}{\partial L_3}\frac{\partial y}{\partial L_1}\frac{\partial z}{\partial L_2}+\frac{\partial x}{\partial L_2}\frac{\partial y}{\partial L_3}\frac{\partial z}{\partial L_1}$$

$$-\frac{\partial x}{\partial L_3}\frac{\partial y}{\partial L_2}\frac{\partial z}{\partial L_1}-\frac{\partial x}{\partial L_2}\frac{\partial y}{\partial L_1}\frac{\partial z}{\partial L_3}-\frac{\partial x}{\partial L_1}\frac{\partial y}{\partial L_3}\frac{\partial z}{\partial L_2} \tag{5.27}$$

3. 等效应变速率矩阵的确定

等效应变速率为

$$\dot{\bar{\varepsilon}}=\sqrt{\frac{2}{3}\left(\dot{\varepsilon}_{ij}\dot{\varepsilon}_{ij}\right)} \tag{5.28}$$

对上式两边平方得

$$\dot{\bar{\varepsilon}}^2 = \frac{2}{3}\left(\dot{\varepsilon}_{ij}\dot{\varepsilon}_{ij}\right) = \dot{\boldsymbol{\varepsilon}}^{\mathrm{T}}\boldsymbol{D}\dot{\boldsymbol{\varepsilon}} \tag{5.29}$$

式中，$\boldsymbol{D}$ 为常数对角矩阵：

$$\boldsymbol{D} = \begin{bmatrix} \frac{2}{3} & 0 & 0 & 0 & 0 & 0 \\ 0 & \frac{2}{3} & 0 & 0 & 0 & 0 \\ 0 & 0 & \frac{2}{3} & 0 & 0 & 0 \\ 0 & 0 & 0 & \frac{1}{3} & 0 & 0 \\ 0 & 0 & 0 & 0 & \frac{1}{3} & 0 \\ 0 & 0 & 0 & 0 & 0 & \frac{1}{3} \end{bmatrix} \tag{5.30}$$

将式（5.23）代入式（5.29）中得

$$\dot{\bar{\varepsilon}} = (\boldsymbol{v}^{\mathrm{T}}\boldsymbol{B}^{\mathrm{T}}\boldsymbol{D}\boldsymbol{B}\boldsymbol{v})^{\frac{1}{2}} = (\boldsymbol{v}^{\mathrm{T}}\boldsymbol{P}\boldsymbol{v})^{\frac{1}{2}} \tag{5.31}$$

式中，$\boldsymbol{P}$ 为等效应变速率矩阵，具体形式为

$$\boldsymbol{P} = \boldsymbol{B}^{\mathrm{T}}\boldsymbol{D}\boldsymbol{B} \tag{5.32}$$

4. 体积应变速率矩阵的确定

在金属塑性成形的有限元分析中，为解决问题的需要，引入了体积不可压缩的约束条件，因而在解题的过程中要经常用到体积应变速率 $\dot{\varepsilon}_V$：

$$\dot{\varepsilon}_V = \dot{\varepsilon}_{ij}\delta_{ij} = \dot{\varepsilon}_x + \dot{\varepsilon}_y + \dot{\varepsilon}_z \tag{5.33}$$

其矩阵表示形式为

$$\dot{\varepsilon}_V = \boldsymbol{C}^{\mathrm{T}}V = C_I V_I \tag{5.34}$$

式中，$\boldsymbol{C}^{\mathrm{T}}$ 为体积应变速率矩阵，$\boldsymbol{C}^{\mathrm{T}} = \{1,1,1,0,0,0\}\boldsymbol{B}$；

$$C_I = B_{1I} + B_{2I} + B_{3I} \tag{5.35}$$

5. 单元刚度矩阵

对离散结构的第 e 个单元，其相应的泛函为

$$\pi^{*e} = \int_V \bar{\sigma}\dot{\bar{\varepsilon}}\mathrm{d}V - \int_{S_F} F_i u_i \mathrm{d}S + \int_V \frac{\alpha}{2}\dot{\varepsilon}_V{}^2\mathrm{d}V \tag{5.36}$$

集合各单元的泛函得

$$\pi^* = \sum_j \pi^{*e}(j) \tag{5.37}$$

根据 Markov 变分原理可知，问题的真解为泛函一阶变分为零时的解。对泛函式（5.37）取一阶变分并求其驻值，可得到一组代数方程，即刚度方程：

$$\frac{\partial \pi^*}{\partial v_I} = \sum_j \left(\frac{\partial \pi^*}{\partial v_I}\right)_j = 0 \tag{5.38}$$

式中，j 代表第 j 个单元；I 代表总体编号下的第 I 个节点。

刚度方程（5.38）是一组以节点速度分量为未知量的非线性方程组，通常采用牛顿-拉弗森（Newton-Raphson）迭代法对其进行求解，但首先需对其进行线性化处理。线性化的具体过程就是在一假定的初始速度场 $\boldsymbol{v} = \boldsymbol{v}_0$ 附近将式（5.38）用 Taylor 级数展开，并略去 $\Delta \boldsymbol{v}$ 二阶以上的高阶微量，可以得到

$$\left[\frac{\partial \pi^*}{\partial v_I}\right]_{\boldsymbol{v}=\boldsymbol{v}_0} + \left[\frac{\partial^2 \pi^*}{\partial v_I \partial v_J}\right]_{\boldsymbol{v}=\boldsymbol{v}_0} \Delta v_J = 0 \tag{5.39}$$

上式可以写成如下的矩阵形式：

$$\boldsymbol{K}\Delta \boldsymbol{v} = \boldsymbol{f} \tag{5.40}$$

式中，$\boldsymbol{K}$ 为刚度矩阵；$\boldsymbol{f}$ 为节点力矢量残差。

首先采用直接迭代的方法求解初始速度场，其所依据的方程为

$$\left[\frac{\partial \pi^*}{\partial v_I}\right]_{\boldsymbol{v}=\boldsymbol{v}_0} = 0 \tag{5.41}$$

由泛函的变分式（5.12）可得

$$\frac{\partial \pi^{*e}}{\partial v_I} = \frac{\partial \pi_D^{*e}}{\partial v_I} + \frac{\partial \pi_P^{*e}}{\partial v_I} + \frac{\partial \pi_{S_F}^{*e}}{\partial v_I} \tag{5.42}$$

式中，

$$\frac{\partial \pi_D^{*e}}{\partial v_I} = \int_V \frac{\bar{\sigma}}{\dot{\bar{\varepsilon}}} P_{IJ} v_J \mathrm{d}V \tag{5.43}$$

$$\frac{\partial \pi_P^{*e}}{\partial v_I} = \int_V \alpha C_J v_J C_I \mathrm{d}V \tag{5.44}$$

$$\frac{\partial \pi_{S_F}^{*e}}{\partial v_I} = -\int_{S_F} F_J N_{JI} \mathrm{d}S \tag{5.45}$$

式（5.42）为直接迭代时的刚度矩阵的表达式，这里需要指出，$-\partial \pi_{S_F}^{*e} / \partial v_I$ 为节点力，而 $\partial \pi_D^{*e} / \partial v_I + \partial \pi_p^{*e} / \partial v_I$ 为节点反力。

直接迭代求得初始速度场 $\boldsymbol{v}_0$ 后，便依据式（5.40）利用迭代法迭代求解速度场的修正量 $\Delta \boldsymbol{v}$，该过程中的单元刚度矩阵 $\boldsymbol{K}^e$ 由单元泛函式（5.36）对节点速度分量的二次偏导求得，即

$$\frac{\partial^2 \pi^{*e}}{\partial v_I \partial v_J} = \int_V \frac{\bar{\sigma}}{\dot{\bar{\varepsilon}}} P_{IJ} \mathrm{d}V + \int_V \left(\frac{1}{\dot{\bar{\varepsilon}}} \frac{\partial \bar{\sigma}}{\partial \dot{\bar{\varepsilon}}} - \frac{\bar{\sigma}}{\dot{\bar{\varepsilon}}^2} \right) \frac{1}{\dot{\bar{\varepsilon}}} P_{IK} v_K v_M P_{MJ} \mathrm{d}V + \int_V \alpha C_J C_I \mathrm{d}V \tag{5.46}$$

式中含有一项 $\partial\bar{\sigma}/\partial\dot{\bar{\varepsilon}}$，对于刚塑性材料，由于流动应力 $\bar{\sigma}$ 与等效应变速率 $\dot{\bar{\varepsilon}}$ 无关，故 $\partial\bar{\sigma}/\partial\dot{\bar{\varepsilon}}=0$。

5.2　刚塑性/刚黏塑性有限元关键问题处理

5.2.1　收敛准则的判断

刚塑性/刚黏塑性有限元法的基本求解过程是非线性方程组的迭代求解。对于任何迭代法，都需要给出一个合适的收敛准则，作为判断迭代是否收敛的判据。本节采用速度收敛准则，将每次迭代所得的每一个节点的相对速度误差的范数作为是否收敛的判据，即如果：

$$\frac{\|\Delta \boldsymbol{v}\|}{\|\boldsymbol{v}\|} < \delta \tag{5.47}$$

就认为数值求解过程已经收敛。式中，$\|\Delta \boldsymbol{v}\| = \sqrt{\Delta v_i \Delta v_i}$；$\|\boldsymbol{v}\| = \sqrt{v_i v_i}$；$\delta$ 为一个充分小的正数，一般 $\delta = 10^{-6} \sim 10^{-4}$。

5.2.2　非线性方程组的解法

当采用 Newton-Raphson 迭代法求解时，必须给定一个初始速度场。只有当这个初始速度场接近真实解时，Newton-Raphson 迭代法才表现出良好的收敛性；如果初始速度场远离真实解，则 Newton-Raphson 迭代法收敛速度较慢甚至不收敛。直接迭代法则无须给定初始速度场，且在迭代的初始阶段向真实解收敛的速度较快，但当速度场接近真实解时，则收敛速度很慢。因而先采用直接迭代法获得接近于真实解的速度场，再用 Newton-Raphson 迭代法求解真实速度场。直接迭代法和 Newton-Raphson 迭代法的基本原理如下。

1. 直接迭代法的基本原理

对于非线性方程组：

$$\boldsymbol{\phi}(\boldsymbol{v}) = \boldsymbol{K}(\boldsymbol{v})\boldsymbol{v} + \boldsymbol{f} = \boldsymbol{0} \tag{5.48}$$

式中，$\boldsymbol{K}(\boldsymbol{v})$ 是依赖于未知向量 $\boldsymbol{v}$ 的矩阵；$\boldsymbol{f}$ 为常向量。

假设有某个初始的试探解：

$$\boldsymbol{v} = \boldsymbol{v}_0 \tag{5.49}$$

代入式（5.48）的 $\boldsymbol{K}(\boldsymbol{v})$ 中，可以求得被改进了的一次近似解：

$$\boldsymbol{v}_1 = -[\boldsymbol{K}(\boldsymbol{v}_0)]^{-1} \boldsymbol{f} \tag{5.50}$$

重复上述过程，可以得到第 n 次近似解：

$$\boldsymbol{v}_n = -\left(\boldsymbol{K}(\boldsymbol{v}_{n-1})\right)^{-1} \boldsymbol{f} \tag{5.51}$$

一直到误差的某种范数小于某个规定的容许小量：

$$\|\boldsymbol{e}\| = \|\boldsymbol{v}_n - \boldsymbol{v}_{n-1}\| \leqslant e_r \tag{5.52}$$

上述迭代过程可以终止。

2. Newton-Raphson 迭代法的基本原理

如果方程组 $\boldsymbol{K}(\boldsymbol{v})\boldsymbol{v} + \boldsymbol{f} = \boldsymbol{0}$ 的第 n 次近似解 $\boldsymbol{v}_n$ 已经得到，为得到进一步的近似解 $\boldsymbol{v}_{n+1}$，可将 $\boldsymbol{\phi}(\boldsymbol{v}_{n+1})$ 表示成在 $\boldsymbol{v}_n$ 附近的仅保留线性项的 Taylor 展开式，即

$$\boldsymbol{\phi}(\boldsymbol{v}_{n+1}) \equiv \boldsymbol{\phi}(\boldsymbol{v}_n) + \left(\frac{\mathrm{d}\boldsymbol{\phi}}{\mathrm{d}\boldsymbol{v}}\right)_n \Delta\boldsymbol{v}_n = \boldsymbol{0} \tag{5.53}$$

式中，$\dfrac{\mathrm{d}\boldsymbol{\phi}}{\mathrm{d}\boldsymbol{v}} = \boldsymbol{K}_T(\boldsymbol{v})$ 为切线矩阵；

$$\Delta\boldsymbol{v}^n = -\left(\boldsymbol{K}_T(\boldsymbol{v}_n)\right)^{-1} \boldsymbol{\phi}(\boldsymbol{v}_n) \tag{5.54}$$

则 $\boldsymbol{v}_{n+1} = \boldsymbol{v}_n + \Delta\boldsymbol{v}_n$ 重复上述迭代求解过程，直至满足收敛要求。

5.2.3　刚性区的处理

对于金属塑性成形而言，刚性区（rigid region）和塑性区（plastic region）是同时存在的。与塑性区相比较而言，刚性区具有一个很小的等效应变速率值，由于变分原理是以塑性变形体为基础的，而且是基于刚塑性/刚黏塑性材料的假设，因而当用变分原理处理刚性区时，刚度方程就会表现出一定的病态而导致迭代的不收敛。为了解决这一问题，应力应变关系即本构方程作如下处理[1,13-17]：

对于刚性区，本构关系为

$$\dot{\varepsilon}_{ij} = \frac{3}{2}\frac{\dot{\bar{\varepsilon}}_0}{\bar{\sigma}_0}\sigma'_{ij}, \quad \dot{\bar{\varepsilon}} \leqslant \dot{\bar{\varepsilon}}_0 \tag{5.55}$$

对于塑性区，本构关系为

$$\dot{\varepsilon}_{ij} = \frac{3}{2}\frac{\dot{\bar{\varepsilon}}}{\bar{\sigma}}\sigma'_{ij}, \quad \dot{\bar{\varepsilon}} > \dot{\bar{\varepsilon}}_0 \tag{5.56}$$

式中，$\bar{\sigma}_0 = \bar{\sigma}(\bar{\varepsilon}, \dot{\bar{\varepsilon}}_0)$，$\dot{\bar{\varepsilon}}_0$ 为预先设定的极限值，$\dot{\bar{\varepsilon}}_0$ 值的大小对迭代收敛和模拟精度具有重要的影响，太大的 $\dot{\bar{\varepsilon}}_0$ 值会导致一个相当大的刚性区，但是太小的 $\dot{\bar{\varepsilon}}_0$ 值会导致较差的收敛性，$\dot{\bar{\varepsilon}}_0$ 值一般取 $10^{-3} \sim 10^{-2}$。

对于刚性区，则泛函的第一项为

$$\pi_{\mathrm{D}}^{*} = \int_V \left(\frac{\bar{\sigma}_0}{\dot{\bar{\varepsilon}}_0}\right) \dot{\bar{\varepsilon}}\delta\dot{\bar{\varepsilon}}\mathrm{d}V, \quad \dot{\bar{\varepsilon}} \leqslant \dot{\bar{\varepsilon}}_0 \tag{5.57}$$

5.2.4　摩擦边界条件的处理

在金属塑性成形工艺中，沿着模具与工件的接触面存在一个中性区，即在该区内变形材料相对模具的速度为零。中性区的位置取决于摩擦应力的大小。为了处理中性区的问题，一个依赖于速度的摩擦应力被用来近似常摩擦应力。因此，摩擦边界条件被表达如下：

$$\boldsymbol{f}_s = mk\left(\frac{2}{\pi}\arctan\left(\frac{|\boldsymbol{u}_s|}{u_0}\right)\right)\boldsymbol{l} \tag{5.58}$$

式中，$\boldsymbol{f}_s$ 为摩擦应力；m 为坯料与模具的摩擦系数；k 为剪切屈服应力；$\boldsymbol{u}_s$ 为坯料与模具的相对滑动速度；u_0 为正常数，一般 $u_0 = 10^{-4} \sim 10^{-3}$；$\boldsymbol{l}$ 为与相对滑动速度相反的单位矢量。

则摩擦应力作为表面力引入泛函：

$$\pi_{S_\mathrm{C}}^* = \int_{S_\mathrm{C}} f_s \boldsymbol{u}_s \mathrm{d}S \tag{5.59}$$

式中，S_C 为摩擦接触面。

5.2.5　网格的重新划分

在金属塑性成形过程中，金属材料的变形程度是很大的，模具与金属材料的相对运动也是很大的，这些都会造成有限元模拟计算上的困难。主要表现在以下几个方面：①由于模具与成形件相对运动的不断增加，模具边界形状很难并入有限元网格；②单一网格系统很难考虑较大变形模式的变化；③大的局部变形导致雅可比行列式为负值，形成了不可接受的单元形状。为了克服这些困难，必须定期地进行网格重新划分。网格重新划分技术的两个关键问题就是网格畸变准则的判定和新旧网格状态参量的传递[1,18-21]。

1. 网格畸变准则的判定

对于任一四节点四面体单元，如图 5.3 所示，设 P_1 点为单元某一节点，P_2、P_3 和 P_4 点是与 P_1 点相邻的节点，$\boldsymbol{\lambda}_2$、$\boldsymbol{\lambda}_3$ 和 $\boldsymbol{\lambda}_4$ 分别为从 P_1 点到 P_2、P_3 和 P_4 点的单位矢量。当 $\boldsymbol{\lambda}_2$、$\boldsymbol{\lambda}_3$ 和 $\boldsymbol{\lambda}_4$ 满足下面关系时，判定网格发生了畸变，即

$$(\boldsymbol{\lambda}_2 \times \boldsymbol{\lambda}_3)\cdot\boldsymbol{\lambda}_4 \leqslant m_\mathrm{d} \tag{5.60}$$

式中，m_d 为网格畸变判据常数。

2. 新旧网格状态参量的传递

在金属塑性成形的刚塑性/刚黏塑性有限元模拟中，从旧网格系统向新网格系统传递的状态参量主要是等效应变。由于等效应变值是在每个单元的缩减积分点

给出的，因此首先必须使用体积加权平均法将单元形心处的等效应变值插值到旧单元的节点上。则由 k 个单元包围的节点 i 的等效应变值通过下式给出：

$$\overline{\varepsilon}_i = \frac{\sum_{j=1}^{k} \overline{\varepsilon}_j V_j}{\sum_{j=1}^{k} V_j} \tag{5.61}$$

式中，$\overline{\varepsilon}_j$ 为节点 i 周围第 j 个单元的等效应变；V_j 为节点 i 周围第 j 个单元的体积。

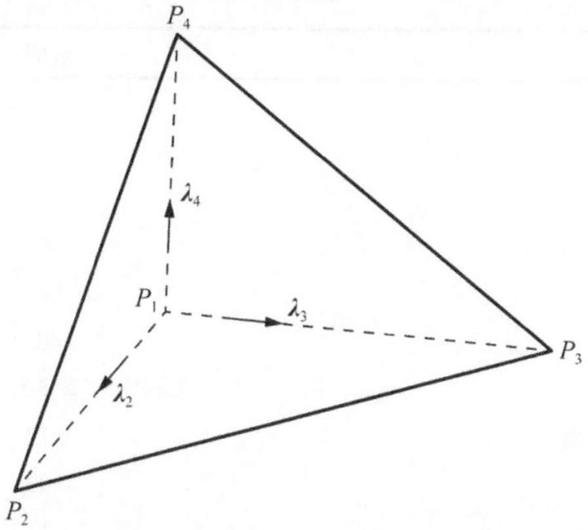

图 5.3　网格畸变判定示意图

在获得所有旧网格节点的等效应变值之后，判断出新网格节点落在旧网格的哪一个单元中，则可通过插值的方法，将旧网格节点的等效应变值 $\overline{\varepsilon}_i$ 传递到新网格上，其表达式如下：

$$\overline{\varepsilon} = \sum_{i=1}^{4} N_i \overline{\varepsilon}_i \tag{5.62}$$

5.3　金属塑性成形宏观有限元模拟案例

5.3.1　带纵向内筋筒形件反向滚珠旋压成形刚塑性有限元模拟

1. 有限元模型及模拟参数的确定

图 5.4 为带纵向内筋铝合金筒形件反向滚珠旋压成形有限元模型，对筒坯划分 47712 个单元、11998 个节点，对于筒坯发生塑性变形的部分，采用网格加密处理。筒坯的一个端面在径向、切向和轴向三个方向均被约束，另一个端面（滚珠初始位置端）为自由状态，芯模固定不动，滚珠既有轴向进给运动，又有周向

旋转运动，因此滚珠的运动轨迹为螺旋线。铝合金采用防锈铝 LF2，其刚塑性本构模型为

$$\bar{\sigma} = 294\bar{\varepsilon}^{0.258} \tag{5.63}$$

表 5.1 为以下各有限元模拟方案工艺条件，在每种模拟方案中未提及的工艺参数都遵循该表中的数据。芯模直径和凹槽尺寸与工艺试验中所用芯模直径和凹槽尺寸完全相同，模拟中采用 4 个滚珠的目的是减少模拟的计算时间（图 5.5）。

表 5.1　模拟工艺参数[1]

参数	数值
筒坯内径/mm	30
筒坯壁厚/mm	2.5
筒坯长度/mm	20
滚珠数目	4
芯模直径/mm	30
芯模长度/mm	40
芯模凹槽尺/mm	见图 5.5，b=3.5，c=2, e=2
芯模与筒坯摩擦系数	0.12
滚珠与筒坯摩擦系数	0.03
滚珠进给距离/mm	8

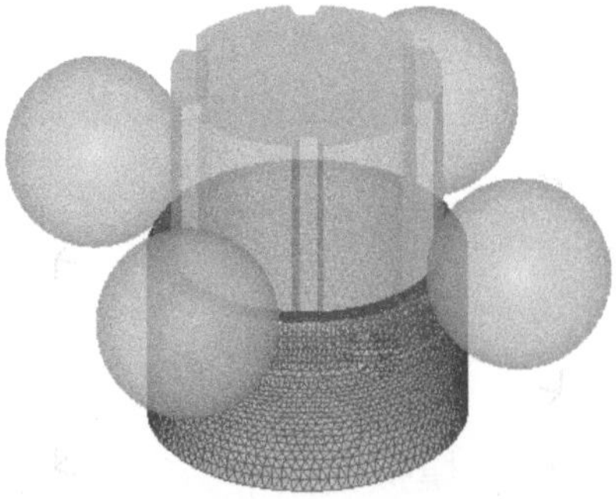

图 5.4　纵向内筋铝合金筒形件反向滚珠旋压有限元模型[1]

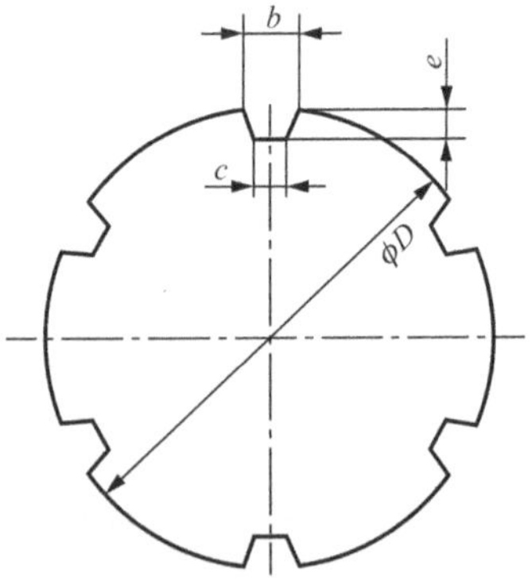

图 5.5　芯模横截面结构示意图[1]

2. 有限元模拟结果分析

图 5.6～图 5.11 分别为采用直径为 10mm、20mm 和 30mm 的滚珠对旋压件成形所进行的有限元模拟结果。通过对图 5.6～图 5.11 的模拟结果进行对比分析，可以获得不同滚珠直径对纵向内筋薄壁筒形件滚珠旋压成形的影响规律。从等效应变和径向应变的分布可以看出，随着滚珠直径的增大，滚珠前方变形金属的应

变值不断减小，而内筋处的应变值则不断增大，这说明在保证其他工艺参数不变的条件下，随着滚珠直径的增大，滚珠前方金属隆起减小，金属材料的稳定流动的倾向增加，金属材料更容易向芯模的凹槽内流入，有利于内筋的形成。通过有限元模拟，对于工艺试验中合理地选择滚珠直径，具有重要的指导意义。

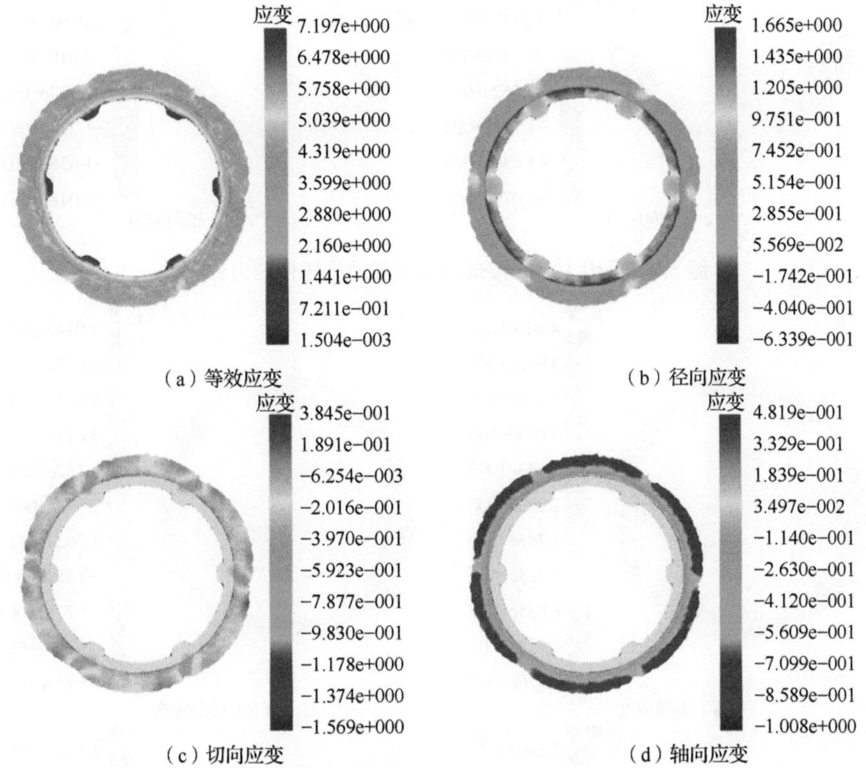

（a）等效应变　（b）径向应变
（c）切向应变　（d）轴向应变

图 5.6　采用 10mm 滚珠直径成形的旋压件应变分布[1]

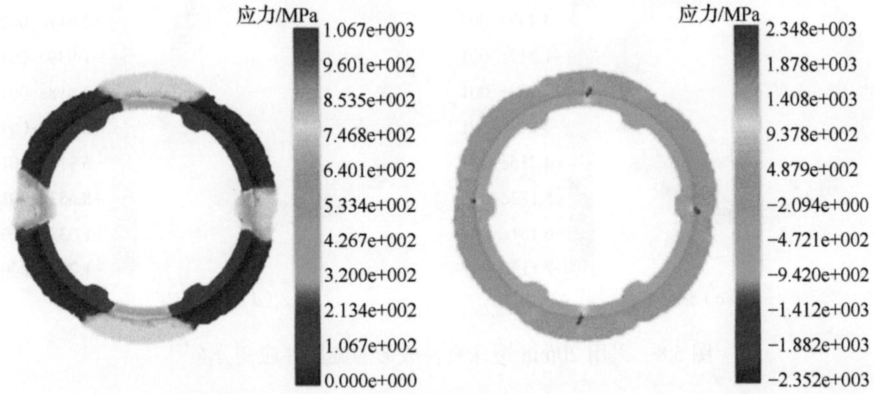

（a）等效应力　（b）径向应力

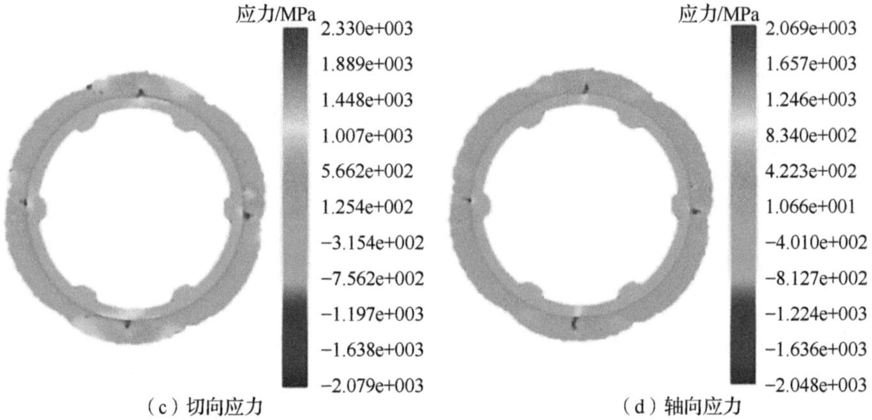

图 5.7　采用 10mm 滚珠直径成形的旋压件应力分布[1]

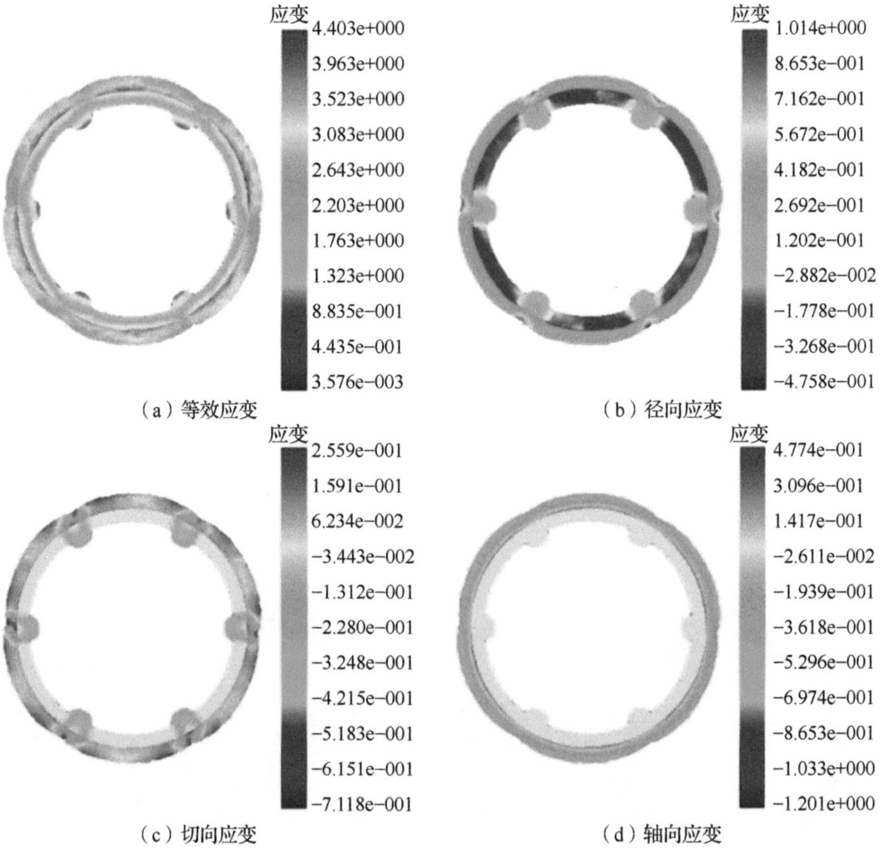

图 5.8　采用 20mm 滚珠直径成形的旋压件应变分布[1]

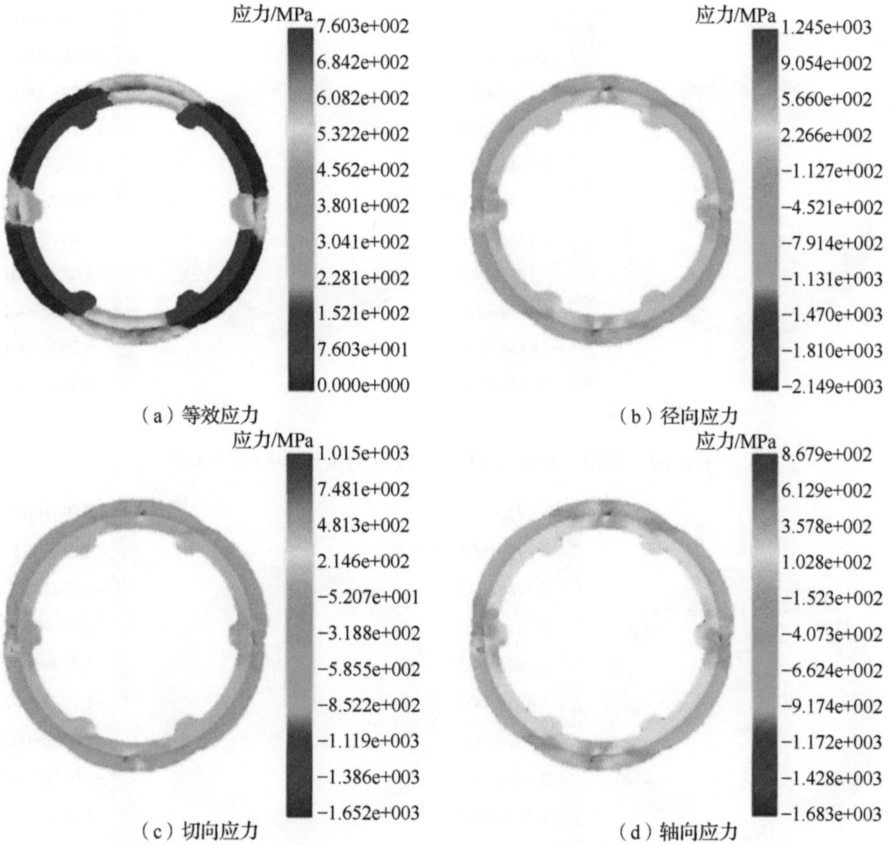

图 5.9　采用 20mm 滚珠直径成形的旋压件应力分布[1]

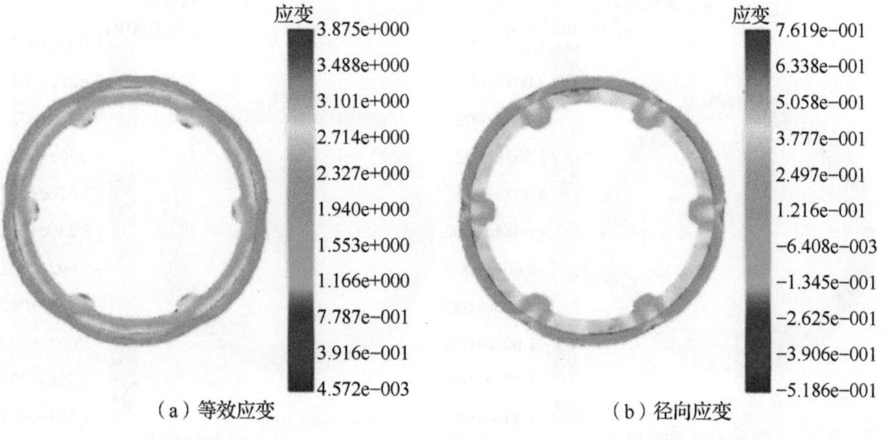

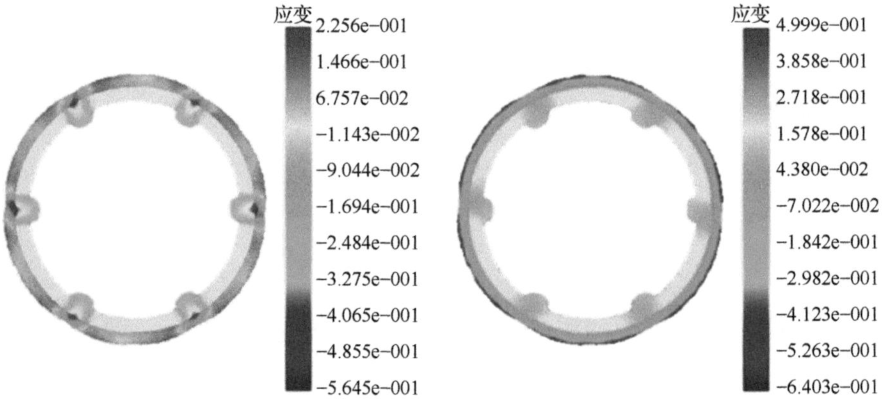

（c）切向应变　　（d）轴向应变

图 5.10　采用 30mm 滚珠直径成形的旋压件应变分布[1]

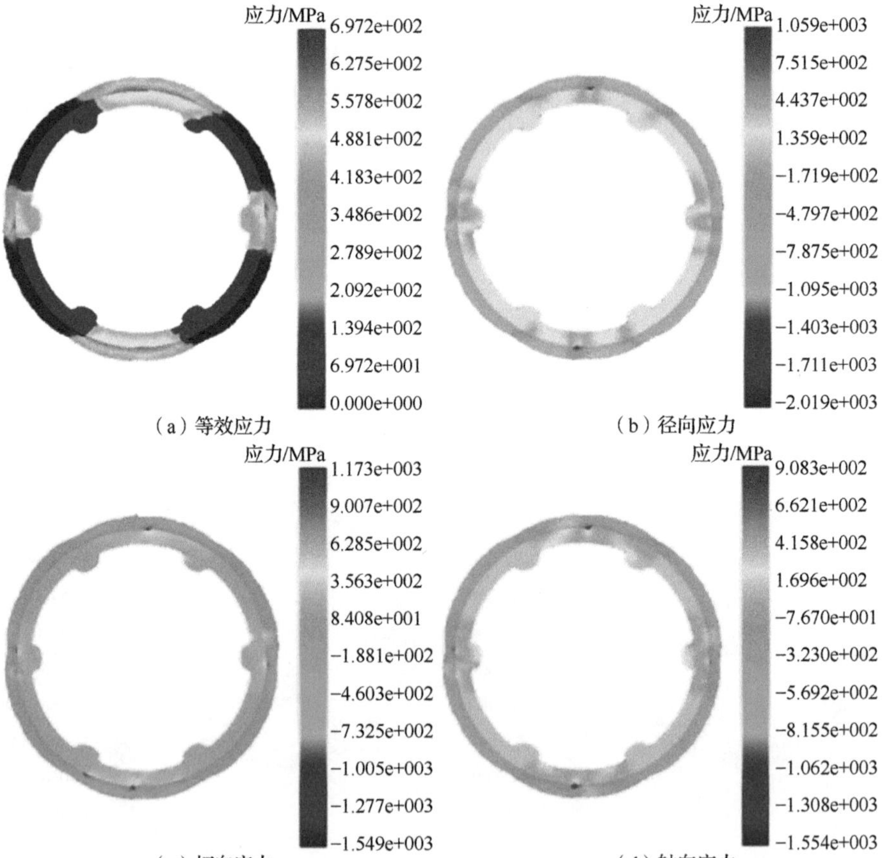

（a）等效应力　　（b）径向应力

（c）切向应力　　（d）轴向应力

图 5.11　采用 30mm 滚珠直径成形的旋压件应力分布[1]

通过以上的有限元模拟情况可以看出，在纵向内筋薄壁筒形件滚珠旋压成形过程中，金属材料的表面堆积和隆起对内筋的成形是不利的，而且金属材料的表面堆积和隆起与滚珠直径和每道次壁厚减薄量有关。在滚珠直径一定的条件下，每道次壁厚减薄量越大，表面隆起越严重，在每道次壁厚减薄量一定的条件下，滚珠直径越小，表面隆起越严重，因此滚珠直径一定的条件下，每道次旋压不宜采用太大的壁厚减薄量。然而，为了保证内筋的填充质量，形成更高的内筋，必须使金属材料不断地向芯模的凹槽流入形成内筋，因此采用多道次旋压是必要的。

为了分析纵向内筋薄壁筒形件滚珠旋压成形多道次旋压下内筋的形成规律，进行了有限元模拟。模拟过程中采用的坯料壁厚为 2.5mm，滚珠直径为 20mm，进给比为 1.6mm/r，采用 3 个旋压道次，每个旋压道次的壁厚减薄量为 0.5mm，总壁厚减薄率为 60%。图 5.12、图 5.13 和图 5.14 分别为第 1 个旋压道次、第 2 个旋压道次和第 3 个旋压道次下内筋成形的有限元模拟情况。从图 5.12～图 5.14 对比可以看出，当旋压第 1 个道次时，内筋成形较浅，即流入芯模凹槽的金属量比较少。

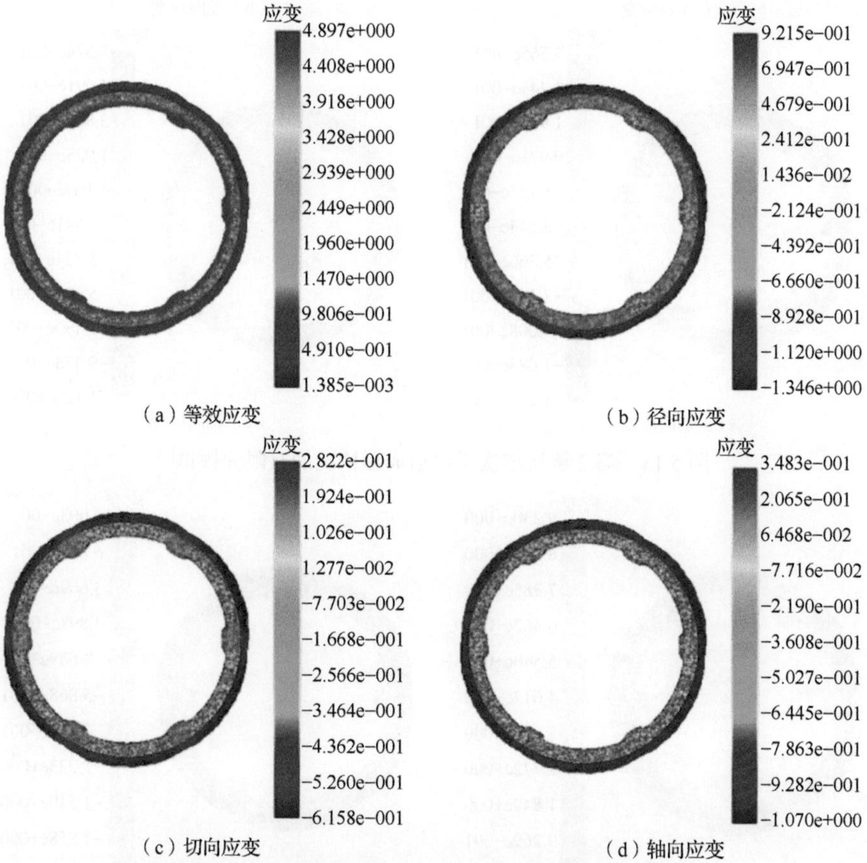

（a）等效应变　　（b）径向应变

（c）切向应变　　（d）轴向应变

图 5.12　第 1 旋压道次下内筋成形情况的有限元模拟[1]

当旋压第 2 道次时，金属材料进一步沿着径向和切向流入芯模的凹槽来保证内筋的填充。当旋压第 3 个道次时，内筋已基本充满。有限元模拟对于工艺试验中如何确定旋压道次数和每道次壁厚减薄量具有重要的指导意义。图 5.15 为经历 3 个旋压道次获得的内筋填充良好的旋压件照片。

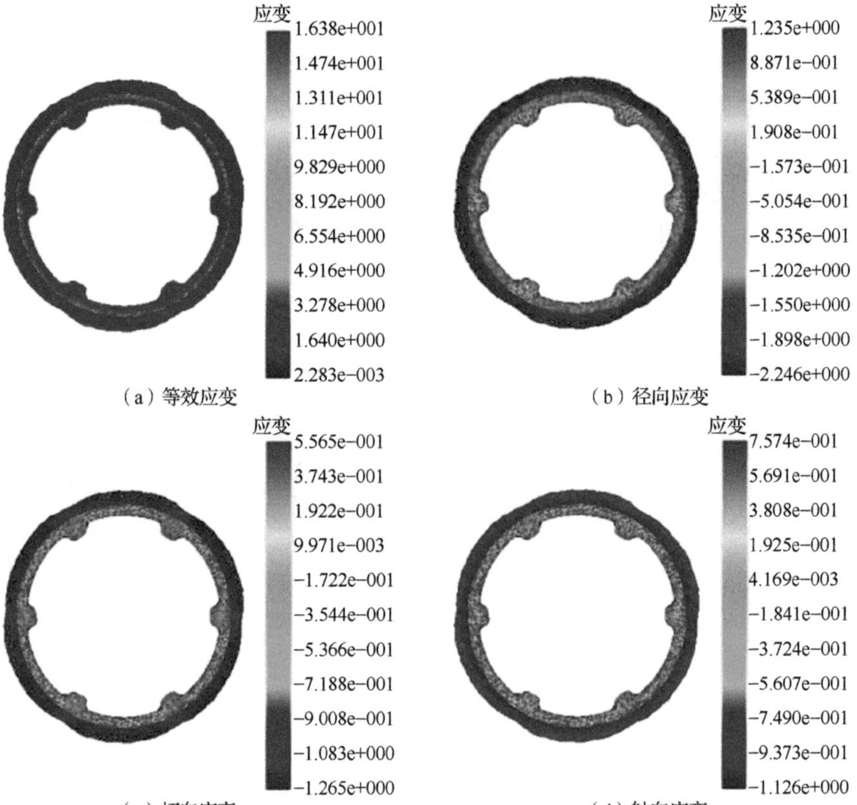

（a）等效应变　（b）径向应变

（c）切向应变　（d）轴向应变

图 5.13　第 2 旋压道次下内筋成形情况的有限元模拟[1]

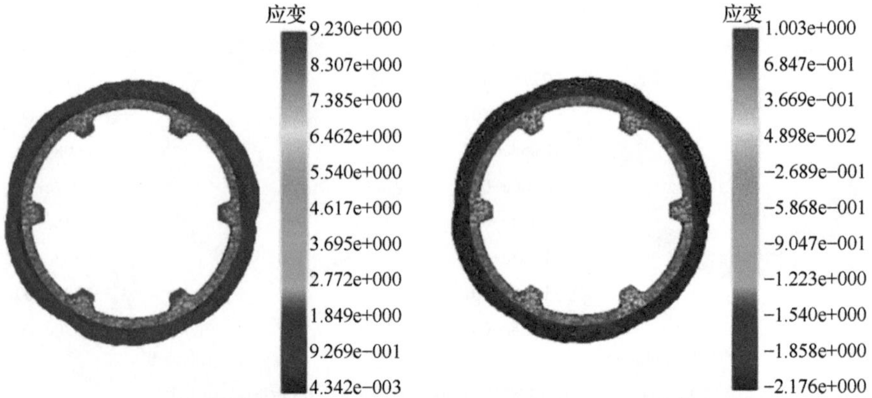

（a）等效应变　（b）径向应变

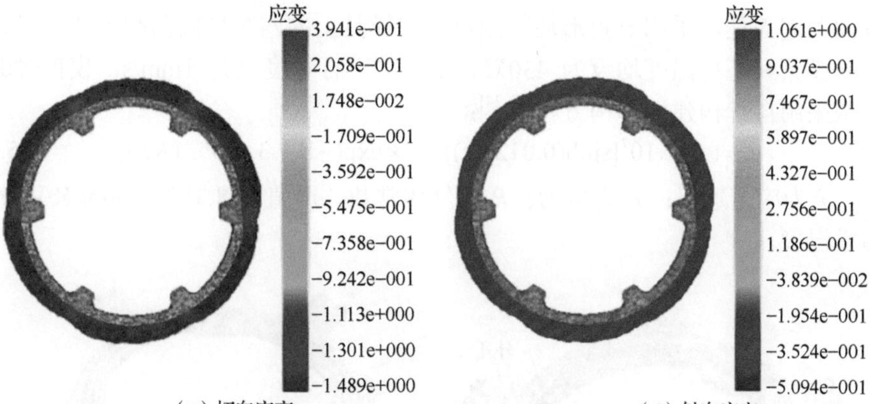

（c）切向应变　　（d）轴向应变

图 5.14　第 3 旋压道次下内筋成形情况的有限元模拟[1]

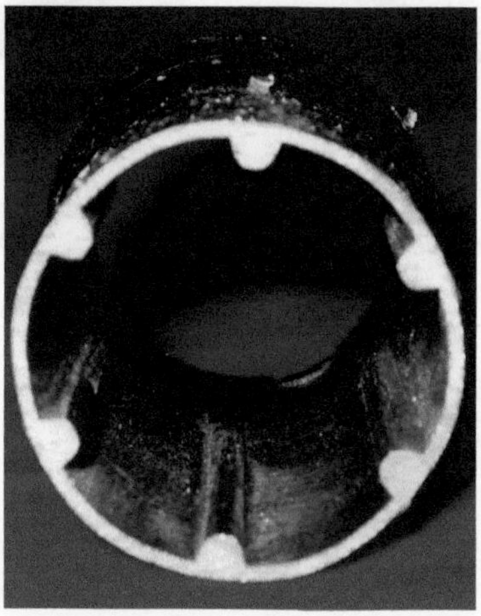

图 5.15　经历 3 个旋压道次获得的内筋填充良好的旋压件照片[1]

5.3.2　飞机环形座套锻件等温精密成形刚黏塑性有限元模拟

1. 有限元模型及模拟参数的确定

飞机用环形座套锻件是一种直升机升力系统的重要承力件，材料为 7A09 铝合金。该零件带有两个内耳和五个外耳，其中四个外耳还带有凹坑，如图 5.16（a）和（b）所示。另外，该锻件还必须满足如图 5.16（c）和（d）所示的流线分布，以满足一定的承载能力要求。本例采用商业有限元模拟软件 DEFORM3D 来模拟环形座套锻件[22-26]。图 5.17 为根据锻件模型构建而成的模具模型，可直接导入软件进行有限元模拟。基于该锻件的上述特点，本模拟案例采用两种坯料方案，即中心带孔的环形坯料和五角形坯料（图 5.18）。采用环形坯料，不能将模具上的四个轴向凸起盖住，采用五角形坯料则可以将模具上的四个轴向凸起盖住。模拟过程中的模具和坯料温度均设为 430℃，上模的下行速度设为 1mm/s。模拟时的材料模型采用自行构建的本构方程[22-24]：

$$\dot{\varepsilon} = 1.48 \times 10^{7} [\sinh(0.0124\sigma)]^{4.906} \times \exp(-101.3 \times 10^{3} / (RT)) \tag{5.64}$$

式中，$\dot{\varepsilon}$ 为应变速率；σ 为应力；R 为气体常数，取值为 8.314J/（mol·K）；T 为热力学温度。

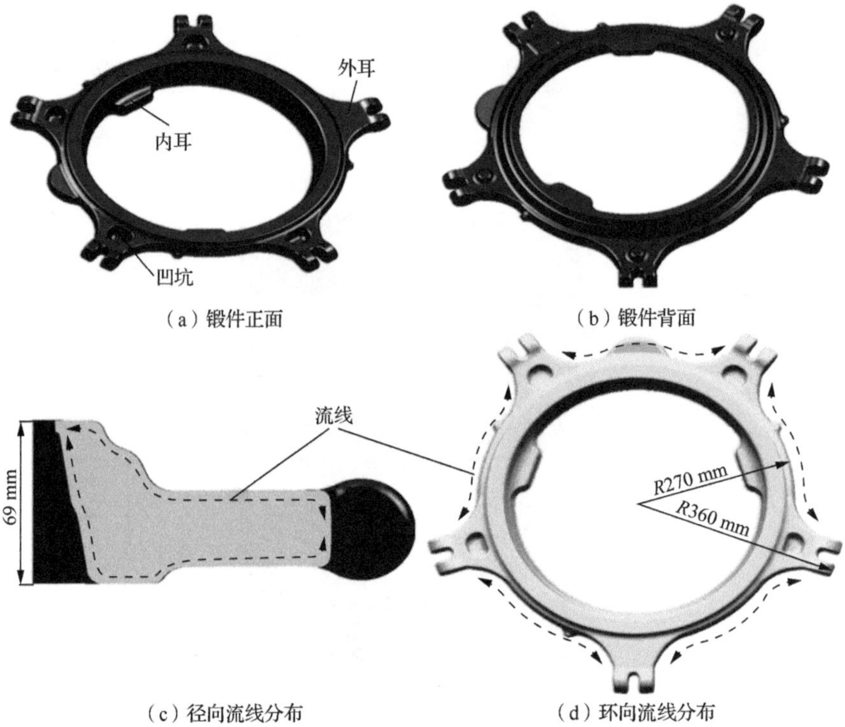

（a）锻件正面　（b）锻件背面

（c）径向流线分布　（d）环向流线分布

图 5.16　铝合金环形座套锻件模型[22]

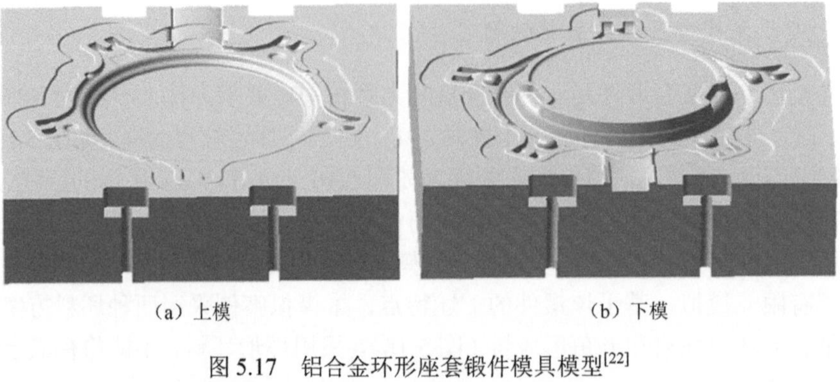

（a）上模　（b）下模

图 5.17　铝合金环形座套锻件模具模型[22]

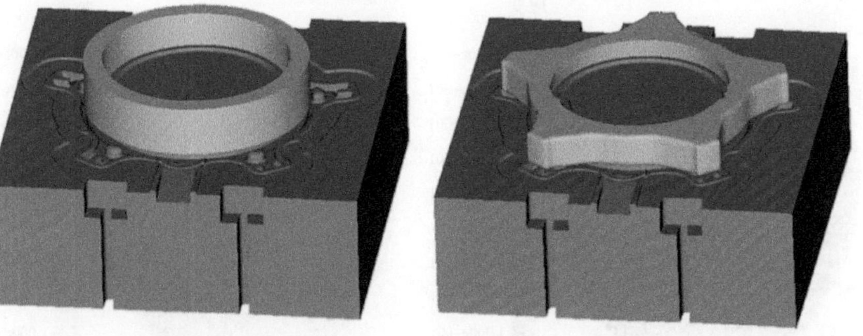

（a）环形坯料　　（b）五角形坯料

图 5.18　环形座锻件模拟成形方案的坯料模型[22]

2. 有限元模拟结果及分析

1）采用环形坯料的模拟结果及分析

采用环形坯料成形时，将其套放在下模的芯模上，依靠上下模的合模力使坯料发生塑性变形来充填模膛，相应的有限元模拟结果如图 5.19 所示。从该图中的等效应变分布可以看出，锻件正面的变形较大，背面的变形相对较小。采用环形坯料的成形过程可以分为三个阶段，即镦粗阶段、内耳形成阶段和外耳形成阶段。在镦粗阶段（图 5.19（a）和图 5.19（b）），金属主要沿径向流动，环壁逐渐增厚。随着上模的向下运行，由于两个模具内耳模膛距离坯料比较近，该处很容易被先充满并向内形成飞边（图 5.19（c）和图 5.19（d））。随着上模的继续下压，内环桥部的飞边阻力越来越大，迫使金属主要沿径向向外流动来充填五个外耳模膛（图 5.19（e）和图 5.19（f））。由于五个外耳中有四个带有轴向凹坑，模具的相应部位带有轴向凸起，在金属向外充填外耳模膛的过程中，这些凸起阻碍了该处模膛的充填，最后造成这四个外耳处的模膛没有充满，如图 5.20 所示。

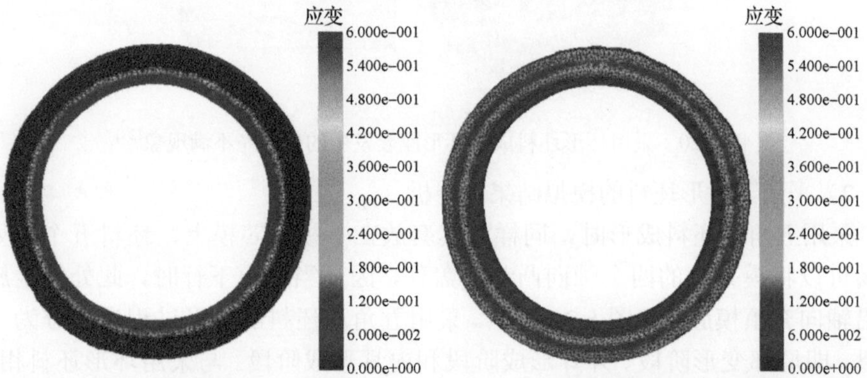

（a）压下量为20mm（正面）　　（b）压下量为20mm（背面）

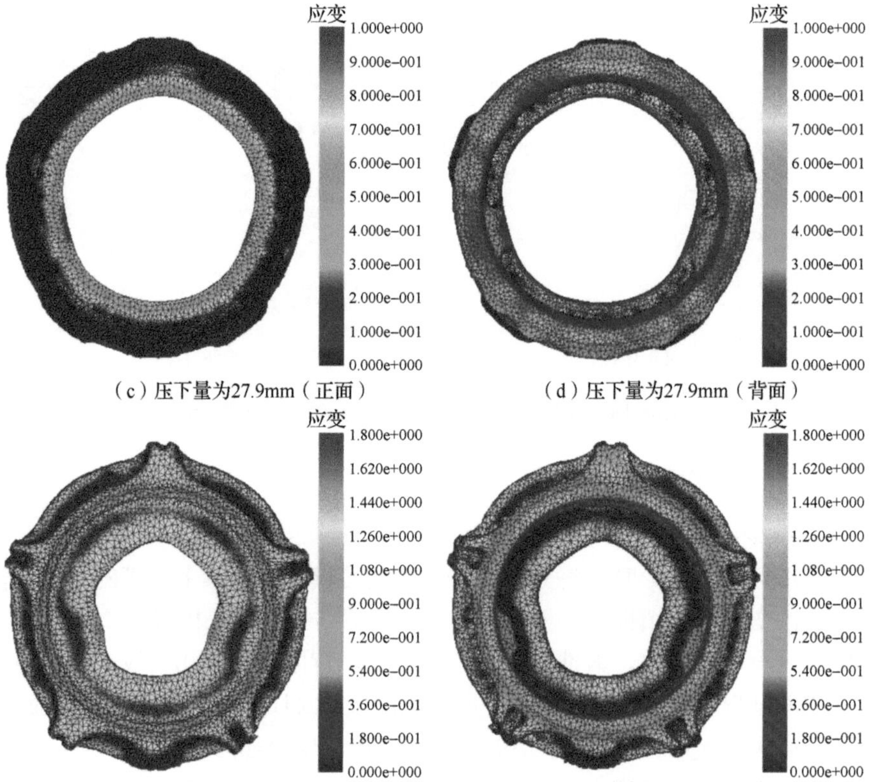

（c）压下量为27.9mm（正面）　　（d）压下量为27.9mm（背面）

（e）压下量为33.45mm（正面）　　（f）压下量为33.45mm（背面）

图 5.19　采用环形坯料的环形座套成形过程等效应变分布[23]

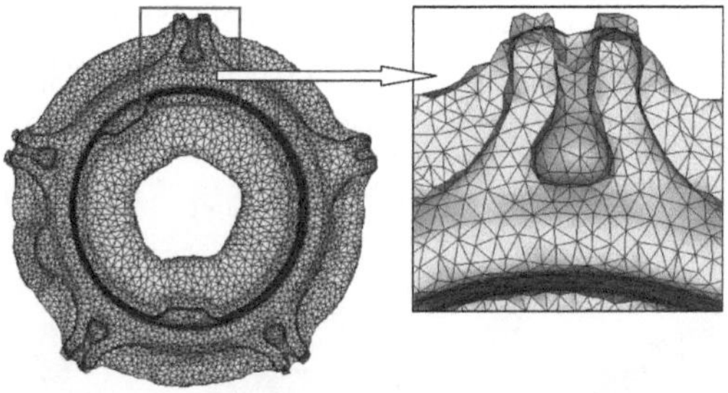

图 5.20　采用环形坯料成形环形座套发生的外耳充不满现象[23]

2）采用五角形坯料的模拟结果与分析

采用五角形坯料成形时，同样将其套放在下模的芯模上，坯料五个角处的金属可以将模具上的四个轴向凸起覆盖住，因而当上模下行时，此处的金属主要沿轴向充填模膛，如图 5.21 所示。采用五角形坯料的成形过程也可分为三个阶段，即局部变形阶段、外耳形成阶段和内耳形成阶段。与采用环形坯料相比，五角形坯料较薄，因而金属首先以反挤方式沿轴向充填模膛，完成局部变形阶段（图 5.21（a）和图 5.21（b））。然后，金属继续流动填充外耳模膛（图 5.21（c）和图 5.21（d）），完成外耳形成阶段。由于两个内耳处模膛需要靠金属的径向流动来充填，因而只有当外耳模膛充满形成飞边并产生一定的径向阻力后才能进入内耳的成形阶段（图 5.21（e）和图 5.21（f））。采用五角形坯料成形时，金属各处变形比较均匀，锻件成形后未发现折叠和充不满等缺陷，锻件成形质量比较高，如图 5.22 所示。

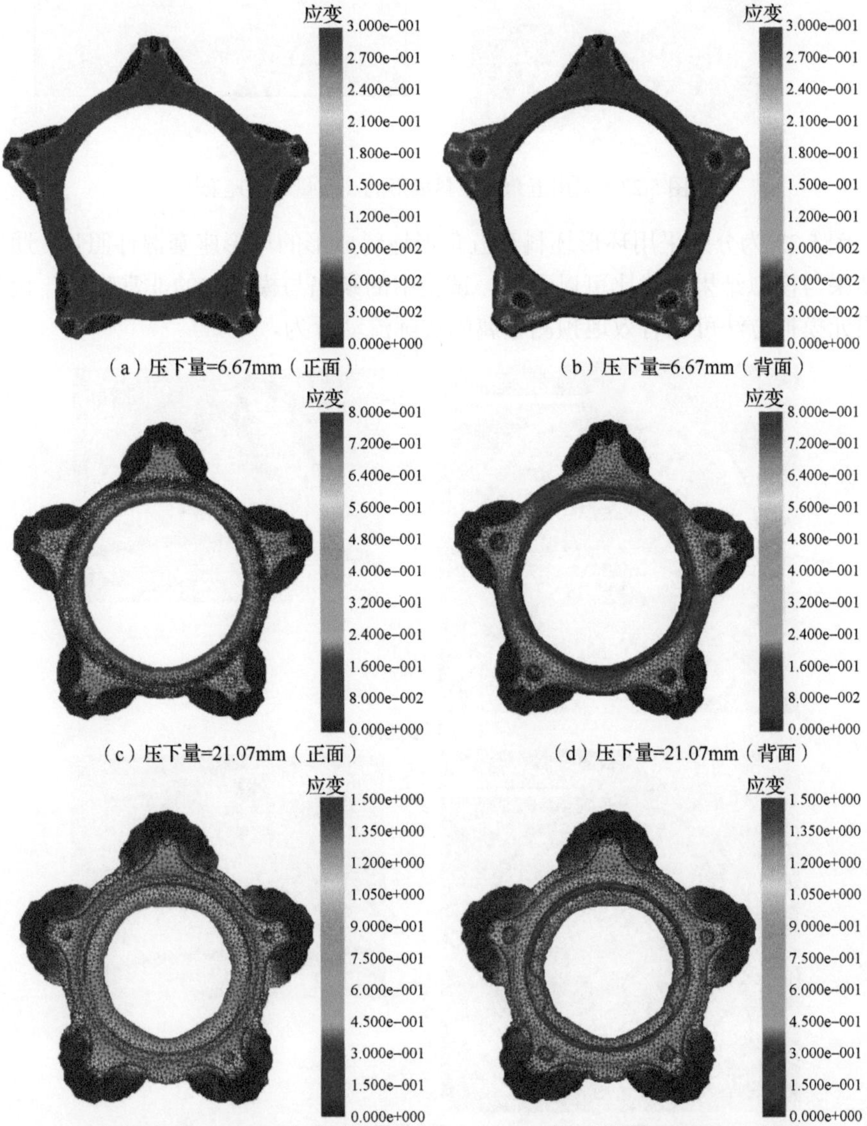

（a）压下量=6.67mm（正面）　（b）压下量=6.67mm（背面）

（c）压下量=21.07mm（正面）　（d）压下量=21.07mm（背面）

（e）压下量=21.07mm（正面）　（f）压下量=21.07mm（背面）

图 5.21　采用五角形坯料的环形座套成形过程等效应变分布[23]

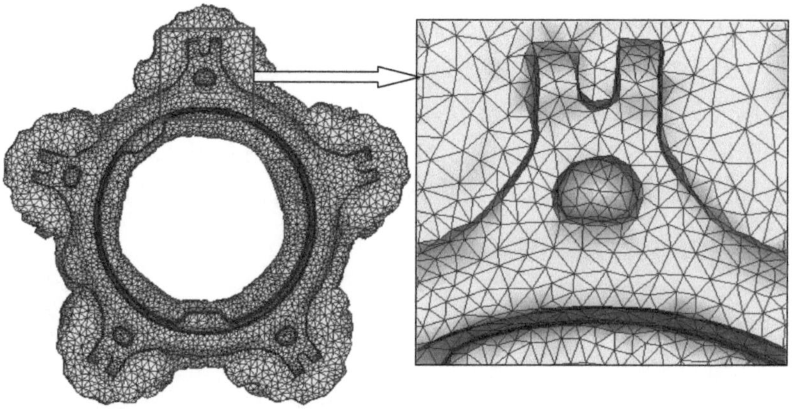

图 5.22　采用五角形坯料成形的高质量环形座套[23]

图 5.23 为分别采用环形坯料和五角形坯料成形的环形座套锻件照片。通过试验结果与模拟结果的对比可以看出，试验中的缺陷与模拟中的非常吻合，说明该有限元模拟方法可以有效地预测金属的实际流动行为。

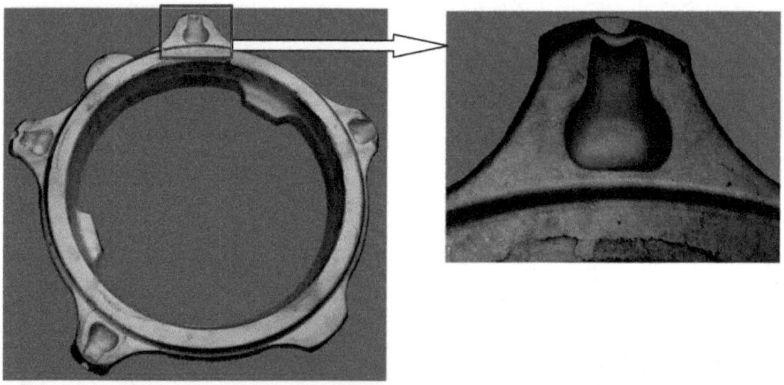

（a）环形坯料

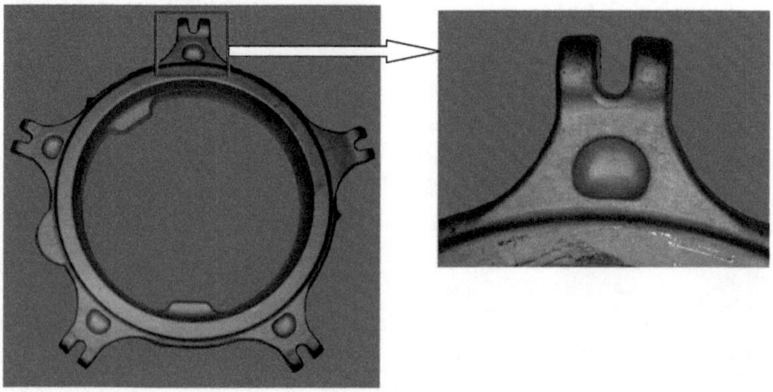

（b）五角形坯料

图 5.23　采用不同坯料成形的铝合金环形座锻件照片[22]

5.3.3　飞机环形座锻件等温精密成形刚黏塑性有限元模拟

1. 有限元模型及模拟参数的确定

环形座是一个集盘饼类、薄壁、高筋、长耳和非对称为一体的典型复杂构件，环形座锻件模型和流线分布要求如图 5.24 所示。可以看出，锻件的形状非常复杂，且要求流线主要沿径向分布。由于该锻件的投影面积较大，为了更好地研究其成形时金属的流动规律，探索最佳成形工艺，本例的模拟也采用商业有限元模拟软件 DEFORM3D，材料也为 7A09 铝合金，所以材料模型也采用式（5.64）中的本构方程。首先，根据图 5.24 的锻件三维模型构建出该锻件的终锻模具模型，如图 5.25 所示。然后，设计三种坯料方案，如图 5.26 所示。坯料 1 的长度为 150mm，宽度为 120mm，厚度为 50mm，坯料在放入模具中时并没有完全深入到下模型腔，而是搭在下模四个突耳处较浅的型腔当中。坯料 2 的长度为 165mm，宽度为 140mm，厚度为 35mm。坯料 3 的长度为 165mm，宽度为 135mm，厚度为 25mm，中心凹坑的直径为 60mm，深度为 10mm，其上的四个凸耳的突出高度为 10mm。坯料 2 和坯料 3 的坯料也都无法完全深入到下模型腔，但它们都搭在下模的飞边槽上，不与模具型腔接触。在模拟过程中，上模的下行速度设置为 1mm/s，模具和坯料的温度均设置为 430℃。

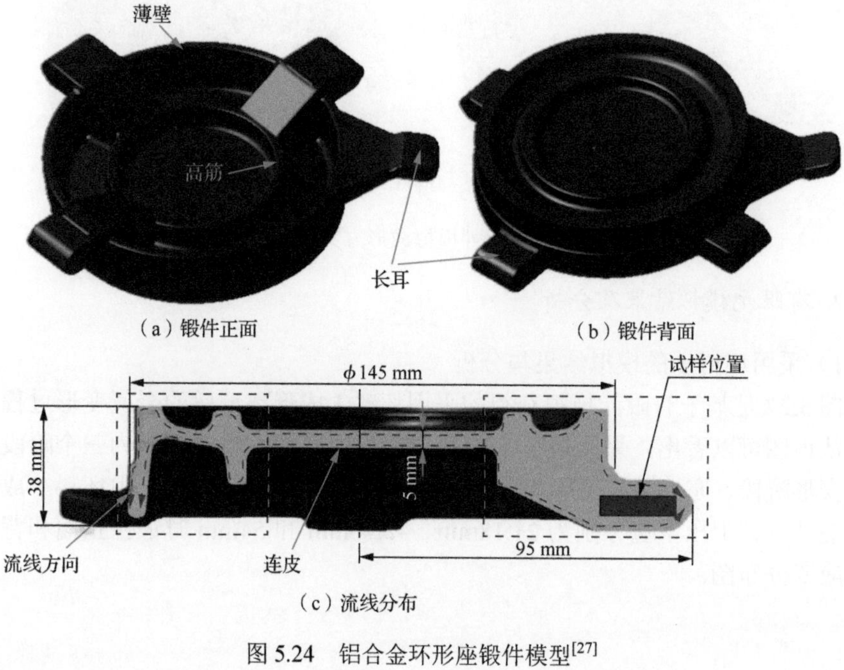

（a）锻件正面　（b）锻件背面

（c）流线分布

图 5.24　铝合金环形座锻件模型[27]

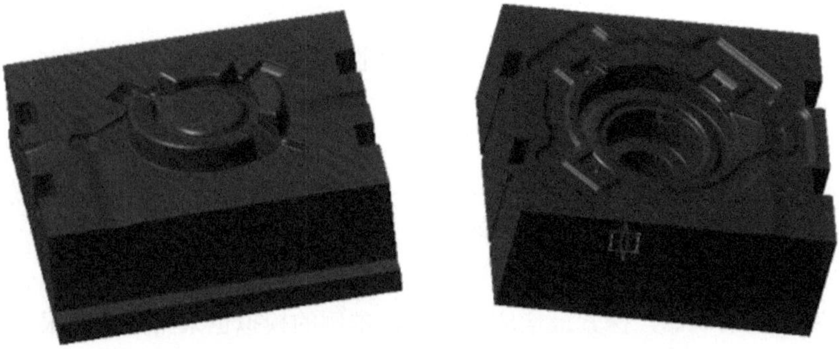

（a）上模　（b）下模

图 5.25　环形座锻件终锻模三维模型

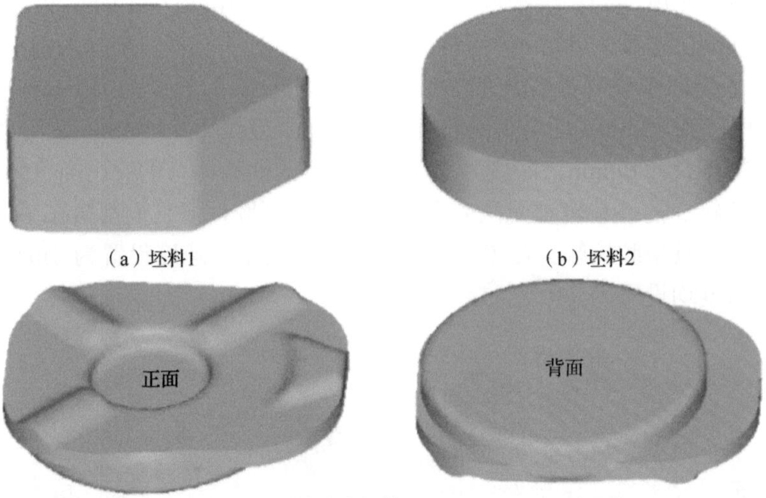

（a）坯料1　（b）坯料2

（c）坯料3

图 5.26　环形座锻件模拟成形方案的坯料模型[28]

2. 有限元模拟结果及分析

1）采用坯料 1 的模拟结果与分析

图 5.27 是基于有限元模拟获得的采用坯料 1 成形环形座的金属变形过程示意图。从该图可以看出，采用坯料 1 的环形座变形过程大致可以分为三个阶段，即局部变形阶段、充填型腔阶段和形成飞边阶段。图 5.28 所示为采用坯料 1 成形环形座锻件过程中压下量分别为 21.18mm、42.76mm 和 54mm 时锻件正面和背面的等效应变分布图。

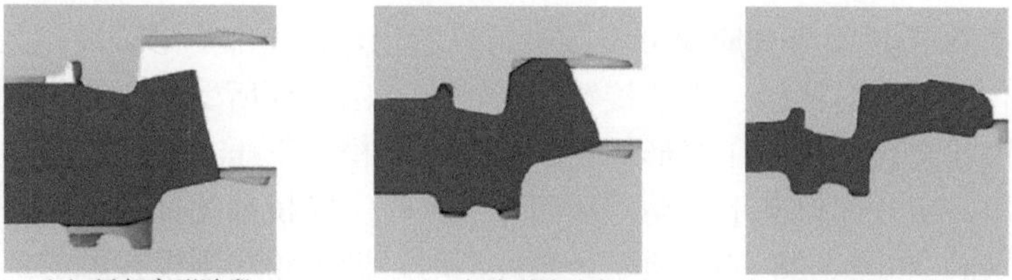

（a）局部变形阶段　　（b）充填型腔阶段　　（c）形成飞边阶段

图 5.27　采用坯料 1 的环形座成形过程的三个阶段[23]

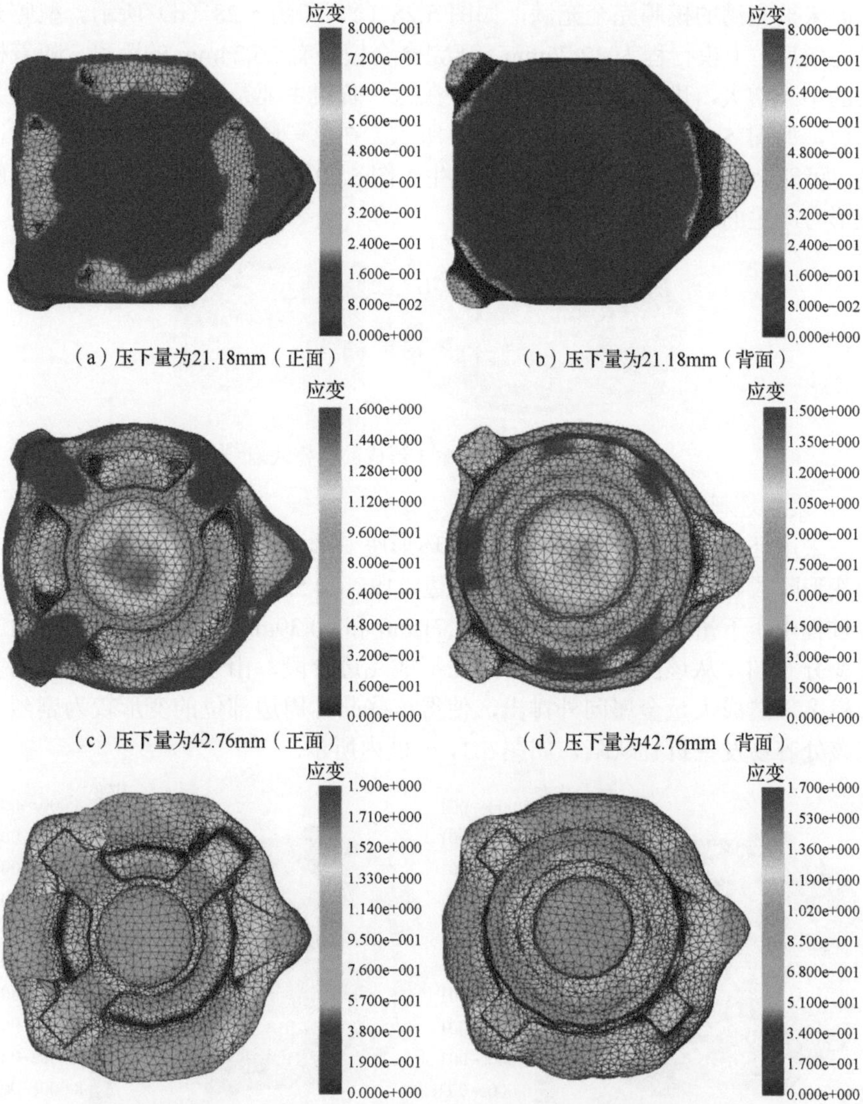

（a）压下量为21.18mm（正面）　　（b）压下量为21.18mm（背面）

（c）压下量为42.76mm（正面）　　（d）压下量为42.76mm（背面）

（e）压下量为54mm（正面）　　（f）压下量为54mm（背面）

图 5.28　采用坯料 1 的环形座成形过程的等效应变分布[23]

从图 5.28 所示的等效应变分布图中可以看出，在局部变形阶段，上模突出的圆环部位首先与坯料接触。由于接触面积很小，圆环处所受的压应力很大，将率先达到屈服状态而变形。在变形初始阶段由于上模的下压，使坯料整体受到一个弯矩的作用，中心部位向下运动，从而导致搭在下模桥部的部分坯料向上翘起，如图 5.28（a）和图 5.28（b）所示。与此同时，四个角与下模接触的部位由于受到局部压应力的作用，也会发生塑性变形。在金属向型腔充填阶段，坯料与上下模膛已基本接触。随着上模的下压，该处预先聚集的坯料发生镦粗和反挤变形，使此前未被充满的模膛完全充满，如图 5.28（c）和图 5.28（d）所示。型腔充填阶段完成后，上模行程为 42.76mm，离完全合模仍有 26.24mm 的距离。随着模锻压力的不断增大，进入形成飞边阶段，在这一阶段主要是将多余的金属排出并形成飞边，如图 5.28（e）和图 5.28（f）所示。在这一阶段，大量多余金属的快速排出，可能会导致折叠或穿流缺陷的产生。图 5.29 就是采用坯料 1 模拟环形座锻件成形时产生的折叠缺陷。

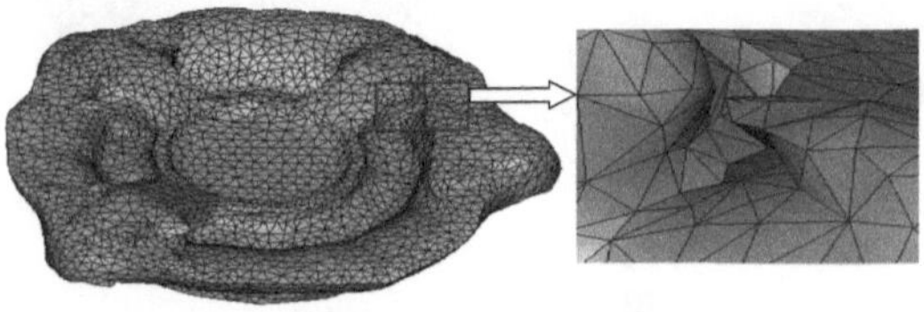

图 5.29　环形座方案 1 形成的折叠缺陷[23]

2）采用坯料 2 的模拟结果与分析

与采用坯料 1 类似，采用坯料 2 的环形座变形过程也可以分为三个阶段，即局部变形阶段、充填型腔阶段和形成飞边阶段。图 5.30 为采用坯料 2 成形环形座锻件过程中压下量分别为 16.12mm、35.71mm 和 40.39mm 时锻件正面和背面的等效应变分布图。从该图中可以看出，在形成飞边阶段，由于三个厚凸耳处的多余金属较多，造成大量金属向外排出，使得这些凸耳周边部位的变形较为剧烈，而且在该处容易发生折叠缺陷，如图 5.31 方框内所示。

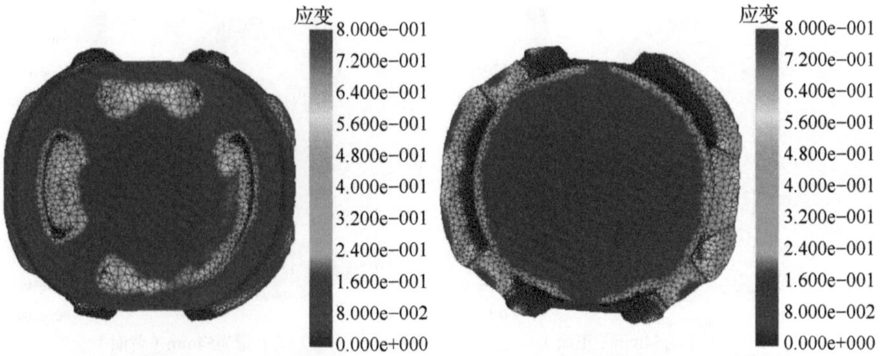

（a）压下量为16.12mm（正面）　　（b）压下量为16.12mm（背面）

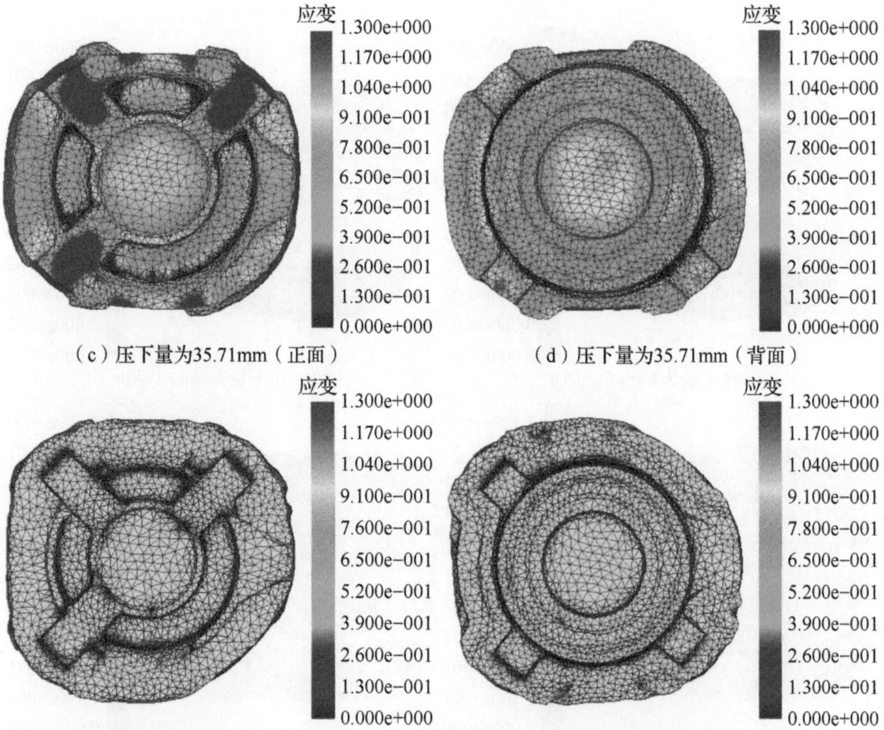

（c）压下量为35.71mm（正面）　（d）压下量为35.71mm（背面）

（e）压下量为40.39mm（正面）　（f）压下量为40.39mm（背面）

图 5.30　采用坯料 2 的环形座成形过程的等效应变分布[23]

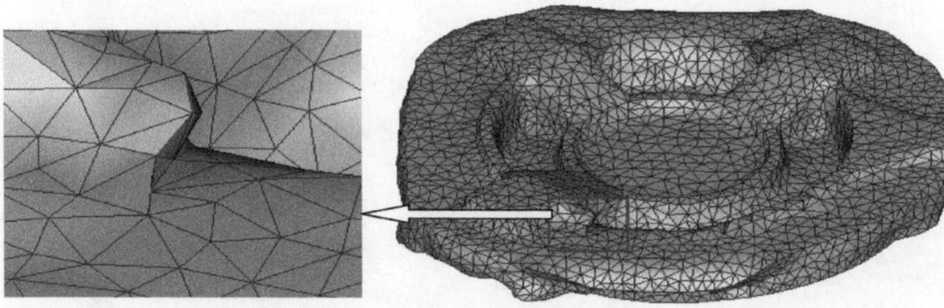

图 5.31　采用坯料 2 成形的环形座锻件发生了折叠现象[23]

3）采用坯料 3 的模拟结果与分析

与坯料 1 和坯料 2 不同，坯料 3 整体上按锻件的外形进行了分配。当该坯料放在模具上时，大凸耳处坯料覆盖了该处的大部分型腔，因而更有利于金属填充型腔。采用坯料 3 的环形座变形过程也可以分为三个阶段，即局部变形阶段、充填型腔阶段和形成飞边阶段。图 5.32 所示为采用坯料 3 成形环形座锻件过程中压下量分别为 8mm、21.98mm 和 26.03mm 时锻件正面和背面的等效应变分布图。

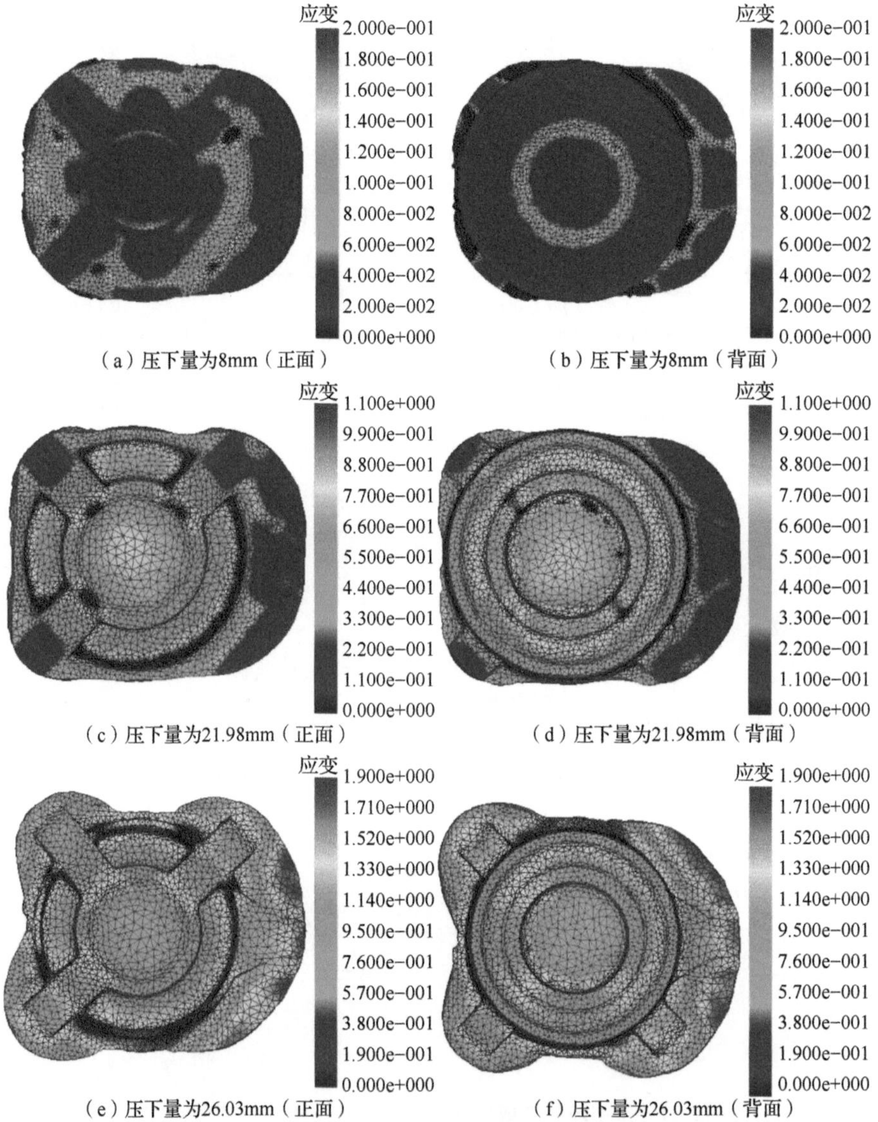

（a）压下量为8mm（正面）　（b）压下量为8mm（背面）

（c）压下量为21.98mm（正面）　（d）压下量为21.98mm（背面）

（e）压下量为26.03mm（正面）　（f）压下量为26.03mm（背面）

图 5.32　采用坯料 3 的环形座成形过程的等效应变分布[23]

由于坯料边缘搭在飞边桥部，在变形的初始阶段，变形区域局限于坯料四周。坯料中部的金属此时并未发生很大的塑性变形，只是随着上模向下移动，直至与下模型腔底部接触，如图 5.33 所示。由于采用坯料 3 的形状，预先在凸耳相应的位置聚集了足够多的金属来充填型腔，且坯料中间部分较薄，因而在形成飞边阶段，型腔内多余金属较前两个方案要少得多，没有大量的金属外排。结果，在整个模拟过程中没有出现明显的折叠缺陷，如图 5.34 所示。

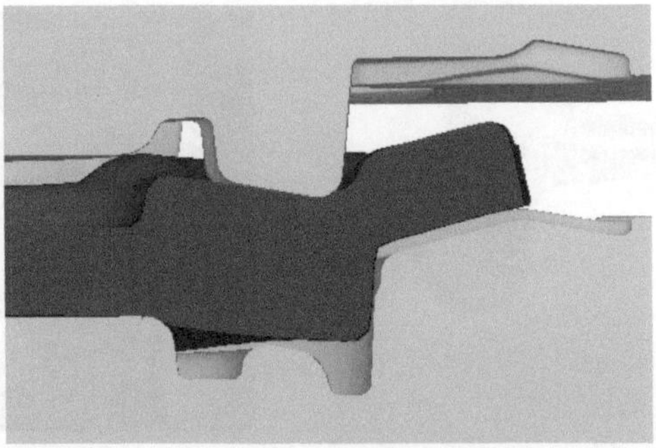

图 5.33 采用坯料 3 成形环形座过程中的局部变形阶段[23]

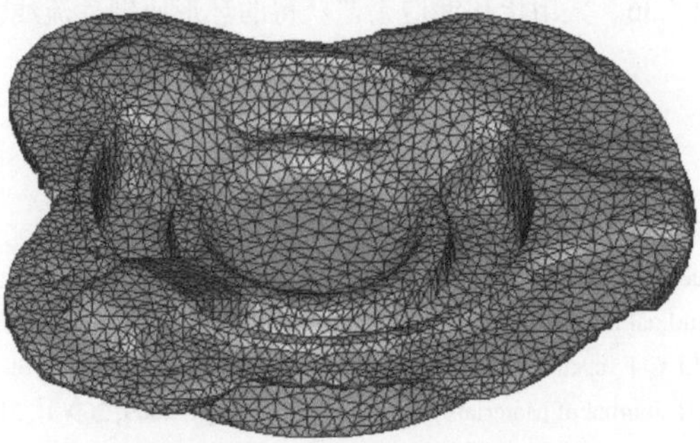

图 5.34 采用坯料 3 模拟成形的环形座[23]

上述有限元模拟方法不仅可以进行锻件成形的模拟，还可以模拟锻件成形过程中的流线演化过程，实现对锻件流线缺陷的有效预测。图 5.35 即为采用商业有限元软件 DEFORM2D 进行的环形座锻件流线形成过程模拟，所得的穿流缺陷与试验结果几乎一致。图 5.36 为采用优化的模拟方案得到的完美锻件流线，模拟结果与试验结果吻合得非常好。

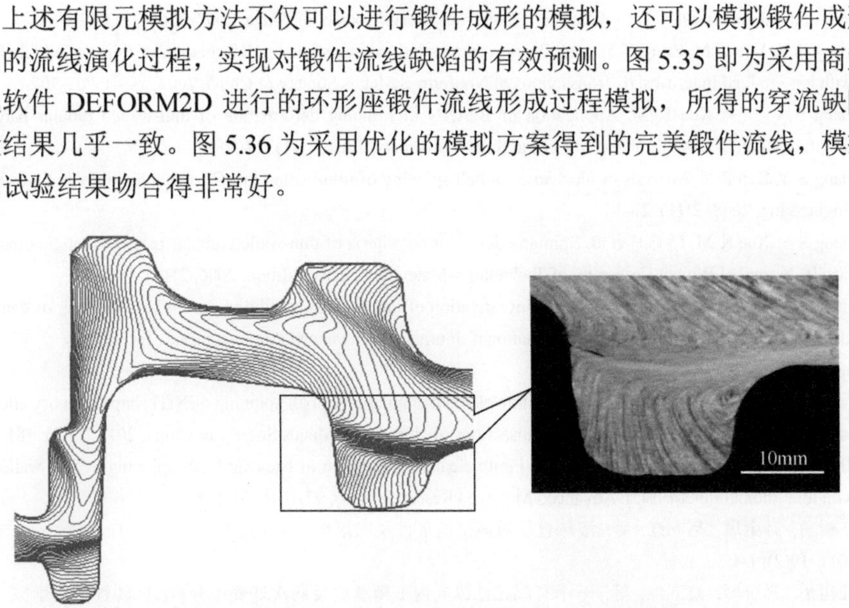

图 5.35 采用有限元模拟进行的穿流缺陷预测[23]

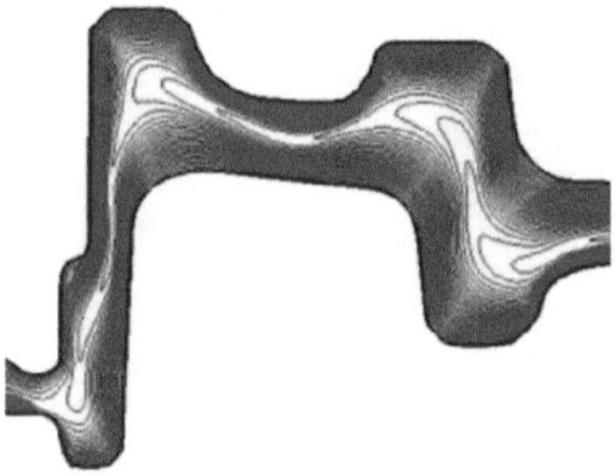

（a） 模拟结果

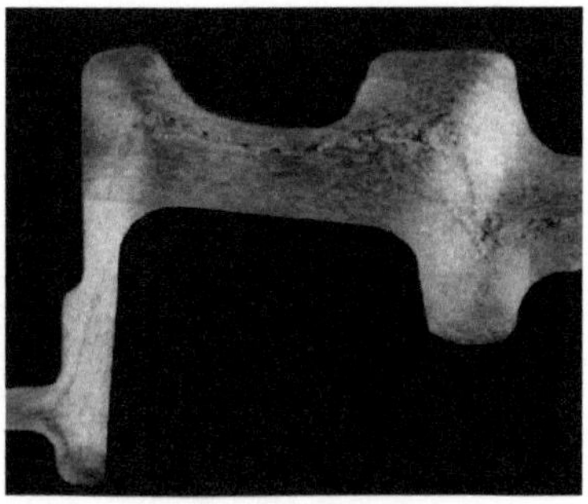

（b）试验结果

图 5.36　采用优化锻造工艺获得的环形座锻件流线[23]

参 考 文 献

[1] 江树勇. 带纵向内筋薄壁筒形件滚珠旋压成形分析与模拟[D]. 哈尔滨：哈尔滨工业大学，2005.

[2] Jiang S Y, Ren Z Y, Xue K M, et al. Application of BPANN for prediction of backward ball spinning of thin-walled tubular part with longitudinal inner ribs[J]. Journal of Materials Processing Technology, 2008, 196(1-3): 190-196.

[3] Jiang S Y, Ren Z Y, Li C F, et al. Role of ball size in backward ball spinning of thin-walledtubular part with longitudinal inner ribs[J]. Journal of Materials Processing Technology, 2009, 209(4): 2167-2174.

[4] Jiang S Y, Zheng Y F, Ren Z Y, et al. Multi-pass spinning of thin-walled tubular part with longitudinal inner ribs[J]. Transactions of Nonferrous Metals Society of China, 2009, 19(1): 215-221.

[5] Jiang S Y, Ren Z Y, Wu B, et al. General issues of FEM in backward ball spinning of thin-walled tubular part with longitudinal inner ribs[J]. Transactions of Nonferrous Metals Society of China, 2007, 17(4): 793-798.

[6] Jiang S Y, Xue K M, Zong Y Y, et al. Process factors influencing spinning deformation of thin-walled tubular part with longitudinal inner ribs[J]. Transactions of Nonferrous Metals Society of China, 2004, 14(4): 702-707.

[7] Jiang S Y, Li P, Xue K M. Application of BPANN in spinning deformation of thin-walled tubular parts with longitudinal inner ribs[J]. Journal of Central South University, 2004, 11(1): 27-30.

[8] Jiang S Y, Ren Z Y. Analysis of mechanics in ball spinning of thin-walled tube[J]. Chinese Journal of Mechanical Engineering, 2008, 21(1): 25-30.

[9] Jiang S Y, Xue K M, Li C F, et al. Spinning deformation criteria of thin-walled tubular part with longitudinal inner ribs[J]. Journal of Wuhan University of Technology-Materials Science Edition, 2006, 21(4): 169-172.

[10] Jiang S Y, Zhang Y Q, Zhao Y N, et al. Investigation of interface compatibility during ball spinning of composite tube of copper and aluminum[J]. International Journal of Advanced Manufacturing Technology, 2017, 88(1): 683-690.

[11] Jiang S Y, Zhang Y Q, Zhao Y N, et al. Finite element simulation of ball spinning of NiTi shape memory alloy tube based on variable temperature field[J]. Transactions of Nonferrous Metals Society of China, 2013, 23(3): 781-787.

[12] Zhang Y Q, Jiang S Y, Zheng Y F, et al. Finite element simulation of backward ball spinning of thin-walled tube with longitudinal inner ribs[J]. Advanced Materials Research, 2010, 97-101: 111-115.

[13] 江树勇，孙金凤，赵立红，等. 滚珠直径对薄壁筒形件反向滚珠旋压成形性影响研究[J]. 材料科学与工艺, 2011, 19(2): 1-4.

[14] 江树勇，郑玉峰，赵立红，等. 基于有限元法纵向内筋薄壁筒反向滚珠旋压分析[J]. 塑性工程学报，2009, 16(2): 81-85.

[15] 江树勇，孙金凤，赵立红，等. 纵向内筋薄壁筒反向滚珠旋压有限元分析[J]. 锻压技术, 2009, 34(4): 35-38.

[16] 江树勇, 薛克敏, 李春峰, 等. 铝合金薄壁筒形件滚珠旋压成形分析[J]. 锻压技术, 2005, 30(4): 24-26.

[17] 江树勇, 薛克敏, 李春峰. 基于神经元网络的纵向内筋薄壁筒滚珠旋压成形缺陷诊断[J]. 锻压技术, 2006, 31(3): 79-83.

[18] 江树勇, 顾卫东, 李春峰, 等. 纵向内筋薄壁筒反向滚珠旋压成形机理研究[J]. 锻压技术, 2008, 33(5): 88-91.

[19] 薛克敏, 江树勇, 康达昌. 带纵向内筋薄壁筒形件强旋成形[J]. 材料科学与工艺, 2002, 10(3): 287-290.

[20] 张艳秋, 江树勇, 孙金凤, 等. 薄壁筒形件多道次滚珠旋压成形机理研究[J]. 锻压技术, 2010, 35(2): 68-71.

[21] 江树勇, 张艳秋, 赵立红, 等. 基于不同减薄量的纵向内筋薄壁筒反向滚珠旋压分析[J]. 应用科技, 2012, 39(5): 1-6.

[22] Zhang Y Q, Jiang S Y, Zhao Y N, et al. Isothermal precision forging of complex-shape rotating disk of aluminum alloy based on processing map and digitized technology[J]. Materials Science and Engineering A, 2013, 580: 294-304.

[23] 张艳秋. 7A09 铝合金复杂盘饼类锻件缺陷形成机理及组织性能控制[D]. 哈尔滨：哈尔滨工业大学, 2008.

[24] 吴继超, 张艳秋, 赵亚楠, 等. 铝合金旋转盘锻件等温精密成形工艺研究[J]. 锻压技术, 2014, 39(1): 14-20.

[25] Zhang Y Q, Jiang S Y, Zhu X M, et al. Influence of heat treatment on complex-shape rotating disk subjected to isothermal precision forging[J]. Journal of Mechanical Science and Technology, 2017, 31 (1): 141-147.

[26] Zhang Y Q, Xu F C, Jiang S Y, et al. Influence of fire times on the microstructure and mechanical properties of forgings with complex shape[J]. Advanced Science Letters, 2011, 4(3): 1027-1031.

[27] Zhang Y Q, Jiang S Y, Zhao Y N, et al. Isothermal precision forging of aluminum alloy ring seats with different preforms using FEM and experimental investigation[J]. International Journal of Advanced Manufacturing Technology, 2014, 72(9-12): 1693-1703.

[28] 吴继超, 张艳秋, 赵亚楠, 等. 复杂盘饼类锻件等温精密塑性成形数字化设计[J]. 应用科技, 2013, 40(1): 14-20.

第6章 金属塑性变形晶体塑性有限元模拟

6.1 变形理论基础

6.1.1 变形梯度与应变度量

1. 变形梯度的基本定义

物体变形可以通过拉伸变形（stretch deformation）、刚性转动（rigid rotation）和刚性平移（rigid translation）（图 6.1）来综合描述[1-5]。拉伸变形可以导致物体形状的改变，会在物体内部形成内应力。刚性转动和刚性平移则不会导致物体形状的改变，也不会在物体内部形成内应力。为了在数学上描述物体的变形，假设一个物体在外加载荷作用下从初始构形（或称为参考构形）（reference configuration）变到当前构形（或称为即时构形）（current configuration），如图 6.2 所示。假设该物体经历了拉伸变形、刚性转动和刚性平移的综合作用，并且所有参量都是相对于全局坐标系 X、Y 和 Z（或称为物质坐标系）测量的。考虑初始构形内一个无穷小线段 PQ（或称为矢量 $\mathrm{d}\boldsymbol{X}$），点 P 的位置在参考坐标系下由矢量 $\boldsymbol{X}$ 来确定。经过变形后，点 P 经过位移 $\boldsymbol{u}$ 后运动到当前构形中的点 P'，则相对于参考坐标系，点 P' 由矢量 $\boldsymbol{x}$ 确定，即

$$\boldsymbol{x} = \boldsymbol{X} + \boldsymbol{u} \tag{6.1}$$

则初始构形中的无穷小矢量 $\mathrm{d}\boldsymbol{X}$ 通过变形梯度（deformation gradient）$\boldsymbol{F}$ 变换为当前构形中的矢量 $\mathrm{d}\boldsymbol{x}$，即

$$\mathrm{d}\boldsymbol{x} = \boldsymbol{F}\mathrm{d}\boldsymbol{X} \tag{6.2}$$

式（6.2）用分量表示为

$$\begin{bmatrix} \mathrm{d}x \\ \mathrm{d}y \\ \mathrm{d}z \end{bmatrix} = \begin{bmatrix} F_{xx} & F_{xy} & F_{xz} \\ F_{yx} & F_{yy} & F_{yz} \\ F_{zx} & F_{zy} & F_{zz} \end{bmatrix} \begin{bmatrix} \mathrm{d}X \\ \mathrm{d}Y \\ \mathrm{d}Z \end{bmatrix} = \begin{bmatrix} \dfrac{\partial x}{\partial X} & \dfrac{\partial x}{\partial Y} & \dfrac{\partial x}{\partial Z} \\ \dfrac{\partial y}{\partial X} & \dfrac{\partial y}{\partial Y} & \dfrac{\partial y}{\partial Z} \\ \dfrac{\partial z}{\partial X} & \dfrac{\partial z}{\partial Y} & \dfrac{\partial z}{\partial Z} \end{bmatrix} \begin{bmatrix} \mathrm{d}X \\ \mathrm{d}Y \\ \mathrm{d}Z \end{bmatrix} \tag{6.3}$$

则有

$$\boldsymbol{F} = \frac{\partial \boldsymbol{x}}{\partial \boldsymbol{X}} \tag{6.4}$$

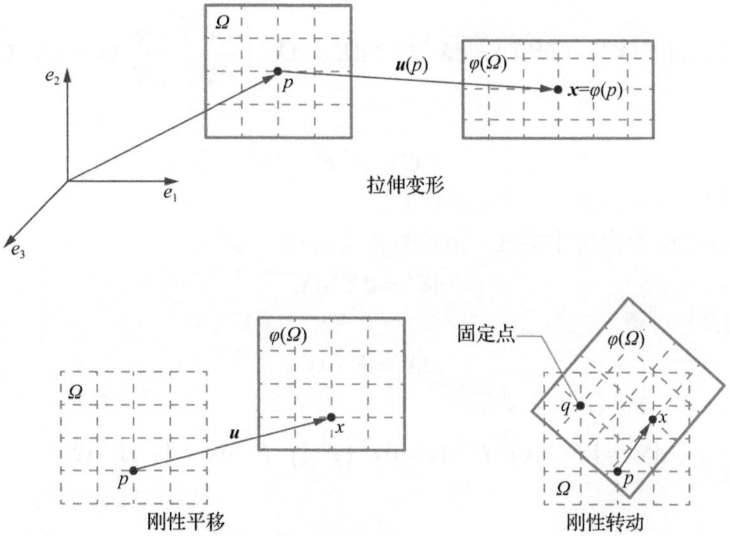

图 6.1　物体的基本变形方式

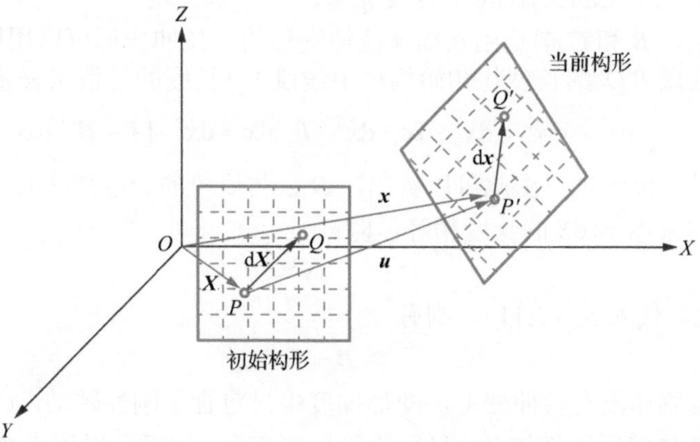

图 6.2　线元在初始构形和当前构形中的变化示意图

通过以上推导可以看出，变形梯度完全可以用来描述物体的变形，但它只包含了拉伸变形和刚性转动，而不包含刚性平移。然而，刚性转动不会导致物体的形状变化或尺寸变化，也不会产生内应力。因而在求解相关问题时，有必要在变形梯度中将拉伸变形与刚性转动分离开来。

2. 应变度量

假定当前构形中的线元 $\mathrm{d}\boldsymbol{x}$ 的长度为 $\mathrm{d}s$，则有

$$\mathrm{d}s^2=\mathrm{d}\boldsymbol{x}^{\mathrm{T}}\cdot\mathrm{d}\boldsymbol{x}=\left(\boldsymbol{F}\mathrm{d}\boldsymbol{X}\right)^{\mathrm{T}}\cdot\left(\boldsymbol{F}\mathrm{d}\boldsymbol{X}\right)=\mathrm{d}\boldsymbol{X}^{\mathrm{T}}\boldsymbol{F}^{\mathrm{T}}\boldsymbol{F}\mathrm{d}\boldsymbol{X}=\mathrm{d}\boldsymbol{X}^{\mathrm{T}}\left(\frac{\partial\boldsymbol{x}}{\partial\boldsymbol{X}}\right)^{\mathrm{T}}\frac{\partial\boldsymbol{x}}{\partial\boldsymbol{X}}\mathrm{d}\boldsymbol{X}=\mathrm{d}\boldsymbol{X}^{\mathrm{T}}\boldsymbol{C}\mathrm{d}\boldsymbol{X} \quad (6.5)$$

所以

$$\boldsymbol{C}=\boldsymbol{F}^{\mathrm{T}}\boldsymbol{F} \quad (6.6)$$

式中，$\boldsymbol{C}$ 称为左 Cauchy-Green 应变张量。

同样假定初始构形中的线元 $\mathrm{d}\boldsymbol{X}$ 的长度为 $\mathrm{d}S$，则有

$$\mathrm{d}S^2=\mathrm{d}\boldsymbol{X}^{\mathrm{T}}\mathrm{d}\boldsymbol{X} \quad (6.7)$$

又由式（6.2）可得

$$\mathrm{d}\boldsymbol{X}=\boldsymbol{F}^{-1}\mathrm{d}\boldsymbol{x} \quad (6.8)$$

将式（6.8）代入式（6.7），则可得

$$\mathrm{d}S^2=\left(\boldsymbol{F}^{-1}\mathrm{d}\boldsymbol{x}\right)^{\mathrm{T}}\boldsymbol{F}^{-1}\mathrm{d}\boldsymbol{x}=\mathrm{d}\boldsymbol{x}^{\mathrm{T}}\left(\boldsymbol{F}^{-1}\right)^{\mathrm{T}}\boldsymbol{F}^{-1}\mathrm{d}\boldsymbol{x}=\mathrm{d}\boldsymbol{x}^{\mathrm{T}}\boldsymbol{B}^{-1}\mathrm{d}\boldsymbol{x} \quad (6.9)$$

所以

$$\boldsymbol{B}^{-1}=\left(\boldsymbol{F}^{-1}\right)^{\mathrm{T}}\boldsymbol{F}^{-1} \quad (6.10)$$

式中，$\boldsymbol{B}$ 称为右 Cauchy-Green 应变张量。

实际上，$\boldsymbol{B}$ 和 $\boldsymbol{C}$ 都是用来描述拉伸变形的。拉伸变形可以用图 6.2 所示的当前构形中线段 $P'Q'$ 的长度与初始构形中线段 PQ 长度的差值来表示，即

$$\mathrm{d}s^2-\mathrm{d}S^2=\mathrm{d}\boldsymbol{x}^{\mathrm{T}}\cdot\mathrm{d}\boldsymbol{x}-\mathrm{d}\boldsymbol{x}^{\mathrm{T}}\cdot\boldsymbol{B}^{-1}\mathrm{d}\boldsymbol{x}=\mathrm{d}\boldsymbol{x}^{\mathrm{T}}\cdot\left(\boldsymbol{I}-\boldsymbol{B}^{-1}\right)\mathrm{d}\boldsymbol{x} \quad (6.11)$$

式中，$\boldsymbol{I}$ 是单位张量。由此可以看出，$\boldsymbol{B}$ 只与线段的长度变化有关，而与刚体转动无关。如果 $\mathrm{d}s$ 和 $\mathrm{d}S$ 的长度相等，即

$$\mathrm{d}s^2-\mathrm{d}S^2=0 \quad (6.12)$$

将式（6.12）代入式（6.11），则有

$$\boldsymbol{B}=\boldsymbol{I} \quad (6.13)$$

这就意味着物体没有拉伸变形，变形梯度中只包含了刚性转动。Cauchy-Green 应变张量 $\boldsymbol{B}$ 不依赖于刚性转动，只取决于拉伸变形，因而可以用来描述应变。然而，即使在没有拉伸变形的条件下，式（6.13）中给出的右 Cauchy-Green 应变张量 $\boldsymbol{B}$ 仍包含着非零分量。因而，另外一种更为合适的应变度量参量被引进了，即

$$\boldsymbol{e}=\frac{1}{2}\left(\boldsymbol{I}-\boldsymbol{B}^{-1}\right) \quad (6.14)$$

式中，$\boldsymbol{e}$ 被称为 Almansi 应变张量。如果没有拉伸变形，则有

$$\boldsymbol{e}=\boldsymbol{0} \quad (6.15)$$

所以，Almansi 应变张量与工程应变（engineering strain）张量是非常相似的，如果没有拉伸变形，应变的分量均为零。

还有一种度量应变的方法，即

$$\boldsymbol{\varepsilon}=-\frac{1}{2}\ln\boldsymbol{B}^{-1} \quad (6.16)$$

式中，$\boldsymbol{\varepsilon}$ 称为对数应变（logarithmic strain）张量或真实应变（true strain）张量。

又因为

$$\begin{aligned} \mathrm{d}s^2-\mathrm{d}S^2&=\mathrm{d}\boldsymbol{x}^{\mathrm{T}}\mathrm{d}\boldsymbol{x}-\mathrm{d}\boldsymbol{X}^{\mathrm{T}}\mathrm{d}\boldsymbol{X}=\left(\boldsymbol{F}\mathrm{d}\boldsymbol{X}\right)^{\mathrm{T}}\boldsymbol{F}\mathrm{d}\boldsymbol{X}-\mathrm{d}\boldsymbol{X}^{\mathrm{T}}\mathrm{d}\boldsymbol{X}\\ &=\mathrm{d}\boldsymbol{X}^{\mathrm{T}}\boldsymbol{F}^{\mathrm{T}}\boldsymbol{F}\mathrm{d}\boldsymbol{X}-\mathrm{d}\boldsymbol{X}^{\mathrm{T}}\mathrm{d}\boldsymbol{X}=\mathrm{d}\boldsymbol{X}^{\mathrm{T}}\left(\boldsymbol{F}^{\mathrm{T}}\boldsymbol{F}-\boldsymbol{I}\right)\mathrm{d}\boldsymbol{X}\\ &=\mathrm{d}\boldsymbol{X}^{\mathrm{T}}\left(\boldsymbol{C}-\boldsymbol{I}\right)\mathrm{d}\boldsymbol{X}=\mathrm{d}\boldsymbol{X}^{\mathrm{T}}\left(2\boldsymbol{E}\right)\mathrm{d}\boldsymbol{X} \end{aligned} \tag{6.17}$$

则有

$$\boldsymbol{E}=\frac{1}{2}\left(\boldsymbol{C}-\boldsymbol{I}\right)=\frac{1}{2}\left(\boldsymbol{F}^{\mathrm{T}}\boldsymbol{F}-\boldsymbol{I}\right) \tag{6.18}$$

$\boldsymbol{E}$ 被称为 Green-Lagrange 应变张量。将式（6.1）代入式（6.4），则有

$$\boldsymbol{F}=\frac{\partial\boldsymbol{x}}{\partial\boldsymbol{X}}=\frac{\partial(\boldsymbol{u}+\boldsymbol{X})}{\boldsymbol{X}}=\frac{\partial\boldsymbol{u}}{\partial\boldsymbol{X}}+\boldsymbol{I} \tag{6.19}$$

将式（6.19）代入式（6.18），则有

$$\begin{aligned} \boldsymbol{E}&=\frac{1}{2}\left(\boldsymbol{F}^{\mathrm{T}}\boldsymbol{F}-\boldsymbol{I}\right)=\frac{1}{2}\left(\left(\frac{\partial\boldsymbol{u}}{\partial\boldsymbol{X}}+\boldsymbol{I}\right)^{\mathrm{T}}\left(\frac{\partial\boldsymbol{u}}{\partial\boldsymbol{X}}+\boldsymbol{I}\right)-\boldsymbol{I}\right)\\ &=\frac{1}{2}\left(\frac{\partial\boldsymbol{u}}{\partial\boldsymbol{X}}+\left(\frac{\partial\boldsymbol{u}}{\partial\boldsymbol{X}}\right)^{\mathrm{T}}+\left(\frac{\partial\boldsymbol{u}}{\partial\boldsymbol{X}}\right)^{\mathrm{T}}\frac{\partial\boldsymbol{u}}{\partial\boldsymbol{X}}\right) \end{aligned} \tag{6.20}$$

将式（6.20）略去二阶微量，则其简化为

$$\boldsymbol{E}=\frac{1}{2}\left(\frac{\partial\boldsymbol{u}}{\partial\boldsymbol{X}}+\left(\frac{\partial\boldsymbol{u}}{\partial\boldsymbol{X}}\right)^{\mathrm{T}}\right) \tag{6.21}$$

通常而言，变形梯度 $\boldsymbol{F}$ 未必是对称张量，如果其是对称张量，则意味着该变形梯度只包含了拉伸变形，然而 $\boldsymbol{B}^{-1}$、$\boldsymbol{C}$、$\boldsymbol{\varepsilon}$ 和 $\boldsymbol{E}$ 则都是对称张量[2]。

3. 刚性转动的变形梯度与应变度量

如图 6.3 所示，一个以 Y 坐标轴为中心线的圆棒试样绕 Z 坐标轴旋转 θ 角，则当前构形中的点坐标 (x,y,z) 与初始构形中对应的点坐标 (X,Y,Z) 的关系如下：

$$x=X\cos\theta-Y\sin\theta,\quad y=X\sin\theta+Y\cos\theta,\quad z=Z \tag{6.22}$$

则变形梯度为

$$\boldsymbol{F}=\begin{bmatrix}\dfrac{\partial x}{\partial X}&\dfrac{\partial x}{\partial Y}&\dfrac{\partial x}{\partial Z}\\ \dfrac{\partial y}{\partial X}&\dfrac{\partial y}{\partial Y}&\dfrac{\partial y}{\partial Z}\\ \dfrac{\partial z}{\partial X}&\dfrac{\partial z}{\partial Y}&\dfrac{\partial z}{\partial Z}\end{bmatrix}=\begin{bmatrix}\cos\theta&-\sin\theta&0\\ \sin\theta&\cos\theta&0\\ 0&0&1\end{bmatrix} \tag{6.23}$$

则可求得右 Cauchy-Green 应变张量的逆张量 $\boldsymbol{B}^{-1}$ 为

$$\boldsymbol{B}^{-1}=(\boldsymbol{F}^{-1})^{\mathrm{T}}\boldsymbol{F}^{-1}=\begin{bmatrix}\cos\theta & -\sin\theta & 0\\ \sin\theta & \cos\theta & 0\\ 0 & 0 & 1\end{bmatrix}\begin{bmatrix}\cos\theta & \sin\theta & 0\\ -\sin\theta & \cos\theta & 0\\ 0 & 0 & 1\end{bmatrix}=\begin{bmatrix}1 & 0 & 0\\ 0 & 1 & 0\\ 0 & 0 & 1\end{bmatrix} \tag{6.24}$$

从式（6.24）可以看出，对于只有刚性转动的情形，$\boldsymbol{B}^{-1}$ 为单位张量。

进一步可求得 Almansi 应变张量 $\boldsymbol{e}$ 为

$$\boldsymbol{e}=\frac{1}{2}\left(\boldsymbol{I}-\boldsymbol{B}^{-1}\right)=\boldsymbol{0} \tag{6.25}$$

真实应变张量 $\boldsymbol{\varepsilon}$ 为

$$\boldsymbol{\varepsilon}=\frac{1}{2}\ln\boldsymbol{B}^{-1}=\boldsymbol{0} \tag{6.26}$$

Green-Lagrange 应变张量 $\boldsymbol{E}$ 为

$$\boldsymbol{E}=\frac{1}{2}\left(\boldsymbol{F}^{\mathrm{T}}\boldsymbol{F}-\boldsymbol{I}\right)=\boldsymbol{0} \tag{6.27}$$

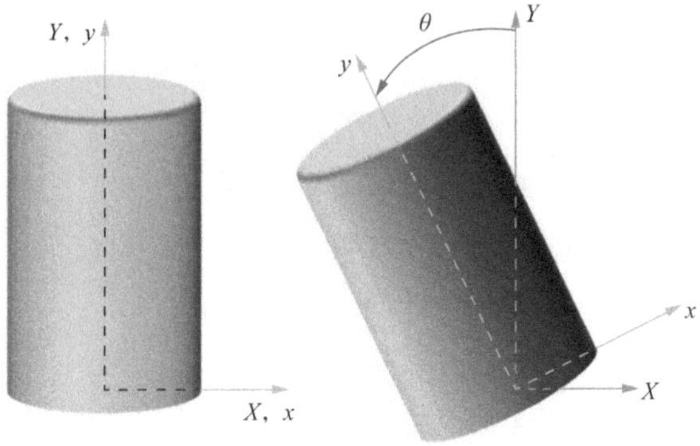

图 6.3　经历了刚体性转动的圆棒试样

4. 单向拉伸的变形梯度与应变度量

如图 6.4 所示，一个圆棒试样沿着 Y 坐标轴方向单向拉伸，不发生任何转动，则拉伸比为

$$\lambda_x=\frac{r}{r_0},\lambda_y=\frac{l}{l_0},\lambda_z=\frac{r}{r_0} \tag{6.28}$$

考虑到是大塑性变形，弹性应变可以忽略，因而满足不可压缩条件，即

$$\lambda_x\lambda_y\lambda_z=1 \tag{6.29}$$

则有

$$\lambda_x=\lambda_z\equiv\frac{1}{\sqrt{\lambda_y}} \tag{6.30}$$

因而

$$\lambda_x = \lambda_z = \left(\frac{l}{l_0}\right)^{-1/2} \tag{6.31}$$

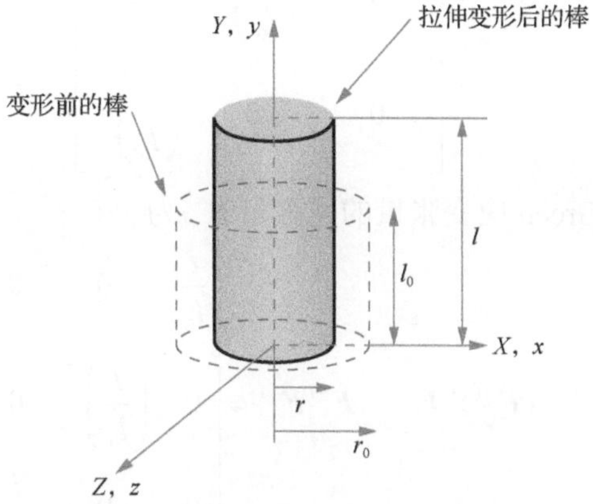

图 6.4　经历了拉伸变形的圆棒试样

另外，当前构形中点的坐标 (x,y,z) 与初始构形中对应点的坐标 (X,Y,Z) 的关系如下：

$$x = \lambda_x X,\ y = \lambda_y Y,\ z = \lambda_z Z \tag{6.32}$$

则变形梯度为

$$\boldsymbol{F} = \frac{\partial \boldsymbol{x}}{\partial \boldsymbol{X}} = \begin{bmatrix} \dfrac{\partial x}{\partial X} & \dfrac{\partial x}{\partial Y} & \dfrac{\partial x}{\partial Z} \\ \dfrac{\partial y}{\partial X} & \dfrac{\partial y}{\partial Y} & \dfrac{\partial y}{\partial Z} \\ \dfrac{\partial z}{\partial X} & \dfrac{\partial z}{\partial Y} & \dfrac{\partial z}{\partial Z} \end{bmatrix} = \begin{bmatrix} \lambda_x & 0 & 0 \\ 0 & \lambda_y & 0 \\ 0 & 0 & \lambda_z \end{bmatrix} \tag{6.33}$$

结合式（6.28）和式（6.31），则有

$$\boldsymbol{F} = \begin{bmatrix} \left(\dfrac{l}{l_0}\right)^{-1/2} & 0 & 0 \\ 0 & \left(\dfrac{l}{l_0}\right) & 0 \\ 0 & 0 & \left(\dfrac{l}{l_0}\right)^{-1/2} \end{bmatrix} \tag{6.34}$$

由式（6.34）可以看出，$\boldsymbol{F}^{\mathrm{T}} = \boldsymbol{F}$，因而 $\boldsymbol{F}$ 是对称的。求得 $\boldsymbol{F}$ 的逆为

$$
\boldsymbol{F}^{-1}=\begin{bmatrix}\left(\dfrac{l}{l_0}\right)^{-1/2} & 0 & 0\\ 0 & \left(\dfrac{l}{l_0}\right)^{-1} & 0\\ 0 & 0 & \left(\dfrac{l}{l_0}\right)^{1/2}\end{bmatrix} \tag{6.35}
$$

则可求得右 Cauchy-Green 应变张量的逆张量 $\boldsymbol{B}^{-1}$ 为

$$
\boldsymbol{B}^{-1}=(\boldsymbol{F}^{-1})^{\mathrm{T}}\boldsymbol{F}^{-1}=\boldsymbol{F}^{-1}\boldsymbol{F}^{-1}=\begin{bmatrix}\dfrac{l}{l_0} & 0 & 0\\ 0 & \left(\dfrac{l}{l_0}\right)^{-2} & 0\\ 0 & 0 & \dfrac{l}{l_0}\end{bmatrix} \tag{6.36}
$$

真实应变张量 $\boldsymbol{\varepsilon}$ 为

$$
\boldsymbol{\varepsilon}=-\frac{1}{2}\ln\boldsymbol{B}^{-1}=-\frac{1}{2}\ln\begin{bmatrix}\dfrac{l}{l_0} & 0 & 0\\ 0 & \left(\dfrac{l}{l_0}\right)^{-2} & 0\\ 0 & 0 & \dfrac{l}{l_0}\end{bmatrix}=\begin{bmatrix}-\dfrac{1}{2}\ln\dfrac{l}{l_0} & 0 & 0\\ 0 & \ln\dfrac{l}{l_0} & 0\\ 0 & 0 & -\dfrac{1}{2}\ln\dfrac{l}{l_0}\end{bmatrix} \tag{6.37}
$$

6.1.2　变形梯度的极分解

任何一个非奇异的可逆二阶张量都可以分解为一个正交张量(代表一个转动)和一个对称张量（代表纯变形）[6-10]，如图 6.5 所示。因为变形梯度就是一个非奇异的可逆二阶张量，所以可以分解为

$$
\boldsymbol{F}=\boldsymbol{R}\boldsymbol{U}=\boldsymbol{V}\boldsymbol{R} \tag{6.38}
$$

式中，$\boldsymbol{R}$ 是一个正交张量，即 $\boldsymbol{R}^{\mathrm{T}}\boldsymbol{R}=\boldsymbol{I}$，$\boldsymbol{U}$ 和 $\boldsymbol{V}$ 是对称张量，即 $\boldsymbol{U}=\boldsymbol{U}^{\mathrm{T}}$，$\boldsymbol{V}=\boldsymbol{V}^{\mathrm{T}}$。由变形梯度 $\boldsymbol{F}$，可以求得 $\boldsymbol{U}$、$\boldsymbol{V}$ 和 $\boldsymbol{R}$，即

$$
\boldsymbol{U}^2=\boldsymbol{F}^{\mathrm{T}}\boldsymbol{F},\quad \boldsymbol{R}=\boldsymbol{F}\boldsymbol{U}^{-1} \tag{6.39}
$$

$$
\boldsymbol{V}^2=\boldsymbol{F}\boldsymbol{F}^{\mathrm{T}},\quad \boldsymbol{R}=\boldsymbol{V}^{-1}\boldsymbol{F} \tag{6.40}
$$

则可以用 $\boldsymbol{U}$、$\boldsymbol{V}$ 和 $\boldsymbol{R}$ 来表示 $\boldsymbol{B}^{-1}$、$\boldsymbol{C}$ 和 $\boldsymbol{\varepsilon}$，即

$$\boldsymbol{B}^{-1}=\boldsymbol{F}^{-1\mathrm{T}}\boldsymbol{F}^{-1}=\left(\left(\boldsymbol{VR}\right)^{-1}\right)^{\mathrm{T}}\left(\boldsymbol{VR}\right)^{-1}=\left(\boldsymbol{R}^{-1}\boldsymbol{V}^{-1}\right)^{\mathrm{T}}\boldsymbol{R}^{-1}\boldsymbol{V}^{-1}$$

$$=\boldsymbol{V}^{-1\mathrm{T}}\boldsymbol{R}^{-1\mathrm{T}}\boldsymbol{R}^{-1}\boldsymbol{V}^{-1}=\boldsymbol{V}^{-1\mathrm{T}}\boldsymbol{V}^{-1}=\boldsymbol{V}^{-1}\boldsymbol{V}^{-1}=\left(\boldsymbol{V}^{-1}\right)^{2} \tag{6.41}$$

$$\boldsymbol{C}=\boldsymbol{F}^{\mathrm{T}}\boldsymbol{F}=\left(\boldsymbol{RU}\right)^{\mathrm{T}}\boldsymbol{RU}=\boldsymbol{U}^{\mathrm{T}}\boldsymbol{R}^{\mathrm{T}}\boldsymbol{RU}=\boldsymbol{U}^{\mathrm{T}}\boldsymbol{U}=\boldsymbol{U}^{2} \tag{6.42}$$

$$\boldsymbol{\varepsilon}=-\frac{1}{2}\ln\boldsymbol{B}^{-1}=-\frac{1}{2}\ln\left(\boldsymbol{V}^{-1}\right)^{2}=\ln\boldsymbol{V} \tag{6.43}$$

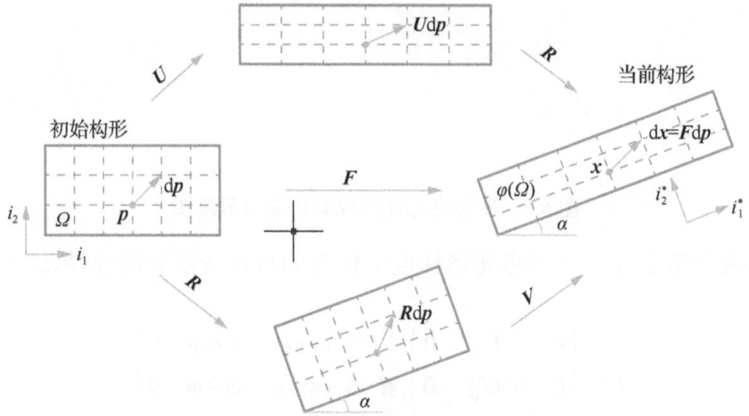

图 6.5　变形梯度的极分解示意图

下面以纯剪切变形为例，介绍纯剪切变形梯度的极分解。如图 6.6 所示，一个单位立方体沿着 X 坐标轴方向发生纯剪切，其剪切变形量为 δ，当前构形中点的坐标 (x,y,z) 与初始构形中对应的点的坐标 (X,Y,Z) 的关系如下：

$$x=X+\delta Y,\quad y=Y,\quad z=Z \tag{6.44}$$

则变形梯度为

$$\boldsymbol{F}=\frac{\partial\boldsymbol{x}}{\partial\boldsymbol{X}}=\begin{bmatrix}\dfrac{\partial x}{\partial X}&\dfrac{\partial x}{\partial Y}&\dfrac{\partial x}{\partial Z}\\\dfrac{\partial y}{\partial X}&\dfrac{\partial y}{\partial Y}&\dfrac{\partial y}{\partial Z}\\\dfrac{\partial z}{\partial X}&\dfrac{\partial z}{\partial Y}&\dfrac{\partial z}{\partial Z}\end{bmatrix}=\begin{bmatrix}1&\delta&0\\0&1&0\\0&0&1\end{bmatrix} \tag{6.45}$$

则可求得左 Cauchy-Green 应变张量 $\boldsymbol{C}$ 为

$$\boldsymbol{C}=\boldsymbol{F}^{\mathrm{T}}\boldsymbol{F}=\begin{bmatrix}1&0&0\\\delta&1&0\\0&0&1\end{bmatrix}\begin{bmatrix}1&\delta&0\\0&1&0\\0&0&1\end{bmatrix}=\begin{bmatrix}1&\delta&0\\\delta&1+\delta^{2}&0\\0&0&1\end{bmatrix} \tag{6.46}$$

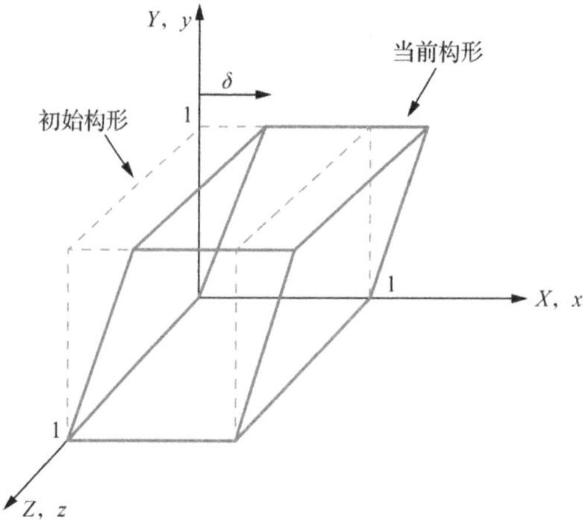

图 6.6　单位立方体的纯剪切变形示意图

根据极分解定理，可以将变形梯度中包含的拉伸变形和刚性转动分离开来。假定

$$\boldsymbol{U}=\begin{bmatrix} U_{xx} & U_{xy} & 0 \\ U_{yx} & U_{yy} & 0 \\ 0 & 0 & 1 \end{bmatrix}, \boldsymbol{R}=\begin{bmatrix} \cos\varphi & \sin\varphi & 0 \\ -\sin\varphi & \cos\varphi & 0 \\ 0 & 0 & 1 \end{bmatrix} \tag{6.47}$$

由 $\boldsymbol{F}=\boldsymbol{RU}$，则有

$$\begin{bmatrix} 1 & \delta & 0 \\ 0 & 1 & 0 \\ 0 & 0 & 1 \end{bmatrix}=\begin{bmatrix} \cos\varphi & \sin\varphi & 0 \\ -\sin\varphi & \cos\varphi & 0 \\ 0 & 0 & 1 \end{bmatrix}\begin{bmatrix} U_{xx} & U_{xy} & 0 \\ U_{yx} & U_{yy} & 0 \\ 0 & 0 & 1 \end{bmatrix} \tag{6.48}$$

则可求得

$$\boldsymbol{U}=\begin{bmatrix} \cos\varphi & \sin\varphi & 0 \\ \sin\varphi & \cos\varphi+\delta\sin\varphi & 0 \\ 0 & 0 & 1 \end{bmatrix} \tag{6.49}$$

结合式（6.42）、式（6.46）和式（6.49），则有

$$\sin\varphi=\frac{\delta}{\sqrt{2^2+\delta^2}}, \quad \cos\varphi=\frac{2}{\sqrt{2^2+\delta^2}} \tag{6.50}$$

所以

$$\boldsymbol{R}=\frac{1}{\sqrt{2^2+\delta^2}}\begin{bmatrix} 2 & \delta & 0 \\ -\delta & 2 & 0 \\ 0 & 0 & \sqrt{2^2+\delta^2} \end{bmatrix} \tag{6.51}$$

$$\boldsymbol{U}=\frac{1}{\sqrt{2^2+\delta^2}}\begin{bmatrix}2 & \delta & 0\\ \delta & 2+\delta^2 & 0\\ 0 & 0 & \sqrt{2^2+\delta^2}\end{bmatrix} \tag{6.52}$$

则 Green-Lagrange 应变张量 $\boldsymbol{E}$ 为

$$\boldsymbol{E}=\frac{1}{2}\left(\boldsymbol{F}^{\mathrm{T}}\boldsymbol{F}-\boldsymbol{I}\right)=\frac{1}{2}\left(\boldsymbol{C}-\boldsymbol{I}\right)=\frac{1}{2}\left(\begin{bmatrix}1 & \delta & 0\\ \delta & 1+\delta^2 & 0\\ 0 & 0 & 1\end{bmatrix}-\begin{bmatrix}1 & 0 & 0\\ 0 & 1 & 0\\ 0 & 0 & 1\end{bmatrix}\right)=\frac{1}{2}\begin{bmatrix}0 & \delta & 0\\ \delta & \delta^2 & 0\\ 0 & 0 & 0\end{bmatrix} \tag{6.53}$$

6.1.3 速度梯度

1. 速度梯度的基本定义

考虑一个空间变化的速度场，即在该空间上材料质点的速度是变化的，则在当前构形中材料质点位置的变化量 $\mathrm{d}\boldsymbol{x}$ 上所导致的速度变化量 $\mathrm{d}\boldsymbol{v}$ 为

$$\mathrm{d}\boldsymbol{v}=\frac{\partial \boldsymbol{v}}{\partial \boldsymbol{x}}\mathrm{d}\boldsymbol{x} \tag{6.54}$$

式中，$\dfrac{\partial \boldsymbol{v}}{\partial \boldsymbol{x}}$ 描述了速度的空间变化率，其称为速度梯度（velocity gradient），通常用符号 $\boldsymbol{L}$ 表示速度梯度，即

$$\boldsymbol{L}=\frac{\partial \boldsymbol{v}}{\partial \boldsymbol{x}} \tag{6.55}$$

考虑变形梯度的时间变化率，即

$$\dot{\boldsymbol{F}}=\frac{\partial}{\partial t}\left(\frac{\partial \boldsymbol{x}}{\partial \boldsymbol{X}}\right)=\frac{\partial \boldsymbol{v}}{\partial \boldsymbol{X}}=\frac{\partial \boldsymbol{v}}{\partial \boldsymbol{x}}\frac{\partial \boldsymbol{x}}{\partial \boldsymbol{X}}=\boldsymbol{L}\boldsymbol{F} \tag{6.56}$$

则有

$$\boldsymbol{L}=\dot{\boldsymbol{F}}\boldsymbol{F}^{-1} \tag{6.57}$$

由此可以看出，速度梯度可以用变形梯度和变形梯度变化率来描述。

速度梯度可以分解为对称部分 $\boldsymbol{L}_{\mathrm{sym}}$ 和反对称部分 $\boldsymbol{L}_{\mathrm{asym}}$，对称部分与拉伸变形有关，而反对称部分与转动有关，即

$$\boldsymbol{L}=\boldsymbol{L}_{\mathrm{sym}}+\boldsymbol{L}_{\mathrm{asym}} \tag{6.58}$$

式中，

$$\boldsymbol{L}_{\mathrm{sym}}=\frac{1}{2}\left(\boldsymbol{L}+\boldsymbol{L}^{\mathrm{T}}\right) \tag{6.59}$$

$$\boldsymbol{L}_{\mathrm{asym}}=\frac{1}{2}\left(\boldsymbol{L}-\boldsymbol{L}^{\mathrm{T}}\right) \tag{6.60}$$

对称部分 $\boldsymbol{L}_{\text{sym}}$ 称为变形速率张量（deformation rate tensor），用符号 $\boldsymbol{D}$ 表示；反对称部分 $\boldsymbol{L}_{\text{asym}}$ 称为连续转动张量（continuous spin tensor），用符号 $\boldsymbol{W}$ 表示，则有

$$\boldsymbol{L}=\boldsymbol{D}+\boldsymbol{W} \tag{6.61}$$

则变形速率张量为

$$\boldsymbol{D}=\frac{1}{2}\left(\boldsymbol{L}+\boldsymbol{L}^{\mathrm{T}}\right) \tag{6.62}$$

连续转动张量为

$$\boldsymbol{W}=\frac{1}{2}\left(\boldsymbol{L}-\boldsymbol{L}^{\mathrm{T}}\right) \tag{6.63}$$

2. 刚性转动的速度梯度

前文介绍了单轴圆棒的刚性转动（图 6.3），现在介绍一下它的转动速率。假定该圆棒在时间 t 内以恒定速率 $\dot{\theta}$ 转动了一个角度 θ，没有拉伸变形，则其变形梯度为

$$\boldsymbol{F}=\begin{bmatrix}\cos\theta & -\sin\theta & 0\\ \sin\theta & \cos\theta & 0\\ 0 & 0 & 1\end{bmatrix} \tag{6.64}$$

变形梯度的变化率为

$$\dot{\boldsymbol{F}}=\dot{\theta}\begin{bmatrix}-\sin\theta & -\cos\theta & 0\\ \cos\theta & -\sin\theta & 0\\ 0 & 0 & 0\end{bmatrix} \tag{6.65}$$

为了确定速度梯度，需要求得变形梯度 $\boldsymbol{F}^{-1}$，即

$$\boldsymbol{F}^{-1}=\boldsymbol{F}^{\mathrm{T}}=\begin{bmatrix}\cos\theta & \sin\theta & 0\\ -\sin\theta & \cos\theta & 0\\ 0 & 0 & 1\end{bmatrix} \tag{6.66}$$

于是可以确定速度梯度为

$$\boldsymbol{L}=\dot{\boldsymbol{F}}\boldsymbol{F}^{-1}=\dot{\theta}\begin{bmatrix}-\sin\theta & -\cos\theta & 0\\ \cos\theta & -\sin\theta & 0\\ 0 & 0 & 0\end{bmatrix}\begin{bmatrix}\cos\theta & \sin\theta & 0\\ -\sin\theta & \cos\theta & 0\\ 0 & 0 & 1\end{bmatrix}=\dot{\theta}\begin{bmatrix}0 & -1 & 0\\ 1 & 0 & 0\\ 0 & 0 & 0\end{bmatrix} \tag{6.67}$$

速度梯度 $\boldsymbol{L}$ 的转置为

$$\boldsymbol{L}^{\mathrm{T}}=\dot{\theta}\begin{bmatrix}0 & 1 & 0\\ -1 & 0 & 0\\ 0 & 0 & 0\end{bmatrix} \tag{6.68}$$

则变形速率张量为

$$\boldsymbol{D}=\frac{1}{2}\left(\boldsymbol{L}+\boldsymbol{L}^{\mathrm{T}}\right)=\dot{\theta}\begin{bmatrix}0&0&0\\0&0&0\\0&0&0\end{bmatrix}=\boldsymbol{0} \tag{6.69}$$

连续转动张量为

$$\boldsymbol{W}=\frac{1}{2}\left(\boldsymbol{L}-\boldsymbol{L}^{\mathrm{T}}\right)=\dot{\theta}\begin{bmatrix}0&-1&0\\1&0&0\\0&0&0\end{bmatrix} \tag{6.70}$$

通过以上转动可以看出，在该速度梯度中并没有体现拉伸变形速率，但刚性转动的确是存在的，因而连续转动是非零的。下面可以针对没有拉伸变形的单轴圆棒刚性转动的情况，阐述一下连续转动的意义。考虑转动速率 $\dot{\boldsymbol{R}}$ 为

$$\dot{\boldsymbol{R}}=\dot{\theta}\begin{bmatrix}-\sin\theta&-\cos\theta&0\\\cos\theta&-\sin\theta&0\\0&0&0\end{bmatrix} \tag{6.71}$$

考虑到 $\boldsymbol{W}$ 与 $\boldsymbol{R}$ 的乘积，则有

$$\boldsymbol{W}\boldsymbol{R}=\dot{\theta}\begin{bmatrix}0&-1&0\\1&0&0\\0&0&0\end{bmatrix}\begin{bmatrix}\cos\theta&-\sin\theta&0\\\sin\theta&\cos\theta&0\\0&0&1\end{bmatrix}=\dot{\theta}\begin{bmatrix}-\sin\theta&-\cos\theta&0\\\cos\theta&-\sin\theta&0\\0&0&0\end{bmatrix} \tag{6.72}$$

于是，针对只有刚性转动的特定情况，存在如下关系，即

$$\dot{\boldsymbol{R}}=\boldsymbol{W}\boldsymbol{R} \tag{6.73}$$

$\boldsymbol{W}$ 就是将 $\boldsymbol{R}$ 转化为 $\dot{\boldsymbol{R}}$ 的张量。因为 $\boldsymbol{R}$ 是正交张量，即 $\boldsymbol{R}^{-1}=\boldsymbol{R}^{\mathrm{T}}$，则 $\boldsymbol{W}$ 又可以表示为

$$\boldsymbol{W}=\dot{\boldsymbol{R}}\boldsymbol{R}^{\mathrm{T}} \tag{6.74}$$

由此可以看出，转动的本身并不是转动速率，但它与转动速率是密切相关的。可以采用极分解定理从更一般意义上来剖析连续转动，下面介绍角速度张量。

根据式（6.70），可知连续转动张量为

$$\boldsymbol{W}=\frac{1}{2}\left(\boldsymbol{L}-\boldsymbol{L}^{\mathrm{T}}\right) \tag{6.75}$$

将速度梯度的表达式（6.67）代入上式，则有

$$\boldsymbol{W}=\frac{1}{2}\left(\dot{\boldsymbol{F}}\boldsymbol{F}^{-1}-\left(\dot{\boldsymbol{F}}\boldsymbol{F}^{-1}\right)^{\mathrm{T}}\right)=\frac{1}{2}\left(\dot{\boldsymbol{F}}\boldsymbol{F}^{-1}-\boldsymbol{F}^{-1\mathrm{T}}\dot{\boldsymbol{F}}^{\mathrm{T}}\right) \tag{6.76}$$

借助式（6.38）的极分解定理，将 $\boldsymbol{F}$ 的极分解表达式代入上式，则有

$$\boldsymbol{W}=\frac{1}{2}\left(\dot{\boldsymbol{R}}\boldsymbol{R}^{\mathrm{T}}-\boldsymbol{R}\dot{\boldsymbol{R}}^{\mathrm{T}}+\boldsymbol{R}\left(\dot{\boldsymbol{U}}\boldsymbol{U}^{-1}-\left(\dot{\boldsymbol{U}}\boldsymbol{U}^{-1}\right)^{\mathrm{T}}\right)\boldsymbol{R}^{\mathrm{T}}\right) \tag{6.77}$$

考虑到

$$\boldsymbol{R}\boldsymbol{R}^{\mathrm{T}}=\boldsymbol{I} \tag{6.78}$$

将上式的两边对时间微分，可得

$$\dot{R}R^{\mathrm{T}} + R\dot{R}^{\mathrm{T}} = \mathbf{0} \tag{6.79}$$

所以

$$\dot{R}R^{\mathrm{T}} = -R\dot{R}^{\mathrm{T}} = -\left(\dot{R}R^{\mathrm{T}}\right)^{\mathrm{T}} \tag{6.80}$$

由上式可以看出，$\dot{R}R^{\mathrm{T}}$ 是反对称的，将式（6.80）代入式（6.77），则有

$$W = \dot{R}R^{\mathrm{T}} + \frac{1}{2}R\left(\dot{U}U^{-1} - \left(\dot{U}U^{-1}\right)^{\mathrm{T}}\right)R^{\mathrm{T}} \tag{6.81}$$

或

$$W = \Omega + \frac{1}{2}R\left(\dot{U}U^{-1} - \left(\dot{U}U^{-1}\right)^{\mathrm{T}}\right)R^{\mathrm{T}} = \Omega + R\left(\dot{U}U^{-1}\right)_{\mathrm{asym}}R^{\mathrm{T}} \tag{6.82}$$

式中，$\Omega = \dot{R}R^{\mathrm{T}}$ 称为角速度张量，它只取决于刚性转动以及刚性转动速率，而与拉伸变形无关。如果一种变形只涉及刚性转动，或者拉伸变形很小且可以忽略，则式（6.82）可以简化为

$$W = \Omega = \dot{R}R^{\mathrm{T}} \tag{6.83}$$

通过以上分析可以看出，角速度张量和连续转动张量的意义是不同的，其不同之处在于连续转动张量涉及拉伸变形，但角速度张量与拉伸变形无关[2]。

3. 单轴拉伸的速度梯度

考虑图 6.4 所示的一个圆棒试样沿着 Y 坐标轴方向单向拉伸，假设其发生纯塑性变形，满足不可压缩条件，在初始构形中圆棒的长度为 l_0，在当前构形中圆棒的长度变为 l，则根据式（6.34）变形梯度表达式，对时间进行微分，则有

$$\dot{F} = \begin{bmatrix} -\frac{1}{2}\left(\frac{l}{l_0}\right)^{-3/2}\frac{\dot{l}}{l_0} & 0 & 0 \\ 0 & \frac{\dot{l}}{l_0} & 0 \\ 0 & 0 & -\frac{1}{2}\left(\frac{l}{l_0}\right)^{-3/2}\frac{\dot{l}}{l_0} \end{bmatrix} \tag{6.84}$$

变形梯度的逆为

$$F^{-1} = \begin{bmatrix} \left(\frac{l}{l_0}\right)^{1/2} & 0 & 0 \\ 0 & \left(\frac{l}{l_0}\right)^{-1} & 0 \\ 0 & 0 & \left(\frac{l}{l_0}\right)^{1/2} \end{bmatrix} \tag{6.85}$$

则速度梯度为

$$\boldsymbol{L}=\dot{\boldsymbol{F}}\boldsymbol{F}^{-1}=\begin{bmatrix}-\frac{1}{2}\left(\frac{l}{l_0}\right)^{-1}\frac{\dot{l}}{l_0} & 0 & 0\\ 0 & \frac{\dot{l}}{l_0}\left(\frac{l}{l_0}\right)^{-1} & 0\\ 0 & 0 & -\frac{1}{2}\left(\frac{l}{l_0}\right)^{-1}\frac{\dot{l}}{l_0}\end{bmatrix}=\frac{\dot{l}}{l_0}\begin{bmatrix}-\frac{1}{2} & 0 & 0\\ 0 & 1 & 0\\ 0 & 0 & -\frac{1}{2}\end{bmatrix} \tag{6.86}$$

上式为对称张量，因而等于变形速率张量。另外，上式的反对称部分为零，因而连续转动张量为零，即

$$\boldsymbol{D}=\frac{1}{2}\left(\boldsymbol{L}+\boldsymbol{L}^{\mathrm{T}}\right)=\frac{\dot{l}}{l}\begin{bmatrix}-\frac{1}{2} & 0 & 0\\ 0 & 1 & 0\\ 0 & 0 & -\frac{1}{2}\end{bmatrix} \tag{6.87}$$

$$\boldsymbol{W}=\frac{1}{2}\left(\boldsymbol{L}-\boldsymbol{L}^{\mathrm{T}}\right)=\boldsymbol{0} \tag{6.88}$$

从以上公式可以看出，没有刚性转动发生，只有拉伸变形。下面针对单轴拉伸变形，了解一下真实塑性应变速率张量的情况。

对于沿着 Y 坐标轴方向的单轴拉伸变形，真实塑性应变张量的分量为

$$\varepsilon_{yy}=\ln\frac{l}{l_0},\qquad \varepsilon_{xx}=\varepsilon_{zz}=-\frac{1}{2}\varepsilon_{yy} \tag{6.89}$$

因而相应的应变速率张量的分量为

$$\dot{\varepsilon}_{yy}=\frac{\dot{l}}{l},\qquad \dot{\varepsilon}_{xx}=\dot{\varepsilon}_{zz}=-\frac{1}{2}\frac{\dot{l}}{l},\qquad \dot{\varepsilon}_{xy}=\dot{\varepsilon}_{yz}=\dot{\varepsilon}_{zx}=0 \tag{6.90}$$

对比式（6.87），可以再次获得 $\boldsymbol{D}$ 的表达式为

$$\boldsymbol{D}=\begin{bmatrix}\dot{\varepsilon}_{xx} & 0 & 0\\ 0 & \dot{\varepsilon}_{yy} & 0\\ 0 & 0 & \dot{\varepsilon}_{zz}\end{bmatrix} \tag{6.91}$$

从上式可以看出，对于单轴拉伸而言，在没有刚性转动的情形下，变形速率张量与真实应变速率张量是相同的。一般情况，并非如此[2]。

6.1.4　弹塑性变形耦合

如图 6.7 所示的一个材料单元体，在初始构形中存在一个线元 $\mathrm{d}\boldsymbol{X}$，在外加载荷作用下经过变形之后，在当前构形中变换为线元 $\mathrm{d}\boldsymbol{x}$。由前面所学到的知识可知，

将线元 d$\boldsymbol{X}$ 变换为线元 d$\boldsymbol{x}$ 的就是变形梯度 $\boldsymbol{F}$ 。在初始构形向当前构形变换的过程中，线元 d$\boldsymbol{X}$ 经历了弹性变形和塑性变形。现在，可以引入一个中间构形（intermediate configuration）。该中间构形就对应于线元 d$\boldsymbol{x}$ 被卸载至无应力的状态，这种状态是一种假想的状态，在该种状态下，初始构形中的线元 d$\boldsymbol{X}$ 经历纯塑性变形后变换成中间构形中的线元 d$\boldsymbol{p}$ 。将线元 d$\boldsymbol{X}$ 变换成线元 d$\boldsymbol{p}$ 的就是塑性变形梯度，则有

$$\mathrm{d}\boldsymbol{p}=\boldsymbol{F}^{\mathrm{p}}\mathrm{d}\boldsymbol{X} \tag{6.92}$$

则塑性变形梯度被定义为

$$\boldsymbol{F}^{\mathrm{p}}=\frac{\partial \boldsymbol{p}}{\partial \boldsymbol{X}} \tag{6.93}$$

通过弹性变形梯度，可以将中间构形中的线元 d$\boldsymbol{p}$ 变换为当前构形中的线元 d$\boldsymbol{x}$ ，即

$$\mathrm{d}\boldsymbol{x}=\boldsymbol{F}^{\mathrm{e}}\mathrm{d}\boldsymbol{p} \tag{6.94}$$

则弹性变形梯度被定义为

$$\boldsymbol{F}^{\mathrm{e}}=\frac{\partial \boldsymbol{x}}{\partial \boldsymbol{p}} \tag{6.95}$$

于是有

$$\mathrm{d}\boldsymbol{x}=\boldsymbol{F}^{\mathrm{e}}\mathrm{d}\boldsymbol{p}=\boldsymbol{F}^{\mathrm{e}}\boldsymbol{F}^{\mathrm{p}}\mathrm{d}\boldsymbol{X} \tag{6.96}$$

所以

$$\boldsymbol{F}=\boldsymbol{F}^{\mathrm{e}}\boldsymbol{F}^{\mathrm{p}} \tag{6.97}$$

式（6.97）就是变形梯度分解为弹性部分和塑性部分的经典表达式。

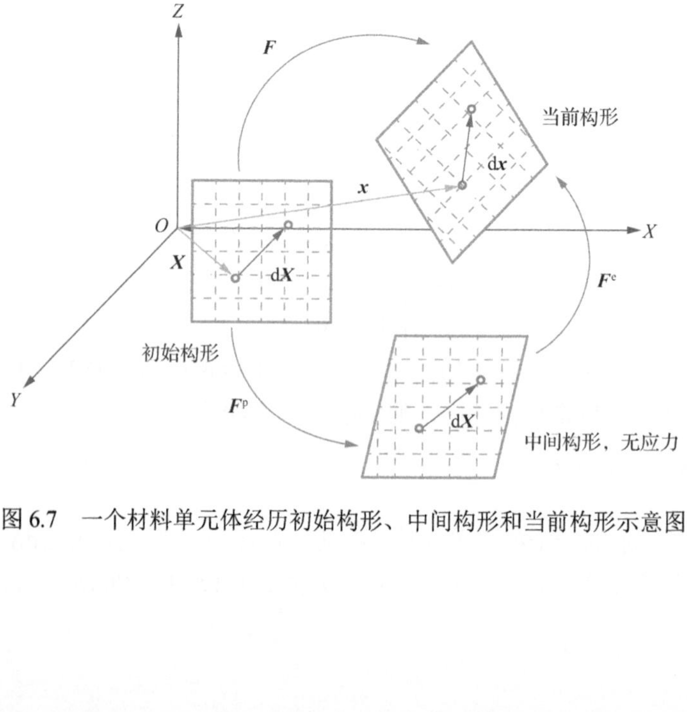

图 6.7　一个材料单元体经历初始构形、中间构形和当前构形示意图

一般而言，由 d$\boldsymbol{p}$ 所描述的中间构形并不是唯一确定的，因为任意刚性转动都可以叠加到其上面，而不会使其产生应力。在式（6.97）中，在弹性变形梯度和塑性变形梯度中都可能包含拉伸变形和刚性转动。然而，为了解决问题的方便，可以将全部的转动并入弹性变形梯度或塑性变形梯度中，根据所要解决的问题而定。如果将全部的刚性转动都并入塑性变形梯度 $\boldsymbol{F}^{\mathrm{p}}$ 中，结果弹性变形梯度只包含拉伸变形而不包含刚体转动，所以

$$\boldsymbol{F}^{\mathrm{e}} = \boldsymbol{V}^{\mathrm{e}} \tag{6.98}$$

$$\boldsymbol{F}^{\mathrm{p}} = \boldsymbol{V}^{\mathrm{p}}\overline{\boldsymbol{R}} \tag{6.99}$$

式中，$\overline{\boldsymbol{R}}$ 就是等效总刚性转动张量[2]。

6.1.5　弹塑性变形的速度梯度和变形速率

根据式（6.97），可以确定弹性变形梯度和塑性变形梯度的速度梯度，则有

$$\begin{aligned}\boldsymbol{L} = \dot{\boldsymbol{F}}\boldsymbol{F}^{-1} &= \frac{\partial}{\partial t}\left(\boldsymbol{F}^{\mathrm{e}}\boldsymbol{F}^{\mathrm{p}}\right)\left(\boldsymbol{F}^{\mathrm{e}}\boldsymbol{F}^{\mathrm{p}}\right)^{-1} = \left(\boldsymbol{F}^{\mathrm{e}}\dot{\boldsymbol{F}}^{\mathrm{p}} + \dot{\boldsymbol{F}}^{\mathrm{e}}\boldsymbol{F}^{\mathrm{p}}\right)\boldsymbol{F}^{\mathrm{p}-1}\boldsymbol{F}^{\mathrm{e}-1}\\ &= \dot{\boldsymbol{F}}^{\mathrm{e}}\boldsymbol{F}^{\mathrm{e}-1} + \boldsymbol{F}^{\mathrm{e}}\dot{\boldsymbol{F}}^{\mathrm{p}}\boldsymbol{F}^{\mathrm{p}-1}\boldsymbol{F}^{\mathrm{e}-1} = \dot{\boldsymbol{V}}^{\mathrm{e}}\boldsymbol{V}^{\mathrm{e}-1} + \boldsymbol{V}^{\mathrm{e}}\dot{\boldsymbol{F}}^{\mathrm{p}}\boldsymbol{F}^{\mathrm{p}-1}\boldsymbol{V}^{\mathrm{e}-1}\end{aligned} \tag{6.100}$$

则有

$$\boldsymbol{L}^{\mathrm{e}} = \dot{\boldsymbol{V}}^{\mathrm{e}}\boldsymbol{V}^{\mathrm{e}-1} = \boldsymbol{D}^{\mathrm{e}} + \boldsymbol{W}^{\mathrm{e}} \tag{6.101}$$

$$\boldsymbol{L}^{\mathrm{p}} = \dot{\boldsymbol{F}}^{\mathrm{p}}\boldsymbol{F}^{\mathrm{p}-1} = \boldsymbol{D}^{\mathrm{p}} + \boldsymbol{W}^{\mathrm{p}} \tag{6.102}$$

所以

$$\boldsymbol{L} = \boldsymbol{L}^{\mathrm{e}} + \boldsymbol{V}^{\mathrm{e}}\boldsymbol{L}^{\mathrm{p}}\boldsymbol{V}^{\mathrm{e}-1} = \boldsymbol{D}^{\mathrm{e}} + \boldsymbol{W}^{\mathrm{e}} + \boldsymbol{V}^{\mathrm{e}}\boldsymbol{D}^{\mathrm{p}}\boldsymbol{V}^{\mathrm{e}-1} + \boldsymbol{V}^{\mathrm{e}}\boldsymbol{W}^{\mathrm{p}}\boldsymbol{V}^{\mathrm{e}-1} \tag{6.103}$$

因为 $\boldsymbol{D} = \boldsymbol{L}_{\mathrm{sym}}$， $\boldsymbol{W}=\boldsymbol{L}_{\mathrm{asym}}$， 所以

$$\boldsymbol{D} = \boldsymbol{D}^{\mathrm{e}} + \left(\boldsymbol{V}^{\mathrm{e}}\boldsymbol{D}^{\mathrm{p}}\boldsymbol{V}^{\mathrm{e}-1}\right)_{\mathrm{sym}} + \left(\boldsymbol{V}^{\mathrm{e}}\boldsymbol{W}^{\mathrm{p}}\boldsymbol{V}^{\mathrm{e}-1}\right)_{\mathrm{sym}} \tag{6.104}$$

$$\boldsymbol{W} = \boldsymbol{W}^{\mathrm{e}} + \left(\boldsymbol{V}^{\mathrm{e}}\boldsymbol{D}^{\mathrm{p}}\boldsymbol{V}^{\mathrm{e}-1}\right)_{\mathrm{asym}} + \left(\boldsymbol{V}^{\mathrm{e}}\boldsymbol{W}^{\mathrm{p}}\boldsymbol{V}^{\mathrm{e}-1}\right)_{\mathrm{asym}} \tag{6.105}$$

从式（6.104）可以看出，弹塑性变形速率张量并不是加法分解，即

$$\boldsymbol{D} \neq \boldsymbol{D}^{\mathrm{e}} + \boldsymbol{D}^{\mathrm{p}} \tag{6.106}$$

这种情况不同于小变形理论中弹塑性应变速率的加法分解。然而，如果弹性应变很小，则有

$$\boldsymbol{V}^{\mathrm{e}} = \boldsymbol{V}^{\mathrm{e}-1} \approx \boldsymbol{I} \tag{6.107}$$

而且，因为变形速率张量是对称的，连续转动张量是反对称的，所以 $(\boldsymbol{D}^{\mathrm{p}})_{\mathrm{sym}} = \boldsymbol{D}^{\mathrm{p}}$，$(\boldsymbol{W}^{\mathrm{p}})_{\mathrm{sym}} = \boldsymbol{0}$。因而对于小弹性拉伸变形，即 $\boldsymbol{V}^{\mathrm{e}} = \boldsymbol{I}$，因而由式（6.104）和式（6.105）可得

$$\boldsymbol{D} = \boldsymbol{D}^{\mathrm{e}} + \boldsymbol{D}^{\mathrm{p}} \tag{6.108}$$

$$\boldsymbol{W} = \boldsymbol{W}^{\mathrm{e}} + \boldsymbol{W}^{\mathrm{p}} \tag{6.109}$$

6.1.6 变形梯度、速度梯度和变形速率张量的客观性

对于式（6.2），经过一个变换 $\boldsymbol{Q}$ 后，其中的各参量 $\mathrm{d}\boldsymbol{x}$、$\boldsymbol{F}$ 和 $\mathrm{d}\boldsymbol{X}$ 变成了 $\mathrm{d}\boldsymbol{x}^*$、$\boldsymbol{F}^*$ 和 $\mathrm{d}\boldsymbol{X}^*$，则有

$$\mathrm{d}\boldsymbol{x}^* = \boldsymbol{F}^*\mathrm{d}\boldsymbol{X}^* \tag{6.110}$$

另外

$$\mathrm{d}\boldsymbol{x}^* = \boldsymbol{Q}\mathrm{d}\boldsymbol{x} = \boldsymbol{Q}\boldsymbol{F}\mathrm{d}\boldsymbol{X} \tag{6.111}$$

根据定义，$\mathrm{d}\boldsymbol{X}$ 在变形时保持不变，因此 $\mathrm{d}\boldsymbol{X}^*=\mathrm{d}\boldsymbol{X}$，有

$$\boldsymbol{F}^* = \boldsymbol{Q}\boldsymbol{F} \tag{6.112}$$

所以，$\boldsymbol{F}$ 实际上是客观的，$\boldsymbol{F}$ 就像一个矢量，因而也被叫作两点张量，也就是说，它的两个指标中只有一个在空间坐标 x 中。下面来看看速度梯度、变形速率张量和连续转动张量的客观性。

对式（6.112）两边进行微分，则有

$$\dot{\boldsymbol{F}}^* = \dot{\boldsymbol{Q}}\boldsymbol{F} + \boldsymbol{Q}\dot{\boldsymbol{F}} \tag{6.113}$$

所以

$$\boldsymbol{L}^* = \dot{\boldsymbol{F}}^*\boldsymbol{F}^{*-1} = (\dot{\boldsymbol{Q}}\boldsymbol{F} + \boldsymbol{Q}\dot{\boldsymbol{F}})\boldsymbol{F}^{-1}\boldsymbol{Q}^{-1} = \dot{\boldsymbol{Q}}\boldsymbol{Q}^{\mathrm{T}} + \boldsymbol{Q}\dot{\boldsymbol{F}}\boldsymbol{F}^{-1}\boldsymbol{Q}^{\mathrm{T}} \tag{6.114}$$

进一步得

$$\boldsymbol{L}^* = \dot{\boldsymbol{Q}}\boldsymbol{Q}^{\mathrm{T}} + \boldsymbol{Q}\boldsymbol{L}\boldsymbol{Q}^{\mathrm{T}} \tag{6.115}$$

因此，式（4.42）中对客观性的要求相比，速度梯度不是客观的。式（6.115）变换后的速度梯度可以写成

$$\boldsymbol{L}^* = \frac{1}{2}\boldsymbol{Q}(\boldsymbol{L}+\boldsymbol{L}^{\mathrm{T}})\boldsymbol{Q}^{\mathrm{T}} + \frac{1}{2}\boldsymbol{Q}(\boldsymbol{L}-\boldsymbol{L}^{\mathrm{T}})\boldsymbol{Q}^{\mathrm{T}} + \dot{\boldsymbol{Q}}\boldsymbol{Q}^{-1} \tag{6.116}$$

由式（6.80）可以看出，$\dot{\boldsymbol{Q}}\boldsymbol{Q}^{\mathrm{T}}$ 是反对称的，因此，由式（6.116）得

$$\boldsymbol{D}^* = \mathrm{sym}(\boldsymbol{L}^*) = \frac{1}{2}\boldsymbol{Q}(\boldsymbol{L}+\boldsymbol{L}^{\mathrm{T}})\boldsymbol{Q}^{\mathrm{T}} = \boldsymbol{Q}\boldsymbol{D}\boldsymbol{Q}^{\mathrm{T}} \tag{6.117}$$

$$\boldsymbol{W}^* = \mathrm{asym}(\boldsymbol{L}^*) = \boldsymbol{Q}\boldsymbol{W}\boldsymbol{Q}^{\mathrm{T}} + \dot{\boldsymbol{Q}}\boldsymbol{Q}^{-1} \tag{6.118}$$

因此，变形速率张量 $\boldsymbol{D}$ 是客观的，而连续转动张量 $\boldsymbol{W}$ 则不是客观的。在前面章节讨论了 Cauchy 应力的客观性，发现它确实是客观的。因此，Cauchy 应力是一个不依赖于参考坐标系的量，这在本构方程的发展中是非常重要的。例如，一个将弹性应变与应力联系起来的方程必须不依赖于所使用的参考坐标系。换句话说，本构方程所提供的材料响应信息必须是与刚性转动无关的。这对于塑性变形速率张量（刚刚证明是客观的）关于 Cauchy 应力张量（也是客观的）的本构方程或者应力率关于弹性变形率的本构方程也同样成立。事实上，对于塑性问题，特别是在用有限元的方法求解时，经常以速率的形式表述。因此，有必要解决应力率是否客观的问题，这将在后面章节加以描述[2]。

6.2　几个重要的应力张量

6.2.1　第一 Piola-Kirchhoff 应力张量

如图 6.8 所示，一物体在初始构形中的表面 Γ 中一点 P 作用有面力 $\bar{\boldsymbol{t}}$ ，令两个线性无关的无穷小线矢量 $\mathrm{d}\boldsymbol{p}_1$ 和 $\mathrm{d}\boldsymbol{p}_2$ 经过该点与表面 Γ 相切，该点的单位法线矢量为 $\boldsymbol{m}$ ， $\mathrm{d}a_0$ 为 $\mathrm{d}\boldsymbol{p}_1$ 和 $\mathrm{d}\boldsymbol{p}_2$ 所围区域的面积。经过变形后，在当前构形中，点 P 运动到点 P' ，无穷小线矢量 $\mathrm{d}\boldsymbol{p}_1$ 和 $\mathrm{d}\boldsymbol{p}_2$ 变换为 $\boldsymbol{F}\mathrm{d}\boldsymbol{p}_1$ 和 $\boldsymbol{F}\mathrm{d}\boldsymbol{p}_2$ ， $\boldsymbol{F}\mathrm{d}\boldsymbol{p}_1$ 和 $\boldsymbol{F}\mathrm{d}\boldsymbol{p}_2$ 所围成的面积为 $\mathrm{d}a$ ，单位法线矢量 $\boldsymbol{m}$ 变为单位法线矢量 $\boldsymbol{n}$ ，与面力 $\bar{\boldsymbol{t}}$ 对应的面力为 $\boldsymbol{t}$ ，则有

$$\bar{\boldsymbol{t}} = \frac{\mathrm{d}a}{\mathrm{d}a_0}\boldsymbol{t} = \frac{\mathrm{d}a}{\mathrm{d}a_0}\boldsymbol{\sigma}\boldsymbol{n} \tag{6.119}$$

$$\boldsymbol{m}\mathrm{d}a_0 = \mathrm{d}\boldsymbol{p}_1 \times \mathrm{d}\boldsymbol{p}_2 \tag{6.120}$$

$$\boldsymbol{n}\,\mathrm{d}a = \boldsymbol{F}\mathrm{d}\boldsymbol{p}_1 \times \boldsymbol{F}\mathrm{d}\boldsymbol{p}_2 \tag{6.121}$$

式（6.119）中 $\boldsymbol{\sigma}$ 为 Cauchy 应力。对于式（6.121）两边乘以 $\boldsymbol{F}^{\mathrm{T}}$ ，则得

$$\boldsymbol{F}^{\mathrm{T}}\boldsymbol{n}\mathrm{d}a = J\mathrm{d}\boldsymbol{p}_1 \times \mathrm{d}\boldsymbol{p}_2 = J\boldsymbol{m}\mathrm{d}a_0 \tag{6.122}$$

式中， $J \equiv \det \boldsymbol{F}$ 。对于式（6.122）进行简单变换，则有

$$\frac{\mathrm{d}a}{\mathrm{d}a_0}\boldsymbol{n} = J(\boldsymbol{F}^{-1})^{\mathrm{T}}\boldsymbol{m} \tag{6.123}$$

将式（6.123）代入式（6.119），则有

$$\bar{\boldsymbol{t}} = J\boldsymbol{\sigma}(\boldsymbol{F}^{-1})^{\mathrm{T}}\boldsymbol{m} \tag{6.124}$$

通过式（6.124），定义一个新的张量，即

$$\boldsymbol{P} \equiv J\boldsymbol{\sigma}(\boldsymbol{F}^{-1})^{\mathrm{T}} \tag{6.125}$$

张量 $\boldsymbol{P}$ 就称为第一 Piola-Kirchhoff 应力张量，也称为名义应力（nominal stress）。

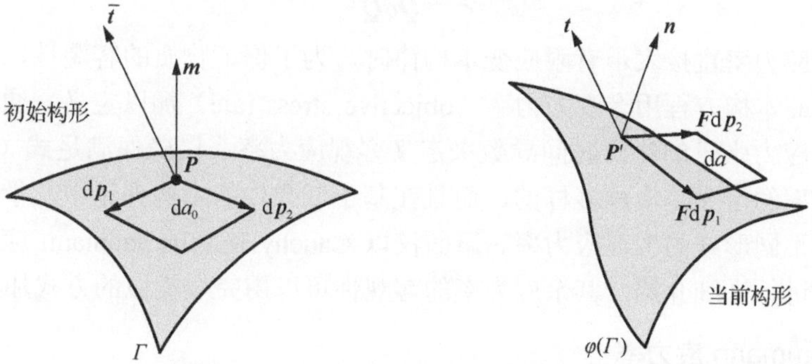

图 6.8　第一 Piola-Kirchhoff 应力张量

6.2.2 第二 Piola-Kirchhoff 应力张量

根据前面公式的推导，对式（6.125）引入一个新的张量$\boldsymbol{S}$，则有

$$\boldsymbol{S} \equiv J\boldsymbol{F}^{-1}\boldsymbol{\sigma}(\boldsymbol{F}^{-1})^{\mathrm{T}} \tag{6.126}$$

该张量$\boldsymbol{S}$称为第二 Piola-Kirchhoff 应力张量，由式（6.126）可知

$$\boldsymbol{S}^{\mathrm{T}} = J\boldsymbol{F}^{-1}\boldsymbol{\sigma}^{\mathrm{T}}(\boldsymbol{F}^{-1})^{\mathrm{T}} \tag{6.127}$$

由于 Cauchy 应力张量是对称的，则可知第二 Piola-Kirchhoff 应力张量是对称的。

6.2.3 Kirchhoff 应力张量

另一个重要的应力张量是 Kirchhoff 应力张量$\boldsymbol{\tau}$，其定义式为

$$\boldsymbol{\tau} \equiv J\boldsymbol{\sigma} \tag{6.128}$$

由于 Cauchy 应力张量是对称的，则可知 Kirchhoff 应力张量$\boldsymbol{\tau}$是对称的，其也可以表示为

$$\boldsymbol{\tau} = \sum_{i=1}^{3} \boldsymbol{\tau}_i \boldsymbol{e}_i^* \otimes \boldsymbol{e}_i^* \tag{6.129}$$

$\boldsymbol{\tau}_i$是主 Kirchhoff 应力，与主 Cauchy 应力$\boldsymbol{\sigma}_i$相关，即

$$\boldsymbol{\tau}_i = J\boldsymbol{\sigma}_i \tag{6.130}$$

6.3　客观应力率

6.3.1 客观应力率的基本定义

一个给定的应力速率或应力率（stress rate），在本书一般表示为$\dot{\boldsymbol{\sigma}}$，如果在改变观察者的情况下，它按照同样的规则进行变换，则称为应力速率或客观应力率。也就是说，对于观察者发生任何变化时，应力率的转换都遵循下面的规则，即

$$\dot{\boldsymbol{\sigma}}^* = \boldsymbol{Q}\dot{\boldsymbol{\sigma}}\boldsymbol{Q}^{\mathrm{T}} \tag{6.131}$$

在用应力率直接表示有限应变本构律时，为了保证物质的客观性，有必要将应力张量的本构方程用客观应力率（objective stress rate）加以定义。通常通过适当地修改应力张量的物质时间导数来定义客观应力率，以确保满足式（6.131）。客观应力率的定义是多种多样的，而且在基于低弹性的本构理论中，学者已经提出了许多不同形式的客观应力率。下面仅以 Cauchy 应力的 Jaumann 应力率的客观性为例进行详细介绍，其余应力率的客观性可以用完全类似的方式加以证明。

6.3.2 Jaumann 应力率

1. Jaumann 应力率的定义

考虑一个在轴向应力$\boldsymbol{\sigma}$作用下的杆，如图 6.9（a）所示。$\boldsymbol{\sigma}_t$是关于物质坐标

轴的应力张量。在 Δt 的时间增量中，杆经过刚性转动后，即在 $t+\Delta t$ 时刻，杆处于图 6.9（b）所示的位置，共旋坐标系 xy 现在与物质坐标系 XY 重合。

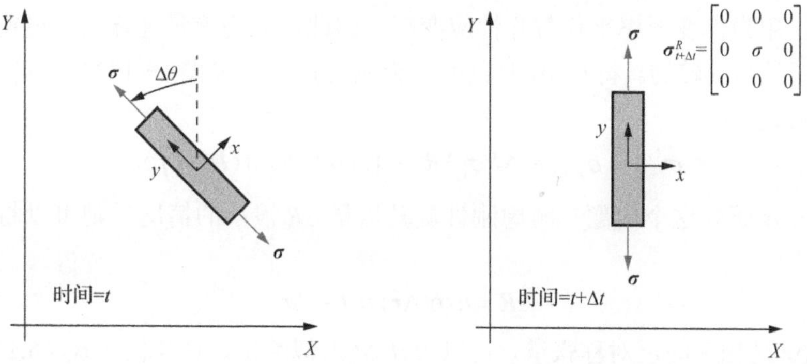

（a）在 t 时刻经历转动增量 $\Delta\boldsymbol{R}$（对应旋转角度 $\Delta\theta$）（b）在 $t+\Delta t$ 时刻经历转动增量 $\Delta\boldsymbol{R}$（对应旋转角度 $\Delta\theta$）

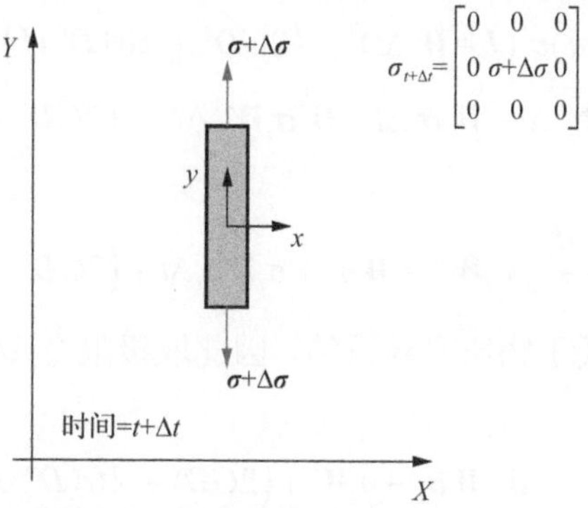

（c）在同一时间 $t+\Delta t$ 时刻经历了应力增量 $\Delta\sigma$

图 6.9　在轴向应力 $\boldsymbol{\sigma}$ 作用下的杆经历刚性转动

相对于共旋坐标系的应力张量 $\boldsymbol{\sigma}^*$ 为

$$\boldsymbol{\sigma}_t^* = \begin{bmatrix} 0 & 0 & 0 \\ 0 & \sigma & 0 \\ 0 & 0 & 0 \end{bmatrix} \tag{6.132}$$

由式（6.133）得到

$$\boldsymbol{\sigma}_t^* = \Delta\boldsymbol{R}\boldsymbol{\sigma}_t\Delta\boldsymbol{R}^{\mathrm{T}} \tag{6.133}$$

式中，$\Delta\boldsymbol{R}$ 为刚性转动增量。随着刚性转动，杆受到额外的轴向应力 $\Delta\sigma$，如图 6.9（c）所示，因此，关于共旋坐标系以及物质坐标系（它们在 $t+\Delta t$ 时刻重合）的最终应力张量为

$$\boldsymbol{\sigma}_{t+\Delta t}^* = \begin{bmatrix} 0 & 0 & 0 \\ 0 & \sigma+\Delta\sigma & 0 \\ 0 & 0 & 0 \end{bmatrix} \tag{6.134}$$

利用式（4.164），关于共旋坐标系的 Cauchy 应力增量可近似表示为

$$\Delta\boldsymbol{\sigma}^{*}=\left(2G\boldsymbol{D}^{\mathrm{e}}+\lambda\operatorname{tr}(\boldsymbol{D}^{\mathrm{e}})\boldsymbol{I}\right)\Delta t \tag{6.135}$$

上式中，用弹性变形率来代替弹性应变率。因此，应力增量纯粹来自材料的本构响应，即是共旋转的。将 $t+\Delta t$ 时刻的共旋应力张量写成式（6.133）与式（6.135）的和的形式，则有

$$\boldsymbol{\sigma}_{t+\Delta t}^{*}\equiv\boldsymbol{\sigma}_{t+\Delta t}\equiv\Delta\boldsymbol{R}\boldsymbol{\sigma}_{t}\Delta\boldsymbol{R}^{\mathrm{T}}+\left(2G\boldsymbol{D}^{\mathrm{e}}+\lambda\operatorname{tr}(\boldsymbol{D}^{\mathrm{e}})\boldsymbol{I}\right)\Delta t \tag{6.136}$$

为了进一步研究这个问题，考虑刚性旋转增量 $\Delta\boldsymbol{R}$ 很小的情况，则可以将转动矩阵近似为

$$\Delta\boldsymbol{R}=\exp(\Delta\hat{\boldsymbol{r}})\approx\boldsymbol{I}+\Delta\hat{\boldsymbol{r}} \tag{6.137}$$

其中，$\Delta\hat{\boldsymbol{r}}$ 是相关的反对称张量，可以由 $\boldsymbol{W}\Delta t$ 近似给出，将其代入式（6.136），得到

$$\begin{aligned}\boldsymbol{\sigma}_{t+\Delta t}^{*}&=(\boldsymbol{I}+\boldsymbol{W}\Delta t)\boldsymbol{\sigma}_{t}(\boldsymbol{I}+\boldsymbol{W}\Delta t)^{\mathrm{T}}+\left(2G\boldsymbol{D}^{\mathrm{e}}+\lambda\operatorname{tr}(\boldsymbol{D}^{\mathrm{e}})\boldsymbol{I}\right)\Delta t\\&=\boldsymbol{\sigma}_{t}+\boldsymbol{\sigma}_{t}\boldsymbol{W}^{\mathrm{T}}\Delta t+\boldsymbol{W}\boldsymbol{\sigma}_{t}\Delta t+\boldsymbol{W}\boldsymbol{\sigma}_{t}\boldsymbol{W}^{\mathrm{T}}\Delta t^{2}+\left(2G\boldsymbol{D}^{\mathrm{e}}+\lambda\operatorname{tr}(\boldsymbol{D}^{\mathrm{e}})\boldsymbol{I}\right)\Delta t\end{aligned} \tag{6.138}$$

则有

$$\frac{\boldsymbol{\sigma}_{t+\Delta t}-\boldsymbol{\sigma}_{t}}{\Delta t}=\boldsymbol{\sigma}_{t}\boldsymbol{W}^{\mathrm{T}}+\boldsymbol{W}\boldsymbol{\sigma}_{t}+\boldsymbol{\sigma}_{t}\boldsymbol{W}\boldsymbol{\sigma}_{t}\Delta t+\left(2G\boldsymbol{D}^{\mathrm{e}}+\lambda\operatorname{tr}(\boldsymbol{D}^{\mathrm{e}})\boldsymbol{I}\right) \tag{6.139}$$

现在，$\boldsymbol{\sigma}_{t}$ 和 $\boldsymbol{\sigma}_{t+\Delta t}$ 是关于物质坐标系的，因此取极限令 $\Delta t\to 0$，则得到物质应力率 $\dot{\boldsymbol{\sigma}}$ 为

$$\dot{\boldsymbol{\sigma}}=\boldsymbol{W}\boldsymbol{\sigma}_{t}-\boldsymbol{\sigma}_{t}\boldsymbol{W}+\left(2G\boldsymbol{D}^{\mathrm{e}}+\lambda\operatorname{tr}(\boldsymbol{D}^{\mathrm{e}})\boldsymbol{I}\right) \tag{6.140}$$

则可以进一步写成

$$\dot{\boldsymbol{\sigma}}=\overset{\nabla}{\boldsymbol{\sigma}}+\boldsymbol{W}\boldsymbol{\sigma}_{t}-\boldsymbol{\sigma}_{t}\boldsymbol{W} \tag{6.141}$$

式中，

$$\overset{\nabla}{\boldsymbol{\sigma}}=2G\boldsymbol{D}^{\mathrm{e}}+\lambda\operatorname{tr}(\boldsymbol{D}^{\mathrm{e}})\boldsymbol{I} \tag{6.142}$$

式（6.141）和式（6.142）中的 $\overset{\nabla}{\boldsymbol{\sigma}}$ 被称作 Jaumann 应力率，它完全由材料的本构响应决定，而与刚体转动无关，它是一个客观应力率（见本节第 2 部分）。因此，可以在类似于式（6.142）的本构方程中使用它，此时 Jaumann 应力率和弹性变形率都是客观量。然而，物质应力率 $\dot{\boldsymbol{\sigma}}$ 实际上是依赖于刚性转动的。$\dot{\boldsymbol{\sigma}}$ 是相对于物质坐标系的 Cauchy 应力率，也就是说，在图 6.9 中，$\dot{\boldsymbol{\sigma}}$ 给出了相对于物质坐标轴 (XY) 的应力率。在有限元模拟中，通常对与物质坐标轴有关的应力感兴趣。因此，式（6.141）是非常重要的，因为通过该公式，可以根据式（6.142）中由 Jaumann 应力率给出的材料本构响应知识来确定所需的应力。另外，式（6.141）中的 $\boldsymbol{\sigma}_{t}$ 也是根据物质坐标系给出的，这也是非常有用的[2]。

2. Jaumann 应力率的客观性

下面讨论一下 Jaumann 应力率的客观性。由第 4 章可以知道，如果一个量 $\boldsymbol{A}$ 是客观的，则根据式（4.42），可得

$$\boldsymbol{A}^{*}=\boldsymbol{Q}\boldsymbol{A}\boldsymbol{Q}^{\mathrm{T}} \tag{6.143}$$

Cauchy 应力以这种方式转换（$\boldsymbol{\sigma}^{*}=\boldsymbol{Q}\boldsymbol{\sigma}\boldsymbol{Q}^{\mathrm{T}}$）。将应力对时间进行微分，则有

$$\dot{\boldsymbol{\sigma}}^{*}=\dot{\boldsymbol{Q}}\boldsymbol{\sigma}\boldsymbol{Q}^{\mathrm{T}}+\boldsymbol{Q}(\dot{\boldsymbol{\sigma}}\boldsymbol{Q}^{\mathrm{T}}+\boldsymbol{\sigma}\dot{\boldsymbol{Q}}^{\mathrm{T}})=\dot{\boldsymbol{Q}}\boldsymbol{\sigma}\boldsymbol{Q}^{\mathrm{T}}+\boldsymbol{Q}\dot{\boldsymbol{\sigma}}\boldsymbol{Q}^{\mathrm{T}}+\boldsymbol{Q}\boldsymbol{\sigma}\dot{\boldsymbol{Q}}^{\mathrm{T}} \tag{6.144}$$

由式（6.144）可知，Cauchy 应力的物质应力率不是客观的（即使应力本身是客观的），因为它的转换并不符合式（4.42）。对式（6.118）进行重新整理，并注意 $\boldsymbol{Q}$ 是正交的，则有

$$\dot{\boldsymbol{Q}}=\boldsymbol{W}^{*}\boldsymbol{Q}-\boldsymbol{Q}\boldsymbol{W} \tag{6.145}$$

因此

$$\dot{\boldsymbol{Q}}^{\mathrm{T}}=-\boldsymbol{Q}^{\mathrm{T}}\boldsymbol{W}^{*}+\boldsymbol{W}\boldsymbol{Q}^{\mathrm{T}} \tag{6.146}$$

因为 $\boldsymbol{W}$ 和 $\boldsymbol{W}^{*}$ 都是反对称的。将式（6.145）和式（6.146）代入式（6.144），则有

$$\dot{\boldsymbol{\sigma}}^{*}=\boldsymbol{W}^{*}\boldsymbol{Q}\boldsymbol{\sigma}\boldsymbol{Q}^{\mathrm{T}}-\boldsymbol{Q}\boldsymbol{W}\boldsymbol{\sigma}\boldsymbol{Q}^{\mathrm{T}}+\boldsymbol{Q}\dot{\boldsymbol{\sigma}}\boldsymbol{Q}^{\mathrm{T}}+\boldsymbol{Q}\boldsymbol{\sigma}\boldsymbol{W}\boldsymbol{Q}^{\mathrm{T}}-\boldsymbol{Q}\boldsymbol{\sigma}\boldsymbol{Q}^{\mathrm{T}}\boldsymbol{W} \tag{6.147}$$

因此

$$\dot{\boldsymbol{\sigma}}^{*}=\boldsymbol{Q}\left(\boldsymbol{\sigma}\boldsymbol{W}-\boldsymbol{W}\boldsymbol{\sigma}+\dot{\boldsymbol{\sigma}}\right)\boldsymbol{Q}^{\mathrm{T}}+\boldsymbol{W}^{*}\boldsymbol{Q}\boldsymbol{\sigma}\boldsymbol{Q}^{\mathrm{T}}-\boldsymbol{Q}\boldsymbol{\sigma}\boldsymbol{Q}^{\mathrm{T}}\boldsymbol{W}^{*} \tag{6.148}$$

将 $\boldsymbol{Q}\boldsymbol{\sigma}\boldsymbol{Q}^{\mathrm{T}}=\boldsymbol{\sigma}^{*}$ 代入，则有

$$\boldsymbol{\sigma}^{*}\boldsymbol{W}^{*}-\boldsymbol{W}^{*}\boldsymbol{\sigma}^{*}+\dot{\boldsymbol{\sigma}}^{*}=\boldsymbol{Q}\left(\boldsymbol{\sigma}\boldsymbol{W}-\boldsymbol{W}\boldsymbol{\sigma}+\dot{\boldsymbol{\sigma}}\right)\boldsymbol{Q}^{\mathrm{T}} \tag{6.149}$$

因此，由式（6.149）可知，Jaumann 应力率 $\overset{\nabla}{\boldsymbol{\sigma}}$ 满足式（4.42）中的客观性要求，其中

$$\overset{\nabla}{\boldsymbol{\sigma}}=\dot{\boldsymbol{\sigma}}+\boldsymbol{\sigma}\boldsymbol{W}-\boldsymbol{W}\boldsymbol{\sigma} \tag{6.150}$$

6.4　晶体塑性本构模型

6.4.1　基于唯象理论本构模型

如图 6.10 所示，弹塑性变形梯度 $\boldsymbol{F}$ 可以分解为塑性部分与弹性部分相乘的形式，即

$$\boldsymbol{F}=\boldsymbol{F}^{\mathrm{e}}\boldsymbol{F}^{\mathrm{p}} \tag{6.151}$$

式中，$\boldsymbol{F}^{\mathrm{p}}$ 为位错滑移引起的塑性变形梯度；$\boldsymbol{F}^{\mathrm{e}}$ 为包括晶格伸长和刚体转动的弹性变形梯度。其中，塑性变形梯度 $\boldsymbol{F}^{\mathrm{p}}$ 不会引起晶体体积的变化。因此，体积的变化是由晶格的弹性伸长引起的，可表示为

$$\begin{cases}\det\boldsymbol{F}^{\mathrm{p}}=1\\ \det\boldsymbol{F}=\det\boldsymbol{F}^{\mathrm{e}}=J\end{cases} \tag{6.152}$$

式中，J 表示当前构形体积与初始构形体积的比值。

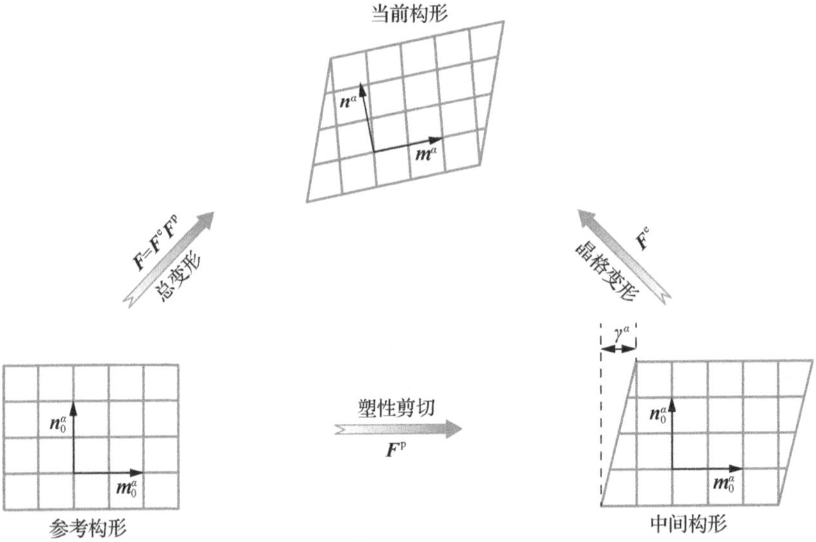

图 6.10　变形梯度乘法分解示意图

变形梯度的变化率 $\dot{\boldsymbol{F}}$ 与滑移剪切应变速率 $\dot{\gamma}$ 之间的关系为

$$\dot{\boldsymbol{F}}^{\mathrm{p}}\boldsymbol{F}^{\mathrm{p}^{-1}}=\sum_{\alpha}\dot{\gamma}^{\alpha}\boldsymbol{m}_0^{\alpha}\otimes\boldsymbol{n}_0^{\alpha} \tag{6.153}$$

式中，$\dot{\gamma}^{\alpha}$ 为滑移系 α 引起的塑性剪切应变速率；$\boldsymbol{m}_0^{\alpha}$ 为初始构形中位错滑移方向的单位矢量；$\boldsymbol{n}_0^{\alpha}$ 为初始构形中滑移面法向的单位矢量。

当前构形中的速度梯度 $\boldsymbol{L}$ 可表示为

$$\boldsymbol{L}=\dot{\boldsymbol{F}}\boldsymbol{F}^{-1}=\boldsymbol{D}+\boldsymbol{W} \tag{6.154}$$

式中，$\boldsymbol{D}$ 为对称的晶格伸长速率张量；$\boldsymbol{W}$ 为反对称的连续转动张量；两者可以分解为塑性部分与弹性部分和的形式，即

$$\begin{aligned}\boldsymbol{D}&=\boldsymbol{D}^{\mathrm{e}}+\boldsymbol{D}^{\mathrm{p}}=\dot{\boldsymbol{F}}^{\mathrm{e}}\boldsymbol{F}^{\mathrm{e}^{-1}}\\ \boldsymbol{W}&=\boldsymbol{W}^{\mathrm{e}}+\boldsymbol{W}^{\mathrm{p}}=\sum_{\alpha}\dot{\gamma}^{\alpha}\boldsymbol{m}_0^{\alpha}\otimes\boldsymbol{n}_0^{\alpha}\end{aligned} \tag{6.155}$$

式中，

$$\begin{aligned}\boldsymbol{D}^{\mathrm{p}}&=\sum_{\alpha}\dot{\gamma}^{\alpha}\boldsymbol{P}^{\alpha},\boldsymbol{P}^{\alpha}=\frac{1}{2}(\boldsymbol{m}^{\alpha}\otimes\boldsymbol{n}^{\alpha}+\boldsymbol{n}^{\alpha}\otimes\boldsymbol{m}^{\alpha})\\ \boldsymbol{W}^{\mathrm{p}}&=\sum_{\alpha}\dot{\gamma}^{\alpha}\boldsymbol{\Omega}^{\alpha},\boldsymbol{\Omega}^{\alpha}=\frac{1}{2}(\boldsymbol{m}^{\alpha}\otimes\boldsymbol{n}^{\alpha}-\boldsymbol{n}^{\alpha}\otimes\boldsymbol{m}^{\alpha})\end{aligned} \tag{6.156}$$

其中，$\boldsymbol{m}^{\alpha}$ 为当前构形中位错滑移方向矢量；$\boldsymbol{n}^{\alpha}$ 为当前构形中滑移面法向量，如图 6.10 所示。在弹性变形梯度 $\boldsymbol{F}^{\mathrm{e}}$ 的作用下，$\boldsymbol{m}^{\alpha}$ 和 $\boldsymbol{n}^{\alpha}$ 不再是单位矢量，但仍保

持正交性。两者与初始构形中的滑移方向单位矢量 $\boldsymbol{m}_0^\alpha$ 和滑移面法向单位矢量 $\boldsymbol{n}_0^\alpha$ 的关系分别为

$$\begin{cases}\boldsymbol{m}^\alpha=\boldsymbol{F}^\mathrm{e}\boldsymbol{m}_0^\alpha \\ \boldsymbol{n}^\alpha=\boldsymbol{n}_0^\alpha\boldsymbol{F}^{\mathrm{e}-1}\end{cases} \tag{6.157}$$

假设晶体的弹性性质不会受位错滑移的影响，根据 Hill 和 Rice[11]于 1972 年提出的晶体塑性（crystal plasticity）本构模型，则有

$$\overset{\nabla}{\boldsymbol{\tau}}{}^\mathrm{e}=\boldsymbol{C}:\boldsymbol{D}^\mathrm{e} \tag{6.158}$$

式中，$\boldsymbol{C}$ 为弹性模量张量；$\overset{\nabla}{\boldsymbol{\tau}}{}^\mathrm{e}$ 为 Kirchhoff 应力随晶体坐标系的 Jaumann 客观应力率，可表示为

$$\overset{\nabla}{\boldsymbol{\tau}}{}^\mathrm{e}=\dot{\boldsymbol{\tau}}-\boldsymbol{W}^\mathrm{e}\cdot\boldsymbol{\tau}+\boldsymbol{\tau}\cdot\boldsymbol{W}^\mathrm{e} \tag{6.159}$$

其中，$\dot{\boldsymbol{\tau}}$ 为 Kirchhoff 应力率。Kirchhoff 应力 $\boldsymbol{\tau}$ 可表示为

$$\boldsymbol{\tau}=\frac{\rho_0}{\rho}\boldsymbol{\sigma}=J\boldsymbol{\sigma} \tag{6.160}$$

式中，ρ_0 与 ρ 分别为初始构形与当前构形的密度。

结合式（6.158）～式（6.160），对称的晶格弹性伸长速率 $\boldsymbol{D}^\mathrm{e}$ 与 Cauchy 应力随晶体坐标系的 Jaumann 客观应力率 $\overset{\nabla}{\boldsymbol{\sigma}}{}^\mathrm{e}$ 之间的关系，即弹性本构方程可以表示为

$$\overset{\nabla}{\boldsymbol{\sigma}}{}^\mathrm{e}+\boldsymbol{\sigma}(\boldsymbol{I}:\boldsymbol{D}^\mathrm{e})=\boldsymbol{C}:\boldsymbol{D}^\mathrm{e} \tag{6.161}$$

Cauchy 应力随晶体坐标系的 Jaumann 客观应力率 $\overset{\nabla}{\boldsymbol{\sigma}}{}^\mathrm{e}$ 与 Cauchy 应力随物质坐标系的 Jaumann 客观应力率 $\overset{\nabla}{\boldsymbol{\sigma}}$ 之间的关系为

$$\overset{\nabla}{\boldsymbol{\sigma}}{}^\mathrm{e}=\overset{\nabla}{\boldsymbol{\sigma}}+\boldsymbol{W}^\mathrm{p}\cdot\boldsymbol{\sigma}-\boldsymbol{\sigma}\cdot\boldsymbol{W}^\mathrm{p} \tag{6.162}$$

式中，

$$\overset{\nabla}{\boldsymbol{\sigma}}=\dot{\boldsymbol{\sigma}}+\boldsymbol{W}\cdot\boldsymbol{\sigma}-\boldsymbol{\sigma}\cdot\boldsymbol{W} \tag{6.163}$$

在塑性变形期间，晶体的位错滑移遵循 Schmid 定律，即任意滑移系 α 的剪切应变率 $\dot{\gamma}^\alpha$ 依赖于作用在该滑移系上的 Schmid 应力（滑移系分切应力 $\boldsymbol{\tau}^\alpha$）。Schmid 应力与 Cauchy 应力之间的关系为

$$\boldsymbol{\tau}^\alpha=\boldsymbol{n}^\alpha\cdot J\boldsymbol{\sigma}\cdot\boldsymbol{m}^\alpha \tag{6.164}$$

Hill 和 Rice[11]研究指出滑移系分切应力 $\boldsymbol{\tau}^\alpha$ 等于随晶格转动的 Kirchhoff 应力的最大剪切分量。Schmid 应力的变化率可表示为

$$\dot{\tau}^\alpha=\boldsymbol{n}^\alpha\cdot\left(\boldsymbol{C}:\boldsymbol{D}^\mathrm{e}-\boldsymbol{D}^\mathrm{e}\cdot\boldsymbol{\sigma}+\boldsymbol{\sigma}\cdot\boldsymbol{D}^\mathrm{e}\right)\cdot\boldsymbol{m}^\alpha \tag{6.165}$$

基于 Schmid 准则，滑移系 α 的剪切应变速率 $\dot{\gamma}^\alpha$ 依赖于相应的分切应力。对于任意滑移系，则有

$$\dot{\gamma}^{\alpha}=\dot{\gamma}_0^{\alpha}\left|\frac{\boldsymbol{\tau}^{\alpha}}{g^{\alpha}}\right|^{n}\operatorname{sgn}(\boldsymbol{\tau}^{\alpha}) \tag{6.166}$$

式中，$\dot{\gamma}_0^{\alpha}$ 为参考剪切应变速率；g^{α} 为滑移系 α 的变形阻力；n 为滑移系 α 的应变速率敏感指数，当 n 趋于无穷大时，代表率无关晶体塑性这一极端情况。

滑移系 α 的变形阻力 g^{α} 是滑移系所经历的滑移历史的函数，且随着塑性变形的进行而增大。Hill 和 Rice 的研究指出一个滑移系的硬化受到所有开动滑移系的影响，并指出 g^{α} 的演化模型可以表示为

$$\dot{g}^{\alpha}=\sum_{\beta}h_{\alpha\beta}\dot{\gamma}^{\beta} \tag{6.167}$$

式中，$h_{\alpha\beta}$ 表示滑移系 α 的潜硬化模量（latent hardening modulus）。此外，$h_{\alpha\alpha}$ 表示滑移系 α 的自硬化模量（self-hardening modulus）。在 Peirce 等[12]提出的硬化模型中，滑移系 α 的自硬化模量 $h_{\alpha\alpha}$ 的表达式为

$$h_{\alpha\alpha}=h(\gamma)=h_0\operatorname{sech}^2\left|\frac{h_0}{\tau_s-\tau_0}\right| \tag{6.168}$$

式中，h_0 表示初始硬化模量；τ_0 表示滑移系分切应力的初始值；τ_s 表示滑移系分切应力的饱和值；γ 表示所有滑移系的累积剪切应变值，其表达式为

$$\gamma=\sum_{\alpha}\int_0^t\left|\dot{\gamma}^{\alpha}\right|\mathrm{d}t \tag{6.169}$$

PAN 模型中滑移系 α 的潜硬化模量 $h_{\alpha\beta}$ 的表达式为

$$h_{\alpha\beta}=qh(\gamma),\quad \alpha\neq\beta \tag{6.170}$$

式中，q 为滑移系 α 的潜硬化模量与自硬化模量的比率。

6.4.2 基于位错密度本构模型

1. 位错密度的分类

根据位错对晶体滑移及晶体连续性的贡献，可以将位错分为统计存储位错（statistically stored dislocation，SSD）和几何必需位错（geometrically necessary dislocation，GND）。统计存储位错通常在一定的晶面上沿着一定的晶向滑移，对塑性应变起着主导作用。几何必需位错是为了适应金属材料不均匀塑性变形而保证晶体的连续性而存在的，对塑性应变没有贡献，但可以充当阻碍位错运动的障碍，因而对金属材料的加工硬化有贡献。基于统计存储位错和几何必需位错的基本思想，位错还可以分为运动位错（mobile dislocation）、平行位错（parallel dislocation）和林位错（forest dislocation），如图 6.11 所示。其中，平行位错和林位错对位错运动起着阻碍作用。根据以上位错的定义，位错密度可以分为统计存

储位错密度、几何必需位错密度、平行位错密度和林位错密度等，它们在基于位错密度的晶体塑性本构模型中扮演着重要的角色。

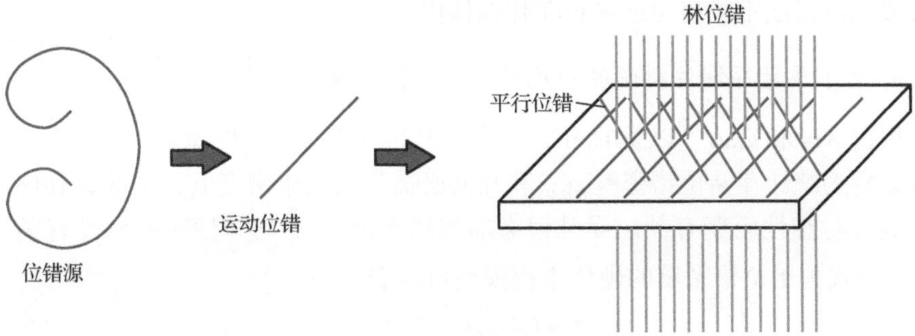

图 6.11　晶体结构中各种位错对晶体滑移作用示意图

2. 位错密度张量

内应力通常是指去掉全部外力之后在弹性体内残留的应力。很明显，如果位移在晶体中的任何一点都是连续可微的，则晶体内就不会产生内应力。根据前面的位错力学知识可知，位错是内应力的起源，因为位错引起了位移的不连续。反之，如果晶体内存在一定的内应力，则其任何内应力状态都可以在形式上表述为位错线的一种分布。在连续介质中，这可以看作强度无限小的位错连续分布。

即使相距 d$\boldsymbol{r}$ 的相邻两点 M 和 N 的相对位移 d$\boldsymbol{u}$ 不是一个全微分，也可以定义一个位移张量 $\boldsymbol{\beta}$，使

$$\mathrm{d}\boldsymbol{u}=\boldsymbol{\beta}\cdot\mathrm{d}\boldsymbol{r} \tag{6.171}$$

反对称部分 $\boldsymbol{\omega}=\dfrac{1}{2}(\boldsymbol{\beta}-\boldsymbol{\beta}^{\mathrm{T}})=-\boldsymbol{\omega}^{\mathrm{T}}$ 总是代表一个纯转动。而其余部分

$$\boldsymbol{e}=\frac{1}{2}(\boldsymbol{\beta}-\boldsymbol{\beta}^{\mathrm{T}})=\boldsymbol{e}^{\mathrm{T}} \tag{6.172}$$

是畸变张量，由它可以算出内应力。

把产生一给定内应力状态的位移张量 $\boldsymbol{\beta}$ 与一定的位错分布联系起来。设 d$\boldsymbol{b}$ 是被一个无限小 Burgers 回路 dC 所包围的 Burgers 矢量，则有

$$\mathrm{d}\boldsymbol{\beta}=\oint_{\mathrm{d}C}\mathrm{d}\boldsymbol{u}=\oint_{\mathrm{d}C}\boldsymbol{\beta}\cdot\mathrm{d}\boldsymbol{r} \tag{6.173}$$

在被 dC 所包围的无限小面积 dS 上应用 Stokes 定理，则有

$$\mathrm{d}\boldsymbol{b}=\boldsymbol{\alpha}\cdot\mathrm{d}S \tag{6.174}$$

式中，

$$\boldsymbol{\alpha}=\mathrm{rot}\boldsymbol{\beta}=\nabla\times\boldsymbol{\beta} \tag{6.175}$$

则 $\boldsymbol{\alpha}$ 就是所定义的位错密度张量（dislocation density tensor），它反映了位错的分布情况。

由 $\boldsymbol{\alpha}$ 的定义可以看到，它满足条件：

$$\mathrm{div}\boldsymbol{\alpha} = \nabla \cdot \boldsymbol{\alpha} = 0 \tag{6.176}$$

上式表示位错线不能自由地终止在弹性体内。

3. 基于统计存储位错密度和几何必需位错密度的本构方程

根据 Nix 和 Gao[13]以及 Han 等[14,15]提出的应变梯度塑性理论，总位错密度 ρ 可以分解为统计存储位错密度 ρ_{SSD} 和几何必需位错位错密度 ρ_{GND}。统计存储位错密度 ρ_{SSD} 与塑性应变有关，而几何必需位错密度 ρ_{GND} 与塑性应变梯度有关。则 Taylor 公式关于位错密度的硬化本构模型可以表示为

$$\tau = cGb\sqrt{\rho_{\mathrm{SSD}} + \rho_{\mathrm{GND}}} \tag{6.177}$$

式中，c 为经验系数，取值范围为 0～1；G 为材料的剪切模量；b 为 Burgers 矢量的大小。

Nye 位错密度张量建立了几何必需位错和应变梯度之间的联系，则有

$$\boldsymbol{\Lambda} = \frac{1}{b}\mathrm{rot}\,\boldsymbol{F}^{\mathrm{p}^{\mathrm{T}}} = -\frac{1}{b}(\nabla \times \boldsymbol{F}^{\mathrm{p}^{\mathrm{T}}})^{\mathrm{T}} \tag{6.178}$$

式中，位错密度张量 $\boldsymbol{\Lambda}$ 是非对称的，具有 9 个独立分量。对式（6.178）取物质时间导数，而且结合式 $\dot{\boldsymbol{F}}^{\mathrm{p}} = \boldsymbol{L}^{\mathrm{p}}\boldsymbol{F}^{\mathrm{p}}$，则位错密度张量 $\boldsymbol{\Lambda}$ 可以分解为所有单个滑移系的贡献，则有

$$\dot{\boldsymbol{\Lambda}} = -\frac{1}{b}\left(\nabla \times \dot{\boldsymbol{F}}^{\mathrm{p}^{\mathrm{T}}}\right)^{\mathrm{T}} = -\frac{1}{b}\left(\nabla \times \boldsymbol{F}^{\mathrm{p}^{\mathrm{T}}}\boldsymbol{L}^{\mathrm{p}^{\mathrm{T}}}\right)^{\mathrm{T}} = \sum_{\alpha=1}^{N}\dot{\boldsymbol{\Lambda}}^{\alpha} \tag{6.179}$$

结合式（6.102）、式（6.153）和式（6.179）可得

$$\begin{aligned}\dot{\boldsymbol{\Lambda}} &= -\frac{1}{b}\left(\nabla \times (\dot{\gamma}^{\alpha}\boldsymbol{F}^{\mathrm{p}^{\mathrm{T}}}\boldsymbol{n}^{\alpha} \otimes \boldsymbol{m}^{\alpha})\right)^{\mathrm{T}} \\ &= -\frac{1}{b}\boldsymbol{m}^{\alpha} \otimes \left(\nabla \times (\dot{\gamma}^{\alpha}\boldsymbol{F}^{\mathrm{p}^{\mathrm{T}}}\boldsymbol{n}^{\alpha})\right)\end{aligned} \tag{6.180}$$

由于 $\dot{\gamma}^{\alpha}$ 和 $\boldsymbol{F}^{\mathrm{p}}$ 都可能存在梯度，则将旋度算子 rot 展开，则式（6.180）变为

$$\dot{\boldsymbol{\Lambda}} = -\frac{1}{b}\boldsymbol{m}^{\alpha} \otimes \left(\nabla\dot{\gamma}^{\alpha} \times \boldsymbol{F}^{\mathrm{p}^{\mathrm{T}}}\boldsymbol{n}^{\alpha} + \dot{\gamma}^{\alpha}(\nabla \times \boldsymbol{F}^{\mathrm{p}^{\mathrm{T}}}\boldsymbol{n}^{\alpha})\right) \tag{6.181}$$

事实上，式（6.180）定义了几何必需位错密度的变化率，即

$$\dot{\rho}_{\mathrm{GND}}^{\alpha} = \frac{1}{b}\left\|\nabla \times \left(\nabla \times (\dot{\gamma}^{\alpha}\boldsymbol{F}^{\mathrm{p}^{\mathrm{T}}}\boldsymbol{n}^{\alpha})\right)\right\| \tag{6.182}$$

把几何必需位错密度引入一个晶体本构模型，在实质问题就是将几何必需位错投影成林位错和平行位错（图 6.12）。然而，将几何必需位错投影成林位错和平行位错并不是很方便，因为几何必需位错的切向量不是常数。通常在晶体塑性本构模型中，统计存储位错可以假定为只是刃型位错，然而，几何必需位错必须包含刃型位错和螺型位错，才能保证晶体点阵的连续性。因此，$\dot{\boldsymbol{\Lambda}}^{\alpha}$ 可以分解为三部

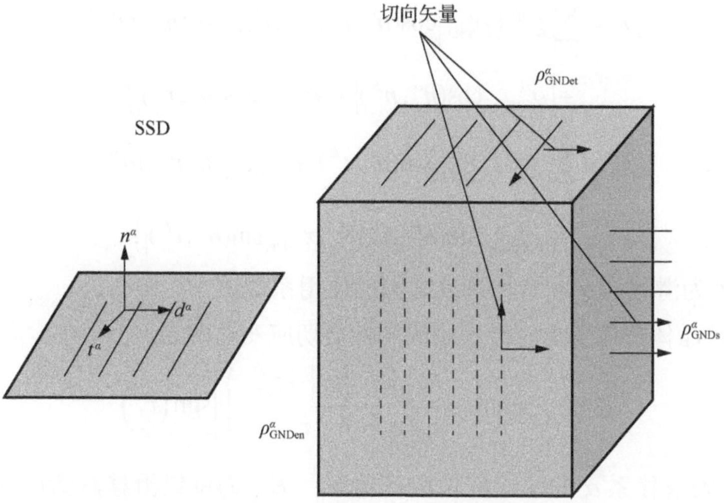

图 6.12　统计存储位错密度和几何必需位错密度的几何构形示意图

分，即具有与滑移方向 $\boldsymbol{m}^{\alpha}$ 平行的切向量的螺型位错部分 $\dot{\boldsymbol{\Lambda}}^{\alpha}_{s}$ 、具有与 $\boldsymbol{n}^{\alpha}$ 平行的切向量的刃型位错部分 $\dot{\boldsymbol{\Lambda}}^{\alpha}_{\mathrm{en}}$ 以及具有与 $\boldsymbol{t}^{\alpha}=\boldsymbol{n}^{\alpha}\times\boldsymbol{m}^{\alpha}$ 平行的切向量的刃型位错部分 $\dot{\boldsymbol{\Lambda}}^{\alpha}_{\mathrm{et}}$ ，则有

$$\dot{\boldsymbol{\Lambda}}^{\alpha}=\dot{\boldsymbol{\Lambda}}^{\alpha}_{s}+\dot{\boldsymbol{\Lambda}}^{\alpha}_{\mathrm{en}}+\dot{\boldsymbol{\Lambda}}^{\alpha}_{\mathrm{et}} \tag{6.183}$$

式中，相应的位错密度张量分别为

$$\dot{\boldsymbol{\Lambda}}^{\alpha}_{s}=-\dot{\rho}^{\alpha}_{\mathrm{GND}}\boldsymbol{m}^{\alpha}\otimes\boldsymbol{m}^{\alpha} \tag{6.184}$$

$$\dot{\boldsymbol{\Lambda}}^{\alpha}_{\mathrm{en}}=-\dot{\rho}^{\alpha}_{\mathrm{GND}}\boldsymbol{m}^{\alpha}\otimes\boldsymbol{n}^{\alpha} \tag{6.185}$$

$$\dot{\boldsymbol{\Lambda}}^{\alpha}_{\mathrm{et}}=-\dot{\rho}^{\alpha}_{\mathrm{GND}}\boldsymbol{m}^{\alpha}\otimes\boldsymbol{t}^{\alpha} \tag{6.186}$$

则对应的几何必需位错密度的标量值分别为

$$\dot{\rho}^{\alpha}_{\mathrm{GND}}=\frac{1}{b}\left(\nabla\times(\dot{\gamma}^{\alpha}\boldsymbol{F}^{\mathrm{p}^{\mathrm{T}}}\boldsymbol{n}^{\alpha})\right)\cdot\boldsymbol{m}^{\alpha} \tag{6.187}$$

$$\dot{\rho}^{\alpha}_{\mathrm{GNDen}}=\frac{1}{b}\left(\nabla\times(\dot{\gamma}^{\alpha}\boldsymbol{F}^{\mathrm{p}^{\mathrm{T}}}\boldsymbol{n}^{\alpha})\right)\cdot\boldsymbol{n}^{\alpha} \tag{6.188}$$

$$\dot{\rho}^{\alpha}_{\mathrm{GNDet}}=\frac{1}{b}\left(\nabla\times(\dot{\gamma}^{\alpha}\boldsymbol{F}^{\mathrm{p}^{\mathrm{T}}}\boldsymbol{n}^{\alpha})\right)\cdot\boldsymbol{t}^{\alpha} \tag{6.189}$$

它们满足如下关系式：

$$\left(\dot{\rho}^{\alpha}_{\mathrm{GND}}\right)^{2}=\left(\dot{\rho}^{\alpha}_{\mathrm{GNDs}}\right)^{2}+\left(\dot{\rho}^{\alpha}_{\mathrm{GNDen}}\right)^{2}+\left(\dot{\rho}^{\alpha}_{\mathrm{GNDet}}\right)^{2} \tag{6.190}$$

最后，$\rho^{\alpha}_{\mathrm{F}}$ 为滑移系 α 扫过的林位错密度，$\rho^{\alpha}_{\mathrm{P}}$ 为滑移系 α 扫过的平行位错密度，则 $\rho^{\alpha}_{\mathrm{F}}$ 和 $\rho^{\alpha}_{\mathrm{P}}$ 的表达式分别为[16]

$$\rho_{\mathrm{F}}^{\alpha}=\sum_{\beta=1}^{N}\chi^{\alpha\beta}\left(\rho_{\mathrm{SSD}}^{\beta}\left|\cos(\boldsymbol{n}^{\alpha},\boldsymbol{t}^{\beta})\right|+\left|\rho_{\mathrm{GNDs}}^{\beta}\cos(\boldsymbol{n}^{\alpha},\boldsymbol{m}^{\beta})\right|\right.$$
$$\left.+\left|\rho_{\mathrm{GNDen}}^{\beta}\cos(\boldsymbol{n}^{\alpha},\boldsymbol{n}^{\beta})\right|+\left|\rho_{\mathrm{GNDet}}^{\beta}\cos(\boldsymbol{n}^{\alpha},\boldsymbol{t}^{\beta})\right|\right) \tag{6.191}$$

$$\rho_{\mathrm{P}}^{\alpha}=\sum_{\beta=1}^{N}\chi^{\alpha\beta}\left(\rho_{\mathrm{SSD}}^{\beta}\left|\sin(\boldsymbol{n}^{\alpha},\boldsymbol{t}^{\beta})\right|+\left|\rho_{\mathrm{GNDs}}^{\beta}\sin(\boldsymbol{n}^{\alpha},\boldsymbol{m}^{\beta})\right|\right.$$
$$\left.+\left|\rho_{\mathrm{GNDen}}^{\beta}\sin(\boldsymbol{n}^{\alpha},\boldsymbol{n}^{\beta})\right|+\left|\rho_{\mathrm{GNDet}}^{\beta}\sin(\boldsymbol{n}^{\alpha},\boldsymbol{t}^{\beta})\right|\right) \tag{6.192}$$

式中，$\chi^{\alpha\beta}$为滑移系α和滑移系β之间的作用系数。

另外，晶体塑性变形时滑移系的塑性剪切应变速率为

$$\dot{\gamma}^{\alpha}=\dot{\gamma}_0\sinh\left(-\frac{E_{\mathrm{slip}}}{k_B T}\left(1-\frac{\left|\tau^{\alpha}\right|-\tau_{\mathrm{pass}}^{\alpha}}{\tau_{\mathrm{cut}}^{\alpha}}\right)\right)\mathrm{sgn}\left(\tau^{\alpha}\right) \tag{6.193}$$

式中，$\dot{\gamma}^{\alpha}$为滑移系α的塑性剪切应变速率；E_{slip}为位错滑移激活能（activation energy）；k_B为 Boltzmann 常数；T为材料的温度；τ^{α}为滑移系α的分切应力；$\dot{\gamma}_0$为参考塑性剪切应变速率；$\tau_{\mathrm{pass}}^{\alpha}$为滑移系$\alpha$经过平行位错时受到的滑移阻力；$\tau_{\mathrm{cut}}^{\alpha}$为滑移系$\alpha$经过林位错时受到的滑移阻力；$\dot{\gamma}_0$、$\tau_{\mathrm{pass}}^{\alpha}$和$\tau_{\mathrm{cut}}^{\alpha}$的表达式分别为

$$\dot{\gamma}_0=\frac{k_{\mathrm{B}}T\nu_0}{c_1c_2Gb^2}\sqrt{\rho_{\mathrm{p}}^{\alpha}} \tag{6.194}$$

$$\tau_{\mathrm{pass}}^{\alpha}=c_1Gb\sqrt{\rho_{\mathrm{p}}^{\alpha}} \tag{6.195}$$

$$\tau_{\mathrm{cut}}^{\alpha}=\frac{E_{\mathrm{slip}}}{c_2c_3b^2}\sqrt{\rho_{\mathrm{F}}^{\alpha}} \tag{6.196}$$

其中，c_1、c_2和c_3为材料常数；G为剪切模量；ν_0为滑移系激活频率。

6.4.3　基于变形孪生的本构模型

变形孪生是金属塑性变形的另一种变形方式，因而建立基于变形孪生的本构模型是晶体塑性有限元（crystal plastic finite element, CPFE）模拟必不可少的环节。在金属塑性变形时，变形孪生经常是伴随着位错滑移而进行的。对于一个单晶而言，当一个孪生系统ξ被激活时，单晶母相中将会有f^{ξ}孪晶分数通过转动矩阵$\boldsymbol{Q}^{\xi}$重新取向。在该孪生系统的作用下，全局变形梯度将发生分解，如图 6.13 所示。考虑到位错滑移与变形孪生的相似性，引入孪生剪切γ_{twin}的贡献，则速度梯度$\boldsymbol{L}^{\mathrm{p}}$的表达式可以推广如下：

$$\boldsymbol{L}^{\mathrm{p}}=\left(1-\sum_{\xi=1}^{N_{\mathrm{twin}}}f^{\xi}\right)\sum_{\alpha=1}^{N_{\mathrm{slip}}}\dot{\gamma}^{\alpha}\boldsymbol{m}^{\alpha}\otimes\boldsymbol{n}^{\alpha}+\sum_{\xi=1}^{N_{\mathrm{twin}}}\gamma_{\mathrm{twin}}\dot{f}^{\xi}\boldsymbol{m}_{\mathrm{twin}}^{\xi}\otimes\boldsymbol{n}_{\mathrm{twin}}^{\xi} \tag{6.197}$$

式中，N_{slip}是滑移系的数量；N_{twin}是孪生系统的数量；$\boldsymbol{m}_{\mathrm{twin}}^{\xi}$是孪生系统$\xi$孪生面

法向单位矢量；$\boldsymbol{n}_{\text{twin}}^{\xi}$ 是孪生系统 ξ 孪生方向单位矢量。从该式可以看出，该表达式并没有考虑变形孪晶的形貌特征和拓扑结构。一个孪晶区域只是由孪晶体积分数和边界条件所规定，在孪晶区域也没有规定明显的塑性变形梯度。这种基体加孪晶复合结构的 Cauchy 应力 $\bar{\boldsymbol{\sigma}}$ 就与所有组分上应力的体积平均值有关，即

$$\bar{\boldsymbol{\sigma}} = \frac{\boldsymbol{F}^{\text{e}}}{\boldsymbol{J}^{\text{e}}}\left(\left(1-\sum_{\xi=1}^{N_{\text{twin}}} f^{\xi}\right)\boldsymbol{C}+\sum_{\xi=1}^{N_{\text{twin}}} f^{\xi}\boldsymbol{C}^{\xi}\right)\boldsymbol{E}^{\text{e}}\boldsymbol{F}^{\text{e}^{\text{T}}} \tag{6.198}$$

式中，$C_{ijkl}^{\xi} = Q_{im}^{\xi}Q_{jn}^{\xi}Q_{ko}^{\xi}Q_{lp}^{\xi}C_{mnop}$ 是基体转变为孪晶取向的弹性张量 $\boldsymbol{C}^{\beta}$ 的分量；$\boldsymbol{E}^{\text{e}}$ 是从弹性应变梯度获得的 Green-Lagrangian 应变张量。

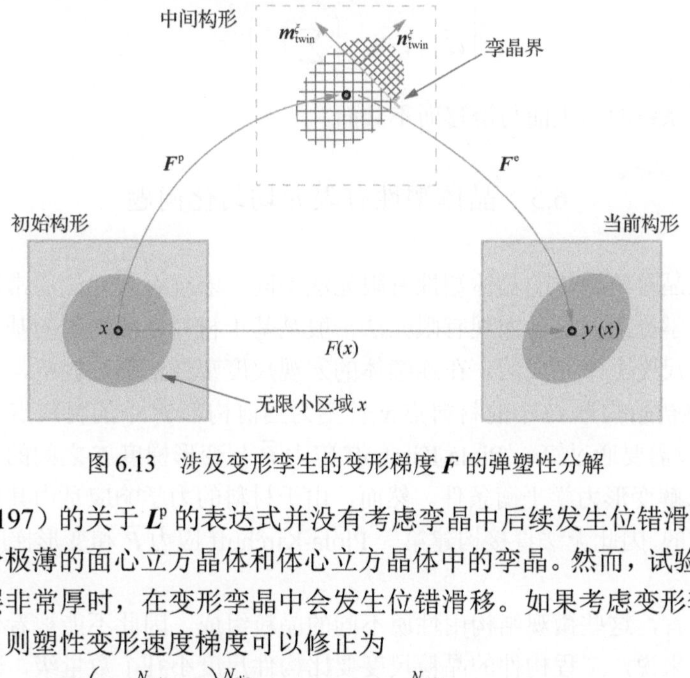

图 6.13　涉及变形孪生的变形梯度 $\boldsymbol{F}$ 的弹塑性分解

式 (6.197) 的关于 $\boldsymbol{L}^{\text{p}}$ 的表达式并没有考虑孪晶中后续发生位错滑移。该表达式一般适合极薄的面心立方晶体和体心立方晶体中的孪晶。然而，试验证据表明，当孪晶片层非常厚时，在变形孪晶中会发生位错滑移。如果考虑变形孪晶中发生位错滑移，则塑性变形速度梯度可以修正为

$$\begin{aligned}\boldsymbol{L}^{\text{p}} = &\left(1-\sum_{\xi=1}^{N_{\text{twin}}} f^{\xi}\right)\sum_{\alpha=1}^{N_{\text{slip}}}\dot{\gamma}^{\alpha}\boldsymbol{m}^{\alpha}\otimes\boldsymbol{n}^{\alpha}+\sum_{\beta=1}^{N_{\text{twin}}}\gamma_{\text{twin}}\dot{f}^{\xi}\boldsymbol{m}_{\text{twin}}^{\xi}\otimes\boldsymbol{n}_{\text{twin}}^{\xi}\\ &+\sum_{\xi=1}^{N_{\text{twin}}}\sum_{\alpha=1}^{N_{\text{twin}}} f^{\xi}\dot{\gamma}^{\alpha}\boldsymbol{Q}^{\xi}\boldsymbol{m}^{\alpha}\otimes\boldsymbol{n}^{\alpha}\boldsymbol{Q}^{\xi^{\text{T}}}\end{aligned} \tag{6.199}$$

一个孪生系统的孪晶体积分数的演化遵循唯象幂律关系，即

$$\dot{f}^{\beta} = \begin{cases}\dot{f}_0\left(\dfrac{\tau^{\xi}}{\tau_{\text{c}}^{\xi}}\right)^{1/m_{\text{t}}}, & \tau^{\xi}>0\\ 0, & \tau^{\xi}\leqslant 0\end{cases} \tag{6.200}$$

式中，m_{t} 为孪生率敏感指数。式 (6.200) 给出的流动规则需要知道每个孪生系统

的临界孪生切应力 τ_c^ξ 。然而，试验证据表明，变形孪生对金属材料的全局硬化具有双重影响。一方面，孪晶体积分数的增加会导致滑移系硬化效应的增加，这主要是由于孪晶界会充当位错运动的障碍。另一方面，新孪晶的长大会受到已有孪晶的阻碍。根据第一种思想，唯象滑移硬化准则可以修正为

$$\dot{\tau}_c^\alpha = h_{\alpha\tilde{\alpha}}\left|\dot{\gamma}^{\tilde{\alpha}}\right| \tag{6.201}$$

式中，硬化矩阵 $h_{\alpha\tilde{\alpha}}$ 取决于孪晶体积分数和饱和应力值 $\tau_s^{\tilde{\alpha}}$ ，即

$$\begin{cases} h_{\alpha\tilde{\alpha}} = q_{\alpha\tilde{\alpha}}\left(h_0\left(1-\dfrac{\tau_c^{\tilde{\alpha}}}{\tau_s^{\tilde{\alpha}}}\right)\right) \\ \tau_s^{\tilde{\alpha}} = \tau_0 + \tau_t\left(\displaystyle\sum_\xi f^\xi\right)^{1/2} \end{cases} \tag{6.202}$$

其中，孪生系统的孪生面与滑移面不共面。

6.5　晶体塑性有限元均匀化问题

与模拟晶粒集合体的晶体塑性有限元法不同，宏观有限元法通常用于预测工程结构的力学行为。这种宏观有限元法一般是基于材料性能均匀的基本思想而在组件或设计尺度上来完成的。在连续体的宏观尺度塑性变形过程中，可以通过变形梯度 $\bar{\boldsymbol{F}}$ 将初始构形 $\bar{\Omega}$ 中的材料点 $\bar{\boldsymbol{x}}$ 转变为当前构形 $\bar{\boldsymbol{\Psi}}$ 中的材料点 $\bar{\boldsymbol{y}}$ 。在宏观有限元法中，需要通过第一 Piola-Kirchoff 应力 $\bar{\boldsymbol{P}}$ 与变形梯度 $\bar{\boldsymbol{F}}$ 之间的本构关系来获得 $\bar{\boldsymbol{P}}$ 并求解变形力学平衡条件。然而，由于材料的力学响应是由其固有的微观结构所决定的，因此无法直接构建第一 Piola-Kirchoff 应力 $\bar{\boldsymbol{P}}$ 和变形梯度 $\bar{\boldsymbol{F}}$ 之间的本构关系。

通常而言，这些微观结构由性质不同的晶粒组成，因此不能被看作均匀的连续体。一般来说，工程构件的晶粒尺度要比构件尺度小几个数量级，因而无法用一个巨大的晶粒集合体来描述构件的全部自由度，如图 6.14 所示。针对上述问题，通常采用如图 6.14 所示的二级法加以解决。首先，每个宏观尺度构件上的材料点 $\bar{\boldsymbol{x}}$ 代表一个包含有限个微观结构（如晶粒）的子区域 Ω 。在子区域 Ω 中，可以构建每个微观结构个体的本构行为，即在微观结构尺度上的第一 Piola-Kirchoff 应力 $\boldsymbol{P}$ 与变形梯度 $\boldsymbol{F}$ 之间的本构关系是已知的。这种本构关系一般依赖于材料的状态，其中影响最为显著的是其所经历的热机械加工历史。然后，根据体积平均化，宏观参量 $\bar{\boldsymbol{P}}$ 和 $\bar{\boldsymbol{F}}$ 与对应子区域 Ω 中的微观参量 $\boldsymbol{P}$ 和 $\boldsymbol{F}$ 之间的关系可以表示为

$$
\begin{cases}
\bar{\boldsymbol{F}} = \dfrac{1}{V}\displaystyle\int_{\Omega} \boldsymbol{F} \mathrm{d}V \\
\bar{\boldsymbol{P}} = \dfrac{1}{V}\displaystyle\int_{\Omega} \boldsymbol{P} \mathrm{d}V \\
V = \displaystyle\int_{\Omega} \mathrm{d}V
\end{cases}
\tag{6.203}
$$

式中，V 为子区域 Ω 的体积。通过式（6.203）所示的“数值放大”（numerical zoom）法，可以将宏观参量 $\bar{\boldsymbol{P}}$ 和 $\bar{\boldsymbol{F}}$ 之间的本构关系转化至微观参量 $\boldsymbol{P}$ 与 $\boldsymbol{F}$ 之间的本构关系。

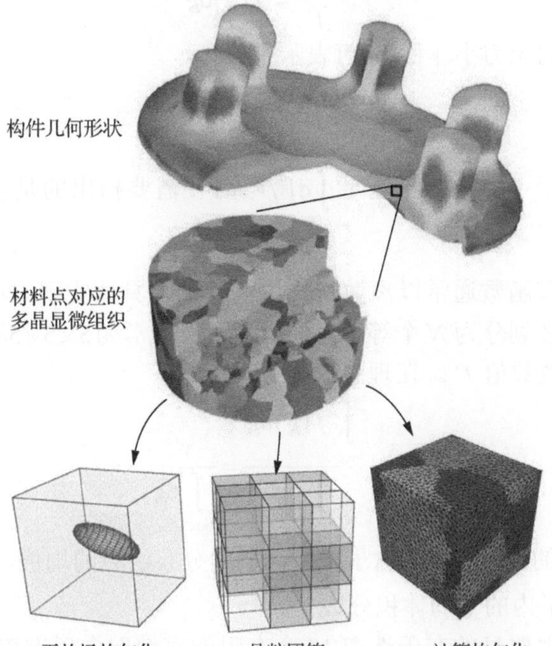

图 6.14　晶体塑性有限元均匀化方法示意图

本节所述的“均匀化”是指基于式（6.203）所产生的宏观参量与微观参量之间的转变。在物理学中，该过程被称为“粗粒化”。接下来的章节中，首先综述如何在每个区域 Ω 中选择晶粒集合体的方法以确保它们以统计代表性的方式反映所讨论材料的整体晶体学织构。此后，在构件尺度有限元分析的框架下，简述了多晶体材料的三种均匀化方法，即计算均匀化法（computational homogenization method）、平均场均匀化法（mean field homogenization method）和晶粒团簇法（grain cluster method）。

6.5.1　晶体织构的统计学描述

由第 3 章的相关知识可知，金属晶体织构是指金属晶体形成了特定取向，它会导致金属材料的许多物理性质存在各向异性，例如弹性和塑性力学响应、电导率和磁化率等。一般可以用三个欧拉角 $\{\varphi_1,\Phi,\varphi_2\}$ 描述晶体取向 $\boldsymbol{g}$。晶体织构通过晶体的取向分布函数加以量化，这种分布函数定义了取向 $\boldsymbol{g}$ 在取向空间中的概率密度 $f(\boldsymbol{g})$。通过该概率密度，取向在 $\boldsymbol{g}$ 和 $\boldsymbol{g}+\mathrm{d}\boldsymbol{g}$ 之间的晶粒占多晶集合体的体积分数 v 为

$$v \equiv \frac{\mathrm{d}V}{V} = f(\boldsymbol{g})\mathrm{d}\boldsymbol{g} \tag{6.204}$$

式中，取向空间的无穷小体积 $\mathrm{d}\boldsymbol{g}$ 可表示为

$$\mathrm{d}\boldsymbol{g}=\frac{1}{8\pi^2}\mathrm{d}\varphi_1\mathrm{d}\varphi_2\mathrm{d}\cos\Phi \tag{6.205}$$

其中，归一化因子 $\frac{1}{8\pi^2}$ 是为了满足 $\oint \mathrm{d}V/V \equiv 1$（需要指出的是 $f(\boldsymbol{g})\equiv 1$ 代表随机取向）。

晶体取向分布函数通常以离散形式进行存储，具体实现方法是通过将 Euler 空间的基础区域 Z 划分为 N 个等角延伸的盒子（通常为 $5\times5\times5$ 的立方体），并为每个盒子记录离散数值 f^i。在理想情况下，有

$$f^i = \frac{\int_{\mathrm{box}^i} f(\boldsymbol{g})\mathrm{d}\boldsymbol{g}}{\int_{\mathrm{box}^i} \mathrm{d}\boldsymbol{g}} = \frac{v^i}{\int_{\mathrm{box}^i} \mathrm{d}\boldsymbol{g}} \tag{6.206}$$

由上式可知，f^i 的值为第 i 个盒子中晶体取向分布函数的均值，对应于具有此取向的晶粒在该盒子内的平均体积分数 v^i。

上述措施的主要目的在于选取 N^* 个有限的离散取向以准确地体现出整体取向。基于精确模拟的要求，分配在特定取向的独立体积分数可能是相等的，也可能彼此不同。

遵循体积分数相等这一要求，Eisenlohr 和 Roters [17]将确定性整数近似法与概率性抽样法相结合，从离散的晶体取向分布函数中给出等权重取向的数量 N^*，以使重构晶体取向尽可能地接近原始取向。通常，概率性抽样法随机地选择取向，每个取向的概率值 $p(\boldsymbol{g}_i)$ 为

$$p(\boldsymbol{g}_i)=\frac{f(\boldsymbol{g}_i)\sin\Phi_i}{\max(f(\boldsymbol{g})\sin\Phi)} \tag{6.207}$$

对于确定性整数近似法，在离散晶体取向分布函数的基础空间中，N 个取向中每一个取向被选中的次数 n^i 为

$$n^i = \mathrm{round}(Cv^i) \tag{6.208}$$

式中，round(·) 表示圆整函数。为了获取 N^* 的整体集合，必须迭代调整常数 C 以满足下式，即

$$\sum_{i=1}^{N} n^i \overset{!}{=} N^* \tag{6.209}$$

式中，符号“$\overset{!}{=}$”表示“期望等于”。

对于织构重构的精确度，当 $N^* > N$ 时，相对于概率性抽样法，由确定性整数近似法得到晶体取向分布函数更接近于原始晶体取向分布函数。然而，当 $N^* < N$ 时，会出现对具有较大原始 v^i 的取向产生系统化权重高估，因此重构取向分布时出现过大误差。为了解决这一固有问题，Eisenlohr 和 Roters [17]对确定性整数近似法按如下措施进行改进：如果重构取向所需的数量 N^* 小于原始晶体取向分布函数中的盒子数，即 $N^* < N$ 时，首先根据式（6.208）和式（6.209）生成 N 个离散取向，然后从其中随机选择 N^* 个取向，以满足 $N^* < N$ 的要求。通过该改进措施，晶体取向重构质量至少与采用概率性抽样法的质量一样好。但随着 N^* / N 值的增加，改进后的确定性整数近似法的重构质量就表现出了很大的优越性。

Melchior 和 Delannay [18]解决了构成代表性体积单元（representative volume element, RVE）的 N^* 个不同尺寸晶粒集合体的取向分配问题。他们根据概率性抽样法选择一大组等权重的取向，并引入一种算法将这组取向划分为 N^* 个相似的取向集合。每一个取向集合代表一个具有平均取向的单个晶粒，并且该晶粒内部包含多个近似取向，每个取向具有一定的权重。与等权重概率性抽样法相比，通过在指定取向的相对权重中添加这种额外的自由度，可以显著提高重构取向的质量。

Böhlke 等[19]基于混合整数二次规划法提出了一种可以解决晶体取向重构问题的方法。首先，在基础区域内构建出在 $\{\varphi_1, \Phi, \varphi_2\}$ 空间中等角延伸的网格。然后，由至多 N^* 个 von Mises-Fisher 中心分布函数 $h(\boldsymbol{g}, \boldsymbol{g}^\alpha, w)$ 的叠加获得近似值，每个分布函数均以一个特定的网格点 $\boldsymbol{g}^\alpha$ 为中心，且固定半宽为 w，相对权重为 v^α，以此得到整体取向分布函数的近似 $\bar{f}(\boldsymbol{g})$ 可表示为

$$\bar{f}(\boldsymbol{g}) = \sum_{\alpha=1}^{N^*} v^\alpha h(\boldsymbol{g}, \boldsymbol{g}^\alpha, w) \tag{6.210}$$

采用该方法进行取向重构得到的近似取向分布函数 $\bar{f}(\boldsymbol{g})$ 与实际晶体取向分布函数 $f(\boldsymbol{g})$ 的误差 D 为

$$D = \int_Z \left(f(\boldsymbol{g}) - \bar{f}(\boldsymbol{g}) \right)^2 \mathrm{d}\boldsymbol{g} \tag{6.211}$$

式中，Z 表示三维正交群。该方法的难点在于从可用的网格点中选择合适的 $\boldsymbol{g}^\alpha$ 并选择合适的可变权重 v^α，以使实际晶体取向分布函数与近似取向分布函数之间的误差 D 最小。

6.5.2　计算均匀化法

根据前面的知识可知，金属材料在塑性变形过程中，微观结构上的变形梯度 $\boldsymbol{F}$ 能够将宏观尺度上的材料点 $\bar{\boldsymbol{x}}$ 所对应的子区域 Ω（初始构形）中的 $\boldsymbol{x}$ 点转变为当前构形 $\boldsymbol{\Psi}$ 中的 $\boldsymbol{y}$ 点。于是，当前构形 $\boldsymbol{\Psi}$ 中的 $\boldsymbol{y}$ 点可以看作初始构形 Ω 中的 $\boldsymbol{x}$ 点在宏观尺度上的均匀变形（homogeneous deformation）$\bar{\boldsymbol{F}}\boldsymbol{x}$ 和叠加位移波动场（superimposed displacement fluctuation field）$\tilde{\boldsymbol{W}}$ 共同作用的结果，即

$$\boldsymbol{y} = \bar{\boldsymbol{F}}\boldsymbol{x} + \tilde{\boldsymbol{W}} \tag{6.212}$$

将上式的两边对 $\boldsymbol{x}$ 微分，则可以建立微观变形梯度 $\boldsymbol{F}$ 与宏观变形梯度 $\bar{\boldsymbol{F}}$ 之间的关系：

$$\boldsymbol{F}=\frac{\partial \boldsymbol{y}}{\partial \boldsymbol{x}} = \bar{\boldsymbol{F}} + \frac{\partial \tilde{\boldsymbol{W}}}{\partial \boldsymbol{x}}=\bar{\boldsymbol{F}}+\tilde{\boldsymbol{F}} \tag{6.213}$$

式中，$\tilde{\boldsymbol{F}} = \dfrac{\partial \tilde{\boldsymbol{W}}}{\partial \boldsymbol{x}}$ 为波动场引起的变形梯度。

联合式（6.203）和式（6.213）及散度定理可以得到约束条件，即波动场的变形梯度总体为零，则有

$$\int_{\Omega} \tilde{\boldsymbol{F}} \mathrm{d}V = \int_{\partial\Omega} \tilde{\boldsymbol{W}} \otimes \boldsymbol{n} \mathrm{d}A = \int_{\partial\Omega^-} \tilde{\boldsymbol{W}}^- \otimes \boldsymbol{n}^- \mathrm{d}A + \int_{\partial\Omega^+} \tilde{\boldsymbol{W}}^+ \otimes \boldsymbol{n}^+ \mathrm{d}A = \boldsymbol{0} \tag{6.214}$$

式中，$\otimes$ 表示张量积；$\boldsymbol{n}$ 为子区域 Ω 边界 $\partial\Omega$ 的法向量。

式(6.214)的三个等效积分项表示三种具有不同精确度的边界条件，如图 6.15 所示。第一种边界条件为刚性边界条件，如图 6.15（a）所示，在该种边界条件下，子区域 Ω 中不存在位移波动场，即 $\tilde{\boldsymbol{W}}=\boldsymbol{0}$。第二种边界条件为均匀边界条件，如图 6.15（b）所示，即在边界 $\partial\Omega$ 上 $\tilde{\boldsymbol{W}}=\boldsymbol{0}$，同时也满足式（6.214）。第三种边界条件为周期性边界条件，如图 6.15（c）所示，此时边界分解为两个相反的部分 $\partial\Omega^-$ 和 $\partial\Omega^+$，即 $\partial\Omega=\partial\Omega^-+\partial\Omega^+$，且 $\partial\Omega^-$ 和 $\partial\Omega^+$ 之间没有任何重叠区域。为保证子区域 Ω 的周期性，$\partial\Omega^+$ 上的材料点 $\boldsymbol{x}^+$ 与 $\partial\Omega^-$ 上的材料点 $\boldsymbol{x}^-$ 具有相反的法向向量，即 $\boldsymbol{n}^+=-\boldsymbol{n}^-$，同时具有等值的波动场，即 $\tilde{\boldsymbol{W}}^+=\tilde{\boldsymbol{W}}^-$。

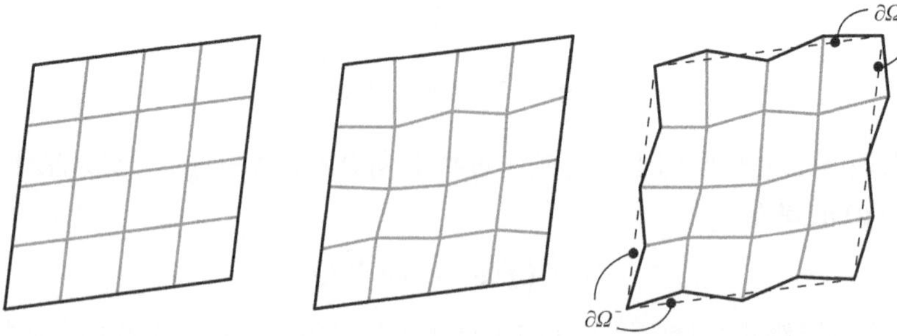

（a）刚性边界条件　　（b）均匀边界条件　　（c）周期性边界条件

图 6.15　计算均匀化法边界条件示意图

对于一个微观连续体 Ω，在不考虑体积力的作用下，假设静力平衡的基本方程为

$$\mathrm{div}\,\boldsymbol{P}=0 \tag{6.215}$$

因此，计算均匀化法就是通过式（6.213）和式（6.215）结合每一独立相的 $\boldsymbol{P}$ 和 $\boldsymbol{F}$ 之间的本构关系对 $\tilde{\boldsymbol{W}}$ 的边界值问题进行数值求解[20-26]。

6.5.3　平均场均匀化法

在平均场均匀化法中，子区域 Ω 内的微观结构可视为夹杂物的集合。因此，前面部分概述的边界值问题只是在体积平均意义上的解，而无法得到精确计算。这意味着不再对 $\boldsymbol{P}$ 和 $\boldsymbol{F}$ 的空间差异进行区分，因而只能考虑每个相 α 的空间平均参量，用符号 $\langle\cdot\rangle^{\alpha}$ 表示。因此，对于材料点有效的宏观参量就等于对应的所有微观结构组分各自参量的体积加权之和。与式（6.203）所对应的平均场均匀化法的计算式为

$$\begin{cases}\bar{\boldsymbol{F}}=\dfrac{1}{V}\displaystyle\sum_{\alpha}\int_{\Omega^{\alpha}}\boldsymbol{F}\mathrm{d}V=\dfrac{1}{V}\sum_{\alpha}V^{\alpha}\left\langle\boldsymbol{F}\right\rangle^{\alpha}\\ \bar{\boldsymbol{P}}=\dfrac{1}{V}\displaystyle\sum_{\alpha}\int_{\Omega^{\alpha}}\boldsymbol{P}\mathrm{d}V=\dfrac{1}{V}\sum_{\alpha}V^{\alpha}\left\langle\boldsymbol{P}\right\rangle^{\alpha}\\ V^{\alpha}=\displaystyle\int_{\Omega^{\alpha}}\mathrm{d}V\end{cases} \tag{6.216}$$

对于应力或应变的区分，最基本的假设就是微观结构中所有相或晶粒要么存在相等的应力，即 $\langle\boldsymbol{P}\rangle^{\alpha}=\bar{\boldsymbol{P}}$，要么存在相等的变形梯度，即 $\langle\boldsymbol{F}\rangle^{\alpha}=\bar{\boldsymbol{F}}$。均匀应力假设以及均匀变形梯度假设都忽略了夹杂物的形状和局部邻域，并且前者违背了协调性，后者违背了平衡性[27, 28]。

然而，将平均场均匀化原理从线性推广至非线性时面临着诸多困难，这主要是因为对于一个给定的相，由于其应变的不均匀性，其刚度（此处指应力对应变速率的敏感性）一般也是不均匀的。一般通过将每个相的平均应变作为一个参考值输入各自的本构关系中来实现刚度的均匀化。通常采用正割模量（关联总应力与总应变）和正切模量（关联应力增量与应变增量）来构建每个相的应力与应变之间的关系。由于正切模量不局限于单调加载，并且能够更好地描述各向异性材料的变形行为，因此得到了广泛应用。

6.5.4　晶粒团簇法

晶粒团簇法是介于平均场均匀化法和计算均匀化法之间的一种均匀化方法。晶粒团簇法通过限制具有均匀应变的少量区域内的自由度，降低了计算均匀化方法中代表性体积单元的计算成本。这些区域可以被看作一个晶粒或晶粒的一部分，

并通过考虑一个多晶（或多相）组分中邻域间直接的交互作用，从而推广了平均场均匀化法。晶粒团簇的引入，允许每个组分中均匀应变发生弛豫（即 Taylor 假设），即通过把晶粒团簇当作一个整体而只在平均意义上来增强变形的协调性，通常会导致对多晶体强度和织构演化率的过高估计。

van Houtte 等[29, 30]在他们提出的薄板模型（lamel model，以下简称 LAMEL 模型）中，将两个晶粒进行堆砌，如图 6.16（a）所示。两个晶粒之间通过法向向量为 $\boldsymbol{n}$ 的平直界面相互关联。然后对堆砌的晶粒整体施加速度梯度 $\boldsymbol{L}$，结果发现，在分别沿 $\boldsymbol{e}_{13}$ 和 $\boldsymbol{e}_{23}$ 方向上的剪切弛豫作用下，两个晶粒中的局部变形梯度与整体变形梯度存在差值，从而导致了两个晶粒之间的公共界面在其所在平面内产生了移动（图 6.16（b））。该差值 $\Delta\boldsymbol{L}$ 可以表示为

$$\Delta\boldsymbol{L}=\sum_{r=1}^{2}\dot{\gamma}_{\text{relax}}^{r}\boldsymbol{K}_{\text{relax}}^{r}=\dot{\gamma}_{\text{relax}}^{1}\begin{bmatrix}0&0&1\\0&0&0\\0&0&0\end{bmatrix}+\dot{\gamma}_{\text{relax}}^{2}\begin{bmatrix}0&0&0\\0&0&1\\0&0&0\end{bmatrix}=\begin{bmatrix}0&0&\dot{\gamma}_{\text{relax}}^{1}\\0&0&\dot{\gamma}_{\text{relax}}^{2}\\0&0&0\end{bmatrix}\tag{6.217}$$

式中，$\dot{\gamma}_{\text{relax}}^{r}$ 为滑移系的剪切应变速率；$\boldsymbol{K}_{\text{relax}}^{r}$ 为剪切弛豫模式的张量。对于两个晶粒具有相同体积的特殊情况，剪切弛豫量 $\Delta\boldsymbol{L}$ 在晶粒周围对称分布，即

$$\begin{cases}\boldsymbol{L}^{a}=\boldsymbol{L}+\Delta\boldsymbol{L}=\boldsymbol{W}^{a}+\sum\limits_{\alpha=1}^{N^{a}}\dot{\gamma}^{\alpha}(\boldsymbol{m}^{\alpha}\otimes\boldsymbol{n}^{\alpha})_{\text{sym}}\\\boldsymbol{L}^{b}=\boldsymbol{L}-\Delta\boldsymbol{L}=\boldsymbol{W}^{b}+\sum\limits_{\beta=1}^{N^{b}}\dot{\gamma}^{\beta}(\boldsymbol{m}^{\beta}\otimes\boldsymbol{n}^{\beta})_{\text{sym}}\end{cases}\tag{6.218}$$

通过这种对称分布，以确保晶粒堆砌满足整体边界条件。晶粒 a 与晶粒 b 可能由于非零弛豫而产生不同的变形，因而同时激活不同滑移系 α 和 β，结果会导致两个晶粒产生不相等的晶格转动 $\boldsymbol{W}^{a}$ 和 $\boldsymbol{W}^{b}$。

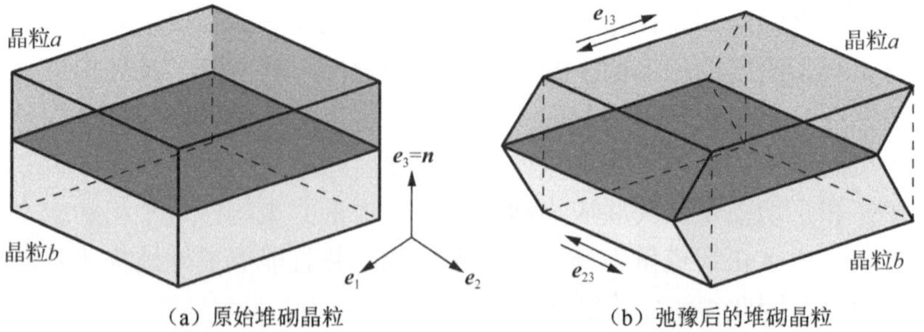

图 6.16　LAMEL 模型中堆砌晶粒弛豫示意图

为了区分堆砌晶粒内开动的滑移系以及弛豫量，必须对式（6.218）辅以一个能量假设，即最小塑性耗散率 η，其表达式为

$$\eta=\sum_{\alpha=1}^{N^{\alpha}}\tau^{\alpha}\dot{\gamma}^{\alpha}+\sum_{\beta=1}^{N^{\beta}}\tau^{\beta}\dot{\gamma}^{\beta}+\sum_{r=1}\tau_{\text{relax}}^{r}\left|\dot{\gamma}_{\text{relax}}^{r}\right|=\min \tag{6.219}$$

式中，τ^{α} 和 τ^{β} 为对应滑移系 α 和 β 上的分切应力；τ_{relax}^{r} 为对应弛豫剪切而引入的惩罚应力（penalty stress）。通常忽略惩罚应力，并设置其值为零；min 表示最小值。

LAMEL 模型存在一个缺点，那便是它对变形模式的限制，该变形模式需要与假定的晶粒长厚比相协调，比如轧制变形中的类似薄饼状晶粒。Evers 等[31]和 van Houtte 等[32]分别提出了通过考虑相邻晶粒之间晶界层的模型而使得这一缺点得以解决。这两种模型都认为每个晶粒内都存在多个弛豫点，并且沿着晶粒边缘对法向量为 $\boldsymbol{n}$ 的局部晶界进行弛豫。

van Houtte 等提出了改进的 LAMEL 模型（advanced LAMEL，ALAMEL），通过对相邻晶粒之间的局部速度梯度分量进行对称弛豫，以使 $\sum_{r=1}\boldsymbol{K}_{\text{relax}}^{r}=\boldsymbol{a}\otimes\boldsymbol{n}$，$\boldsymbol{a}$ 为弛豫向量，其与法向向量 $\boldsymbol{n}$ 垂直。每一对晶粒的弛豫方式与 LAMEL 模型相同。因此，除去法向分量外，应力在边界上保持平衡。

Evers 等提出的弛豫方法与上述的方法略有不同。首先，通过增加 $\Delta\boldsymbol{F}=\pm\boldsymbol{a}\otimes\boldsymbol{n}$ 对两个晶粒上的变形梯度进行对称弛豫（$\Delta\boldsymbol{F}$ 为两个晶粒边界上变形梯度 $\boldsymbol{F}_{i}^{\text{b}}$ 与晶粒内部变形梯度 $\boldsymbol{F}^{\text{c}}$ 的差值）。然后，通过在晶界处设定全应力平衡来确定弛豫向量 $\boldsymbol{a}$ 的分量，这实际上等价于变形能的最小化。最后，通过每个晶粒与相邻晶粒的接触来模拟真实晶粒结构（与 ALAMEL 模型相同）。界面的取向分布反映了初始晶粒形态并且随之演化，从而将初始晶粒形状的先决条件与所考虑的变形模式区分开来。

Crumbach 等[33,34]将上述 LAMEL 模型中单向的各向异性和双晶粒堆砌模型推广到由 $2\times2\times2$ 个六面体晶粒堆砌而成的三向晶粒团簇，提出了晶粒相互作用（grain interaction，GIA）模型。在该方法中，整个晶粒团簇分为两组四个双晶粒堆砌，其中一组堆砌方向沿团簇最短边长方向 j'，另外一组堆砌方向沿为团簇第二短边长方向 j''。应变分量 $\varepsilon_{ij'}$ (i=1,2,3)和 $\varepsilon_{ij''}$ ($i\neq j''$)通过 LAMEL 模型原理进行弛豫，即通过两个晶粒堆砌间相互补偿的剪切作用使得每一个双晶堆砌均满足外部边界条件，因此整个晶粒团簇可被视为一个整体。为了保持晶粒间的协调性（相邻堆砌晶粒内的弛豫量可能不同），需要引入几何必需位错密度。此项措施为式（6.219）中右侧最后一项的错配惩罚项提供了理论基础。GIA 模型的巨大进步在于其可以将晶间错配惩罚参量与材料参量（如 Burgers 矢量、剪切模量、加工硬化行为及晶粒尺寸）联系起来，并使得该模型适用于任意变形模式，不再局限于平面应变变形。

最近的三向晶粒团簇法是由 Eisenlohr 等[35]和 Tjahjanto 等[36,37]基于 GIA 模型提出的弛豫晶粒团簇（relaxed grain cluster，RGC）模型。相对于原始 GIA 模型，RGC 模型的优势主要包含以下三个方面：

（1）与 GIA 模型中采用无限小应变框架相比，RGC 模型采用有限变形框架计算变形运动学。将无限小应变框架推广至有限变形框架时，RGC 模型能在金属塑性成形过程中充分捕捉晶粒可能经历的大应变以及刚性转动。此外，该模型还充分考虑了由弹性变形和刚性转动引起的晶粒间的错配。

（2）局部变形的剪切弛豫可以适用于任意宽高比的六面体晶粒，不再局限于 GIA 模型中限定的薄饼状晶粒。

（3）将晶粒尺度的局部本构模型与宏观均匀化本构模型分离开来。这使得 RGC 模型能够与任意微观尺度的本构模型相结合。然而，GIA 模型仅限于单晶黏塑性本构模型，即排除了所有弹性效应。

RGC 模型简化了宏观材料点的状态，将其近似为一个晶粒团簇，其中包含 $2\times2\times2$ 个均匀变形的六面体晶粒，如图 6.17（a）所示。另外，如图 6.17（b）所示，沿团簇参考坐标系 $\boldsymbol{e}_1$、$\boldsymbol{e}_2$ 和 $\boldsymbol{e}_3$，所有晶粒边长分别表示为 d_1、d_2 和 d_3，而且对于所有晶粒都是相同的。每个晶粒的界面 α 用外法向向量 $\boldsymbol{n}_\alpha^g$ 表示，并遵循图 6.17（b）所示的表示方法。

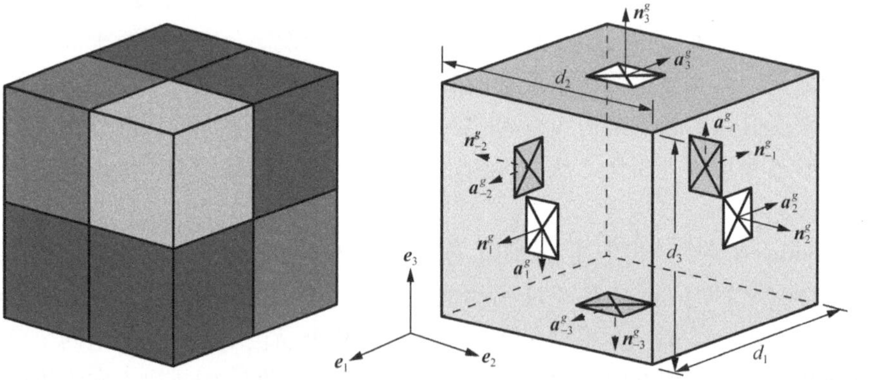

（a）由 $2\times2\times2$ 个六面体晶粒组成的晶粒团簇　　（b）晶粒 g 各个面上外法向向量 $\boldsymbol{n}_\alpha^g$ 和弛豫向量 $\boldsymbol{a}_\alpha^g$

图 6.17　弛豫晶粒团簇法中的材料点示意图

对于与宏观材料点 $\bar{\boldsymbol{x}}$ 的变形梯度 $\bar{\boldsymbol{F}}$ 存在差值的每个独立晶粒，弛豫向量 $\boldsymbol{a}_\alpha^g$ 能够作用于每个独立晶粒的所有面，如图 6.17（b）所示。因此，通过宏观尺度中点 $\bar{\boldsymbol{x}}$ 的变形梯度 $\bar{\boldsymbol{F}}$ 可以求出特定晶粒的局部变形梯度 $\boldsymbol{F}^g$，即

$$\boldsymbol{F}^g=\bar{\boldsymbol{F}}+\sum_{\alpha=1}^{3}\frac{1}{V_0^g}(\boldsymbol{a}_\alpha^g\otimes\boldsymbol{A}_\alpha^g\boldsymbol{n}_\alpha^g+\boldsymbol{a}_{-\alpha}^g\otimes\boldsymbol{A}_{-\alpha}^g\boldsymbol{n}_{-\alpha}^g) \qquad (6.220)$$

式中，V_0^g 为晶粒 g 的体积；$\boldsymbol{A}_\alpha^g$ 为晶粒 g 初始构形中相应面的面积。因此，晶粒 g 六个面上的弛豫向量均导致了局部变形梯度与宏观变形梯度的偏差。

上述对变形的描述针对独立的晶粒。而对于 $2\times2\times2$ 个六面体晶粒组成的晶粒团簇，在不同变形的情况下，需要对弛豫向量引入以下约束。

（1）在任意两个晶粒的公共界面上产生协调弛豫。对于任意两个晶粒 g_1 和 g_2，两者之间公共界面上的弛豫向量相等，如图 6.18（a）所示，即

$$\boldsymbol{a}_{\alpha}^{g_1}=\boldsymbol{a}_{-\alpha}^{g_2} \tag{6.221}$$

该弛豫向量对晶粒变形梯度的作用如图 6.18（b）所示。

（2）建立周期性边界条件。对于在周期性边界条件下的变形情况，任意两个晶粒 g_1 和 g_2 的外表面上的弛豫向量相等，如图 6.18（c）所示，即

$$\boldsymbol{a}_{-\alpha}^{g_1}=\boldsymbol{a}_{\alpha}^{g_2} \tag{6.222}$$

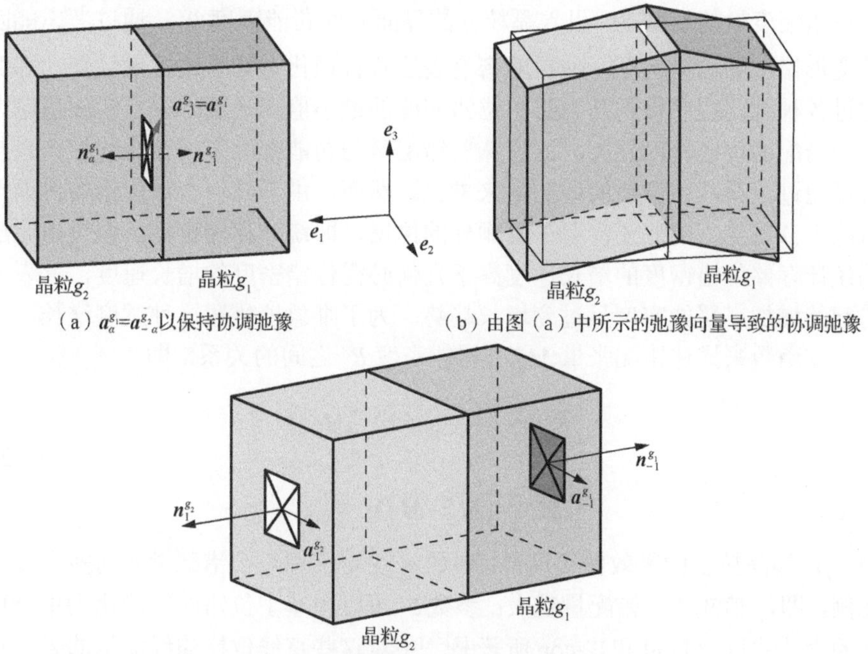

（a）$\boldsymbol{a}_{\alpha}^{g_1}=\boldsymbol{a}_{-\alpha}^{g_2}$ 以保持协调弛豫　（b）由图（a）中所示的弛豫向量导致的协调弛豫

（c）$\boldsymbol{a}_{-\alpha}^{g_1}=\boldsymbol{a}_{\alpha}^{g_2}$ 以保持周期性边界条件

图 6.18　晶粒团簇内外界面上的弛豫向量

当两个相邻晶粒的公共界面上的弛豫向量相同时，界面的协调弛豫保证了两个相邻晶粒紧密连接，如图 6.18（b）所示。然而，当两个相邻晶粒中，具有相同取向的晶界上的弛豫向量不同时，将导致两个晶粒的公共面界上存在不连续的位移梯度和变形梯度，使得相邻晶粒出现如图 6.19 所示的重叠和间隙。可以采用晶粒 g 的界面 α 上的错配张量 $\boldsymbol{M}_{\alpha}^{g}$ 来量化这种重叠和间隙的大小，即

$$\boldsymbol{M}_{\alpha}^{g}=-\left(\boldsymbol{n}_{\alpha}^{g}\times(\Delta\boldsymbol{F}_{\alpha}^{g})^{\mathrm{T}}\right)^{\mathrm{T}} \tag{6.223}$$

式中，$\Delta\boldsymbol{F}_{\alpha}^{g}$ 表示晶粒 g 与相邻晶粒公共界面 α 的变形梯度的差值。

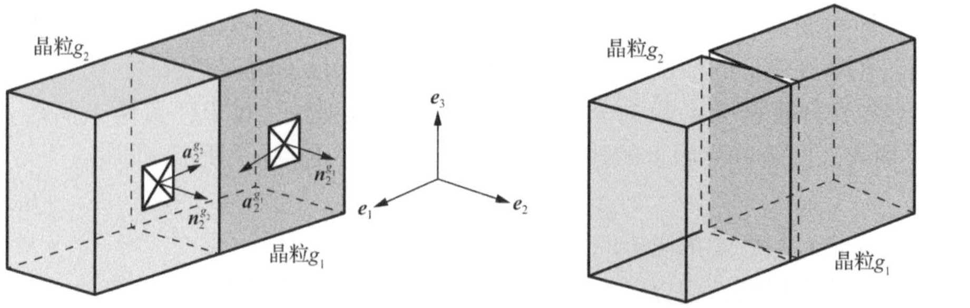

（a）具有不相等弛豫向量的两个晶粒　（b）在不相等弛豫向量作用下的两个晶粒间发生的重叠和间隙

图 6.19　晶粒团簇中两个晶粒间错配示意图

在错配度量的基础上，引入晶粒 g 的界面 α 的罚能密度 R_α^g 。通过考虑能匹配这种变形错配的位错密度，使罚能密度表达式合理化。如果错配量已知，那么只能通过各种优化程序得到几何必需位错密度的最小值。一般来说，错配量越大，则协调错配的位错密度越大。这意味着错配量与罚能密度之间存在线性关系，后者可以通过位错网中位错的线能量来量化。然而，由于几何必需位错的协调作用不可能十分完美，因此还会存在着额外的位错，即统计存储位错。假设由错配引起的统计存储位错密度的增长速度高于几何必需位错密度的增长速度，这表明随着错配的增加，罚能密度呈过度增长趋势。为了唯象地描述这种过度增长，采用双曲正弦函数来描述错配张量 $\boldsymbol{M}_\alpha^g$ 与罚能密度 R_α^g 之间的关系，即

$$\begin{cases} R_\alpha^g = \dfrac{\mu^g}{2c_\alpha \xi_\alpha}\sinh(c_\alpha \left\|\boldsymbol{M}_\alpha^g\right\|) \\ \left\|\boldsymbol{M}_\alpha^g\right\| = (\boldsymbol{M}_\alpha^g \cdot \boldsymbol{M}_\alpha^g)^{\frac{1}{2}} \end{cases} \tag{6.224}$$

式中，μ^g 为晶粒 g 的等效剪切模量；参数 c_α 决定了相对于错配量的罚能密度的过度比例，即 c_α 值越大，错配量越大；参数 ξ_α 可以用基于位错网络简化为单个直线位错的表达式以及 Hull 和 Bacon 所著书[38]中对这些直线位错的线能量的表达式来解释。然后，证实 ξ_α 值与界面 α 法线方向上的晶粒边长 d_α 成正比，并采用 Burgers 矢量 $\boldsymbol{b}$ 的长度值进行归一化。尽管引入了简化来量化协调位错的含量以及它们对能量的贡献，但 ξ_α 的值仍可反映 d_α/b 的数量级。

晶粒团簇内所有界面不协调引起的总罚能密度 $\bar{R}$ 最终计算为整个区域的体积平均值，即

$$\bar{R} = \frac{1}{\bar{V}_0}\sum_{g=1}^{8} V_0^g R^g \tag{6.225}$$

式中，$\bar{V}_0$ 为未变形时晶粒团簇的总体积；R^g 为晶粒 g 对总罚能密度 $\bar{R}$ 的贡献，可表示为

$$R^g = 2\sum_{\alpha=1}^{3} R_\alpha^g = \sum_{\alpha=1}^{3} \frac{\mu^g}{c_\alpha \xi_\alpha} \sinh(c_\alpha \|\boldsymbol{M}_\alpha^g\|) \tag{6.226}$$

设 $\boldsymbol{P}^g$ 为晶粒 g 的第一 Piola-Kirchoff 应力，其与局部变形梯度 $\boldsymbol{F}^g$ 之间的关系为

$$\boldsymbol{P}^g = \tilde{\boldsymbol{P}}^g(\boldsymbol{F}^g) \tag{6.227}$$

式中，$\tilde{\boldsymbol{P}}^g(\cdot)$ 为局部本构模型。通过局部应力 $\boldsymbol{P}^g$ 的体积平均值计算晶粒团簇的第一 Piola-Kirchoff 应力 $\bar{\boldsymbol{P}}$（宏观材料点 $\bar{\boldsymbol{x}}$ 的第一 Piola-Kirchoff 应力），则有

$$\bar{\boldsymbol{P}} = \frac{1}{\bar{V}_0} \sum_{g=1}^{8} V_0^g \boldsymbol{P}^g \tag{6.228}$$

t 时刻初始构形中单位体积内晶粒 g 的功密度 Θ^g 可表示为

$$\Theta^g = \int_0^t \boldsymbol{P}^g(\tau) \cdot \dot{\boldsymbol{F}}^g(\tau) \mathrm{d}\tau \tag{6.229}$$

式中，$\dot{\boldsymbol{F}}^g$ 为晶粒 g 变形梯度的变化率。通过所有晶粒的耗散功密度的体积平均化计算团簇中总功密度 $\bar{\Theta}$ 为

$$\bar{\Theta} = \frac{1}{\bar{V}_0} \sum_{g=1}^{8} V_0^g \Theta^g \tag{6.230}$$

RGC 模型中存在以下假设，即在给定的晶粒团簇整体变形梯度 $\bar{\boldsymbol{F}}$ 的情况下，弛豫向量 $\hat{\boldsymbol{a}}$ 使得晶粒团簇的总能量密度 $\bar{\Theta} + \bar{R}$ 值最小，即

$$\hat{\boldsymbol{a}} = \min\left(\bar{\Theta}(\boldsymbol{a}) + \bar{R}(\boldsymbol{a})\right) \tag{6.231}$$

需要注意的是，$\bar{\Theta}$ 为 $\boldsymbol{F}^g$ 的非凸函数，这可能会导致存在多个局部最小值，从而难以获取全局最小值，并且出现非唯一的全局最小值。引入罚能密度 $\bar{R}$ 会影响晶粒团簇的总能量密度的凸性。因此，依赖于晶粒团簇的总能量密度的凸性，式（6.231）中能量最小化问题的解对应于驻点：

$$\left.\frac{\partial(\bar{\Theta} + \bar{R})}{\partial \boldsymbol{a}}\right|_{\hat{a}} = \boldsymbol{0} \tag{6.232}$$

对于（内部）界面上集合 $\hat{\boldsymbol{a}}$ 之外的每个弛豫向量，式（6.232）必须单独适用。选择任意晶粒 g_1 和 g_2 之间且法向向量分别为 $\boldsymbol{n}_\alpha^{g_1}$ 和 $\boldsymbol{n}_{-\alpha}^{g_2}$ 的界面，可以发现式（6.232）等价于公共界面上的应力平衡方程，即

$$\frac{\partial(\bar{\Theta} + \bar{R})}{\partial \boldsymbol{F}^{g_1}} \frac{\partial \boldsymbol{F}^{g_1}}{\partial \boldsymbol{a}_\alpha^{g_1}} + \frac{\partial(\bar{\Theta} + \bar{R})}{\partial \boldsymbol{F}^{g_2}} \frac{\partial \boldsymbol{F}^{g_2}}{\partial \boldsymbol{a}_{-\alpha}^{g_2}} = \frac{A_\alpha^{g_1}}{V_0^{g_1}} (\boldsymbol{P}^{g_1} + \boldsymbol{R}^{g_1}) \boldsymbol{n}_\alpha^{g_1} + \frac{A_{-\alpha}^{g_2}}{V_0^{g_2}} (\boldsymbol{P}^{g_2} + \boldsymbol{R}^{g_2}) \boldsymbol{n}_{-\alpha}^{g_2} = \boldsymbol{0} \tag{6.233}$$

式中，$\boldsymbol{R}^g$ 表示晶粒 g 所有界面处错配引起的类应力惩罚项，其定义为晶粒团簇总罚能密度 $\bar{R}$ 相对于晶粒变形梯度 $\boldsymbol{F}^g$ 的微分。基于式（6.223）～式（6.225），并采用链式法则，$\boldsymbol{R}^g$ 的表达式为

$$\boldsymbol{R}^g = \frac{\partial \bar{R}}{\partial \boldsymbol{F}^g} = \sum_{\beta=1}^{3} \frac{\mu^g + \mu^{g_\beta}}{2\xi_\beta} \left(\left(\frac{\boldsymbol{M}_\beta^g}{\left\| \boldsymbol{M}_\beta^g \right\|} \right)^{\mathrm{T}} \times \boldsymbol{n}_\beta^g \right)^{\mathrm{T}} \cosh\left(c_\beta \left\| \boldsymbol{M}_\beta^g \right\| \right) \tag{6.234}$$

式中，g_β 表示与晶粒 g 共享界面 β 的晶粒。

由上可知，基于团簇总能量 $\bar{\Theta} + \bar{R}$ 的最小化，可以获得所有弛豫向量。在所有弛豫向量已知的情况下，通过式（6.220）可以将晶粒团簇（即材料点 $\bar{\boldsymbol{x}}$ ）的变形梯度 $\bar{\boldsymbol{F}}$ 转化为独立晶粒变形梯度 $\boldsymbol{F}^g$ 。基于局部本构关系 $\tilde{\boldsymbol{P}}^g(\boldsymbol{F}^g)$ 可以求解出晶粒 g 的第一 Piola-Kirchoff 应力 $\boldsymbol{P}^g$ 。然后，根据式（6.228）可以计算出晶粒团簇的第一 Piola-Kirchoff 应力 $\bar{\boldsymbol{P}}$ 。

6.6　晶体塑性有限元模拟应用案例

6.6.1　镍钛形状记忆合金单向压缩晶体塑性有限元模拟

1. 晶体塑性有限元模型建立

对镍钛形状记忆合金在 400℃条件下进行了单向压缩晶体塑性有限元模拟。镍钛形状记忆合金在 400℃条件下为 B2 奥氏体状态，其滑移系包括{110}〈100〉、{010}〈100〉和{110}〈111〉。晶体塑性有限元模型采用了代表性体积单元（RVE），应用了 Voxel 模型（图 6.20）和 Realistic 模型。Voxel 模型是为了高效率地确定材料参数，而 Realistic 模型是为了模拟单向压缩变形过程。

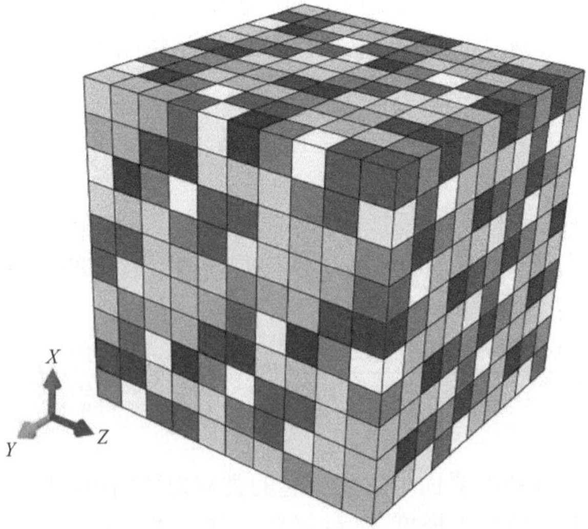

图 6.20　镍钛形状记忆合金 Voxel 模型[39]

首先基于 Voxel 模型，根据镍钛形状记忆合金在 400℃条件下的应力-应变曲线，以试错法来确定材料参数 h_0、τ_s 和 τ_0，最终得到一组最佳拟合材料参数，如表 6.1 所示。基于最佳拟合的材料参数，采用 Voxel 模型对镍钛形状记忆合金变形程度为 40%的单向压缩进行模拟，并将模拟和试验获得的应力-应变曲线进行对比，如图 6.21 所示。结果发现，模拟得到的应力-应变曲线和试验测得的应力-应变曲线高度吻合，这表明所采用的拟合参数是有效的。

表 6.1　基于三维 Voxel 模型获得的镍钛形状记忆合金晶体塑性有限元模拟材料参数[39]

材料参数	数值	材料参数	数值
C_{11} /GPa	130	τ_0 /MPa	186.5
C_{12} /GPa	98	$\dot{\gamma}_0$ /s^{-1}	0.001
C_{44} /GPa	34	q	1.4
h_0 /MPa	1484.0	n	20
τ_s /MPa	364.5		

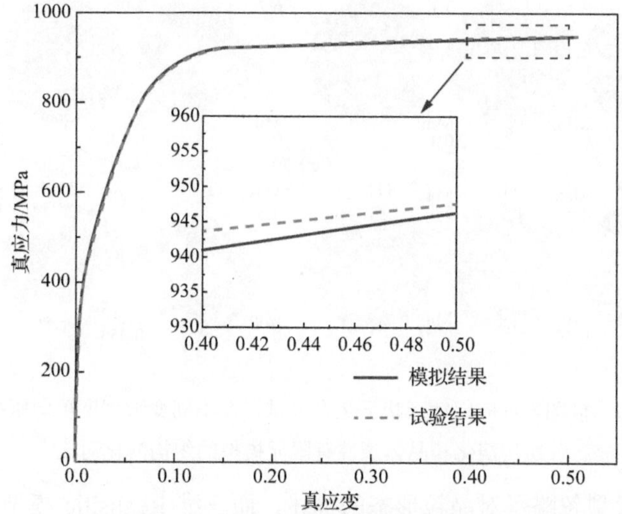

图 6.21　基于三维 Voxel 模型进行晶体塑性有限元模拟获得的镍钛形状记忆合金的应力-应变曲线和试验测得的应力-应变曲线对比[39]

为了进一步验证拟合得到的晶体塑性材料参数的有效性，利用建立的 Voxel 模型预测了镍钛形状记忆合金单向压缩过程中的织构演化。本节分别在 20%、30%和 40%变形程度下，提取 Voxel 模型中积分点位置上的 Euler 角信息，做出相应的极图并和电子背散射衍射（electron backscattered diffraction, EBSD）试验结果进行对比，如图 6.22 所示。结果发现，EBSD 试验测得的织构演化和模拟得到的织构演化吻合得较好，这表明基于 Voxel 模型的晶体塑性有限元模拟可以准确预测镍钛形状记忆合金单向压缩变形过程中的织构演化，从而进一步证明了拟合获得的材料参数的正确性。

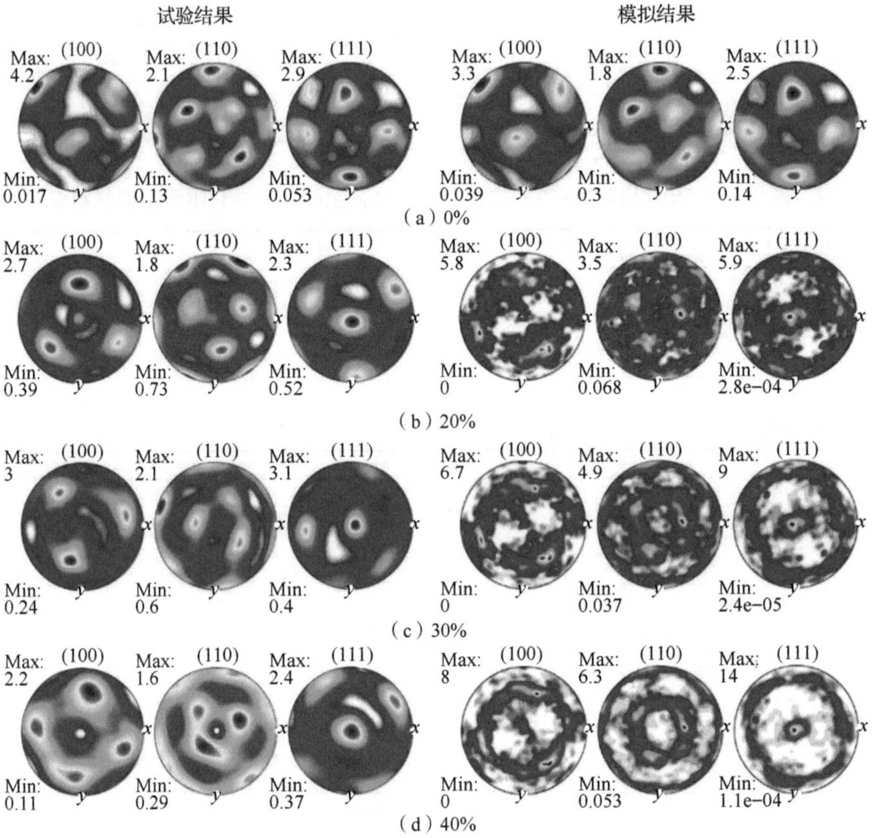

图 6.22　极图表征的镍钛形状记忆合金试样在不同变形程度单向压缩试验下的织构演化和晶体塑性有限元模拟的织构演化对比[39]

Voxel 模型忽略了对晶粒形态的描述，而三维 Realisitic 模型可以真实反映晶粒的形态特征，并将晶粒晶界效应引入多晶模型以用来研究晶体的不均匀塑性变形。因此，三维 Realistic 模型不仅能模拟多晶材料的力学性能和织构演化，而且能够模拟塑性变形过程中晶粒内部或者晶粒之间的不均匀变形行为。因此，本案例基于三维 Realistic 模型，通过晶体塑性有限元模拟来研究镍钛形状记忆合金400℃条件下的单向压缩变形过程。基于对镍钛形状记忆合金初始显微组织的 EBSD 分析，采用 NEPER 开源软件，建立了如图 6.23（a）所示的包含 216 个晶粒的三维 Realistic 模型，整个三维 Realistic 模型由 21952 个 C3D8 有限元单元组成。对三维 Realistic 模型中的所有晶粒的等效晶粒直径进行统计分析，其结果如图 6.23（b）所示，其等效晶粒直径约为 25.0μm，与 EBSD 试验的测试结果相吻合。

（a）包含 216 个晶粒和 21952 个立方单元的 Realistic 模型

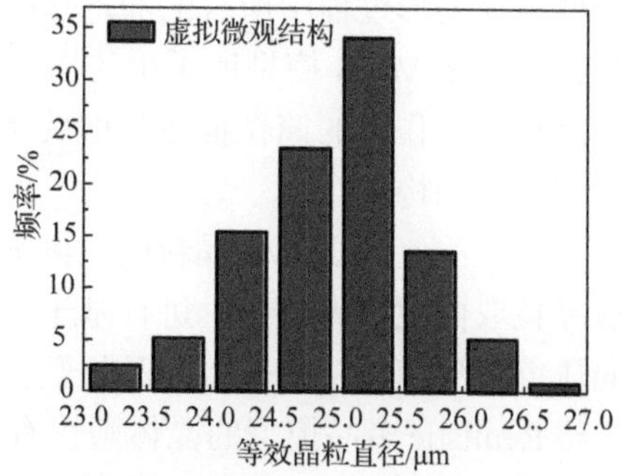

（b）对于所建立的 Realistic 模型的等效晶粒直径的统计分布

图 6.23 镍钛形状记忆合金三维 Realistic 模型[39]

对于包含 216 个晶粒的三维 Realistic 模型，通过对初始镍钛形状记忆合金 EBSD 试验结果的 ODF 进行离散的方法，得到 216 个晶粒取向，其对应的极图和试验结果的对比如图 6.24 所示。从该图中可以看出，离散得到的 216 个晶粒取向可以很好地反映出初始织构的取向特征。另外，在三维 Realistic 模型中采用的边

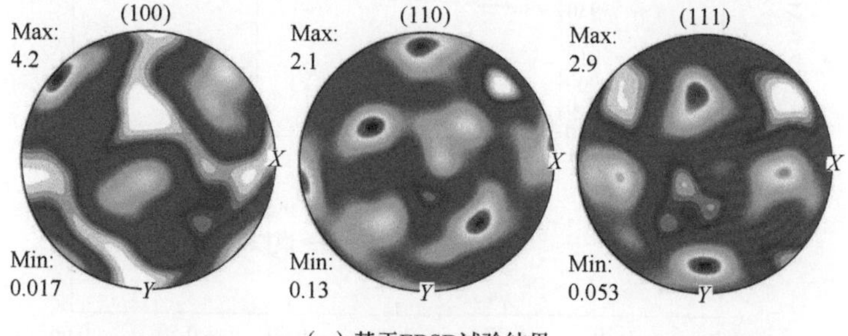

（a）基于EBSD试验结果

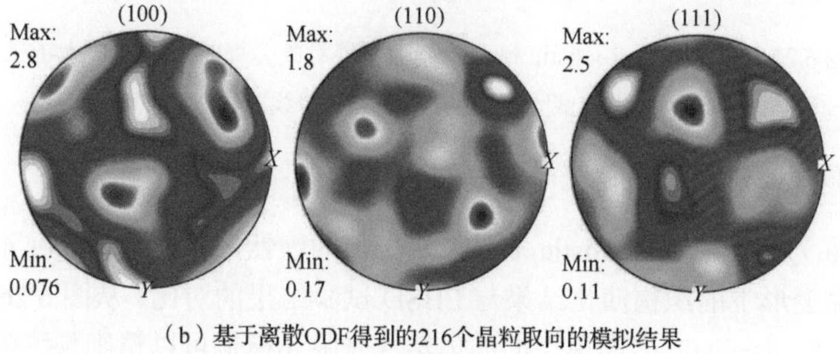

（b）基于离散ODF得到的216个晶粒取向的模拟结果

图 6.24 初始状态的极图[39]

界条件为在变形过程中所有的面均保持为平面，其应变率设定为 0.001s^{-1}。这种边界条件相对于 Voxel 模型所采用的周期性边界条件而言，尽管其是对 RVE 模型和周围晶粒相互作用的简化描述，但其优势在于易于施加，而且不影响多晶模型的力学响应和织构演化。

以建立的包含 216 个晶粒的三维 Realistic 模型和从取向分布函数离散得到的相应晶粒取向数据为基础，进行基于三维 Realistic 多晶模型的镍钛形状记忆合金单向压缩变形模拟，其采用的晶体塑性材料参数如表 6.1 所示。图 6.25 给出了基于三维Realistic多晶模型的晶体塑性有限元模拟的应力-应变曲线和试验测得的应力-应变曲线的对比。从该图中可以看出，模拟得到的应力-应变曲线和试验得到的应力-应变曲线高度吻合，这表明由 Voxel 模型得到的拟合参数可以有效地应用于三维 Realistic 多晶模型。

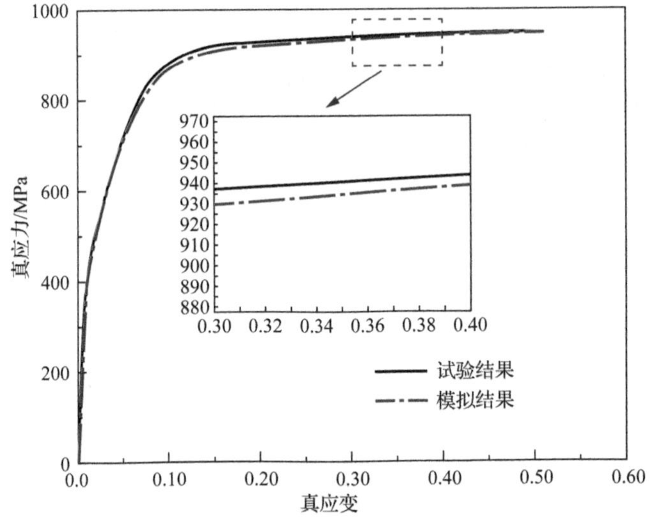

图 6.25　基于三维 Realistic 模型的晶体塑性有限元模拟得到的应力-应变曲线和试验测得的应力-应变曲线对比[39]

2. 晶体塑性有限元模拟结果

图 6.26 为基于三维 Realistic 多晶模型模拟的镍钛形状记忆合金在不同变形程度单向压缩变形下的织构演化结果与 EBSD 试验结果的对比。从图 6.26 中可以看出，基于三维 Realistic 多晶模型的晶体塑性有限元模拟可以精确预测镍钛形状记忆合金单向压缩过程中的织构演化，即随着变形程度的增大，<111>对应的极密度继续增加，而<101>和<001>对应的极密度逐渐降低，从而导致了<111>纤维织构的产生。以上观察结果可由图 6.27 中的$\phi_2 = 45^\circ$ ODF 截面图的演化加以验证，即在

20%的变形程度下，基于三维 Realistic 多晶模型的晶体塑性有限元模拟得到的镍钛形状记忆合金的主要织构组分为$(001)[0\bar{1}0]$织构和γ(<111>)纤维织构。随着塑性变形的继续进行，$(001)[0\bar{1}0]$织构组分逐渐减弱，直至消失，而γ(<111>)纤维织构则逐渐增强。

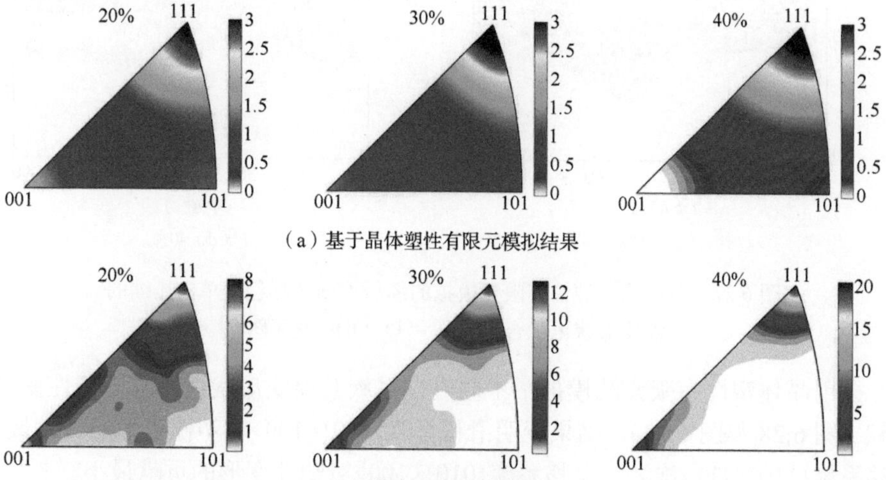

（a）基于晶体塑性有限元模拟结果

（b）基于EBSD试验结果

图 6.26 基于三维 Realistic 多晶模型模拟的镍钛形状记忆合金在单向压缩变不同变形程度下的织构演化结果与 EBSD 试验结果的对比[39]

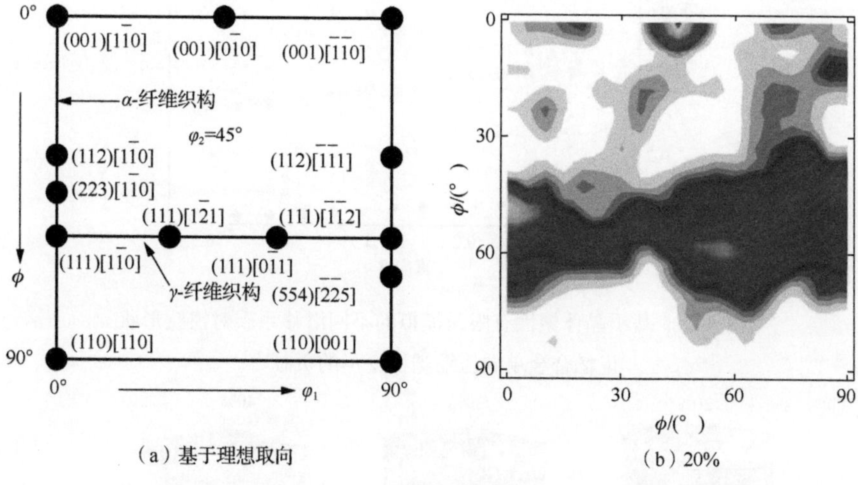

（a）基于理想取向

（b）20%

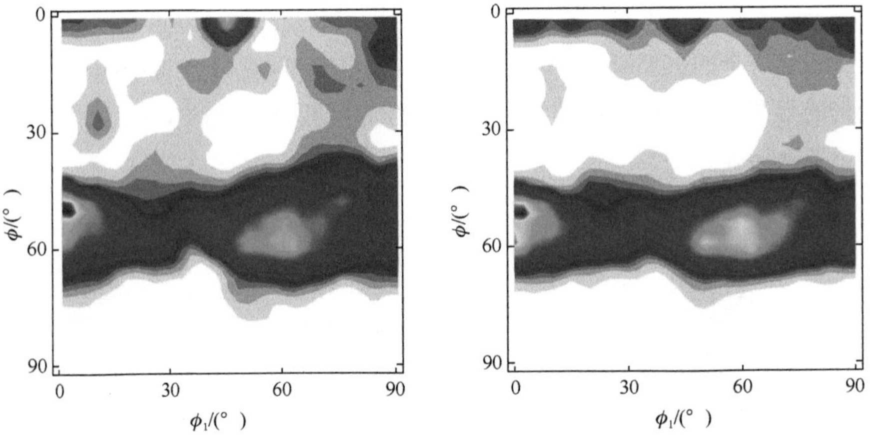

（c）30%　　（d）40%

图 6.27　基于晶体塑性有限元模拟的经历不同变形程度单向压缩的镍钛形状记忆合金的 $\phi_2 = 45°$ ODF 截面图[39]

采用晶体塑性有限元法模拟了不同滑移系族对镍钛形状记忆合金塑性变形的贡献（图 6.28 和图 6.29），结果表明滑移系族{110}〈100〉对塑性变形的贡献最大，滑移系族{110}〈111〉次之，滑移系族{010}〈100〉对塑性变形的贡献最小。

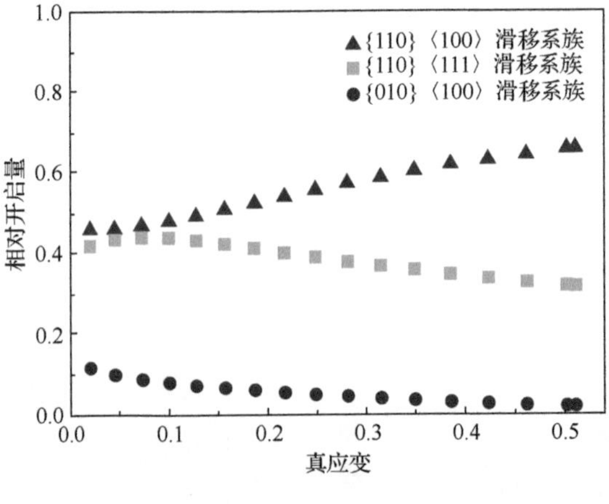

图 6.28　基于晶体塑性有限元模拟的不同滑移系族对镍钛形状记忆合金单向压缩塑性变形的贡献[39]

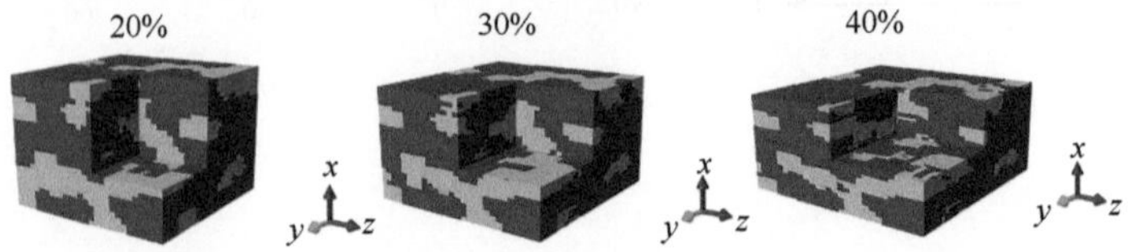

（a）{110}〈100〉滑移系族

（b）{110}〈111〉滑移系族

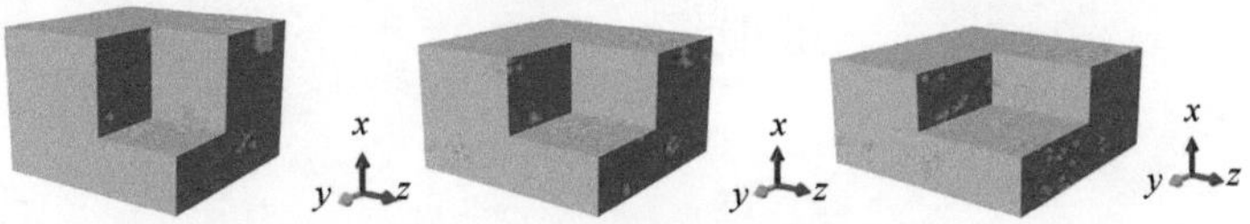

（c）{010}〈100〉滑移系族

图 6.29　基于晶体塑性有限元模拟的不同变形程度下各个滑移系族的最大施密特因子的空间分布[39]

在不同方向对三维 Realistic 模型进行单向压缩变形，研究不同加载路径（x、y 和 z 方向）对镍钛形状记忆合金多晶模型单向压缩的影响。图 6.30 给出了不同加载路径的 40%单向压缩变形的模拟结果，其中包含了最大主应变和第二个 Euler 角 φ（弧度制）。从图 6.30 中可以看出，在单向压缩过程中，多晶模型中的晶粒响应受到加载路径的影响，并且表现出明显的不均匀应变分布，在多晶模型的表面和靠近晶粒晶界的位置倾向于出现应变集中的现象，如图 6.30（a）、图 6.30（c）和图 6.30（e）所示。值得一提的是，在不同加载路径的单向压缩模拟过程中，多晶模型的初始织构、晶粒形态和晶体塑性材料参数都相同。因此模拟结果显示的差异性应变分布源于多晶模型中的单个晶粒在不同加载路径条件下，为了协调晶粒之间的塑性变形而进行的不同转动。这种差异性晶粒转动可由不同加载路径下的第二个 Euler 角 ϕ 的演化来描述，如图 6.30（b）、图 6.30（d）和图 6.30（f）所示。另外，从图 6.30（b）、图 6.30（d）和图 6.30（f）中还可以看出，在不同加载路径条件下，晶粒内部不同区域的晶粒取向存在差异，进而影响单向压缩过程中晶粒局部区域的材料响应。

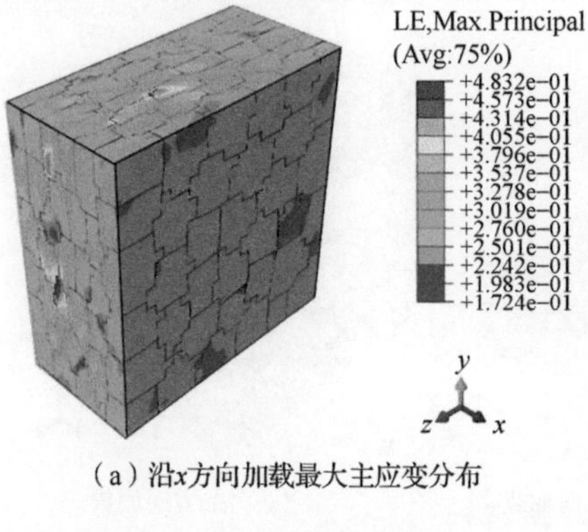

（a）沿x方向加载最大主应变分布

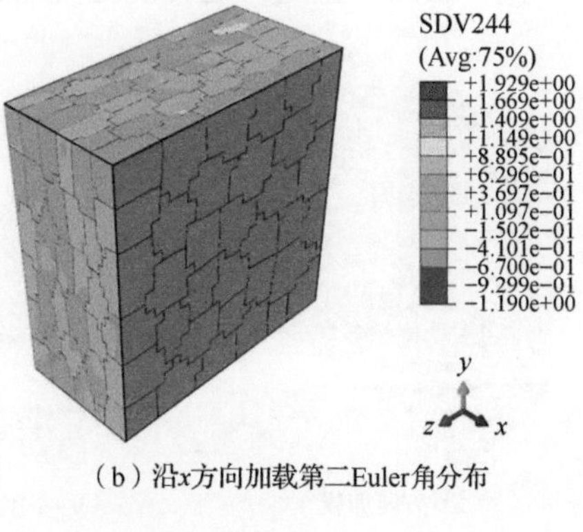

（b）沿x方向加载第二Euler角分布

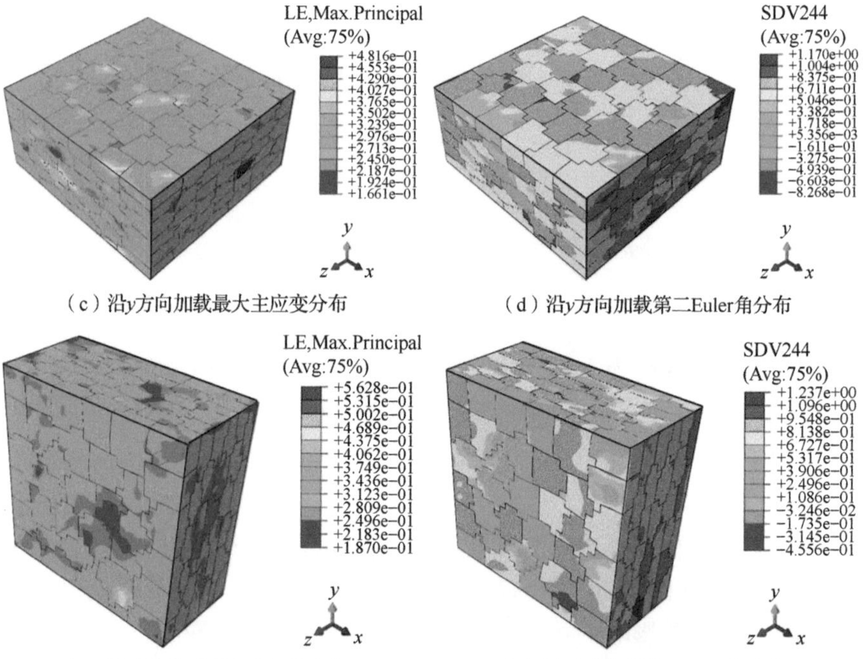

（e）沿z方向加载最大主应变分布　　（f）沿z方向加载第二Euler角分布

图 6.30　三维 Realistic 模型单向压缩不同加载路径下的最大主应变和 Euler 角 ϕ 分布云图[39]

为了进一步研究不同加载路径对晶粒局部区域材料响应的影响，采用标量 von Mises 应力来表征多晶模型内部不同材料点位置处的复杂三维应力状态，如图 6.31 所示。图 6.31 描述了在不同加载路径条件下，多晶模型经历 40%单向压缩时的 von Mises 应力空间分布，其中只有超过 1000MPa 的材料点位置才在图 6.31 中显示。从图 6.31 中可以看出，多晶模型内部由 von Mises 应力表征的材料点应力状态表现出明显的不均匀性，这种现象说明了加载路径对多晶模型内部不同材料点位置的材料响应影响。另外，从图 6.31 中可以看出，最大 von Mises 应力倾向于出现在多晶模型表面位置处，这可能是受所施加的边界条件的影响。综合以上分析可

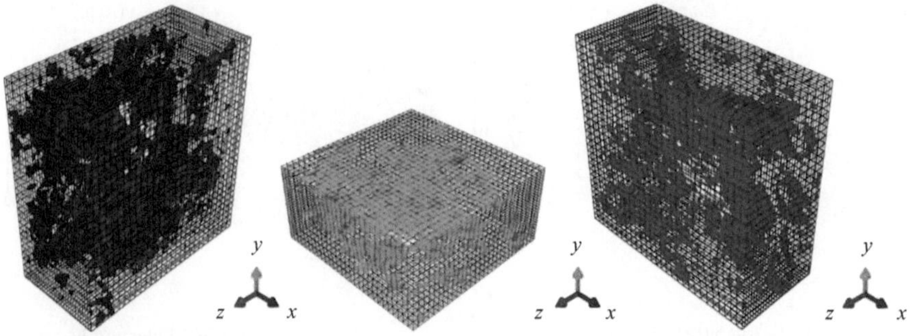

（a）沿x方向加载　　（b）沿y方向加载　　（c）沿z方向加载

图 6.31　不同加载路径对 40%变形程度下三维 Realistic 模型的 von Mises 应力分布的影响[39]

以看出，即使在最简单的单向加载变形过程中，由于晶粒取向的差异和晶粒协调变形的要求，多晶模型内部的局部材料响应也是相当复杂的，因此三维 Realistic 模型在研究多晶金属材料的不均匀局部材料响应方面起到了重要作用。

6.6.2　镍钛形状记忆合金包套压缩晶体塑性有限元模拟

1. 晶体塑性有限元模型建立

本案例基于应变梯度理论，将统计存储位错密度和几何必需位错密度引入晶体塑性本构模型中，然而采用晶体塑性有限元法模拟镍钛基形状记忆合金包套压缩变形行为。首先，基于代表性体积单元，建立了镍钛形状记忆合金三维 Realistic 多晶模型，该模型包含了 343 个晶粒和 776747 个 C3D4 单元，如图 6.32 所示，其单元网格密度约为 2265。另外，通过初始镍钛形状记忆合金 EBSD 试验结果的 ODF 进行离散的方法，离散得到了 343 个晶粒取向，其对应的极图和试验结果的对比如图 6.33 所示。值得注意的是，多晶模型的建立是基于对镍钛形状记忆合金初始微结构的 EBSD 分析，并采用开源软件 NEPER 生成相应的 ABAQUS 模型文件。对三维 Realistic 模型中的所有晶粒的等效晶粒直径进行统计分析，其结果如图 6.32（b）所示，其等效晶粒直径约为 25μm，这和 EBSD 试验的测试结果相吻合。另外，从图 6.33 中可以看出，离散得到的 343 个晶粒取向可以很好地反映初始织构的取向特征。

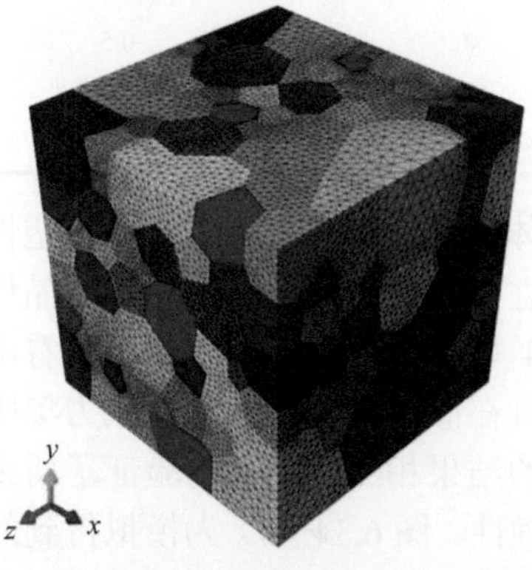

（a）包含343个晶粒和776747个单元的三维Realistic模型

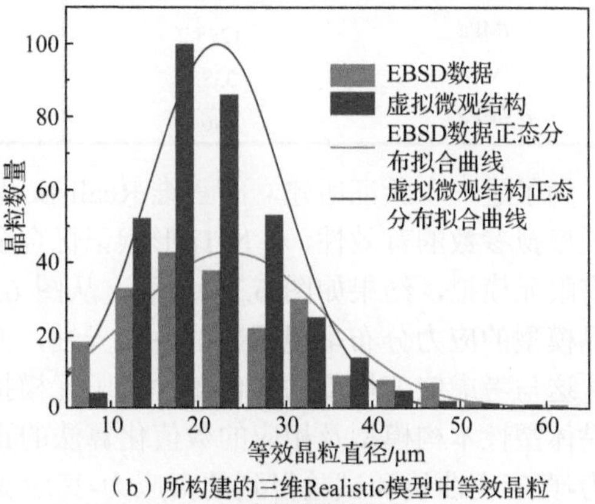

（b）所构建的三维Realistic模型中等效晶粒直径的统计分布

图 6.32　镍钛形状记忆合金三维 Realistic 模型[40]

根据建立的包含 343 个晶粒和 776747 个 C3D4 单元的三维 Realistic 模型以及从 ODF 离散得到的相应晶粒取向，使用试错法对材料参数组合进行优化，从而使得三维 Realistic 模型的均化力学响应逐渐逼近单轴压缩的试验力学响应，最终得到一组优化的材料参数组合，如表 6.2 所示。

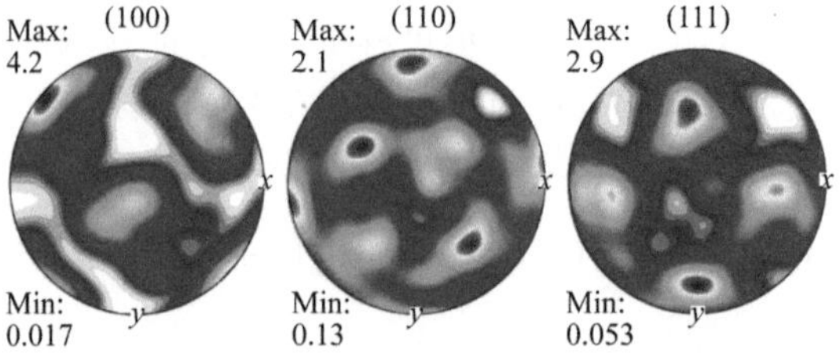

（a）基于EBSD试验结果

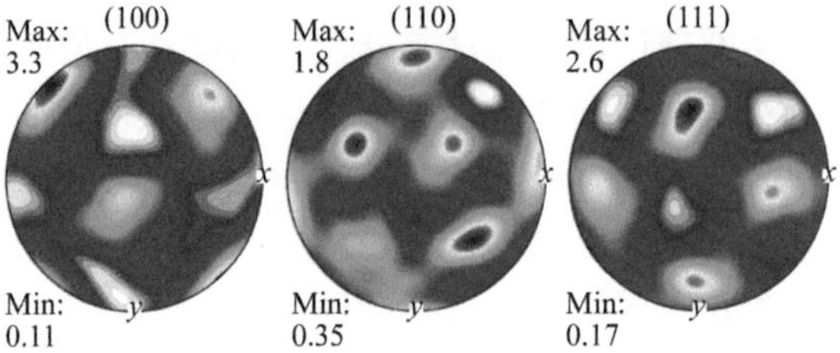

（b）基于离散ODF得到的343个晶粒取向的模拟结果

图 6.33　镍钛形状记忆合金初始状态的极图[40]

表 6.2　镍钛形状记忆合金优化的材料参数[40]

材料参数	数值	材料参数	数值
C_{11} /GPa	130	$\dot{\gamma}_0$ /s^{-1}	0.001
C_{12} /GPa	98	q	1.4
C_{44} /GPa	34	n	20
h_0 /MPa	1275.2	α	0.5
τ_s /MPa	332.5	b/m	3.015×10^{-10}
τ_0 /MPa	186.7	G/GPa	23.32

为了进一步验证所建立的三维 Realistic 晶体塑性有限元模型以及晶体塑性有限元模拟参数的有效性，对 NiTi 形状记忆合金进行了 20%压缩变形程度的晶体塑性有限元模拟，结果如图 6.34 所示。从图 6.34（a）的应力分布云图可以看出，多晶模型的应力分布呈现明显的各向异性，而且在晶界位置处发现了应力集中现象，这与考虑应变梯度的晶体塑性有限元模拟的结果相吻合，进而验证了所采用的晶体塑性本构模型及相应的数值化算法的正确性。图 6.34（b）为模拟得到的真应力-真应变曲线和试验得到的真应力-真应变曲线的对比，可以发现两者表现了较好的一致性，这证明了表 6.2 中优化材料参数的有效性。

使用开源软件 NEPER 生成基于 Voronoi 分割的镍钛形状记忆合金圆柱多晶模型，如图 6.35 所示。图 6.35（a）为圆柱多晶模型的几何尺寸，图 6.35（b）为在 ABAQUS 软件中完成网格划分的圆柱多晶模型，其包含 343 个晶粒且网格划分方法和图 6.29 中三维 Realistic 模型的网格划分方法一致。最终将圆柱多晶模型划分为 752724 个 C3D4 单元，即每个晶粒的平均组成单元数约为 2195，近似于图 6.29

中三维 Realistic 模型的单元网格密度 2265。另外，如图 6.35（c）所示，建立的圆柱多晶模型和三维 Realistic 模型具有非常接近的等效晶粒直径分布，即多晶模型的均匀化等效晶粒直径约为 25μm，和 EBSD 试验的测试结果相吻合。最后，圆柱多晶模型对应的晶粒取向数据和三维 Realistic 模型采用的晶粒取向数据相同。

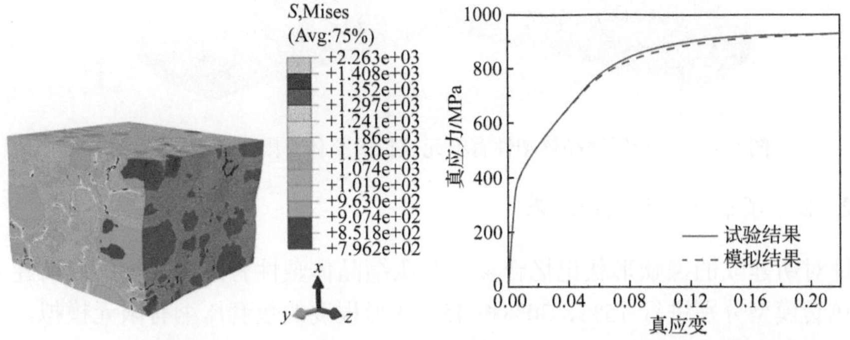

（a）模型中的von Mises应力分布　　（b）三维Realistic模型压缩20%变形程度下的均化应力-应变曲线

图 6.34　基于应变梯度理论的晶体塑性本构模型拟合材料参数的验证[40]

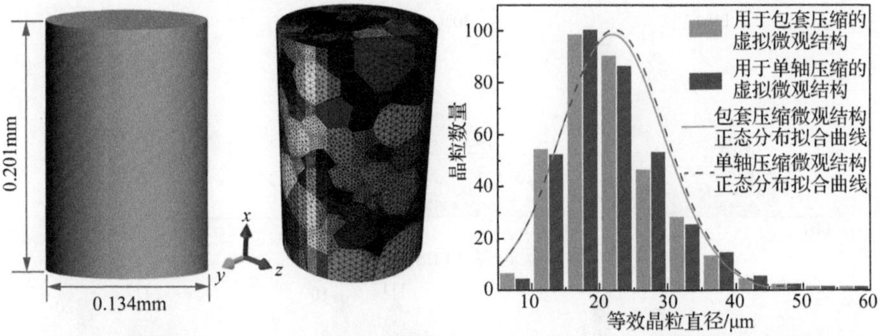

（a）建立的圆柱模型的几何尺寸　（b）建立的圆柱晶体塑性有限元模型　（c）所构建的圆柱多晶模型中等效晶粒直径的统计分布

图 6.35　用于包套压缩的镍钛形状记忆合金晶体塑性有限元模拟的圆柱多晶模型的验证[40]

最终建立的基于圆柱多晶模型的镍钛形状记忆合金包套压缩有限元模型如图 6.36 所示。由于在晶体塑性有限元模拟过程中，多晶模型存在不均匀塑性变形，因此为了保证有限元模拟的收敛性和稳定性，在本书中采用整体包套的方法对圆柱多晶模型进行包套压缩晶体塑性有限元模拟。所建立的 Q235 低碳钢外包套的内径为 0.134mm，外径为 0.268mm，高度为 0.201mm，采用 C3D8 单元对其进行网格划分。在变形温度为 400℃、应变速率为 $0.001s^{-1}$ 的单向压缩条件下，获得 Q235 低碳钢的应力-应变曲线，该应力-应变曲线将作为材料属性赋予 ABAQUS 中建立的 Q235 低碳钢外包套。

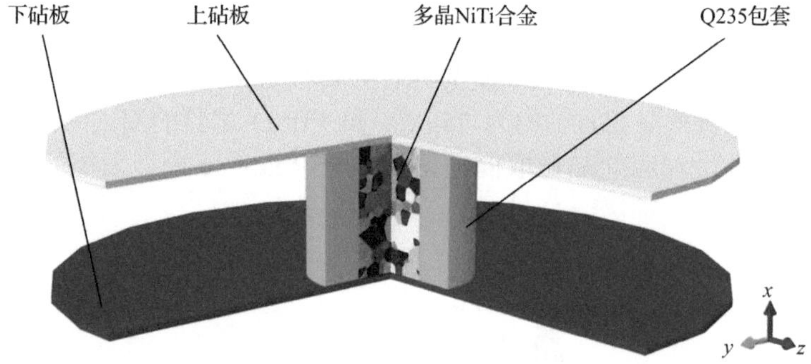

图 6.36 包套压缩晶体塑性有限元模拟的整体有限元模型示意图[40]

2. 晶体塑性有限元模拟结果

针对所建立的镍钛形状记忆合金包套压缩晶体塑性有限元模型，对所建立的整体包套模型分别进行 15%、30%和 45%变形程度的包套压缩有限元模拟，变形温度为 400℃，压缩应变率为 $0.001s^{-1}$，分别提取 15%、30%和 45%三个变形程度的圆柱多晶模型的 Euler 角信息，研究镍钛形状记忆合金在整体包套压缩过程中的织构演化规律，如图 6.37 所示。

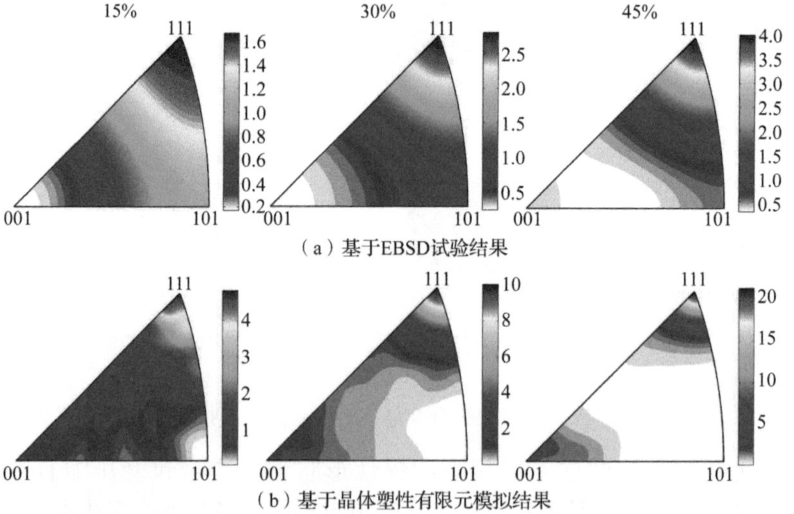

图 6.37 基于反极图的镍钛形状记忆合金包套压缩不同变形程度下的织构演化[40]

在图 6.37 的反极图中，选定 ND 方向作为特征方向，进而分析其在晶体坐标系空间的织构强度分布。通过对比模拟预测的织构演化和 EBSD 测得的镍钛形状记忆合金在整体包套压缩过程中的织构演化可以看出，基于应变梯度理论的晶体塑性有限元模拟可以精确地预测镍钛形状记忆合金在包套压缩过程中的织构演化，即随着变形程度的增大，⟨111⟩对应的极密度继续增大，而⟨101⟩和⟨001⟩对应的极密度逐渐降低。这表明在整体包套压缩过程中，ND 方向逐渐平行于{111}面的法向，从而导致了⟨111⟩纤维织构的产生。以上分析结果和图 6.38 所示的不同变形程度下的 $\phi_2 = 45°$ ODF 截面图的演化规律相吻合，即随着变形程度的增加，γ（⟨111⟩）纤维织构逐渐增强。

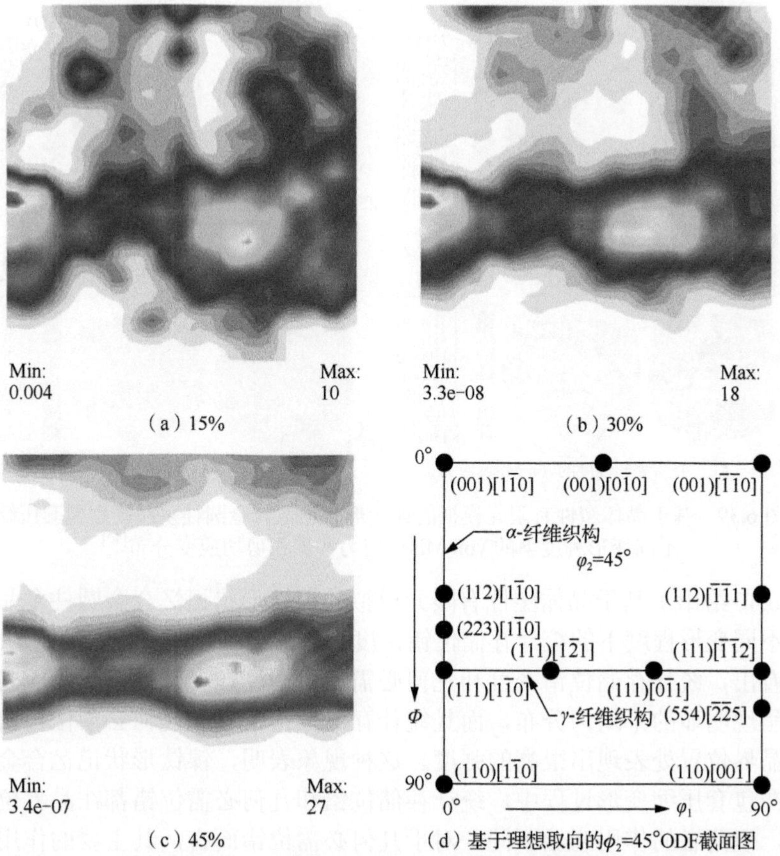

图 6.38　基于晶体塑性有限元模拟的经历不同变形程度包套压缩的镍钛形状记忆合金的 $\phi_2 = 45°$ ODF 截面图[40]

图 6.39 给出了基于晶体塑性有限元模拟的镍钛形状记忆合金圆柱多晶模型包套压缩不同变形程度下的 von Mises 应力和累积剪切应变分布。从图 6.39 中可以看出，镍钛形状记忆合金圆柱多晶模型在包套压缩过程中，von Mises 应力分布和累积剪切应变分布呈现出了明显的不均匀性。尤其是 von Mises 应力在晶粒的晶界位置处发生了应力集中现象，而较大的累积剪切应变则主要出现在圆柱多晶模型的芯部区域，这表明镍钛形状记忆合金圆柱多晶模型的芯部区域为大塑性变形区。

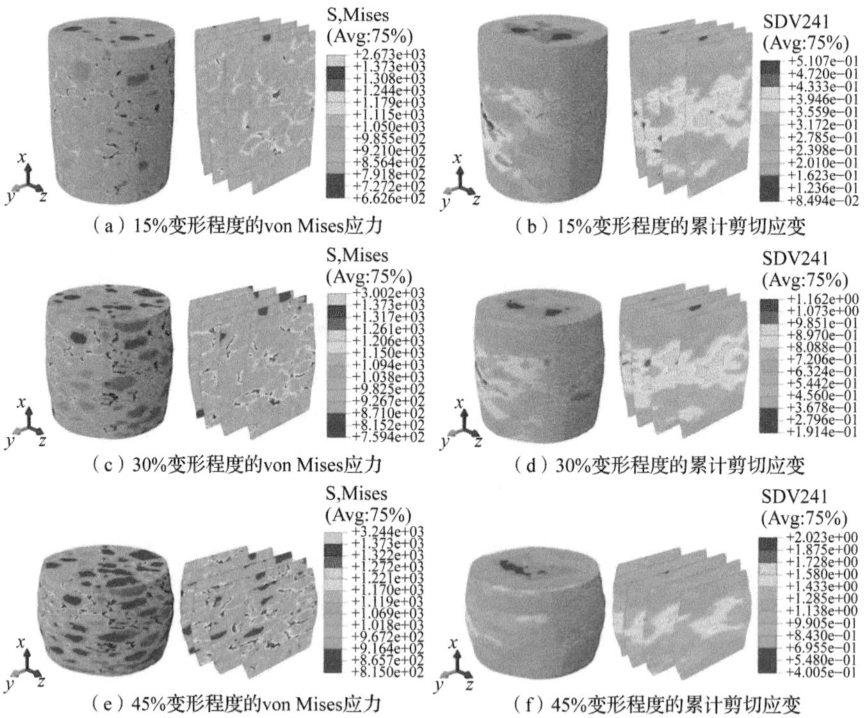

图 6.39　基于晶体塑性有限元模拟的镍钛形状记忆合金圆柱多晶模型包套压缩不同变形程度下的 von Mises 应力和累积剪切应变分布[40]

图6.40给出了基于晶体塑性有限元模拟的镍钛形状记忆合金圆柱多晶模型包套压缩不同变形程度下的统计存储位错密度和几何必需位错密度分布。从图 6.40 中可以看出，统计存储位错密度和几何必需位错密度在多晶模型的晶粒内部和晶粒之间呈现明显的不均匀分布，而且统计存储位错密度和几何必需位错密度都在晶粒的晶界位置处表现出很高的强度。这种现象表明，镍钛形状记忆合金圆柱多晶模型在包套压缩变形过程中，统计存储位错和几何必需位错都在晶界位置处发生聚集，但两者的作用明显不同。对于几何必需位错而言，其主要的作用是维持镍钛形状记忆合金塑性变形过程中晶粒晶界处的晶格连续性，而在包套压缩过程中，由于 Q235 低碳钢外包套的限制，圆柱多晶模型将受到三向压应力的作用，从而限制了圆柱多晶模型中的晶粒转动，然而为了满足晶粒协调变形的要求，几何必需位错必然要在晶粒晶界处大量出现。对于统计存储位错而言，其是塑性变形的主要载体，用于承载晶粒内部均匀或者非均匀的塑性变形。另外，在包套压缩变形过程中，由于相邻晶粒晶界位置处的应变梯度引起的几何必需位错将阻碍统计存储位错的滑移运动，进而导致统计存储位错在晶界位置处大量塞积。

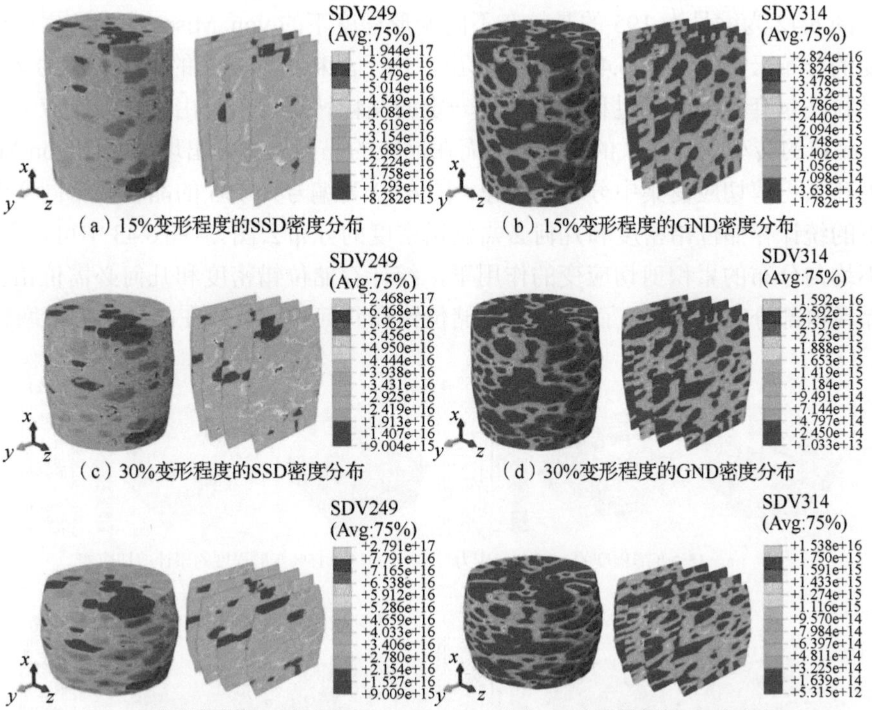

（a）15%变形程度的SSD密度分布　（b）15%变形程度的GND密度分布

（c）30%变形程度的SSD密度分布　（d）30%变形程度的GND密度分布

（e）45%变形程度的SSD密度分布　（f）45%变形程度的GND密度分布

图 6.40　基于晶体塑性有限元模拟的镍钛形状记忆合金圆柱多晶模型包套压缩不同变形程度下的统计存储位错密度和几何必需位错密度分布[40]

为了进一步研究镍钛形状记忆合包套压缩不同变形程度下单个晶粒的 von Mises 应力、累积剪切应变、统计存储位错和几何必需位错分布情况，选择位于圆柱多晶模型芯部的编号为 195 的晶粒为代表，该晶粒的空间位置如图 6.41 所示。

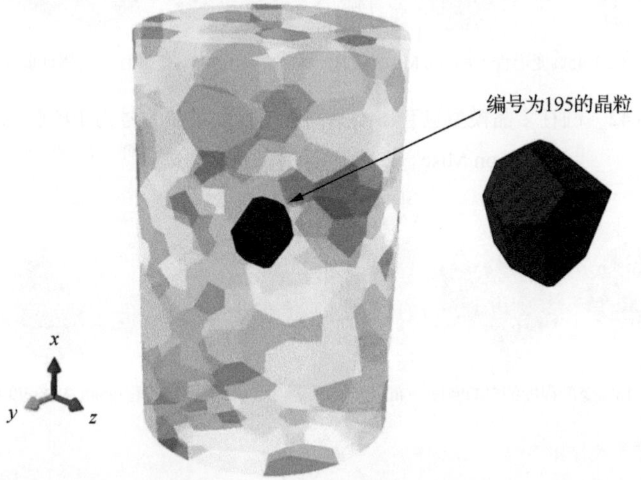

图 6.41　镍钛形状记忆合金圆柱多晶模型中编号为 195 晶粒的空间位置示意图[40]

图 6.42 为编号为 195 的晶粒在不同变形程度下的 von Mises 应力和累积剪切应变的分布云图。从图 6.42 中可以看出，由于晶粒协调变形的要求，编号为 195 的晶粒在包套压缩变形过程中会发生一定的晶粒转动，但是由于三向压应力的作用，晶粒的转动受到很大的限制，进而在晶粒的晶界位置处出现明显的 von Mises 应力和累积剪切应变集中分布的现象。图 6.43 为编号为 195 的晶粒在不同变形程度下的统计存储位错密度和几何必需位错密度的分布云图。从图 6.43 中可以看出，在不均匀分布的累积剪切应变的作用下，统计存储位错密度和几何必需位错密度在晶粒内部分布不均匀，而且统计存储位错和几何必需位错在晶界处大量塞积。

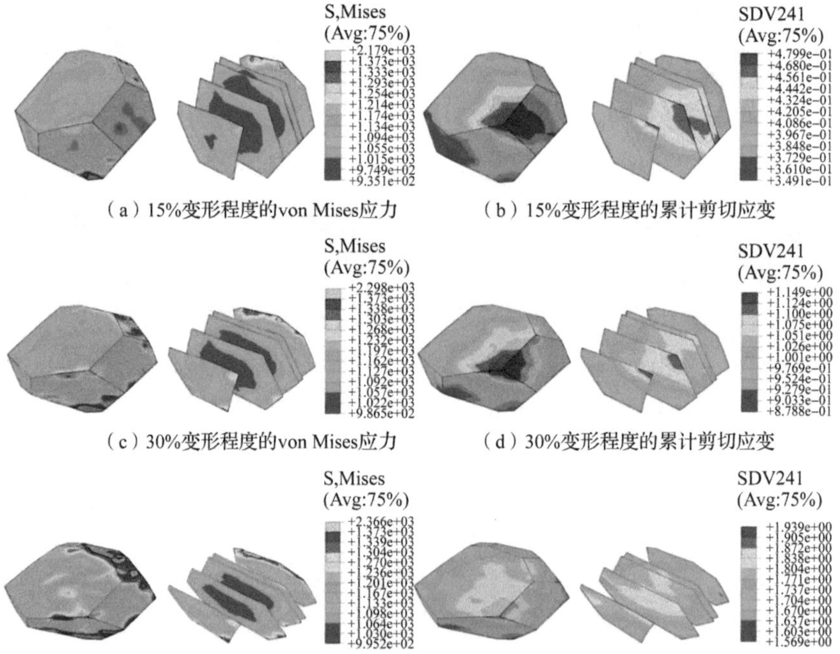

（a）15%变形程度的von Mises应力　（b）15%变形程度的累计剪切应变

（c）30%变形程度的von Mises应力　（d）30%变形程度的累计剪切应变

（e）45%变形程度的von Mises应力　（f）45%变形程度的累计剪切应变

图 6.42　圆柱多晶模型包套压缩不同变形程度下的编号为 195 的晶粒的 von Mises 应力和累积剪切应变分布[40]

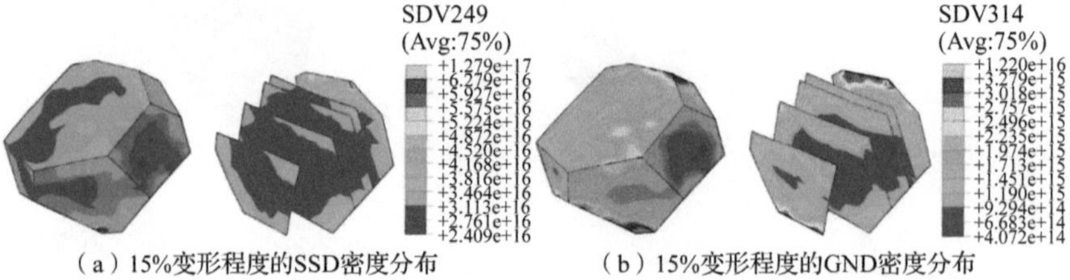

（a）15%变形程度的SSD密度分布　（b）15%变形程度的GND密度分布

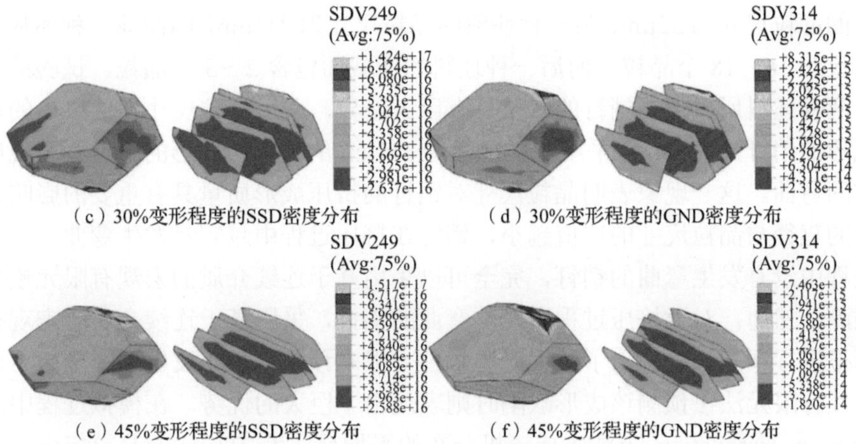

（c）30%变形程度的SSD密度分布　（d）30%变形程度的GND密度分布

（e）45%变形程度的SSD密度分布　（f）45%变形程度的GND密度分布

图 6.43　圆柱多晶模型包套压缩不同变形程度下的编号为 195 的晶粒的统计存储位错密度和几何必需位错密度分布[40]

6.6.3　其他晶体塑性有限元模拟案例概述

通常而言，金属板材在轧制过程中，会形成变形织构，这种变形织构的存在导致了金属板材的力学性能在宏观上表现为各向异性。这种具有变形织构的金属板材，在杯形件拉伸成形时，由于力学性能的各向异性，就会产生凸耳现象。对于这种成形缺陷，采用基于连续介质力学的宏观有限元模拟是无法预测的，而采用晶体塑性有限元法，则可以解决这一问题。采用晶体塑性有限元法模拟基于变形织构的金属板材杯形件拉伸时，可以将织构作为变量，即考虑了晶粒的取向分布，从而可以有效地预测杯形件的凸耳问题，如图 6.44 所示[41]。

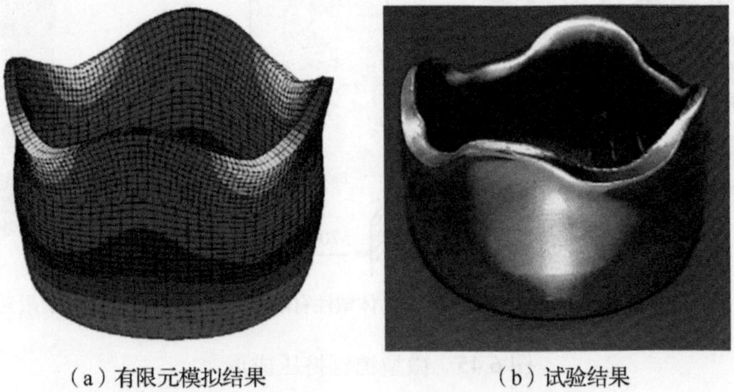

（a）有限元模拟结果　（b）试验结果

图 6.44　杯形件拉伸产生的凸耳现象[41]

图 6.45 给出了一个直径为 0.57mm 的微型销钉挤压成形的试验结果和晶体塑性有限元模拟结果。工艺试验过程中采用了两种具有不同晶粒尺寸的坯料，一种

坯料的晶粒尺寸为 32μm，另一种坯料的晶粒尺寸为 211μm，因而前一种坯料的横截面包含 16～18 个晶粒，而后一种坯料的横截面包含 2～3 个晶粒。试验结果表明，两种坯料所成形的销钉的质量具有巨大差异，采用晶粒尺寸为 32μm 的坯料所成形的销钉是直的，而采用晶粒尺寸为 211μm 的坯料所成形的销钉则表现出了一定的弯曲。这一现象表明晶粒尺寸对销钉的挤压成形质量具有重要的影响，即销钉的直径与晶粒尺寸的比值越小，销钉在挤压过程中越容易发生弯曲。对于挤压过程中没有发生弯曲的销钉，完全可以采用基于连续介质的宏观有限元模拟进行预测。然而，对于挤压过程中发生弯曲的销钉，采用基于连续介质的宏观有限元模拟进行预测就表现出了巨大的局限性，很难预测其挤压发生弯曲现象。而晶体塑性有限元法在预测该成形缺陷时则表现出了巨大的优势。在模拟过程中，采用 Voronoi tessellation 方法生成随机分布的平均尺寸为 211μm 的晶粒集合体，在 ABAQUS/CAE 中采用 CPE4R 单元进行网格划分，如图 6.45（b）所示。挤压凸模与坯料之间界面的摩擦设定为零，而挤压凹模与坯料之间的摩擦设为 0.1，该值在冷挤压工艺中也是普遍采用的。与实际挤压工艺相比，有限元模型进行了一定的简化，即采用了二维平面应变的假设，而且采用了两种有限元模型，两者的唯一差别就是晶粒的取向不同。模拟结果表明，晶体塑性有限元法能够有效地预测销钉挤压成形过程中所发生的弯曲问题[42,43]。

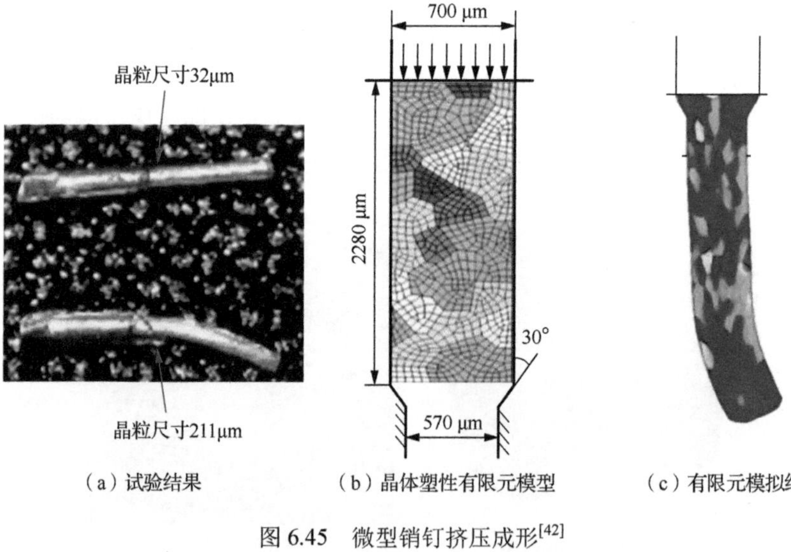

（a）试验结果　（b）晶体塑性有限元模型　（c）有限元模拟结果

图 6.45　微型销钉挤压成形[42]

Cruzado 等[44]基于计算均匀化的方法，采用晶体塑性有限元法对于 IN718 超合金的力学行为进行了多尺度模拟。在模拟过程中，选择了包含不同晶粒数量、晶粒形状和晶粒取向的代表性体积单元，研究了晶粒数量、晶粒形状和晶粒取向对 IN718 超合金力学行为的影响。为了更好地获得多晶 IN718 超合金的晶体塑性本构模型，采用多晶 IN718 超合金的晶粒制备了单晶微型柱体，通过压缩试验和晶体塑性有限元模拟研究了 IN718 超合金单晶微型柱体沿着不同取向的压缩力学行为，试验结果与模拟结果保持了很好的一致性。图 6.46 为 IN718 超合金包含 210 个晶粒的代表性体积单元的有限元模型。图 6.47 为 IN718 超合金单晶微型柱体压缩模拟的有限元模型。图 6.48 为 IN718 超合金单晶微型柱体压缩试验结果和模拟结果的对比。从图 6.48 可以看出，晶体塑性有限元法精确地预测了 IN718 超合金单晶微型柱体压缩变形滑移带的位置。

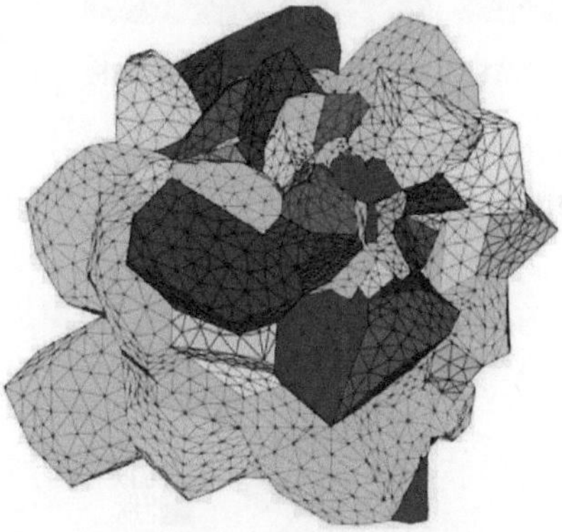

图 6.46　IN718 超合金包含 210 个晶粒的代表性体积单元的有限元模型[44]

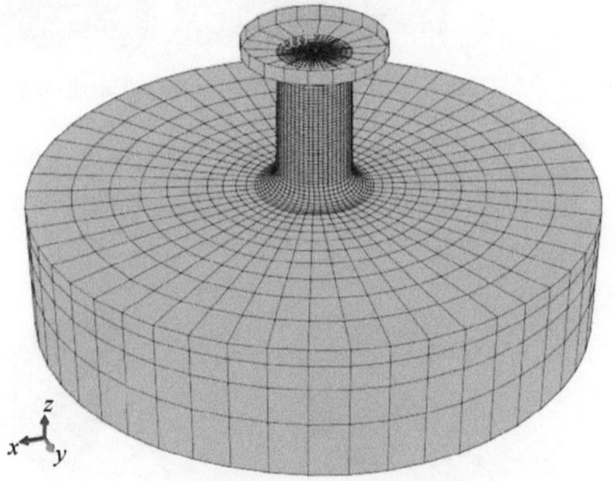

图 6.47　IN718 超合金单晶微型柱体压缩模拟的有限元模型[44]

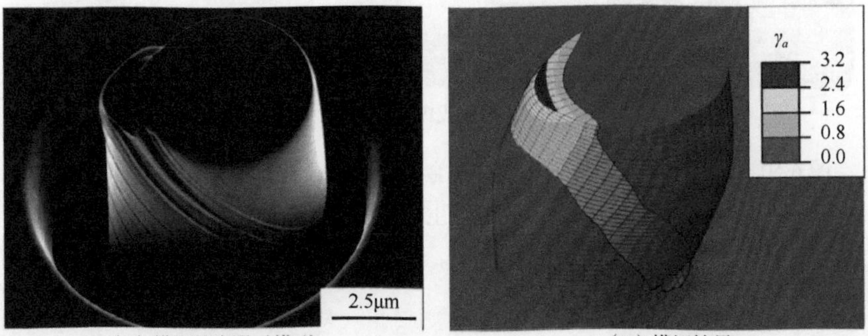

（a）模拟的有限元模型　　（b）模拟结果

图 6.48　IN718 超合金单晶微型柱体压缩结果[44]

Ardeljan 等[45]采用晶体塑性有限元法模拟了金属铀塑性变形时晶粒内部的变形孪晶形成机制。金属铀属于底心斜方晶体结构，在室温下可发生孪生变形，孪生系统主要为$\{130\}\langle 3\bar{1}0\rangle$。他们采用 DREAM3D 软件建立了金属铀多晶显微组织的有限元模型，该有限元模型含有 27 个晶粒，共划分了 48000 个单元，单元类型为 C3D4 单元。通过晶体塑性有限元模拟，可以获得晶粒内部变形孪晶的形成过程（图 6.49）以及在不同孪晶体积分数下沿着孪生方向的归一化分切应力的分布情况（图 6.50）。图 6.51 为基于晶体塑性有限元模拟的不同孪晶体积分数下激活的滑移模式的分布情况。

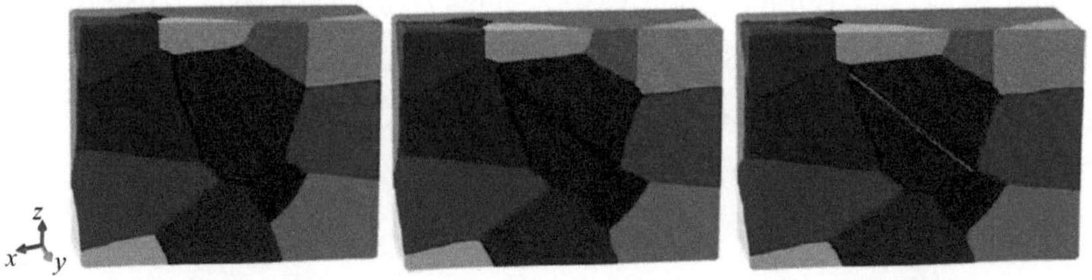

（a）初始晶粒结构　（b）形成1%孪晶的晶粒结构　（c）形成3%孪晶的晶粒结构

图 6.49　基于晶体塑性有限元模拟的金属铀多晶体塑性变形过程中晶粒内部的变形孪晶形成过程[45]

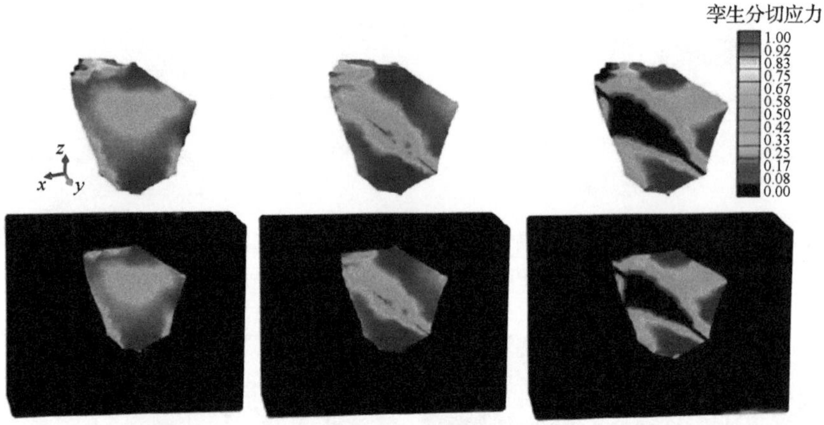

（a）无孪晶　（b）形成1%孪晶　（c）形成3%孪晶

图 6.50　基于晶体塑性有限元模拟的金属铀多晶体塑性变形过程中具有不同孪晶体积分数晶粒内部沿着孪生方向分布的归一化分切应力[45]

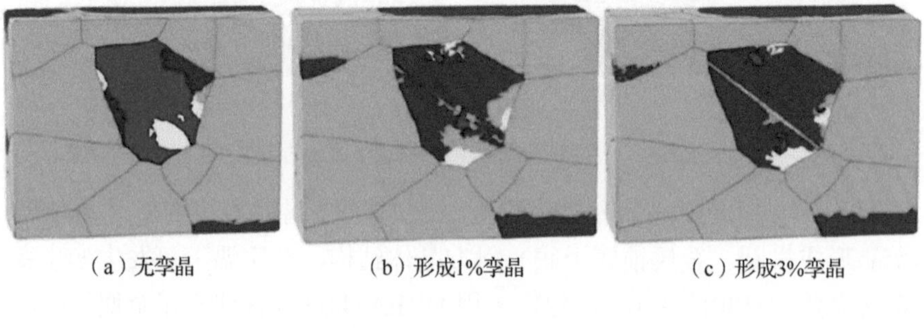

（a）无孪晶　（b）形成1%孪晶　（c）形成3%孪晶

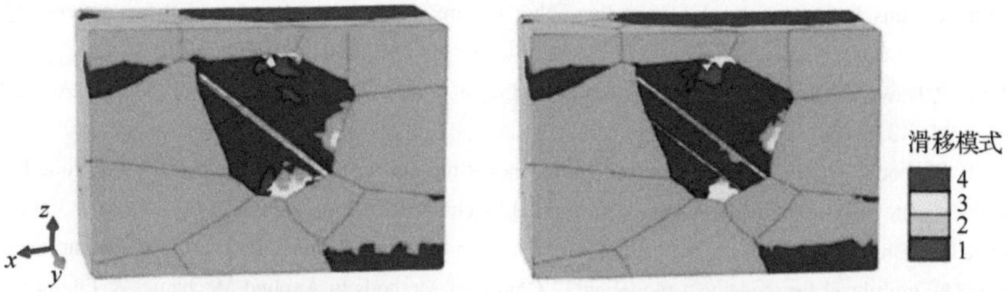

（d）5%单孪晶片层　（e）5%双孪晶片层

图 6.51　基于晶体塑性有限元模拟的不同孪晶体积分数下激活的滑移模式的分布[45]

参 考 文 献

[1] 路易赛特 • 普利斯特. 晶界与晶体塑性[M]. 江树勇, 张艳秋, 译. 北京: 机械工业出版社，2016.

[2] Dunne F, Petrinic N. Introduction to computational plasticity[M]. New York: Oxford University Press, 2005.

[3] Krausz A S, Krausz K. Unified constitutive laws of plastic deformation[M]. Amsterdam: Elsevier, 1996.

[4] Ottosen N S, Ristinmaa M. The mechanics of constitutive modeling[M]. Amsterdam: Elsevier, 2005.

[5] Oñate E, Owen R. Computational plasticity[M]. Berlin: Springer, 2007.

[6] Anandarajah A. Computational methods in elasticity and plasticity: Solids and porous media[M]. Berlin: Springer , 2011.

[7] de Souza N E A, Perić D, Owen D R J. Computational methods for plasticity: Theory and applications[M]. New York: John Wiley & Sons, 2008.

[8] Yu M H, Li J C. Computational plasticity: With emphasis on the application of the unified strength theory[M]. Berlin: Springer, 2012.

[9] Miller A K. Unified constitutive equations for creep and plasticity[M]. Berlin: Springer, 2012.

[10] Hashiguchi K, Yamakawa Y. Introduction to finite strain theory for continuum elasto-plasticity[M]. New York: Wiley, 2012.

[11] Hill R, Rice J. Constitutive analysis of elastic-plastic crystals at arbitrary strain[J]. Journal of the Mechanics and Physics of Solids, 1972, 20(6): 401-413.

[12] Peirce D, Asaro R, Needleman A. An analysis of nonuniform and localized deformation in ductile single crystals[J]. Acta Metallurgica, 1982, 30(6): 1087-1119.

[13] Nix W D, Gao H. Indentation size effects in crystalline materials: A law for strain gradient plasticity[J]. Journal of the Mechanics and Physics of Solids, 1998, 46(3): 411-425.

[14] Han C S, Gao H, Huang Y G, et al. Mechanism-based strain gradient crystal plasticity—I. Theory[J]. Journal of the Mechanics and Physics of Solids, 2005, 53(5): 1188-1203.

[15] Han C S, Gao H, Huang Y G, et al. Mechanism-based strain gradient crystal plasticity—II. Analysis[J]. Journal of the Mechanics and Physics of Solids, 2005, 53(5): 1204-1222.

[16] Anxin M, Rosters F, Raabe D. A dislocation density based constitutive model for crystal plasticity FEM including geometrically necessary dislocations[J]. Acta Materialia, 2006, 54(8): 2169-2179.

[17] Eisenlohr P, Roters F. Selecting a set of discrete orientations for accurate texture reconstruction[J]. Computational Materials Science, 2008, 42(4): 670-678.

[18] Melchior M A, Delannay L. A texture discretization technique adapted to polycrystalline aggregates with non-uniform grain size[J]. Computational Materials Science, 2006, 37(4): 557-564.

[19] Böhlke T, Haus U U, Schulze V. Crystallographic texture approximation by quadratic programming[J]. Acta Materialia, 2006, 54(5): 1359-1368.
[20] Mika D P, Dawson P R. Polycrystal plasticity modeling of intracrystalline boundary textures[J]. Acta Materialia, 1999, 47(4): 1355-1369.
[21] Feyel F, Chaboche J L. FE^2 multiscale approach for modelling the elastoviscoplastic behaviour of long fibre SiC/Ti composite materials[J]. Computer Methods in Applied Mechanics and Engineering, 2000, 183(3-4): 309-330.
[22] Smit R J M, Brekelmans W A M, Meijer H E H. Prediction of the mechanical behavior of nonlinear heterogeneous systems by multilevel finite element modeling[J]. Computer Methods in Applied Mechanics & Engineering, 1998, 155(1-2): 181-192.
[23] Kouznetsova V, Brekelmans W A M, Baaijens F P T. An approach to micro-macro modeling of heterogeneous materials[J]. Computational Mechanics, 2001, 27(1): 37-48.
[24] Miehe C, Schotte J, Lambrecht M. Homogenization of inelastic solid materials at finite strains based on incremental minimization principles. Application to the texture analysis of polycrystals[J]. Journal of the Mechanics and Physics of Solids, 2002, 50(10): 2123-2167.
[25] Lebensohn R A. N-site modeling of a 3D viscoplastic polycrystal using fast Fourier transform[J]. Acta Materialia, 2001, 49(14): 2723-2737.
[26] Moulinec H, Suquet P. A numerical method for computing the overall response of nonlinear composites with complex microstructure[J]. Computer Methods in Applied Mechanics & Engineering, 1998, 157(1-2): 69-94.
[27] Taylor G I. Plastic strain in metals[J]. The Journal of the Institute of Metals, 1938, 62: 307-324.
[28] Eshelby J D. The determination of the elastic field of an ellipsoidal inclusion, and related problems[J]. Proceedings of the Royal Society of London, 1957, 241(1226): 376-396.
[29] van Houtte P, Delannay L, Samajdar I. Quantitative prediction of cold rolling textures in lowcarbon steel by means of the Lamel model[J]. Textures & Microstructures, 1999, 31(3): 109-149.
[30] van Houtte P, Delannay L, Kalidindi S R. Comparison of two grain interaction models for polycrystal plasticity and deformation texture prediction[J]. International Journal of Plasticity, 2002, 18(3): 359-377.
[31] Evers L P, Parks D M, Brekelmans W A M, et al. Crystal plasticity model with enhanced hardening by geometrically necessary dislocation accumulation[J]. Journal of the Mechanics and Physics of Solids, 2002, 50(11): 2403-2424.
[32] van Houtte P, Li S, Seefeldt M, et al. Deformation texture prediction: From the Taylor model to the advanced Lamel model[J]. International Journal of Plasticity, 2005, 21(3):589-624.
[33] Crumbach M, Goerdeler M, Gottstein G. Modelling of recrystallisation textures in aluminium alloys: I. Model set-up and integration[J]. Acta Materialia, 2006, 54(12): 3275-3289.
[34] Crumbach M, Pomana G, Wagner P, et al. A Taylor type deformation texture model considering grain interaction and material properties. Part I-fundamentals[M]. Berlin: Springer, 2001.
[35] Eisenlohr P, Tjahjanto D D, Hochrainer T, et al. Comparison of texture evolution in fcc metals predicted by various grain cluster homogenization schemes[J]. International Journal of Materials Research, 2009, 100(4): 500-509.
[36] Tjahjanto D D, Eisenlohr P, Roters F. Relaxed grain cluster(RGC) homogenization scheme[J]. International Journal of Material Forming, 2009, 2(SI): 939-942.
[37] Tjahjanto D D, Eisenlohr P, Roters F. A novel grain cluster-based homogenization scheme[J]. Modelling and Simulation in Materials Science and Engineering, 2010, 18(1): 015006.
[38] Hull D, Bacon D J. Introduction to dislocations[M]. 5th ed. Amsterdam: Elsevier, 2001.
[39] Hu L, Jiang S Y, Zhang Y Q, et al. Crystal plasticity finite element simulation of NiTi shape memory alloy based on representative volume element[J]. Metals and Materials International, 2017, 23(6): 1075-1086.
[40] Yan B Y, Jiang S Y, Hu L, et al. Crystal plasticity finite element simulation of NiTi shape memory alloy under canning compression based on constitutive model containing dislocation density[J]. Mechanics of Materials, 2021, 157:103830.

[41] Raabe D, Roters F. Using texture components in crystal plasticity finite element simulations[J]. International Journal of Plasticity, 2004, 20(3): 339-361.

[42] Cao J, Krishnan N, Wang Z, et al. Micro-forming: Experimental investigation of the extrusion process for micropins and its numerical simulation using RKEM[J]. Journal of Manufacturing Science and Engineering, 2004, 126(4): 642-652.

[43] Krishnan N, Cao J, Dohda K. Study of the size effect on friction conditions in micro-extrusion: Part1: Micro-extrusion experiments and analysis[J]. Journal of Manufacturing Science and Engineering, 2007, 129(4): 669-676.

[44] Cruzado A, Gan B, Jiménez M, et al. Multiscale modeling of the mechanical behavior of IN718 superalloy based on micropillar compression and computational homogenization[J]. Acta Materialia, 2015, 98: 242-253.

[45] Ardeljan M, McCabe R J, Beyerlein I J, et al. Explicit incorporation of deformation twins into crystal plasticity finite element models[J]. Computer Methods in Applied Mechanics and Engineering, 2015, 295: 396-413.

第 7 章　金属塑性变形动态再结晶元胞自动机模拟

7.1　金属塑性变形动态再结晶理论基础

7.1.1　动态再结晶基本定义与分类

动态再结晶（dynamic recrystallization, DRX）是指金属材料在发生塑性变形时，在初始晶粒的基础上又产生了新晶粒的现象。根据再结晶晶粒形成机制及形成条件的不同，动态再结晶可以分为不连续动态再结晶（discontinuous dynamic recrystallization, DDRX）和连续动态再结晶（continuous dynamic recrystallization, CDRX）。不连续动态再结晶晶粒通常呈等轴状，一般在原始显微组织的晶界处形核（图 7.1），而且可以在已再结晶晶粒的晶界处再次形核，因而不连续动态再结晶晶粒具有反复形核和有限长大的特征。当初始晶粒尺寸与再结晶晶粒尺寸相差较大时，会形成图 7.1（b）所示的项链组织。连续动态再结晶是指金属变形过程中，初始晶粒内部的亚晶界不断吸收位错并发生转动，最终由小角度亚晶界转为大角度晶界，结果亚晶形成了新的晶粒，因而连续动态再结晶不具有反复形核和有限长大的特征，通常在晶内形核（图 7.2）。

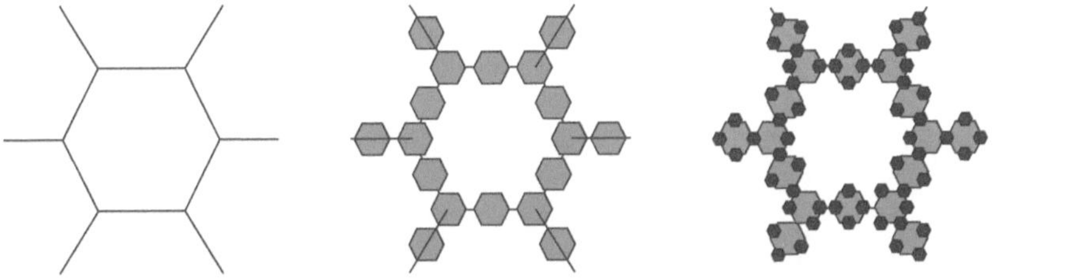

（a）初始晶粒　（b）再结晶晶粒在晶界形核　（c）已再结晶晶粒的晶界处的再次形核

图 7.1　不连续动态再结晶晶界形核示意图

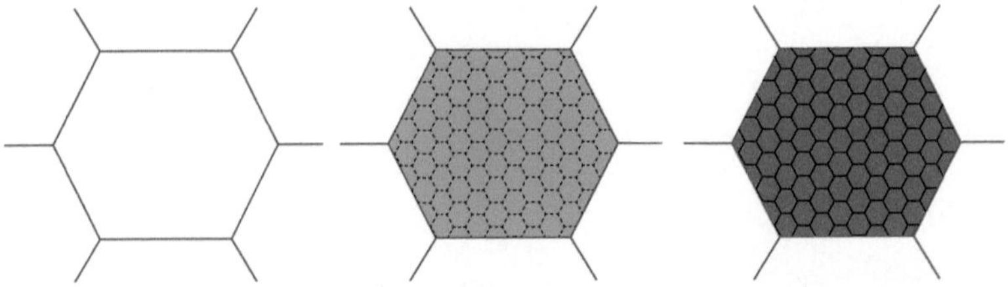

（a）初始晶粒　（b）晶粒内部形成亚晶界　（c）亚晶粒转动形成再结晶晶粒

图 7.2　连续动态再结晶晶内形核示意图

7.1.2　动态再结晶基本特征

不连续动态再结晶作为金属材料在高温塑性变形过程中的一种常见动态软化行为，其能够降低材料组织中的位错密度，细化晶粒，改善材料织构，因此会提高材料的塑性和韧性，对变形后的材料组织和力学性能都有重要的影响。一般认为，不连续动态再结晶发生在低或中等层错能的立方金属中，需要变形温度达到约 $0.5T_m$（T_m 为金属材料熔点的热力学温度）。事实上，变形条件（变形程度、变形温度和应变速率）对金属材料的不连续动态再结晶具有重要影响。它们不仅影响动态再结晶分数和再结晶晶粒尺寸的大小，而且会影响金属塑性变形动态再结晶时的力学行为。通常而言，金属塑性变形发生不连续动态再结晶时的真实应力-应变曲线可以直观反映出变形条件对动态再结晶基本特征的影响。另外，金属初始晶粒尺寸的大小也会对其动态再结晶行为产生一定影响。图 7.3 概括了变形条件和初始晶粒尺寸对金属塑性变形动态再结晶行为的影响。

图 7.3（a）代表金属在较低温度或较高应变速率下发生不连续动态再结晶时的应力-应变曲线，该曲线只表现出了单一峰值应力 $\sigma_{\max}$，曲线中的 ε_c 代表发生动态再结晶时的临界变形程度。当变形程度小于 ε_c 时，金属并不发生动态再结晶，当变形程度大于 ε_c 时，金属开始发生动态再结晶，但在变形程度小于 $\varepsilon_{\max}$ 时，金属加工硬化效应仍大于动态再结晶软化效应，此时应力继续增加直到峰值应力 $\sigma_{\max}$。当变形程度大于 $\varepsilon_{\max}$ 时，金属动态再结晶软化效应将大于加工硬化效应，则应力开始从峰值应力 $\sigma_{\max}$ 处下降，直至达到稳态应力，此时金属加工硬化效应与动态再结晶软化效应达到平衡。然而，当金属在较高温度或较低应变速率下发生动态再结晶时，其应力-应变曲线却表现出了多个峰值应力后才能达到稳态阶段（图 7.3（b）），有的金属甚至不出现稳态阶段。这主要是由于在较高温度或较低应变速率下，位错密度增加速率小，导致位错密度的增加量无法使再结晶软化效应与加工硬化效应达到持久平衡的程度，因而动态再结晶与加工硬化交替进行，即位错湮灭与位错增殖交替发生，因而应力-应变曲线出现了多个峰值应力，不存在稳态阶段。同理，当初始晶粒尺寸较小时，金属材料发生动态再结晶时的应力-应变曲线在前期也会出现多个峰值应力的现象（图 7.3（c）），但最后处于稳态阶段，而且在该阶段应力值与初始晶粒尺寸的大小无关。另外，金属发生不连续动态再结晶时，其流动应力随着变形温度的升高而减小，但随着应变速率的升高而增加。图 7.3（d）表示变形温度、应变速率和初始晶粒尺寸对金属塑性变形动态再结晶动力学的影响。从该图中可以看出，提高变形温度、降低应变速率或减小初始晶粒尺寸都会导致动态再结晶速度的加快。另外，提高变形温度和降低应变速率 $\dot{\varepsilon}$ 都会导致动态再结晶晶粒尺寸的增加（图 7.3（e）），然而初始晶粒尺寸的大小并不会影响最终再结晶晶粒尺寸的大小（图 7.3（f））。

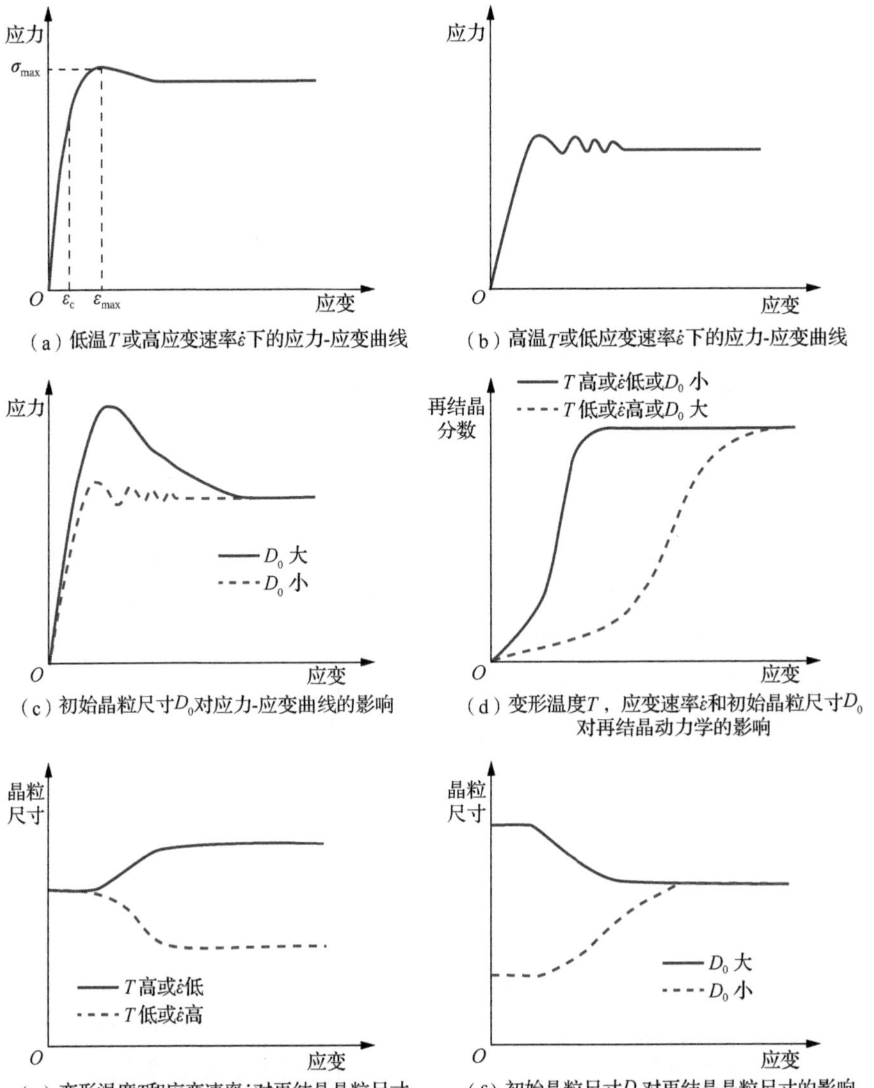

(a) 低温T或高应变速率$\dot{\varepsilon}$下的应力-应变曲线　(b) 高温T或低应变速率$\dot{\varepsilon}$下的应力-应变曲线

(c) 初始晶粒尺寸D_0对应力-应变曲线的影响　(d) 变形温度T，应变速率$\dot{\varepsilon}$和初始晶粒尺寸D_0对再结晶动力学的影响

(e) 变形温度T和应变速率$\dot{\varepsilon}$对再结晶晶粒尺寸的影响　(f) 初始晶粒尺寸D_0对再结晶晶粒尺寸的影响

图 7.3　金属高温塑性变形不连续动态再结晶基本特征示意图

目前对于连续动态再结晶的研究还不够成熟，还有许多有争议的地方。然而可以肯定的是，变形条件（变形程度、变形温度和应变速率）同样对金属塑性变形连续动态再结晶产生重要的影响。通常认为，对于具有低、中和高等层错能的金属，如果需要在 $0.5T_m$ 以下的变形温度达到连续动态再结晶，则需要金属经历很大的塑性应变。当变形温度在 $0.5T_m$ 以上时，只有具有高层错能的金属才能够发生连续动态再结晶。图 7.4 概括了在高温变形条件下，金属发生连续动态再结晶的基本特点。

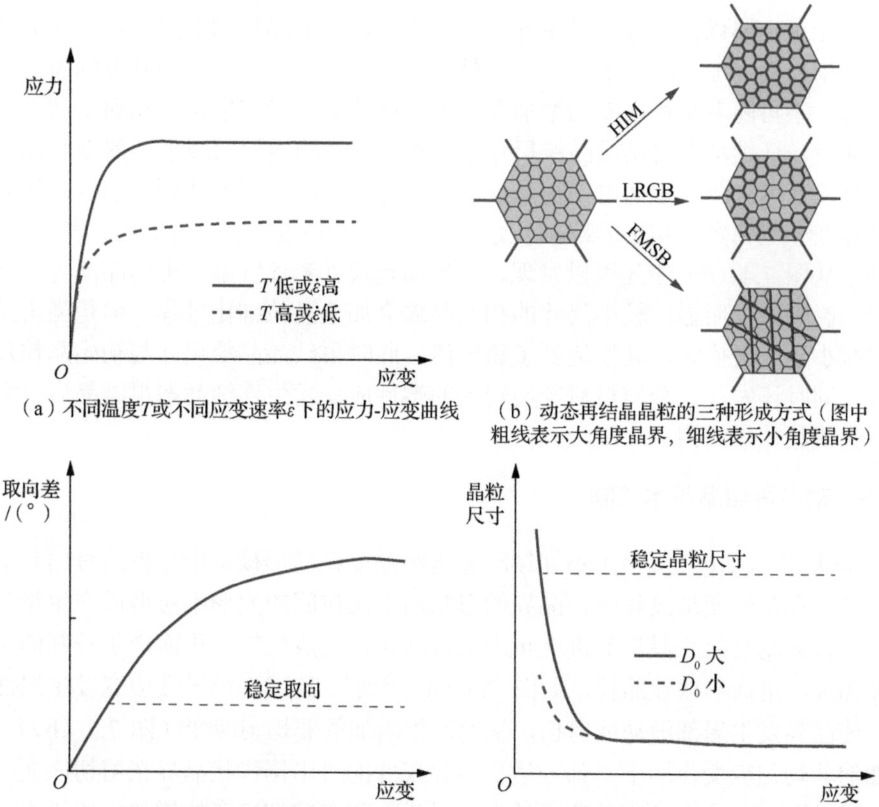

（a）不同温度T或不同应变速率$\dot{\varepsilon}$下的应力-应变曲线

（b）动态再结晶晶粒的三种形成方式（图中粗线表示大角度晶界，细线表示小角度晶界）

（c）亚晶界取向差与塑性应变的关系曲线

（d）不同初始晶粒尺寸D_0下再结晶晶粒尺寸与塑性应变的关系曲线

图 7.4　金属高温塑性变形连续动态再结晶基本特征示意图

从图 7.4（a）所示的金属塑性变形连续动态再结晶时应力-应变曲线可以看出，与不连续动态再结晶类似，其流动应力对变形温度和应变速率是敏感的，即流动应力随着变形温度的增加而降低，但随着应变速率的增加而增加。然而，无论变形温度和应变速率取何值，应力-应变曲线上都不存在多个峰值应力的现象，甚至一些金属单一峰值应力也不出现，发生动态再结晶之后直接进入稳定状态。金属发生连续动态再结晶时的这种应力-应变曲线特征，直接反映了连续动态再结晶时再结晶晶粒的形成特点，即其不具有反复形核和有限长大的特征。实际上，金属塑性变形发生连续动态再结晶时，很难识别再结晶晶粒形核和长大的特征。目前发现，金属发生连续动态再结晶时，小角度晶界转变为大角度晶界而形成再结晶晶粒时存在三种方式，如图 7.4（b）所示，第一种方式是在较高温度下小角度晶界取向差的均匀增加（homogeneous increase of misorientation, HIM）；第二种方式是晶界附近连续晶格转动（lattice rotation near grain boundaries, LRGB）；第三种方式是在较高塑性应变下微剪切带的形成（formation of microshear bands，FMSB）。

然而，无论金属以何种方式发生连续动态再结晶，亚晶界的取向差都将随着塑性应变的增加而增加（图 7.4（c））。当然，也存在一些亚晶粒，当其取向差达到一定值时，不再随着塑性应变的增加而增加，即达到了稳定取向。相对于初始晶粒尺寸而言，连续动态再结晶晶粒尺寸随着塑性应变的增加而减小（图 7.4（d）），当塑性应变增加到一定值时，再结晶晶粒尺寸不再减小，即达到稳态值。然而，仍然存在一些稳定的初始晶粒，即使在很大的塑性应变下，其大小也不发生变化。另外，从图 7.4（d）中还可以发现，初始晶粒尺寸对连续动态再结晶动力学具有一定的影响。很明显，较小尺寸的初始晶粒会加速晶粒细化过程，但是当再结晶晶粒减小到一定值时，其便达到了稳定值，此时再结晶晶粒尺寸与初始晶粒尺寸无关。同时还发现，金属材料经历较大的塑性应变发生连续动态再结晶后，会形成很强的晶体学织构。

7.1.3 动态再结晶基本机制

Beck 和 Sperry[1]提出了不连续动态再结晶晶粒的形核是由晶界的弓出和滑动引起的。在塑性变形过程中，晶界的形状由于晶粒间的变形不协调而产生锯齿状波动。该波动会阻止晶界的进一步滑动或剪切，造成位错塞积而产生较高的位错密度梯度，进而形成亚晶粒，如图 7.5（a）所示。连续变形导致应变发生局部集中，使晶界发生局部滑动或剪切，从而产生附加的非均匀应变（图 7.5（b））。在附加的非均匀应变作用下，部分达到临界尺寸的弓出锯齿状晶界在剪切应变的作用下形成图 7.5（c）所示的应变诱发亚晶界。随着剪切应变的增加，位错不断在这些亚晶界处累积并被吸收而成为大角度晶界，从而形成内部无应变的再结晶晶核，如图 7.5（d）所示。这些再结晶晶核与变形基体间的位错密度差可为晶界迁移提供驱动力，使晶界向位错密度较高的晶粒一侧迁移，促进再结晶晶粒长大为稳定的再结晶晶粒，如图 7.5（e）所示。

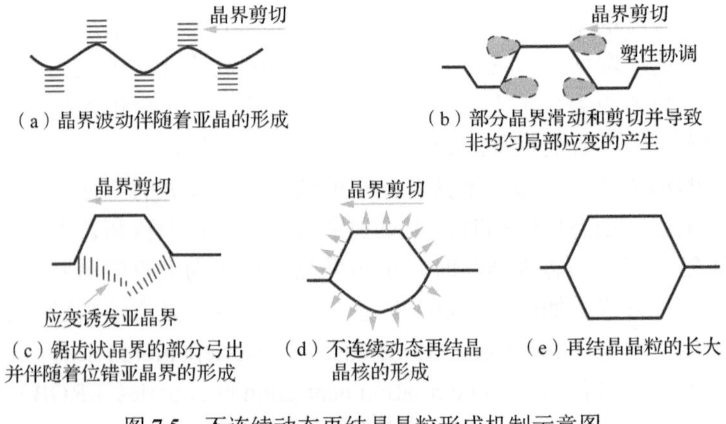

图 7.5　不连续动态再结晶晶粒形成机制示意图

Drury 和 Humphreys[2]提出了连续动态再结晶的机制。他们认为，在存储能量差异的驱动下，大角度的迁移导致了锯齿状晶界结构的形成，如图 7.6（a）所示。由于大角度晶界的滑动可以去除所形成的晶界小锯齿，因而在大应变的作用下，非滑动晶界首先会形成大锯齿或凸起，如图 7.6（b）所示。一旦形成凸起，在变形过程中，晶界中部分区域发生晶界滑动，例如图 7.6（b）中的 *A* 区域，而其他区域（例如 *B* 区域）则必须通过塑性变形来协调应变，导致剪切和局部晶格旋转的发生，如图 7.6（c）所示。一旦亚晶粒间的取向差足够大，便会形成再结晶晶粒。

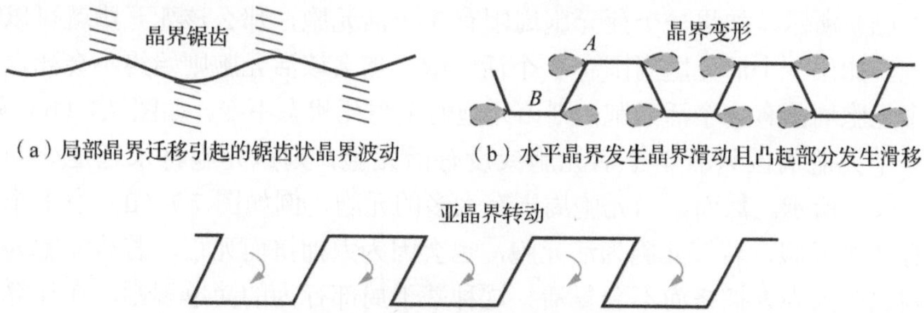

（a）局部晶界迁移引起的锯齿状晶界波动　（b）水平晶界发生晶界滑动且凸起部分发生滑移

（c）凸起部分发生局部晶格转动

图 7.6　通过局部晶格旋转实现连续动态再结晶的机制示意图

7.2　元胞自动机模拟理论基础

7.2.1　元胞自动机的基本思想

元胞自动机（cellular automaton, CA）是一个在时间和空间上都离散的动力系统。这个动力系统是一套网格的 *n* 维组合，每个网格代表一个元胞。每个元胞（cell）都处于有限的离散状态，它们遵循相同的作用规则，并根据确定的局部规则进行同步更新。通过简单的相互作用，大量元胞不断地进行局部更新而实现动态系统的演化。元胞自动机与一般的动力学模型不同，它的作用规则不是由函数或严格定义的物理方程来确定的，而是由一系列模型构造出来的规则。任何满足这些规则的模型都可以看作元胞自动机模型。因此，元胞自动机是一类模型或方法框架的通用术语。它的特点是在时间、空间和状态上都是离散的，每个变量只取有限数量的状态，其状态变化规则无论是在时间上还是在空间上都是局部的。元胞自动机的思想是受生物体在发育过程中的细胞自我复制启发而产生的[3-6]。

在元胞自动机模型中，系统被分解为有限数量的元胞，时间被离散为一定间隔的时间步。每个单元格的所有可能状态也被划分为有限数量的离散状态。另外，每个元胞在相邻两个时间步的状态转换是由一定的演变规则决定的，系统中各元胞的状态转换随着时间的推移是同步进行的。所以一个元胞的状态会受到相邻元胞的状态的影响，同时它也会影响相邻元胞的状态，它们局部地相互作用和影响，通过特定的规则变化而形成一个整体行为。这是用简单的离散单元来考虑复杂系统的一种非常有用的方法。下面以“生命游戏”（game of life）为例来说明元胞自动机的基本思想，如图 7.7 所示。将一个矩形系统分割成许多小正方形单元来表示元胞，每个元胞的生存状态都用一个变量来加以描述，例如“1”表示“生存”，“0”表示“死亡”。在图 7.7 中，中间深色元胞的生存状态与其周围 8 个元胞的生存状态有关，即该元胞的生存状态取决于周围 8 个元胞状态变量的综合作用。如图 7.7（a）所示，如果一个死元胞周围有 3 个活元胞，那么该死元胞就可以变成活元胞，如果一个活元胞周围有 3 个活元胞，那么该活元胞则始终不会死亡。如果一个元胞周围有 2 个活元胞，则该元胞的生与死状态不变，如图 7.7（b）所示。如果一个元胞周围只有 1 个活元胞或没有活元胞，则该元胞将永远是死的，如图 7.7（c）所示。然而，当元胞周围有太多的元胞，例如图 7.7（d）中 1 个元胞周围有 8 个元胞，若该元胞为活元胞，也会因为太拥挤而死亡，若该元胞为死元胞，则也会因为太拥挤而不会复活。这种基于局部行为的简单规则，在计算机模拟的实施过程中演变成了非常丰富多样的复杂结构，甚至再现了一些复杂的生命现象。事实上，自然界确实有这样一条生存法则：如果一个生命周围的同类生物太少，它就会因缺乏帮助而死亡；如果周围有太多的同类生物，它又会因为竞争激烈，得不到资源而死亡。“生命游戏”是一个非常典型的元胞自动机模型，它抽象和简化了上述规律[7]。

在通过上述“生命游戏”例子的元胞自动机系统进行数学建模时，可以用一个公式来表示元胞自动机模型的系统状态和规则应用。元胞在任意时刻的取值 a 可由下式确定，即

$$a_{i,j}^{t}=f(a_{i,j}^{t-1},a_{i-1,j}^{t-1},a_{i+1,j}^{t-1},a_{i-1,j-1}^{t-1},a_{i-1,j+1}^{t-1},a_{i,j-1}^{t-1},a_{i,j+1}^{t-1},a_{i+1,j+1}^{t-1},a_{i+1,j-1}^{t-1})\qquad(7.1)$$

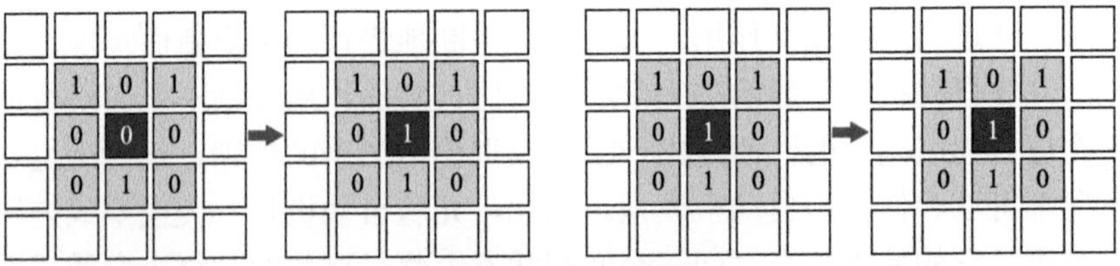

（a）元胞周围有3个活元胞

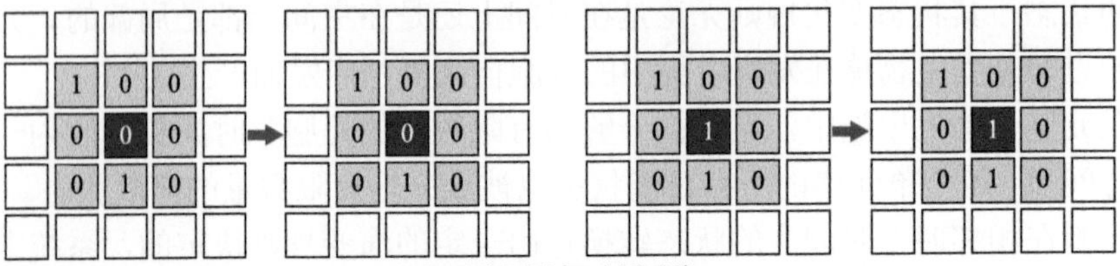

（b）元胞周围有2个活元胞

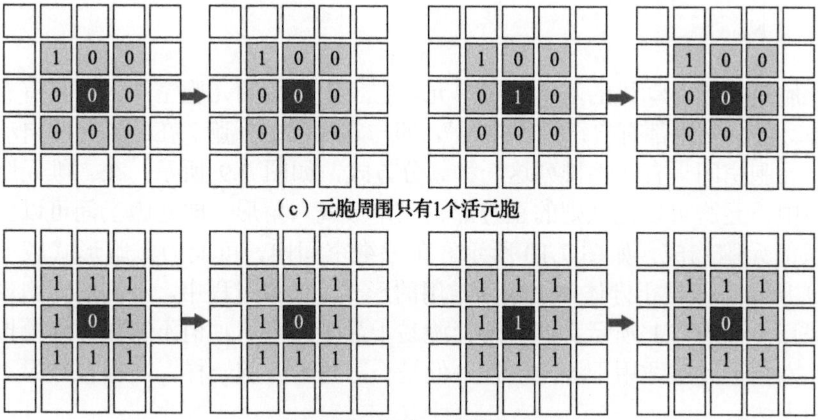

(c) 元胞周围只有1个活元胞

(d) 元胞周围有8个活元胞

图 7.7 “生命游戏”元胞自动机模型演化规则

实际上，上述模型是一个二维元胞自动机模型。在元胞自动机模拟思想的应用中，也可以建立一维和多维元胞自动机模型。它们都是以如此简单的方式进行构建，可以模拟大型复杂的静态、动态和混合形式的系统。从数学关系的角度来看，元胞自动机模型实际上是由有限状态自动机演变出来的，但元胞自动机模型处理的是一维、二维或多维复杂系统，是更高层次上的状态演化，它主要处理在单元阵列上读取、写入和更新单元状态的过程。

7.2.2　元胞自动机模拟系统的基本组成

一个元胞自动机模拟系统由元胞（用形状表示）、元胞状态（用颜色表示）、邻居类型、元胞空间、元胞转变规则（转变函数）和边界条件六部分组成[8]，其相互关系如图 7.8 所示。

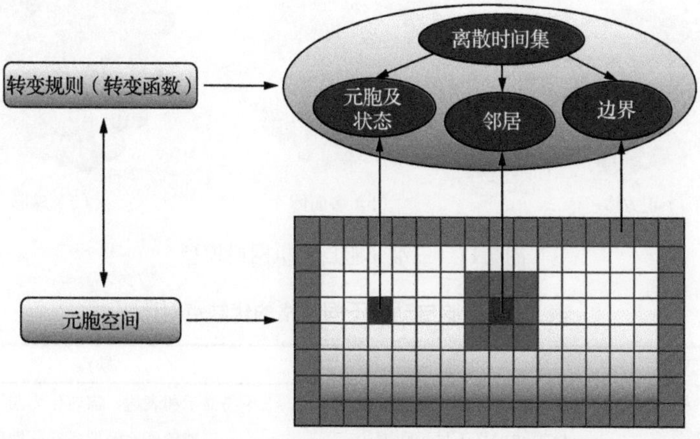

图 7.8　元胞自动机模拟系统各部分之间的关系

1. 元胞

元胞是元胞自动机的基本组成单元，它位于离散的元胞空间内，具有有限的状态数。每个元胞都有自己的“邻居”，即与它相邻的元胞。在一维元胞自动机模型中，元胞空间只有线性排列这一种划分方式，如图 7.9 所示。在二维元胞自动机模型中，元胞可以是规则的正方形、三角形或六角形，即元胞空间可以由这三种形状的元胞构成，如图 7.10 所示。在三维空间内，可能的元胞形式较多，如图 7.11 所示，但是正方体还是较为常用的形式。模拟过程中，不同的元胞形状各有优缺点，如表 7.1 所示。四边形元胞易于显示和表达，但不能很好地模拟各向同性。六角形元胞适用于各向同性，但是与三角形元胞一样，其模拟结果不容易显示和表达。

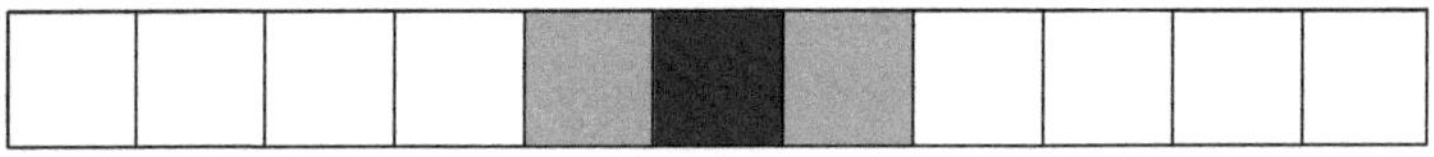

图 7.9　一维元胞自动机网格模型

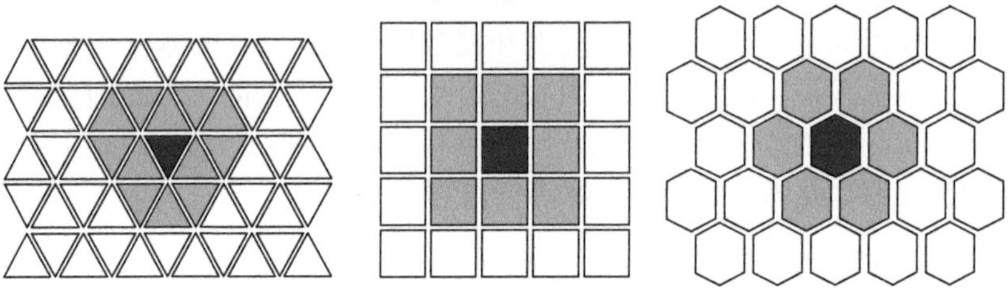

（a）三角形　（b）正方形　（c）六角形

图 7.10　二维元胞自动机网格模型

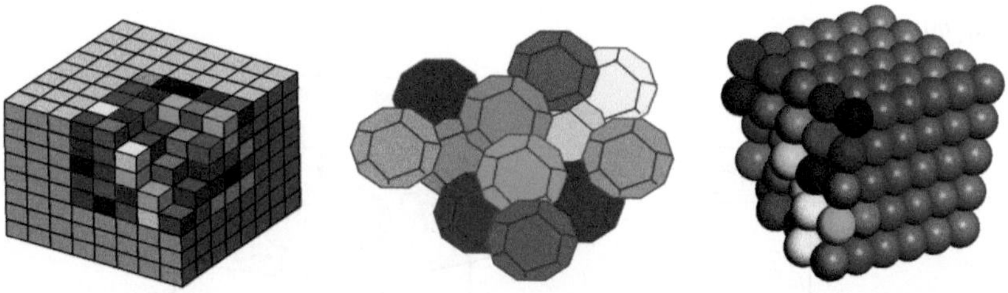

（a）正方体　（b）多面体　（c）球形

图 7.11　三维元胞自动机网格模型

表 7.1　元胞自动机不同网格的优缺点对比

网格类型	优点	缺点
三角形网格	邻居数目少，计算速度快	不易显示和表达，需转化为四边形网格
四边形网格	模拟结果易于显示和表达	不能较好地模拟各向同性现象
六边形网格	较好地模拟各向同性现象	不易显示和表达，需转化为四边形网格

2. 元胞状态

元胞的状态可以用二进制形式{0,1}表示，或以整数形式的离散集合$\{P_1, P_2, P_3, \cdots, P_k\}$表示。严格地说，元胞自动机的元胞只能有一个状态变量，但在实际应用中，它经常被扩展为拥有多个状态变量。

3. 元胞空间

由元胞分布的空间点集称为元胞空间。图 7.12 为由基本元胞构成的二维和三维元胞空间示意图。

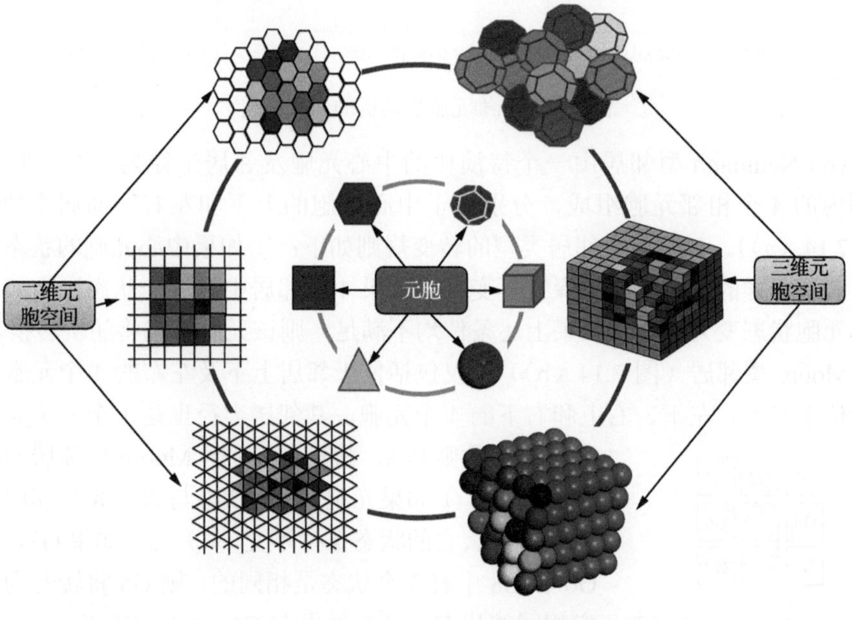

图 7.12　二维元胞与三维元胞空间示意图

4. 邻居类型

元胞和元胞空间仅代表了系统的静态组成部分，必须添加转变规则才能将“动态”引入元胞自动机模拟系统中。根据元胞自动机的定义，在元胞自动机模拟中，元胞转变规则只在元胞空间的局部范围内起作用，即一个元胞在下一时刻的状态由相邻元胞的状态决定。因此，在定义元胞转变规则之前，必须先定义邻居类型以及哪些元胞属于该元胞的邻居。一维元胞自动机的邻居距离通常由半径 r 确定，在 r 范围内的所有元胞均视为该元胞的邻居，如图 7.13 所示。在图中，深色元胞是中心元胞，浅色元胞是它的邻居。二维元胞自动机的邻居定义比较复杂，一般有三种典型的元胞邻居类型，包括 von Neumann 型邻居、Moore 型邻居和扩展 Moore 型邻居，如图 7.14 所示。

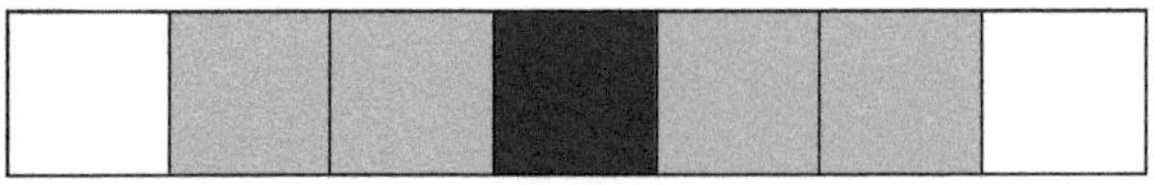

图 7.13　一维元胞自动机的邻居模型

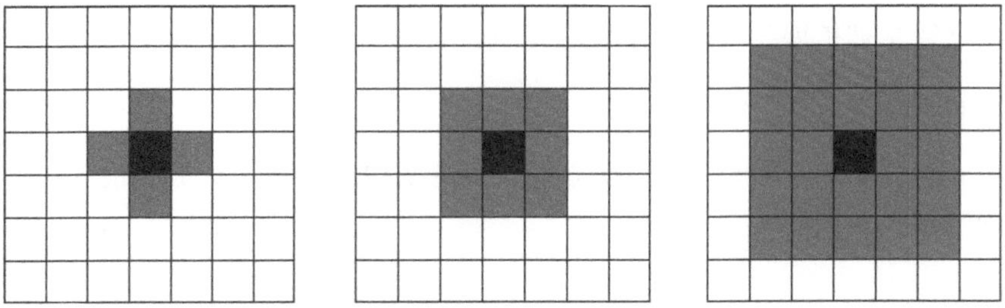

（a）von Neumann型邻居　（b）Moore型邻居　（c）扩展Moore型邻居

图 7.14　二维元胞自动机的邻居类型

von Neumann 型邻居由一个待演化的中心元胞及邻居半径为 1 个元胞大小范围内的 4 个相邻元胞组成，分别位于中心元胞的上下和左右，邻居个数为 4（图 7.14（a））。对应这个邻居类型的转变规则如下：①如果中心元胞的状态与 4 个邻居是一样的，则其状态保持不变。②如果 4 个邻居中有 3 个状态同为 Q，则中心元胞状态变为 Q。③如果上述条件均不满足，则该元胞状态将随机转换。

Moore 型邻居（图 7.14（b））不仅包括位于邻居上下及左右的 4 个元胞，还包括位于左上、左下、右上和右下的 4 个元胞，其邻居半径也是 1 个元胞大小，而邻居个数则是 8。根据图 7.15，Moore 型邻居的转变规则如下：①如果元胞 G5 的状态与周围 8 个邻居是一样的，那么它的状态保持不变。②（a）如果 G2、G4、G6 和 G8 中有 3 个状态是相同的，则 G5 将转变为与它们相同的状态；（b）如果在 G1、G3、G7 和 G9 中有 3 个状态是相同的，G5 也会转变为与它们相同的状态。③如果 8 个邻居的状态均与 G5 不同，那么 G5 可以以相同的概率转换到任何状态。当判定一个元胞状态转变时，顺序应为①—②（a）—②（b）—③。

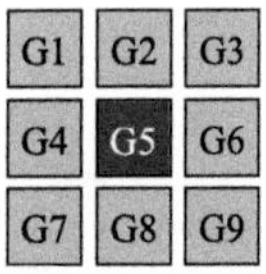

图 7.15　Moore 型邻居模型

扩展 Moore 型邻居将邻居半径 r 扩展为 2 个或 2 个以上元胞大小，则邻居个数为 $(2r+1)^2-1$。图 7.14（c）为将邻居半径扩展为 2 个元胞大小的扩展 Moore 型邻居。该类型邻居的转变规则与 Moore 型邻居相似。

5. *元胞转变规则*

元胞自动机的转变规则是根据元胞当前状态和邻居状态来决定该元胞在下一时刻状态的动力学函数。不同转变规则的建立可能会导致完全不同的转变结果。

因此，作为元胞自动机模型的核心，元胞转变规则直接影响着元胞的状态，决定着系统演化的结果。在规定状态下，$\Phi(y,t+1)$ 时刻的演化过程可由下式表示：

$$\Phi_j(y,t+1)=R_j[\Phi_j(y,t),\Phi_j(y+\delta_1,t),\cdots,\Phi_j(y+\delta_k,t)] \quad (7.2)$$

式中，$\Phi_j(y,t+1)$ 为元胞 y 在 $t+1$ 时刻的状态；$y+\delta_k$ 为从属于元胞 y 的给定邻居元胞；R_j 为元胞自动机的转变函数或转变规则。

在实际模拟应用中，元胞转变规则的设置应考虑所研究问题与影响条件之间的关联关系。如果设置得过于简单，模型将会失真，模拟结果也会与实际过程有很大的偏差，从而失去模拟的意义。但如果转变规则过于复杂，则模型建立难度较大，且模拟计算过程会浪费大量资源。因此，建立合适的转变规则是非常重要的。

6. 边界条件

在实际应用中，不可能在计算机上模拟真正无限的网格范围，因此必须定义边界条件。显然，位于元胞空间边界的网格与其他内部网格的邻居不同。可以采用两种方法来确定这些边界网格的行为。一种方法是通过指定不同的演化规则来考虑适当的邻居，也就是对边界上的元胞位置信息进行编码，并根据这些信息来选择不同的转变规则。通过这种方式，还可以定义几种具有完全不同行为的边界。另一种方法是在边界上扩展相邻的元胞，而不是使用不同的转变规则。例如，一个常见的解决方案是假定一个循环或周期的边界条件，即假定网格是嵌入在一个类似环面的拓扑结构中。对于二维网格，是指左右连接和上下连接。一般来说，边界条件分为固定值边界条件、对称边界条件和周期边界条件三种。固定值边界条件是指在所有边界元胞的外围设置一个确定的值，如 0 和 1 等，如图 7.16 所示。对称边界条件是指边界元胞外的相邻元胞以边界为轴镜像对称，如图 7.17 所示。周期边界条件是指按不同边界顺序连接的元胞边界。在一维空间中，其表现形式是首尾相接，如图 7.18 所示。在二维空间中，其表现形式是左右相连，上下相连并沿对角线延伸，如图 7.19 所示。

图 7.16　固定值边界条件

图 7.17　对称边界条件

图 7.18　一维周期性边界条件

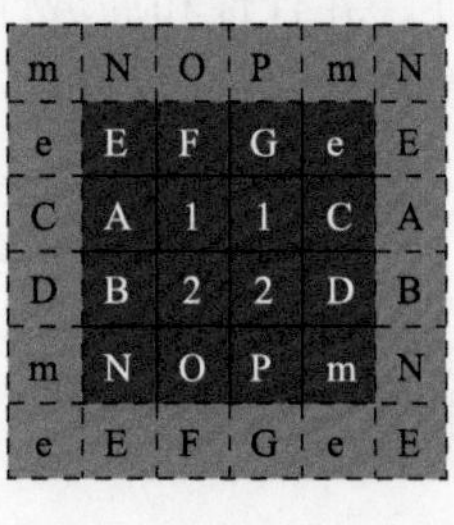

图 7.19　二维周期性边界条件

7.2.3 元胞自动机的基本特征

从元胞自动机的组成来看，标准元胞自动机应具有以下几个基本特征[9, 10]。

（1）同质性和整齐性：同质性是指每个元胞状态在元胞空间按相同的规律变化，这个相同的规律即是元胞自动机的转变规则，也称为转变函数。整齐性是指元胞的分布是相同的，也就是说，元胞具有相同的大小和形状，在空间分布上规则整齐。

（2）时间离散性：系统按照等间隔时间分步演化，时间变量 t 只能取等步长的时刻点，类似于整数形式的 $t, t+1, t+2, \cdots$，而且 t 时刻的状态构形只对 $t+1$ 时刻的状态构形有影响，而 $t+2$ 时刻的状态构形完全由 $t+1$ 时刻的状态构形和相应的转变规则（转变函数）决定。因此，元胞自动机的时间变量与微分方程中连续值变量的时间 t 不同。

（3）离散状态有限性：元胞自动机的元胞状态离散值只能取有限数。在实际应用中，经常将一些连续变量离散化来建立元胞自动机模型。

（4）并行性：t 时刻每个元胞的状态变化都是独立的，彼此不受任何影响。如果把元胞自动机的构形变化看作对数据或信息的计算或处理，那么元胞自动机的处理规则是同步的，尤其适合并行计算。

（5）时空局域性：每个元胞在下一时刻 $t+1$ 的状态依赖于相邻元胞在当前时刻 t 的状态，即在时间和空间上具有局域性。从信息传递的角度来看，元胞自动机的信息传递速度是有限的。

（6）高维性：在动力系统中，通常以变量的个数作为维数。例如，由区间映射生成的动力系统称为一维动力系统。由平面映射产生的动力系统称为二维动力系统。由偏微分方程描述的动力系统称为无穷维动力系统。从这个角度来看，由于任何完整的元胞自动机的元胞空间都是一个定义在一维、二维或多维空间中的无限集合，每个元胞的状态便是动态系统的一个变量。因此，元胞自动机是一个无限维动力系统。当然，在具体应用或计算机模拟中不可能处理无限多个变量，但处理由大量单元组成的系统是可能的。因此，可以说高维性是元胞自动机研究的一个特征。

同质性、并行性和局域性是元胞自动机的核心特征。任何元胞自动机的扩展都应尽量保持这些核心特征，特别是局域性特征。

7.3 动态再结晶元胞自动机模拟的物理基础

7.3.1 位错密度演变模型

根据前面介绍的金属动态再结晶理论可知，金属材料在热塑性变形过程中同时存在两个对抗的过程，即加工硬化和动态软化，这两个过程都会引起材料内部位错密度的变化。位错的分布和位错密度的大小主要取决两个方面，一个是加工硬化产生的位错增加，另一个是动态再结晶引起的位错减少。人们通常采用 Kocks-Mecking（K-M）位错密度模型来描述材料中位错密度的变化。在 K-M 位错密度模型中，位错密度 ρ 的增加与 $\sqrt{\rho}$ 成正比，位错密度的减少与 ρ 成正比，位错密度与应变的关系可以表示为[11]

$$\frac{\mathrm{d}\rho}{\mathrm{d}\varepsilon}=k_1\sqrt{\rho}-k_2\rho \tag{7.3}$$

式中，ε 为真应变；k_1 为加工硬化参数，可由式（7.4）确定；k_2 为软化系数，可由式（7.5）确定[12]，则有

$$k_1=2\theta_0/(\alpha' Gb) \tag{7.4}$$

$$k_2=2\theta_0/\sigma_{\mathrm{s}} \tag{7.5}$$

其中，α' 为与位错相互作用强度有关的常数，对大多数金属来说可取值为 0.5～1.0；b 为 Burgers 矢量的大小；σ_{s} 为饱和应力；θ_0 为初始加工硬化率。σ_{s} 和 θ_0 可以由式（7.6）根据试验测得的特定 $\dot{\varepsilon}$ 和 T 条件下的流动应力应变-曲线得到：

$$\theta=\frac{\mathrm{d}\sigma}{\mathrm{d}\varepsilon}=\theta_0\left(1-\frac{\sigma-\sigma_0}{\sigma_{\mathrm{s}}-\sigma_0}\right) \tag{7.6}$$

式中，σ 为流动应力；σ_0 摩擦应力，即加工硬化起始应力，可视为试验获得的应力-应变曲线中应变为 0.2%的流动应力。

求解 σ_{s} 和 θ_0 的具体方法如下：首先，对应力-应变曲线求导获得加工硬化率 θ，即 $\theta=\dfrac{\mathrm{d}\sigma}{\mathrm{d}\varepsilon}$，然后做 θ 关于 σ-σ_0 的关系曲线，该曲线满足式（7.6）。由式（7.6）可知，当 $\sigma=\sigma_0$ 时，便可求得 θ_0，而当 $\theta=0$ 时，可求得 σ_{s} [13]。

式（7.4）中的 G 为剪切模量，可由弹性模量和泊松比按式（7.7）求得，即

$$G=\frac{E}{2(1+\nu)} \tag{7.7}$$

式中，E 为弹性模量；ν 为泊松比。

在高温变形中，材料的流动应力与位错密度的关系可表示为[14]

$$\sigma=\alpha' Gb\sqrt{\bar{\rho}} \tag{7.8}$$

式中，$\bar{\rho}$ 为平均位错密度，与所有元胞的位错密度 ρ_i 有关，它们之间的关系如下：

$$\bar{\rho}=\frac{1}{N}\sum_{i=1}^{N}\rho_i \tag{7.9}$$

其中，N 为元胞总数。

由式（7.6）～式（7.9）可知，在模拟中，根据材料内部位错密度的演变即可求得流动应力的变化。

7.3.2 形核率模型

研究者已经在过去提出了一些动态再结晶形核率模型，有的模型因为太简单而无法描述复杂的动态再结晶形核过程，有的模型又因为太复杂而难以在实践中应用[15-17]。目前被广泛认可的形核率模型是由 Ding 和 Guo[18]提出的，它是变形温度和应变速率的函数，其表达式为

$$\dot{n} = C\dot{\varepsilon}^{m} \exp(-\frac{Q_{\mathrm{act}}}{RT}) \tag{7.10}$$

式中，$\dot{n}$ 为形核率；$\dot{\varepsilon}$ 为应变速率；T 为变形温度；C 为形核率常数，可通过试验获得；R 为气体常数；m 为材料常数，根据文献[12]和文献[19]，元胞自动机模拟中 m 取为 1；Q_{act} 为变形激活能，可以通过构建材料的 Arrhenius 本构方程来求得[20]。Arrhenius 本构方程的表达式为

$$\dot{\varepsilon} = A_0[\sinh(\alpha\sigma)]^{n}\exp(-\frac{Q_{\mathrm{act}}}{RT}) \tag{7.11}$$

式中，A_0，α 和 n 为材料常数。Q_{act} 可由式（7.11）的偏微分求得[21]，则有

$$Q_{\mathrm{act}} = R\left[\frac{\partial \ln\dot{\varepsilon}}{\partial \ln\sinh(\alpha\sigma)}\right]_T \left[\frac{\partial \ln\sinh(\alpha\sigma)}{\partial(1/T)}\right]_{\dot{\varepsilon}} \tag{7.12}$$

如果通过试验测得某一特定变形条件下的动态再结晶分数 η，则该变形条件下的形核率可以通过下式求得[12]，即

$$\eta = \dot{n}\frac{\varepsilon}{\dot{\varepsilon}}\frac{4}{3}\pi r_{\mathrm{d}}^{3} \tag{7.13}$$

式中，r_{d} 是动态再结晶晶粒的平均半径，可以通过试验测定或根据下列公式计算得到[22]：

$$\frac{\sigma}{G}\left(\frac{2r_{\mathrm{d}}}{b}\right)^{n'} = K \tag{7.14}$$

其中，指数 n' 约为 2/3；K 为常数，大多数金属取 10。

动态再结晶的形核与位错密度的累积有关，很多研究表明，动态再结晶只有在位错密度达到一个临界值时才开始形核[23-25]。这个临界位错密度 ρ_{c} 可以表达如下[26]：

$$\rho_{\mathrm{c}} = \left(\frac{20\gamma\dot{\varepsilon}}{3blM\tau^{2}}\right)^{1/3} \tag{7.15}$$

式中，τ 为单位长度位错线的能量；M 为晶界迁移率；l 为位错平均自由程，可近似地认为是亚晶尺寸；γ 为晶界能。式（7.15）中的 τ 可以通过下式求得，即

$$\tau = c_2 G b^{2} \tag{7.16}$$

其中，c_2 为常数，等于 0.5。式（7.15）中的 M 可由下式求得，即

$$M = \frac{\delta D_{ob} b}{kT} \exp(-\frac{Q_b}{RT}) \tag{7.17}$$

其中，δ 为特征晶界厚度；D_{ob} 表示晶界自扩散系数；k 代表 Boltzmann 常数；Q_b 为晶界自扩散激活能。式（7.15）中的 l 可由下式求得，即

$$l = \frac{KGb}{\sigma} \tag{7.18}$$

式（7.15）中的 γ 可通过 Read-Shockley 方程计算得到[11]，即

$$\gamma_i = \begin{cases} \gamma_m, & \theta_i \geqslant 15^\circ \\ \gamma_m \dfrac{\theta_i}{\theta_m}\left(1 - \ln(\dfrac{\theta_i}{\theta_m})\right), & \theta_i < 15^\circ \end{cases} \tag{7.19}$$

式中，γ_i 代表第 i 个晶粒的晶界能；θ_i 为第 i 个动态再结晶晶粒与它的相邻晶粒之间的取向差；γ_m 和 θ_m 分别为晶界转变为大角度晶界时的晶界能和取向差。γ_m 可由下式计算求得[27]，即

$$\gamma_m = \frac{Gb\theta_m}{4\pi(1-\nu)} \tag{7.20}$$

7.3.3　晶粒长大动力学模型

在不连续动态再结晶过程中，再结晶晶粒与初始晶粒之间的位错密度差 $\Delta\rho$ 是再结晶形核和晶粒长大的驱动力。根据对晶界施加的净压力，晶界沿其法向以一定速度移动。晶粒长大和粗化的结果基于速度理论。一般来说，第 i 个再结晶晶粒长大时的晶界迁移速度 v_i 与其驱动压力 p_i（此处为单位面积上的压力）是成正比的，其表达式如下[12]：

$$v_i = Mp_i \tag{7.21}$$

晶粒的长大通常是由晶界储存能的减少来驱动的。假设一个晶粒为球形，则与半径为 r 的晶粒有关的总能量 W 可以描述为表面能 W_s 和体积能 W_v 的总和。体积能可由晶粒内部位错密度的阶跃得到，而表面能主要取决于晶界长度。具体表达式如下[28]：

$$W = W_v + W_s \tag{7.22}$$

$$W_v = \frac{4}{3}\pi r^3 \tau \Delta\rho \tag{7.23}$$

$$W_s = 4\pi r^2 \gamma \tag{7.24}$$

晶界迁移的驱动力 F 与动态再结晶晶粒尺寸增大引起的能量变化有关，其中包括长大产生的新的表面能和相邻晶粒消耗的体积能。因此，第 i 个再结晶晶粒的晶界迁移驱动力 F_i 为其体积能与表面能之差，可以表示为

$$F_i = \frac{\mathrm{d}W_i}{\mathrm{d}r_i} = 4\pi r_i^2 \tau \Delta\rho_i - 8\pi r_i \gamma_i \tag{7.25}$$

式中，$\Delta\rho_i = \rho_{\mathrm{m}} - \rho_{\mathrm{d}}$，$\rho_{\mathrm{m}}$ 和 ρ_{d} 分别为基体晶粒和动态再结晶晶粒的位错密度。用驱动力除以晶粒的晶界面积，则作用在第 i 个晶粒晶界上的驱动压力为

$$p_i = \frac{F_i}{4\pi r_i^2} = \tau\Delta\rho_i - \frac{2\gamma_i}{r_i} \tag{7.26}$$

对于每一个时间步长 Δt，第 i 个晶粒长大时的位移增量 Δx_i 为

$$\Delta x_i = v_i \Delta t \tag{7.27}$$

在元胞自动机模拟时，当这个位移增量大于每个元胞所代表的实际距离时，相邻的母相元胞即被再结晶晶粒吞并，再结晶晶粒长大。

对于连续动态再结晶，大角度晶界的迁移速度仍然可以用式（7.21）表示。但考虑到晶界迁移率 M 不仅与温度有关，还与应变速率有关，故式（7.17）可改写为

$$M_{\mathrm{c}} = \frac{\delta D_{\mathrm{ob}} b}{kT} \dot{\varepsilon}^m \exp\left(-\frac{k_1 Q_{\mathrm{b}}}{RT}\right)\left(1 - \exp\left(-5\left(\frac{\theta_i}{\theta_{\mathrm{m}}}\right)^4\right)\right) \tag{7.28}$$

与不连续动态再结晶不同，连续动态再结晶过程中的再结晶晶粒是由小角度亚晶向大角度晶粒的转变，因而其长大过程实质上就是亚晶界的迁移和亚晶粒长大，主要是由亚晶界表面能的降低来驱动的。假设亚晶粒为球形，长大驱动力均匀分布在亚晶界面上，则驱动力 $F_{\mathrm{c}i}$ 的表达式为

$$F_{\mathrm{c}i} = \frac{\mathrm{d}\left(4\pi r_i^2 \gamma_i\right)}{\mathrm{d}r_i} = 8\pi r_i \gamma_i \tag{7.29}$$

驱动压力 $p_{\mathrm{c}i}$ 的表达式为

$$p_{\mathrm{c}i} = \frac{F_{\mathrm{c}i}}{4\pi r_i^2} = \frac{2\gamma_i}{r_i} \tag{7.30}$$

7.4　动态再结晶元胞自动机模拟应用案例

本节将以 NiTi 形状记忆合金的不连续动态再结晶模拟为例来介绍元胞自动机组织模拟的应用[29]。具体内容涉及元胞自动机模拟参数的确定、元胞自动机模型的建立、动态再结晶组织演变模拟、动态再结晶位错密度演变模拟、流动应力的预测和动态再结晶晶粒尺寸的预测。

7.4.1　元胞自动机模拟参数的确定

为了实现 NiTi 形状记忆合金不连续动态再结晶的元胞自动机组模拟，首先必

须确定元胞自动机的相关模拟参数。一些模拟参数必须通过试验才能获得。为此，以名义成分为 Ti-50.9%Ni 的固溶处理二元 NiTi 形状记忆合金为研究对象，在万能材料试验机上对其进行了高温压缩变形试验，变形温度范围为 600～1000℃，应变速率范围为 0.001～1s^{-1}，所获得的真应力-真应变曲线如图 7.20 所示。另外，为了获得初始晶粒尺寸以及对相应的变形模拟组织进行验证，同时对初始及压缩后的 NiTi 形状记忆合金样品的金相显微组织进行了表征。图 7.21 为 NiTi 形状记忆合金在应变速率为 0.1s^{-1}、变形温度为 800℃时压缩变形后的金相显微组织。从图 7.21 可以看出，随着塑性应变的增大，动态晶粒尺寸明显减小，再结晶晶粒数量明显增多。在已长大的再结晶晶粒边界处还有新形成的未长大的再结晶晶粒，说明 NiTi 形状记忆合金的动态再结晶晶粒也是在初始晶粒的晶界上形核的，具有不连续动态再结晶的基本特征。

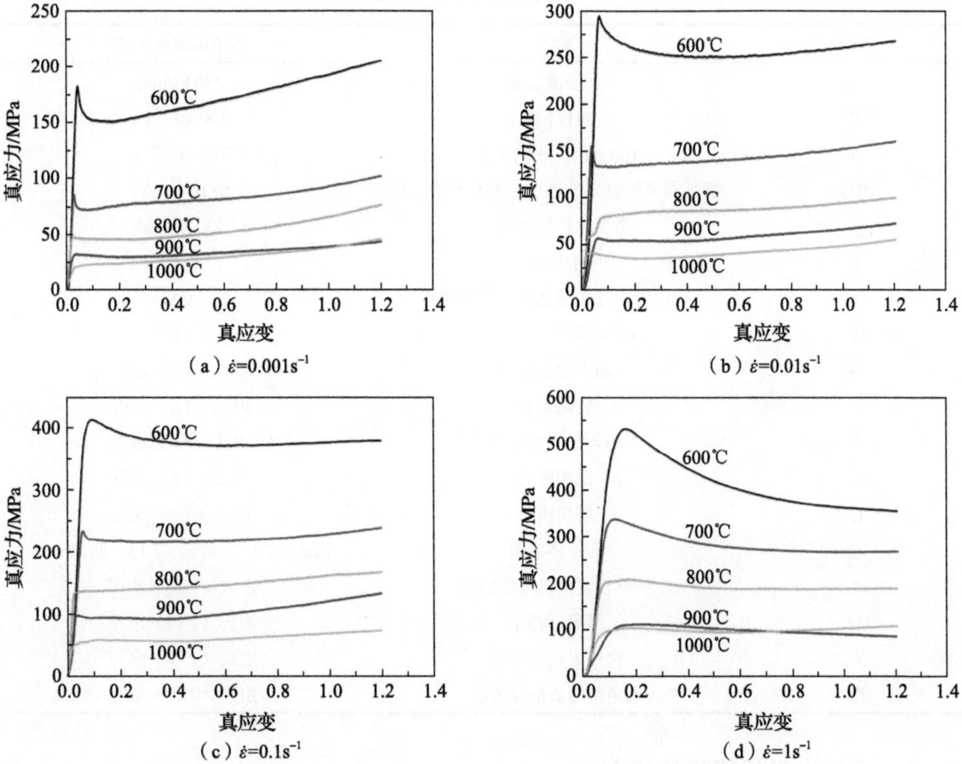

（a）$\dot{\varepsilon}=0.001s^{-1}$　（b）$\dot{\varepsilon}=0.01s^{-1}$

（c）$\dot{\varepsilon}=0.1s^{-1}$　（d）$\dot{\varepsilon}=1s^{-1}$

图 7.20　NiTi 形状记忆合金高温压缩真实应力-应变曲线[29]

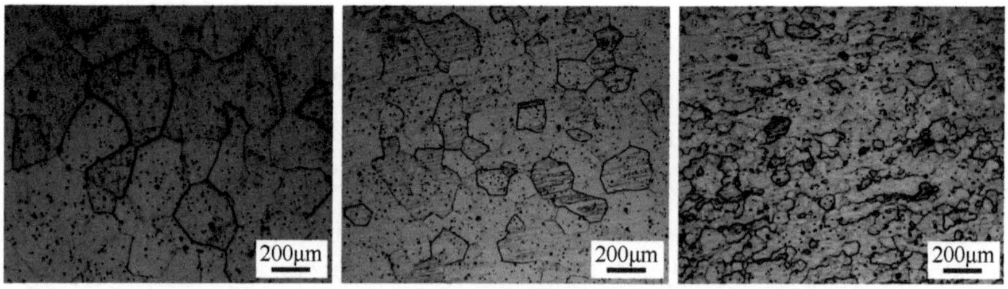

（a）ε=0　（b）ε=0.5　（c）ε=1.2

图 7.21　NiTi 形状记忆合金在不同变形程度下的金相显微组织
（应变速率 $\dot{\varepsilon}=0.1\text{s}^{-1}$ 和变形温度 T=800℃）[29]

根据 NiTi 形状记忆合金的真实应力-应变数据，可以获得动态再结晶元胞自动机模拟所需的部分参数。本例模拟中所用的全部参数如表 7.2 所示。

表 7.2　本例模拟中所用的全部参数

符号	参数	数值或求解公式
Q_{act}	变形激活能	230 kJ/mol
E	弹性模量	7.8×10^{-10} Pa
b	Burgers 矢量的大小	3.01×10^{-10} m
δD_{ob}	特征晶界厚度与晶界自扩散系数的乘积	5×10^{-17} m^3/s
Q_b	晶界自扩散激活能	230 kJ/mol
v	泊松比	0.41
α'	与位错相互作用强度有关的常数	0.5
θ_m	大角度晶界的取向差	15°
k_1	加工硬化参数	由式（7.4）求得
k_2	软化系数	由式（7.5）求得
θ_0	初始加工硬化率	由式（7.6）求得
σ_s	饱和应力	由式（7.6）求得
G	剪切模量	由式（7.7）求得
C	形核率常数	由式（7.10）和式（7.13）联合求得
τ	单位长度位错线的能量	由式（7.16）求得
M	晶界迁移率	由式（7.17）求得
l	位错平均自由程	由式（7.18）求得
γ_m	大角度晶界的晶界能	由式（7.20）求得

7.4.2　元胞自动机模型的建立

为简化模型，本书采用二维元胞自动机模型模拟 NiTi 形状记忆合金的动态再结晶组织演变过程，如图 7.22 所示。模拟在一个 500×500 的四方形元胞空间上进行，每个元胞边长为 4μm，则整个模拟区域代表 2mm×2mm 的实际样品尺寸。模拟采用周期型边界条件，用来模拟无限大空间。邻居类型采用 von Neumann 型邻居，其中，中间的红色元胞 C5 为激活元胞，蓝色元胞 C2、C4、C6 和 C8 为其邻居。根据该邻居规则，任一位置为 (i, j) 的元胞的状态变量 X 在 $t+\Delta t$ 时刻的值 $X_{i,j}^{t+\Delta t}$ 为

$$X_{i,j}^{t+\Delta t} = f(X_{i-1,j}^{t}, X_{i,j-1}^{t}, X_{i+1,j}^{t}, X_{i,j+1}^{t}) \tag{7.31}$$

式中，$X_{i-1,j}^{t}$、$X_{i,j-1}^{t}$、$X_{i+1,j}^{t}$ 和 $X_{i,j+1}^{t}$ 分别代表位于 (i, j) 位置的元胞的相应 4 个邻居元胞状态变量 X 在 t 时刻的取值；函数 f 为转变规则，它决定着位于 (i, j) 位置的元胞的状态随时间的演变方式，可以根据系统的演化机制确定。

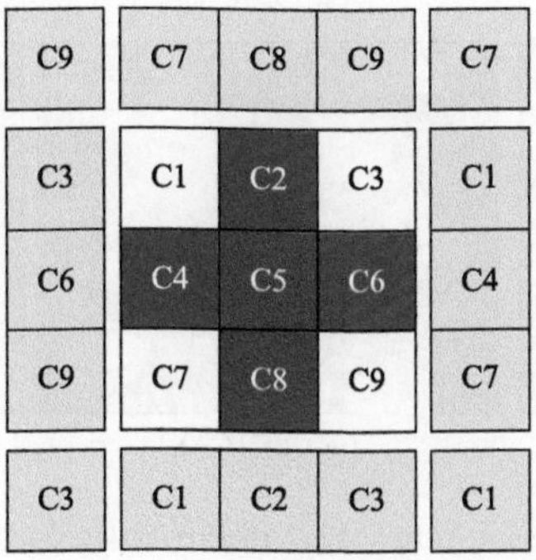

图 7.22　von Neumann 型邻居和周期性边界条件示意图[29]

1. 初始显微组织模型

由于动态再结晶晶粒是在初始基体显微组织上形核和生长的，在模拟动态再结晶之前，先要得到初始晶粒的分布。动态再结晶的初始基体显微组织是通过元胞自动机法得到的，为与实际条件更为接近，其晶粒根据流动应力-应变曲线确定的动态再结晶临界应变沿变形方向被轻微拉长。初始基体显微组织模型的建立过程如下：选取一定数目的元胞作为晶核，并在元胞空间中随机选取形核位置，使晶核均匀分布在整个元胞空间中，并按一定的长宽比长大。在元胞空间中随机选取 1～180 范围内的正整数对不同的元胞赋予不同的状态值，分别表示不同的取向。当两个不同取向的晶粒发生碰撞时，这两个晶粒在碰撞的方向上都停止生长，而晶界上未发生碰撞的部分则继续长大。当两个取向相同的晶粒发生碰撞时，这两个晶粒合并为一个晶粒。最终得到的显微组织即为动态再结晶模拟的初始组织。图 7.23 所示即为采用元胞自动机法得到的初始显微组织形成过程。如果把原始等轴显微组织近似看作圆形，则有

$$P \cdot \pi r_0^{\,2} = N \cdot a^2 \tag{7.32}$$

式中，P 为形核数目；r_0 为初始晶粒半径；a 为元胞的边长；N 为元胞总数。则最终得到的初始晶粒平均直径 d_0 为

$$d_0 = 2a \cdot \sqrt{N / \pi \cdot P} \tag{7.33}$$

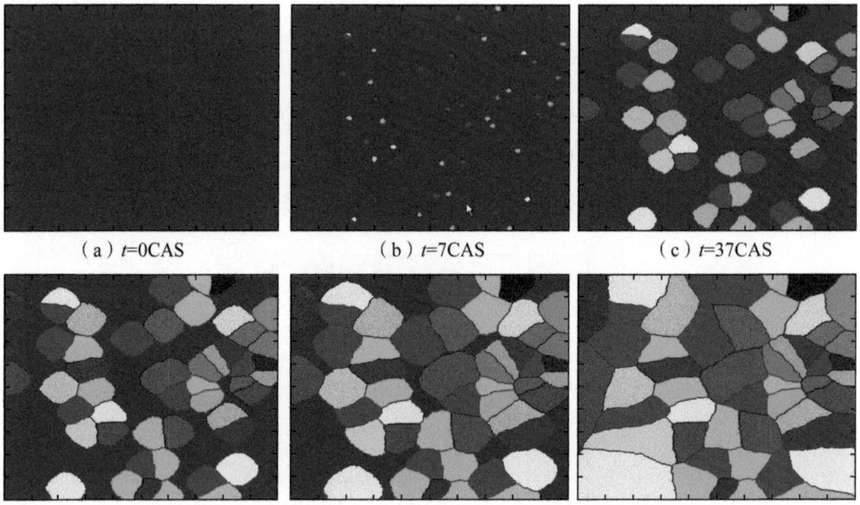

（a）t=0CAS　（b）t=7CAS　（c）t=37CAS

（d）t=50CAS　（e）t=71CAS　（f）t=196CAS

图 7.23　采用元胞自动机法得到的初始组织形成过程[29]

（cellular automaton step）表示元胞自动机模拟的时间步

2. 动态再结晶模拟模型

在动态再结晶模拟模型中，对每个元胞都赋予五个控制变量，即晶粒取向变量 A、位错密度变量 B、晶界变量 C、晶粒编号变量 D 和结晶状态变量 E。其中晶粒取向变量 A 用来表示各晶粒的不同取向，用 1～180 范围内的随机整数表示，取向不同的晶粒显示为不同的颜色；位错密度变量 B 用来记录每个元胞的位错密度值；晶界变量 C 用来存放晶界元胞，记录晶界元胞的位置；晶粒编号变量 D 用来记录所生成的再结晶晶粒个数，用于计算平均再结晶晶粒尺寸；结晶状态变量 E 为形核状态标记量，区分当前元胞是否为再结晶元胞。因此该动态再结晶系统变量 ψ 可以用下面的函数来表示，即

$$\psi(t) = f(A(t), B(t), C(t), D(t), E(t)) \tag{7.34}$$

在变形基体中，先给定一个初始位错密度并使其均匀分布，随应变量的增加，位错密度不断增加，当位错密度达到临界位错密度 ρ_c 时，动态再结晶晶粒便会在初始基体显微组织晶界处形核。这些再结晶晶核是在整个元胞空间中随机选取一部分得到的。当一个再结晶晶核生成后，它的初始位错密度重新设置为 0，但随着这些再结晶晶粒的长大和基体的继续变形，其内部的位错密度还会增加，当动

态再结晶晶粒内部的位错密度达到临界位错密度 ρ_c 时，新的再结晶晶核还会在它的晶界上形核和长大。整个动态再结晶模拟流程如图 7.24 所示。

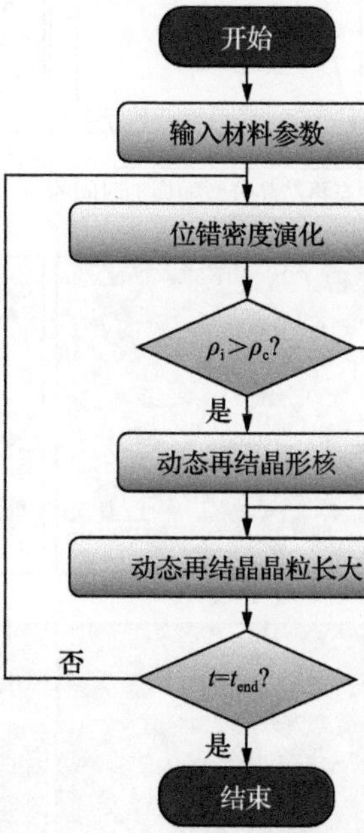

图 7.24　动态再结晶元胞自动机模拟流程图

7.4.3　动态再结晶组织演变模拟

图 7.25 为元胞自动机模拟得到的 NiTi 形状记忆合金在变形温度为 800℃、应变速率为 $0.1s^{-1}$ 条件下的组织演化过程，为了便于比较，所有模拟都是在同一个初始显微组织上进行的。由图 7.25（a）可以看出，平均晶粒尺寸随着模拟时间的增加逐渐减小，说明发生动态再结晶时，变形程度越大，材料内部的晶粒尺寸越小。由图 7.25（b）可以看出，随着模拟时间的增加，动态再结晶分数逐渐增大，在 600CAS 时达到 100%。由图 7.25（c）～图 7.25（i）的组织演化图可以看出，动态再结晶晶粒首先在初始基体局部显微组织的晶界上形核。随着模拟时间的增加，晶粒逐渐长大。同时又有新的晶核因为位错密度达到临界值而在初始基体的其他部位形核。当再结晶晶粒内部的位错密度因变形又达到临界位错密度时，新的晶核又在再结晶晶粒的晶界处形核并长大，如此循环更新，直到变形结束。该模拟结果与图 7.21 的试验结果相吻合。

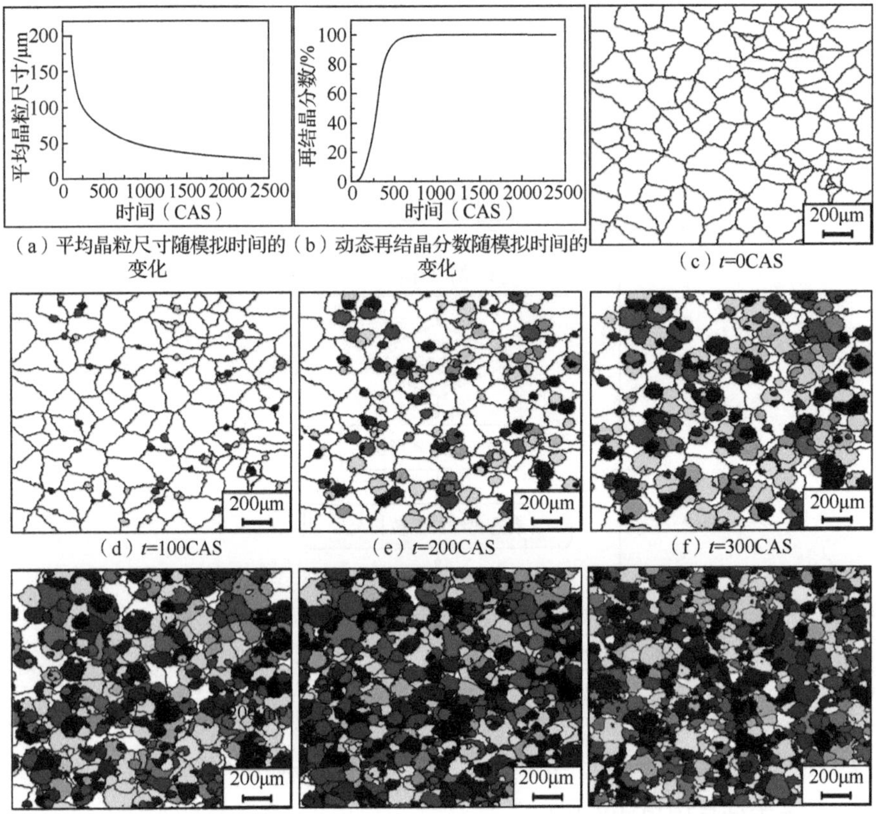

（a）平均晶粒尺寸随模拟时间的变化　（b）动态再结晶分数随模拟时间的变化　（c）t=0CAS

（d）t=100CAS　（e）t=200CAS　（f）t=300CAS

（g）t=400CAS　（h）t=600CAS　（i）t=2400CAS

图 7.25　元胞自动机模拟得到的 NiTi 形状记忆合金在变形温度为 800℃和应变速率为 $0.1s^{-1}$ 条件下的组织演化过程[29]

7.4.4　动态再结晶位错密度演变模拟

图 7.26 为元胞自动机模拟得到的 NiTi 形状记忆合金在变形温度为 800℃和应变速率为 $0.1s^{-1}$ 条件下的位错密度演化和分布情况。从图 7.26（a）所示的平均位错密度变化情况可以看出，在变形初期，随着应变的增大，平均位错密度迅速增大，当基体内某一局部位置的位错密度达到临界值 ρ_c 时，再结晶晶核开始在该处的晶界上出现，如图 7.26（a）中 B 点所对应的再结晶组织，此时因为只有个别部位的位错密度达到了临界值，平均位错密度还很低。由图 7.26（b）中的位错密度分布可以看出，此时新形成的再结晶晶粒内部位错密度非常低，使得再结晶晶粒和初始晶粒间存在位错密度差，为新晶粒的长大提供了驱动力，使再结晶晶粒不断长大，直至因为变形引起再结晶晶粒内部的位错密度增大到使晶粒长大驱动力为零时，新晶粒停止生长，此时平均位错密度达到最大值（对应图 7.26（a）中

的 C 点）。由于初始组织中的位错密度和大量的已再结晶晶粒的位错密度都达到临界值，因而大量的新再结晶晶粒同时生成，使得材料内部的位错密度下降，结果显示，图 7.26（a）中的平均位错密度在 C 点时出现了拐点。平均位错密度下降后进入一种稳态阶段，但这种稳态并不是绝对的，而是存在一定的波动。通常而言，在新晶粒形成的过程中，旧晶粒又因变形引起的加工硬化而使其内部的位错密度增大。当新晶粒数量较多时，动态再结晶的软化作用大于加工硬化作用时就表现为平均位错密度的下降。而当新晶粒数量较少，加工硬化作用大于再结晶的软化作用时就表现为平均位错密度的上升。由图 7.26（d）所示的位错密度分布可以看出，新动态再结晶晶粒（对应图 7.26（d）中的低位错密度条）的数量比上一阶段增加了很多，所以表现为图 7.26（a）中 D 点处平均位错密度的下降。由图 7.26（e）所示的位错密度分布可以看出，新动态再结晶晶粒（对应图 7.26（e）中的低位错密度条）的数量较上一阶段少，所以表现为图 7.26（a）中 E 点处平均位错密度的上升。由图 7.27（f）所示的位错密度分布可以看出，此时的新动态再结晶晶粒（图 7.26（d）中的低位错密度条）的数量较 E 点多，所以 F 点的平均位错密度值较 E 点处的低。正是这种动态再结晶软化与加工硬化的竞争作用才使得稳态再结晶阶段时的平均位错密度出现了波动。

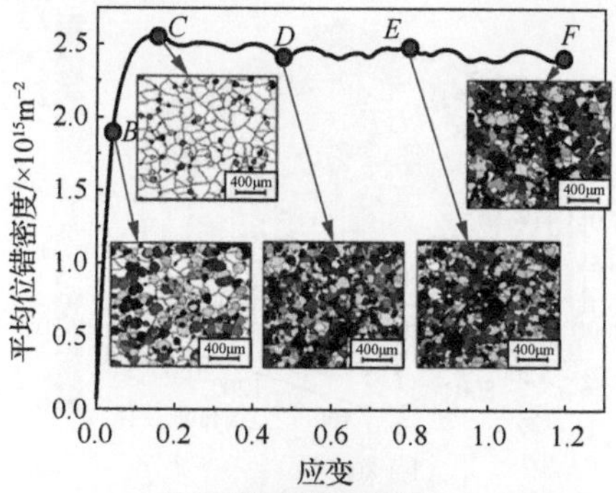

（a）平均位错密度演变

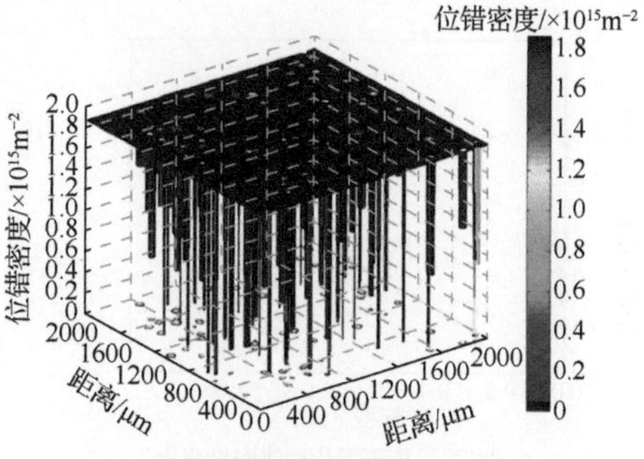

（b）图(a)中B点处的位错密度分布

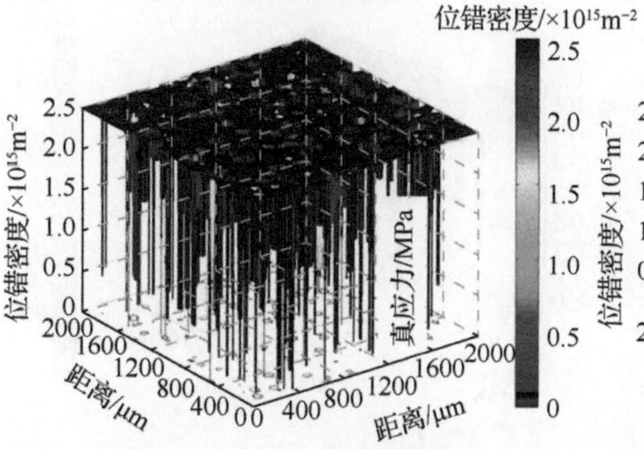

（c）图(a)中C点处的位错密度分布

（d）图(a)中D点处的位错密度分布

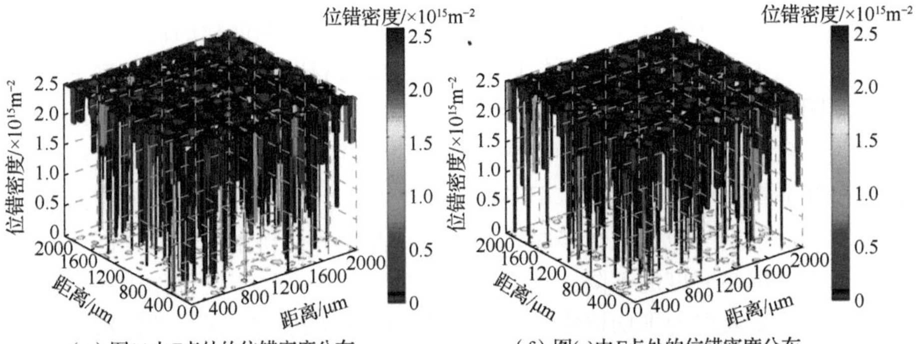

（e）图(a)中E点处的位错密度分布　　（f）图(a)中F点处的位错密度分布

图 7.26　元胞自动机模拟的 NiTi 形状记忆合金在变形温度为 800℃和应变速率为 $0.1s^{-1}$ 条件下的位错密度演化和分布[29]

图中低位错密度条表示新生成的再结晶晶粒

图 7.27 为元胞自动机模拟得到的 NiTi 形状记忆合金在不同变形温度下的位错密度演化和分布情况，此时应变速率为 $0.1s^{-1}$。另外，图 7.27（b）、图 7.27（c）和图 7.27（d）为 1.2 塑性应变值对应的位错密度分布。由图 7.27（a）可以看出，在应变速率一定的条件下，平均位错密度随着变形温度的升高而降低，在较高温度变形时，平均位错密度曲线出现明显的波动，且随着变形温度的下降，波动明显

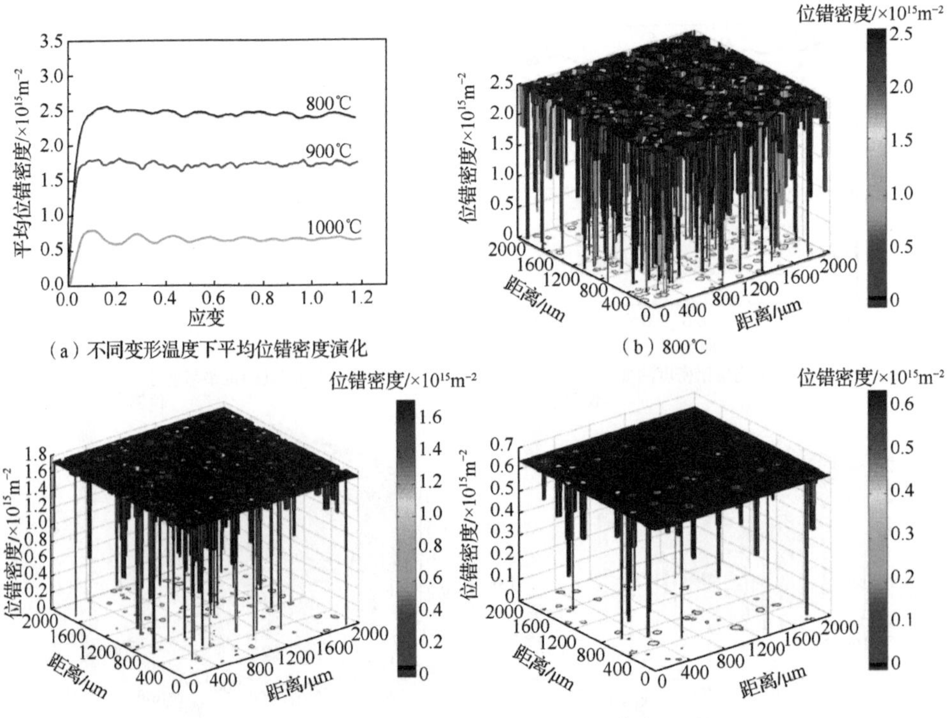

（a）不同变形温度下平均位错密度演化　　（b）800℃

（c）900℃　　（d）1000℃

图 7.27　元胞自动机模拟得到的 NiTi 形状记忆合金在不同变形温度下的位错密度演化和分布情况[29]

减小。图 7.27（b）、图 7.27（c）和图 7.27（d）分别对应图 7.27（a）中 800℃、900℃和 1000℃变形结束时的位错密度分布。从该图中可以看出，随着变形温度的升高，新生成的再结晶晶粒数量均明显降低，这表明动态再结晶更新速率在减小。

图 7.28 为元胞自动机模拟得到的 NiTi 形状记忆合金在不同应变速率下的位错密度演化和分布情况，此时变形温度为 800℃。由图 7.28（a）可以看出，在变形温度不变的条件下，平均位错密度随着应变速率的升高而增大，在较低应变速率变形时，位错密度曲线出现了明显的波动，且随着应变速率的增大，波动明显减小。图 7.28（b）、图 7.28（c）和图 7.28（d）分别对应图 7.28（a）中应变速率为 $0.01s^{-1}$、$0.1s^{-1}$ 和 $1s^{-1}$ 变形结束时的位错密度分布。从该图中可以看出，随着应变速率的升高，新生成的再结晶晶粒数量明显增多，说明动态再结晶更新速率增大。

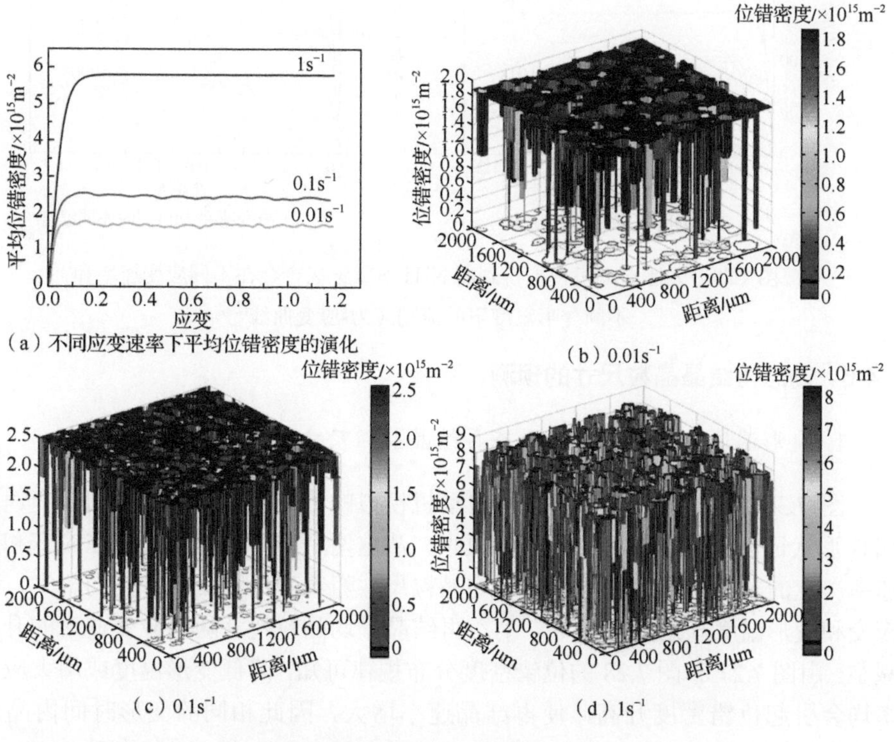

（a）不同应变速率下平均位错密度的演化　（b）$0.01s^{-1}$

（c）$0.1s^{-1}$　（d）$1s^{-1}$

图 7.28　元胞自动机模拟得到的 NiTi 形状记忆合金在不同应变速率下的位错密度演化和分布情况[29]

当应变速率小或变形温度高时，位错密度增加速率小，动态再结晶速度慢，使得动态再结晶软化与加工硬化交替进行，因而平均位错密度出现了明显的波动；而在相反情况下，当应变速率高或变形温度低时，因位错密度增加速率大，动态再结晶速率也增大，在某些微观区域位错增殖而发生加工硬化，而另一些微观区域则发生动态再结晶而软化，在宏观体积内达到平衡而趋于稳态流动。

7.4.5　流动应力的预测

图 7.29 为元胞自动机模拟得到的 NiTi 形状记忆合金在不同应变速率和不同温度下的流动应力-应变曲线。从该图中可以看出，流动应力随着应变速率的增大而升高，随着变形温度的升高而降低。尤其在低应变速率或较高温度下变形时，应力-应变曲线都出现了一个明显的波动，其波动机理与图 7.27 和图 7.28 中的位错密度波动相同。

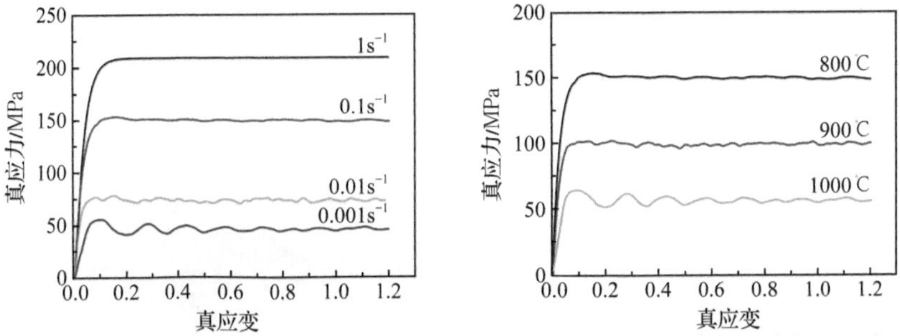

（a）温度为800℃时不同应变速率　　（b）应变速率为$0.1s^{-1}$时不同温度

图 7.29　元胞自动机模拟得到的 NiTi 形状记忆合金在不同应变速率和不同变形温度下的流动应力-应变曲线[29]

7.4.6　动态再结晶晶粒尺寸的预测

1. 变形温度和应变速率对动态再结晶晶粒尺寸的影响

图 7.30 和图 7.31 分别为元胞自动机模拟的不同变形温度和不同应变速率下 NiTi 形状记忆合金动态再结晶显微组织。从这两个图中可以看出，在应变和应变速率一定的条件下，动态再结晶平均晶粒尺寸随着变形温度的升高而增大，而在应变和变形温度一定的条件下，动态再结晶平均晶粒尺寸随着应变速率的升高而减小。由图 7.27 和图 7.28 的位错密度分布规律可知，降低变形温度或增大应变速率均会引起位错密度升高，使再结晶速率增大，因此相同的变形时间内晶粒更新次数多，晶粒得到细化。上述规律还可以由如下推论来证明。将式（7.8）代入式（7.14）可得

$$(2r_{\mathrm{d}})^{n'} = \frac{K}{\alpha' b^{1-n'}\sqrt{\bar{\rho}}} \tag{7.35}$$

由式（7.35）可以看出，动态再结晶晶粒直径 $2r_{\mathrm{d}}$ 与平均位错密度 $\bar{\rho}$ 是呈单调递减关系的。当变形温度升高时，平均位错密度 $\bar{\rho}$ 下降，而当应变速率升高时，平均位错密度 $\bar{\rho}$ 升高，因此必然导致上述结果的出现。

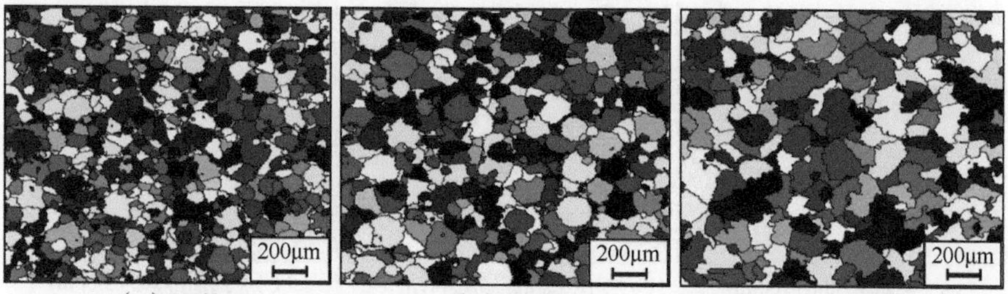

（a）800℃　　（b）900℃　　（c）1000℃

图 7.30　元胞自动机模拟的不同变形温度下 NiTi 形状记忆合金动态再结晶显微组织（应变为 1.2，应变速率为 $0.1s^{-1}$）[29]

（a）$0.01s^{-1}$　　（b）$0.1s^{-1}$　　（c）$1s^{-1}$

图 7.31　元胞自动机模拟的不同应变速率下 NiTi 形状记忆合金动态再结晶显微组织（应变为 1.2，温度为 800℃）[29]

2. 初始晶粒尺寸对动态再结晶晶粒尺寸的影响

为了采用元胞自动机模拟研究不同初始晶粒尺寸对动态再结晶晶粒尺寸的影响，选择了三种具有不同平均晶粒尺寸（d_0）的初始显微组织，分别对应图 7.32（a）、图 7.32（c）和图 7.32（e），其平均晶粒尺寸分别为 100μm、200μm 和 300μm，模拟温度为 800℃，应变速率为 $0.1s^{-1}$，应变为 1.2。图 7.32（b）、图 7.32（d）和图 7.32（f）为分别对应图 7.32（a）、图 7.32（c）和图 7.32（e）的动态再结晶显微组织，它们的稳态平均晶粒尺寸 d 分别为 27.5μm、28μm 和 27.5μm。可以发现，对于三种具有不同平均晶粒尺寸的初始显微组织，其动态再结晶组织却几乎相同，并且计算所得的稳态平均晶粒尺寸也相差无几，它们之间存在的微小差别是由于模型在形核和长大过程的计算中多处采用随机性规则引起的。因此可以得出结论，在一定的变形条件下，动态再结晶稳态平均晶粒尺寸与初始晶粒的大小无关。此结论与 Roberts 等[30]和李龙飞等[31]观察到的试验结果是相吻合的。该结论还可以通过以下推导进行证明。

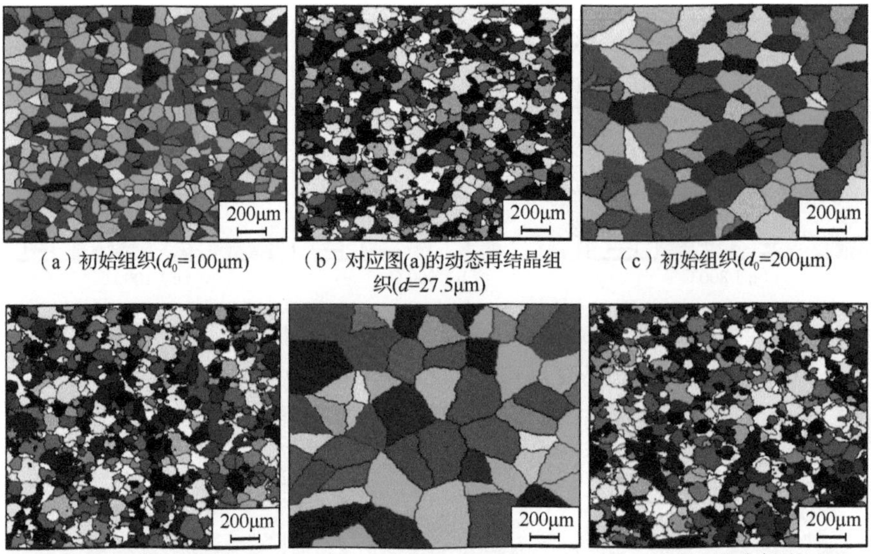

（a）初始组织(d_0=100μm)　（b）对应图(a)的动态再结晶组织(d=27.5μm)　（c）初始组织(d_0=200μm)

（d）对应图(c)的动态再结晶组织(d=28μm)　（e）初始组织(d_0=300μm)　（f）对应图(e)的动态再结晶组织(d=27.5μm)

图 7.32　在具有不同平均晶粒尺寸的初始显微组织上形成的动态再结晶显微组织[29]

由式（7.14）可知，动态再结晶晶粒半径r_{d}与稳态下的流动应力σ存在一定的关系，而稳态下的流动应力σ又可以由式（7.8）求得。通常情况下，还可以用 Zener-Hollomon 参数来表示应变速率和变形温度综合作用对高温变形时材料流动应力的影响，即

$$Z = \dot{\varepsilon}\exp(\frac{Q_{\mathrm{act}}}{RT}) \tag{7.36}$$

将式（7.11）代入式（7.36），则 Zener-Hollomon 参数表示如下：

$$Z = A_0\left(\sinh(\alpha\sigma)\right)^n \tag{7.37}$$

由式（7.37）进行数学变换，则可求得稳态下的流动应力σ为

$$\sigma = \frac{1}{\alpha}\cdot\operatorname{arcsinh}\left(\left(\frac{Z}{A_0}\right)^{\frac{1}{n}}\right) \tag{7.38}$$

将式（7.14）和式（7.38）联立，则动态再结晶晶粒半径r_{d}可表示为

$$r_{\mathrm{d}} = \frac{b}{2}\cdot(\alpha GK)^{\frac{1}{n'}}\cdot\left(\operatorname{arcsinh}\left(\left(\frac{Z}{A_0}\right)^{\frac{1}{n}}\right)\right)^{-\frac{1}{n'}} \tag{7.39}$$

由于参数b、α、K、n、n'和A_0均为材料常数，r_{d}只由剪切模量G和 Zener-Hollomon 参数来决定。而这两个参数都是只与温度T和应变速率$\dot{\varepsilon}$相关的，

因而当变形温度 T 和应变速率 $\dot{\varepsilon}$ 一定时，动态再结晶晶粒尺寸与初始晶粒尺寸无关。

参 考 文 献

[1] Beck P A, Sperry P R. Strain induced grain boundary migration in high purity aluminum[J]. Journal of Applied Physics, 1950, 21(2): 150-152.

[2] Drury M, Humphreys F. The development of microstructure in Al-5% Mg during high temperature deformation[J]. Acta Metallurgica, 1986, 34(11): 2259-2271.

[3] 刘红艳, 何宜柱. 元胞自动机模拟及其在金属材料设计中的应用[J]. 安徽工业大学学报, 2001, 18(4): 290-294.

[4] 赵松年. 非线性科学——它的内容、方法和意义[M]. 北京: 科学出版社, 1994.

[5] 赵松年. 元胞自动机和复杂性研究[J]. 物理, 1994, 23(9): 566-570.

[6] 何宜柱, 余亮, 陈大宏, 等. 元胞自动机仿真技术[J]. 华东冶金学院学报, 1998, 15(4): 308-313.

[7] 邓章铭, 周浪. 元胞自动机模型方法及其在材料组织结构模拟中的应用[J]. 材料科学与工程. 2000, 18(3): 123-129.

[8] 陈飞. 热锻非连续变形过程微观组织演变的元胞自动机模拟[D]. 上海: 上海交通大学, 2012.

[9] 周成虎, 孙战利, 谢一春. 地理元胞自动机研究[M]. 北京: 科学出版社, 2001.

[10] Chopard B，Michel D. 物理系统的元胞自动机模拟[M]. 祝玉学, 赵学龙, 译. 北京: 清华大学出版社, 2003.

[11] Ding R, Guo Z X. Microstructural modelling of dynamic recrystallisation using an extended cellular automaton approach[J]. Computational Materials Science, 2002, 23(1-4): 209-218.

[12] Kugler G, Turk R. Modeling the dynamic recrystallization under multi-stage hot deformation[J]. Acta Materialia, 2004, 52(15): 4659-4668.

[13] del Valle J A , Romero R, Picasso A C. Stress saturation in a nickel-base superalloy, under different aging treatments[J]. Materials Science and Engineering A, 2001, 319-321: 643-646.

[14] Peczak P, Landau D P. Dynamical critical behavior of the three-dimensional Heisenberg model[J]. Physical Review B, 1993, 47(21): 14260-14266.

[15] Peczak P, Luton M J. A Monte Carlo study of the influence of dynamic recovery on dynamic recrystallization[J]. Acta Metallurgica et Materialia. 1993, 41(1): 59-71.

[16] Raabe D. Computational materials science—the simulation of materials microstructures and properties[M]. New York: Wiley-VCH, 1998.

[17] Sakai T, Akben M G, Jonas J J. Dynamic recrystallization during the transient deformation of a vanadium microalloyed steel[J]. Acta Metallurgica, 1983, 31(4): 631-641.

[18] Ding R, Guo Z X. Coupled quantitative simulation of microstructure evolution and plastic flow during dynamic recrystallization[J]. Acta Materialia, 2001, 49(16): 3163-3175.

[19] Mcqueen H J, Ryan N D. Constitutive analysis in hot working[J]. Materials Science and Engineering A, 2005, 322(1-2): 43-63.

[20] Jin Z, Cui Z. Investigation on dynamic recrystallization using a modified cellular automaton[J]. Computational Materials Science, 2012, 63: 249-255.

[21] Derby B. Dynamic recrystallization: The steady state grain size[J]. Scripta Metallurgica et Materialia, 1992, 27(11): 1581-1585.

[22] Sandstorm R, Lagneborg R. A model for hot working occurring by recrystallization[J]. Acta Metallurgica, 1975, 23(3): 387-398.

[23] Roberts W, Ahlblom B. A nucleation criterion for dynamic recrystallization during hot working[J]. Acta Metallurgica, 1978, 26(5): 801-813.

[24] Skrotzki B, Rudolf T, Eggeler G, et al. Microstructural evidence for dynamic recrystallization during creep of a duplex near-γ TiAl-alloy[J]. Scripta Materialia, 1998, 39(11): 1545-1551.

[25] Ding R, Guo Z X. Microstructural evolution of a Ti-6Al-4V alloy during β-phase processing: Experimental and simulative investigations[J]. Materials Science and Engineering A, 2004, 365(1-2): 172-179.

[26] Yazdipour N, Davies C H J, Hodgson P D. Microstructural modeling of dynamic recrystallization using irregular cellular automata[J]. Computational Materials Science, 2008, 44: 566-577.

[27] Chen F, Cui Z, Liu J, et al. Mesoscale simulation of the high-temperature austenitizing and dynamic recrystallization by coupling a cellular automaton with a topology deformation technique[J]. Materials Science and Engineering A, 2010, 527(21-22): 5539-5549.

[28] Liu L, Wu Y, Ahamd A S. A novel simulation of continuous dynamic recrystallization process for 2219 aluminium alloy using cellular automata technique[J]. Materials Science & Engineering A, 2021, 815: 141256.

[29] Zhang Y Q, Jiang S Y, Liang Y L, et al. Simulation of dynamic recrystallization of NiTi shape memory alloy during hot compression deformation based on cellular automaton[J]. Computational Materials Science, 2013, 71: 124-134.

[30] Roberts W, Boden H, Ahlbom B. Dynamic recystallization kinetics[J]. Metal Science, 1979, 13(3-4): 195-205.

[31] 李龙飞, 杨王玥, 孙祖庆. 初始晶粒尺寸对低碳钢中铁素体动态再结晶的影响[J]. 金属学报, 2004, 40(2): 141-147.

第8章　金属塑性变形离散位错动力学模拟

8.1　位错的起源与增殖

位错作为金属晶体中的一种重要缺陷，它不仅影响金属的一些物理性质，而且还显著影响金属的力学性能，因而研究位错的起源和增殖具有重要的意义。通常而言，除了金属晶须和金属纳米线外，几乎所有金属晶体中都会存在位错。即使在经历过良好退火的金属晶体中，虽然在接近其熔点的温度下长时间加热能使其位错密度减小到较低值，但其位错密度仍可高达 $10^{10}m^{-2}$。在熔体中生长出来的晶体或通过应变退火技术制备的晶体中，就会达到类似的位错密度。当退火后的金属晶体发生塑性变形时，位错会快速增殖，而且位错密度也随着应变的增加而递增。经历过大量塑性变形的金属晶体中的位错密度通常在 10^{14}～$10^{16}m^{-2}$ 范围内。在变形初期，位错运动趋向于发生在一组平行的滑移面内。随后，滑移发生在其他滑移系中，并且在不同滑移系中运动的位错相互作用。位错的快速增殖也导致了材料的加工硬化。另外，从能量角度而言，金属晶体中引入位错必然会导致金属自由能的增加。

8.1.1　位错起源

1. 新生长晶体中的位错

由于金属晶体在生长过程中很容易引入位错，因此很难生长出具有低位错密度的晶体。在新生长的晶体中，有两个主要的位错来源。第一个位错来源是籽晶或其他作为晶体生长起始位置的表面中的位错或其他缺陷，籽晶中的任何位错，如果与新生长出来的籽晶表面相交，其将会延伸到正在生长的晶体中。第二个位错来源是发生在晶体生长过程中的“意外”形核。该位错来源的主要机制有如下三种：①由杂质颗粒产生的内应力以及热收缩等引起的位错非均质形核；②生长界面不同部分的撞击；③由空位片层塌陷造成的位错环的形成及其随后的运动。

当晶体的邻近区域被杂质颗粒约束而无法改变其体积时，就会产生很高的局部内应力。这可能是由于热梯度、成分或晶格结构的变化所导致的相邻区域的扩张或收缩量不同而引起的。另一个影响是生长中的晶体在容器内壁上的附着。当局部内应力达到一定临界值时，位错开始形核。如果上述现象发生在高温条件下，所产生的位错将通过攀移而重新排列。需要注意的是，在常规的实验室条件下，很可能因发生孤立振动而影响晶体的生长过程，从而产生额外的随机应力效应。

在晶体生长界面中，两个相邻的树突合并过程中发生碰撞会形成位错。因此，这两个树突可能会不在一条线上或在其表面留下生长台阶，从而导致它们无法完全匹配而在界面上形成位错。在具有相同取向而晶格参数不同的晶体之间的界面上也会形成位错。界面上的原子会调整其位置而形成好的和坏的原子排列区，后者称为错配位错（mismatch dislocation）。这些位错是沉淀和外延生长等固态现象的共同特征。

由空位片层的坍塌而形成的位错环机制如下：当晶体从接近熔点的温度迅速冷却时，高温平衡的空位浓度保持在过饱和状态，此时空位可以通过沉淀而形成位错环。这个过程需要一个临界过饱和度。这一现象已经通过试验得到了证明，在淬火试样中，晶粒中心由于有足够的过饱和空位而形成位错环，但在晶界附近却没有发现位错环，这是因为空位向晶界的迁移导致了此处过饱和度的降低。熔体的凝固涉及液-固体界面的移动，而固体中通常又会存在明显的温度梯度。在界面的正下方，固体的温度与熔点非常接近，空位的平衡浓度将很高。如果这个区域以足够快的速度冷却，高密度的空位将被保留下来，当过饱和度大于临界过饱和度时，便会形成位错环。关于上述机制的猜测主要是围绕空位过饱和度是否足够大。当冷却速度较慢时，由于空位密度低，是不可能形成位错环的。然而，在移动界面下方的固相中产生的任何位错环都会由于空位向位错环的扩散而以攀移的方式进行扩展。与界面呈大角度夹角的位错环最终可能会与界面相交，以这种方式形成的两个交点将作为位错向新晶体中增殖的位置点。

2. 位错的均匀形核

当位错在没有任何缺陷的金属晶体区域内产生时，其形核过程称为均匀形核（homogeneous nucleation）。因为需要非常大的应力，这种形核方式只能发生在极端条件下。1953 年，Cottrel 提出了估算该应力值的方法[1]。他假设在外加分切应力 τ 作用的晶体中，滑移是通过滑移面上产生的半径为 r 、Burgers 矢量大小为 b 的小位错环来实现的，则晶体弹性能 E 的增加为

$$E = \frac{Gb^2 r}{2(1-\nu)}\left(1-\frac{\nu}{2}\right)\ln\left(\frac{2r}{r_0}\right) \tag{8.1}$$

式中，G 为剪切模量；ν 为泊松比。另外，外加应力所做的功为 $\pi r^2 \tau b$ 。因此，由于位错环的形成而导致的能量增量为

$$E = \frac{1}{2}Gb^2 r\ln\left(\frac{2r}{r_0}\right) - \pi r^2 \tau b \tag{8.2}$$

为了简化计算，式（8.1）中的 ν 取值为 0。当半径 r 减小时，能量随之增加，并在临界半径 r_c 时 $\mathrm{d}E/\mathrm{d}r = 0$ ，此时能量达到最大值，而后随着半径 r 的增加，能量

减小。对式（8.2）取微分，可得 r_c 满足如下关系式：

$$r_c = \frac{Gb}{4\pi\tau}\left(\ln\left(\frac{2r_c}{r_0}\right)+1\right) \tag{8.3}$$

同时，能量最大值为

$$E_c = \frac{1}{4}Gb^2 r_c\left(\ln\left(\frac{2r_c}{r_0}\right)-1\right) \tag{8.4}$$

如果位错环至少达到临界半径 r_c，它将形成一个稳定位错核，并将在外加应力下生长，式（8.4）中 E_c 则是这一过程的激活能。

在没有能量热波动的情况下，只有当 $E_c = 0$，即 $\ln(2r_c/r_0)=1$ 或 $r_c = 1.36r_0$ 时位错才能形核，由式（8.3）可知，此时所需的应力为

$$\tau = Gb/2\pi r_c \approx G/10 \tag{8.5}$$

在屈服应力 $\tau \approx G/1000$ 的更为实际的上限条件下，由式（8.3）可得出 $r_c \approx 500b$，其中 r_0 取值为 $2b$。对于这个尺寸的临界核心，由式（8.4）可得出其临界能量为 $E_c \approx 650Gb^3$，对于典型金属而言，该值约为 3keV。由热波动所提供的能量 E_c 的概率与 $\exp(-E_c/(kT))$ 成正比，其中 k 为 Boltzmann 常数，T 为温度，而室温下又有 $kT = 1/40\text{eV}$，很明显，位错的均匀形核不可能在屈服应力下发生。虽然非均匀材料中的应力集中会将应力提高到局部区域发生塑性流动所需的水平，但塑性流动通常不是由这种应力集中引起的，而是由预先存在的位错的运动和增殖引起的。

3. 应力集中下的位错形核

金属晶体中由球形夹杂物引起的应力集中诱发的位错形核机制如图 8.1 所示。在滑移方向上切应力的作用下，滑移圆柱表面会形成一个小的位错半环。这个小位错半环的刃型位错分量在应力场的作用下从两相界面滑移开，该应力场的强度随距离界面距离的增加而减小。该位错半环平行于滑移柱面轴线的螺型位错分量则在切向力的作用下绕着圆柱表面向相反方向滑移。上述位错运动仅局限于在滑移圆柱面上进行，因为任何其他运动都需要通过攀移才能实现。当位错的两端相交时，它们将湮灭并产生一个位错环。当弹性应变大于零时，这是一个正的棱柱位错环。当位错环沿着滑移柱面的轴向滑移时，便会使材料远离夹杂物而使此处的应变场得到松弛。上述过程可以重复发生，从而产生一系列的位错环。当一个夹杂粒子上存在不同取向的滑移圆柱时，便会产生更加复杂的位错形核模式。

虽然这是一个比较理想的模型，但在局部应力集中区域产生位错的现象是常见的。当夹杂物和沉淀物形状复杂时，相应的应变场和位错分布也会更加复杂，并产生交错排列的位错。当合金中的析出相失去共格时，如果错配度大到足以自

发成核（即激活能为 0 时），则也会产生位错。表面不规则和裂纹等其他应力集中现象也有类似的效应。

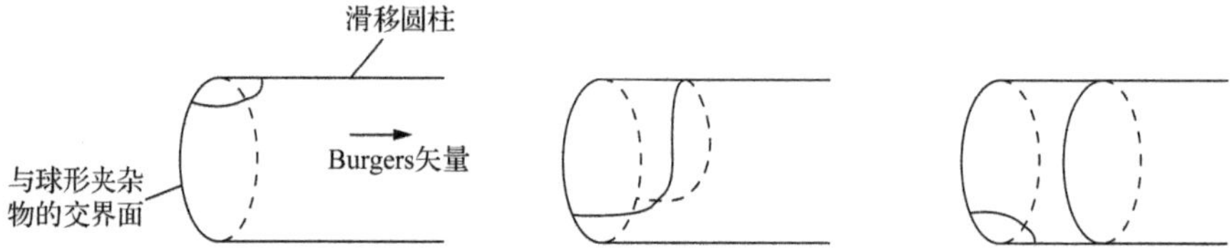

（a）夹杂物表面的小位错半环 （b）位错环围绕滑移圆柱面扩展 （c）棱柱位错环形成

图 8.1 球形夹杂物周围的棱柱位错形成机制（Burgers 矢量平行于圆柱轴线）

4. 晶界位错源

在金属多晶材料的塑性流动过程中，晶粒间的界面（晶界）是位错的一个重要来源。许多研究表明，位错可以从晶界发出，随后很可能在晶内通过多重交滑移过程而增殖。这种位错发出可能涉及几个机制。在小角度晶界中，形成晶界的错位网络片段可以作为 Frank-Read（或 Bardeen-Herring）位错源（dislocation source）。另一个可能的位错源是被晶界结构稳定在无应力状态晶界上的吸附晶格位错。由此而产生的晶界台阶可以在应力作用下提供位错形核点，这是因为形核时晶界面积的减小可以使激活能降低。当位错在晶界处塞积时，由晶粒内部位错源所产生的位错会产生很大的应力集中，从而可以在相对较低的作用应力下触发晶界位错源。晶界迁移过程中在其所经过的晶格内产生位错的现象也已经得到证实。Gleiter 等[2]提出，当一个晶粒以牺牲另一个晶粒为代价而长大时，位错是由于原子在晶界处的意外错误堆垛而形核的。这一过程为以再结晶和相变等方式通过固态生长的晶体提供了位错源。

8.1.2 位错增殖

位错增殖（multiplication of dislocation）是晶体能够产生大塑性应变的主要原因。其中涉及两种重要机制，一种是基于 Frank-Read 位错源的位错增殖，另一种是基于多重交滑移的位错增殖。

1. 基于 Frank-Read 位错源的位错增殖

Frank 和 Read 提出的第一个位错增殖模型是为了解释晶体生长中位错所发挥的作用[3]。在不规则的位错阵列中，一部分位错位于其滑移面上，而另一部分位错则位于其他晶面上，如图 8.2（a）所示。刃型位错 *ABC* 的 *BC* 段位于滑移面 *CEF* 上，且其可以在该滑移面内自由运动。刃型位错 *ABC* 的 *AB* 段则不在该滑移面上，可将其视为一个固定位错。这样 *BC* 段位错的一端将被固定，其只能通过绕 *B* 点旋转来运动。这样该位错将趋向于形成如图 8.2（b）所示的螺型位错。尤其需要注意的是，这段位错每绕 B 点旋转一周，就会使滑移面上方的晶体相对于滑移面下方的晶体产生一个位移 b（b 为 Burgers 矢量大小）。这一过程是可再生的，因为它可以自我重复。因此旋转 N 转将产生 Nb 的位移，从而在晶体表面产生一个较大的滑移台阶，结果绕 B 点旋转会导致位错线总长度增加。因而这个位错增殖模型又称为再生位错增殖[4]。

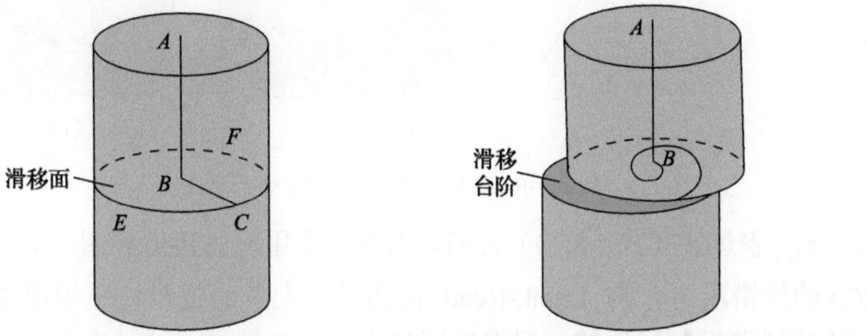

（a）位错BC位于滑移面CEF上　（b）位错BC绕B点旋转形成了滑移台阶和螺型位错

图 8.2　单端固点的 Frank-Read 位错源

著名的 Frank-Read 位错源增殖机制是上述再生位错增殖机制的延伸，其由位错的单端固定转变为位错的两端固定，如图 8.3 所示。AB 位错具有如图 8.3（a）所示的滑移面，即其 Burgers 矢量位于该滑移面内，且两端被一个非特定的障碍所限制，该障碍可能是位错相交点或节点、复合割阶和沉淀相等。作用一个分切应力 τ 后，每单位长度的位错线所受的力为 τb（图 8.3（b）），使该位错线段向外弓出，弓出半径 R 为

$$R = \alpha Gb / \tau \tag{8.6}$$

式中，α 为一个常数。从式（8.6）可以看出，随着 τ 增大，R 将减小，从而使直线 AB 发生弯曲，直到 R 在图 8.3（c）所示的位置时达到最小值，这里的滑移面可以用纸面表示。此时，R 等于 $L/2$，其中 L 是 AB 的长度，当 $\alpha = 0.5$ 时，应力为

$$\tau_{\max} = Gb/L \tag{8.7}$$

当这条位错线在该应力下继续扩展时，R 将增大，从而使位错变得不稳定，因为只有 τ 减小才能满足式（8.6）。位错线的后续扩展情况如图 8.3（d）～图 8.3（f）所示。位错将形成一个很大的肾形环，其中 m 段位错和 n 段位错在相遇时将湮灭，这是因为 m 段位错和 n 段位错在相同的应力作用下向相反的方向运动，它们具有相同的 Burgers 矢量，但方向相反。最终形成一个大的位错环和一个再生的位错 AB，其中外层的位错环将继续扩展，而再生位错 AB 则继续重复上述过程。

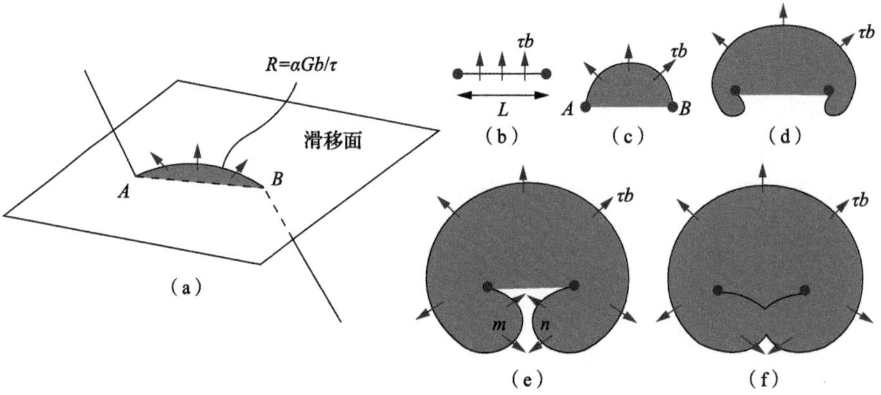

图 8.3　Frank-Read 位错源中位错运动示意图

另外，τ_{max} 表达式（式（8.7））表明，当外加作用应力接近屈服应力时，长度为 $L \simeq 10^4 b$ 的位错段可作为 Frank-Read 位错源。大量的位错增殖很可能是通过 Frank-Read 位错源机制发生的，但根据试验观察到的结果，这其中肯定还有其他位错增殖过程发生。

2. 基于多重交滑移的位错增殖

金属晶体变形早期出现的滑移带变宽可以用一个叫作多重交滑移的过程来解释，其基本原理如图 8.4 所示。*AB* 方向的螺型位错可以通过交滑移运动到与其滑移面平行的另一个滑移面的 *CD* 位置，并在该滑移面上继续扩展。如果主滑移面上的应力相对大一些，则长割阶 *AC* 和 *BD* 可以看作是相对固定的。然而，位于主滑移面的位错段是可以自由扩展的，其上面的每个位错段都可以作为 Frank-Read 位错源进行增殖。在颗粒增强合金中，交滑移位错段也具有类似的机制。当交滑移易于发生时，Frank-Read 位错源可能永远不会完成一个循环，从而在许多平行的滑移面上留下一条由割阶连接的连续错位线。这样，一个单个的位错环很可能以从一个平面到另一个平面的方式实现扩展和增殖，从而形成一个较宽的滑移带。相比于简单的 Frank-Read 位错源增殖，多重交滑移是一种更有效的增殖机制，因为它会导致更快的增殖。

3. 位错攀移增殖

位错攀移增殖主要涉及两个机制，一个是棱柱位错环的扩展，另一个是螺型位错的旋转。基于 Bardeen-Herring 位错源的位错增殖机制就是以攀移的方式实现的，其基本原理与图 8.3 所示的基于 Frank-Read 位错源的位错增殖机制类似。假定图 8.3 中的位错线 *AB* 是一个 Burgers 矢量垂直于图 8.3（b）～图 8.3（f）中纸面的刃型位错，即图 8.3（a）所示的平面不是 *AB* 的滑移面，而是包含其额外的半原子面的平面。如果位错线 AB 在 A 点和 B 点固定，当空位浓度较高时，则位错将会由于化学力的作用而发生攀移。如果该攀移过程能够形成再生位错而实现位错增殖，其必须满足两个条件，一个是要满足 Frank-Read 位错源的基本条件，另一个是要满足一个附加条件，锚点 A 和 B 必须是具有螺型位错特征的位错端点。如果不满足这两个条件，则位错源经历一个循环后（图 8.3（e）），额外的半原子平面将会被移除，而不会沿 AB 方向产生一个新位错。

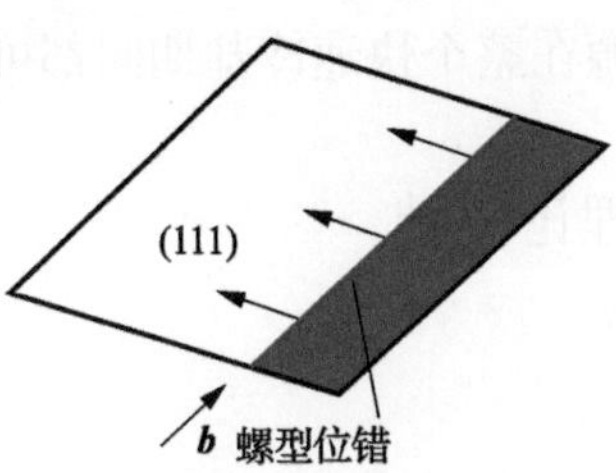

（a）一条螺型位错在其滑移面上滑移

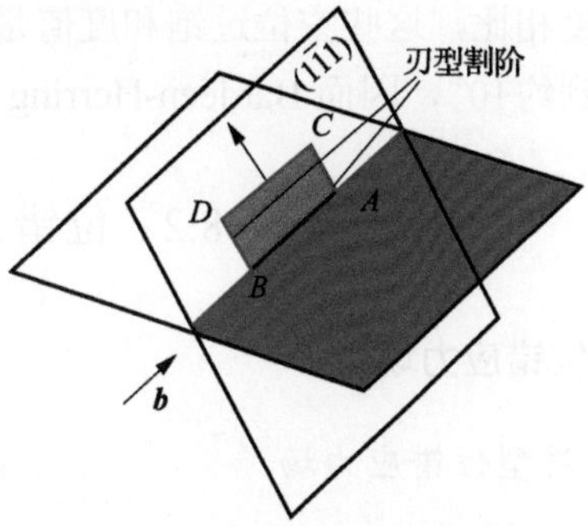

（b）与其他位错相遇形成割阶

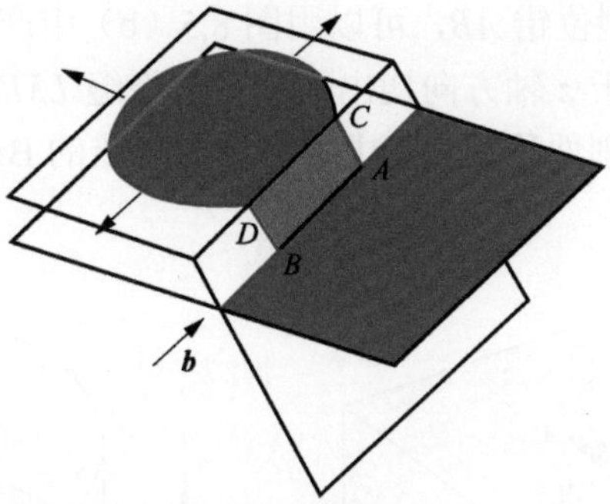

（c）交滑移到与其滑移面平行的另一个滑移面上继续滑移

图 8.4　多重交滑移位错增殖机制

对于因滑移而弓出的位错线，施加切应力所做的功平衡了线能量的增加。类似地，对于通过攀移而发生的位错弓出，线能量的增加被用于点缺陷的损失或产生而获得的能量平衡掉了。因此，在通过攀移而产生曲率半径为 R 的位错环时，单位长度所需的化学力为

$$f = \frac{\boldsymbol{b}kT}{V}\ln\left(\frac{c}{c_0}\right) = \frac{\alpha G\boldsymbol{b}^2}{R} \tag{8.8}$$

式中，V 为单位原子的体积；c_0 为无应力晶体内空位平衡浓度；c 为晶体内存在位错时的空位平衡浓度。通过与 Frank-Read 位错源的类比分析发现，驱动一个长

度为 L 的 Bardeen-Herring 位错源所需的临界空位过饱和度为

$$\ln\left(\frac{c}{c_0}\right)=\frac{2\alpha GbV}{LkT} \tag{8.9}$$

式中，$\alpha \simeq 0.5$。如果对于一典型金属，$V=b^3$，$Gb^3=5\text{eV}$。当 $T=600\text{K}$，$kT\simeq 0.05\text{eV}$ 时，通过式（8.9）可以得到 $\ln(c/c_0)\simeq 100b/L$。因此可以得出，当 $L=10^3 b$ 时，$c/c_0=1.11$；当 $L=10^4 b$ 时，$c/c_0=1.01$。与快速淬火金属中的空位过饱和度相比，这些空位过饱和度值是很小的，因为快速冷却淬火时，c/c_0 的值可以达到约 10^4，因而 Bardeen-Herring 位错源在整个快速冷却期间都可发生。

8.2 位错力学理论基础

8.2.1 位错应力场

1. 螺型位错应力场

无限长直线位错周围的弹性畸变可以用一个弹性材料制成的圆筒来表示。如图 8.5（a）所示的螺型位错 *AB*，可以用图 8.5（b）中产生相似畸变的弹性圆筒来表示。在圆筒上平行于 z 轴方向切出一个径向裂缝 *LMNO*，并将切出的表面进行一个距离为 b 的相对刚性移动，其中 b 为螺型位错的 Burgers 矢量大小，方向为 z 轴方向。

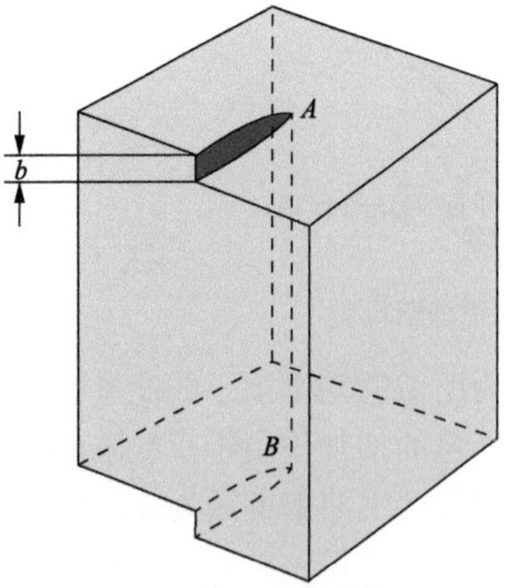

（a）晶体中形成的螺型位错*AB*

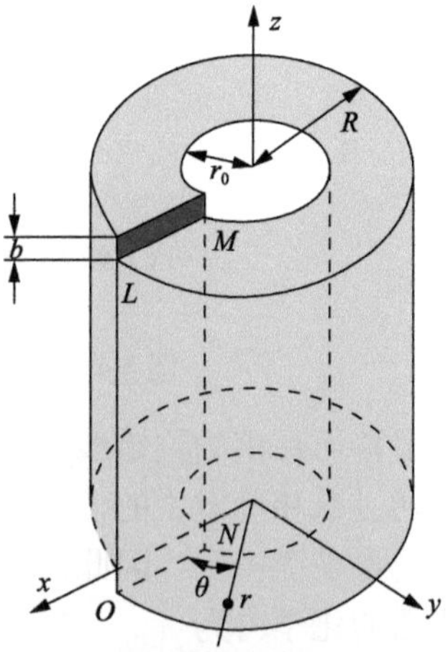

（b）弹性畸变圆筒以用来类比图(a)中由螺型位错造成的畸变场

图 8.5 螺型位错形成的应力场模型

可以发现，在发生错移的弹性圆筒内，存在着一个弹性场。首先，可以注意到，在 x 方向和 y 方向没有发生位移，即

$$u_x = u_y = 0 \tag{8.10}$$

其次，随着 θ 由 0 增加到 2π，z 方向的位移由 0 均匀增加到 b，即

$$u_z = \frac{b\theta}{2\pi} = \frac{b}{2\pi}\arctan\left(y/x\right) \tag{8.11}$$

结果，九个应变分量为

$$\begin{cases} \varepsilon_{xx} = \varepsilon_{yy} = \varepsilon_{zz} = \varepsilon_{xy} = \varepsilon_{yx} = 0 \\ \varepsilon_{xz} = \varepsilon_{zx} = -\dfrac{b}{4\pi}\dfrac{y}{x^2+y^2} = -\dfrac{b}{4\pi}\dfrac{\sin\theta}{r} \\ \varepsilon_{yz} = \varepsilon_{zy} = \dfrac{b}{4\pi}\dfrac{x}{x^2+y^2} = \dfrac{b}{4\pi}\dfrac{\cos\theta}{r} \end{cases} \tag{8.12}$$

由于线弹性应力与应变之间的关系满足 Hooke 定律，即应力分量与相应的应变分量呈线性关系，对于各向同性固体，只需要两个比例常数 G 和 λ，则有

$$\begin{cases} \sigma_{xx} = 2G\varepsilon_{xx} + \lambda(\varepsilon_{xx}+\varepsilon_{yy}+\varepsilon_{zz}) \\ \sigma_{yy} = 2G\varepsilon_{yy} + \lambda(\varepsilon_{xx}+\varepsilon_{yy}+\varepsilon_{zz}) \\ \sigma_{zz} = 2G\varepsilon_{zz} + \lambda(\varepsilon_{xx}+\varepsilon_{yy}+\varepsilon_{zz}) \\ \sigma_{xy} = 2G\varepsilon_{xy} \\ \sigma_{yz} = 2G\varepsilon_{yz} \\ \sigma_{zx} = 2G\varepsilon_{zx} \end{cases} \tag{8.13}$$

由式（8.12）和式（8.13）可得应力分量为

$$\begin{cases} \sigma_{xx} = \sigma_{yy} = \sigma_{zz} = \sigma_{xy} = \sigma_{yx} = 0 \\ \sigma_{xz} = \sigma_{zx} = -\dfrac{Gb}{2\pi}\dfrac{y}{x^2+y^2} = -\dfrac{Gb}{2\pi}\dfrac{\sin\theta}{r} \\ \sigma_{yz} = \sigma_{zy} = \dfrac{Gb}{2\pi}\dfrac{x}{x^2+y^2} = \dfrac{Gb}{2\pi}\dfrac{\cos\theta}{r} \end{cases} \tag{8.14}$$

圆柱坐标系下的分量可以采用更为简单的形式来表达，即

$$\begin{cases} \sigma_{rz} = \sigma_{xz}\cos\theta + \sigma_{yz}\sin\theta \\ \sigma_{\theta z} = -\sigma_{xz}\sin\theta + \sigma_{yz}\cos\theta \end{cases} \tag{8.15}$$

同样，该式也可以应用于剪应变，结果只剩下了非零分量，即

$$\begin{cases} \varepsilon_{\theta z} = \varepsilon_{z\theta} = \dfrac{b}{4\pi r} \\ \sigma_{\theta z} = \sigma_{z\theta} = \dfrac{Gb}{2\pi r} \end{cases} \tag{8.16}$$

通过式（8.16）可以看出，应变场和应力场都表现出了完全的径向对称，并且裂

缝可以在任意 θ 为常数的径向平面上切出。对于一个具有相反符号的位错（即左螺型位错），所有应变场和应力场分量的符号均相反。弹性畸变中不包含拉伸分量或压缩分量，它是由纯剪切应变形成的。$\sigma_{z\theta}$ 作用于具有恒定 θ 值的径向平面上，与 z 轴平行，$\sigma_{\theta z}$ 以一个扭矩的形式作用在与 z 轴垂直的平面上。

应力和应变与 $1/r$ 成比例，因此当 r 趋于 0 时，它们将趋向于无穷大。固体不能承受无穷大的应力，因而图 8.5 中的圆筒是空心的，带有一个半径为 r_0 的孔。当然，实际晶体并不是空心的，所以当接近晶体中的位错中心时，弹性理论失效，必须采用非线性的原子模型。线弹性解不成立的区域称为位错核心（dislocation core）。由式（8.16）可以看出，应力达到了理论极限，且当 $r=b$ 时应变超过了大约 10%。因此，位错核心半径的合理值为 $b\sim 4b$，即在大多数情况下 $r_0 \leqslant 1\,\text{nm}$。

2. *刃型位错应力场*

刃型位错的应力场比螺型位错更加复杂，但可以用同样的方式用一个各向同性的圆筒来表示。如图 8.6（a）所示的刃型位错，可以通过下列方法在圆筒内获得与其相同的弹性应变场，即将裂缝表面沿 x 方向刚性平移距离 b（图 8.6（b））。z 轴方向的位移和应变均为零，该种变形称为平面应变（plane strain）。该应力场的九个分量为

$$\begin{cases} \sigma_{xx} = -Dy\dfrac{3x^2+y^2}{\left(x^2+y^2\right)^2} \\ \sigma_{yy} = Dy\dfrac{x^2-y^2}{\left(x^2+y^2\right)^2} \\ \sigma_{xy} = \sigma_{yx} = Dx\dfrac{x^2-y^2}{\left(x^2+y^2\right)^2} \\ \sigma_{zz} = \nu\left(\sigma_{xx}+\sigma_{yy}\right) \\ \sigma_{xz} = \sigma_{zx} = \sigma_{yz} = \sigma_{zy} = 0 \end{cases} \tag{8.17}$$

式中，

$$D = \frac{Gb}{2\pi(1-\nu)} \tag{8.18}$$

该应力场即具有扩张分量，又具有剪切分量。最大正应力 σ_{xx} 的作用方向与滑移矢量平行。由于可以将滑移面定义为 $y=0$，最大压应力（σ_{xx} 为负值）直接作用在滑移面的上方，而最大拉应力（σ_{xx} 为正值）则直接作用在滑移面的下方。单元体上的等效压力为

$$p = \frac{2}{3}(1+\nu)D\frac{y}{x^2+y^2} \tag{8.19}$$

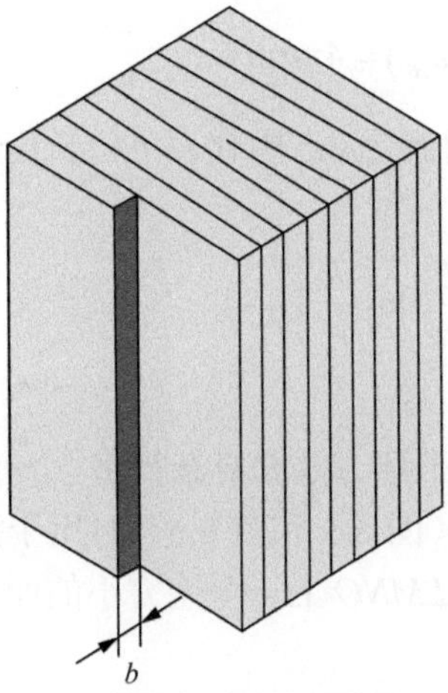

（a）晶体内形成的刃型位错

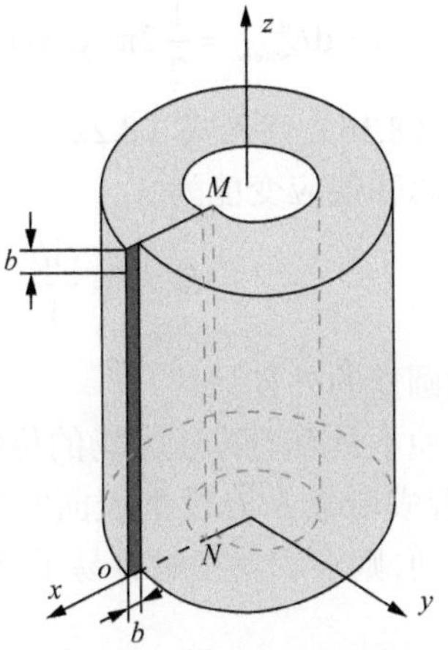

（b）弹性畸变的圆筒以用来类比图(a)中由刃型位错造成的畸变场

图 8.6　刃型位错应力场模型

与螺型位错一样，当位错符号相反时，各分量的符号相反，即负刃型位错的额外半原子面沿 y 轴的负方向排列。同样，应力场的弹性解与到位错轴线的距离成反比，当 x 和 y 趋近于零时，该弹性理论失效。只有当所求点位于位错核心半径 r_0 的外侧时，该理论才成立。

3. 混合位错应力场

混合位错同时具有刃型位错和螺型位错特征，它所引起的弹性应力场可以通过将上述的刃型位错应力场和螺型位错应力场进行叠加得到，其 Burgers 矢量为

$$\boldsymbol{b} = \boldsymbol{b}_1 + \boldsymbol{b}_2 \tag{8.20}$$

式中，$\boldsymbol{b}_1$ 为纯刃型位错的 Burgers 矢量；$\boldsymbol{b}_2$ 为纯螺型位错的 Burgers 矢量。

在各向同性弹性理论中，这两种位错的应力场是相互独立的。

4. 位错应变能

位错的周围存在弹性畸变，这意味着含有位错的晶体并没有处于能量最低的状态。这种额外能量称为位错应变能（strain energy）。总应变能可以分为位错核心能 E^{core} 和弹性应变能 E^{e} 两部分，即

$$E^{\text{total}} = E^{\text{core}} + E^{\text{e}} \tag{8.21}$$

存储在位错核心外面的弹性应变能可以通过每个小单元体能量的积分得到。对于螺型位错而言，计算比较简单，因为根据对称关系可知，合适的单元体就是一个半径为 r、壁厚为 dr 的圆筒，则存储在这个代表单位长度螺型位错的单元体内的弹性应变能为

$$dE^{e}_{screw} = \frac{1}{2} 2\pi r \, dr \left(\sigma_{\theta z} \varepsilon_{\theta z} + \sigma_{z\theta} \varepsilon_{z\theta} \right) = 4\pi r \, dr G \varepsilon_{\theta z}^{2} \tag{8.22}$$

于是，将式（8.16）代入式（8.22），便可以得到图 8.5 中代表单位长度螺型位错的圆筒内的总弹性应变能为

$$E^{e}_{screw} = \frac{Gb^2}{4\pi} \int_{r_0}^{R} \frac{dr}{r} = \frac{Gb^2}{4\pi} \ln\left(\frac{R}{r_0}\right) \tag{8.23}$$

式中，R 为圆筒的外径。

对于其他不具有对称应力场的位错来说，上述方法要复杂得多。一般来说，如果将 E^{el} 看成切缝 $LMNO$ 的表面发生位移 b（图 8.5 和图 8.6）时用于抵抗内部应力所做的功，则求解就相对容易了。对于切缝 $LMNO$ 上一个无穷小的面单元 dA，所做的功为

$$\begin{cases} dE^{e}_{screw} = \dfrac{1}{2} \sigma_{zy} b dA \\ dE^{e}_{edge} = \dfrac{1}{2} \sigma_{xy} b dA \end{cases} \tag{8.24}$$

式中的应力为对应于 $y=0$ 平面上所求的应力值；式中采用系数1/2是因为应力是通过位移过程中由 0 到式（8.14）和式（8.17）所得的最终值计算出来的。面单元是一个平行于 z 轴宽度为 dx 的带，因此单位长度位错上的总应变能为

$$\begin{cases} E^{e}_{screw} = \dfrac{Gb^2}{4\pi} \displaystyle\int_{r_0}^{R} \frac{dx}{x} = \dfrac{Gb^2}{4\pi} \ln\left(\frac{R}{r_0}\right) \\ E^{e}_{edge} = \dfrac{Gb^2}{4\pi(1-\nu)} \displaystyle\int_{r_0}^{R} \frac{dx}{x} = \dfrac{Gb^2}{4\pi(1-\nu)} \ln\left(\frac{R}{r_0}\right) \end{cases} \tag{8.25}$$

式中，螺型位错的结果与式（8.23）相同。严格来说，式（8.25）忽略了位错核心表面 $r=r_0$ 所做功的微小贡献，但是它们在大多数情况下都是很精确的。式（8.25）说明 E^e 与位错核心半径 r_0 和晶体的半径 R 有关，但只是对数相关。E^{e}_{edge} 为 E^{e}_{screw} 的 $1/(1-\nu) \approx 3/2$ 倍。取 R=1mm，r_0=1nm；G=40 GN/m^2 和 b=0.25nm，则刃型位错的弹性应变能将为 4nJ/m，或者每个被位错穿过的原子面的能量约为 1aJ（6eV）。对于含有很多位错的晶体，这些位错所形成的组态很容易导致各个位错的弹性应力场相互重叠而抵消。因而每个位错的能量将下降，合适的 R 值将约等于随机排列的位错间距平均值的一半。

对位错核心能量的估算一定是非常粗略的。然而，所进行的估算表明，每个被位错穿过的原子面的位错核心能量约为 1eV，因而只占弹性应变能的一小部分。但是，与弹性应变能相比，位错核心的能量在位错穿过晶体时将发生变化，从而提高阻碍位错运动的晶格阻力。

弹性理论对于处理位错核心区域外侧位错能量的有效性已经通过原子尺度的

计算机模拟得到了证实。图 8.7 所示为由含有 Burgers 矢量为 $\frac{1}{2}[111]$ 和位错线方向为 $[11\bar{2}]$ 的刃型直线位错的 α 铁原子模型所得到的数据。E^{total} 是位错线穿过的半径为 R 的圆筒内的应变能。该能量相对于 R 按对数变化，如式（8.25）所示，在数值为 0.7nm 的位错核心半径外侧，即 $2.6b$ 处，位错核心能约为 7eV/nm。

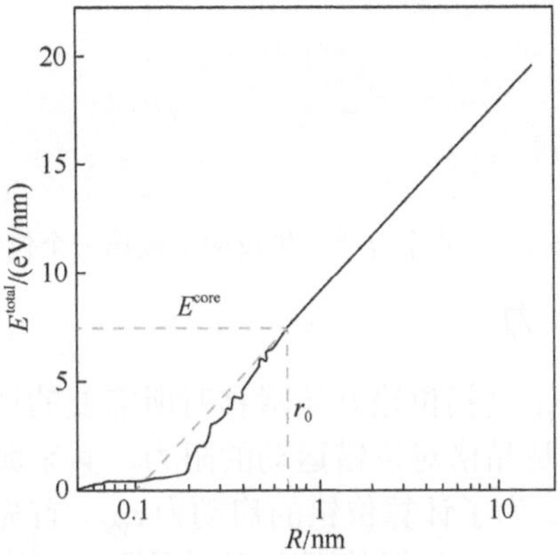

图 8.7　刃型直位错线穿过的半径为 R 的圆筒内的应变能

前面已经提到过混合位错的弹性应变场是其刃型位错应变场和螺型位错应变场的叠加。由于它们之间没有相互作用，因而总的能量只是刃型位错能与螺型位错能的简单相加，只是把 b 分别换成了 $b\sin\theta$ 和 $b\cos\theta$：

$$E_{\text{mixed}}^{\text{e}}=\left(\frac{Gb^2\sin^2\theta}{4\pi(1-\nu)}+\frac{Gb^2\cos^2\theta}{4\pi}\right)\ln\left(\frac{R}{r_0}\right)=\frac{Gb^2\left(1-\nu\cos^2\theta\right)}{4\pi(1-\nu)}\ln\left(\frac{R}{r_0}\right) \tag{8.26}$$

该能量介于刃型位错能与螺型位错能之间。

由刃型位错能、螺型位错能和混合位错能的表达式可以清楚地看出，单位长度位错上的能量对位错类型以及 R 与 b 的值非常敏感。将 R 与 b 取真实值，则所有能量公式均可近似写成

$$E^{\text{e}}=\alpha Gb^2 \tag{8.27}$$

式中，$\alpha\approx0.5\sim1.0$。这样就产生了一个简单的规则（Frank 规则），即通过能量的大小来判断两个位错能否发生反应和结合而形成另一个位错。考虑图 8.8 中的两个 Burgers 矢量分别为 $\boldsymbol{b}_1$ 和 $\boldsymbol{b}_2$ 的位错，让它们相互结合而形成一个 Burgers 矢量为 $\boldsymbol{b}_3$ 的新位错。由式（8.27）可知，单位长度位错上的弹性应变能分别与 $\|\boldsymbol{b}_1\|^2$、$\|\boldsymbol{b}_2\|^2$ 和 $\|\boldsymbol{b}_3\|^2$ 成正比。因此，当 $\|\boldsymbol{b}_1\|^2+\|\boldsymbol{b}_2\|^2>\|\boldsymbol{b}_3\|^2$ 时，两个位错易于发生反应，因为该反应后会使能量降低；当 $\|\boldsymbol{b}_1\|^2+\|\boldsymbol{b}_2\|^2<\|\boldsymbol{b}_3\|^2$ 时，这两个位错不会发生反应，并且

Burgers 矢量为 $\boldsymbol{b}_3$ 的位错倾向于分解为另外两个位错；当 $\|\boldsymbol{b}_1\|^2+\|\boldsymbol{b}_2\|^2=\|\boldsymbol{b}_3\|^2$ 时，没有能量变化。

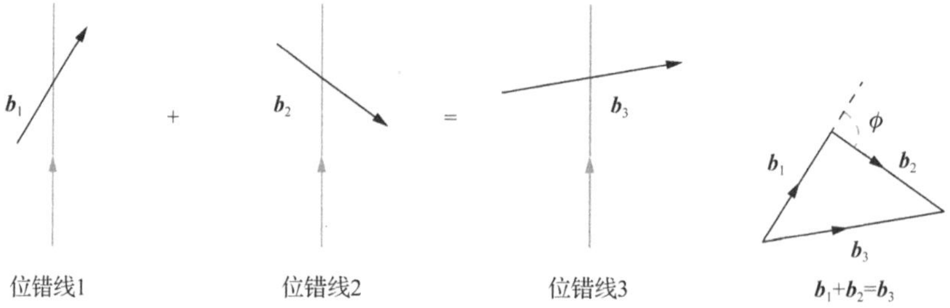

图 8.8　两个位错发生反应生成第三个位错

8.2.2　Peierls-Nabarro 力

Peierls-Nabarro 力 τ_{PN} 是指位错开始滑移时所需要的切应力，也称为位错的启动力。位错的启动力也是晶格对位错运动的阻力，其来源于滑移面的上层原子与下层原子之间的吸引力。为了计算位错的启动力 τ_{PN}，首先需要建立一个形成位错时的原子位移模型，然后再计算滑移面上下两层原子间的势能，即错排能 E_{AB}（A 和 B 分别代表上下层原子面），接着再计算位错线在发生位移时错排能 E_{AB} 的变化。然后将错排能 E_{AB} 对位错的位移进行求导，便可得到位错的启动力 τ_{PN}。具体计算过程如下。

如图 8.9 所示，假设将一个理想的立方晶体沿着其滑移面切割开，令滑移面上方的晶体沿 x 轴正方向发生了 $\dfrac{b}{4}$ 的位移（其中 b 为 x 轴方向上的原子间距），滑移面下方的晶体 x 轴负方向发生了 $\dfrac{b}{4}$ 的位移，则上下两部分晶体的相对位移为 $\dfrac{b}{2}$。位移发生后，垂直滑移面的每列原子面（如图 8.9 中的实线所示）上都会形成一个刃型位错。

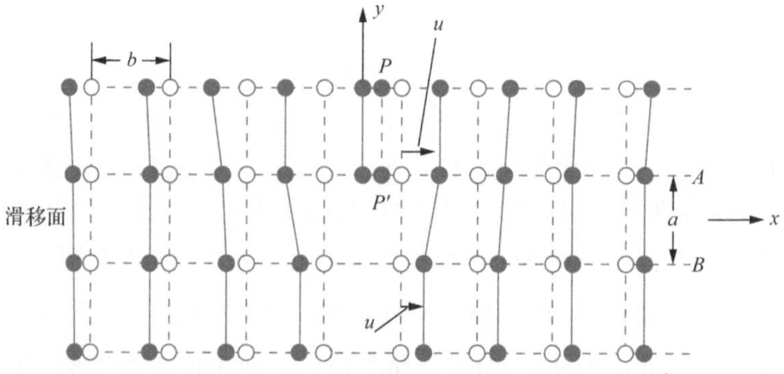

图 8.9　形成刃型位错的位移模型

任意选择一列晶面作为坐标平面（例如 $x=0$ 的平面）。假设该平面不动，其余各列原子面位移到图 8.9 中的虚线处。设坐标平面上方晶体的位移为 $u(x)$，则其下方晶体在该点的位移为 $-u(x)$，上下两部分晶体的相对位移为 $2u(x)$。由图 8.9 可知，$u(x)$ 满足如下关系：当 x=0 时，$u(0)=0$；当 $x>0$ 时，$u(x)<0$；当 $x<0$ 时，$u(x)>0$。结合上述两种位移，可以得到晶体上下两部分的位移分别为 $D_1(x)=\frac{b}{4}+u(x)$ 和 $D_2(x)=-\frac{b}{4}-u(x)$，则这两部分晶体的相对位移 $D(x)$ 为

$$D(x)=D_1(x)-D_2(x)=\frac{b}{2}+2u(x) \tag{8.28}$$

此 $D(x)$ 满足如下条件：$D(\infty)=0$，$D(-\infty)=b$。由此可得，$u(\infty)=-\frac{b}{4}$，$u(-\infty)=\frac{b}{4}$。如果当 x=x_1 时，有 $u(x_1)=\frac{b}{8}$，当 x=x_2 时，有 $u(x_2)=-\frac{b}{8}$，则 $\omega=x_2-x_1$ 可以定义为位错的宽度。由于位移最大值 $|u_{\max}|=\frac{b}{4}$，所以位错宽度 ω 就是位移为最大值 $|u_{\max}|$ 一半时对应的两点间的距离。可以看出，材料的刚度越大，则 ω 越小；材料刚度越小，则 ω 越大。图 8.10 定性地给出了 $u(x)$-x 关系曲线，并给出了 ω 的意义。

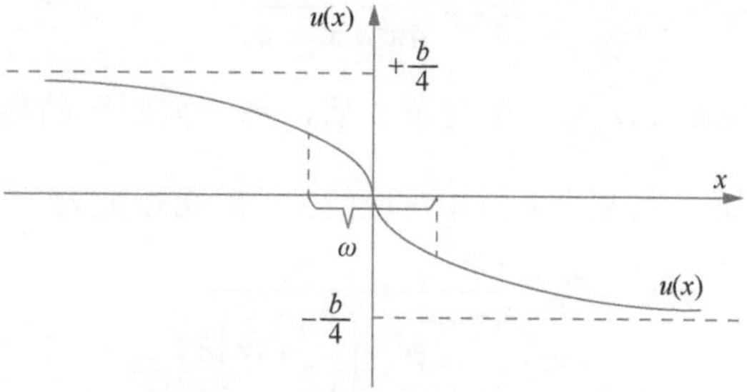

图 8.10　$u(x)$-x 曲线和位错宽度 ω

与计算理想晶体理论强度的方法类似，可以得到

$$\tau_{xy}=\frac{Gb}{2\pi a}\sin\left(\frac{2\pi D}{b}\right)=-\frac{Gb}{2\pi a}\sin\left(\frac{4\pi u}{b}\right) \tag{8.29}$$

式中，a 为滑移面的面间距；τ_{xy} 为使滑移面上下两侧晶体产生 $u(x)$ 位移时所需的剪应力。

将具有 Burgers 矢量 $\boldsymbol{b}$ 的刃型位错看作无数分散的位错，其中位于 $x'\sim x'+\mathrm{d}x'$ 之间的分散位错的 Burgers 矢量为 $b'\mathrm{d}x'=-\left(\frac{\mathrm{d}D}{\mathrm{d}x'}\right)\mathrm{d}x'=-2\left(\frac{\mathrm{d}u}{\mathrm{d}x'}\right)x'$，显然有 $\int_{-\infty}^{\infty}b'\mathrm{d}x'=b$。该分散位错在 x 处产生的应力为

$$\tau_{xy}=\int_{-\infty}^{\infty}\frac{Gb'\mathrm{d}x'}{2\pi(1-\nu)}\frac{1}{x-x'}=-\frac{2G}{2\pi(1-\nu)}\int_{-\infty}^{\infty}\frac{\left(\frac{\mathrm{d}u}{\mathrm{d}x'}\right)\mathrm{d}x'}{x-x'} \tag{8.30}$$

综合式（8.29）和式（8.30），有

$$u(x)=\frac{b}{2\pi}\arctan\left(\frac{x}{\phi}\right),\quad \phi=\frac{a}{2(1-\nu)} \tag{8.31}$$

当 $x=\pm\phi$ 时，$u=\pm\frac{b}{8}$，则 $\omega=2\phi$ 或 $\phi=\frac{\omega}{2}$。

位错的总能量 E^{total} 可以分为三部分，即滑移面上部分晶体的弹性能 E_A、滑移面下部分晶体的弹性能 E_B 和滑移面上下两层原子间的相互作用能（即错排能）E_{AB}，则有 $E^{\text{total}}=E_A+E_B+E_{AB}$。$E_A$ 和 E_B 在位错滑移过程中保持不变，只有 E_{AB} 是变化的，所以只需要计算 E_{AB} 与位错之间的位移关系即可。

首先，按下式求出位错滑移前在 x 处的错排能 E_{AB}^0：

$$E_{AB}^0=\frac{1}{2}\int_0^D\left(\tau_{xy}b\right)\mathrm{d}D \tag{8.32}$$

将式（8.28）、式（8.29）和式（8.31）代入上式，则可得

$$E_{AB}^0=\frac{Gb^3}{4\pi^2 a}\frac{\phi^2}{x^2+\phi^2} \tag{8.33}$$

当位错线滑移 αb（α 为一个变量）后，每一列原子的坐标为 $x=\left(\frac{n}{2}-\alpha\right)b$，$n=0,\pm1,\pm2,\cdots$。因此，与某个 n 值相对应的 x 处的错排能为

$$E_{AB}^n=\frac{Gb^3}{4\pi^2 a}\frac{\phi^2}{\phi^2+\left(\left(\frac{n}{2}-\alpha\right)b\right)^2} \tag{8.34}$$

则总的错排能为

$$E^{\text{total}}=\sum_{n=-\infty}^{\infty}\frac{Gb^3}{4\pi^2 a}\frac{\phi^2}{\phi^2+\left(\left(\frac{n}{2}-\alpha\right)b\right)^2}=\frac{Gb^2}{4\pi(1-\nu)}+\frac{E_{\mathrm{p}}}{2}\cos 4\pi\alpha \tag{8.35}$$

式中，

$$E_{\mathrm{p}}=\frac{Gb^2}{\pi(1-\nu)}\mathrm{e}^{-\frac{2\pi\omega}{b}} \tag{8.36}$$

其中，E_{p} 称为 Peierls 势垒，表示周期性位移的势能（potential energy）。

通过式（8.35）便可以求出滑移面上下层原子间的作用力 f_x，即

$$f_x=-\frac{\partial E^{\text{total}}}{\partial(\alpha b)}=\frac{2Gb}{1-\nu}\exp(-\frac{2\pi\omega}{b})\sin 4\pi\alpha \tag{8.37}$$

则当 $\alpha = \frac{1}{8}$ 时，f_x 的最大值 $f_{x,\max}$ 为

$$f_{x,\max} = \frac{2Gb}{1-\nu}\exp\left(-\frac{2\pi\omega}{b}\right) \tag{8.38}$$

进而求得位错启动力 τ_{PN} 为

$$\tau_{\mathrm{PN}} = \frac{f_{x,\max}}{b} = \frac{2G}{1-\nu}\exp\left(-\frac{2\pi\omega}{b}\right) \tag{8.39}$$

8.2.3　作用在位错上的力

在图 8.11 中，使晶体的上半部分沿着面积为 S 的滑移面相对下半部分滑移一个等于其 Burgers 矢量 $\boldsymbol{b}$ 的距离，则位错 L 穿过晶体自 N 移至 M。在移动过程中，平行于滑移面和 Burgers 矢量作用在晶体表面的外加切应力 $\boldsymbol{\sigma}'$ 做功为 $\boldsymbol{\sigma}'\boldsymbol{b}S$。因此 $\boldsymbol{\sigma}'$ 对晶体的作用有利于位错 L 自右向左滑移。作用于位错 L 上的切应力可以看作一个自 N 指向 M 的单位长度力 F，则力 F 所做的功 FS 等于 $\boldsymbol{\sigma}'$ 所做的功，可得到

$$F = \boldsymbol{\sigma}'\boldsymbol{b} \tag{8.40}$$

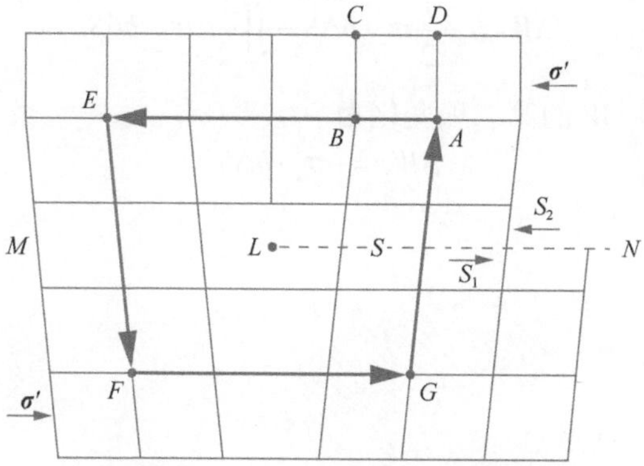

图 8.11　实际晶体中的 Burgers 回路

给出一个更一般的情形，设 W 为产生一个位错环 L（图 8.12）而对滑移面所做的功。作用在位错环 L 上每单位长度的力 F 可由 W 随位错环 L 的位置的变化来定义。

作用在滑移面上的应力有两种不同的来源，一个是固有应力 $\boldsymbol{\sigma}_s$，是当位错环 L 形成时就引发的应力，另一个是外应力 $\boldsymbol{\sigma}'_s$，它可能是由晶体中存在的其他缺陷引起的，也可能是由作用在晶体表面上的外力引起的。根据平衡态叠加原理，$\boldsymbol{\sigma}_s$ 只与位错环 L 和晶体的形状有关，$\boldsymbol{\sigma}'_s$ 与位错环 L 无关，可以分解为许多独立的项，这些独立项的数目等于除位错环 L 以外缺陷的数目。

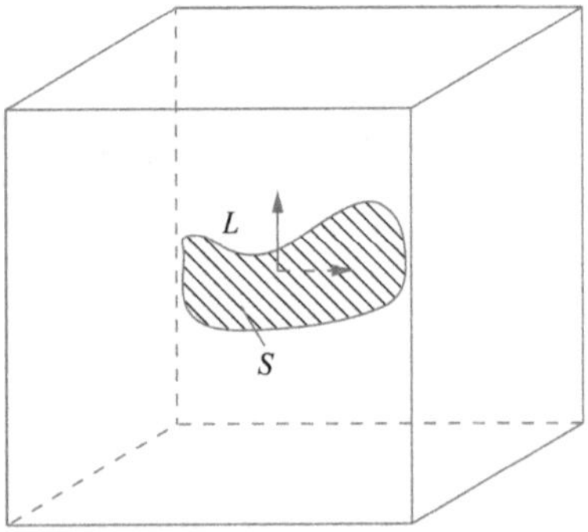

图 8.12　产生位错环 L

由于位错环 L 的产生，上述应力在滑移面两侧所做的功显然等于

$$-W = \iint_S \frac{1}{2}\boldsymbol{\sigma}_s \cdot \boldsymbol{b}\mathrm{d}S + \iint_S \boldsymbol{\sigma}_s' \cdot \boldsymbol{b}\mathrm{d}S \tag{8.41}$$

因为位错应趋向于变形以减小功 W。使滑移面面积 S 改变 ΔS，位错线自 L 移至 L'（图 8.13），则 W 的第一项变化为

$$\Delta W_1 = -\frac{1}{2}\boldsymbol{\sigma}_s \cdot \boldsymbol{b}\Delta S - \iint_S \frac{1}{2}\Delta\boldsymbol{\sigma}_s \cdot \boldsymbol{b}\mathrm{d}S \tag{8.42}$$

在外应力的作用下，W 的第二项变化为

$$\Delta W_2 = -\boldsymbol{\sigma}_s' \cdot \boldsymbol{b}\Delta S \tag{8.43}$$

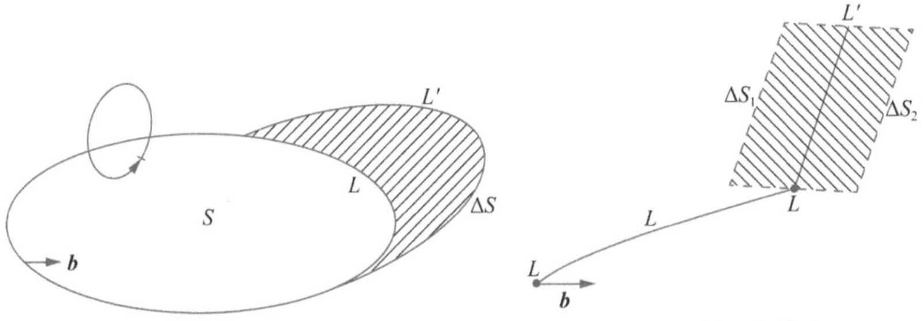

（a）位错环自 L 至 L' 的位移　　（b）图(a)的剖面

图 8.13　位错环位移示意图

可以看到，与 W_1 项相反，W_2 的变化仅依赖于所考虑的位错环扫过的面积 ΔS。因此，外应力的作用就是力 F 的作用，该力可以根据 W_2 随 L 的位置变化确定，即

$$F = -\mathrm{grad}W_2 \tag{8.44}$$

梯度是对位错弧 L 的坐标 x_{Li} 而取的，即 $F_i = -\left(\partial W_2 / \partial x_{Li}\right)$。

很明显，F 垂直于 L，此时平行于 L 的分力必然不做功。根据式（8.43），在面积为 ΔS 的滑移面内垂直于位错线 L 的分力等于

$$F_{\Delta S} = \boldsymbol{\sigma}_s' \cdot \boldsymbol{b} \tag{8.45}$$

引进外应力张量$\boldsymbol{\sigma}'$容易求出满足上述条件的力F。如$\boldsymbol{n}$为垂直于滑移面的单位矢量，则式（8.45）可写为

$$F_{\Delta S}=\boldsymbol{\sigma}'\cdot\boldsymbol{b}\cdot\boldsymbol{n} \tag{8.46}$$

图 8.14 是在垂直于位错线L的平面内画的，该平面应包含$\boldsymbol{n}$和F，这表明$F_{\Delta S}$是力F的投影，而F是由$(\boldsymbol{\sigma}'\cdot\boldsymbol{b})$绕$L$转过$\pi/2$得出的。如果$\boldsymbol{L}$是沿位错线的单位矢量，则力为

$$F=\boldsymbol{\sigma}'\cdot\boldsymbol{b}\times\boldsymbol{L} \tag{8.47}$$

式（8.47）被称为 Peach-Koehler 公式，力F即为 Peach-Koehler 力。

基于 Peach-Koehler 公式的推导思想，考虑一种简单的情况。假设一条受均匀分切应力τ作用而在滑移面内运动的位错，如图 8.15 所示。当 Burgers 矢量为$\boldsymbol{b}$的位错线单元$\mathrm{d}l$向前移动距离$\mathrm{d}s$时，滑移面上面和下面的晶面将彼此相对移动数值为b的位移。由滑移单元$\mathrm{d}l$引起的晶体表面平均剪切位移S_τ为

$$S_\tau=\frac{\mathrm{d}s\mathrm{d}l}{A}b \tag{8.48}$$

式中，A为滑移面的面积。由τ作用在该面积上而产生的外力为$A\tau$，因此当单元发生滑移时所做的功为

$$\mathrm{d}W=A\tau S_\tau=A\tau\frac{\mathrm{d}s\mathrm{d}l}{A}b \tag{8.49}$$

作用在单位长度位错上的滑移力可以定义为单位长度位错移动单位距离时所做的功。因此有

$$F=\frac{\mathrm{d}W}{\mathrm{d}s\mathrm{d}l}=\frac{\mathrm{d}W}{\mathrm{d}A}=\tau b \tag{8.50}$$

应力τ是滑移面上分解到$\boldsymbol{b}$方向上的切应力，滑移力F作用于位错长度每一点上与该位错垂直的方向上，与位错线的方向无关。

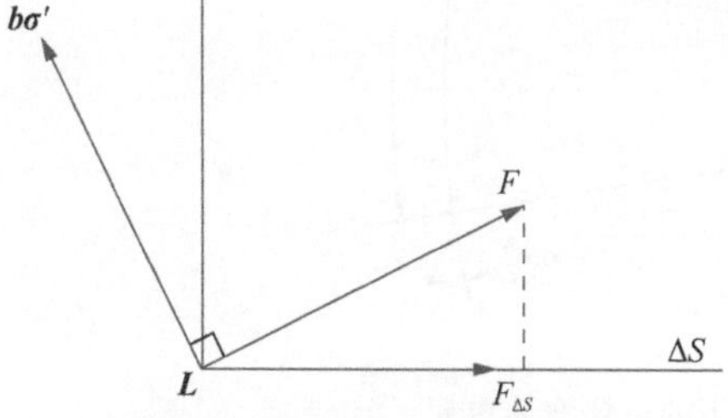

图 8.14　作用在位错线 L 上的力

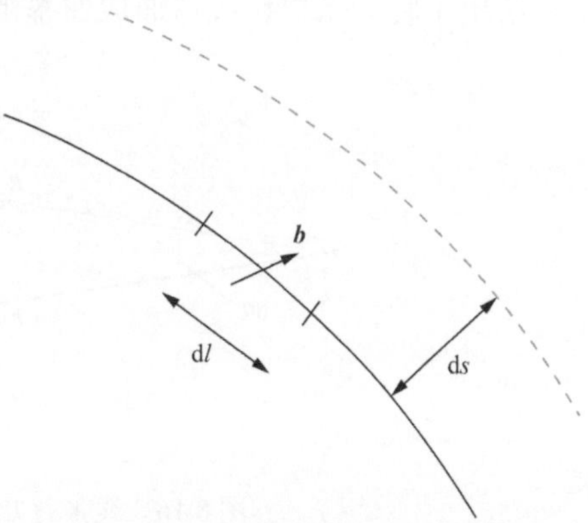

图 8.15　用于确定作用于滑移面内位错线单元 $\mathrm{d}l$ 上的滑移力所使用的位移 $\mathrm{d}s$

8.2.4　位错线张力

除了外加应力引起的力之外，位错还具有与液体表面张力相类似的线张力（line tension）。线张力的产生是因为位错的应变能与它的长度成正比，位错长度的增加会使应变能增大。线张力的单位为能量/单位长度。由式（8.27）的近似公式可知，线张力 T 可以用位错线长度每增加一个单位时所增加的能量来进行定义，即

$$T = \alpha G b^2 \tag{8.51}$$

考虑图 8.16 中的弯曲位错线。线张力会产生一个使该位错线趋于伸直的力，因而会使总能量降低。这个力的方向与位错线垂直并指向曲率的中心。如果存在一个切应力，以与线张力相反的方向作用在该位错线上，则该位错线只能保持弯曲状态。这个用来保持曲率半径 R 的切应力 τ_0 可以采用下列方法求得。设定曲率中心角为 $\mathrm{d}\theta$，假设其远小于 1。由式（8.50）可知，由于外加应力作用在位错单元上而引起的沿 OA 指向外侧的力为 $\tau_0 b\mathrm{d}l$，而由于位错单元两端的线张力 T 引起的沿 OA 指向内侧的力为 $2T\sin(\mathrm{d}\theta/2)$，对于较小的 $\mathrm{d}\theta$ 值，该力等于 $T\mathrm{d}\theta$。当满足下列条件时，该位错线将在这个弯曲位置保持平衡，即

$$T\mathrm{d}\theta = \tau_0 b\mathrm{d}l \tag{8.52}$$

则有

$$\tau_0 = \frac{T}{bR} \tag{8.53}$$

将式（8.51）中的 T 代入式（8.53），则有

$$\tau_0 = \frac{\alpha G b}{R} \tag{8.54}$$

该式给出了将一条位错线弯曲成曲率半径为 R 时所需的应力。

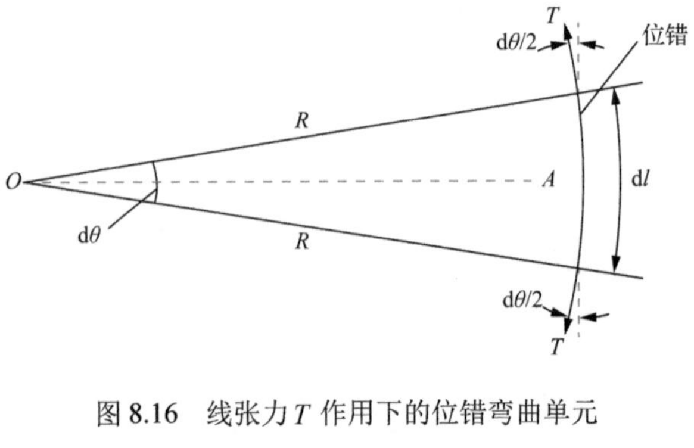

图 8.16　线张力 T 作用下的位错弯曲单元

式（8.54）是在假设式（8.27）中的刃型位错、螺型位错和混合位错的单位长度应变能相等而得到的，因而图 8.12 中的弯曲位错一个圆弧。只有当泊松比 ν 为零时才能严格满足这种条件。在其他情况下，位错线都要承受一个扭矩，使其以螺旋方向转动，导致单位长度应变能更低。混合位错线的真实线张力为

$$T = E^{e}\left(\theta\right) + \frac{d^{2}E^{e}\left(\theta\right)}{d\theta^{2}} \tag{8.55}$$

式中，$E^{e}\left(\theta\right)$ 可以由式（8.26）得到。当 $\nu = 1/3$ 时，螺型位错的线张力 T 是刃型位错的 4 倍。因此，对于一个在均匀应力下发生弯曲的位错线，任意一点的曲率半径仍然可以由式（8.53）得到，但位错线的整体形状接近于椭圆，其主轴平行于 Burgers 矢量，轴比接近于 $1/(1-\nu)$。然而，对于大多数计算来说，式（8.54）是一个较精确的近似计算公式。

8.2.5　位错之间的作用力

考虑位于同一滑移面的两条平行刃型位错。它们要么像图 8.17（a）那样具有相同的符号，要么像图 8.17（b）那样具有相反的符号。由式（8.27）可知，当这两条位错被分开一个很大的距离时，这两种情况下的单位长度位错上总弹性应变能 E_{total}^{e} 将为

$$E_{\text{total}}^{e} = \alpha Gb^{2} + \alpha Gb^{2} \tag{8.56}$$

当图 8.17（a）中的两条位错非常近时，其排列可以近似看成是一条 Burgers 矢量为 $2\boldsymbol{b}$ 的单个位错，此时弹性应变能将由下式给出：

$$E^{e} = \alpha G\left(2b\right)^{2} \tag{8.57}$$

将式（8.56）和式（8.57）比较可以发现，后者的能量非常高，是前者的两倍。因此，位错将倾向于彼此排斥来降低它们的总弹性能。当两条具有相反符号的位错（图 8.17（b））靠近到一起时，它们的 Burgers 矢量的等效大小将为零，相对应的长程弹性能也将为零。这样，具有相反符号的位错将互相吸引来降低它们的总弹性能。图 8.17（b）中的正负刃型位错将彼此结合而湮灭。令图 8.8 中的 $\varphi = 0$ 或 π，则对于具有混合方向的位错，这些关于排斥和吸引的结论也遵循 Frank 规则。当两条位错不在同一滑移面内时（图 8.17（c）），也会产生同样的效应，但是吸引和排斥的条件通常会更加复杂。

为了确定两个位错之间的作用力，首先要假定晶体内已经存在一个位错，然后要确定晶体内引入第二个位错时所做的额外功。考虑图 8.18 中两个平行于 z 轴的位错，为了简化，将它们表示成刃型位错。该系统的总能量由位错 I 自身的能量、位错 II 自身的能量和这两个位错之间的弹性作用能相加构成。弹性作用能 E^{int}

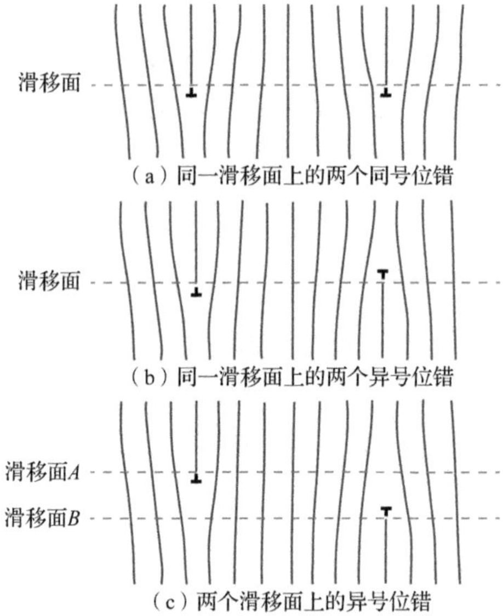

图 8.17　两个平行滑移面上具有两个平行 Burgers 矢量的刃型位错的排列

是在位错Ⅰ的应力场存在的条件下移动切缝而形成位错Ⅱ时所做的功。穿过切缝的位移为 b_x 、 b_y 和 b_z ，即为位错Ⅱ的 Burgers 矢量的分量。通过观察可知，该切缝平行于 x 轴或 y 轴，位错Ⅱ的单位长度位错上的弹性作用能 E^{int} 可用下面两个表达式表示：

$$\begin{cases} E^{\text{int}} = +\int_x^{\infty}\left(b_x\sigma_{xy} + b_y\sigma_{yy} + b_z\sigma_{zy}\right)\mathrm{d}x \\ E^{\text{int}} = -\int_y^{\infty}\left(b_x\sigma_{xx} + b_y\sigma_{yx} + b_z\sigma_{zx}\right)\mathrm{d}y \end{cases} \tag{8.58}$$

式中，应力分量是由位错Ⅰ作用在位错Ⅱ的切缝表面上引起的。这些公式的右侧加上了正负号，这是因为如果 b 的位移分别发生在外法向为 x 轴和 y 轴正方向的切缝表面上，则对于第一种情况（x 轴方向上的切缝），它们在 x、y 和 z 的正方向上，对于第二种情况（y 轴方向上的切缝），它们在 x、y 和 z 的负方向上，分别如图 8.18（b）和图 8.18（c）所示。

只要将这些表达式进行微分就可以得到位错间的相互作用力，即 $F_x = -\partial E^{\text{int}} / \partial x$ ， $F_y = -\partial E^{\text{int}} / \partial y$ 。对于如图 8.18（a）所示的与 Burgers 矢量平行的两个相互平行的刃型位错，有 $b_y = b_z = 0$ 和 $b_x = b$ ，因此，作用于位错Ⅱ上的单位长度的力分量为

$$\begin{cases} F_x = \sigma_{xy} b \\ F_y = -\sigma_{xx} b \end{cases} \tag{8.59}$$

式中，σ_{xy} 和 σ_{xx} 是在位错 II 的 (x, y) 位置处计算出来的位错 I 的应力。如果位错 II 是一个负刃型位错（即位错符号相反），则所得的力与正刃型位错时相反。作用在位错 I 上的力与作用在位错 II 上的力大小相等，方向相反。F_x 是平行于滑移方向上的力，F_y 是垂直于滑移面方向上的力。将式（8.17）代入式（8.59），则有

$$\begin{cases} F_x = \dfrac{Gb^2}{2\pi(1-\nu)} \dfrac{x\left(x^2 - y^2\right)}{\left(x^2 + y^2\right)^2} \\ F_y = \dfrac{Gb^2}{2\pi(1-\nu)} \dfrac{y\left(3x^2 + y^2\right)}{\left(x^2 + y^2\right)^2} \end{cases} \tag{8.60}$$

由于刃型位错只能在位错线和其 Burgers 矢量构成的平面上通过滑移来运动，因而图 8.18（a）中的力分量 F_x 在决定位错行为方面最为重要。对于具有相同符号的位错，F_x 随 x 的变化规律如表 8.1 所示。

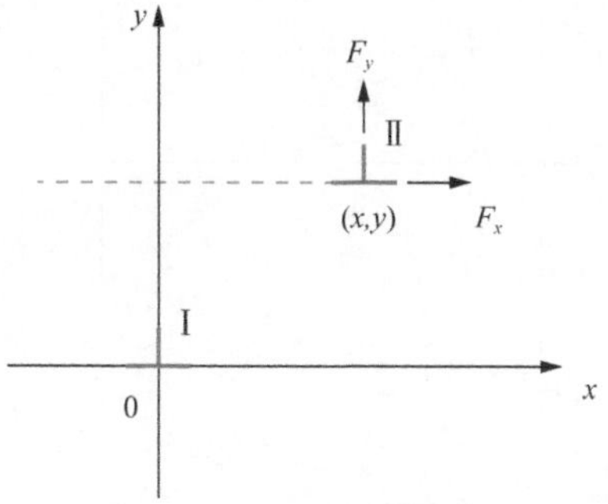

（a）由于与位错 I 相互作用而作用在位错 II 上的力 (为了简化，位错用刃型位错表示)

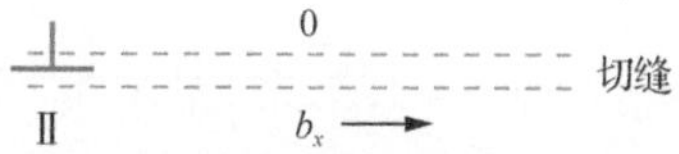

（b）为产生位错 II 而在切缝表面上作用的 x 方向位移分量

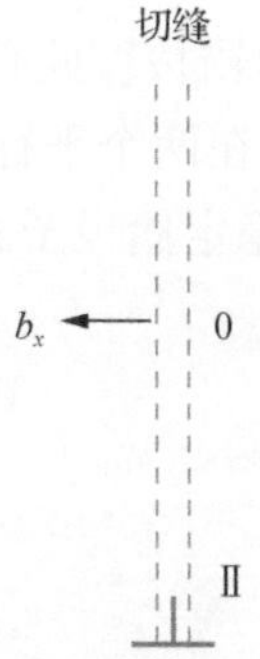

（c）为产生位错 II 而在切缝表面上作用的 x 方向位移分量

图 8.18　计算两个位错之间作用力的方法示意图

表 8.1　F_x 随 x 的变化规律

F_x	性质	x 的范围
负	排斥	$-\infty < x < -y$
正	吸引	$-y < x < 0$
负	吸引	$0 < x < y$
正	排斥	$y < x < \infty$

如果位错 I 和位错 II 是具有相反符号的刃型位错，则力 F_x 的符号和性质是相反的。图 8.19 绘出了力 F_x 与 x 之间的关系，横坐标所用单位长度为 y，其中力 F_x 的单位长度为 $Gb^2/(2\pi(1-\nu)y)$，实曲线 A 表示同号位错，虚曲线 B 表示异号位错。当 $x=0$、$\pm y$ 和 $\pm\infty$ 时，F_x 为零，然而，在这些 x 值当中，同号刃型位错达到稳态平衡的位置只有 $x=0$ 和 $\pm\infty$，异号刃型位错达到稳态平衡的位置只有 $\pm y$。

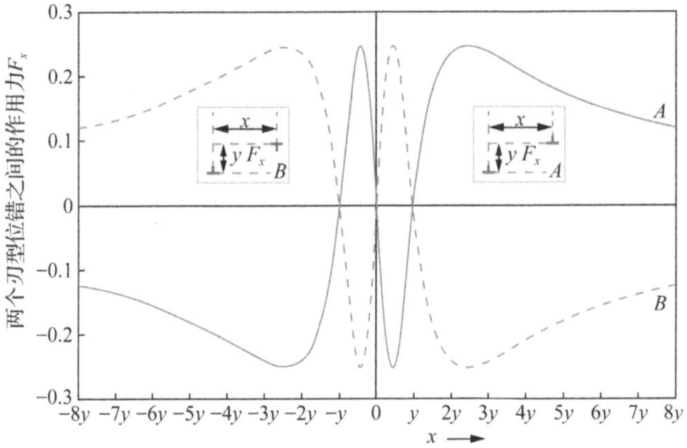

图 8.19　由式（8.60）得到的具有平行 Burgers 矢量的两个平行刃型位错之间的单位长度滑移力

如图 8.20（a）所示，当两个位错按彼此垂直的位置排列时，同号刃型位错最稳定。另外，当应力作用较低时，在两个平行的滑移面上彼此滑过的异号刃型位错易于形成如图 8.20（b）所示的稳定偶极子。

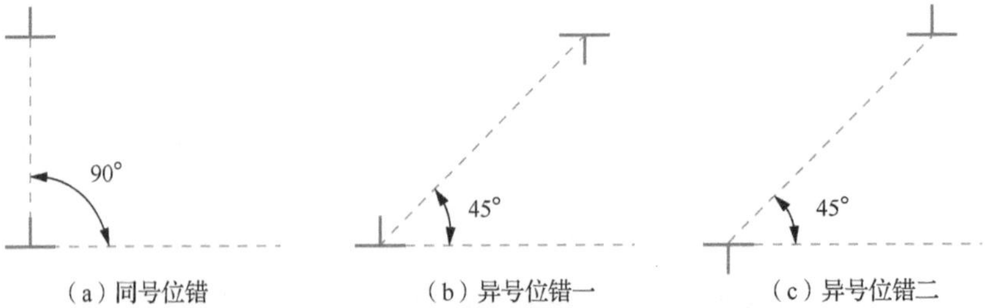

图 8.20　两个刃型位错的稳态位置

将式（8.59）中的滑移力 F_x 与式（8.50）中的力 F 进行对比可知，由于 σ_{xy} 是位错 II 的滑移面内作用于其 Burgers 矢量方向上切应力，式（8.50）既适用于外部应力源，又适用于内部应力源。

考虑两个平行的螺型位错（图 8.21），其中一个位错沿 z 轴排列，作用在另一个位错上的力的径向分量 F_r 和切向分量 F_θ 为

$$\begin{cases} F_r = \sigma_{z\theta} b \\ F_\theta = \sigma_{zr} b \end{cases} \tag{8.61}$$

将式（8.16）代入式（8.61），可得

$$\begin{cases} F_r = Gb^2 / (2\pi r) \\ F_\theta = 0 \end{cases} \tag{8.62}$$

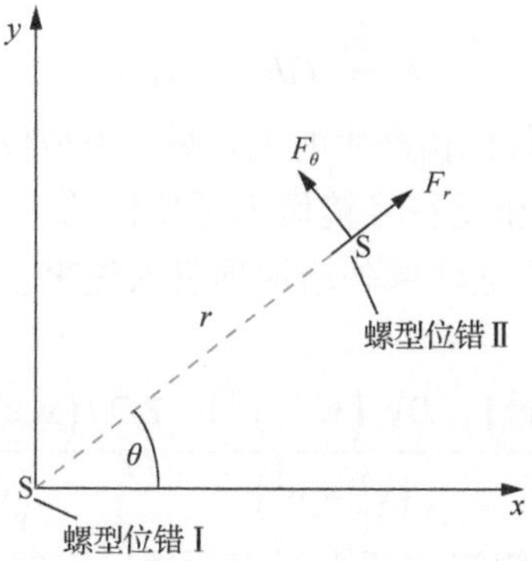

图 8.21　两个螺型位错之间的作用力

由于螺型位错应力场的径向对称性，该力在形式上比两个刃型位错间的作用力简化了很多。F_r 对同号螺型位错来说为斥力，对异号螺型位错为引力。由式（8.59）和式（8.61）很容易看出，在一对由一个纯刃型位错和一个纯螺型位错组成的平行位错间没用力的作用，这是因为它们的应力场不能混合。

8.2.6　镜像力

镜像力是指位错与自由表面之间的作用力。在块体晶体材料中，不会遇到表面附近的位错承受力的作用这种情况。位错会被吸引到自由表面，因为材料实际上更易处于这种状态，这种状态下的能量较低。相反，它会受到来自刚性表面层的斥力。为了从数学上来处理这种问题，必须在 8.2.1 节所述的无限体应力分量中加上额外项，以便满足所要求的表面条件。如式（8.59）和式（8.61）所示，当在位错线处进行计算时，会产生一个力。以平行于表面的无限长直位错为研究对象进行分析，问题会变得相对简单。

考虑与 $x = 0$ 的表面平行且与该表面相距为 d 的螺型位错和刃型位错，如图 8.22

所示。刃型位错的 Burgers 矢量 $\boldsymbol{b}$ 与 x 方向一致。对于一个自由表面，在 $x=0$ 平面上的面力 σ_{xx}、σ_{yx} 和 σ_{zx} 必须为零。由式（8.14）可知，如果在该式上加上一个位于 $x=-d$（图 8.22（a））的具有相反符号镜像螺型位错的应力场来修正无限体的结果，则这些边界条件就会满足条件。因此，求解该物体内的应力所需的解为

$$\sigma_{zx}=\frac{-Ay}{x_-^2+y^2}+\frac{Ay}{x_+^2+y^2} \tag{8.63}$$

$$\sigma_{zy}=\frac{Ax_-}{x_-^2+y^2}-\frac{Ax_+}{x_+^2+y^2} \tag{8.64}$$

以上两式中，$x_-=x-d$；$x_+=x+d$；$A=Gb/(2\pi)$。由表面所引起的沿 x 方向上的单位长度位错线上的作用力 $F_x(=\sigma_{zy}b)$ 可以由式（8.64）得到，即令 $x=d$ 和 $y=0$，则有

$$F_x=-Gb^2/(4\pi d) \tag{8.65}$$

该力就是由 $x=-d$ 处的镜像位错产生的力。对于刃型位错（图 8.22（b）），叠加一个位于 $x=-d$ 处的具有相反符号镜像刃型位错的应力场会抵消 $x=0$ 面上的应力，但不会抵消 σ_{yx}。当将这些额外增加项引入进来，用来与边界条件完全匹配时，该物体内的切应力为

$$\sigma_{yx}=\frac{Dx_-\left(x^2-y^2\right)}{\left(x_-^2+y^2\right)^2}-\frac{Dx_+\left(x_+^2-y^2\right)}{\left(x_+^2+y^2\right)^2}-\frac{2Dd\left(x_-x_+^3-6xx_+y^2+y^4\right)}{\left(x_+^2+y^2\right)^3} \tag{8.66}$$

式中，$D=A/(1-\nu)$；右侧第一项为无表面情况下的应力；右侧第二项为位于 $x=-d$ 处的镜像位错的应力；右侧第三项对应于当 $x=0$ 而使 $\sigma_{yx}=0$ 的应力。使表面上产生的单位长度位错上的力可以通过将 $x=d$ 和 $y=0$ 代入第二项和第三项得到。后者的贡献为零，所以该力为

$$F_x=-Gb^2/\left(4\pi(1-\nu)d\right) \tag{8.67}$$

同样等于由镜像位错产生的力。

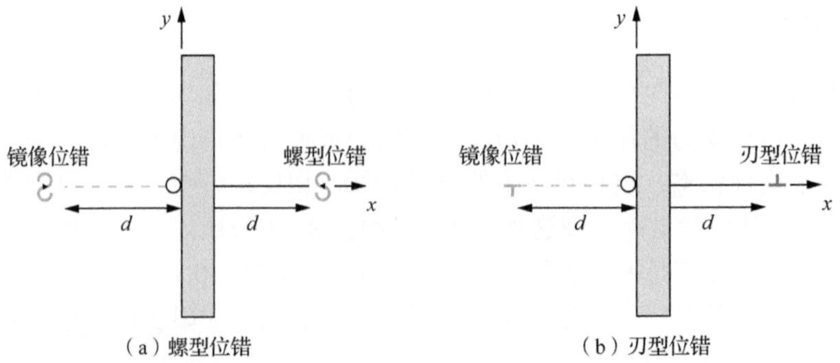

图 8.22　与 $x=0$ 表面距离为 d 的位错

镜像力随着 d 的增加而缓慢上升，并且可以将表面附近区域的位错移走。它具有重要作用，例如，在透射电镜试样中，当滑移面到表面的角度很大（≈90°）时就非常重要。应该注意的是，位于表面附近的第二个位错将承受一个由其自身引起的镜像力和由第一个位错引起的表面力。因此，偶极子、位错环和曲线位错与表面的相互作用更加复杂，只能由镜像力近似给出。

8.3　离散位错动力学方法

作为晶体内部的线缺陷，位错在金属材料塑性变形期间的运动、增殖及交互作用等行为决定着材料整体力学性能。离散位错动力学（discrete dislocation dynamics）模拟的目的在于建立晶粒内部位错性质与材料塑性变形行为之间的联系。其基本设想是将位错嵌入一系列物理学方程中，在给定位错初始结构、边界条件和加载条件的情况下，求解位错位置在塑性变形期间的变化，即位错整体结构演化过程。离散位错动力学模拟的计算过程如图 8.23 所示。

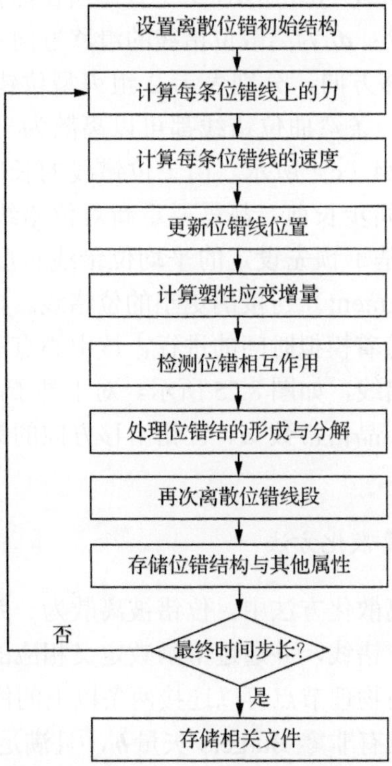

图 8.23　离散位错动力学模拟计算流程图

8.3.1 位错线的离散化

为了采用数值方法分析位错在金属塑性变形中的演化过程，需要将位错线进行离散化处理，以便用一组有限的自由度来描述整体位错结构。在离散位错动力学模拟中，主要采用两种位错离散化方法，即基于晶格的位错离散化方法[5,6]和基于节点的位错离散化方法[7-10]。两种位错离散化方法都有着各自的优点，前者便于用表格的形式记录位错的演化，计算效率高；后者适应性比较强，容易处理任何形状的位错线。

1. 基于晶格的位错离散化方法

在基于晶格的离散化方法中，首先将整个模拟域划分为一系列具有立方结构的、晶格常数为 a 的晶格，用以定义位错结构，如图 8.24（a）所示。需要指出的是，晶格常数 a 的定义是非常关键的，它是计算过程中所有距离的尺度因子。基于离散的晶格，在定义位错结构的自由度时，只需确定位错线的位置、长度和速度。在三维位错结构中，位错线的位置由其起始位置 $\boldsymbol{O}_i$ 及定义位错线方向及长度的矢量 $\boldsymbol{l}_i$ 来确定。如图 8.24（b）所示，$\boldsymbol{l}_i$ 平行于所在晶格的任意一面，即位错线只能在潜在的晶格上移动；$\boldsymbol{d}_i$ 为离散位错线的滑移方向。在基于晶格的位错离散化方法中，设定 8 组滑移方向，分别表示 2 组刃型位错、2 组螺型位错和 4 组混合位错。因此，任意一条弯曲位错线都可以离散为一系列的刃型、螺型及混合型直线位错，如图 8.24（c）所示。由于位错线的长度和曲率随时间而变化，因此在模拟计算每个时间步长前，都需要重新对位错线进行离散化处理，以增加或移除相应位错线。基于预先设定的平均位错线长度 $\bar{l}$，位错线重新离散为由枢轴线段（pivotal segment）连接的更小的位错线。枢轴线段初始长度为零，可以看作一个中心点，随着模拟时间的进行，该中心点沿相邻位错线设定的方向延伸，从而形成新的位错线，如图 8.25 所示。对于基于晶格的位错离散化方法，其离散化的可靠性依赖于晶格常数 a、位错滑移方向的数量以及设定的平均位错线长度 $\bar{l}$。

2. 基于节点的位错离散化方法

在基于节点的位错离散化方法中，位错被离散为一系列通过一个离散节点或一个物理节点相连接的位错线，并通过形函数定义相应的节点。其中，一个离散节点连接两条位错线，而物理节点可以连接两条以上的位错线，如图 8.26 所示。每个离散的位错线必须具有非零 Burgers 矢量 $\boldsymbol{b}$，且满足 $\boldsymbol{b}_{ij}+\boldsymbol{b}_{ji}=\boldsymbol{0}$。与基于晶格的位错离散化方法不同，在基于节点的位错离散化方法中，允许离散后的位错线具有任意的位错线方向和任意的滑移方向。

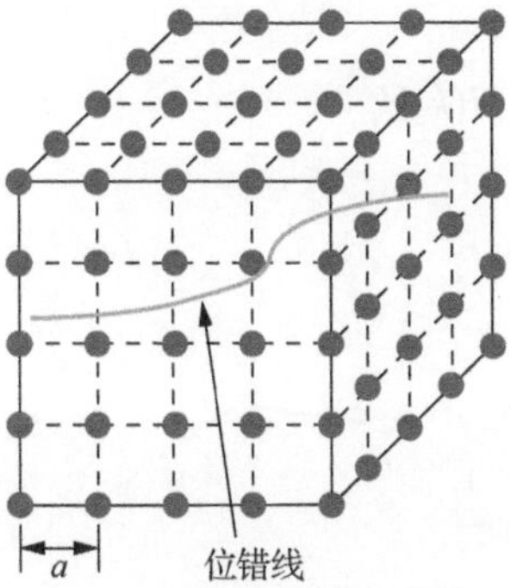

（a）将模拟域晶格离散化

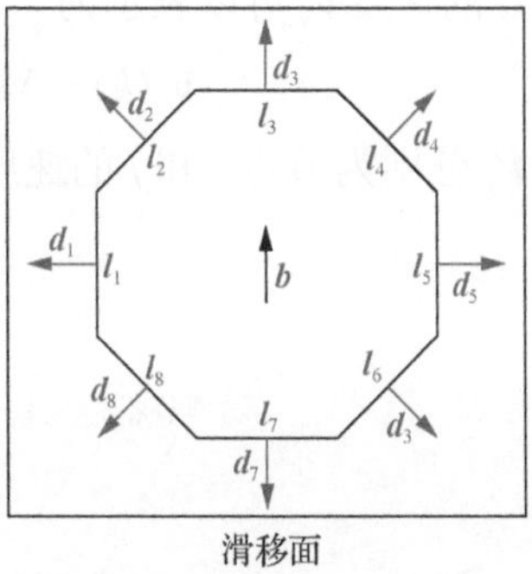

（b）用于离散位错的基本矢量示意图

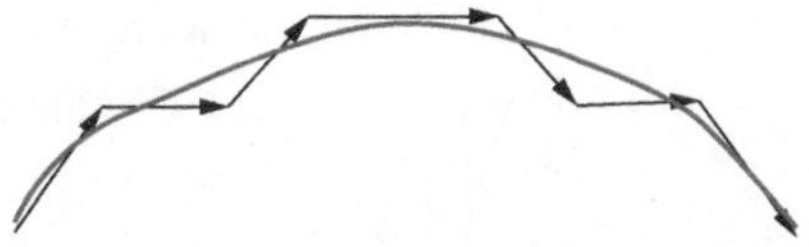

（c）弯曲位错线被离散为一系列刃型、螺型及混合型直线位错

图 8.24　基于晶格的位错离散化方法示意图

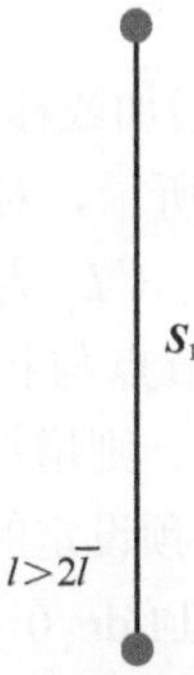

（a）t时刻位错线S_1的长度满足$l>2\bar{l}$

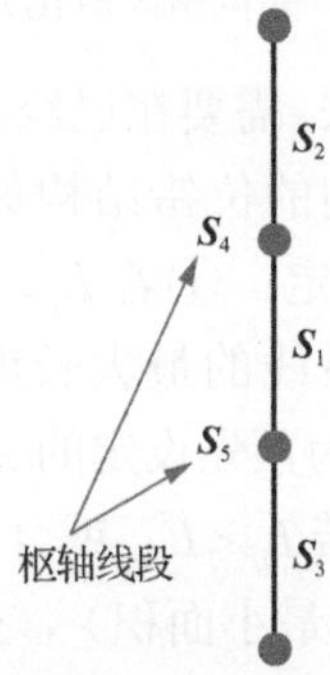

（b）位错线S_1重新离散为由枢轴线段(S_4和S_5)连接的三条位错线（S_1、S_2和S_3）

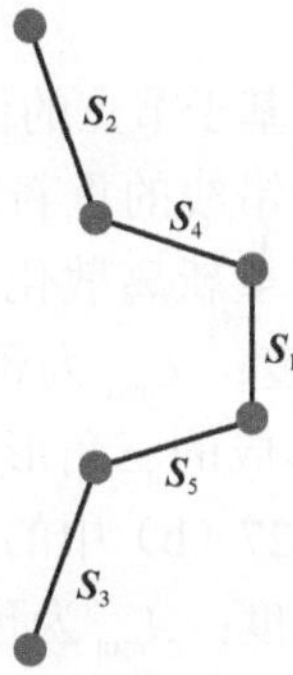

（c）$t+\Delta t$时刻形成新的位错线

图 8.25　基于晶格的位错离散化方法中位错重新离散示意图

对于一个起点为节点 i、终点为节点 j 的位错线 $\boldsymbol{L}_{ij}$，可以表示为

$$\boldsymbol{L}_{ij}=\boldsymbol{X}_j-\boldsymbol{X}_i \tag{8.68}$$

式中，$\boldsymbol{X}_i$ 和 $\boldsymbol{X}_j$ 分别为节点 i 和 j 的位置。位错线上任意一点的位置 $\boldsymbol{x}_{ij}$ 可以表示为

$$\boldsymbol{x}_{ij}(k)=N(-k)\boldsymbol{X}_i+N(k)\boldsymbol{X}_j \tag{8.69}$$

$$N(k)=\frac{1}{2}+k,\quad -\frac{1}{2}\leqslant k\leqslant\frac{1}{2} \tag{8.70}$$

其中，$N(k)$ 为节点的形函数。同理，由于位错线在运动期间保持线性，因此位错

线上任意一点的速度 $\boldsymbol{v}_{ij}$ 可以表示为

$$\boldsymbol{v}_{ij}(k)=N(-k)\boldsymbol{V}_i+N(k)\boldsymbol{V}_j \tag{8.71}$$

式中，$\boldsymbol{V}_i$ 和 $\boldsymbol{V}_j$ 分别为节点 i 和 j 的速度。

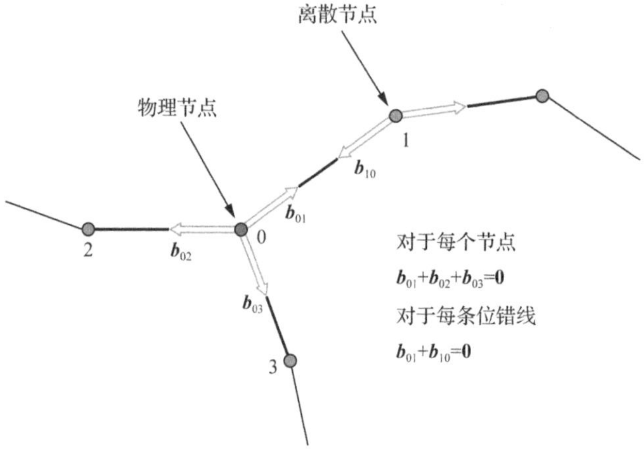

图 8.26　基于节点的位错离散化方法示意图

对于基于节点的位错离散化方法，需要在已经存在的节点中增加或移除节点，以完成位错线的重新离散化。t 时刻的位错结构如图 8.27（a）所示，对该位错结构进行重新离散化需遵循以下规定：①若 $L_{ij}>L_{\max}$ 或 $A>A_{\max}$（L_{ij} 为位错线 $\boldsymbol{L}_{ij}$ 的长度；$L_{\max}$ 为预先设定的位错线的最大长度；A 为任一节点与相邻两个节点所形成的三角形的面积；$A_{\max}$ 为预先设定的 A 的最大面积），则增加新的节点（图 8.27（b）中的同心圆）；②若 $L_{ij}<L_{\min}$ 或 $A<A_{\min}$（$L_{\min}$ 为预设定的位错线的最小长度；$A_{\min}$ 为预先设定的 A 的最小面积），且面积变化率 $\mathrm{d}A/\mathrm{d}t<0$，则移除该节点（图 8.27（a）中的空心圆），移除该结点后的位错结构如图 8.27（b）所示。重新离散化后，$t+\Delta t$ 时刻位错结构如图 8.27（c）所示。需要指出的是，集中连接多条位错线的物理节点在重新离散过程中不会被移除。

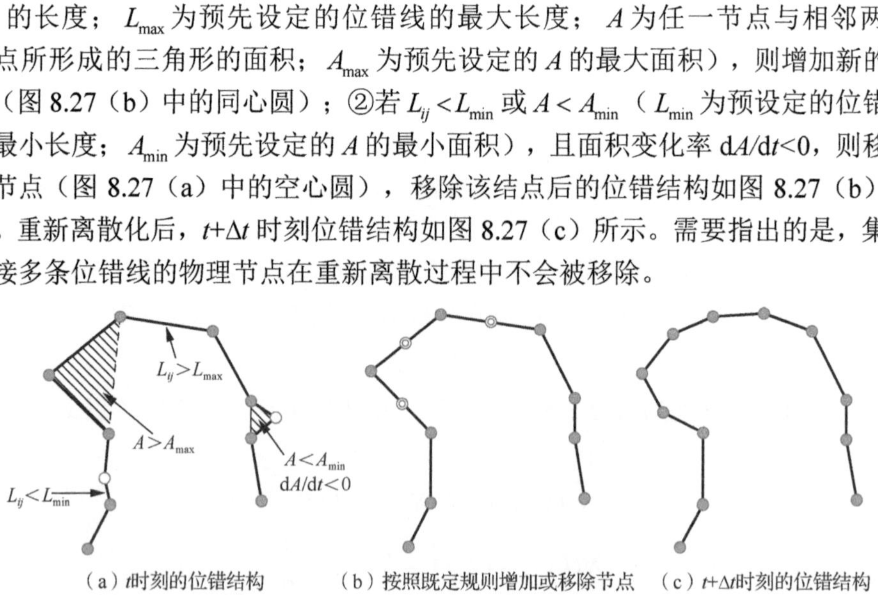

图 8.27　基于节点的位错离散化方法中位错重新离散化示意图

8.3.2 力的计算

1. 基于晶格的位错离散化方法中作用在位错上的力

在基于晶格的位错离散化方法中，作用在离散位错线上的力 $\boldsymbol{F}_i^{\text{total}}$ 可以分解为三个部分，即由局部应力场引起的总 Peach-Koehler 力 $\boldsymbol{F}_i^{\text{PK}}$、位错自身应力场引起的自作用力 $\boldsymbol{F}_i^{\text{self}}$（局部线张力）和由界面或表面引起的镜像力 $\boldsymbol{F}_i^{\text{image}}$（在一些特定的情况下考虑该项），则有

$$\boldsymbol{F}_i^{\text{total}} = \boldsymbol{F}_i^{\text{PK}} + \boldsymbol{F}_i^{\text{self}} + \boldsymbol{F}_i^{\text{image}} \tag{8.72}$$

对于由局部应力场 $\boldsymbol{\sigma}$ 引起并作用在第 i 个位错线单位长度上的 Peach-Koehler 力 $\boldsymbol{f}_i^{\text{PK}}$，其表达式为

$$\boldsymbol{f}_i^{\text{PK}} = \boldsymbol{\sigma} \cdot \boldsymbol{b}_i \times \boldsymbol{\xi}_i \tag{8.73}$$

式中，$\boldsymbol{b}_i$ 为第 i 个位错线的 Burgers 矢量；$\boldsymbol{\xi}_i$ 为第 i 个位错线方向的单位矢量，并且随弯曲位错的位置而变化；应力场 $\boldsymbol{\sigma}$ 包括外部加载引起的应力场 $\boldsymbol{\sigma}^{\text{ext}}$ 和位错结构中其他位错与该位错相互作用引起的应力场 $\boldsymbol{\sigma}^{\text{int}}$。因此，式（8.73）中 Peach-Koehler 力的计算公式可以改写为

$$\boldsymbol{f}_i^{\text{PK}} = \boldsymbol{\sigma} \cdot \boldsymbol{b}_i \times \boldsymbol{\xi}_i = (\boldsymbol{\sigma}^{\text{ext}} + \boldsymbol{\sigma}^{\text{int}}) \cdot \boldsymbol{b}_i \times \boldsymbol{\xi}_i \tag{8.74}$$

对于外部加载引起的应力场 $\boldsymbol{\sigma}^{\text{ext}}$，可以分为均匀加载和非均匀加载两种情况。在一些简单的情况中，一般认为由均匀加载引起的应力场均匀分布于模拟空间中，然后通过模拟真实变形过程（拉伸或压缩）确定其随时间的演化。在非均匀加载的情况下，将从试验获得的应力或模拟得到的应力场通过插值方法作用在位错线的参考点上。

对于位错之间相互作用应力场 $\boldsymbol{\sigma}^{\text{int}}$，其值等于整体结构中其他位错所引起的应力场之和。Cai 等[11]根据非奇异性连续体原理提出了在各向同性弹性体中位错之间相互作用应力场 $\boldsymbol{\sigma}^{\text{int}}$ 的表达式。需要注意的是，这些表达式仅对无限域中的闭合位错环有效。Yin 等[12]提出了针对各向异性弹性体中直线位错相互作用应力场的表达式。然而，该计算方法的复杂性限制了其在大规模模拟计算中的应用。

一般而言，Peach-Koehler 力随位错线的位置而变化。为了得到作用在位错线上的总 Peach-Koehler 力 $\boldsymbol{F}_i^{\text{PK}}$，需要对式（8.74）所求得的单位长度位错线上的 Peach-Koehler 力进行线积分，即

$$\boldsymbol{F}_i^{\text{PK}} = \int_{C_i} \boldsymbol{f}_i^{\text{PK}} \mathrm{d}l_i \tag{8.75}$$

式中，C_i 代表第 i 个位错线；l_i 为位错线 C_i 的长度。

对于位错自身引起的自作用力 $\boldsymbol{F}_i^{\text{self}}$，其值同样可以基于非奇异性连续体原理进行求解[11]。然而，在大多数的离散位错动力学模拟中仍然采用基于位错理论的、更为简单的正则化过程进行求解[13,14]。这种处理方法认为位错自身应力场引起的

力等于位错局部线张力，其值与$1/\left(R\ln(R/a_0+O(1))\right)$成正比。其中，$R$为位错的局部曲率半径；$O(1)$为一级几何级数误差；$a_0 \approx |b|$为位错核心半径，是该方法的主要误差来源。当$R/a_0$的值接近一致时，在纳米尺度进行模拟计算的结果将出现显著误差。

2. 基于节点的位错离散化方法中作用在节点上的力

在基于节点的位错离散化方法中，作用在第i个节点上的力$\boldsymbol{F}_i^{\text{total}}$可表示为位错整体结构中的总应变能$E^{\text{total}}$相对于节点$i$位置$\boldsymbol{X}_i$的负导数，结合式（8.21），则

$$\boldsymbol{F}_i^{\text{total}}=-\frac{\partial E^{\text{total}}}{\partial \boldsymbol{X}_i}=-\frac{\partial(E^{\text{core}}+E^{\text{e}})}{\partial \boldsymbol{X}_i} \tag{8.76}$$

式中，E^{core}为位错整体结构中总位错核心能；E^{e}为位错整体结构中总弹性应变能。因此，作用在节点i上的力$\boldsymbol{F}_i^{\text{total}}$可以分为两个部分，即由位错的总核心能引起的总位错核心力$\boldsymbol{F}_i^{\text{core}}$和由总弹性应变能引起的总弹性力$\boldsymbol{F}_i^{\text{e}}$，则有

$$\boldsymbol{F}_i^{\text{total}}=\boldsymbol{F}_i^{\text{core}}+\boldsymbol{F}_i^{\text{e}} \tag{8.77}$$

总位错核心能E^{core}可表示为位错整体结构中每条位错线核心能的和，即

$$E^{\text{core}}=\sum_{i=1}^{n-1}\sum_{j=i+1}^{n}\varepsilon^{\text{core}}(\boldsymbol{b}_{ij},\boldsymbol{\xi}_{ij})\left\|\boldsymbol{L}_{ij}\right\| \tag{8.78}$$

式中，$\varepsilon^{\text{core}}(\boldsymbol{b}_{ij},\boldsymbol{\xi}_{ij})$为描述位错线$\boldsymbol{L}_{ij}$的单位长度核心能$\varepsilon^{\text{core}}$随位错线 Burgers 矢量$\boldsymbol{b}_{ij}$和位错线方向单位矢量$\boldsymbol{\xi}_{ij}$变化的函数。作用在节点$i$上的位错核心力$\boldsymbol{F}_i^{\text{core}}$可表示为

$$\boldsymbol{F}_i^{\text{core}}=-\frac{\partial E^{\text{core}}}{\partial \boldsymbol{X}_i}=\sum_j \boldsymbol{f}_{ij}^{\text{core}} \tag{8.79}$$

其中，$\boldsymbol{f}_{ij}^{\text{core}}$为位错线$\boldsymbol{L}_{ij}$的核心力，可表示为

$$\boldsymbol{f}_{ij}^{\text{core}}=\varepsilon^{\text{core}}(\boldsymbol{b}_{ij},\boldsymbol{\xi}_{ij})\boldsymbol{\xi}_{ij}+(\boldsymbol{I}_2-\boldsymbol{\xi}_{ij}\otimes\boldsymbol{\xi}_{ij})\cdot\frac{\partial\varepsilon^{\text{core}}(\boldsymbol{b}_{ij},\boldsymbol{\xi}_{ij})}{\partial\boldsymbol{\xi}_{ij}} \tag{8.80}$$

其中，$\boldsymbol{I}_2$为二阶单位矩阵。

对于作用在节点i上的总弹性力$\boldsymbol{F}_i^{\text{e}}$，通常采用虚功原理进行计算。与式(8.79)类似，总弹性力$\boldsymbol{F}_i^{\text{e}}$同样可表示为

$$\boldsymbol{F}_i^{\text{e}}=\sum_j \boldsymbol{f}_{ij}^{\text{e}} \tag{8.81}$$

式中，$\boldsymbol{f}_{ij}^{\text{e}}$为位错线$\boldsymbol{L}_{ij}$的弹性力，其表达式为

$$\boldsymbol{f}_{ij}^{\text{e}}\equiv\left\|\boldsymbol{L}_{ij}\right\|\int_{-1/2}^{1/2}N(-k)\boldsymbol{f}^{\text{PK}}\boldsymbol{x}_{ij}(k)\mathrm{d}k \tag{8.82}$$

其中，$\boldsymbol{f}^{\text{PK}}(\boldsymbol{x}_{ij}(k))$为作用在点$\boldsymbol{x}_{ij}$处的 Peach-Koehler 力，可以通过局部应力场$\boldsymbol{\sigma}$以

及位错线方向单位矢量 $\boldsymbol{\xi}_{ij}$ 进行计算，则有

$$\boldsymbol{f}^{\mathrm{PK}}(\boldsymbol{x}_{ij})=\left(\boldsymbol{\sigma}(\boldsymbol{x}_{ij})\cdot\boldsymbol{b}_{ij}\right)\times\boldsymbol{\xi}_{ij} \tag{8.83}$$

另外在线性弹性连续体中，局部应力场可分为三个部分，即位错自身的应力场、其他位错的总应力场和外部加载引起的应力场。因此，位错线 $\boldsymbol{L}_{ij}$ 的弹性力 $\boldsymbol{f}_{ij}^{\mathrm{e}}$ 也可以表示为上述三种应力场所引起的力之和，则有

$$\boldsymbol{f}_{ij}^{\mathrm{e}}=\boldsymbol{f}_{ij}^{\mathrm{ext}}+\boldsymbol{f}_{ij}^{\mathrm{self}}+\sum_{o=1}^{n-1}\sum_{p=o+1}^{n}\boldsymbol{f}_{ij}^{op},\ [o,p]\neq[i,j],[o,p]\neq[j,i] \tag{8.84}$$

式中，$\boldsymbol{f}_{ij}^{\mathrm{ext}}$ 为外部加载应力场引起并作用于节点 i 上的力；$\boldsymbol{f}_{ij}^{\mathrm{self}}$ 为位错 $\boldsymbol{L}_{ij}$ 自身应力场引起并作用于节点 i 上的力；$\boldsymbol{f}_{ij}^{op}$ 为位错 $\boldsymbol{L}_{ij}$ 与位错 $\boldsymbol{L}_{op}$ 相互作用所引起并作用于节点 i 上的力。对于 $\boldsymbol{f}_{ij}^{\mathrm{ext}}$，如果所施加的面力导致金属晶体内形成了一个均匀的应力场 $\boldsymbol{\sigma}^{\mathrm{ext}}$，则 $\boldsymbol{f}_{ij}^{\mathrm{ext}}$ 可以通过下式进行计算：

$$\boldsymbol{f}_{ij}^{\mathrm{ext}}=\frac{1}{2}(\boldsymbol{\sigma}^{\mathrm{ext}}\cdot\boldsymbol{b}_{ij})\times\boldsymbol{\xi}_{ij} \tag{8.85}$$

对于 $\boldsymbol{f}_{ij}^{\mathrm{self}}$ 和 $\boldsymbol{f}_{ij}^{op}$，同样可以根据非奇异性连续体原理进行求解[11]。

8.3.3　位错的运动定律与时间积分

1. 基于晶格的位错离散化方法中位错的运动定律与时间积分

通常，在离散位错动力学模拟中，位错的运动方程可以表示为

$$\boldsymbol{v}_i=\boldsymbol{M}(\boldsymbol{f}_i^{\mathrm{total}}) \tag{8.86}$$

式中，$\boldsymbol{v}_i$ 为第 i 个位错线的速度；$\boldsymbol{f}_i^{\mathrm{total}}$ 为作用在第 i 个位错线单位长度上的力；$\boldsymbol{M}(\cdot)$ 为位错的运动定律。在离散位错动力学模拟中，位错的运动定律可视为作用在单位长度位错线上的总驱动力与其速度之间的本构方程[15,16]。基于位错运动定律，当作用在位错线上的等效驱动力确定后，即可确定位错线的运动速度。位错的运动主要依赖于位错类型、滑移方向、滑移面和温度。在基于晶格的位错离散化方法中，主要采用最简单的线性位错运动定律。

根据式（8.72）所求得的作用在第 i 个位错线上的总应力 $\boldsymbol{F}_i^{\mathrm{total}}$，可以求解得到作用在第 i 个位错线上的总分切应力 τ_i^{total} 以及驱动第 i 个位错线运动的等效分切应力 τ_i^*，两者之间的关系可表示为

$$\tau_i^*=\left|\tau_i^{\mathrm{total}}\right|-\tau^f \tag{8.87}$$

式中，τ^f 为材料的干摩擦应力，该参数在德拜温度以下与温度有关，并解释了与位错运动相关的耗散过程。基于式（8.87），第 i 个位错线的运动速度 $\boldsymbol{v}_i$ 可表示为

$$
\boldsymbol{v}_i=\begin{cases}\boldsymbol{0}, & \tau_i^*<0\\ \operatorname{sgn}(\tau_i^{\text{total}})\dfrac{\tau_i^*\boldsymbol{b}_i}{B}, & \tau_i^*>0\end{cases} \tag{8.88}
$$

式中，$\boldsymbol{b}_i$为第 i 个位错线的 Burgers 矢量；B 为黏阻力系数（对于纯金属，一般取 $B=10^{-5}\,\text{Pa}\cdot\text{s}$）。

一般而言，位错线具有等效质量，即位错线具有惯性力[17]。然而，晶格所固有的黏阻力要比位错的惯性力大几个数量级。因此，在准静态塑性变形过程中位错处于过阻尼状态。这意味着在整个运动方程中，可以忽略掉位错线的惯性力，位错线将以稳态速度运动。因此，可以采用显式欧拉向前积分法求解位错线的位置[6,9,18]，即

$$
\boldsymbol{r}_i(t+\Delta t)=\boldsymbol{r}_i(t)+\boldsymbol{v}_i(t)\Delta t \tag{8.89}
$$

式中，$\boldsymbol{r}_i$表示第 i 个位错线在整体位错结构中的位置。由于显式欧拉向前积分法的计算成本低，因此在大多数离散位错动力学模拟中得到广泛应用。在基于晶格的位错离散化方法中，为了保证显式欧拉向前积分法计算的精度与可靠性，需要对时间步长 Δt 进行限定。选定一个合适的时间步长 Δt，能够保证位错线在每个时间步长内平均运动距离大约为$\overline{l}/100$（$\overline{l}$ 为预先设定的位错线平均长度）。

2. 基于节点的位错离散化方法中位错的运动定律与时间积分

在基于节点的位错线离散化方法中，若采用式（8.86）所示的运动方程，速度场对每单位长度位错线上局部力的响应将违反线性位错线在运动过程中保持线性的约束。因此，较为合理的方法是定义一个作用在单位长度位错线上的局部黏阻力 $\boldsymbol{f}^{\text{drag}}$ 作为 $\boldsymbol{x}$ 点速度 $\boldsymbol{v}(\boldsymbol{x})$ 的函数，即

$$
\boldsymbol{f}^{\text{drag}}(\boldsymbol{x})=-\boldsymbol{M}^{-1}\big(\boldsymbol{v}(\boldsymbol{x})\big)=-\boldsymbol{B}\big(\boldsymbol{v}(\boldsymbol{x})\big) \tag{8.90}
$$

式中，$\boldsymbol{B}(\cdot)$ 为黏阻力方程。速度沿位错线线性变化的约束意味着不能在位错线上的任意点实现位错驱动力 $\boldsymbol{f}$ 与黏阻力 $\boldsymbol{f}^{\text{drag}}$ 之间的局部平衡。相反，可以在整个离散化的位错整体结构中的每个节点上弱施加驱动力与黏阻力平衡，即

$$
\boldsymbol{F}_i^{\text{total}}=-\boldsymbol{F}_i^{\text{drag}} \tag{8.91}
$$

其中，$\boldsymbol{F}_i^{\text{drag}}$ 为作用在第 i 个节点上的黏阻力，其表达式为

$$
-\boldsymbol{F}_i^{\text{drag}}\equiv\sum_j\left\|\boldsymbol{L}_{ij}\right\|\int_{-1/2}^{1/2}N(-k)\boldsymbol{B}_{ij}(\boldsymbol{v}_{ij}(k))\mathrm{d}k \tag{8.92}
$$

若假定位错离散化效果良好，则可以认为位错线上任意两个点的速度大致相同，即$\boldsymbol{V}_i\approx\boldsymbol{V}_j$、$\boldsymbol{v}_{ij}(k)\approx\boldsymbol{V}_i$。因此，结合式（8.91）与式（8.92），作用在第 i 个节点上的力 $\boldsymbol{F}_i^{\text{total}}$ 与节点速度$\boldsymbol{V}_i$之间的关系可表示为

$$\boldsymbol{F}_i^{\text{total}} \approx \frac{1}{2}\sum_j \left\|\boldsymbol{L}_{ij}\right\| \boldsymbol{B}_{ij}(\boldsymbol{V}_i) \tag{8.93}$$

结合式（8.77）和式（8.93），在作用于第 i 个节点上的力 $\boldsymbol{F}_i^{\text{total}}$ 已知的情况下，可以计算出节点的运动速度 $\boldsymbol{V}_i$。与基于晶格的位错离散化方法类似，同样可以通过显式欧拉向前积分法更新第 i 个节点上在下一时间步长的位置[6,9,18]，即

$$\boldsymbol{X}_i^{t+\Delta t} = \boldsymbol{X}_i^t + \boldsymbol{V}_i^t \Delta t \tag{8.94}$$

在基于节点的位错离散化方法中，为了保证计算的稳定性，显式欧拉向前积分法的时间步长的选取要受到 Courant 稳定条件的限制。对于模拟加工硬化这一现象，Courant 稳定条件所允许的时间步长通常过小，因而会出现较大误差。针对这一问题，可以替代显式欧拉向前积分法的时间积分方案是由欧拉向前法与欧拉向后法混合组成的隐式梯形法，即

$$\boldsymbol{X}_i^{t+\Delta t} = \boldsymbol{X}_i^t + \frac{1}{2}(\boldsymbol{V}_i^t + \boldsymbol{V}_i^{t+\Delta t})\Delta t \tag{8.95}$$

采用式（8.95）所示的隐式梯形法时，计算较为稳定。但在求解方程时需要迭代过程，可能涉及多个节点力和速度的计算，因此计算成本较高。

8.3.4　位错接触与位错反应

在极强的弹性相互作用下，两条位错线在极短的距离内相互接近时，它们之间可能发生反应生成新的位错或导致位错湮灭，以减小整体弹性能。无论生成新的位错，还是导致位错湮灭，都将显著影响位错整体结构的演化，进而影响金属晶体的力学性能。因此，如何精确、有效地检测位错接触和处理位错反应是离散位错动力学模拟计算中非常关键的问题。

在早前的研究中，学者为了处理位错接触而提出了一系列的算法。其中，最简单且最为常用的是基于贴近度的算法（proximity-based algorithm）[19]，该算法的基本原理如下：如果两条位错在用户自定义的最小距离内，它们将发生接触反应；如果在一个时间步长内位错运动的距离过大，该方法将无法检测位错线是否接触。另外一种方法为碰撞检测算法（collision detection algorithm）[19]，用以在给定的时间间隔内检测两条位错线是否相互接触。该算法存在如下三种模式：第一种模式是预测型碰撞检测法，即在下一个时间步长前，执行相应的位错拓扑变化；第二个模式是精确型碰撞检测法，即限制时间步长大小，以便在下一时间步长结束时位错发生碰撞；第三个模式是回溯型碰撞检测法，即在一个时间步长结束后，检查并处理位错碰撞。碰撞检测算法并不适用于处理模拟加工硬化现象，原因在于模拟加工硬化的主要目的是模拟计算大量的塑性应变，检测位错的碰撞并做出相应的拓扑变化十分关键，因而忽略了单独的位错碰撞细节。

对于位错间的碰撞，主要分为两种可能模式，即同一滑移面的位错碰撞和不

同滑移面的位错碰撞。基于上述方法，当检测到位错相互碰撞后，需要判断位错之间是否发生反应并形成新位错，或者是否分离开来并继续滑移。如果位错之间发生反应，模拟程序必须依据 Frank 能量判据来判断形成位错的可能性。具体位错间的反应如下文所述。

在同一滑移面内，两条具有相同的 Burgers 矢量和相反的位错方向的位错 $\boldsymbol{S}_1$ 和 $\boldsymbol{S}_2$ 碰撞并发生反应时，将会发生位错湮灭，如图 8.28（a）所示。然而，两条具有不同 Burgers 矢量的位错 $\boldsymbol{S}_1$ 和 $\boldsymbol{S}_2$ 碰撞并发生反应时，将会形成 Burgers 矢量为 $\boldsymbol{b}_3=\boldsymbol{b}_1+\boldsymbol{b}_2$ 的位错 $\boldsymbol{S}_3$，如图 8.28（b）所示。相对于同一滑移面内的位错反应，在塑性变形过程中不同滑移系的位错同样会相互碰撞并发生反应。其中，典型的位错反应包括形成 Lomer 位错锁（dislocation lock）[8,20]、形成 Hirth 位错锁[18,21]、形成可动位错[22,23]和发生共线湮灭[24,25]。

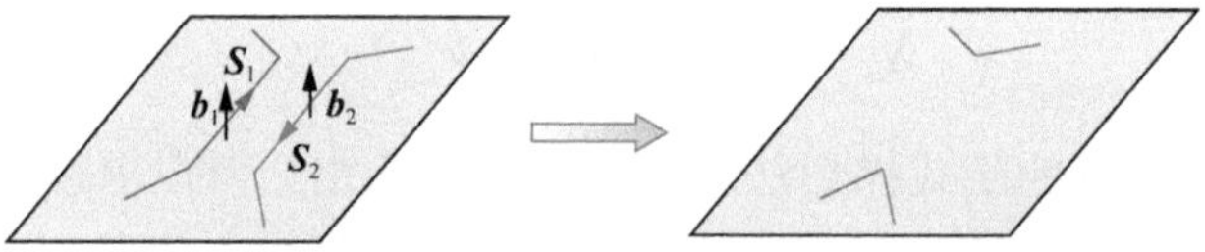

（a）位错湮灭

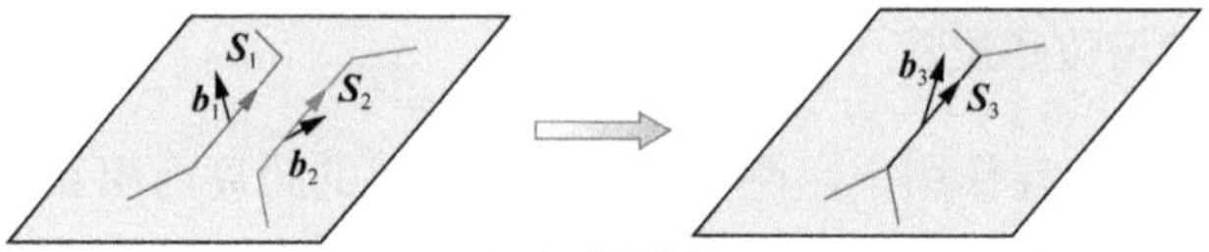

（b）形成位错$\boldsymbol{S}_3$

图 8.28　同一滑移面内的两条位错 $\boldsymbol{S}_1$ 和 $\boldsymbol{S}_2$ 发生反应示意图

在面心立方晶体中，在相互交截的{111}面上的位错在滑移过程中可能会发生反应，形成不可动位错。不可动位错能够成为其他位错滑移的障碍，在晶体的加工硬化及断裂过程中起到重要作用。面心立方晶体中最为典型的不可动位错为 Lomer 位错锁，形成过程如下。如图 8.29（a）和图 8.29（b）所示，两条全位错 $\boldsymbol{S}_1$ 和 $\boldsymbol{S}_2$ 分别处于滑移面 (111) 和 $(\bar{1}11)$ 上，Burgers 矢量分别为 $\frac{1}{2}[\bar{1}10]$ 和 $\frac{1}{2}[101]$，且均平行于两个滑移面的交线。当两条位错滑移至两个滑移面交线处时，两者发生反应生成另一个方向为 $[0\bar{1}1]$、滑移面为 (100) 的纯刃型位错 $\boldsymbol{S}_3$，其 Burgers 矢量可表示为

$$\frac{1}{2}[\bar{1}10]+\frac{1}{2}[101]=\frac{1}{2}[011] \tag{8.96}$$

利用 Thompson 四面体表示位错 $\boldsymbol{S}_1$ 和 $\boldsymbol{S}_2$ 的合并反应，即 BD（面 BCD 上）加上 DA（面 ACD 上）等于 BA，如图 8.29（c）所示。由于纯刃型位错 $\boldsymbol{S}_3$ 不能在任意{111}滑移面上运动，所以该位错为不可动位错。此种不可动位错称为 Lomer 位错锁。

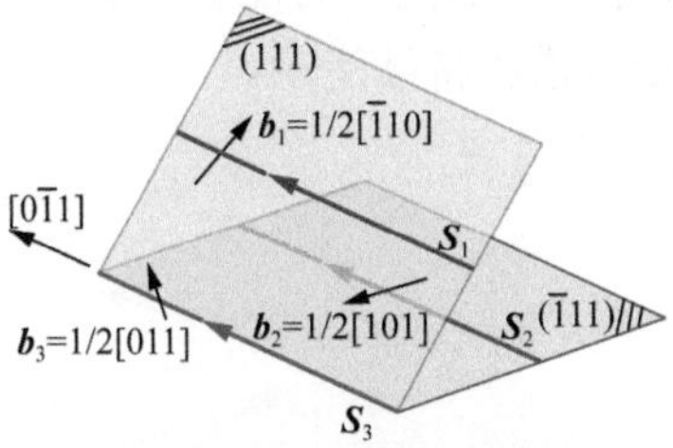

（a）位错S_1和S_2反应生成位错S_3

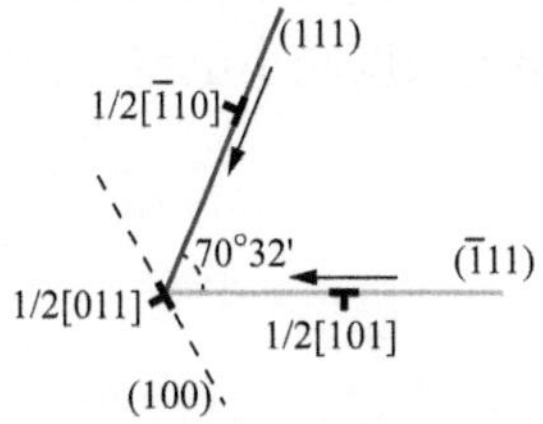

（b）图(a)沿[0$\bar{1}$1]方向的投影图

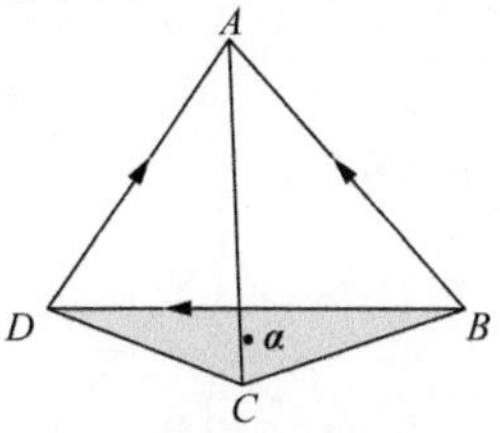

（c）Thompson四面体

图 8.29　Lomer 位错锁形成示意图

在不改变b^2大小的情况下，如果初始位错的 Burgers 矢量合适，两条位错发生反应将生成另外的不可动位错。图 8.29（c）中，*ABC* 平面上 Burgers 矢量为 *AC* 的位错与 *ABD* 平面上 Burgers 矢量为 *DB* 的位错，即 Burgers 矢量分别为$\frac{1}{2}[110]$和$\frac{1}{2}[1\bar{1}0]$的初始位错 $\boldsymbol{S}_1$ 和 $\boldsymbol{S}_2$ 发生反应时，所形成位错 $\boldsymbol{S}_3$ 的 Burgers 矢量为

$$\frac{1}{2}[110]+\frac{1}{2}[1\bar{1}0]=[100] \tag{8.97}$$

Burgers 矢量为[100]的位错 $\boldsymbol{S}_3$ 不能在任意{111}滑移面上运动，因此该位错为不可动位错，也称为 Hirth 位错锁。

在面心立方晶体中，位错反应还可以生成可动位错。如图 8.30（a）和图 8.30（b）所示，滑移面$(11\bar{1})$上 Burgers 矢量为$\frac{1}{2}[011]$的位错 $\boldsymbol{S}_1$ 与滑移面(111)上 Burgers 矢量为$\frac{1}{2}[1\bar{1}0]$的林位错 $\boldsymbol{S}_2$ 在弹性相互作用下发生反应，并沿两个滑移面的交线生成位错 $\boldsymbol{S}_3$，其 Burgers 矢量为

$$\frac{1}{2}[011]+\frac{1}{2}[1\bar{1}0]=\frac{1}{2}[101] \tag{8.98}$$

从对应的 Thompson 四面体图 8.30（c）中可以看出，该过程的 Burgers 矢量反应为：*DC*（面 *BCD* 上）加上 *CB*（面 *ABC* 上）等于 *DB*（面 *BCD* 上）。因此，位错 $\boldsymbol{S}_1$ 和 $\boldsymbol{S}_2$ 反应生成的位错 $\boldsymbol{S}_3$ 可以在面 *BCD*（即$(11\bar{1})$面）上滑移。然而，位错

S_3的滑移受林位错S_2端点的抑制。因此除非所施加的应力能够克服位错能的减少，并将可动位错的长度减小至零，否则可动位错将持续运动。

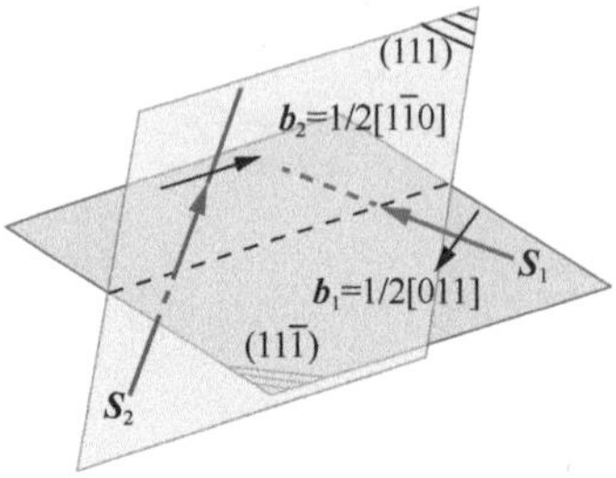

（a）反应前的位错S_1和林位错S_2

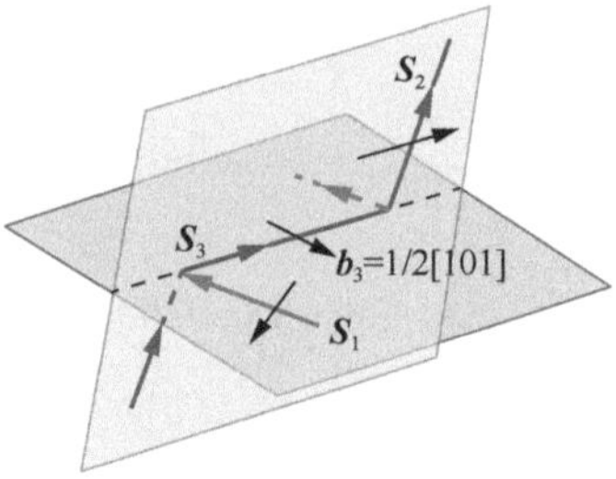

（b）反应后生成可动位错S_3

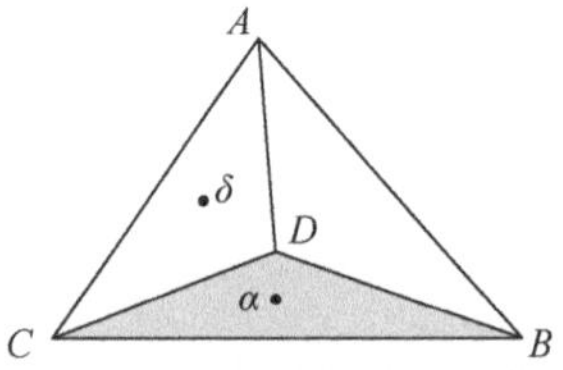

（c）Thompson四面体

图 8.30　位错反应生成可动位错示意图

对于位错的共线湮灭反应，该过程由图 8.31 给出。如图 8.31（a）所示，两条具有相同 Burgers 矢量的位错 *MM'*和 *NN'*在同一投影面上的方向相反，这两条位错在弹性应力场引力的作用下发生交割。交割部分的位错段因方向相反，将沿着两个滑移面的交线发生共线湮灭，由此形成两条新的位错 *MN'*和 *NM'*，如图 8.31（b）所示。

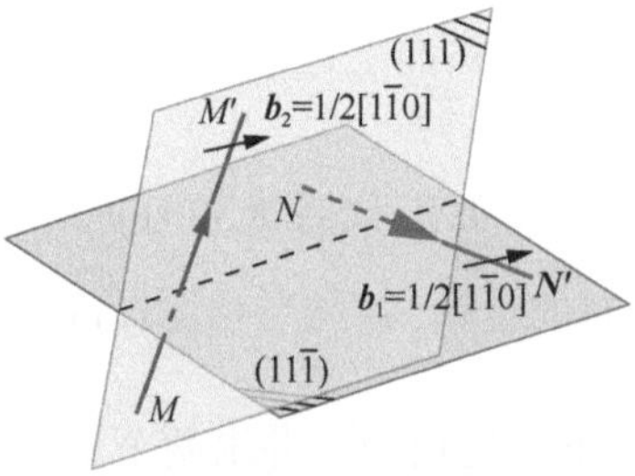

（a）反应前的位错

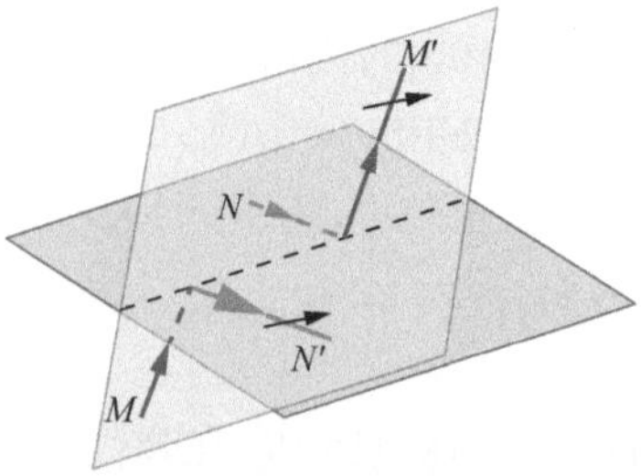

（b）反应后的位错

图 8.31　位错共线湮灭示意图

体心立方晶体中的位错同样能够发生反应，生成新的位错或发生位错湮灭。Bulatov 等[26]通过离散位错动力学模拟针对体心立方晶体中的位错反应进行了研究，发现三条位错相互作用产生了多重位错，具体过程如下。滑移面$(01\bar{1})$上的

Burgers 矢量为$\frac{1}{2}[\bar{1}11]$的位错 1 与滑移面$(10\bar{1})$上 Burgers 矢量为$\frac{1}{2}[1\bar{1}1]$的位错 2 发生交割，如图 8.32（a）所示。在弹性相互作用下，位错 1 与位错 2 发生反应生成沿[111]方向的位错 AB，如图 8.32（b）所示，其 Burgers 矢量为

$$\frac{1}{2}[\bar{1}11]+\frac{1}{2}[1\bar{1}1]=[001] \tag{8.99}$$

这种位错的强度以及出现的频率将显著影响金属晶体的应变硬化。若外部施加的应力足够大，位错 AB 将发生分解，如图 8.32（c）所示。

如果在位错 AB 分解前，滑移面$(1\bar{1}0)$上一条 Burgers 矢量为$\frac{1}{2}[11\bar{1}]$的位错与其相互作用，将出现一个更为复杂的位错结构，即多重位错，如图 8.32（d）和图 8.32（e）所示。对于这种现象，该反应过程如下：

$$[001]+\frac{1}{2}[11\bar{1}]=\frac{1}{2}[111] \tag{8.100}$$

因此，位错 4 为[111]螺型位错。该过程同样可看作三条位错相互作用生成一条位错：

$$\underset{\boldsymbol{b}_1}{\frac{1}{2}[\bar{1}11]}+\underset{\boldsymbol{b}_2}{\frac{1}{2}[1\bar{1}1]}+\underset{\boldsymbol{b}_3}{\frac{1}{2}[11\bar{1}]}=\underset{\boldsymbol{b}_4}{\frac{1}{2}[111]} \tag{8.101}$$

由于位错整体的弹性能与$\|\boldsymbol{b}\|^2$成正比，生成多重位错反应前后弹性能的比值为

$$(\|\boldsymbol{b}_1\|^2+\|\boldsymbol{b}_2\|^2+\|\boldsymbol{b}_3\|^2)/\|\boldsymbol{b}_4\|^2=3 \tag{8.102}$$

而生成双位错反应前后弹性能的比值为

$$(\|\boldsymbol{b}_1\|^2+\|\boldsymbol{b}_2\|^2)/\|\boldsymbol{b}_3\|^2=1.5 \tag{8.103}$$

由此可见，多重位错导致弹性能显著减小。

值得注意的是，多重位错受节点的限制。因此，随着施加应力的增加，多重位错可作为位错增殖的 Frank-Read 位错源，如图 8.32（f）所示。位错动力学模拟和透射电镜试验表明，这种多重位错在金属塑性变形过程中较为常见，并且证实多重位错是其他位错滑移的强障碍。

对于相互交割的位错分离开来这一情况，Bulatov 和 Cai[27]基于能量耗散最大化原理，将能量耗散率近似为节点力与速度的点积，对比交割节点和分离后节点的能量耗散率的大小关系，判断交割的位错是否分离。假设两条位于不同滑移面的位错于节点 i 处相互交割，则在节点 i 的能量耗散率为

$$\dot{Q}_i=\boldsymbol{f}_i\cdot\boldsymbol{v}_i \tag{8.104}$$

当节点 i 分离成两个节点 P 和 Q 时，计算出两个新节点的节点力 $\boldsymbol{f}_P$ 和 $\boldsymbol{f}_Q$ 以及相应的速度 $\boldsymbol{v}_P$ 和 $\boldsymbol{v}_Q$，则两个新节点的能量耗散率为

$$\dot{Q}_{PQ} = \boldsymbol{f}_P \cdot \boldsymbol{v}_P + \boldsymbol{f}_Q \cdot \boldsymbol{v}_Q \tag{8.105}$$

若 $\dot{Q}_{PQ} > \dot{Q}_i$，则相互交割于节点 i 的两条位错将分离。

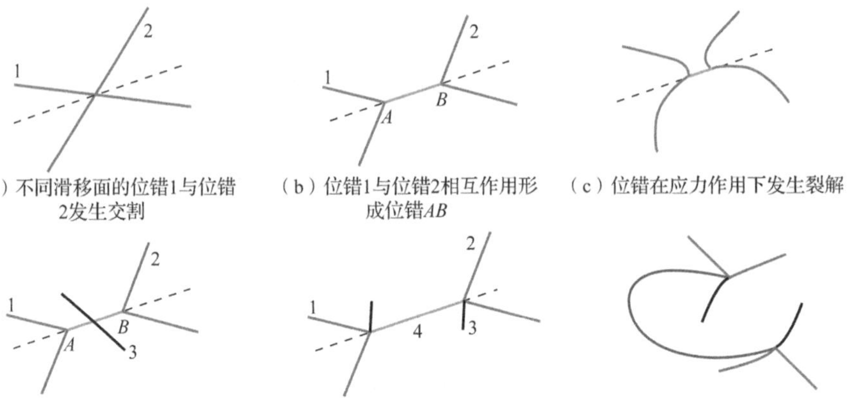

（a）不同滑移面的位错1与位错2发生交割　（b）位错1与位错2相互作用形成位错AB　（c）位错在应力作用下发生裂解

（d）位错3与位错AB发生位错交割　（e）位错3与位错AB相互作用生成多重位错　（f）多重位错作为位错增殖的Frank-Read位错源

图 8.32　体心立方晶体中的位错反应示意图[26]

8.3.5　位错交滑移发生的概率

位错的交滑移是一种热激活过程[28]。这意味着螺型位错的交滑移伴随着能量势垒，该能量势垒可以通过热波动来克服。可以通过 Arrhenius 关系式近似表示交滑移发生的概率[29]，即

$$R=v_0 \exp(-\frac{E_b}{kT}) \tag{8.106}$$

式中，E_b 为能量势垒；k 为 Boltzmann（玻尔兹曼）常数；T 为热力学温度；v_0 为尝试频率，其可表示为

$$v_0=v_D(L / L_0) \tag{8.107}$$

其中，v_D 为 Debye 频率；L 为位错线长度；L_0 为参考长度。因此，为了确定在特定温度下交滑移发生的概率，只需要确定能量势垒与尝试频率。通常可以采用原子尺度模拟以确定这些参数，可以发现能量势垒对局部应力状态十分敏感。

8.3.6　边界条件

与任何初始边界值问题相同，需要说明边界条件才能获得一个定义明确的问题。如图 8.33 所示，在离散位错动力学模拟中使用的边界条件包括三种，即无限域边界条件、周期性边界条件和非均匀边界条件。

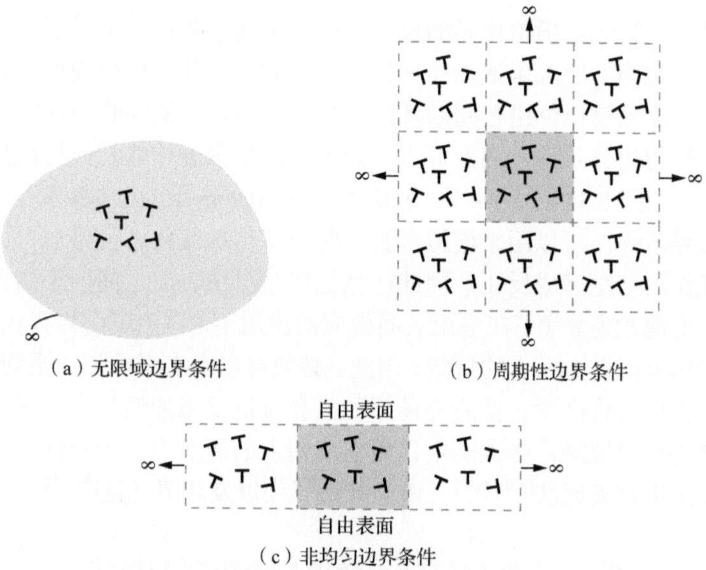

（a）无限域边界条件
（b）周期性边界条件
（c）非均匀边界条件

图 8.33　不同边界条件示意图

无限域边界条件是最简单的一种边界条件，代表位错处于无限域介质中，如图 8.33（a）所示。在任何方向执行无限域边界条件时，只需要允许位错可以沿该方向滑移任意的距离。对于各向同性、均质和无限大的介质，位错线的应力表达式是已知的，因此可以很容易地获取。一般模拟少量孤立位错在塑性变形过程中的演化行为采用无限域边界条件。

虽然无限域边界条件为远离自由表面的位错滑移行为提供了合理的模型，但在有限平均位错密度的无限介质中追踪位错的演化在计算上是不可行的。这使得无限域边界条件只能应用于理想的测试案例。与之相反，周期性边界条件可应用于模拟无限域介质中存在非零平均位错密度的案例。对于周期性边界条件，模拟体代表一个在任意方向无限扩展的超级单元，如图 8.33（b）所示。因此，周期性边界条件能够减小模拟体中的边界效应。早期的研究表明，周期性边界条件能够有效平衡模拟体边界上位错的数量以及施加力学平衡。为了在模拟中采用周期性边界条件，必须计算无限个周期镜像单元中每条位错线所产生的总应力场，以确定位错驱动力。在实际模拟中，只考虑有限数量的镜像单元，但必须保证由此确定的应力场是准确的，能够满足收敛要求[30,31]。然而，使用周期性边界条件模拟位错环在模拟体中的扩展时，位错环将与自身的镜像产生非常强的相互作用，可能会导致发生位错环的伪湮灭[32]。针对这种问题，一般所采取的解决办法是旋转模拟体或使模拟体变形，以使位错在重新进入基本单元时，位错的滑移面发生改变[33]。周期性边界条件一般应用于模拟块体材料中位错结构的演化。在用周期性边界条件进行模拟时，模拟单元的尺寸是一个重要参数，任何长度大于模拟单元宽度的位错结构都不能准确地描述位错演化行为。此外，如果模拟单元的尺寸过小，则不能够准确模拟位错之间以及位错与自身周期性镜像的相互作用。

对于非均匀边界条件，例如自由表面条件，是由于一些几何特征打破了模拟体的均匀性。如图 8.33（c）所示，模拟体上下两面采用自由边界条件，其他面采用周期性边界条件，可以用来模拟薄膜中的位错结构演化。位错与自由表面之间的弹性相互作用与距离成反比。因此，当位错与自由表面之间的距离很小时，自由表面效应变得尤为显著。在自由表面效应的作用下，自由表面将存在非零面力，这违反了自由表面上无面力的规定。因此，必须对自由表面施加一系列的镜像力。同时，这些镜像力将产生镜像应力场，并且会对位错施加镜像力。因此，采用自由边界条件进行模拟时，必须确定作用在位错上的镜像力。一般情况下，镜像力的计算可以采用有限元法[5,8,34,35]、傅里叶法[36-38]以及边界元法[39-41]。

8.4　离散位错动力学模拟应用案例简述

Fan 等[42]采用三维离散位错动力学研究了具有微孪晶的多晶镁的塑性变形。他们提出了一种位错与{10$\bar{1}$2}拉伸孪晶界相互作用模型，并将该模型引入三维离散位错动力学框架中。在模拟过程中，他们采用一个立方体模拟域代表多晶镁中的一个典型晶粒（图 8.34），对该立方体模拟域的三个方向都施加周期性边界条

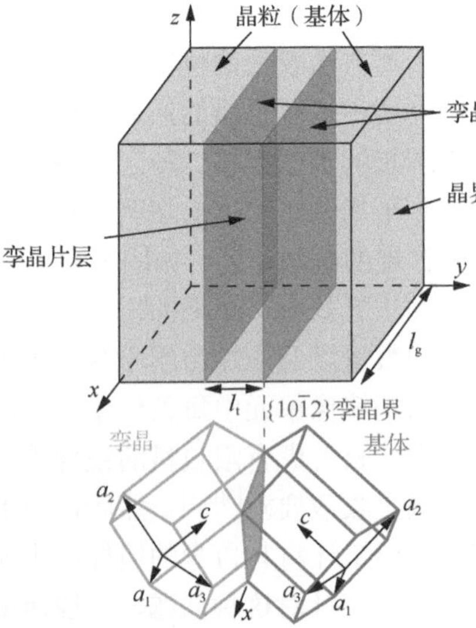

图 8.34　包含孪晶界和晶界的多晶镁离散位错动力学模拟域示意图[42]

件。另外，在模拟过程中，具有密排六方结构金属镁的可能滑移系都被考虑了，而且交滑移机制作为塑性变形过程中的应变硬化机制。模拟过程中所需要的金属镁的材料常数如下：剪切模量为 17GPa，泊松比为 0.29，Burgers 矢量大小为 0.325nm，轴比 c/a 为 1.6236，质量密度为 1738kg/m^3。模拟中采用单轴应变加载，加载应变速率为 $\dot{\varepsilon}$=5000s^{-1}。在模拟初期，Frank-Read 位错源被随机分布在模拟域中。在所有模拟中，初始位错源密度均设为 $5\times10^{12}\,\mathrm{m}^{-2}$，Frank-Read 位错源的长度为 0.26μm。离散位错动力学模拟采用 Paradis 模拟软件来实现。

图 8.35 为 Fan 等[42]基于离散位错动力学模拟获得的在不同加载方式下具有不同孪晶分数的多晶镁的工程应力-应变曲线。从图 8.35（a）中可以看出，沿 yz 方向压缩加载时，屈服应力随着孪晶体积分数的增加而增加，直到孪晶体积分数为 0.7 时，屈服应力达到最大值。然而，当沿 yz 方向拉伸加载时，多晶镁的工程应力-应变曲线却表现出了不同的特征。当孪晶体积分数小于 0.2 时，屈服应力随着孪晶体积分数的增加而增加，但当孪晶体积分数大于 0.2 时，屈服应力随着孪晶体积分数的增加而减小，如图 8.35（b）所示。综合离散位错动力学相关模拟结果表明，在多晶镁塑性变形过程中，存在三种硬化机制，即孪晶演变导致晶粒细化的 Hall-Petch 效应、孪晶剪切导致的可动位错向固定位错的转变以及孪晶硬取向诱发的织构硬化。图 8.36 的模拟结果给出了大量固定位错残留在孪晶界上的例子。

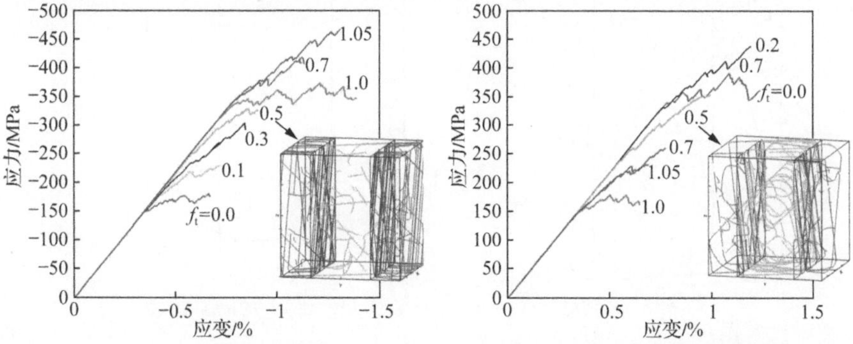

（a）沿 yz 方向压缩加载　　　　（b）沿 yz 方向拉伸加载

图 8.35　不同加载方式下具有不同孪晶分数的多晶镁的工程应力-应变曲线[42]

Motz 等[20]采用三维离散位错动力学模拟，研究了初始位错结构对金属铝微观尺度塑性的影响。模拟域采用方形截面，其厚度 t、宽度 w 和长度 l 的比值为 t：w：l=1：1：2，其厚度 t 的取值范围为 $0.5\mu\mathrm{m}\leqslant t\leqslant1.0\mu\mathrm{m}$。对于面心立方金属铝的所有四个滑移面，均采用(001)[010]立方取向，而且确保交滑移在所有可能的交滑移面上发生。模拟过程中所需要的金属铝的材料常数如下：剪切模量为 27GPa，泊松比为 0.347，晶格常数为 0.325nm。初始位错结构由均匀分布的位错环组成，经弛豫后用于模拟单轴拉伸过程中位错结构的变化，如图 8.37 所示。模拟时，在模拟域的上下表面沿着拉伸加载方向施加位移边界条件，加载应变速率为 $\dot{\varepsilon}$=5000s^{-1}。

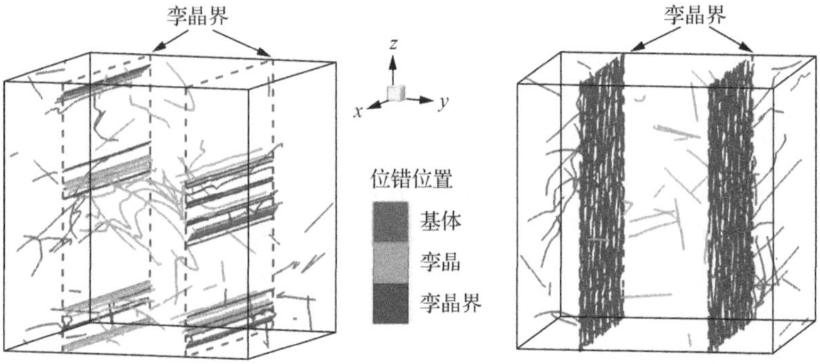

（a）沿y方向加载　　（b）沿yz方向加载

图 8.36　基于离散位错动力学模拟的不同加载方向孪晶镁中的位错构形

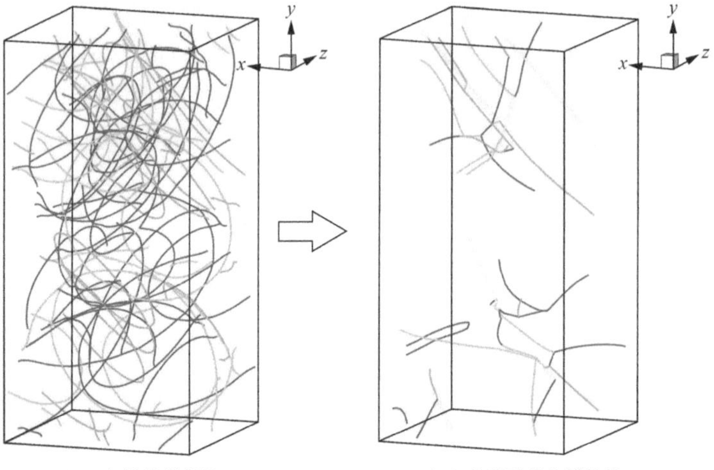

（a）初始位错结构　　（b）弛豫后的位错结构

图 8.37　用于弛豫的初始位错结构及弛豫后的平衡位错结构[20]

模拟结果表明，在塑性变形的初期，自由位错的运动将导致微塑性，位错运动过程如图 8.38（a）所示。此外，在变形过程中，可以观察到位错结构中存在不同类型的位错源，具体包括动态和静态 Frank-Read 位错源以及动态和静态螺型位错源，如图 8.38（b）～图 8.38（d）所示。以上位错源可由交滑移诱发或由一系列位错反应诱发。模拟结果表明，从小尺寸试样到大尺寸试样，位错源发生了转变。在小尺寸试样中，通常以静态螺型位错源为主。随着试样尺寸的增加，试样中位错发生反应的概率增加，因此大尺寸试样中更容易出现动态位错源。如图 8.39 所示，在相同塑性应变间隔内，宽度为 0.5μm 小尺寸试样中存在四个静态位错源，相比之下，在宽度为 1.0μm 大尺寸试样中存在大量静态位错源以及动态位错源。同时，由于位错源的转变，试样的平均流动应力表现出显著的尺寸效应，即较小尺寸试样具有较高的平均流动应力。

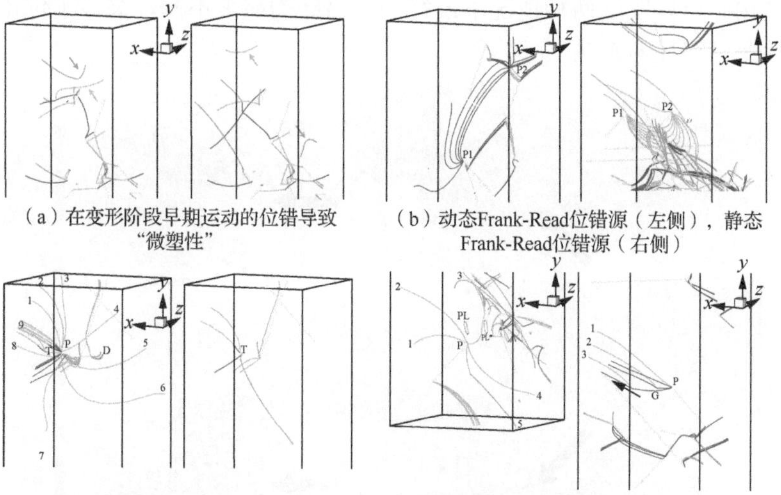

（a）在变形阶段早期运动的位错导致“微塑性”

（b）动态Frank-Read位错源（左侧），静态Frank-Read位错源（右侧）

（c）动态螺型位错源的变化（左侧），动态螺型位错源的分离（右侧）

（d）静态螺型位错源的变化（左侧），单臂螺型位错源的形成（右侧）

图 8.38　变形过程中位错结构图[20]

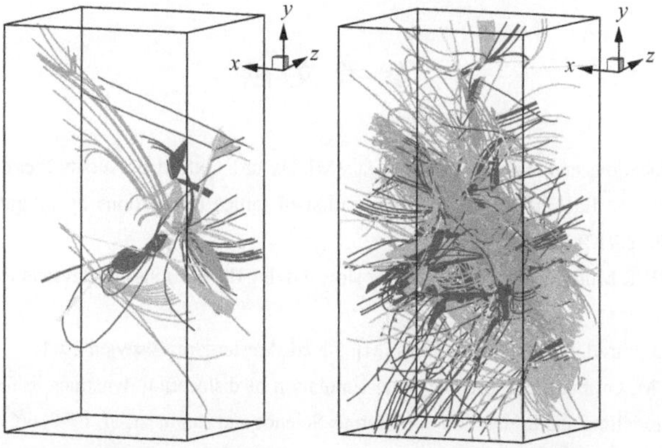

（a）宽度为0.5μm的试样　（b）宽度为1.0μm的试样

图 8.39　基于不同试样尺寸的在相同塑性应变间隔内位错源变化对比图[20]

Dang 等[43]通过分子动力学模拟研究了非 Schmid 应力对金属铝中位错运动速度的影响程度。然后，将这些描述位错运动定律形式的原子数据纳入离散位错动力学框架，并进行了离散位错动力学模拟，以表明局部应力状态对位错运动和位错结构演化的重要性。模拟过程中采用两种不同的位错运动定律用于研究位错的结构演化。第一个位错运动定律为特征角运动定律（character angle mobility law），该定律将线性和非线性部分的力-速度关系仅描述为位错特征角的函数；另外一种位错运动定律为全运动定律（full mobility law），该运动定律包括了位错特征角和局部应力状态。图 8.40 给出了初始位错结构以及在轴向应变达到 0.2%和 0.4%时的位错结构。可以发现两种情况下最终的位错结构显著不同，突显了位错运动定律对塑性变形路径的影响。

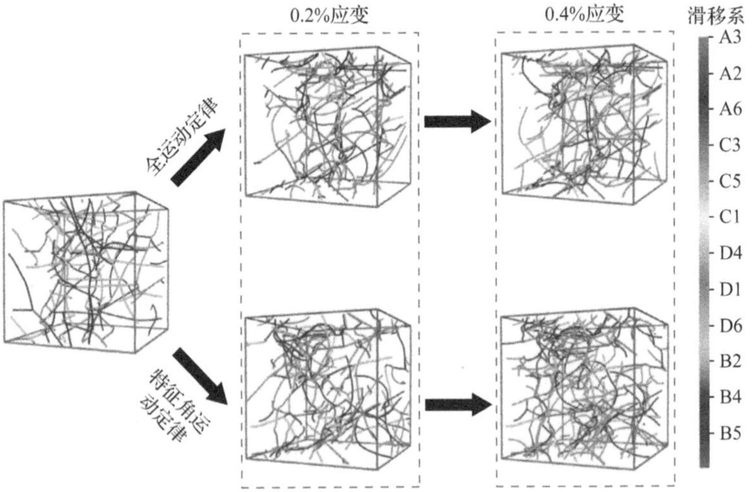

图 8.40　相同初始位错结构在采用不同位错运动定律时获得的位错组态[43]

参考文献

[1] Cottrell A H. Dislocations and plastic flow in crystals[M]. Oxford: Oxford University Press, 1953.

[2] Gleiter H, Mahajan S, Bachmann K J. The generation of lattice dislocations by migrating boundaries[J]. Acta Metallurgica, 1980, 28(12):1603-1610.

[3] Frank F C, Read W T. Multiplication processes for slow moving dislocations [J]. Physical Review, 1950, 79: 722-723.

[4] Hull D, Bacon D J. Introduction to dislocations [M]. 5th ed. Amsterdam: Elsevier, 2011.

[5] Verdier M, Fivel M, Groma I. Mesoscopic scale simulation of dislocation dynamics in fcc metals: Principles and applications[J]. Modelling and Simulation in Materials Science and Engineering, 1998, 6(6): 755-770.

[6] Devincre B, Madec R, Monnet G, et al. Modeling crystal plasticity with dislocation dynamics simulations: The "microMegas" code[M]. Paris: Presses de l'Ecole des Mines de Paris, 2011.

[7] Rhee M, Zbib H, Hirth J, et al. Models for long-/short-range interactions and cross slip in 3D dislocation simulation of BCC single crystals[J]. Modelling and Simulation in Materials Science and Engineering, 1998, 6(4):467-492.

[8] Weygand D, Friedman L, Giessen V, et al. Aspects of boundary value problem solutions with three-dimensional dislocation dynamics[J]. Modelling and Simulation in Materials Science and Engineering, 2002, 10(4): 437-468.

[9] Arsenlis A, Cai W, Tang M, et al. Enabling strain hardening simulations with dislocation dynamics[J]. Modelling and Simulation in Materials Science and Engineering, 2007, 15(6): 553-595.

[10] Schwarz W. Simulation of dislocations on the mesoscopic scale. I. Methods and examples[J]. Journal of Applied Physics, 1999, 85(1): 108-119.

[11] Cai W, Arsenlis A, Weinberger C R, et al. A non-singular continuum theory of dislocations[J]. Journal of the Mechanics and Physics of Solids, 2006, 54(3): 561-587.

[12] Yin J, Barnett D M, Cai W. Efficient computation of forces on dislocation segments in anisotropic elasticity[J]. Modelling and Simulation in Materials Science and Engineering, 2010, 18(4): 045013.

[13] Gavazza S D, Barnett D M. The self-force on a planar dislocation loop in an anisotropic linear-elastic medium[J]. Journal of the Mechanics and Physics of Solids, 1976, 24(4):171-185.

[14] Mohles V. Simulations of dislocation glide in overaged precipitation-hardened crystals[J]. Philosophical Magazine A, 2001, 81(4): 971-990.

[15] Dang K, Darshan B, Laurent C, et al. Mobility of dislocations in aluminum: The role of non-Schmid stress state[J]. Acta Materialia, 2020, 185: 420-432.

[16] Cai W, Bulatov V V. Mobility laws in dislocation dynamics simulations[J]. Materials Science & Engineering A, 2004, 387(1): 277-281.

[17] Kubin L. Dislocations, mesoscale simulations and plastic flow[M]. Oxford: Oxford University Press, 2013.

[18] Liu B, Raabe D, Roters F, et al. Interfacial dislocation motion and interactions in single-crystal superalloys[J]. Acta Materialia, 2014, 79: 216-233.

[19] Sills R B, Aghaei A, Cai W. Advanced time integration algorithms for dislocation dynamics simulations of work hardening[J]. Modelling and Simulation in Materials Science and Engineering, 2016, 24(4): 045019.

[20] Motz C, Weygand D, Senger J, et al. Initial dislocation structures in 3-D discrete dislocation dynamics and their influence on microscale plasticity[J]. Acta Materialia, 2009, 57(6): 1744-1754.

[21] Carrez P, Cordier P, Devincre B, et al. Dislocation reactions and junctions in MgO[J]. Materials Science & Engineering A, 2005, 400(1) 325-328.

[22] Verdhan N, Kapoor R. Interaction of dislocations with low angle tilt boundaries in fcc crystals[J]. Computational Materials Science, 2015, 98:149-157.

[23] Stricker M, Weygand D. Dislocation multiplication mechanisms—Glissile junctions and their role on the plastic deformation at the microscale[J]. Acta Materialia, 2015, 99: 130-139.

[24] Stricker M, Sudmanns M, Schulz K, et al. Dislocation multiplication in stage II deformation of fcc multi-slip single crystals[J]. Journal of the Mechanics and Physics of Solids, 2018, 119: 319-333.

[25] Devincre B, Hoc T, Kubin L P. Collinear interactions of dislocations and slip systems[J]. Materials Science & Engineering A, 2005, 400(1): 182-185.

[26] Bulatov V V , Hsiung L L, Tang M, et al. Dislocation multi-junctions and strain hardening[J]. Nature, 2006, 440(7088): 1174-1178.

[27] Bulatov V V, Cai W. Computer simulations of dislocations[M]. New York: Oxford University Press, 2006.

[28] Püschl W. Models for dislocation cross-slip in close-packed crystal structures: A critical review[J]. Progress in Materials Science, 2002, 47(4): 415-461.

[29] Kocks U F, Argon A S, Ashby M F. Thermodynamics and kinetics of slip[J]. Progress in Materials Science, 1975, 19: 141-145.

[30] Kuykendall W P, Cai W. Conditional convergence in two-dimensional dislocation dynamics[J]. Modelling and Simulation in Materials Science and Engineering, 2013, 21(5): 055003.

[31] Cai W, Bulatov V V, Chang J P, et al. Periodic image effects in dislocation modeling[J]. Philosophical Magazine, 2003, 83(5), 539-567.

[32] Schwarz, K W. Three-dimensional vortex dynamics in super fluid ^{4}He: Homogeneous superfluid turbulence[J]. Physical Review B, 1988, 38(4):2398-2417.

[33] Madec R, Devincre B, Kubin L P. IUTAM symposium on mesoscopic dynamics of fracture process and materials strength[M]. Berlin: Springer, 2004.

[34] Yasin H, Zbib H M, Khaleel M A. Size and boundary effects in discrete dislocation dynamics: Coupling with continuum finite element[J]. Materials Science & Engineering A, 2001, 309-310: 294-299.

[35] van der Giessen E, Needleman A. Discrete dislocation plasticity: A simple planar model[J]. Modelling and Simulation in Materials Science and Engineering,1995, 3(5): 689-735.

[36] Weinberger C R, Cai W. Computing image stress in an elastic cylinder[J]. Journal of the Mechanics and Physics of Solids, 2007, 55(10): 2027-2054.

[37] Weinberger C R, Aubry S, Lee S W, et al. Modelling dislocations in a free standing thin film[J]. Modelling and Simulation in Materials Science and Engineering, 2009, 17(7): 075007.

[38] Gao S, Fivel M, Ma A,et al. Influence of misfit stresses on dislocation glide in single crystal superalloys: A three-dimensional discrete dislocation dynamics study[J]. Journal of the Mechanics and Physics of Solids, 2015, 76: 276-290.

[39] Fivel M C, Gosling T J, Canova G R. Implementing image stresses in a 3D dislocation simulation[J]. Modelling and Simulation in Materials Science and Engineering, 1996, 4(6): 581-596.

[40] Hartmaier A, Fivel M C, Canova M C, et al. Image stresses in a free-standing thin film[J]. Modelling and Simulation in Materials Science and Engineering, 1999, 7(5): 781-793.

[41] Khraishi T A, Zbib H M. Free-surface effects in 3D dislocation dynamics: Formulation and modeling[J]. Journal of Engineering Materials and Technology, 2002, 124(3): 342-351.

[42] Fan H D, Aubry S, Arsenlis A, et al. The role of twinning deformation on the hardening response of polycrystalline magnesium from discrete dislocation dynamics simulations[J]. Acta Materialia, 2015, 92: 126-139.

[43] Dang K, Bamney D, Capolungo L, et al. Mobility of dislocations in aluminum: The role of non-Schmid stress state[J]. Acta Materialia, 2020, 185:420-432.

第 9 章　金属塑性变形分子动力学模拟

9.1　金属塑性变形分子动力学模拟理论基础

9.1.1　基本原理

在金属塑性变形分子动力学（molecular dynamics, MD）模拟中，将被研究的金属材料看成由 N 个原子组成的粒子系统，并忽略这些粒子的内部结构而将它们假设为一个个质点，其运动满足牛顿运动定律。在此基础上，通过输入的原子间作用势函数（potential function）、初始条件、边界条件（boundary condition）和热力学状态计算出系统在每一时刻下单个原子所受的作用力和原子能量，再代入牛顿运动方程求解出原子的速度和位置，从而得到系统中各个原子的运动轨迹。通过对足够数量的原子在足够长时间的计算结果进行统计平均，就能得到金属材料类似于宏观意义上的物理量和力学量[1]。

9.1.2　运动方程

在体积为 V 的金属体系中有 N 个原子，为了确定原子集合在运动过程中任意时刻的构形，需要确定 $3N$ 个位置 $\{\boldsymbol{r}_1,\cdots,\boldsymbol{r}_{3N}\}$ 以及 $3N$ 个速度 $\{\boldsymbol{v}_1,\cdots,\boldsymbol{v}_{3N}\}$。另外，可以用两个重要的物理量来描述该体系的总体状态，一个物理量是总动能（total kinetic energy）[2]，即

$$K=\frac{1}{2}\sum_{i=1}^{3N}m_i\boldsymbol{v}_i^2 \tag{9.1}$$

式中，m_i 为对应于第 i 个坐标的原子质量。另一个物理量就是总势能（total potential energy），即

$$U=U\left(\boldsymbol{r}_1,\cdots,\boldsymbol{r}_{3N}\right) \tag{9.2}$$

由于是在经典力学的框架内处理这些原子的运动，因而可以把牛顿第二运动定律应用于这些原子上，即

$$\boldsymbol{F}_i=m_i\boldsymbol{a}_i=m_i\frac{\mathrm{d}\boldsymbol{v}_i}{\mathrm{d}t} \tag{9.3}$$

式中，$\boldsymbol{F}_i$ 和 $\boldsymbol{a}_i$ 分别是作用在第 i 个坐标上的力和加速度；t 是时间。其中，力与总势能的导数存在如下关系：

$$\boldsymbol{F}_i = -\frac{\partial U}{\partial \boldsymbol{r}_i} \tag{9.4}$$

以上这些关系式定义了原子的运动方程，该方程可以写作 $6N$ 个一阶常微分方程：

$$\begin{cases} \dfrac{\mathrm{d}\boldsymbol{r}_i}{\mathrm{d}t} = \boldsymbol{v}_i \\ \dfrac{\mathrm{d}\boldsymbol{v}_i}{\mathrm{d}t} = -\dfrac{1}{m}\dfrac{\partial U\left(\boldsymbol{r}_1,\cdots,\boldsymbol{r}_{3N}\right)}{\partial \boldsymbol{r}_i} \end{cases} \tag{9.5}$$

由式（9.5）可知，如果势能 U 已知，便可求出原子间的作用力。通过对牛顿第二运动定律进行积分，便可得到系统中每个原子的位置矢量、速度和加速度随时间的演变规律。

9.1.3　运动方程求解方法

1. Verlet 数值算法

为了在计算机上对原子运动微分方程进行积分，可以采用有限差分法来对时间进行离散。从数学角度来看，这是一个在给定边界条件下的初值问题，需要进行许多步数来完成。在该微分方程中，不是采用无穷小的时间 $\mathrm{d}t$，而是采用有限差分 Δt。下面以任意普通函数 $u(t)$ 为例，通过 Taylor 展开式来求解显式有限微分方程，即

$$u\left(t+\Delta t\right) = u\left(t\right) + \frac{\Delta t}{1!}\frac{\mathrm{d}u\left(t\right)}{\mathrm{d}t} + \frac{\Delta t^2}{2!}\frac{\mathrm{d}^2 u\left(t\right)}{\mathrm{d}t^2} + \frac{\Delta t^3}{3!}\frac{\mathrm{d}^3 u\left(t\right)}{\mathrm{d}t^3} + \cdots + \frac{\Delta t^{(n-1)}}{\left(n-1\right)!}\frac{\mathrm{d}^{(n-1)} u\left(t\right)}{\mathrm{d}t^{(n-1)}} + R_n\left(\Delta t^n\right) \tag{9.6}$$

根据式（9.6），Verlet [3]提出了如下著名算法。在 n=4 的条件下，用 t 时刻的位置函数 $\boldsymbol{r}_i(t)$ 代替式（9.6）中的普通函数 $u(t)$，则可以通过该式计算 $t+\Delta t$ 和 $t-\Delta t$ 时刻的位置 $\boldsymbol{r}_i(t+\Delta t)$ 和 $\boldsymbol{r}_i(t-\Delta t)$，即

$$\boldsymbol{r}_i(t+\Delta t) = \boldsymbol{r}_i(t) + \frac{\Delta t}{1!}\frac{\mathrm{d}\boldsymbol{r}_i(t)}{\mathrm{d}t} + \frac{\Delta t^2}{2!}\frac{\mathrm{d}^2\boldsymbol{r}_i(t)}{\mathrm{d}t^2} + \frac{\Delta t^3}{3!}\frac{\mathrm{d}^3\boldsymbol{r}_i(t)}{\mathrm{d}t^3} + R_n(\Delta t^4) \tag{9.7}$$

$$\boldsymbol{r}_i(t-\Delta t) = \boldsymbol{r}_i(t) - \frac{\Delta t}{1!}\frac{\mathrm{d}\boldsymbol{r}_i(t)}{\mathrm{d}t} + \frac{\Delta t^2}{2!}\frac{\mathrm{d}^2\boldsymbol{r}_i(t)}{\mathrm{d}t^2} - \frac{\Delta t^3}{3!}\frac{\mathrm{d}^3\boldsymbol{r}_i(t)}{\mathrm{d}t^3} + R'_n(\Delta t^4) \tag{9.8}$$

将式（9.7）和式（9.8）相加，可以得到不包含显式速度项的表达式：

$$\boldsymbol{r}_i\left(t+\Delta t\right) + \boldsymbol{r}_i\left(t-\Delta t\right) = 2\boldsymbol{r}_i\left(t\right) + \frac{\mathrm{d}^2\boldsymbol{r}_i\left(t\right)}{\mathrm{d}t^2}\left(\Delta t\right)^2 + O\left(\Delta t^4\right) \tag{9.9}$$

式中，$O(\Delta t^4)$ 为式（9.7）和式（9.8）中的余下部分 $R_n(\Delta t^4)$ 和 $R'_n(\Delta t^4)$ 的和，因此该式的误差为 $O(\Delta t^4)$。由牛顿第二运动定律可知：

$$\frac{\mathrm{d}^2\boldsymbol{r}_i(t)}{\mathrm{d}t^2}=\frac{\boldsymbol{F}_i(t)}{m_i}=\boldsymbol{a}_i(t) \tag{9.10}$$

将式（9.10）代入式（9.9）来代替二阶导数并舍去$O(\Delta t^4)$项，则位置矢量在$t+\Delta t$时刻的递推方程为

$$\boldsymbol{r}_i(t+\Delta t)=-\boldsymbol{r}_i(t-\Delta t)+2\boldsymbol{r}_i(t)+\left(\frac{\boldsymbol{F}_i}{m_i}\right)(\Delta t)^2 \tag{9.11}$$

上式代表的算法是一种三步法，涉及三个不同时间（$t-\Delta t$、t和$t+\Delta t$）下的参数。可以用上一步$t-\Delta t$和当前步t的位置矢量来计算下一步$t+\Delta t$的位置矢量$\boldsymbol{r}_i(t+\Delta t)$。通过式（9.11）的递推方程，可以连续计算$\boldsymbol{r}_i(t_0+\Delta t),\boldsymbol{r}_i(t_0+2\Delta t),\cdots,\boldsymbol{r}_i(t_0+L\Delta t)$，其中，$t_0$为初始时间。将这一过程应用于所有原子（$i=1,2,\cdots,N$），便可以得到该系统在任一给定时间下的构形。在本方法中，速度项$v_i(t)$在递推过程中并不出现。可以通过 Taylor 展开式展开到式（9.7）和式（9.8）的一阶导数并舍去二阶误差$O(\Delta t^2)$：

$$\boldsymbol{v}_i(t)=\frac{\mathrm{d}\boldsymbol{r}(t)_i}{\mathrm{d}t}=\frac{1}{2(\Delta t)}\big(\boldsymbol{r}_i(t+\Delta t)-\boldsymbol{r}_i(t-\Delta t)\big) \tag{9.12}$$

式（9.9）中的$O(\Delta t^4)$表示局部截断误差，它是整体误差的一部分，因为要达到所要求的最终时间t_{end}需要更多的步数，从而会导致更大的误差。对于位置矢量来说，如果局部截断误差约等于$(\Delta t)^{k+1}$，则位置矢量的整体误差约为$(\Delta t)^k$。在这种情况下，该算法称为k阶法（对于位置矢量而言）。由于随着积分步的增加，位置误差逐渐累积，所以该整体误差比局部截断误差高一阶。

Verlet 算法执行简单明了，精度为$O(\Delta t^2)$，存储要求适度，但缺点是位置$\boldsymbol{r}_i(t+\Delta t)$要通过小项$\left(\frac{\boldsymbol{F}_i}{m_i}\right)(\Delta t)^2$与非常大的两项$2\boldsymbol{r}_i(t)$和$\boldsymbol{r}_i(t-\Delta t)$的差相加得到（式（9.11）），容易造成精度损失。另外，其方程式中没有显式速度项，在没有得到下一步的位置前难以得到速度项。另外，Verlet 算法不是一个自启动算法，即新位置必须由t时刻与前一时刻$t-\Delta t$的位置得到。在$t=0$时刻，只有一组位置$\boldsymbol{r}_i(0)$，缺少$t-\Delta t$的位置$\boldsymbol{r}_i(-\Delta t)$，所以必须通过其他方法得到$t-\Delta t$的位置。该位置一般通过 Taylor 展开式展开到式（9.8）的一阶导数并舍去二阶误差$O(\Delta t^2)$来求得：

$$\boldsymbol{r}_i(0-\Delta t)=\boldsymbol{r}_i(0)-\Delta t\frac{\mathrm{d}\boldsymbol{r}_i(0)}{\mathrm{d}t} \tag{9.13}$$

2. Velocity-Verlet 算法

Swope 和 Andersen[4]提出了 Velocity-Verlet 算法，该算法从当前步的位置$\boldsymbol{r}_i(t)$

和速度 $\boldsymbol{v}_i(t)$ 开始计算。在 n=3 的条件下，用 t 时刻的位置函数 $\boldsymbol{r}_i(t)$ 代替式（9.6）中的普通函数 $u(t)$，则可得

$$\boldsymbol{r}_i(t+\Delta t)=\boldsymbol{r}_i(t)+\boldsymbol{v}_i(t)\Delta t+\frac{1}{2}\frac{\boldsymbol{F}_i(t)}{m_i}(\Delta t)^2 \tag{9.14}$$

式中，$\boldsymbol{F}_i(t)$ 是当前时刻的力。计算完下一步的力 $\boldsymbol{F}_i(t+\Delta t)$ 后，可以由 $\boldsymbol{F}_i(t)$ 和 $\boldsymbol{F}_i(t+\Delta t)$ 得到平均加速度。可以用下式括号中所表示的加速度来确定下一时刻 $t+\Delta t$ 时的速度：

$$\boldsymbol{v}_i(t+\Delta t)=\boldsymbol{v}_i(t)+\frac{1}{2}\left(\frac{\boldsymbol{F}_i(t)}{m_i}+\frac{\boldsymbol{F}_i(t+\Delta t)}{m_i}\right)\Delta t \tag{9.15}$$

式（9.14）和式（9.15）的局部截断误差为三阶（$O(\Delta t)^3$），所以该方法为二阶法。Velocity-Verlet 算法的积分过程如下：

$$\boldsymbol{r}_i(t_0)\rightarrow\boldsymbol{r}_i(t_0+\Delta t)\rightarrow\boldsymbol{r}_i(t_0+2\Delta t)\rightarrow\cdots\rightarrow\boldsymbol{r}_i(t_0+L\Delta t) \tag{9.16}$$

该算法与 Verlet 算法的不同之处在于它并不是从 $t-\Delta t$ 时刻算起。Velocity-Verlet 算法能同时得到位置矢量 $\boldsymbol{r}_i(t)$ 和速度矢量 $\boldsymbol{v}_i(t)$，因而在分子动力学模拟中得到了广泛的应用。

3. Leap-frog 算法

Leap-frog 算法是一种二阶法[5]。该算法由 $\boldsymbol{v}_i(t-\Delta t/2)$ 和 $\boldsymbol{r}_i(t)$ 开始计算，可由下列递推方程进行计算：

$$\boldsymbol{v}_i\left(t+\frac{\Delta t}{2}\right)=\boldsymbol{v}_i\left(t-\frac{\Delta t}{2}\right)+\frac{\boldsymbol{F}_i(t)}{m_i}\Delta t \tag{9.17}$$

$$\boldsymbol{r}_i(t+\Delta t)=\boldsymbol{r}_i(t)+\boldsymbol{v}_i\left(t+\frac{\Delta t}{2}\right)\Delta t \tag{9.18}$$

初始速度可以取为

$$\boldsymbol{v}_i(t_0)=\frac{1}{2}\left(\boldsymbol{v}_i\left(t_0-\frac{\Delta t}{2}\right)+\boldsymbol{v}_i\left(t_0+\frac{\Delta t}{2}\right)\right) \tag{9.19}$$

4. Beeman 算法

Beeman 算法是一种三阶求解方法[6]，采用下列公式求解：

$$\boldsymbol{r}_i(t+\Delta t)=\boldsymbol{r}_i(t)+\boldsymbol{v}_i(t)\Delta t+\frac{4\boldsymbol{F}_i(t)-\boldsymbol{F}_i(t-\Delta t)}{m_i}\frac{(\Delta t)^2}{6} \tag{9.20}$$

$$\boldsymbol{v}_i(t+\Delta t)=\boldsymbol{v}_i(t)+\frac{2\boldsymbol{F}_i(t+\Delta t)+5\boldsymbol{F}_i(t)-\boldsymbol{F}_i(t-\Delta t)}{m_i}\frac{\Delta t}{6} \tag{9.21}$$

5. Gear 算法

Gear 算法是一种高精度的预测-修正积分算法[7]，该方法包括三步。第一步是采用五级 Taylor 展开式预测原子的位置、速度和加速度，具体方法如下。

将原子位置按式（9.6）的 Taylor 展开式形式展开到五阶导数并舍去截断误差 $O(\Delta t^6)$，可以计算出 $t+\Delta t$ 时刻原子的预测位置 $\boldsymbol{r}_i^{\mathrm{p}}(t+\Delta t)$，即

$$\boldsymbol{r}_i^{\mathrm{p}}(t+\Delta t)=\boldsymbol{r}_i(t)+\Delta t\boldsymbol{v}_i(t)+\frac{\Delta t^2}{2!}\boldsymbol{a}_i(t)+\frac{\Delta t^3}{3!}\frac{\mathrm{d}^3\boldsymbol{r}_i(t)}{\mathrm{d}t^3}+\frac{\Delta t^4}{4!}\frac{\mathrm{d}^4\boldsymbol{r}_i(t)}{\mathrm{d}t^4}+\frac{\Delta t^5}{5!}\frac{\mathrm{d}^5\boldsymbol{r}_i(t)}{\mathrm{d}t^5} \tag{9.22}$$

同理，按上述形式将原子速度展开到五阶导数并舍去截断误差 $O(\Delta t^5)$，可以计算出 $t+\Delta t$ 时刻原子的预测速度 $\boldsymbol{v}_i^{\mathrm{p}}(t+\Delta t)$，即

$$\boldsymbol{v}_i^{\mathrm{p}}(t+\Delta t)=\boldsymbol{v}_i(t)+\Delta t\boldsymbol{a}_i(t)+\frac{\Delta t^2}{2!}\frac{\mathrm{d}^3\boldsymbol{r}_i(t)}{\mathrm{d}t^3}+\frac{\Delta t^3}{3!}\frac{\mathrm{d}^4\boldsymbol{r}_i(t)}{\mathrm{d}t^4}+\frac{\Delta t^4}{4!}\frac{\mathrm{d}^5\boldsymbol{r}_i(t)}{\mathrm{d}t^5} \tag{9.23}$$

同理，按上述形式再将原子加速度展开到五阶导数并舍去截断误差 $O(\Delta t^4)$，可以计算出 $t+\Delta t$ 时刻原子的预测加速度 $\boldsymbol{a}_i^{\mathrm{p}}(t+\Delta t)$，即

$$\boldsymbol{a}_i^{\mathrm{p}}(t+\Delta t)=\boldsymbol{a}_i(t)+\Delta t\frac{\mathrm{d}^3\boldsymbol{r}_i(t)}{\mathrm{d}t^3}+\frac{\Delta t^2}{2!}\frac{\mathrm{d}^4\boldsymbol{r}_i(t)}{\mathrm{d}t^4}+\frac{\Delta t^3}{3!}\frac{\mathrm{d}^5\boldsymbol{r}_i(t)}{\mathrm{d}t^5} \tag{9.24}$$

同理，按上述形式再将原子位置的三阶导数展开到五阶导数并舍去截断误差 $O(\Delta t^3)$，可以计算出 $t+\Delta t$ 时刻原子位置三阶导数的预测值 $\frac{\mathrm{d}^3\boldsymbol{r}_i^{\mathrm{p}}(t+\Delta t)}{\mathrm{d}t^3}$，即

$$\frac{\mathrm{d}^3\boldsymbol{r}_i^{\mathrm{p}}(t+\Delta t)}{\mathrm{d}t^3}=\frac{\mathrm{d}^3\boldsymbol{r}_i(t)}{\mathrm{d}t^3}+\Delta t\frac{\mathrm{d}^4\boldsymbol{r}_i(t)}{\mathrm{d}t^4}+\frac{\Delta t^2}{2!}\frac{\mathrm{d}^5\boldsymbol{r}_i(t)}{\mathrm{d}t^5} \tag{9.25}$$

同理，按上述形式再将原子位置的四阶导数展开到五阶导数并舍去截断误差 $O(\Delta t^2)$，可以计算出 $t+\Delta t$ 时刻原子位置四阶导数的预测值 $\frac{\mathrm{d}^4\boldsymbol{r}_i^{\mathrm{p}}(t+\Delta t)}{\mathrm{d}t^4}$，即

$$\frac{\mathrm{d}^4\boldsymbol{r}_i^{\mathrm{p}}(t+\Delta t)}{\mathrm{d}t^4}=\frac{\mathrm{d}^4\boldsymbol{r}_i(t)}{\mathrm{d}t^4}+\Delta t\frac{\mathrm{d}^5\boldsymbol{r}_i(t)}{\mathrm{d}t^5} \tag{9.26}$$

第二步是根据预测的位置 $\boldsymbol{r}_i^{\mathrm{p}}\left(t+\Delta t\right)$ 按式（9.10）中的牛顿第二运动定律计算 $t+\Delta t$ 时刻的力 $\boldsymbol{F}_i\left(t+\Delta t\right)$ 和加速度 $\boldsymbol{a}_i\left(t+\Delta t\right)$。由于式（9.24）中的预测加速度 $\boldsymbol{a}_i^{\mathrm{p}}(t+\Delta t)$ 是通过 Taylor 展开式直接求得的，因而其必然与牛顿第二运动定律计算的加速度 $\boldsymbol{a}_i\left(t+\Delta t\right)$ 之间存在误差，该误差记为 $\Delta\boldsymbol{a}_i\left(t+\Delta t\right)$：

$$\Delta\boldsymbol{a}_i\left(t+\Delta t\right)=\boldsymbol{a}_i\left(t+\Delta t\right)-\boldsymbol{a}_i^{\mathrm{p}}\left(t+\Delta t\right) \tag{9.27}$$

第三步是用式（9.27）求得的加速度与预测加速度之间的误差 $\Delta\boldsymbol{a}_i\left(t+\Delta t\right)$ 对原子的位置、速度和加速度进行修正，即

$$
\left\{
\begin{array}{l}
\boldsymbol{r}_i\left(t+\Delta t\right)=\boldsymbol{r}_i^{\mathrm{p}}\left(t+\Delta t\right)+\alpha_0\Delta R_2 \\
\boldsymbol{v}_i\left(t+\Delta t\right)=\boldsymbol{a}_i^{\mathrm{p}}\left(t+\Delta t\right)+\alpha_1\Delta R_2 \\
\dfrac{1}{2!}\boldsymbol{a}_i\left(t+\Delta t\right)^2=\dfrac{1}{2!}\boldsymbol{a}_i^{\mathrm{p}}\left(t+\Delta t\right)^2+\alpha_2\Delta R_2 \\
\dfrac{1}{3!}\dfrac{\mathrm{d}^3\boldsymbol{r}_i(t+\Delta t)}{\mathrm{d}t^3}=\dfrac{1}{3!}\Delta t^3\dfrac{\mathrm{d}^3\boldsymbol{r}_i^{\mathrm{p}}(t+\Delta t)}{\mathrm{d}t^3}+\alpha_3\Delta R_2 \\
\dfrac{1}{4!}\dfrac{\mathrm{d}^4\boldsymbol{r}_i(t+\Delta t)}{\mathrm{d}t^4}=\dfrac{1}{4!}\Delta t^4\dfrac{\mathrm{d}^4\boldsymbol{r}_i^{\mathrm{p}}(t+\Delta t)}{\mathrm{d}t^4}+\alpha_4\Delta R_2 \\
\dfrac{1}{5!}\dfrac{\mathrm{d}^5\boldsymbol{r}_i(t+\Delta t)}{\mathrm{d}t^5}=\dfrac{1}{4!}\Delta t^5\dfrac{\mathrm{d}^5\boldsymbol{r}_i^{\mathrm{p}}(t+\Delta t)}{\mathrm{d}t^5}+\alpha_5\Delta R_2
\end{array}
\right.
\tag{9.28}
$$

式中，α_0、α_1、α_2、α_3、α_4和α_5为修正项系数；ΔR_2可由下式求得：

$$
\Delta R_2=\frac{\Delta\boldsymbol{a}_i\left(t+\Delta t\right)}{2!}
\tag{9.29}
$$

Gear 算法需要存储位置向量在多个时间步长下的导数，因此内存要求较高[8]。但是，近年来的实践表明，如果在修正步采用合适的修正系数，则只需进行一个力的计算即可。实际上，Gear 算法不像 Leap-frog 算法和简单的 Verlet 算法那样需要计算两个时刻的力并且需要将其存储，它只需进行一次力的计算，且并不需要将其存储来用于后续计算。所以，Gear 算法在准确性和稳定性方面比其他方法高出一个数量级，即可以采用几倍大的时间步长，因而实际上可以在力的计算上节省时间。

9.1.4　力场

原子是由原子核和核外电子构成的。在传统的分子动力学中，不考虑原子的结构，只是采用图 9.1 中所示圆点来表示原子。然而，原子间的势和力起源于亚原子水平，因此必须考虑原子结构。在一个原子的三维结构中，带负电荷的电子因被吸引而绕着带正电荷的原子核沿轨道转动。在量子力学中对电子运动描述时，可以采用概率方法来估算描述电子占据特定空间位置可能性的概率密度。术语“电子云”就是对这些电子出现的概率密度在空间分布的形象描述。当带负电荷的电子与其相邻原子之间的距离减小时，它还会逐渐被相邻原子的原子核所吸引。当达到称作平衡键长的特定距离时，这种引力会与带正电荷原子核之间的斥力达到平衡。

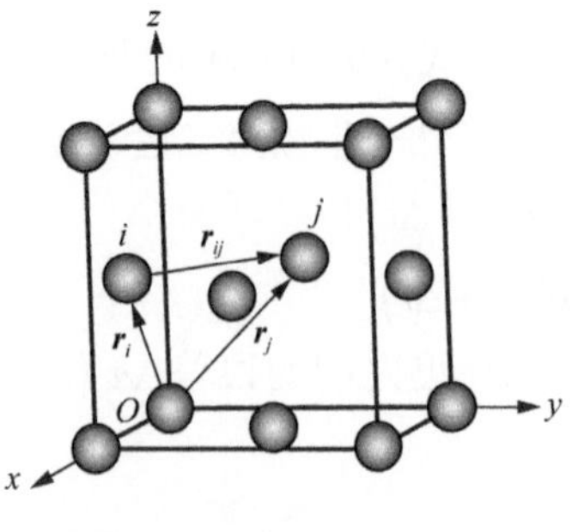

图 9.1　Cartesian 坐标系中的原子坐标表达法

原子核之间距离的进一步减小会导致斥力继续增大。

当只有两个原子相互作用时，可以采用这种简单描述来说明原子间作用力的物理背景。实际上，这种相互作用发生在许多电子云和原子核之间。它们主要取决于键的类型和周围原子的排列。因此势函数可以分为对势、离子键势、共价键势、金属键势以及由单原子势构造的二元势和多元势。由于本书只研究金属材料，所以主要介绍金属键势函数。在金属中，键是无方向性的，因而用正离子嵌入电子云中来表征。常用的金属键势函数有嵌入原子法（embedded-atom method, EAM）势函数、FS（Finnis-Sinclair）势函数和修正的嵌入原子法（modified embedded-atom method, MEAM）势函数三种。

1. EAM 势函数

EAM 势函数是由 Daw 和 Baskes[9]基于密度泛函理论建立的一种多体势函数。这种半经验方法能够有效地描述原子间的相互作用，并已成功应用于很多模拟案例中。该方法描述金属原子间的相互作用时既考虑了原子间的相互作用力，又考虑了原子核置于电子云中的嵌入能，即微观粒子间的多体作用。具体表达式如下[10]：

$$E = \sum_{i} F_i\left(\rho_{h,i}\right) + \frac{1}{2}\sum_{j(\neq i)} \phi_{ij}\left(r_{ij}\right) \tag{9.30}$$

式中，ϕ_{ij} 为 i 和 j 原子间的对势；r_{ij} 为 i 和 j 原子间的距离；F_i 为将 i 原子置于电子云中所需的嵌入能；$\rho_{h,i}$ 为 i 原子周围的总电子云密度，即

$$\rho_{h,i} = \sum_{j(\neq i)} \rho_j^{\mathrm{a}}\left(r_{ij}\right) \tag{9.31}$$

其中，ρ_j^{a} 为 j 原子对总电子云密度的贡献。这样，能量便可以表示为原子位置 r_{ij} 的简单函数。对于单元素金属材料，EAM 势函数只需要根据原子位置 r_{ij} 计算出 ϕ_{ij}、ρ_j^{a} 和 F_i 这三个函数参数即可。而对于由元素 A 和 B 组成的二元合金，EAM 势函数除了需要分别计算出两种元素的 ϕ_{ij}、ρ_j^{a} 和 F_i 三个函数参数外，还需要用合金性质来拟合计算出 A 和 B 两种原子之间的对势 ϕ_{ij}^{AB}，因而共需要计算七个函数参数。

2. FS 势函数

Finnis 和 Sinclair[11]扩展了 EAM 势函数的灵活性，将总电子云密度表示为以下形式：

$$\rho_{h,i} = \sum_{j(\neq i)} \rho_{ij}^{AB}\left(r_{ij}\right) \tag{9.32}$$

FS 势函数与 EAM 势函数的区别就是总电子云密度函数 $\rho_{h,i}$ 变成了 i 和 j 两种

原子的函数 ρ_{ij}^{AB}，因而不同元素对总电子云密度的贡献不同，具体情况取决于原子所处的位置。因此，对于单元素金属材料，FS 势函数也只需要根据原子位置 r_{ij} 计算出 ϕ_{ij}、ρ_j^{a} 和 F_i 这三个函数参数即可。但对于由元素 A 和 B 组成的二元合金，FS 势函数则除了需要计算 EAM 势函数所需的七个函数参数外，还需要根据合金性质拟合 ρ_{ij}^{AB}，因而共需要八个函数参数。合金元素种类越多，所需的函数参数就越多。

3. MEAM 势函数

Baskes[12]后来考虑了键角的影响，对 EAM 势函数进行了改进，建立了 MEAM 势函数。在 MEAM 势函数中，原子系统的总能量 E 表示如下：

$$E=\sum_i\left(F_i\left(\bar{\rho}_i\right)+\frac{1}{2}\sum_{j(\neq i)}\phi_{ij}\left(r_{ij}\right)\right) \tag{9.33}$$

式中，F_i 为 i 原子置于电子云密度为 $\bar{\rho}_i$ 的 i 位置时的嵌入能；ϕ_{ij} 为 i 和 j 原子间的对势；r_{ij} 为 i 和 j 原子间的距离。在 EAM 势函数中，$\rho_{h,i}$ 是由球平均法求得的总电子云密度经线性假设给出的，而在 MEAM 势函数中，$\bar{\rho}_i$ 中包含由原子键的弯曲力引起的键角相关项，具体表达式如下[13]：

$$\bar{\rho}_i=\sum_{j(\neq i)}\left(\rho_j^{\mathrm{a}}\left(r_{ij}\right)+\sum_{\substack{j(\neq i)\\k(\neq i)}}a_j^1a_k^1\cos\theta_{jik}-a_j^2a_k^2\left(1-3\cos^2\theta_{jik}\right)\right)\rho_j^{\mathrm{a}}\left(r_{ij}\right)\rho_k^{\mathrm{a}}\left(r_{ik}\right) \tag{9.34}$$

其中，ρ_j^{a} 和 ρ_k^{a} 分别为 j 原子和 k 原子对总电子云密度的贡献；θ_{jik} 是 ij 和 ik 原子键之间的夹角；a_i^1 和 a_i^2 为与原子 i 类型相关的常数，对于单元素组成的金属材料，有 $\left(a_i^2\right)^2=a$，$a_i^1=0$，其中 a 为晶格常数。可见，MEAM 势函数需要更多的函数参数。

9.1.5 系综

分子动力学模拟必须在一定的系综（ensemble）下进行，经常用到的平衡系综包括微正则系综（NVE）、正则系综（NVT）、等温等压系综（NPT）和等压等焓系综（NPH）。

1. 微正则系综

微正则系综是一种由大量孤立、保守的系统组成的统计系综。在这种系综中，系统沿着相空间中的恒定能量轨道演变。在分子动力学模拟的过程中，系统中的原子数 N、体积 V 和能量 E 都保持不变。

一般来说，在给定能量条件下，无法知道精确的初始条件，因此，必须先给出一个合理的初始条件，然后对能量进行适当增减，使系统逐步调节到给定的能量。在能量调整时，一般需要对速度进行特别的标定才能实现。这种速度标定会导致系统偏离平衡状态，因而需要充足的时间才能再次实现系统平衡。

2. 正则系综

在正则系综中，系统的原子数 N、体积 V 和温度 T 在整个模拟过程中保持不变，但系统的总能量 E 始终为零。为了保持温度恒定，需要将模拟系统与一个恒温器（或恒温槽）相连，当系统温度低于或高于所需温度 T_{req} 时，可以通过恒温器提供或吸收热量来保持系统的温度恒定。这一功能可以模仿热浴的效应而通过缩放的方法来实现。该方法的原理源于下面的温度 T 与系统动能 K 的重要关系式：

$$T = \frac{2K}{k_B\left(3N - N_c\right)} \tag{9.35}$$

式中，k_B 为 Boltzmann 常数（1.38062×10^{-23}J/K）；N_c 为约束数；$3N-N_c$ 表示总原子数为 N 的三维原子模型的总自由度数。因此，如果想要升高系统的温度，需要增加系统的动能。

温度的设定通过缩放原子速度的方法来实现。实际上，新的原子速度 $\boldsymbol{v}_{i,\text{scaled}}(t)$ 是通过将当前速度 $\boldsymbol{v}_i(t)$ 乘以一个缩放系数得到的，即

$$\boldsymbol{v}_{i,\text{scaled}} = \lambda \boldsymbol{v}_i(t) \tag{9.36}$$

$$\lambda = \sqrt{\frac{T_{req}}{T(t)}} \tag{9.37}$$

式中，$T(t)$ 为系统温度；T_{req} 为所要求的温度，即预设温度。

通过式（9.37），可知

$$\Delta T = T_{req} - T(t) = \left(\lambda^2 - 1\right)T(t) \tag{9.38}$$

如果系统的温度 $T(t)$ 高于预设的温度 T_{req}，则 $\lambda<1$，系统的原子速度将下降，从而使动能下降，因此需要降低系统的温度。相反，如果动能增加，温度便会升高。

广泛用于正则系综的恒温器包括 Berendsen 恒温器和 Nose-Hoover 恒温器。

1）Berendsen 恒温器

Berendsen 恒温器控制温度的方法与速度缩放方法相同[14]。它采用速度缩放方法来使温度的变化 ΔT 同热浴与系统的温差成比例，即

$$\Delta T = \frac{\Delta t}{\tau}\left(T_{bath} - T(t)\right) \tag{9.39}$$

式中，T_{bath} 是系统所需要的温度。因而，速度缩放系数可由下式给出：

$$\lambda = \sqrt{1 + \frac{\Delta t}{\tau}\left(\frac{T_{\text{bath}}}{T(t)} - 1\right)} \tag{9.40}$$

其中，Δt 是数值积分的时间步长；τ 是耦合因子。如果 $\tau = \Delta t$，该方法就变成了上述简单的速度缩放方法。

2）Nose-Hoover 恒温器

对于 Nose-Hoover 恒温器[15]，其基本思想就是对牛顿运动定律增加了一个力项，即

$$\boldsymbol{F}_i(t) - m_i \chi(t) \boldsymbol{V}_i(t) = m_i \frac{\mathrm{d}^2 \boldsymbol{r}_i}{\mathrm{d}t^2} \tag{9.41}$$

式中，左侧第二项代表与原子速度成正比的摩擦力，其中 $\chi(t)$ 为基于系统和热浴之间温度差控制的摩擦系数，可以由下式确定：

$$\frac{\mathrm{d}\chi(t)}{\mathrm{d}t} = \frac{N_f k_{\mathrm{B}}}{Q}\left(T(t) - T_{\text{bath}}\right) \tag{9.42}$$

其中，

$$Q = N_f k_{\mathrm{B}} T_{\text{bath}} \tau_{\mathrm{T}}^2 \tag{9.43}$$

其中，Q 为恒温器的等效质量；τ_{T} 为恒温器弛豫时间常数（通常介于 0.5～2ps）；N_f 为系统的自由度数目；k_{B} 为 Boltzmann 常数。

从式（9.41）可以发现，如果系统的温度高于预设温度，相应的动能和速度也较高，则会产生更大的摩擦力来减小加速度。然而，这也会同时减小系统速度和系统温度，因而式（9.41）可以改写为

$$\frac{\mathrm{d}^2 \boldsymbol{r}_i}{\mathrm{d}t^2} = \frac{\boldsymbol{F}_i(t)}{m_i} - \chi(t) \boldsymbol{V}_i(t) \tag{9.44}$$

3. 等温等压系综

等温等压系综中，系统中的原子数 N、压力 P 和温度 T 在模拟过程中都保持不变。为保持系统压力，需要采用一个恒温器。特别的是，在压力的控制过程中，采用一个活塞来模仿体积与压力之间的关系。体积随着时间变化，进而改变瞬时压力，从而使平均压力近似收敛于所需的值。等温等压系综包括 Hoover 等温等压系综和 Berendsen 等温等压系综两种。

4. 等压等焓系综

等压等焓系综中，系统中的原子数 N、压力 P 和焓值 H 保持不变，焓值通过 $H = E + PV$ 得到。在该系综下进行模拟时要保持压力和焓值为固定值。

9.1.6　边界条件

在金属塑性变形分子动力学模拟中，模拟系统边界条件的设置非常重要。由于模拟系统的尺寸非常小，通常为纳米尺度，因而有很大比例的原子位于模型的表面。模型表面原子与模型内部原子所处的环境和所受的力都完全不同。当模拟一个大尺寸材料时，这些表面效应会对模拟结果有很大的影响。因此，需要根据模拟要求设定不同的边界条件，常用的几种边界条件如下[16]。

1. 固定边界条件

固定边界条件（fixed boundary condition）是将模拟系统中一定厚度的边界粒子设置成固定不动，类似于形成一道墙，墙上的粒子与墙内粒子具有相同的性质，而且墙的厚度一定大于粒子间相互作用力的距离，可以把这道墙上的粒子看作宏观晶体的边界，但它们并不参与内部原子的运动。另外，模拟系统中的粒子既不能跨越边界，也不能从系统的一端运动到另一端，如果粒子运动到了边界外，将出现原子丢失现象。固定边界条件常常用于研究材料中的点缺陷等性质。

2. 收缩边界条件

收缩边界条件（shrinkage boundary condition）通常也称自由边界条件。在这种边界条件下，模拟系统的边界位置会随着其某一方向尺寸的缩小而减小，但会保证模拟系统里面最边缘的那些原子始终包含在边界范围里面。当模拟系统的某一尺寸增大时，其边界位置也会随之增大，仍然将原子包含在里面。在这种边界条件下，可以通过收缩边界来避免原子发生丢失。当以模拟系统的表面作为研究对象时，可以采用收缩边界条件。还有一种特殊的收缩边界条件，即最小能量的收缩边界条件（shrinkage boundary condition for minimum energy），其功能与收缩边界条件相同，这种边界条件在收缩发生时，可以通过指定边界条件的范围重新启动模拟系统。

3. 周期性边界条件

在周期性边界条件（periodic boundary condition）模拟系统中，给定数量的原子在一个超晶胞中运动和相互作用。这个超晶胞被一个周期性重复的环境包围着，这个环境是由无数个它自己的映像组成的。这样，一个超晶胞中的原子不仅会跟该超晶胞内部的原子相互作用，还会跟相邻映像超晶胞中的映像原子发生作用。如果将这个超晶胞看成一个矩形盒子，则这个模拟盒子的映像会沿各个方向周期排列。映像中的原子坐标可以通过加减整数倍的超晶胞边长来得到。在模拟过程中，当一个原子离开单晶胞时，其映像原子将从另一侧进入该晶胞。因此，一个单晶胞内的原子数量在模拟过程中保持不变。

图 9.2 为二维情况下周期性边界条件的机制图。该图中心处为基本立方体盒子或超晶胞，将其沿各方向复制便可得到一个贯穿整个空间的无限体。以中心盒子内的原子 1 为例，当该原子移动到 C 盒子时，其位于 G 盒子中的映像便会从另一侧进入中心盒子。原子 1 的所有映像原子都会以同样的方式移动。通过这种方式，模型表面便会消失。

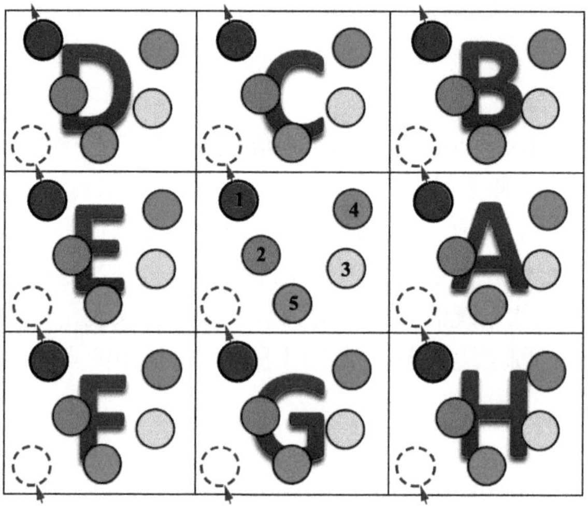

图 9.2　二维周期性边界条件示意图

周期性边界条件能够克服表面效应的影响，因而可以通过模拟一小部分原子了解整体材料的性质。通常情况下，如果处理适当的话，具有短程相互作用的周期性边界条件是对平衡特性的一种很好的近似（除了相变以外）。由于周期性边界条件的重复性映像并不现实，当晶胞内存在相变时，周期性边界条件将会导致严重的错误出现。因而周期性边界条件需谨慎对待，因为它会将不现实的周期性结构引入系统中。

如果势函数（或相互作用力）与模拟盒子大小相比是长程的，还会出现原子和其映像原子之间的大量相互作用。这些人为引起的交互作用会对系统产生附加的约束，并将影响模拟结果。因此，在每一个模拟中，检查模拟盒子尺寸是否能够表达模拟材料系统的性质是非常重要的。在条件允许的情况下，应将验证盒子大小是否会对模拟结果有影响作为一个正式的计算步骤。

周期性边界条件的另一个影响是盒子边界附近的原子会与边界另一侧的映像原子相互作用。例如，在基础盒子中，原子 1 和原子 3 之间的距离可能会超过截断半径，所以它们之间不会发生直接作用。然而，原子 1 在 *A* 盒子中的映像原子与基础盒子中原子 3 的距离可能会小于截断半径，这时就需要考虑它们之间的相互作用。

9.1.7　晶体结构与缺陷分析方法

在金属塑性变形分子动力学模拟过程中，为了深入揭示金属塑性变形机理，需要处理的一个关键问题就是要通过分子动力学模拟来自动识别晶体结构以及位错、层错和孪晶等晶体缺陷，并最终实现可视化。人们基于这一目的，发展了一些针对典型缺陷进行识别、突出和分类的算法。下面将介绍一些常用的分析方法。

1. 能量法

在能量法（energy method）中，将能量值大于所规定阈值或介于某一范围内的原子有目的地显示出来，这是利用了缺陷处具有高能量的特点。人们已经采用能量法成功地观察到了微裂纹、位错和纳米孔等缺陷。对于面心立方结构金属铝的(001)面的纳米压痕，可以采用能量法提取出(111)面上滑移的位错环，其可视化效果如图 9.3 所示。可以看出，能量法还考虑了自由表面与材料内部之间的能量差异。为了防止自由表面影响分析结果，可视化时只选择部分区域。能量法的缺点是无法进行较高温度的分析。另外，类似层错这样的晶体缺陷也不能采用能量法可视化。

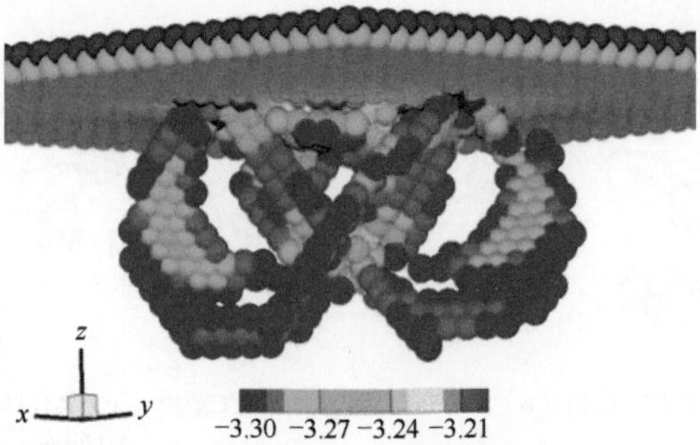

图 9.3　铝表面纳米压痕分子动力学模拟中采用能量法提取出来的表面和位错环[10]

2. 配位数法

配位数（coordination number，CN）就是原子的第一最近邻原子的数目，如面心立方和密排六方金属的原子配位数为 12，体心立方结构金属的原子配位数为 8。在分子动力学模拟的构形分析过程中，找出每个原子的配位数，不同配位数的原子以不同的颜色显示，这样就可以直观地观察到构形中各种结构原子的分布情况，从而有利于找出其微观结构的演变规律。

3. 中心对称参数法

中心对称参数（centrosymmetry parameter，CSP）法是由 Kelchner 等[17]提出

来的。他们发现，对于中心对称材料，每个原子和它最近邻原子有一对大小相等、方向相反的键。如图 9.4 所示，面心立方金属的最近邻原子构成 6 对反向键对，体心立方金属的最近邻和第二近邻原子分别构成 4 对和 3 对反向键对，而非中心对称的密排六方金属的最近邻原子仅在相同的密排面上构成 3 对反向键对[18]。当发生弹性变形时，这些键会改变方向或者长度，但仍保持大小相等而方向相反，故仍然保持中心对称。然而，当金属发生塑性变形导致存在缺陷时，在缺陷附近，该中心对称性就不复存在。基于以上原因，他们将原子的中心对称参数定义如下：

$$P = \sum_{i=1,\alpha} \left| \boldsymbol{R}_i + \boldsymbol{R}_{i+\alpha} \right|^2 \tag{9.45}$$

式中，α 为近邻原子对数，对于体心立方结构，α 等于 4，对于面心立方结构，α 等于 6；$\boldsymbol{R}_i$ 和 $\boldsymbol{R}_{i+\alpha}$ 为晶体中对称的矢量。当 P 值接近零时，对应无缺陷的完美晶体；当晶体中存在缺陷时，晶体的对称性被打乱，此时 P 值就大于零；晶体的对称性破坏越严重，其 P 值就越大。图 9.5 为面心立方结构金属铝表面纳米压痕分子动力学模拟中采用 CSP 法提取出的表面和位错环[10]。该结果是通过隐去数值接近于零的完美晶体原子而得到的，由于材料表面原子的对称性最差，所以数值最大，而位错原子的对称性相对较好，故数值相对较小。

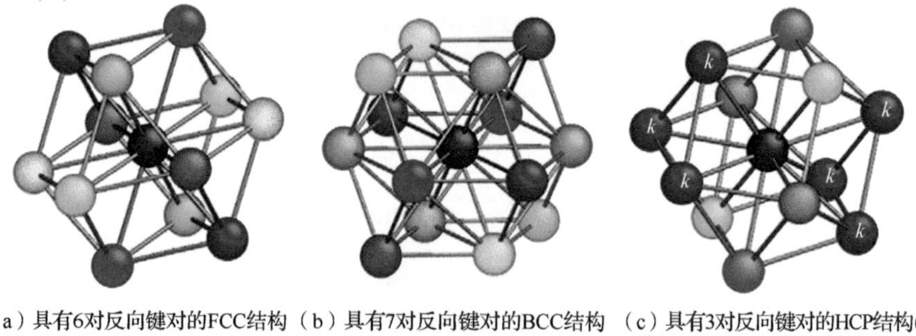

（a）具有6对反向键对的FCC结构 （b）具有7对反向键对的BCC结构 （c）具有3对反向键对的HCP结构(3对标记k的原子不能形成反向键对)

图 9.4 不同晶体结构中反向键对的图解（相同原子构成关于中间原子（棕色）的反向键对）[18]

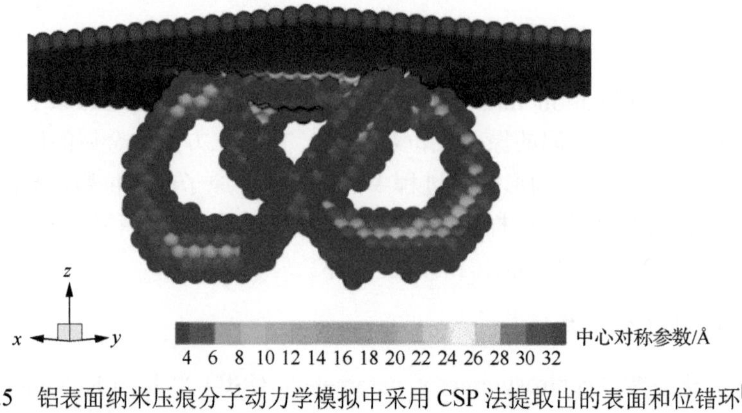

图 9.5 铝表面纳米压痕分子动力学模拟中采用 CSP 法提取出的表面和位错环[10]

4. 公共近邻分析法

配位数法仅仅将每个原子的最近邻原子数目作为其局部结构的表征参数，由于面心立方结构和密排六方结构的配位数都是 12，因此该方法并不能有效地区分这两种结构。中心对称参数法只能区分缺陷结构与对称结构，但无法区分原子所属结构的类型，如面心立方、体心立方和密排六方结构。为了克服这个困难，Honeycutt 和 Andersen 在 1987 年提出了原子对分析技术，又称为公共近邻分析（common neighbor analysis，CNA）法[19]。根据该方法，可以用一个四元数 $(ijkl)$ 来描述原子所属的状态。在这四个数中，i 代表两个原子的成键关系，$i=1$ 表示成键，$i=2$ 表示未成键；j 表示成键的两原子的共有最近邻原子数；k 表示共有最近邻原子之间的成键数；l 表示共有最近邻原子所成键链中最长链上的键数。根据这种方法，面心立方晶体中以 (1421) 键对为特征键对，密排六方晶体中同时以 (1421) 和 (1422) 为特征键对，体心立方晶体中同时以 (1441) 和 (1661) 为特征键对。这样根据每个原子所构成的键对特征及特征键的数目就可以确定原子的局域晶序结构。

图 9.6 给出了 4 种 CNA 类型的键对示意图[18]，图中 i 原子和 j 原子表示一对最近邻原子，k 原子为 i - j 原子对的公共近邻。其中图 9.6（a）为 (1421) 键对示意图，其中一对最近邻原子 i 和 j 共享 4 个 k 原子，形成两个键对，该类键对出现在面心立方晶体中。图 9.6（b）为 (1422) 键对示意图，其与 (1421) 键对以相同的数量出现在密排六方晶体中。图 9.6（c）和图 9.6（d）分别为 (1441) 和 (1661) 键对示意图，它们分别以 3/7 和 4/7 的份数出现在体心立方晶体中。图 9.7 为采用 CNA 法分析得到的裂纹在 Ni 单晶中扩展过程中的不同原子结构分布。

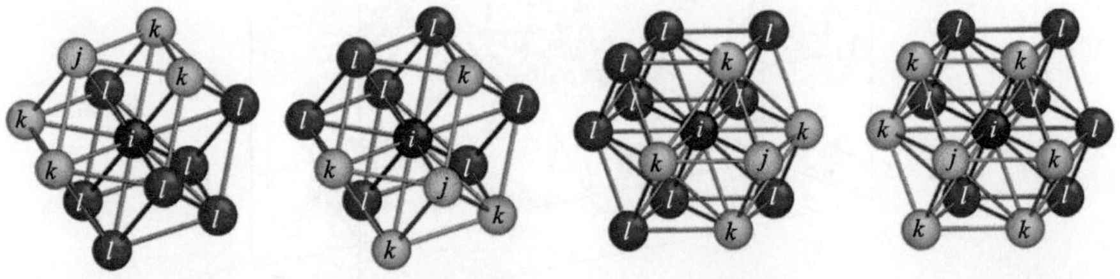

（a）(1421)键对　（b）(1422)键对　（c）(1441)键对　（d）(1661)键对

图 9.6　4 种 CNA 类型的键对示意图[18]

5. 位错提取算法

位错提取算法（dislocation extraction algorithm, DXA）是由 Stukowski 和 Albe[20] 提出来的。该算法可以对任意晶体结构内的位错缺陷进行几何描述，能可靠地确定出 Burgers 矢量，并使所提取出的位错网络在任意结点处都能满足 Burgers 矢量守恒。所有不能通过一维位错线表达的其他晶体缺陷（如晶界和表面等）都能用三角形表面输出。这种几何描述对于复杂缺陷结构是一种理想的可视化方法，即使这些缺陷与位错无关，也可以表达出来。该方法首先通过检测原子模拟数据中的位错线来确定它们的 Burgers 矢量，再将它们转化成离散的位错线来进行显示。图 9.8 为裂纹扩展分子动力学模拟中采用 DXA 提取出来的位错线，此时只能看到裂纹和位错线[21]。

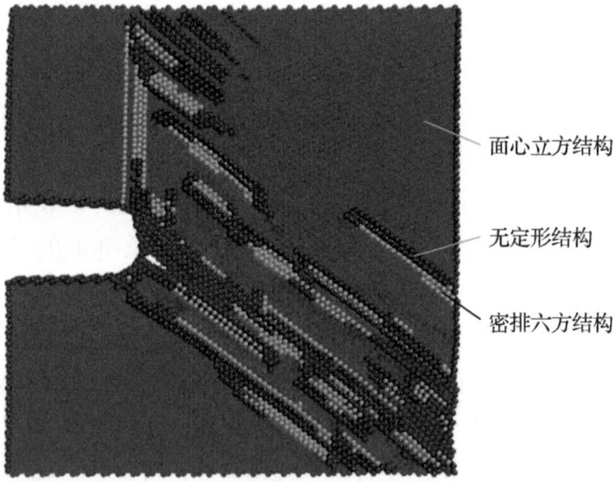

图 9.7　采用 CNA 法分析得到的裂纹在 Ni 单晶中扩展过程的不同原子结构分布

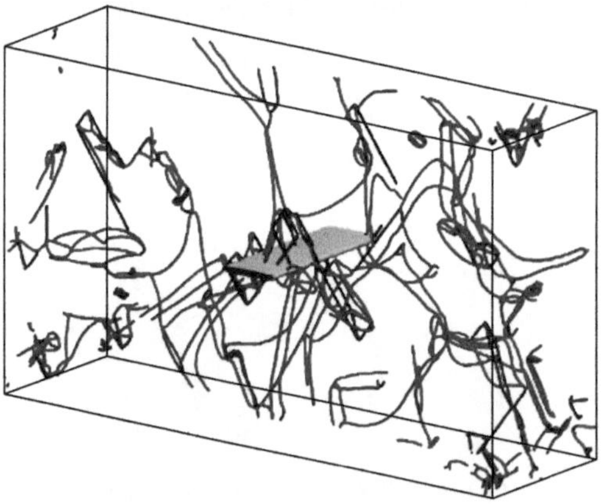

图 9.8　裂纹扩展分子动力学模拟中采用 DXA 提取出来的位错线[21]

9.2　金属塑性变形分子动力学模拟过程

金属塑性变形分子动力学模拟的目的是通过模拟一个原子系统中各原子间的相互作用，从而进一步研究金属塑性变形的物理本质。这些原子之间的相互作用可以通过具有作用势的某种原子构形来决定。原子间作用势可以通过经验、试验数据或量子力学计算得到。根据总势能原理，可以通过能量最小化使系统的能量达到最小，然后计算出作用在每个原子上的力，从而使原子产生运动。通过对系统的总能量和模拟过程分析还可以计算出系统的其他相关性能。图 9.9 为金属塑性变形分子动力学模拟过程示意图。其中左图为前处理过程，主要是进行模拟所用的原子构形的设计和势函数及系综的选择。当原子构形建好后，采用势函数来确定每个原子上的作用力，从而使原子在较短时间Δt内以初始速度和计算出来的加速度来运动，此过程遵循牛顿第二运动定律。然后根据新的原子位置重复上述步骤来重新计算原子上的作用力。中间图为数值分析过程，通过对一个时间步长Δt内的积分以及在L时间步内循环更新原子构形来实现。L实质上就是为完成所设计的模拟时间t（即$t=L\Delta t$）内所采用的加载步数，通常将其设置为10^4～10^7范围内，为了满足最快的原子振动条件（一般为10^{12}～10^{13}Hz），积分过程需要非常小的时间步长。对于金属来说，通常采用10^{-15}s（即 1fs）。这种模拟不仅可以对给定的载荷进行分析，还可以用来先得到初始构形后再检验所用的势函数是否正确。例如可以用来检验所得到的晶格常数是否与试验观察相吻合。右图为数据处理过程，可采用不同的后处理软件如 AtomEye、VMD 和 OVITO 等来进行可视化，从而得到原子构形和其他有价值的信息。

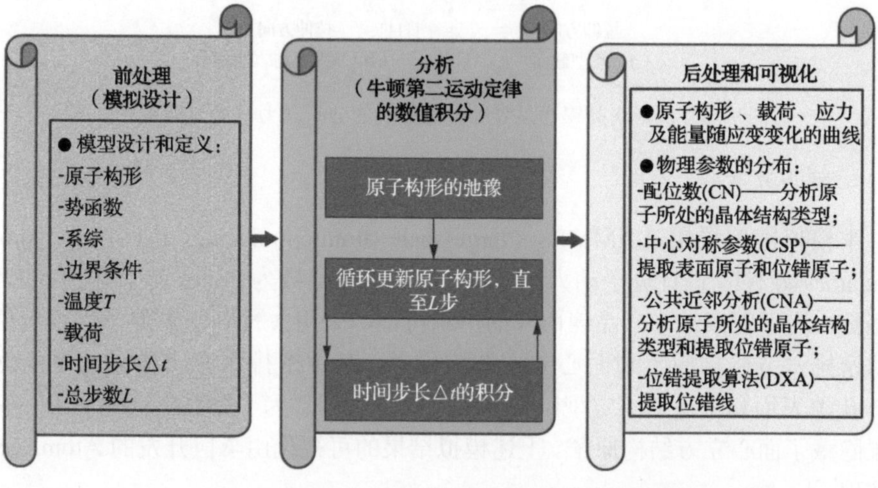

图 9.9　金属塑性变形分子动力学模拟过程示意图

9.3　金属塑性变形分子动力学模拟应用案例

9.3.1　孪晶界处孔隙扩展的分子动力学模拟

1. 模拟模型的建立

本节以纳米孪晶镍为例，研究孪晶界处的孔隙在单向拉伸塑性变形过程中的扩展机制[22]。本模拟案例中所采用的模拟模型如图 9.10 所示，其中[111]、$[\bar{1}\bar{1}2]$和$[1\bar{1}0]$方向分别平行于 Cartesian 坐标系的 x 轴、y 轴和 z 轴。该模型的外形尺寸为 30×30×24 个晶胞（晶格常数 a=0.352nm），孪晶界处设有一半径为 3 个晶胞尺寸的球形孔隙。模拟时，首先将模型的三个方向均设置为周期性边界条件，然后对该模型进行弛豫，使系统能量最小化。最后，在 0.01K 温度下以 $2\times10^{8}s^{-1}$ 的应变速率对模型进行单向拉伸加载，加载方向如图 9.10 所示。

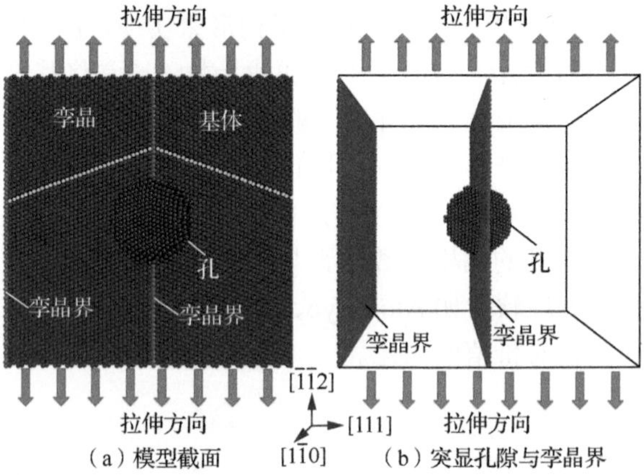

图 9.10　纳米孪晶镍孪晶界处孔隙扩展的分子动力学模拟模型[22]

2. 模拟方法

本模拟案例采用 LAMMPS（large-scale atomic/molecular massively parallel simulator）软件[23]进行分子动力学模拟，所用的势函数为 Foiles 等[24]创建的 EAM 势函数。为了观察纳米孪晶镍内部的组织特征，采用 CNA 法对原子进行着色来分辨密排六方结构原子和面心立方结构原子，其中密排六方结构原子用蓝色表示，孔隙表面和位错的不定型结构原子用红色表示，为了突显出缺陷原子，模拟结果隐藏了面心立方结构原子。上述模拟结果的可视化由李巨开发的 AtomEye 软件实现[25]。

3. 孔隙扩展过程模拟

1）位错演变过程

图 9.11 为孪晶界处孔隙扩展时的位错演变过程（采用 CNA 法表征）。可以看出，孪晶界处的孔隙在纳米孪晶镍的塑性变形过程中充当着位错源的角色。纳米孪晶镍的塑性屈服开始于基体内一对剪切环的形核，该剪切环由位错环和层错组成。随着应变的增加，剪切环沿密排面从孔隙表面向外扩展。当剪切环与孪晶界相遇时，其在该面上的扩展受阻。随后，另一对剪切环在孪晶内形核。新形成的

剪切环扩展平面与基体内剪切环扩展平面关于孪晶界对称。结果，这些剪切环便在孪晶界两侧从孔隙表面外向扩展，如图 9.12 所示。同时，应变的进一步增大还会诱发基体和孪晶内部产生新的剪切环。这些后续形成的剪切环的形核位置位于前面生成的剪切环与孔隙表面相交的转角处，且它们在另一个密排面上扩展，最终与之前形成的剪切环相交。

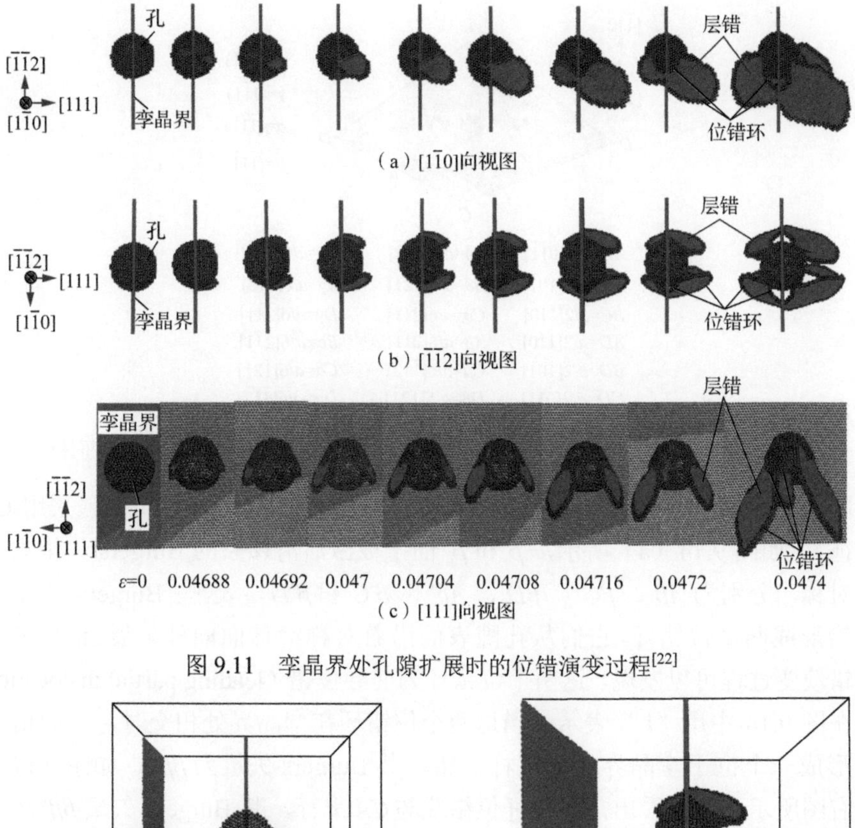

图 9.11　孪晶界处孔隙扩展时的位错演变过程[22]

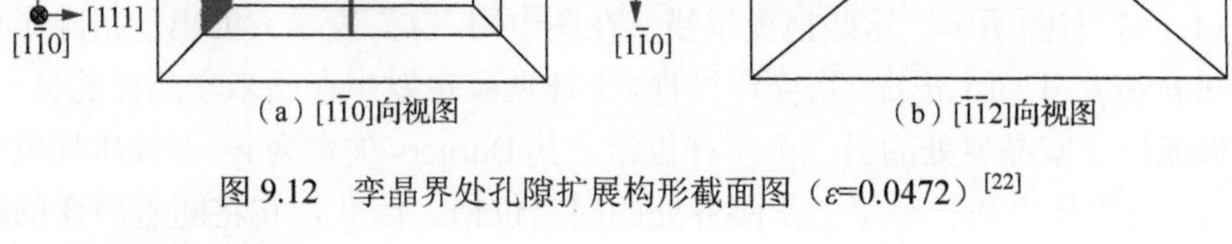

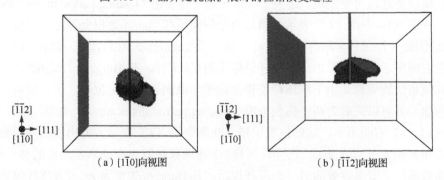

图 9.12　孪晶界处孔隙扩展构形截面图（ε=0.0472）[22]

2）位错演变机制

为了便于揭示纳米孪晶镍界处孔隙扩展过程中的位错机制，本模拟案例采用双 Thompson 四面体来标定模拟过程中的 Burgers 矢量和滑移面，如图 9.13 所示。

图中α、β、γ和δ分别为*BCD*、*ACD*、*ABD*和*ABC*面的中心；α'、β'和γ'分别为*BCD'*、*ACD'*和*ABD'*面的中心，它们分别与α、β和γ关于δ面对称。本章后续内容将用α、β、γ、δ、α'、β'和γ'来表示基体和孪晶中的滑移面。双Thompson四面体的δA方向与拉伸轴平行，*ABC*面与(111)面平行。根据图9.13，可知图9.11中被激活的滑移面为β、γ、β'和γ'。

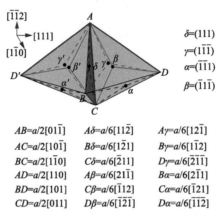

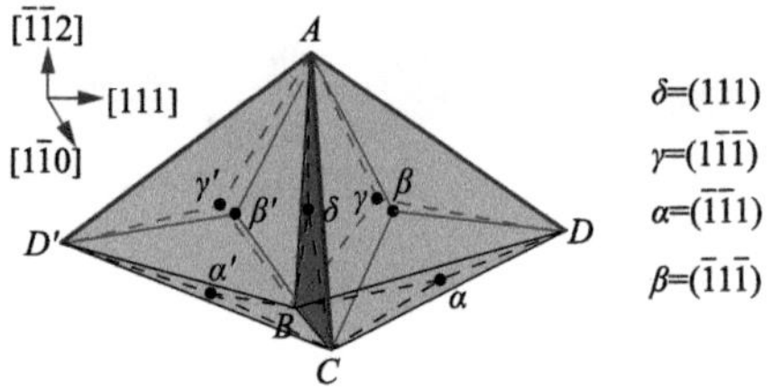

$AB=a/2[01\bar{1}]$	$A\delta=a/6[11\bar{2}]$	$A\gamma=a/6[12\bar{1}]$
$AC=a/2[10\bar{1}]$	$B\delta=a/6[1\bar{2}1]$	$B\gamma=a/6[1\bar{1}2]$
$BC=a/2[1\bar{1}0]$	$C\delta=a/6[\bar{2}11]$	$D\gamma=a/6[\bar{2}\bar{1}\bar{1}]$
$AD=a/2[110]$	$A\beta=a/6[21\bar{1}]$	$B\alpha=a/6[2\bar{1}1]$
$BD=a/2[101]$	$C\beta=a/6[\bar{1}12]$	$C\alpha=a/6[\bar{1}21]$
$CD=a/2[011]$	$D\beta=a/6[\bar{1}\bar{2}\bar{1}]$	$D\alpha=a/6[\bar{1}\bar{1}\bar{2}]$

图9.13　用于标定纳米孪晶镍中Burgers矢量和滑移面的双Thompson四面体[22]

图9.14为纳米孪晶镍在应变为0.0474时被激活的滑移系细节图（采用CNA法表征）。如图9.14（a）所示，β和β'面上被激活滑移系的Burgers矢量关于孪晶面对称，分别为$A\beta$、βC、βD、$A\beta'$、$\beta' C$和$\beta' D'$。这些Burgers矢量的不全位错形成两个位错环，它们从孔隙表面沿着对称滑移面向外扩展。根据图9.11中位错演变过程可以发现，这两个位错环为前导位错（leading partial dislocation），因而在图9.14中用“L”表示。当这两个位错环在孪晶界处相交时，它们相互反应而形成一个位于孪晶界处的压杆位错，其Burgers矢量为$\beta\beta'$，如图9.14（a）中的右图所示。可以看出，该压杆位错线与*CA*平行，其Burgers矢量$\beta\beta'$与孪晶界和位错线均垂直。由于该压杆位错是位于孪晶面上的固定位错，因而随着应变的增加，其可以离解为两个拖曳位错（trailing partial dislocation）$A\beta$和$A\beta'$，如图9.14（a）右图所示。这些拖曳位错（在图中用“T”表示）的出现消除了前导位错在β和β'平面上形成的层错。同样，上述现象也发生在纳米孪晶镍的另一半，从而形成位于孪晶界处的另一个压杆位错，其Burgers矢量为$\gamma\gamma'$。该压杆位错平行于*AB*，并且也是一个位于孪晶界处的固定位错。因此，它将随着应变的增加而离解成两个拖曳位错，从而消除γ和γ'平面上的层错。

上述位错反应同样还会发生在基体的位错之间或孪晶内的位错之间。图9.14（b）为基体内的位错反应，其中前导位错$A\beta$、βC、βD、$A\gamma$、γB和γD形成两个位错环，它们分别在 β 和 γ 面上向外扩展。两个位错环相交后在基体内形成一个压杆位错。与上述基体内与孪晶内位错之间的反应一样，进一步的变形会导致压杆位错离解为两个拖曳位错，从而消除 β 和 γ 面上的层错。同理，孪晶内部也会发生上述反应。除了压杆位错外，上述位错反应还会形成全位错，图 9.14（c）为纳米孪晶镍中被激活的四个全位错。

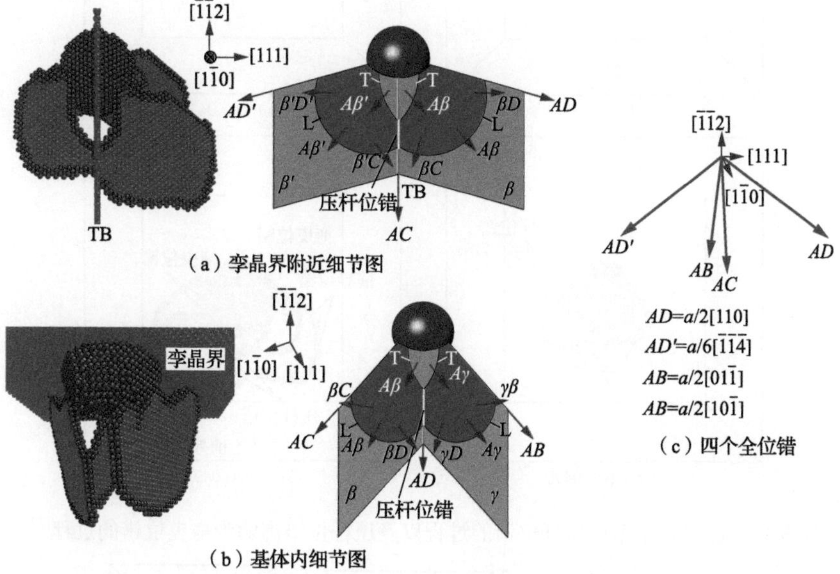

图 9.14　纳米孪晶镍在应变为 0.0474 时被激活的滑移系细节图[22]

图 9.15 为前导位错形成压杆位错的过程以及压杆位错离解为拖曳位错的过程（采用 CNA 法表征），为了便于观察，图中移除了面心立方结构原子和层错（密排六方结构原子）。随着应变的增加，这一过程将会在其他平面上继续发生。

图 9.16 为原子构形随纳米孪晶镍拉伸应力-应变曲线的演变过程，其中的插图分别为变形试样在应变为 0.024、0.0469、0.048、0.052 和 0.056 时的原子构形（采用 CNA 法表征）。可以看出，模型在变形初期（ε<0.0469）经历了纯弹性变形，此时应力随着应变的增加而线性增加，这一现象基本符合 Hooke 定律。虽然模型在拉伸方向有所伸长，但原子的排列顺序并未发生明显变化，说明晶格具有一定的弹性变形能力。随后，模型进入了塑性变形阶段，诱发了一系列位错并从孔隙表面向外发出，从而引起孔隙的扩展。随着大量位错的出现，应力突然下降，随后又有所升高。应力-应变曲线的这种波动是由孔隙增大导致的应力下降与位错增加引起的加工硬化之间的竞争引起的。

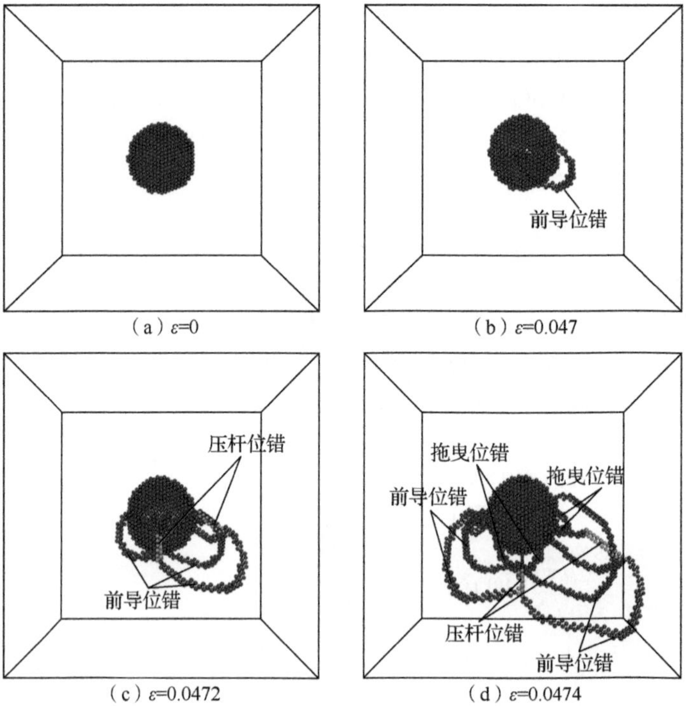

图 9.15　前导位错形成压杆位错的过程以及压杆位错离解为拖曳位错的过程[22]

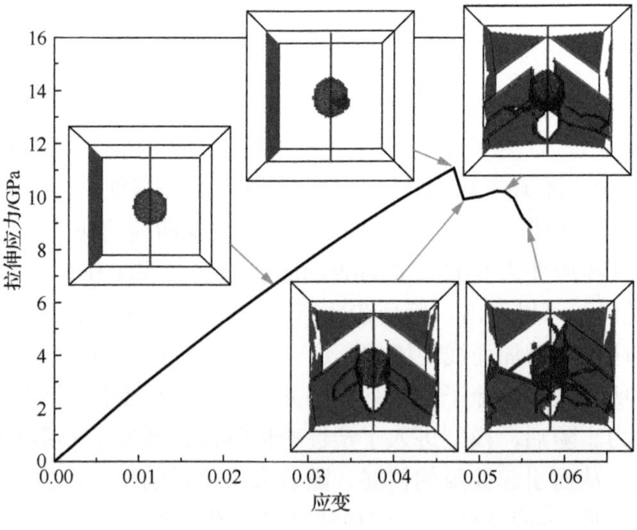

图 9.16　原子构形随纳米孪晶镍拉伸应力-应变曲线的演变过程[22]

9.3.2　孔隙扩展与合并的分子动力学模拟

1. 模拟模型的建立

本节采用分子动力学模拟研究金属镍在单向拉伸塑性变形过程中孔隙扩展与合并的位错机制[26]。本模拟案例采用了两个模型，分别为含有两个球形孔隙的单晶镍模型和含有两个球形孔隙的纳米孪晶镍模型，如图 9.17 所示，两者的区别在于纳米孪晶镍的中间多了一个孪晶界。两个模型的[111]、[$\bar{1}\bar{1}$2]和[1$\bar{1}$0]方向分别平行 Cartesian 坐标系的 x 轴、y 轴和 z 轴。为了便于比较，两个模型的尺寸均设置为 30×24×24 个晶胞（晶格常数 a=0.352nm），并且每个模型中均设有两个半径为 3 个晶胞大小的球形孔隙，两个孔隙的中心距离为 10 个晶胞大小。在模拟过程中，首先将模型的三个方向均设置为周期性边界条件，然后在不施加任何载荷的条件下对两个模型进行 2ps 的弛豫，使系统的能量达到最小。最后，对两个模型施加应变速率为 $5\times10^8 s^{-1}$ 轴向拉伸载荷。在整个模拟过程中，原子在每步的位置和速度均采用 NVE 来更新。实践证明，低温下的分子动力学模拟可以更好地揭示塑性变形机制，因而本例中的模拟温度设置为 0.01K。

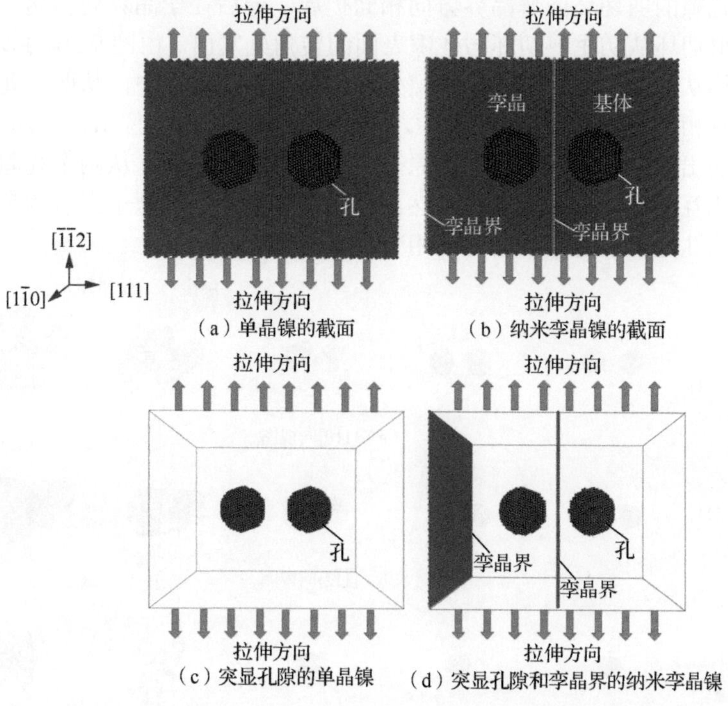

图 9.17　单晶镍和纳米孪晶镍中孔隙扩展的分子动力学模拟模型[26]

2. 模拟方法

本模拟案例采用 LAMMPS 软件进行分子动力学模拟，其中镍原子间的相互作用采用由 Foiles 等[24]提出的 EAM 势函数来描述。为了显示单晶镍和纳米孪晶镍中的缺陷，采用 CNA 法对处于不同结构类型的原子进行不同颜色的着色，以便检测原子所属的晶体类型，其中密排六方结构原子用蓝色表示，孔隙表面和位错的不定型结构原子用红色表示。上述模拟结果的可视化采用 AtomEye 软件实现。另外，还采用 DXA 表征位错的演变过程，该可视化过程通过 OVITO 软件实现[27]。

3. 孔隙扩展初始阶段的模拟

1）位错演变过程

图 9.18 和图 9.19 分别为单晶镍和纳米孪晶镍在孔隙扩展初始阶段的位错演变过程（采用 CNA 法表征）。由图 9.18 可知，单晶镍的屈服开始于一系列剪切环的形核。这些剪切环由层错和位错环组成，它们萌生于两个孔隙的表面。随着塑性变形的进行，这些剪切环向孔隙表面外侧延伸并沿着密排面扩展。由图 9.19 可以看出，纳米孪晶镍的屈服开始于两个孔隙的两对相对表面上的剪切环。这两对萌生于两个孔隙的剪切环向孪晶界方向相向扩展，最后在孪晶界处相遇。接着，一系列新的剪切环从初生剪切环与孔隙表面的转角处发出。由图 9.20 可以发现，所有剪切环均从孔隙表面发出并向孔隙外部扩展。在单晶镍中，从两个孔隙中发出的位错没有相交，而在纳米孪晶镍中，从两个孔隙中发出的位错在孪晶界处相交。这种现象的出现是由于单晶镍中的原子均沿一个方向排列，从两个孔隙发出的位错在一些相互平行的平面上滑移。然而，纳米孪晶镍中的原子沿着两个对称的方向排列，从孔隙发出的位错在两个相交的平面上滑移。

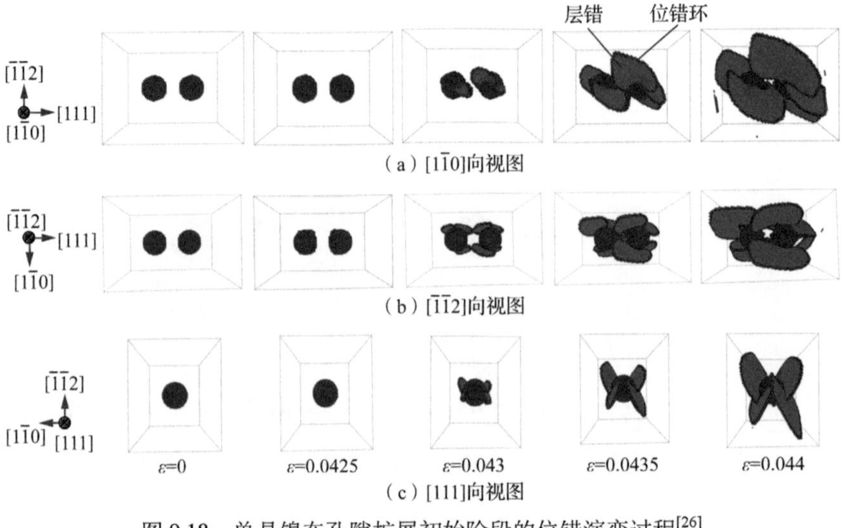

图 9.18 单晶镍在孔隙扩展初始阶段的位错演变过程[26]

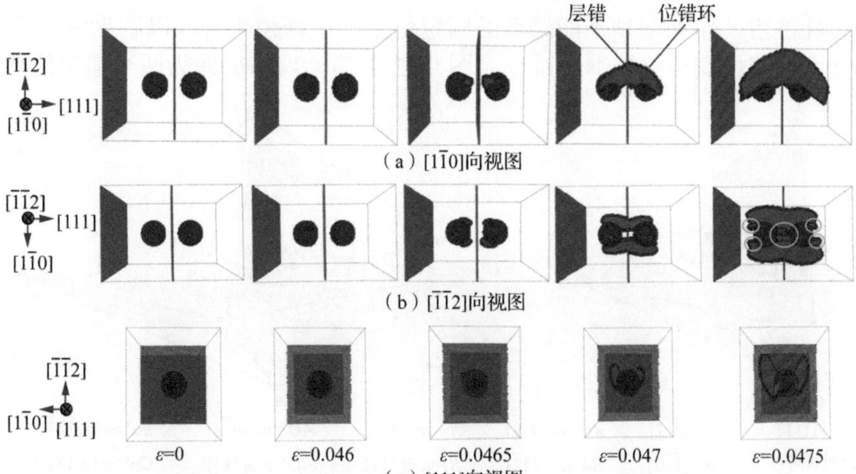

（a）$[1\bar{1}0]$向视图

（b）$[\bar{1}\bar{1}2]$向视图

（c）[111]向视图

图 9.19　纳米孪晶镍在孔隙扩展初始阶段的位错演变过程[26]

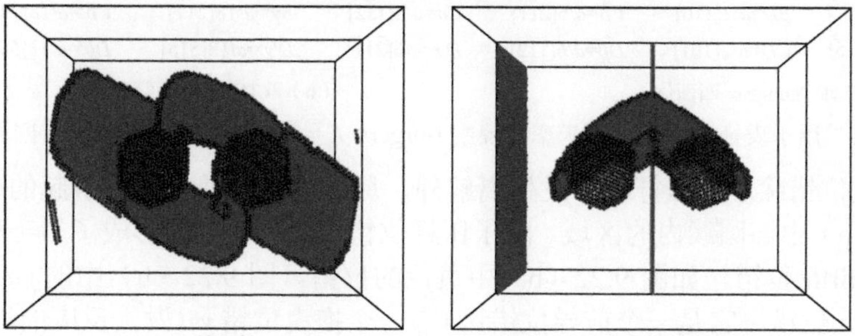
（a）单晶镍　　（b）纳米孪晶镍

图 9.20　孔隙扩展截面图[26]

2）位错机制分析

为了便于分析孔隙扩展与合并过程中的位错机制，本例中应用单 Thompson 四面体和双 Thompson 四面体来共同表征单晶镍和纳米孪晶镍的 Burgers 矢量和滑移面，如图 9.21 所示。在这两个 Thompson 四面体中，各点、面的意义和表示方法与图 9.13 相同，滑移系中滑移方向与滑移面的表示方法与 9.3.1 节相同。在两个 Thompson 四面体中，δB 与拉伸方向平行，平面 ABC 垂直于[111]方向。

根据图 9.21 中的 Thompson 四面体，可以表示出单晶镍和纳米孪晶镍中的激活滑移系，分别如图 9.22 和图 9.23 所示。两图中的构形由 CNA 和 DXA 两种方法显示，其中色带用来表征 DXA 结果中的位错类型。由图 9.22 可以发现，在孔隙扩展初期，单晶镍中的所有激活滑移系均与平面 α 和 γ 有关。由孔隙表面萌生的前导位错（图 9.22 中的 γD 和 $D\alpha$ ）是 Shockley 位错。前导位错的滑移会在其扫过区域留下一个内禀层错。在不同{111}面上运动的两个前导位错相遇后必然会相交。因此，这两个前导位错的运动会受到阻碍，两者发生位错反应从而形成压杆位错，如图 9.22 中的 $\gamma\alpha$ 即为压杆位错。随着变形的继续进行，形成了越来越多的压杆位错。作为一种不能运动的固定位错，压杆位错可以离解为两个拖曳位错，从而使塑性变形能够继续进行。图 9.22 中的 γB 和 $B\alpha$ 即为两个拖曳位错。

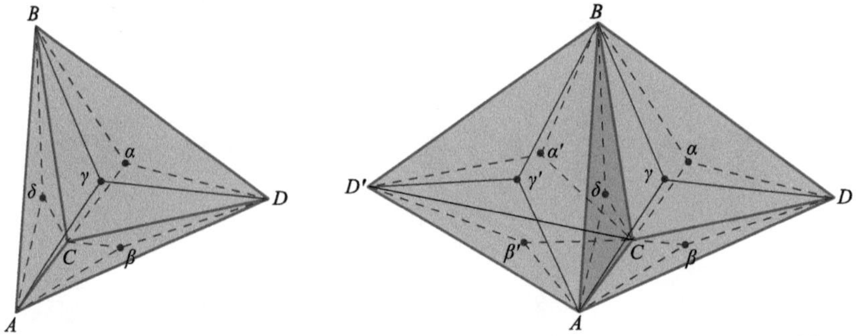

$\delta=[111]$	$AB=a/2[0\bar{1}1]$	$A\delta=a/6[\bar{2}11]$	$A\gamma=a/6[\bar{1}12]$	$AD'=a/6[\bar{4}\bar{1}\bar{1}]$	$B\alpha'=a/18[\bar{1}2\bar{7}]$
$\gamma=[1\bar{1}1]$	$AC=a/2[\bar{1}10]$	$B\delta=a/6[11\bar{2}]$	$B\gamma=a/6[21\bar{1}]$	$BD'=a/6[\bar{1}\bar{1}\bar{4}]$	$C\alpha'=a/18[\bar{1}\bar{7}2]$
$\alpha=[\bar{1}11]$	$BC=a/2[01\bar{1}]$	$C\delta=a/6[1\bar{2}1]$	$D\gamma=a/6[\bar{1}\bar{2}\bar{1}]$	$CD'=a/6[\bar{1}\bar{4}\bar{1}]$	$D'\alpha'=a/18[255]$
$\beta=[11\bar{1}]$	$AD=a/2[011]$	$A\beta=a/6[\bar{1}21]$	$B\alpha=a/6[12\bar{1}]$	$A\gamma'=a/6[\bar{7}\bar{1}2]$	$A\beta'=a/18[\bar{7}2\bar{1}]$
$\gamma'=[1\bar{5}1]$	$BD=a/2[110]$	$C\beta=a/6[2\bar{1}1]$	$C\alpha=a/6[1\bar{1}2]$	$B\gamma'=a/18[2\bar{1}\bar{7}]$	$C\beta'=a/18[2\bar{7}\bar{1}]$
$\alpha'=[\bar{5}11]$	$CD=a/2[101]$	$D\beta=a/6[\bar{1}\bar{1}\bar{2}]$	$D\alpha=a/6[\bar{2}\bar{1}\bar{1}]$	$D'\gamma'=a/18[515]$	$D\beta'=a/18[552]$
$\beta'=[11\bar{5}]$					

（a）单Thompson四面体　　（b）双Thompson四面体

图 9.21　用于表征单晶镍和纳米孪晶镍中 Burgers 矢量和滑移面的 Thompson 四面体[26]

拖曳位错除了使压杆位错发生离解外，还能消除由前导位错引起的层错，如图 9.22（b）中椭圆线内的区域。除了压杆位错，单晶镍中还形成了另一种固定位错，即 Hirth 位错，如图 9.22（b）中黄色的位错。图 9.22（b）中的 $\gamma\alpha/BD$ 即为一个 Hirth 位错，它是一个前导位错 αD 与一个拖曳位错 γB 发生反应的结果。

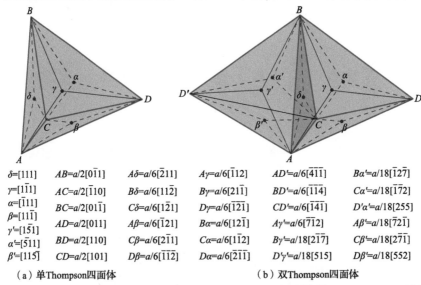

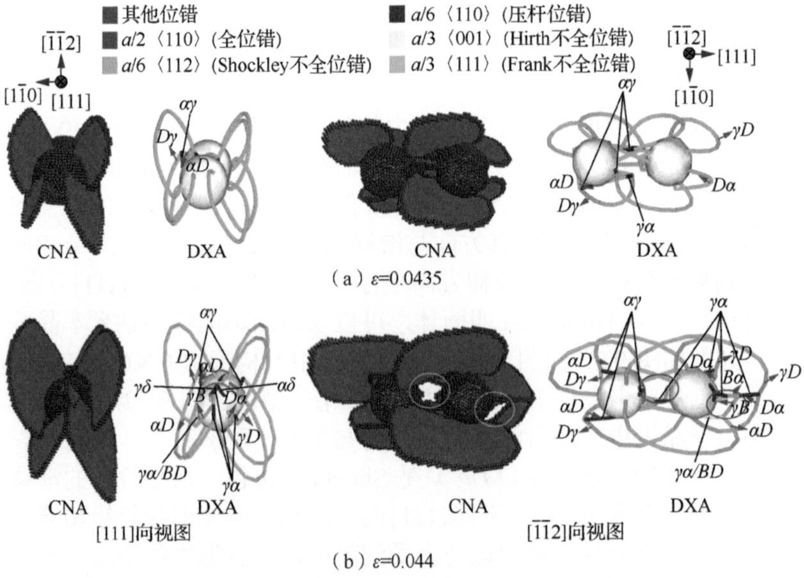

图 9.22　不同应变下单晶镍中的位错反应[26]

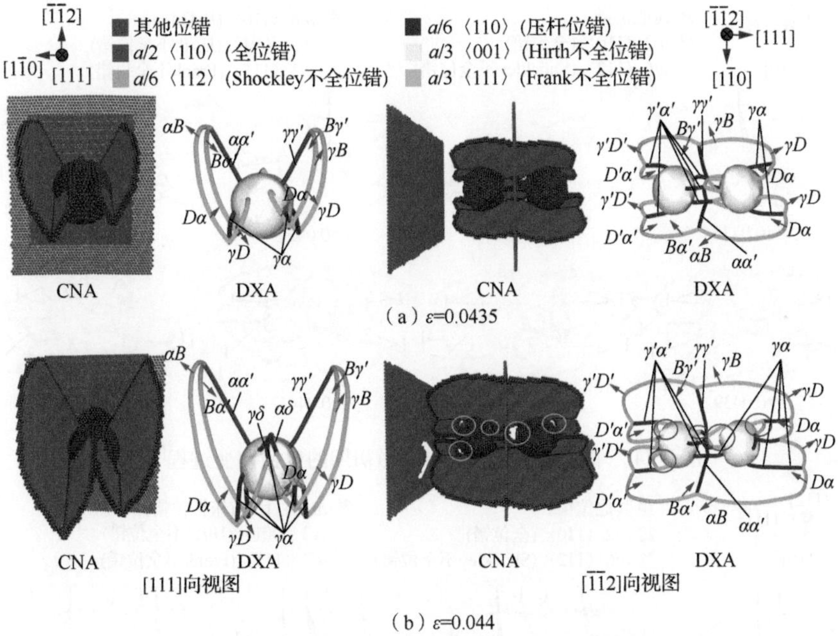

图 9.23 不同应变下纳米孪晶镍中的位错反应[26]

由图 9.23 可以看出，在与单晶镍相同的应变下，纳米孪晶镍中从两个孔隙处萌生的两对前导位错扫过后也留下了两对内禀层错。这些前导位错的运动在孪晶界处受阻并停留在孪晶界处，从而形成了两个直线位错 $\alpha\alpha'$ 和 $\gamma\gamma'$。这两个直线位错也是固定位错，它们的矢量方向与 Frank 位错平行，而它们的大小却与 Frank 位错不同。因此，这些位错在本模拟案例中被定义为其他位错。

两个位于不同平面上前导位错的相交导致基体和孪晶内形成了一系列压杆位错。纳米孪晶镍中所有压杆位错的形成机制均与单晶镍相似。由于孪晶界充当了位错滑移的障碍，因而从两个孔隙发出的位错分别在基体和孪晶内各自滑移。与单晶镍中的情况相同，纳米孪晶镍中的一个压杆位错也会离解为两个拖曳位错。因此，塑性变形能够易于进行。另外，这些拖曳位错也消除了由前导位错扫过形成的内禀层错，如图 9.23（b）中的椭圆线内的区域。

图 9.24 和图 9.25 分别为单晶镍和纳米孪晶镍在单向拉伸变形初期的位错演变过程（采用 DXA 表征）。在这些图中，字母“L”表示前导位错，字母“T”表示拖曳位错。可以看出，前导位错位于扩展环的前沿，而拖曳位错则位于压杆位错的尾部。根据图 9.24 和图 9.25，可以清楚地理解前导位错、拖曳位错、压杆位错和 Hirth 位错的演变过程。

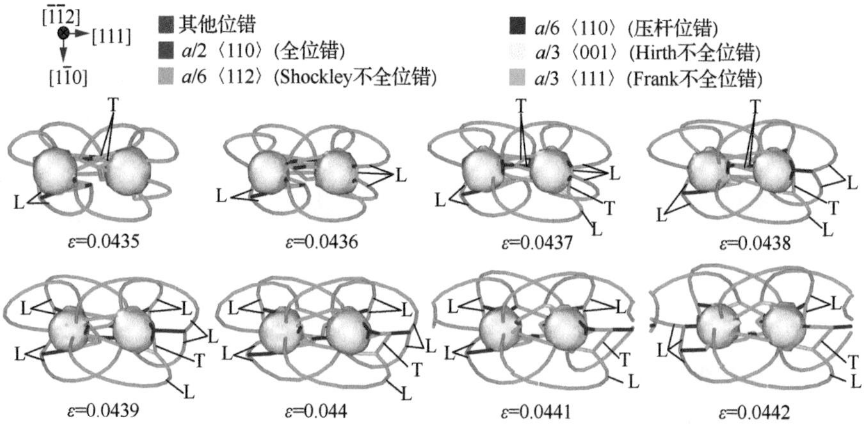

图 9.24　单晶镍在单向拉伸变形初期的位错演变过程[26]

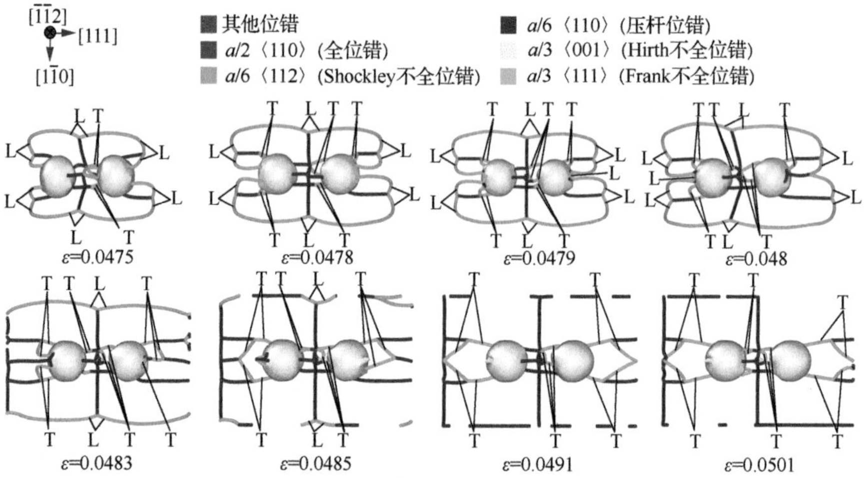

图 9.25　纳米孪晶镍在单向拉伸变形初期的位错演变过程[26]

4. 孔隙扩展与合并过程模拟

图9.26和图9.27分别为单晶镍和纳米孪晶镍在单向拉伸应力下的孔隙扩展与合并的演变过程（采用 CNA 法表征）。可以看出，两个晶体中的孔隙扩展模式与孔隙合并模式均不相同，这是由两者中的原子排列不同所导致的。在单晶镍中，位错从两个孔隙的相背面发出。而在纳米孪晶镍中，位错则从两个孔隙的相对面发出。上述现象导致纳米孪晶镍中孔的内侧扩展速度比单晶镍中孔的内侧扩展速度大。因此，虽然纳米孪晶镍中位错萌生得比单晶镍晚，但前者中的孔隙比后者中的孔隙合并得早。另外，单晶镍中两个孔隙的合并是由一些平行平面上的位错滑移实现的，而纳米孪晶镍中两个孔隙的合并则是由一些关于孪晶界对称的平面上的位错滑移实现的。

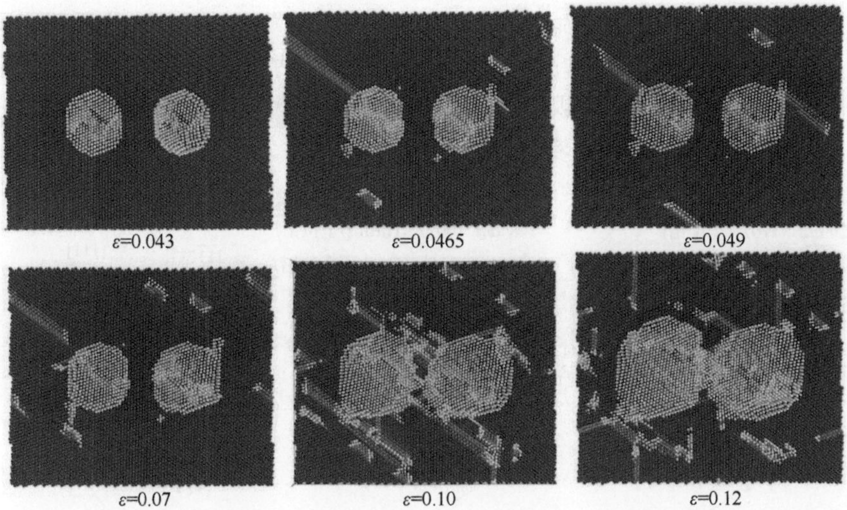

图 9.26　单晶镍中孔隙扩展与合并过程中的位错演变过程[26]

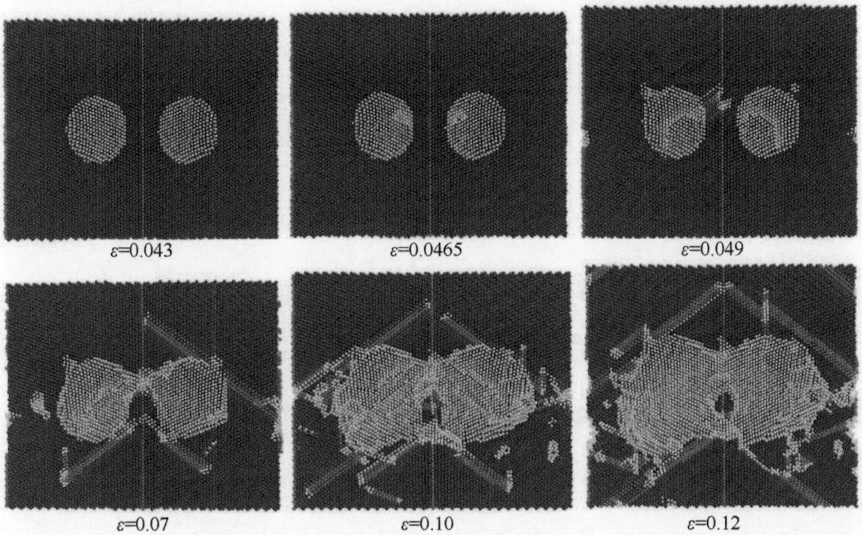

图 9.27　纳米孪晶镍中孔隙扩展与合并过程中的位错演变过程[26]

图 9.28 和图 9.29 分别为单晶镍和纳米孪晶镍中孔隙扩展与合并过程中的位错演变过程（采用 DXA 表征）。在单晶镍中，Shockley 不全位错首先从晶体中发出。应变的增加导致越来越多压杆位错和 Hirth 位错的形成。随着塑性变形的继续进行，位错演变越来越复杂，又导致了其他固着位错的形成。接着，这些位错发生缠结，从两个孔隙发出的位错混合在一起。最终两个孔间的隔带被贯穿，孔隙发生合并。在纳米孪晶中，Shockley 不全位错的发出晚于单晶镍。由于分别从两个

孔隙发出的位错很难穿越孪晶界，所以当从两个孔隙发出的位错与孪晶界相交时，形成了更多的固定位错。因此，在相同的应变下，纳米孪晶镍中的固定位错比例要比单晶镍中多。纳米孪晶镍中的孔隙合并是由两个孔发出的位错发生位错反应实现的，可由图 9.27 得到证实。

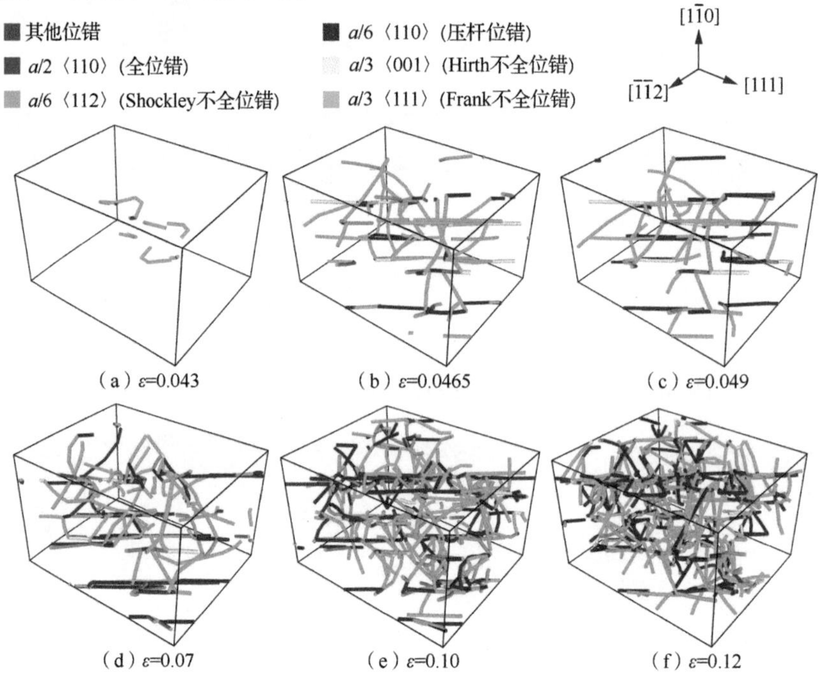

图 9.28　单晶镍中孔隙扩展与合并过程中的位错演变过程[26]

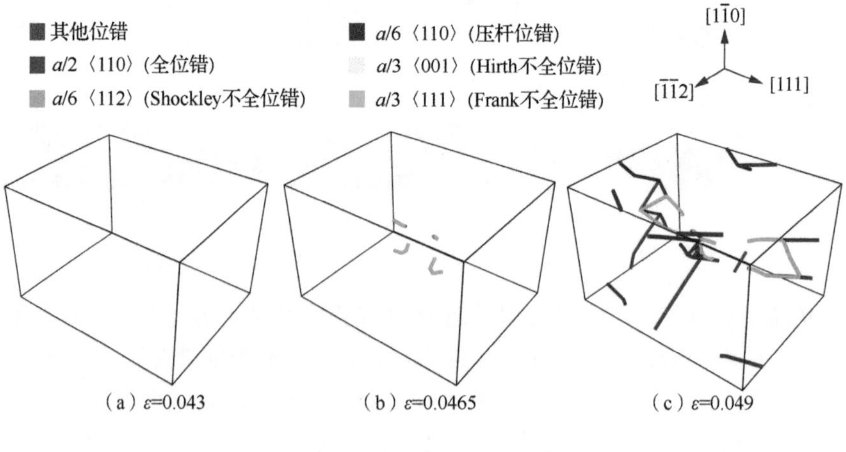

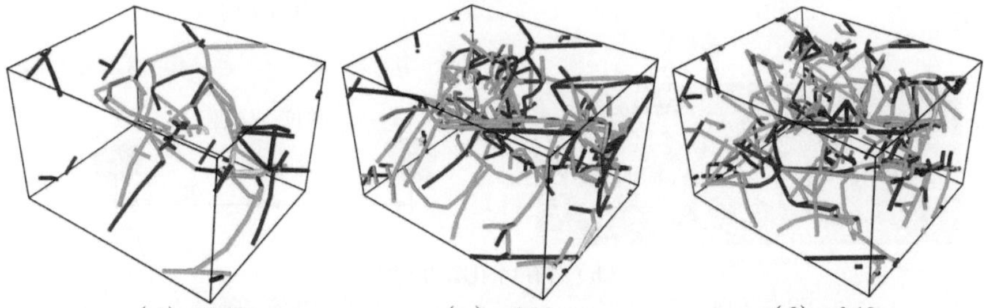

（d）ε=0.07　　（e）ε=0.10　　（f）ε=0.12

图 9.29　纳米孪晶镍中孔隙扩展与合并过程中的位错演变过程[26]

9.3.3　孔隙收缩的分子动力学模拟

1. 模拟模型的建立

本模拟案例通过分子动力学模拟研究了单晶镍单向压缩塑性变形过程中孔隙收缩的位错机制[28]。模拟采用三个具有不同数量球形孔隙的分子动力学模型，它们的[100]、[010]和[001]方向分别平行于 Cartesian 坐标系的 x 轴、y 轴和 z 轴，如图 9.30 所示。三个模拟模型分别嵌有 1 个、3 个和 5 个球形孔隙，模型尺寸均设置为 80×30×30 个晶胞（晶格常数 a=0.352nm），所有球形孔隙的半径均为 4 个晶胞大小，孔隙的中心距离如图 9.30 所示。相同的模型尺寸和不同的孔隙数使三个模型具有不同的孔隙密度。为了使体系能量达到最小化，在未对模型施加任何载荷前，采用共轭梯度法对所有模型进行了弛豫。然后，对所有模型施加应变速率为 $5\times10^8\,s^{-1}$ 的单向压缩载荷，如图 9.30 所示。每一时间步下原子的位置和速度均采用 Nose/Hoover 恒压器来更新。为了避免热效应的影响，所有模拟均在 0.01K 的温度下进行。

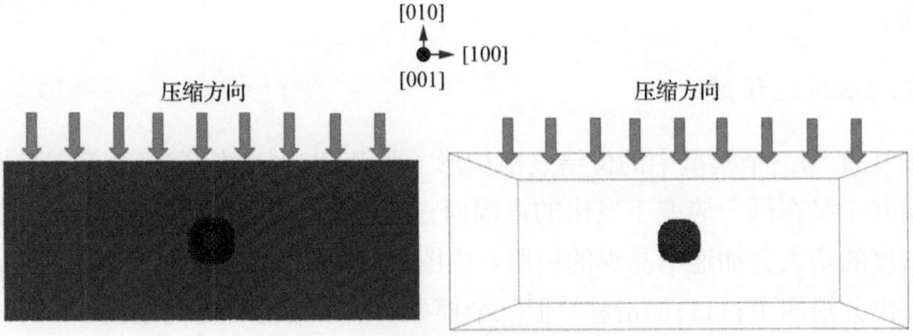

（a）含有1个孔隙的模型

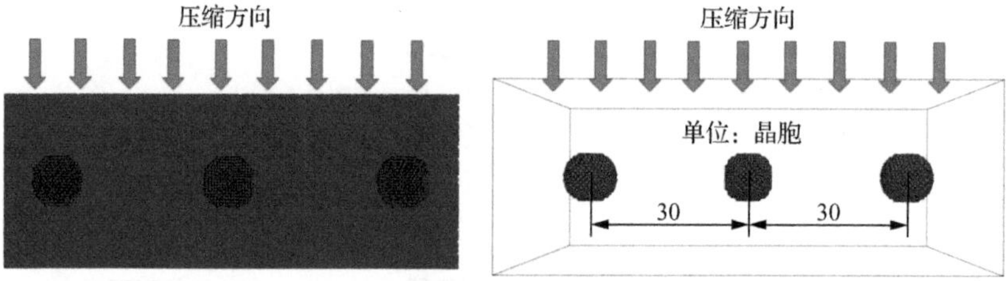

（b）含有3个孔隙的模型

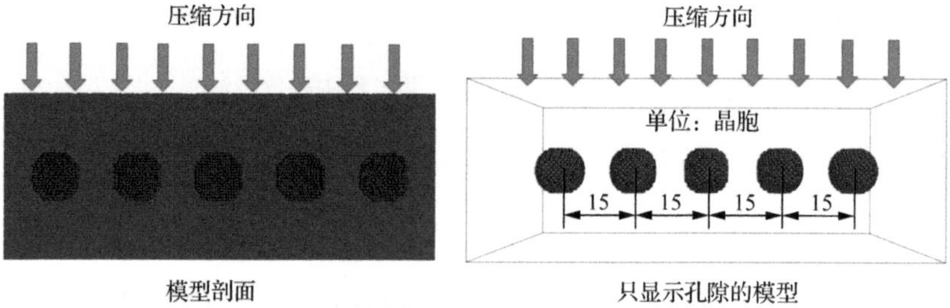

（c）含有5个孔隙的模型

图 9.30　用于研究孔隙缩小位错机制的分子动力学模拟模型[28]

2. 模拟方法

本模拟案例的分子动力学模拟仍采用 LAMMPS 软件，镍原子间的相互作用仍采用 Foiles 等[24]提出的 EAM 势函数来描述。与 9.3.1 节和 9.3.2 节相同，本节仍采用 CNA 法对每个原子进行晶体类型分类并着色，其中密排六方结构原子用蓝色表示，孔隙表面和位错的不定型结构原子用红色表示。为了突显三个模型中的缺陷，隐藏了面心立方结构原子。对上述 CNA 结果采用软件 AtomEye 进行可视化。另外，还采用 DXA 表征位错的演变过程，该可视化过程通过 OVITO 软件实现。

3. 孔隙收缩过程模拟

图 9.31 为三个模型中的位错发出构形（采用 CNA 法表征）。由于三个模型中的位错并不是在同一应变下发出的，因而三个构形所处的应变不同。可以看出，孔隙密度的增大会加速单晶镍的屈服。由图 9.31 可知，伴随层错的位错环从孔的表面发出并沿四个{111}面滑移，但三个模型中的位错形核时间不同。另外，从同一模型不同孔隙处发出的位错形核时间也不同，位错更易在模型中间的孔隙上发出。由图 9.31 还可以看出，三个模型中间孔隙的位错发出方向也不同，这表明孔隙密度对位错的发出方向也有一定影响。

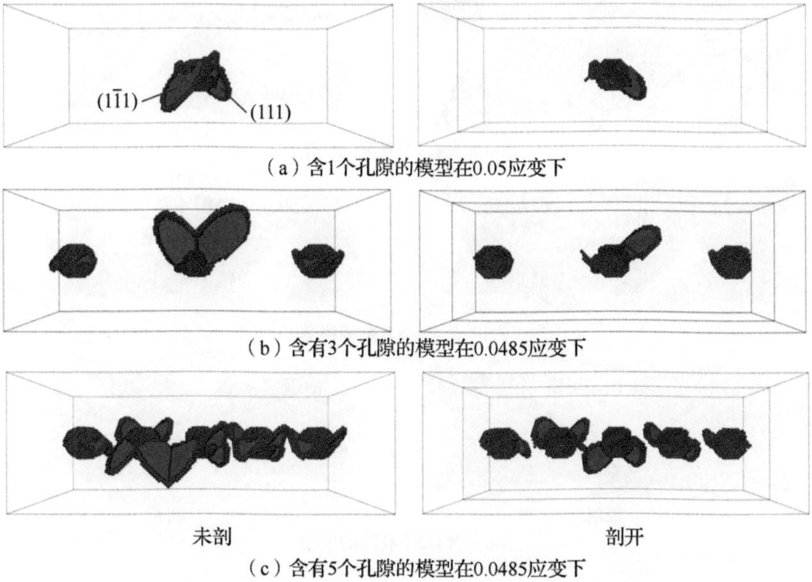

图 9.31　三个模型中的位错发出构形[28]

图 9.32 为三个模型在 0.075 应变时的位错构形（采用 CNA 法表征）。可以看出，三个模型中均形成了大量的位错，并伴有层错出现。这些层错分别平行于四个{111}滑移面，并且这些位错集中在靠近孔隙表面的区域，这表明孔隙表面是单晶镍在压缩变形过程中的位错源，位错从孔隙表面的不断发出使得孔隙不断减小。由图 9.32 可知，相对于图 9.31 中塑性变形初期来说，此时的孔隙已经变得很小了。另外，在含有 3 个孔隙的模型中可以观察到内禀层错和外禀层错，而在含有 1 个孔隙和 5 个孔隙的模型中则只能看到内禀层错。这表明孔隙密度能够影响所形成层错的类型。

图 9.33、图 9.34 和图 9.35 分别为含有 1 个、2 个和 3 个孔隙的模型中的位错演变过程（采用 DXA 表征）。可以发现，所有模型中均存在 6 种位错，其中全位错 $a/2\langle 110\rangle$ 和 Frank 不全位错 $a/3\langle 111\rangle$ 所占比例非常小，只有通过放大才能观察到，如图 9.33～图 9.35 中的放大插图。在这 6 种位错中，Shockley 不全位错 $a/6\langle 112\rangle$ 是从孔隙表面发出的初始位错，其在整个塑性变形过程中均占有最大比例。其他 5 种位错均是由两种位错发生位错反应形成的。

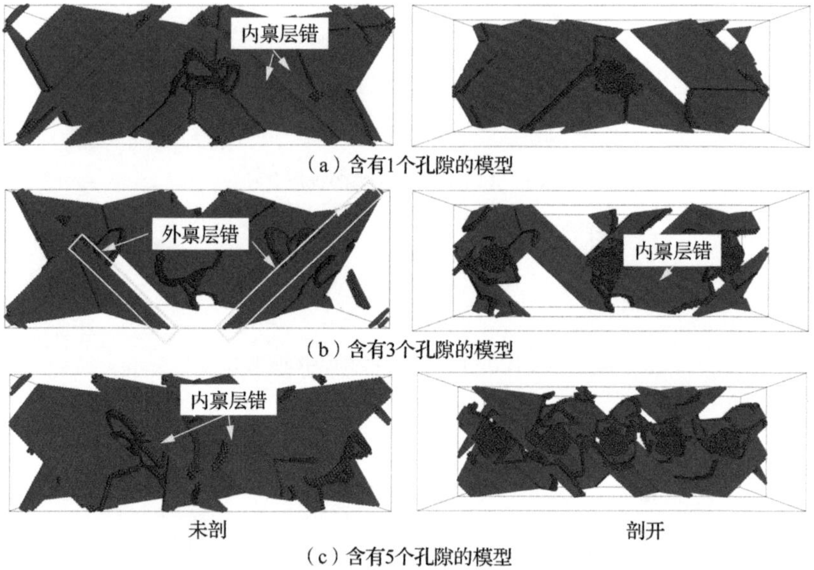

图 9.32　三个模型在 0.075 应变下的位错构形[28]

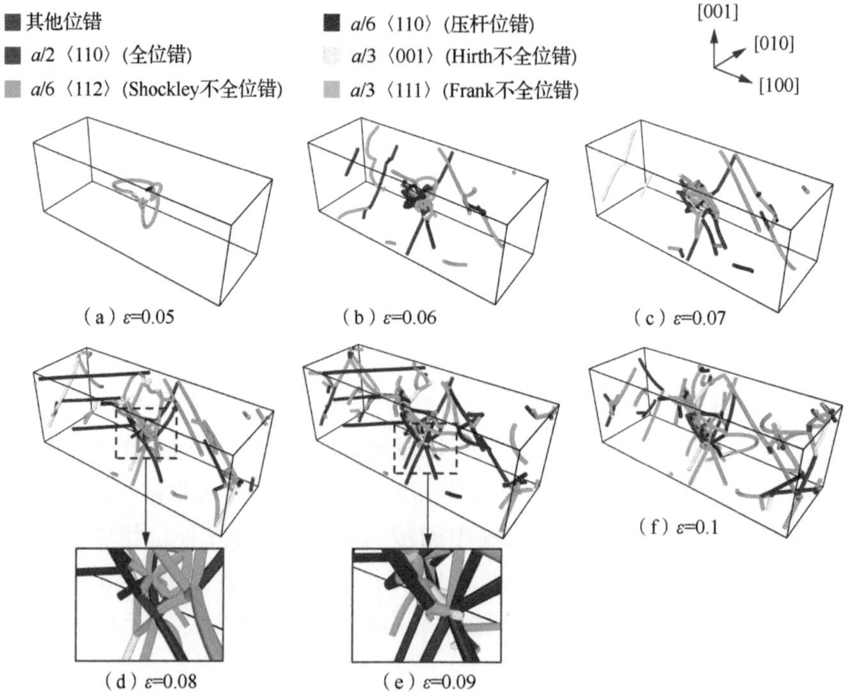

图 9.33　含有 1 个孔隙的模型中的位错演变过程[28]

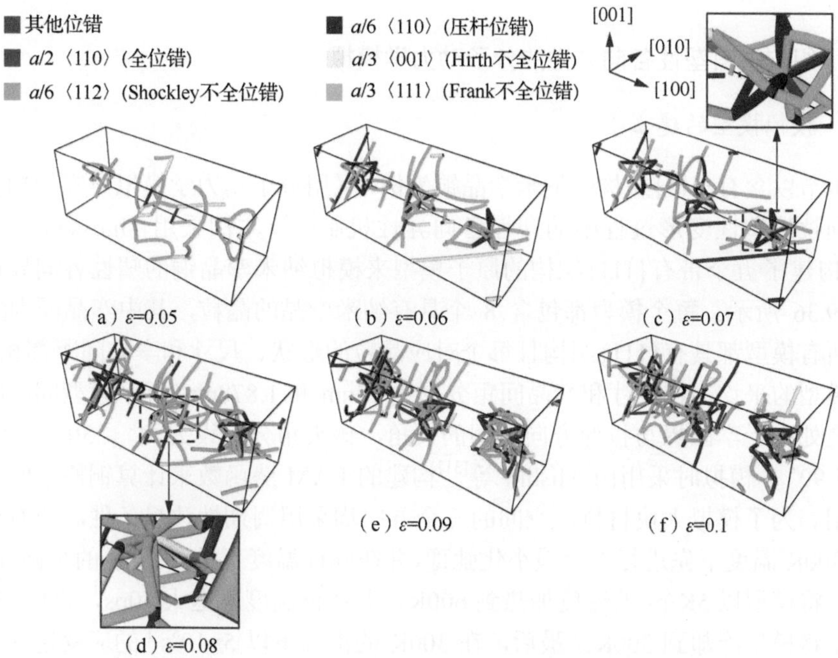

(a) ε=0.05　(b) ε=0.06　(c) ε=0.07

(d) ε=0.08　(e) ε=0.09　(f) ε=0.1

图 9.34　含有 3 个孔隙的模型中的位错演变过程[28]

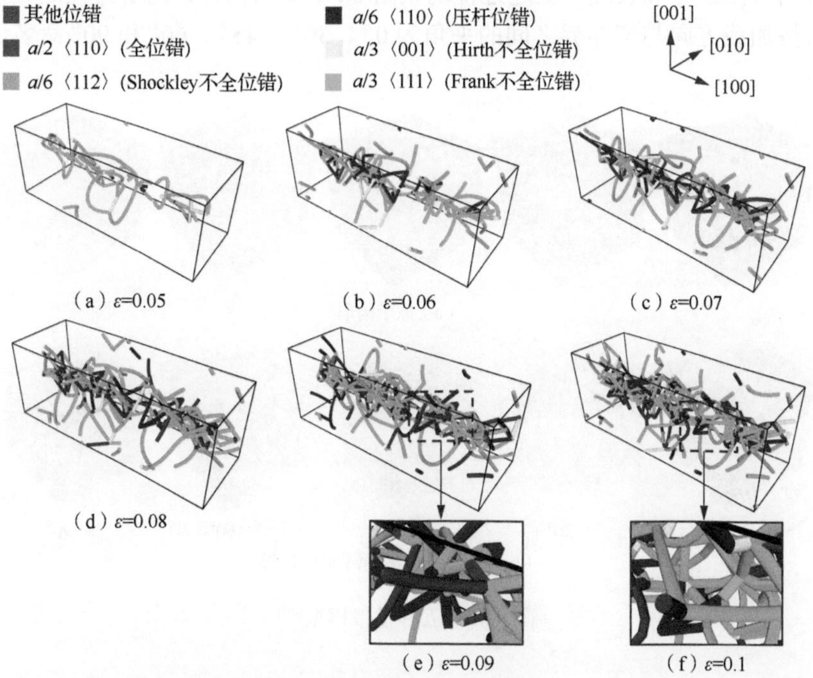

(a) ε=0.05　(b) ε=0.06　(c) ε=0.07

(d) ε=0.08　(e) ε=0.09　(f) ε=0.1

图 9.35　含有 5 个孔隙的模型中的位错演变过程[28]

9.3.4　织构材料塑性各向异性的分子动力学模拟

1. 模拟模型的建立

本节以含有{111}织构的纳米孪晶铜为例，采用分子动力学模拟研究织构材料在单向拉伸塑性变形过程中的塑性各向异性机制[29]。本例采用 Thiessen 多边形法[30]构建了五个带有{111}织构的原子模型来模拟纳米孪晶铜的塑性各向异性，如图 9.36 所示。每个模型都包含 8 个具有纳米孪晶的晶粒，其中孪晶面为(111)面。所有模型都具有{111}织构且每个对应晶粒的形状、尺寸和孪晶间距都相同。这些模型的平均晶粒尺寸和孪晶间距分别为 15nm 和 1.878nm。五个模型间的唯一不同之处在于孪晶界与拉伸方向之间的夹角，该夹角分别设为 0°、30°、45°、60°和 90°。模拟时采用由 Mishin 等[31]构建的 EAM 势函数来计算铜原子间的相互作用。为了模拟大块材料，空间的三个方向均采用周期性边界条件。所有模型均在 300K 温度下先进行能量最小化弛豫，并在同样温度下进行 50ps 的平衡计算。然后，将模型以 5K/ps 的速度加热到 600K，并在该温度下退火 50ps，再以 5K/ps 的速率将模型冷却到 300K。最后，在 300K 的恒温下以 $5\times10^8s^{-1}$ 的应变速率对模型进行 z 向加载，而另两个方向则施加零压力，以使模型在变形过程中能够沿这两个方向自由膨胀和收缩。上述过程均采用 NPT 更新构形。为了方便起见，本节后面将按加载方向与孪晶界之间的夹角为 0°、30°、45°、60°和 90°命名这五个模型。

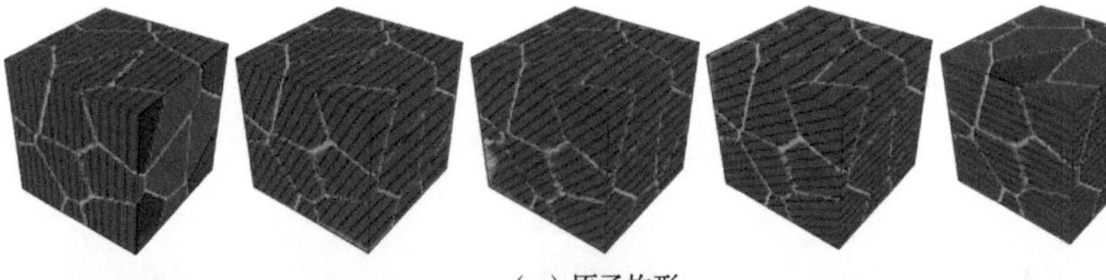

（a）原子构形

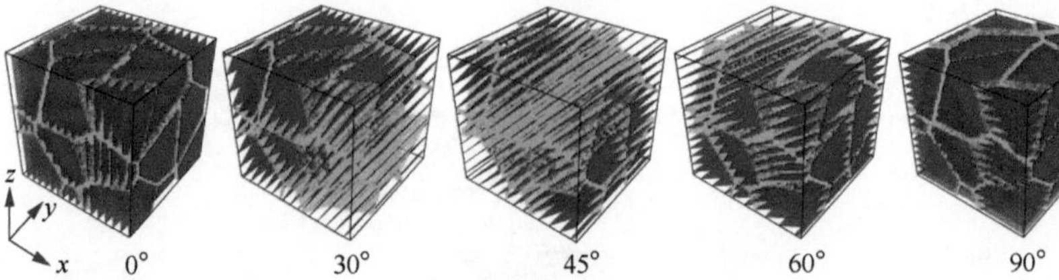

（b）隐藏FCC结构原子后的构形

图 9.36　五种模拟模型[30]

2. 模拟方法

分子动力学模拟仍采用 LAMMPS 软件。模拟时采用 Zhang 和 Ghosh[21]提出的体积平均应力来研究模型的总体力学行为。为了对位错、层错、孪晶界和晶界进行可视化，采用 CNA 法对原子进行了着色。面心立方结构原子用蓝色表示，晶界和位错的不定型结构原子用绿色表示，而密排六方结构原子用红色表示，其中单层红色原子表示孪晶界，相邻或隔着一层面心立方原子的双层红色原子表示层错。另外，还采用 DXA 表征位错的演变过程。上述模拟结果的可视化均由 OVITO 软件实现。

3. 力学行为模拟

图 9.37 为分子动力学模拟得到的五个模型的拉伸应力-应变曲线。在这些曲线中，第一个峰值对应屈服强度，此时位错开始在退火后的模型中形核。当积累足够的位错来协调稳态塑性变形后，所有模型的应力均下降到了一个较低的水平，此时的应力称为流动应力。从图 9.37 中各模型的屈服应力值可以看出，含有{111}织构的纳米孪晶铜在拉伸变形过程中表现出了明显的塑性各向异性。在夹角为 90° 的情况下，屈服应力 σ_{90} 达到了 5.5GPa，比其他模型的屈服强度都高出很多。而在夹角为 45° 的情况下，屈服应力 σ_{45} 的值最低，只有 1.9GPa。但是，当加载方向与孪晶界间的夹角为 0° 时，屈服强度 σ_0 介于 σ_{90} 和 σ_{45} 之间。另外，上述三种情况下的流动应力也遵循上述规律。夹角为 30° 模型的屈服强度 σ_{30} 介于 σ_0 和 σ_{45} 之间，而夹角为 60° 模型的屈服强度 σ_{60} 介于 σ_{45} 和 σ_{90} 之间。但是，这两种情况下的流动应力却没有表现出明显的上述特征。

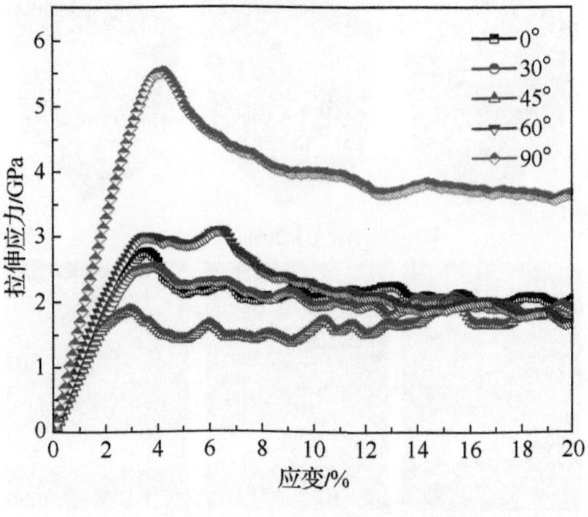

图 9.37　分子动力学模拟得到的五个模型的拉伸应力-应变曲线[30]

4. 微观结构演变过程模拟

图 9.38 为五个模型在不同应变下的原子构形（采用 CNA 法表征）。可以发现，这五个模型在塑性变形阶段表现出了不同的滑移特征。在加载方向与孪晶界间的夹角为 0° 和 90° 的情况下，只能看到与孪晶界相交的位错，而夹角为 45° 的情况下却只能看到平行于孪晶界的位错。但是，在夹角为 30° 和 60° 这两种情况下，既有与孪晶界相交的位错，也有与孪晶界平行的位错。上述现象表明，含有{111}织构的纳米孪晶铜的塑性各向异性与位错的形核和演变机制密切相关。另外，五个模型中均存在很多纳米尺寸的台阶，如图 9.38（d）中箭头所示。这些台阶使共格的孪晶界由平滑变得粗糙。此外，还可以看出，所有模型中还都发生了孪晶界的迁移，可以通过变形过程中孪晶间距的变化得到证实。

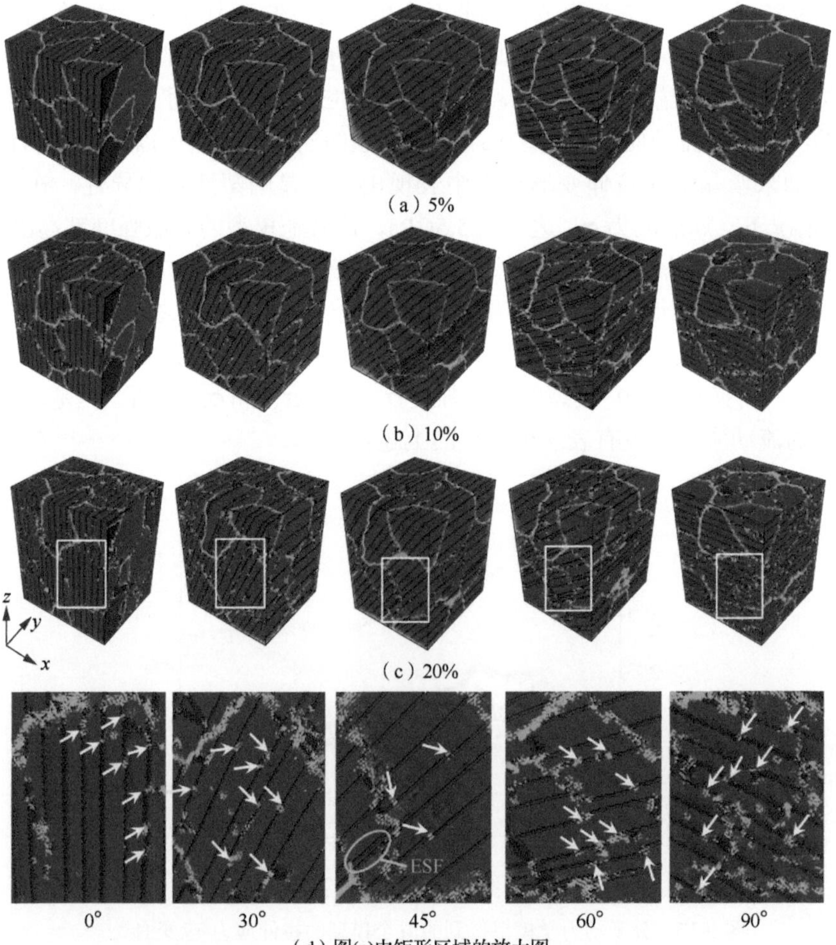

（a）5%

（b）10%

（c）20%

（d）图(c)中矩形区域的放大图

图 9.38　五个模拟模型在不同应变下的原子构形[30]

如图 9.39 所示为五个模拟模型在 0.2 应变下的位错分布（采用 DXA 表征）。可以看出，Shockley 不全位错在五个模型中均占主导地位，位错主要分布在两个相邻的孪晶界间。不同模型间的位错分布存在很大区别，而且同一模型不同晶粒间的位错密度也不同。这些现象表明，在含有{111}织构的纳米孪晶铜中，位错的形核和演变受加载方向和晶粒取向的影响。另外，从图 9.39（b）和图 9.39（c）中还可以看出，位错主要沿平行于孪晶界的方向扩展，说明孪晶界对位错运动具有阻碍作用。

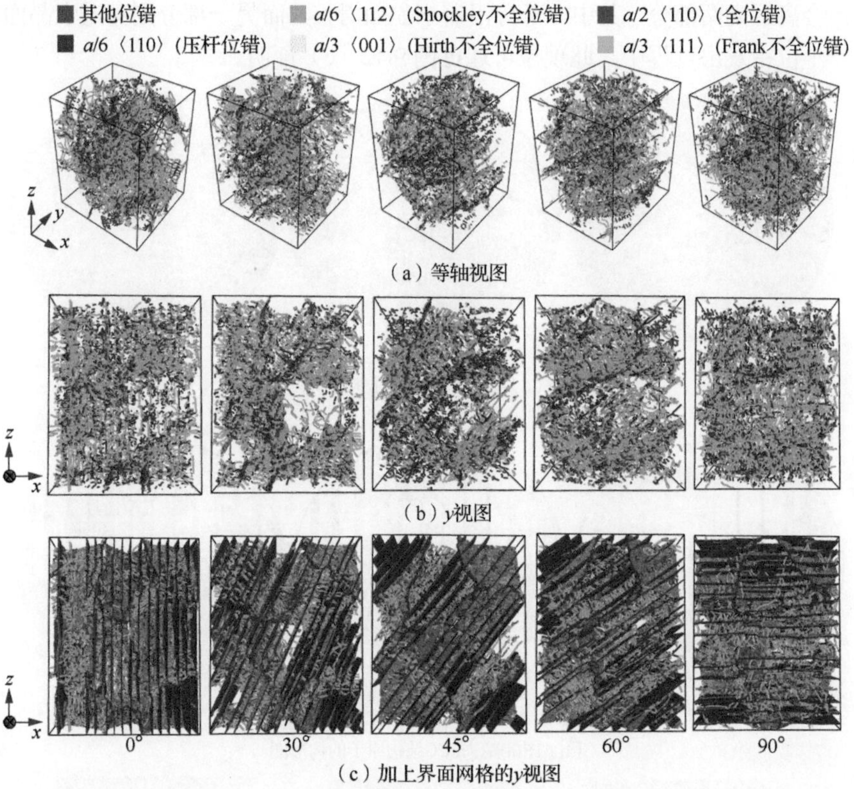

图 9.39　五个模拟模型在 0.2 应变下的位错分布[30]

为了说明上述不同，图 9.40～图 9.42 给出了三种典型模型（0°、45°和 90°）位错演变的细节图（采用 CNA 法和 DXA 表征）。图中的演变过程从左至右，即从 1 至 3。从图 9.40 可以看出，在加载方向与孪晶界间的夹角为 0°时，Shockley 不全位错从晶界处发出，并且发出方向与孪晶界呈一定角度。当这些 Shockley 不全位错遇到孪晶界时，会受到孪晶界阻碍，从而产生沿孪晶界滑移的新 Shockley 位错，如图 9.40（c）所示。正是这些沿孪晶界滑移的 Shockley 位错形成了孪晶界上的台阶结构，如图 9.40（a3）中箭头所指位置和图 9.40（b3）蓝色箭头所指位置。从图 9.41 可以看出，在夹角为 45° 的情况下，Shockley 不全位错也是从晶界处发出，但它们发出和滑移方向均平行于孪晶界。因此，这种情况下孪晶界上的台阶源于晶界与孪晶界交界处发出的 Shockley 位错。另外，除了与孪晶界平行的位错外，该种情况下没有发现其他方向的位错。由图 9.42 可以看出，当夹角为 90° 时，Shockley 不全位错也是从晶界处发出，其发出方向与孪晶界呈一定的角度，这与夹角为 0° 时的情况类似。然而，当 Shockley 不全位错与孪晶界相遇时，却明显不同于夹角为 0° 的情况。在夹角为 90° 的情况下，被孪晶界阻碍的 Shockley 不全位错会离解为两部分，其中一部分沿着孪晶面滑移，而另一部分则穿过孪晶面并加入另一个位错发出过程中，此现象可通过图 9.42（c）证明。

(a1)　(a2)　(a3)

（a）一个晶粒的原子构形图

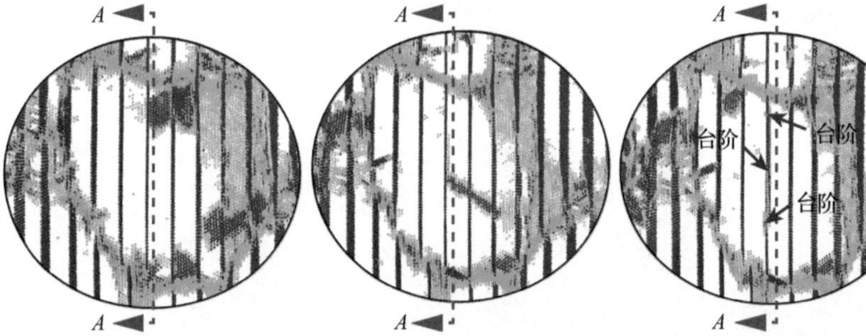

(b1)　(b2)　(b3)

（b）图(a)隐去FCC结构原子的构形图

(c1)　(c2)　(c3)

（c）图(b)加上位错后的A-A剖面构形

图 9.40　夹角为 0° 的模型位错演变细节图[30]

(a1)　(a2)　(a3)

（a）一个晶粒的原子构形图

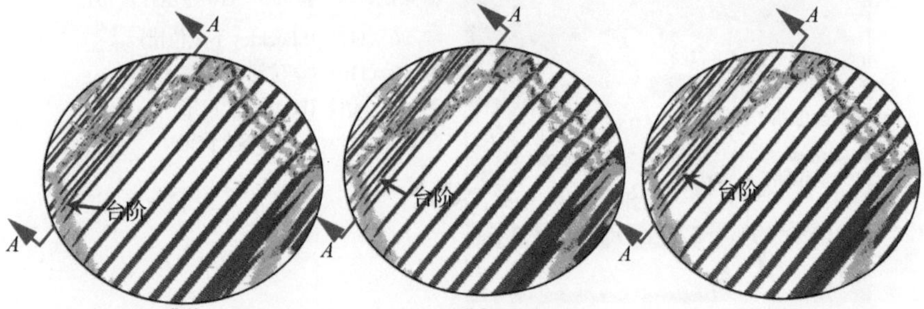

(b1)　(b2)　(b3)

（b）图(a)隐去FCC结构原子的构形图

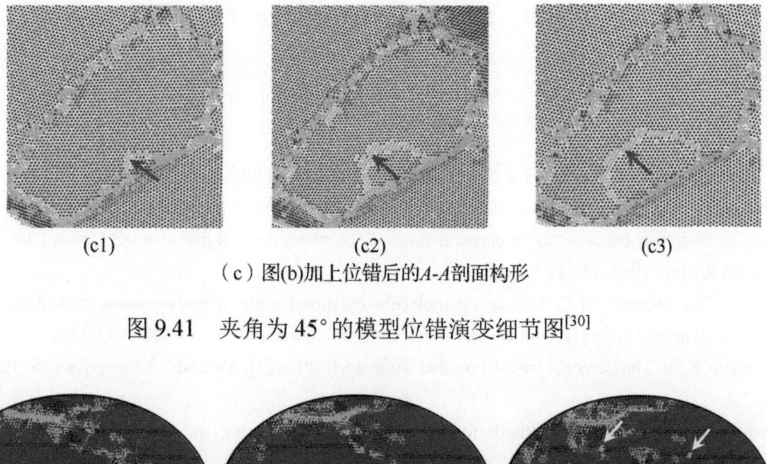

(c1)　(c2)　(c3)

（c）图(b)加上位错后的*A*-*A*剖面构形

图 9.41　夹角为 45° 的模型位错演变细节图[30]

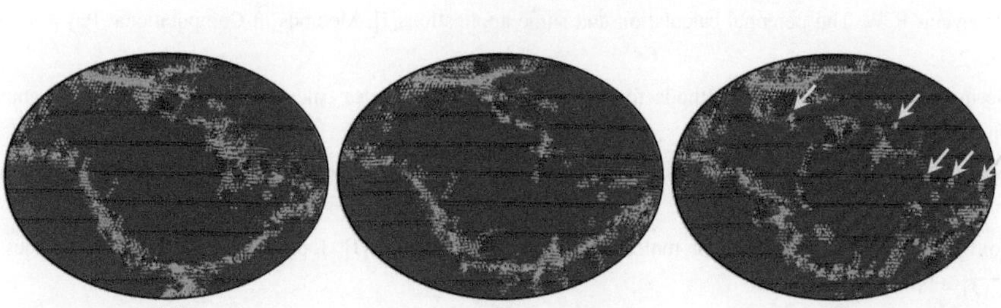

(a1)　(a2)　(a3)

（a）一个晶粒的原子构形图

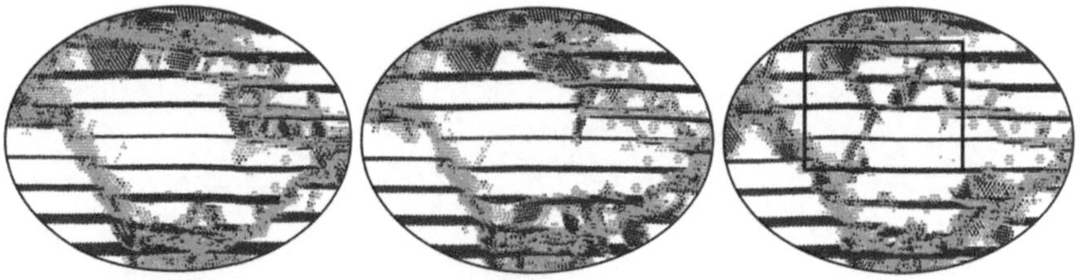

(b1)　　(b2)　　(b3)

(b) 图(a)隐去FCC结构原子的构形图

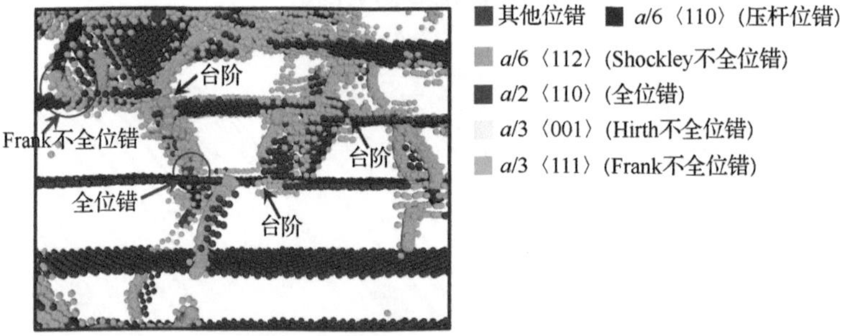

(c) 图(b3)中方框区域局部放大图

图 9.42　夹角为 90°的模型位错演变细节图[30]

参 考 文 献

[1] 张强. 钛晶体塑性变形机制的分子动力学研究[D]. 哈尔滨：哈尔滨工业大学, 2010.

[2] Fan J. Multiscale analysis of deformation and failure of materials[M]. New York: John Wiley & Sons, 2010.

[3] Verlet L. Computer experiments on classical fluids. I. Thermodynamical properties of Lennard-Jones molecules[J]. Physical Review, 1967, 159(1): 98-103.

[4] Swope W C, Andersen H C. 10^6-particle molecular-dynamics study of homogeneous nucleation of crystals in a supercooled atomic liquid[J]. Physical Review B, Condensed Matter, 1990, 41(10): 7042-7054.

[5] Honeycutt R W. The potential calculation and some applications[J]. Methods in Computational Physics, 1970, 9: 136-211.

[6] Beeman D. Some multistep methods for use in molecular dynamics calculations[J]. Journal of Computational Physics, 1976, 20(2): 130-139.

[7] Gear C W. Numerical initial value problems in ordinary differential equations[M]. New Jersey: Prentice Hall Inc., 1971.

[8] Toxvaerd S. A new algorithm for molecular dynamics calculations[J]. Journal of Computational Physics, 1982, 47(3): 444-451.

[9] Daw M S, Baskes M I. Embedded atom method derivation and application to impurities, surface, and other defects in metals[J]. Physical Review B, Condensed Matter, 1984, 29: 8486-8495.

[10] Pippan R, Gumbsch P. Multiscale modelling of plasticity and fracture by means of dislocation mechanics[M]. New York: Springer, 2010.

[11] Finnis M W, Sinclair J E. A simple empirical N-body potential for transition metals[J]. Philosophical Magazine A, 1984, 50(1): 45-55.

[12] Baskes M I. Modified embedded-atom potentials for cubic materials and impurities[J]. Physical Review B, Condensed Matter, 1992, 46(5): 2727-2742.

[13] Baskes M I, Nelson J S, Wright A F. Semiempirical modified embedded-atom potentials for silicon and germanium[J]. Physical Review B, 1989, 40(9):6085-6100.

[14] Wang G, Hove M V, Ross P N, et al. Monte Carlo simulations of segregation in Pt-Re catalyst nanoparticles[J]. Journal of Chemical Physics, 2004, 121(11): 5410-5421.

[15] Hoover W G. Computational statistical mechanics[M]. New York: Elsevier, 1991.

[16] 陈舜麟. 计算材料科学[M]. 北京: 化学工业出版社, 2005.

[17] Kelchner C L, Plimpton S J, Hamilton J C. Dislocation nucleation and defect structure during surface indentation[J]. Physical Review B, 1998, 58(17): 11085-11088.

[18] Tsuzuki H, Branicio P S, Rino J P. Structural characterization of deformed crystals by analysis of common atomic neighborhood[J]. Computer Physics Communications, 2007, 177(6): 518-523.

[19] Honeycutt J D, Andersen H C. Molecular-dynamics study of melting and freezing of small Lennard-Jones clusters[J]. The Journal of Chemical Physics, 1987, 91: 4950-4963.

[20] Stukowski A, Albe K. Extracting dislocations and non-dislocation crystal defects from atomistic simulation data[J]. Modelling and Simulation in Materials Science and Engineering, 2010, 18(8): 085001.

[21] Zhang J, Ghosh S. Molecular dynamics based study and characterization of deformation mechanisms near a crack in a crystalline material[J]. Journal of the Mechanics and Physics of Solids, 2013, 61(8): 1670-1690.

[22] Zhang Y Q, Jiang S Y, Zhu X M, et al. Dislocation mechanism of void growth at twin boundary of nanotwinned nickel based on molecular dynamics simulation[J]. Physics Letters A, 2016, 380(35): 2757-2761.

[23] Plimpton S. Fast parallel algorithms for short-range molecular dynamics[J]. Journal of Computational Physics, 1995, 117(1): 1-19.

[24] Foiles S M, Baskes M I, Daw M S. Embedded-atom-method functions for the fcc metals Cu, Ag, Au, Ni, Pd, Pt, and their alloys[J]. Physical review B, Condensed Matter, 1986, 33(12): 7983-7991.

[25] Li J. AtomEye: An efficient atomistic configuration viewer[J]. Modelling and Simulation in Materials Science and Engineering, 2003, 11(2): 173-177.

[26] Zhang Y Q, Jiang S Y. Investigation on dislocation-based mechanisms of void growth and coalescence in single crystal and nanotwinned nickels by molecular dynamics simulation[J]. Philosophical Magazine, 2017, 97(30): 2772-2794.

[27] Stukowski A. Visualization and analysis of atomistic simulation data with OVITO—the open visualization tool[J]. Modelling and Simulation in Materials Science and Engineering, 2010, 18(1): 015012.

[28] Zhang Y Q, Jiang S Y, Zhu X M, et al. Influence of void density on dislocation mechanisms of void shrinkage in nickel single crystal based on molecular dynamics simulation[J]. Physica E Low-Dimensional Systems and Nanostructures, 2017, 90: 90-97.

[29] Zhang Y Q, Jiang S Y. Molecular dynamics simulation on mechanisms of plastic anisotropy in nanotwinned polycrystalline copper with {111} texture during tensile deformation[J]. Transactions of Nonferrous Metals Society of China, 2021, 31(5): 1381-1396.

[30] Frøseth A G, Swygenhoven H V, Derlet P M. Developing realistic grain boundary networks for use in molecular dynamics simulations[J]. Acta Materialia, 2005, 53(18): 4847-4856.

[31] Mishin Y, Mehl M J, Papaconstantopoulos D A, et al. Structural stability and lattice defects in copper: Ab initio, tight-binding, and embedded-atom calculations[J]. Physical Review B, Condensed Matter, 2001, 63(22): 224106.

第 10 章 金属塑性变形第一性原理模拟

10.1 金属电子结构理论基础

10.1.1 金属原子的基本结构

根据原子结构理论，孤立的自由金属原子由原子核和核外电子构成，其结构示意图如图 10.1 所示，其中原子核带正电，电子带负电。原子核又由质子和中子组成，质子与中子的质量相等。质子带有正电荷，中子不带电，每个质子所带电荷与一个电子所带电荷相等，而且每个原子中的质子数与核外电子数相等。核外电子按照能级的不同由低至高分层排列着，其中内层的电子能量低，最为稳定，最外层电子的能量高，与原子核结合得较弱，这样的电子通常称为价电子（valence electron）。原子的尺寸很小，一般为 10^{-10}m 数量级，原子核的尺寸更小，一般为 10^{-15}m 数量级，电子的电量为 $1.602176634\times10^{-19}$C，是电量的最小单元，质量为 9.10956×10^{-31}kg，电子的直径为 10^{-15}m 数量级。质子的质量为 1.6726231×10^{-27}kg，中子的质量为 1.6749286×10^{-27} kg，质子和中子的直径差不多，都约为 10^{-16}m 数量级。

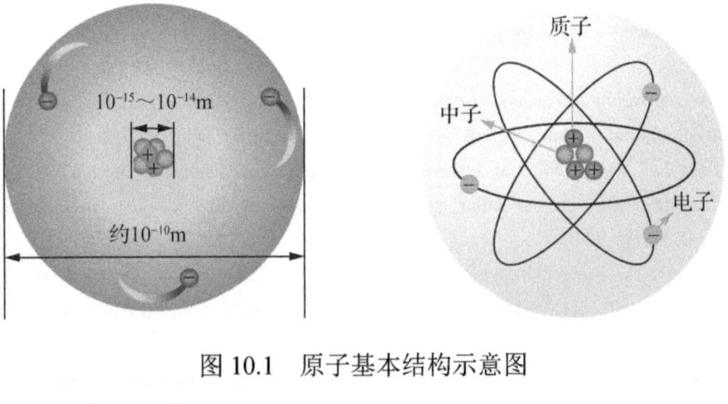

图 10.1　原子基本结构示意图

10.1.2 金属电子的波粒二象性

根据量子力学（quantum mechanics）理论，金属电子与其他所有微观粒子一样，具有波粒二象性，即同时具有波动和粒子的属性。根据著名的 de Broglie 关系式，一个动量为 p 的电子的波长为

$$\lambda=\frac{h}{p} \tag{10.1}$$

则电子的动量可以表示为

$$p=\frac{h}{\lambda}=\hbar k \tag{10.2}$$

电子的动能为

$$E=\frac{p^2}{2m}=\frac{\hbar^2k^2}{2m}=\hbar\omega \tag{10.3}$$

式中，h 为 Planck 常数，$h\approx 6.626\times10^{-34}\,\mathrm{J\cdot s}$；$\hbar$ 为约化 Planck 常数，$\hbar=h/(2\pi)$；k 为电子波的波数，$k=2\pi/\lambda$；m 为电子质量；ω 为电子波的角频率，$\omega=2\pi f=2\pi/T$，f 和 T 分别为电子波的频率和周期。

应当指出，金属电子和其他微观粒子一样，其粒子属性不能等同于经典力学中运动的粒子，因为经典粒子的运动规律可用粒子的运动轨迹加以描述，质点的位置和动量完全可以确定。而在量子力学中，金属电子的位置和动量有一个是确定的，那么另一个量便是不能确定的。另外，金属电子的波动性也并非指电子的运动路径是波动的，而指的是电子运动状态具有可叠加性。

10.1.3　金属电子的量子态

金属电子具有波粒二象性，因而不能像经典力学中描述质点运动规律那样来描述金属电子的运动状态。不能把电子的运动想象为绕着原子核的某一固定轨道进行转动。实际上，电子的运动不仅表现出绕着原子核进行旋转，而且还表现出绕着自身的轴进行自旋。在量子力学中，同时用四个数来描述金属电子的运动状态（即量子态（quantum state）)，这些数称为量子数（quantum number），分别用 n、l、m 和 s 表示。其中 n 是主量子数，l 是轨道量子数，m 是内量子数，s 是自旋量子数。主量子数是最重要的量子数，它对于决定电子的能量起着首要的作用。主量子数可以从 1 开始取整数值，n=1 代表电子能量处于最低的状态，此时电子是最稳定的，随着 n 值的增加，电子的能量逐渐增加，稳定性逐渐减小。轨道量子数与旋转电子的角动量相关，可以说决定了轨道的形状。当主量子数 n 确定后，轨道量子数 l 可以取 0 至 n−1 间的所有整数值。例如，当 n=1 时，l 只能取 0 值；当 n=2 时，l 可以取 0 和 1；当 n=3 时，l 可以取 0、1 和 2；当 n=4 时，l 可以取 0、1、2 和 3。对于某一确定 n 值，l 值越大，电子的能量越高。量子数 m 与绕核电子轨道的取向有关。当轨道量子数 l 的值确定时，电子的内量子数 m 可以取+l 到 −l 所有经过的整数值，例如，对于 l=4 时，m 可以取+3、+2、+1、0、−1、−2 和 −3。自旋量子数 s 与电子自旋方向的取向有关，它只有两个值，即+1/2 和−1/2。对于具有相同的 n 、l 和 m 值的电子，自旋量子数 s 只能取这两个值中的一个。

在没有外加磁场的条件下，具有相同的 n 和 l 值但 m 值不同的电子，其能量是相同的。

根据上面的介绍，金属电子的量子态可以四个量子数加以描述。然而，电子的能量只由主量子数和轨道量子数的取值来决定，因而金属电子的量子态的命名主要考虑主量子数和轨道量子数。通常主量子数通过所取值的数字来表示，而轨道量子数则通过字母来表示，即 s、p、d 和 f，它们分别来自光谱学单词 sharp（锋锐的）、principal（主要的）、diffuse（漫散的）和 fundamental（基本的）的首字母。s、p、d 和 f 分别对应于轨道量子数的取值 0、1、2 和 3。另外，确定金属电子的量子态，必须满足 Pauli（泡利）不相容原理，即在同一个原子中，不存在四个量子数完全相同的电子。当金属电子的主量子数 n=1 时，轨道量子数 l 只能取 0 值，即该状态中的电子用符号 1s 表示，这个状态的电子的内量子数 m 只能取一个值 0，自旋量子数 s 可以取+1/2 和−1/2 这两个值。因而，根据 Pauli 不相容原理，在任何金属原子中只能有两个电子处于 1s 态，它们具有相反的自旋方向。可以看出，当 n=1 时，只能出现 s 态，且只能由两个电子占据，一旦两个 1s 态被填满，电子就进入次最低能级，此时主量子数 n=2，这时轨道量子数 l 只能取 0 和 1 值，电子可以处于 2s 态或 2p 态。2s 态的电子比 2p 态的电子能量低，因而 2s 态首先填满。同样，2s 态也只能有两个电子。实际上，无论主量子数的值如何，s 态只能填充两个电子。对于处于 p 态的电子，内量子数 m 可以取值+1、0 和−1，对于每个 m 值，自旋量子数可以两个值，所以 2p 态允许有六个电子。当两个 2s 态和六个 2p 态被电子填满之后，后面的电子只能进入处于较高能量的 n=3 的状态，此时轨道量子数 l 可以取 0、1 和 2 值，因而除了 3s 态和 3p 态以外，还出现了 3d 态，同理可以确定电子总共有十个 3d 态。最后，当主量子数 n=4 时，轨道量子数 l 可以取 0、1、2 和 3 值，即出现了 4f 态，同样可以证明电子有十四个 4f 态，具体细节见表 10.1。

表 10.1　前四个量子壳层的状态分布

壳层	n	l	m	s	状态数目
一	1	0	0	±1/2	2, 1s 态
二	2	0	0	±1/2	2, 2s 态
		1	−1, 0, +1	±1/2，±1/2，±1/2	6, 2p 态
三	3	0	0	±1/2	2, 3s 态
		1	−1, 0, +1	±1/2，±1/2，±1/2	6, 3p 态
		2	−2, −1, 0, +1, +2	±1/2，±1/2，±1/2，±1/2，±1/2	10, 3d 态
四	4	0	0	±1/2	2, 4s 态
		1	−1, 0, +1	±1/2，±1/2，±1/2	6, 4p 态
		2	−2, −1, 0, +1, +2	±1/2，±1/2，±1/2，±1/2，±1/2	10, 4d 态
		3	−3, −2, −1, 0, +1, +2, +3	±1/2，±1/2，±1/2，±1/2，±1/2，±1/2，±1/2	14, 4f 态

原子序数最靠前的金属是锂，其核外有 3 个电子，1s 态只能容纳 2 个电子，第 3 个电子只能进入具有较高能量的 2s 态。一旦对应于某一主量子数的一系列状态均被填满，则称这些态的电子形成闭合壳层。根据量子力学理论，一旦壳层被填满，该壳层的能量便落入十分低的值，因而电子处于极为稳定的状态。锂有 2 个电子与核结合得十分紧密，而 1 个 2s 态的电子与核结合得较弱。这个电子通常称为价电子。价电子极容易移走，因此锂能形成带有 1 个正电荷的离子，它的原子价为 1。由于这种原因，外面的 2s 态的电子是较为自由的。原子序数排在第 2 位的是金属铍，铍原子核外有 4 个电子，电子将占据 1s 态和 2s 态，而具有较高能量的 6 个 2p 态，则是空的。对于原子序数为 11～13 号的金属元素钠、镁和铝，第二壳层将被充满，将建立 n=3 的第三壳层。电子首先落入 3s 态，然后占据 3p 态。对于原子序数为 19 的钾原子，核外电子占满第一壳层、第二壳层以及第三壳层的 3s 态和 3p 态后，最高能量的 1 个电子将进入 4s 态而不是 3d 态，因为 3d 态比 4s 态具有更高的能量（图 10.2）。对于原子序数为 20 的钙原子，则具有 2 个 4s 态电子，至此 4s 态被占满。对于原子序数为 21 的钪原子，最高能量的电子并不会去继续占据 4p 态，而是进入 3d 态则能量较低，因为 3d 态的能量比 4s 态高而一直空着。钪以后的元素继续占据 3d 态，直到锌才被填满。然而，金属电子在填充 3d 态时，其必须符合 Hund 定则，即在能级高低相等的轨道上，电子尽可能分占不同的轨道，且具有相同的自旋量子数。由此可以知道，能级高低相等的轨道上全充满和半充满的状态比较稳定。因此，在金属自由原子中，当填充 3d 态的时候，电子首先占据对应于内量子数的 m 的 5 个值而且其自旋方向都相同，当这 5 个状态都被占据的时候，能量落到一个低值。所以，对于金属铬而言，只具有 1 个 4s 态电子，但是却具有完全的 5 个 3d 态电子。同理，对于金属铜而言，也只具有 1 个 4s 态电子，但是却具有完全的 10 个 3d 态电子，从而占满第三壳层，使该壳层的电子能量得到了很大的下降。从钪到铜这些金属元素，它们的 3d 态逐渐被充填，所以被称为过渡族元素。从金属元素铷开始，似乎又重复了上述过程，电子充满 4p 态之后，首先占据 5s 态之后，然后占据 4d 态，最后占据 5p 态。在这个阶段，4f 态是不被填充的，因为 4f 态比 5s、4d、5p 和 6s 诸状态具有更高的能量。自金属元素镧之后，在能量上才有利于填充 14 个 4f 态，从而得到一组元素，被称为稀土元素，即镧到铪之间的元素。

通过以上对于金属原子的电子结构分布可以看出，金属元素的原子在被金属电子充满的壳层外部，都只有很少数目的电子。这些电子可以被看作自由电子，能够自由地在整个金属中运动。因而，金属可以看作是由整齐排列的带正电荷的离子完全浸没在自由运动的电子气中而构成的（图 10.3）。金属键主要是由正离子与自由电子的相互吸引而产生的，而且这种键合力并没有在空间定向，所以正离子将以各种具有最密堆积结构的几何形状聚集在一起。

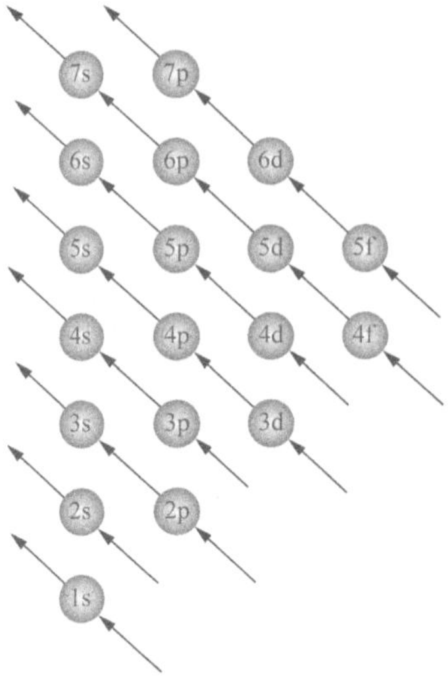

图 10.2　金属原子外层电子填充顺序图

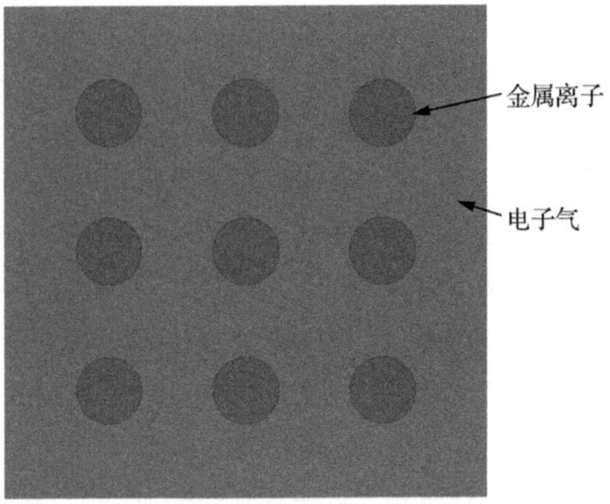

图 10.3　金属键合示意图

10.1.4　金属电子的波函数

由于金属电子具有波粒二象性，因而对其运动状态的描述不能像在经典 Newton 力学中用轨迹方程 $\boldsymbol{r}=\boldsymbol{r}(t)$ 来对质点的运动状态进行完备描述。也就是说，不能把金属电子想象成是绕着原子核外的某一固定轨道运动的，其运动的轨迹方程是不存在的，而且可以发生干涉或衍射的现象，这就是波动的必然要求，因而人们提出用波函数（wave function）来描述电子等微观粒子的运动状态。波函数一般记为 $\psi\left(\boldsymbol{r},t\right)$，通常为复数。金属电子波函数的物理意义是其模平方 $\left|\psi\left(\boldsymbol{r},t\right)\right|^2$ 表示 t 时刻在空间 $\boldsymbol{r}$ 处发现的概率密度，其中 $|\psi|^2=\psi^*\psi$（ψ^* 是 ψ 的复共轭函数）。由波函数的统计诠释容易得出波函数应满足归一化条件，即要求金属电子在各空间点的概率总和为 1，则有

$$\int|\psi|^2\,\mathrm{d}v=\int\psi^*\psi\,\mathrm{d}v=1 \tag{10.4}$$

式中，积分区间为遍及金属电子存在的整个空间。

波函数 $\psi\left(\boldsymbol{r},t\right)$ 必须是连续函数，而且在整个空间平方可积。另外，波函数 $\psi\left(\boldsymbol{r},t\right)$ 必须是有界的，因为 $\left|\psi\left(\boldsymbol{r},t\right)\right|^2$ 代表发现电子的概率密度，而概率密度只能是一个有限的数。同时，$\psi\left(\boldsymbol{r},t\right)$ 也必须是单值的，因为空间中不可能存在两个不同的电子概率密度。

自由电子可以看作最简单的粒子，因为其不受任何势场的作用，早在 Schrödinger 引入波函数和 Schrödinger 方程前，人们就假定自由电子可以用最简单的波——简谐平面波来描述，即自由电子的波函数为

$$\psi(\boldsymbol{r},t)=A\mathrm{e}^{\mathrm{i}(\boldsymbol{k}\cdot\boldsymbol{r}-\omega t)}=A\mathrm{e}^{\frac{\mathrm{i}}{\hbar}(p\cdot\boldsymbol{r}-Et)} \tag{10.5}$$

式中，A 为归一化常数；$\boldsymbol{k}$ 为电子波矢；$\boldsymbol{r}$ 为电子在空间中的位置矢量。

通过自由电子的波函数可以发现，自由电子在空间各处的概率密度是一样的，这一点与经典粒子是完全不同的。

在由 N 个电子组成的多电子体系中，体系的波函数可以表示为

$$\psi=\psi(\boldsymbol{r}_1,\boldsymbol{r}_2,\boldsymbol{r}_3,\cdots,\boldsymbol{r}_N;t) \tag{10.6}$$

对于多电子体系波函数，Born 统计诠释依然是正确的，而且波函数也同样满足前面所给的条件。

10.1.5　金属自由电子的 Schrödinger 方程

根据式（10.5）给出的金属自由电子的波函数表达式，求波函数对时间的偏微分，则有

$$\frac{\partial}{\partial t}\psi=-\frac{\mathrm{i}}{\hbar}E\psi \tag{10.7}$$

对上式进一步整理得

$$\mathrm{i}\hbar\frac{\partial}{\partial t}\psi=E\psi \tag{10.8}$$

式中，$\mathrm{i}\hbar\frac{\partial}{\partial t}$ 称为能量算符，其功能就是作用到波函数上来得到自由电子的能量。

再次根据式（10.5）给出的金属自由电子的波函数表达式，求波函数对空间坐标进行一阶偏微分，则有

$$-\mathrm{i}\hbar\nabla\psi=\mathrm{i}\hbar\left(i\frac{\partial}{\partial x}+j\frac{\partial}{\partial y}+k\frac{\partial}{\partial z}\right)\psi=\left(p_x i+p_y j+p_z k\right)\psi=p\psi \tag{10.9}$$

式中，$-\mathrm{i}\hbar\nabla$ 称为动量算符，其功能就是作用到自由电子波函数上来得到自由电子的动量。为了进一步建立金属自由电子波函数的时间微分和空间坐标微分之间的联系，对波函数进行空间坐标的二阶微分，则有

$$-\frac{\hbar^2}{2m}\nabla^2\psi=\frac{p^2}{2m}\psi \tag{10.10}$$

由于 $\frac{p^2}{2m}$ 就是金属自由电子的动能，因此称 $\hat{T}=-\frac{\hbar^2}{2m}\nabla^2$ 为动能算符。对于金属自由电子而言，其不受任何势场的作用，其能量就是动能，所以式（10.10）可以写为

$$\hat{T}\psi=E\psi \tag{10.11}$$

基于式（10.8）和式（10.11），则可以建立起波函数对时间微分和对空间坐标微分之间的关系，因而对自由电子而言，有

$$\mathrm{i}\hbar\frac{\partial}{\partial t}\psi=-\frac{\hbar^2}{2m}\nabla^2\psi=\hat{T}\psi \tag{10.12}$$

将上式进行推广，如果自由电子受到了一个势场$V(\boldsymbol{r},t)$的作用，则其总能量为动能和势能之和，则将上式的动能算符$\hat{T}=-\frac{\hbar^2}{2m}\nabla^2$用哈密顿算符$\hat{H}=-\frac{\hbar^2}{2m}\nabla^2+V$进行替换，则有

$$\mathrm{i}\hbar\frac{\partial\psi}{\partial t}=\left(-\frac{\hbar^2}{2m}\nabla^2+V\right)\psi=\hat{H}\psi \tag{10.13}$$

上式就是著名的 Schrödinger 方程[1-5]。

10.1.6　金属晶体的倒易空间

倒格子的引入会方便固体物理学的研究。每个倒格子都有一种 Bravais 正格子与之对应。正格子的初基原胞基矢为$\boldsymbol{a}_1$、$\boldsymbol{a}_2$和$\boldsymbol{a}_3$，则相应的倒格子基矢$\boldsymbol{b}_1$、$\boldsymbol{b}_2$和$\boldsymbol{b}_3$分别为

$$\begin{cases}\boldsymbol{b}_1=\dfrac{2\pi(\boldsymbol{a}_2\times\boldsymbol{a}_3)}{V_\mathrm{C}}\\ \boldsymbol{b}_2=\dfrac{2\pi(\boldsymbol{a}_3\times\boldsymbol{a}_1)}{V_\mathrm{C}}\\ \boldsymbol{b}_3=\dfrac{2\pi(\boldsymbol{a}_1\times\boldsymbol{a}_2)}{V_\mathrm{C}}\end{cases} \tag{10.14}$$

式中，V_C是正格子原胞的体积，$V_\mathrm{C}=\boldsymbol{a}_1\cdot(\boldsymbol{a}_2\times\boldsymbol{a}_3)$。

采用倒格子基矢也可以构造出一个平行六面体，这个平行六面体被称为倒原胞（reciprocal primitive cell），倒格子由倒原胞在三维空间中进行周期性排列得到，倒格子的节点称为倒格点（reciprocal lattice）。倒空间（或倒易空间（reciprocal space））即为由倒格子基矢所构成的空间。由式（10.14）可以发现，倒格子基矢的量纲为长度的倒数。倒格子基矢和正格子基矢具有下列基本关系：

$$\boldsymbol{a}_i\times\boldsymbol{b}_j=2\pi\delta_{ij}=\begin{cases}2\pi, & i=j\\ 0, & i\neq j\end{cases} \tag{10.15}$$

根据倒格子基矢，可将倒格矢定义为

$$\boldsymbol{G}_{hkl}=h\boldsymbol{b}_1+k\boldsymbol{b}_2+l\boldsymbol{b}_3 \tag{10.16}$$

式中，$\boldsymbol{G}_{hkl}$为倒格矢；h，k，l是整数。

倒格矢也称倒易矢量，其起点和终点必定位于倒格点上，故所有$\boldsymbol{G}_{HKL}$的集合（就是所有倒格点的集合）就是倒点阵，或称倒易点阵。倒格矢是固体物理中重要的物理量。对于倒格子与正格子来说，两者的原胞体积乘积为$8\pi^3$；正格子的（hkl）晶面与倒格矢$\boldsymbol{G}_{hkl}=h\boldsymbol{b}_1+k\boldsymbol{b}_2+l\boldsymbol{b}_3$垂直，且正格子（$hkl$）面的面间距与倒格矢$\boldsymbol{G}_{hkl}$

的乘积为 2π。通过倒格矢可以求出晶面间距与晶面之间的夹角。

一个矢量有方向和长度两个特征，一个晶面有面间距和法线方向两个特征，而晶面指数从另一个侧面描述了晶面的法向。所以倒格矢同晶面有一一对应的关系，在晶体的衍射分析中常称一个倒易矢量代表正空间的一个晶面。

一个正格子与其倒格子一定为同一个晶系，但是形状并不一定相似。正格子与倒格子是互相对应的，互为倒格子。对于一个已知倒格子结构的晶系来说，可通过几何作图法求解这一倒格子的正格子[1-5]。

10.1.7　布里渊区

在倒易空间中，以某一倒格点为原点，将所有倒格子用倒格矢表示出来，并作所有倒格矢的垂直平分面，这些垂直平分面会把倒格子空间分成一系列多面体区域，这些区域就是布里渊区（Brillouin zone）。其中离原点最近和次近的倒格矢的垂直平分面在倒空间中围成的多面体区域叫作第一布里渊区；离原点次近和再次近倒格矢的垂直平分面与第一布里渊区边界共同围成的区域称为第二布里渊区，以此类推，可得到第三、第四等各个布里渊区。并且每个布里渊区的体积都是相等的，等于倒易原胞的体积。其中第一布里渊区又称为简约布里渊区，是倒易空间的 Wigner-Seitz 原胞。

1. 一维晶格的布里渊区

假定一维 Bravais 格子的晶格常数为 a，其倒格子基矢为 $2\pi/a$，则倒格矢为

$$\boldsymbol{G}_n = n\frac{2\pi}{a} \tag{10.17}$$

布里渊区的边界为 $2\pi/a$，所以第一布里渊区为 $[-\pi/a,\ \pi/a]$，第二布里渊区为 $[-2\pi/a,\ -\pi/a]$ 和 $[\pi/a,\ 2\pi/a]$，以此类推，如图 10.4 所示。

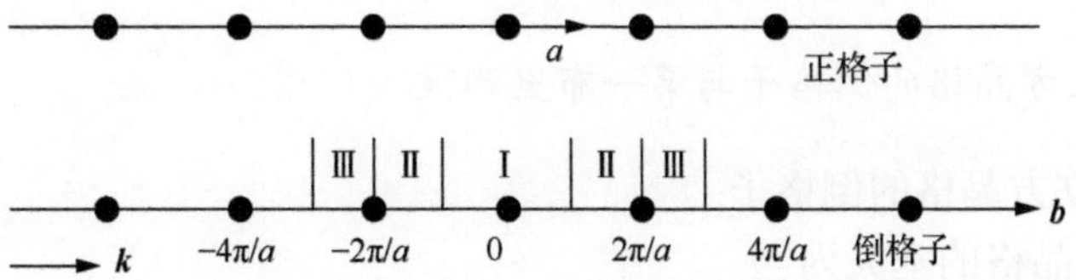

图 10.4　一维晶格的正格子与倒格子

2. 二维正方 Bravais 格子的布里渊区

若任意一个二维正方 Bravais 格子的原胞基矢为 $\boldsymbol{a}_1$ 和 $\boldsymbol{a}_2$，假定二维正方格子原胞基矢为

$$\begin{cases} \boldsymbol{a}_1 = a\boldsymbol{i} \\ \boldsymbol{a}_2 = a\boldsymbol{j} \end{cases} \tag{10.18}$$

式中，$\boldsymbol{i}$ 和 $\boldsymbol{j}$ 是 $\boldsymbol{a}_1$ 和 $\boldsymbol{a}_2$ 两个方向的单位矢量。由倒格子基矢的定义可以得到二维正方 Bravais 格子的倒格子基矢为

$$\begin{cases} \boldsymbol{b}_1 = \dfrac{2\pi}{a}\boldsymbol{i} \\ \boldsymbol{b}_2 = \dfrac{2\pi}{a}\boldsymbol{j} \end{cases} \tag{10.19}$$

由式（10.19）可以发现，二维正方格子的倒格子与正格子形状相同，也为正方格子，只是倒格子基矢大小与正空间二维格子不同。二维正方格子的布里渊区如图 10.5 所示。倒空间中，包含原点最近的封闭区域为第一布里渊区，以此类推，可得第二、第三等布里渊区，各个布里渊区面积大小相等，且都与原胞大小相等。

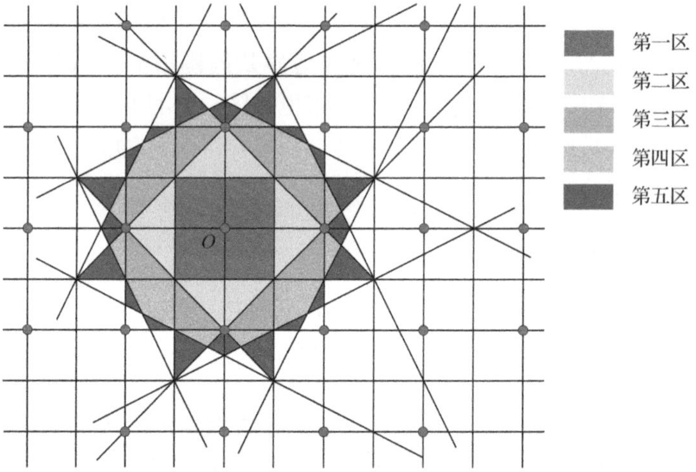

图 10.5　二维正方格子的布里渊区

3. 几种立方晶格的倒格子与第一布里渊区

1）简单立方晶格的倒格子

简单立方晶格的基矢为

$$\boldsymbol{a}_1 = a\boldsymbol{i},\quad \boldsymbol{a}_2 = a\boldsymbol{j},\quad \boldsymbol{a}_3 = a\boldsymbol{k} \tag{10.20}$$

式中，$\boldsymbol{i}$、$\boldsymbol{j}$、$\boldsymbol{k}$ 是正交的单位矢量；初基原胞的体积为 $\boldsymbol{a}_1 \cdot (\boldsymbol{a}_2 \times \boldsymbol{a}_3) = a^3$。倒格子的初基平移矢量可以由其标准定义式（10.14）给出：

$$\boldsymbol{b}_1 = \frac{2\pi}{a}\boldsymbol{i},\quad \boldsymbol{b}_2 = \frac{2\pi}{a}\boldsymbol{j},\quad \boldsymbol{b}_3 = \frac{2\pi}{a}\boldsymbol{k} \tag{10.21}$$

因此倒格子本身亦是一个简单立方晶格，其晶格常量为 $2\pi/a$。

第一布里渊区边界是过 6 个倒格矢 $\pm\boldsymbol{b}_1$、$\pm\boldsymbol{b}_2$ 和 $\pm\boldsymbol{b}_3$ 的中点，并与之正交的平面：

$$\pm\frac{1}{2}\boldsymbol{b}_1=\pm\frac{\pi}{a}\boldsymbol{i},\quad \pm\frac{1}{2}\boldsymbol{b}_2=\pm\frac{\pi}{a}\boldsymbol{j},\quad \pm\frac{1}{2}\boldsymbol{b}_3=\pm\frac{\pi}{a}\boldsymbol{k} \tag{10.22}$$

这六个平面围成一个边长为 $2\pi/a$、体积为 $\left(\frac{2\pi}{a}\right)^3$ 的立方体。这个立方体就是简单立方晶格的第一布里渊区。图 10.6 为简单立方晶格第一布里渊区示意图。

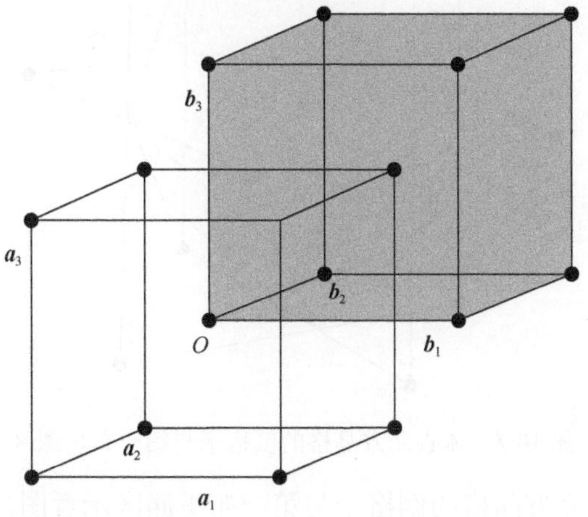

图 10.6　简单立方晶格第一布里渊区示意图

2）体心立方晶格的倒格子

体心立方晶格的初基原胞基矢可表示为

$$\boldsymbol{a}_1=\frac{a}{2}(-\boldsymbol{i}+\boldsymbol{j}+\boldsymbol{k}),\quad \boldsymbol{a}_2=\frac{a}{2}(\boldsymbol{i}-\boldsymbol{j}+\boldsymbol{k}),\quad \boldsymbol{a}_3=\frac{a}{2}(\boldsymbol{i}+\boldsymbol{j}-\boldsymbol{k}) \tag{10.23}$$

其初基原胞体积为 $\boldsymbol{a}_1\cdot(\boldsymbol{a}_2\times\boldsymbol{a}_3)=\frac{1}{2}a^3$，体心立方晶格的倒格子基矢为

$$\boldsymbol{b}_1=\frac{2\pi}{a}(\boldsymbol{j}+\boldsymbol{k}),\quad \boldsymbol{b}_2=\frac{2\pi}{a}(\boldsymbol{k}+\boldsymbol{i}),\quad \boldsymbol{b}_3=\frac{2\pi}{a}(\boldsymbol{i}+\boldsymbol{j}) \tag{10.24}$$

图 10.7 为体心立方晶格的倒格子与第一布里渊区示意图。可以发现它恰好是面心立方晶格的基矢。离倒空间原点最近邻倒格点有 12 个，这 12 个倒格点的垂直平分面在倒空间中围成一个十二面体。体心立方的倒格子是一个面心立方晶格。

3）面心立方晶格的倒格子

面心立方晶格的初基原胞基矢可表示为

$$\boldsymbol{a}_1=\frac{a}{2}(\boldsymbol{j}+\boldsymbol{k}),\quad \boldsymbol{a}_2=\frac{a}{2}(\boldsymbol{k}+\boldsymbol{i}),\quad \boldsymbol{a}_3=\frac{a}{2}(\boldsymbol{i}+\boldsymbol{j}) \tag{10.25}$$

其初基原胞体积为 $\boldsymbol{a}_1 \cdot (\boldsymbol{a}_2 \times \boldsymbol{a}_3) = \frac{1}{4}a^3$，体心立方晶格的倒格子基矢为

$$\boldsymbol{b}_1 = \frac{2\pi}{a}(-\boldsymbol{i} + \boldsymbol{j} + \boldsymbol{k}),\quad \boldsymbol{b}_2 = \frac{2\pi}{a}(\boldsymbol{i} - \boldsymbol{j} + \boldsymbol{k}),\quad \boldsymbol{b}_3 = \frac{2\pi}{a}(\boldsymbol{i} + \boldsymbol{j} - \boldsymbol{k}) \tag{10.26}$$

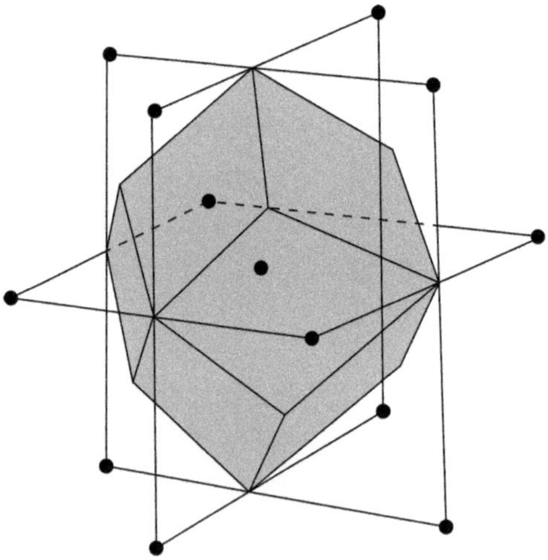

图 10.7　体心立方晶格的倒格子与第一布里渊区

图 10.8 为面心立方晶格的倒格子与第一布里渊区示意图。式（10.26）给出的矢量与体心立方初基原胞矢量相同，故面心立方的倒格子是体心立方。第一布里渊区是围绕原点被封闭的最小体积[1-5]。

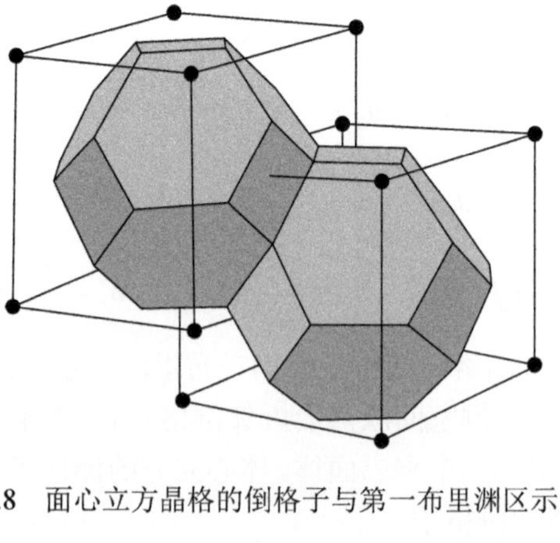

图 10.8　面心立方晶格的倒格子与第一布里渊区示意图

图 10.9～图 10.14 分别给出了六方晶系、四方晶系、正交晶系、单斜晶系、三斜晶系和三方晶系的第一布里渊区示意图[6]。

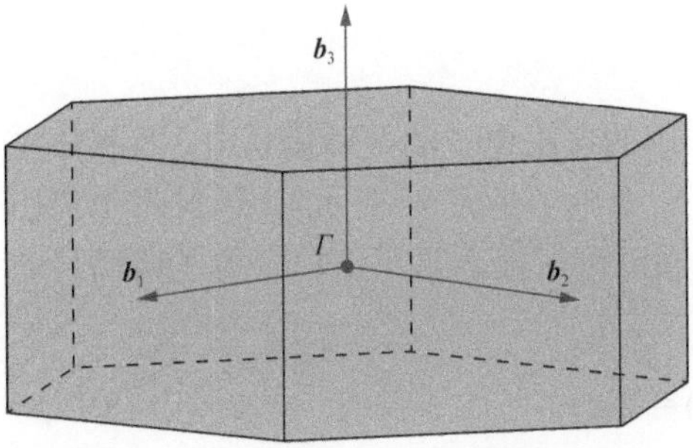

图 10.9　六方晶系的第一布里渊区示意图

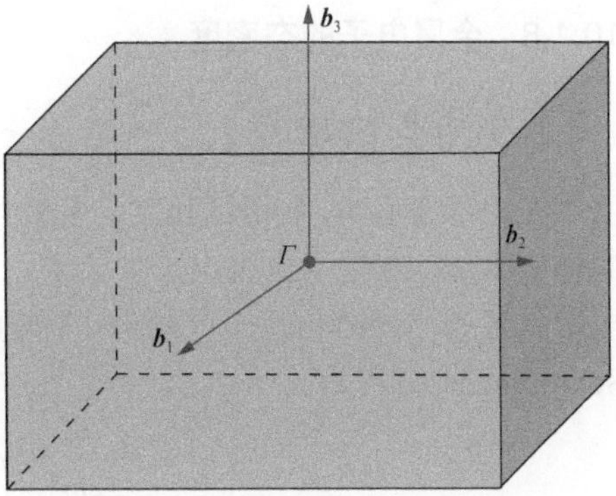

图 10.10　四方晶系的第一布里渊区示意图

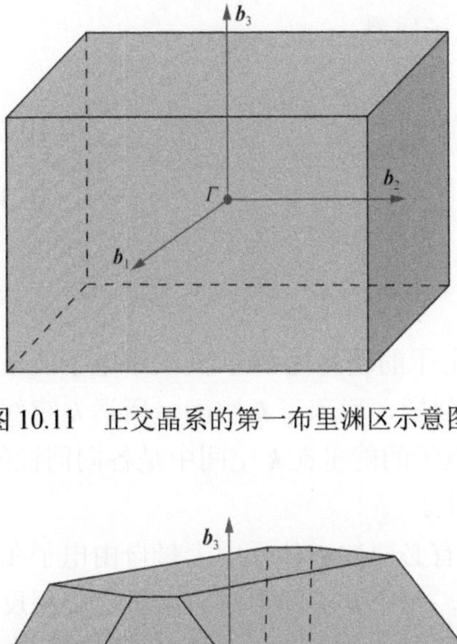

图 10.11　正交晶系的第一布里渊区示意图

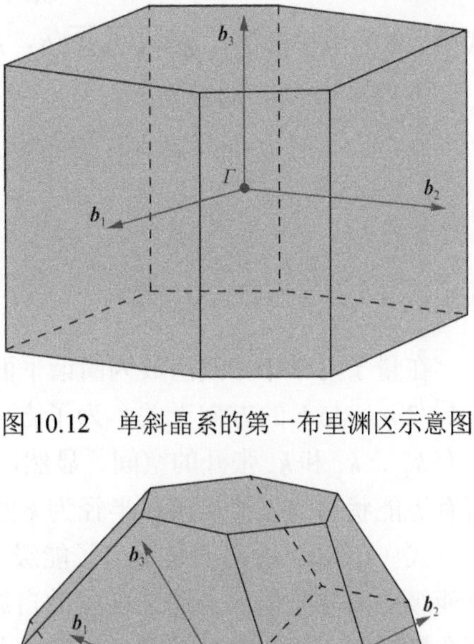

图 10.12　单斜晶系的第一布里渊区示意图

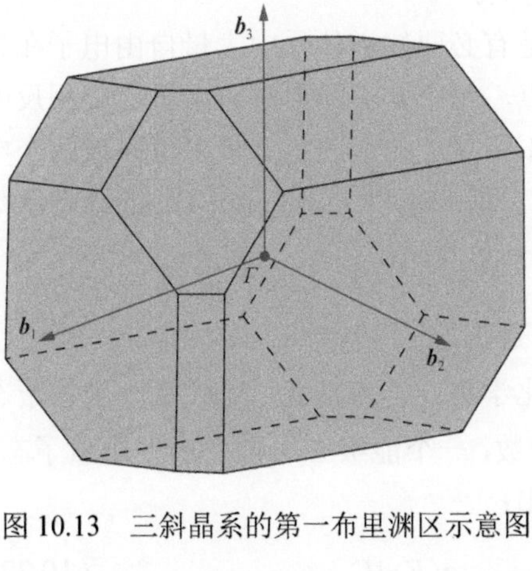

图 10.13　三斜晶系的第一布里渊区示意图

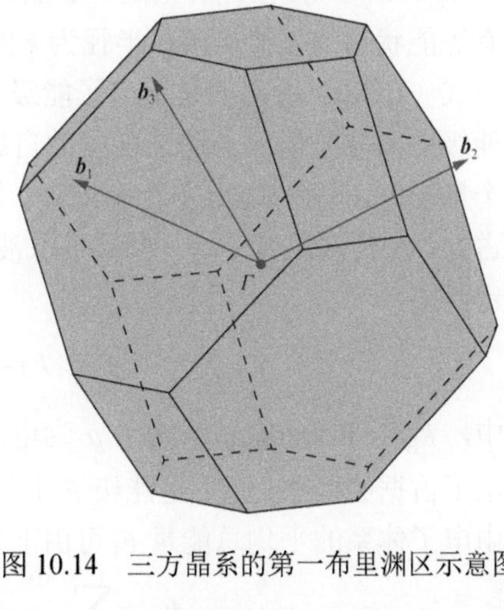

图 10.14　三方晶系的第一布里渊区示意图

10.1.8 金属电子的态密度

1. 自由电子的能级

在内部含有 N_e 个相互独立、无相互作用的自由电子的金属体系中，金属体系的体积为 V。在量子自由电子理论中，这 N_e 个电子是完全等同的，因此每个自由电子具备的 Schrödinger 方程是一样的。所以可以很容易写出单个电子所满足的 Schrödinger 方程为

$$-\frac{\hbar}{2m}\nabla^2\varphi(\boldsymbol{r})=E\varphi(\boldsymbol{r}) \tag{10.27}$$

即

$$\nabla^2\varphi(\boldsymbol{r})+\boldsymbol{k}^2\varphi(\boldsymbol{r})=0 \tag{10.28}$$

式中，$\boldsymbol{k}$ 为电子波矢，$\boldsymbol{k}=\sqrt{2mE}/\hbar$；$m$ 为电子质量。

方程（10.28）的解为

$$\varphi(\boldsymbol{r})=A\mathrm{e}^{\mathrm{i}\boldsymbol{k}\cdot\boldsymbol{r}} \tag{10.29}$$

$$E=\frac{\hbar^2\boldsymbol{k}^2}{2m} \tag{10.30}$$

式中，$A=\sqrt{\frac{1}{V}}$ 为归一化常数。

在量子力学中，波函数为简谐平面波，电子的动量为 $\hbar\boldsymbol{k}$；其次单电子能量为 $\hbar^2\boldsymbol{k}^2/2m$，与 $\boldsymbol{k}$ 的方向无关。为了方便讨论问题，引入了 $\boldsymbol{k}$ 空间。所谓 $\boldsymbol{k}$ 空间就是有 $\boldsymbol{k}_x$、$\boldsymbol{k}_y$ 和 $\boldsymbol{k}_z$ 张开的空间。显然，自由电子的能量在 $\boldsymbol{k}$ 空间中是各向同性的，所有等能状态的 k 值均落在半径为 k 的球面上。

式（10.30）给出的是单电子能级，但是有必要知道体系中大量自由电子在各个能级上的分布情况。由于电子的自旋特点，每个 $\boldsymbol{k}$ 实际上对应电子自旋相反的两个量子态，根据 Pauli 不相容原理，每个 $\boldsymbol{k}$ 所对应的空间状态最多可以被两个电子占据。在任意温度下，一个量子态被电子占据的概率 f 由 Fermi-Dirac 分布函数确定，即

$$f(E,T)=\frac{1}{\mathrm{e}^{(E-\mu)/(k_\mathrm{B}T)}+1} \tag{10.31}$$

式中，k_B 为 Boltzmann 常数；μ 为电子的化学势；T 为温度。上式是一个量子态被电子占据的概率，而不是能级 E 上的电子数，一个能级 E 可能对应多个量子态。自由电子体系的平均总能量 E_t 可由下式给出：

$$E_\mathrm{t}=\sum_{\text{状态}}\frac{E}{\mathrm{e}^{(E-\mu)/(k_\mathrm{B}T)}+1}g(E)\mathrm{d}E \tag{10.32}$$

式中，求和遍及电子的所有量子态。由于电子的能级是准连续的，通常将上述求和用下面的积分代替，以克服求和困难，即

$$E_t = \int \frac{E}{e^{(E-\mu)/(k_B T)}+1} g(E) dE \tag{10.33}$$

式中，$g(E)$ 是电子的态密度，它的物理意义就是位于 $E \sim E+dE$ 能量区间内电子的状态数。电子的化学势 μ 是下面方程的解：

$$N_e = \int_0^\infty f(E,T) g(E) dE \tag{10.34}$$

式中，N_e 是自由电子的总数。可以看出，获得电子的态密度是十分重要的。

2. 自由电子体系的态密度

自由电子波矢 $\boldsymbol{k}$ 是分离取值的，所以可以将自由电子波矢 $\boldsymbol{k}$ 的取值在倒空间中用点表示出来，所有 $\boldsymbol{k}$ 的取值点在倒空间中构成一个“三维格子”，这个三维格子的最小重复单元的三个基矢分别平行于倒格子的三个基矢，倒格子的三个基矢分别为 $\boldsymbol{b}_1/N_1$、$\boldsymbol{b}_2/N_2$ 和 $\boldsymbol{b}_3/N_3$。如果用 V_k 表示一个 $\boldsymbol{k}$ 点所占的体积，则有

$$V_k = \frac{\boldsymbol{b}_1}{N_1} \cdot \left(\frac{\boldsymbol{b}_2}{N_2} \times \frac{\boldsymbol{b}_3}{N_3} \right) = \frac{\boldsymbol{b}_1 \cdot (\boldsymbol{b}_2 \times \boldsymbol{b}_3)}{N} \tag{10.35}$$

式中，$\boldsymbol{b}_1 \cdot (\boldsymbol{b}_2 \times \boldsymbol{b}_3)$ 是倒格子单胞的体积；N 是晶体的原胞总数，所以

$$V_k = \frac{8\pi^3}{V} \tag{10.36}$$

其中，V 是晶体的体积。$\boldsymbol{k} \sim \boldsymbol{k}+d\boldsymbol{k}$ 区间内 k 点的数目可以由 $\boldsymbol{k} \sim \boldsymbol{k}+d\boldsymbol{k}$ 的球壳体积 $2\pi k^2 dk$ 除以 V_k 得到，即

$$\rho(\boldsymbol{k}) d\boldsymbol{k} = \frac{2\pi k^2 dk}{V_k} \tag{10.37}$$

其中，$\rho(\boldsymbol{k})d\boldsymbol{k}$ 为 $\boldsymbol{k} \sim \boldsymbol{k}+d\boldsymbol{k}$ 之间 k 点的数目；$\rho(\boldsymbol{k}) = 2\pi k^2/V_k$ 就是 $\boldsymbol{k}$ 空间的态密度。

由于1个 k 点可以有自旋相反两个电子状态，所以电子的态密度为

$$g(E) = 2\rho(\boldsymbol{k}) \frac{dk}{dE} \tag{10.38}$$

式（10.38）中的因子2是考虑到电子有两种自旋状态而引入的，也就是说一个空间状态实际上包含了自旋相反的2个电子态。

将 $\rho(\boldsymbol{k})$ 表达式和式（10.30）代入式（10.38），则有

$$g(E) = \frac{V}{2\pi^2} \left(\frac{2m}{\hbar^2} \right)^{3/2} \sqrt{E} \tag{10.39}$$

由式（10.39）可以看出，自由电子气的状态密度正比于 $\sqrt{E}$，即

$$g(E) = C\sqrt{E} \tag{10.40}$$

式中，$C=\dfrac{V}{2\pi^2}\left(\dfrac{2m}{\hbar^2}\right)^{3/2}$。

上面给出了自由电子的态密度，由于自由电子的能级在 $\boldsymbol{k}$ 空间是各向同性的，所以情况相对简单[1-5]。

10.1.9　金属电子的能带

1. 能带简介

对单个自由原子来说，电子在以原子核为中心的轨道上运动，每个电子都占据一个原子轨道，形成一个个分立的能级，物理学中用一条条水平横线来表示各个能级。金属晶体是由大量原子有序堆积排列而成的，那么原子轨道的数量急剧的增加，导致各个轨道间的能量差别很小，于是就可以将原子轨道所具有的能级看成是准连续的。一定范围内的能级，彼此间隔很近时就会近似形成一条带，这就形成了能带。能带理论是用量子力学的方法研究金属内部电子运动的理论，阐明了电子运动的普遍特点。能带理论自建立以来，发展十分迅速，已成为研究金属物理性质的重要基础。

2. Bloch 定理

晶体具有周期性结构，这个周期性结构导致了周期性势场。因此我们只考虑一个晶胞内电子的运动行为，就可以反映出整个周期性势场的电子的运动状态。Bloch 将晶格周期势场对电子运动状态的影响进行研究，描述出了电子动量和能量的多重关系，解决了晶体中电子的基本理论问题。对于一个理想的晶体来说，所有离子实均呈周期性静止地排列在其平衡位置上，每一个电子都位于其他电子的平均势场和离子实周期性势场中运动。在周期场中，每个电子的 Schrödinger 方程可以由式（10.13）表示，单电子的波函数可以用 Bloch 波的形式来表示。

Bloch 定理表明，在单电子近似的情况下，周期性势场中的单个电子波函数为

$$\varphi_k(\boldsymbol{r})=u_k(\boldsymbol{r})\exp(\mathrm{i}\boldsymbol{k}\cdot\boldsymbol{r}) \tag{10.41}$$

式中，$u_k(\boldsymbol{r})$ 是与晶体平移周期一致的周期性函数，$u_k(\boldsymbol{r})=u_k(\boldsymbol{r}+\boldsymbol{R})$。$\boldsymbol{R}$ 为晶格平移矢量。由式（10.41）可以发现 Bloch 波是平面波与周期函数的乘积。这样的电子也称为 Bloch 电子，Bloch 电子在整个晶体中运动，它的波幅从一个原胞到另一个原胞时发生周期性变化。

3. 能带结构

金属固体的能带结构可分为导带（conduction band）、价带（valence band）、禁带（forbidden band）三部分。原子中每一电子所在能级在固体中都分裂成能带，

其中允许被电子占据的能带称为允带，允带之间的范围是不允许电子占据的，这一范围被称为禁带。电子的能量状态遵循能量最低原理和 Pauli 不相容原理，所以电子优先占满内层能级分裂的允带，然后再占据能量更高的外面一层允带。价带是指价电子所占据的能带。比价带能量更高的允带称为导带，没有电子进入的能带称为空带，价带与导带间的间隙，即价带能量的最高点与导带能量的最低点的差值称为带隙。其中满带电子不导电，未被填满的能带就能导电。对于金属晶体来说，价带的上部分会存在电子未占满的情况，同时价带与导带会有一部分重叠的区域（图 10.15（a）），或在价带与导带之间存在极窄的带隙（图 10.15（b）），此时电子可在价带与导带之间自由运动，因此很容易导电，所以金属晶体大多为导体。但对于金属锗来说，其带隙宽度要大于其他金属（图 10.15（c）），电子从价带运动至导带需要产生跃迁的现象，故锗为半导体[1-5]。

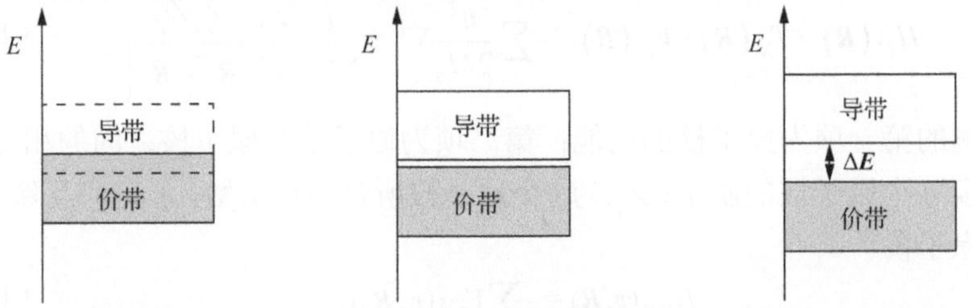

（a）导带和价带有重叠（b）导带和价带之间具有较小的带隙（c）导带和价带之间具有较大的带隙

图 10.15　金属固体能带结构示意图

10.2　第一性原理模拟理论基础

10.2.1　金属多粒子体系的 Schrödinger 方程

根据前面章节的相关知识可知，金属晶体是由大量的金属原子按照一定的晶体结构周期性排列构成的。有时为了研究金属晶体的某些性质，就需要计算出原子的能量。对于金属塑性变形而言，虽然位错滑移和变形孪生是金属塑性变形的物理机制，然而不可否认，金属塑性变形过程中必然会伴随着原子的运动问题。因而，为了更好地揭示金属塑性变形的物理本质，就需要了解金属塑性变形过程中原子之间的相互作用问题，从而进一步弄清楚移动金属原子时其能量是如何变化的。我们又知道，金属原子是由原子核和大量核外电子构成的，因而金属晶体就成为一个多粒子体系相互作用的复杂系统。则描述金属晶体中多粒子体系的 Schrödinger 方程为

$$H(\boldsymbol{r},\boldsymbol{R})\Psi(\boldsymbol{r},\boldsymbol{R}) = \mathrm{i}\hbar\frac{\partial}{\partial t}\Psi(\boldsymbol{r},\boldsymbol{R}) \tag{10.42}$$

式中，电子坐标合集用 $\boldsymbol{r}$ 表示；原子核坐标合集用 $\boldsymbol{R}$ 表示；$H(\boldsymbol{r},\boldsymbol{R})$ 表示体系的哈密顿量；$\Psi(\boldsymbol{r},\boldsymbol{R})$ 表示系统的波函数；i 为虚数；$\hbar$ 为约化 Planck 常量。哈密顿量为体系中所有粒子的动能总和加上与系统相关粒子的势能，具体表示为

$$H(\boldsymbol{r},\boldsymbol{R})=H_{\mathrm{e}}(\boldsymbol{r})+H_{\mathrm{N}}(\boldsymbol{R})+H_{\mathrm{e\text{-}N}}(\boldsymbol{r},\boldsymbol{R}) \tag{10.43}$$

其中，$H_{\mathrm{e}}(\boldsymbol{r})$ 为电子部分动能与势能之和；$H_{\mathrm{N}}(\boldsymbol{R})$ 为原子核部分动能与势能之和；$H_{\mathrm{e\text{-}N}}(\boldsymbol{r},\boldsymbol{R})$ 为原子核与电子相互作用能。上式中 $H_{\mathrm{e}}(\boldsymbol{r})$、$H_{\mathrm{N}}(\boldsymbol{R})$ 和 $H_{\mathrm{e\text{-}N}}(\boldsymbol{r},\boldsymbol{R})$ 的表达式分别为

$$H_{\mathrm{e}}(\boldsymbol{r})=T_{\mathrm{e}}(\boldsymbol{r})+V_{\mathrm{e}}(\boldsymbol{r})=-\sum_i\frac{\hbar^2}{2m_i}\nabla^2+\frac{1}{8\pi\varepsilon_0}\sum_{i\neq i'}\frac{e^2}{\left|\boldsymbol{r}_i-\boldsymbol{r}_{i'}\right|} \tag{10.44}$$

其中，右侧的第一项为电子的动能；第二项为电子与电子之间 Coulomb 相互作用能；ε_0 为真空介电常数；m_i 为第 i 个电子的质量，求和遍及除 $i=i'$ 外的所有电子。

$$H_N(\boldsymbol{R})=T_N(\boldsymbol{R})+V_N(\boldsymbol{R})=-\sum_j\frac{\hbar^2}{2M_j}\nabla^2+\frac{1}{8\pi\varepsilon_0}\sum_{j\neq j'}\frac{Z_jZ_{j'}}{\left|\boldsymbol{R}_j-\boldsymbol{R}_{j'}\right|} \tag{10.45}$$

其中，右侧的第一项为原子核的动能；第二项为原子核与原子核之间的相互作用能；M_j 为第 j 个原子核的质量；Z_j 为 j 个原子核所带的电荷数，求和遍及除 $j=j'$ 外的所有原子核。

$$H_{\mathrm{e\text{-}N}}(\boldsymbol{r},\boldsymbol{R})=-\sum_{i,j}V_{\mathrm{e\text{-}N}}(\boldsymbol{r}_i,\boldsymbol{R}_j) \tag{10.46}$$

从理论上而言，只要对式（10.42）～式（10.46）求解，就可以获得整个金属晶体结构的所有物理性质，但是由于体系内部多粒子之间的相互作用是非常复杂的，而且目前受到计算能力的限制，想要精确求解 Schrödinger 方程是十分困难的，这就需要在物理学上做出一系列的近似[7-11]。

10.2.2 Born-Oppenheimer 近似

在实际金属晶体中，原子核的质量远大于单个电子的质量，甚至原子核中的每个质子或中子的质量都要比单个电子大 1800 多倍。尤其重要的是，原子核通常做热振动，且运动缓慢，而电子运动的速度要比原子核快得多。换言之，电子对环境变化的响应速度要比原子核快得多。因而，Born 与 Oppenheimer 基于热力学中的绝热近似的概念，认为固体中电子系统的总体电子波函数取决于做热振动的原子核瞬时相对位置，快速运动的电子绝热地来适应缓慢运动着的原子核的影响，而且就缓慢运动的原子核而言，快速运动的电子可以看成一个均匀的背景，因此电子和原子核可以看作两个独立的子系统，因而可将整个系统中多粒子体系波函数写成电子部分波函数和原子核部分波函数的乘积，这就是著名的 Born-Oppenheimer 近似[12-15]。根据 Born-Oppenheimer 近似，就可以忽略金属中电子和原子的耦合问题，只要分别研究两个独立的子系统就可以了。一个子系统是原子

核间相互作用的系统，即

$$H=-\frac{\hbar^2}{2m}\sum_{\alpha}\nabla^2+\frac{1}{2}\sum_{\alpha\neq\beta}V\left(\boldsymbol{R}_\alpha,\boldsymbol{R}_\beta\right)+\sum_{\alpha}V_{\mathrm{e}}\left(\boldsymbol{R}_\alpha\right) \tag{10.47}$$

式中，$V_{\mathrm{e}}\left(\boldsymbol{R}_\alpha\right)$是电子对原子核的平均作用。另一个子系统是电子间相互作用的系统，其中包括一个静态势场：

$$H=-\frac{\hbar^2}{2m}\sum_{i}\nabla^2+\frac{1}{8\pi\varepsilon_0}\sum_{i\neq j}\frac{e^2}{\left|\boldsymbol{r}_i-\boldsymbol{r}_j\right|}+\sum_{i}V\left(\boldsymbol{r}_i\right) \tag{10.48}$$

式中，$V\left(\boldsymbol{r}_i\right)$是所有对第 i 个电子产生的平均势场。对一个周期结构或均匀结构来讲，可以认为对所有的电子，$V\left(\boldsymbol{r}_i\right)$都有相同的形式[11-15]。

10.2.3　Hartree-Fock 方程

根据 Born-Oppenheimer 近似，可以把金属晶体中电子的运动和原子核的运动分开进行研究，则金属多电子体系的 Schrödinger 方程可以表示为

$$\left(-\frac{\hbar^2}{2m}\sum_{i=1}^{N}\nabla_i^2+\sum_{i=1}^{N}V(\boldsymbol{r}_i)+\sum_{i=1}^{N}\sum_{j<i}U(\boldsymbol{r}_i,\boldsymbol{r}_j)\right)\psi=E\psi \tag{10.49}$$

式中，方括号中的第一项代表每个电子的动能；第二项代表每个电子与所有原子核之间的作用能；第三项代表不同电子之间的作用能。对于选定的 Hamilton 量，电子波函数是 N 个电子空间坐标的函数，即$\psi=\psi(\boldsymbol{r}_1,\boldsymbol{r}_2,\cdots,\boldsymbol{r}_N)$，$E$ 是电子的基态能量。基态能量与时间无关，因而式（10.49）是与时间无关的 Schrödinger 方程。

由于电子波函数是所有 N 个电子坐标的函数，而每个电子的坐标又具有三维坐标，因而其全电子波函数就是一个具有 $3N$ 维的函数，如果所研究的金属结构中含有大量的电子，其求解困难是相当大的。事实上，在某些情况下，多电子的 Schrödinger 方程与单电子的 Schrödinger 方程是近似等价的，因为电子彼此之间是存在相互作用的。因而可以作进一步的近似，把多电子系统中的相互作用简化为有效势场下单电子的运动，而这个势场可以由系统中所有电子的贡献自洽地决定。首先不考虑反对称的要求，则具有 N 个电子系统的总波函数可以写成单电子波函数的乘积形式，即

$$\psi=\psi_1(\boldsymbol{r}_1)\psi_2(\boldsymbol{r}_2)\cdots\psi_N(\boldsymbol{r}_N)$$

$$\psi\left(\boldsymbol{r}_1,\boldsymbol{r}_2,\cdots,\boldsymbol{r}_N\right)=\psi_1(\boldsymbol{r}_1)\psi_2(\boldsymbol{r}_2)\cdots\psi_N(\boldsymbol{r}_N)=\prod_{i=1}^{N}\psi_i(\boldsymbol{r}_i) \tag{10.50}$$

对于每一个单电子的波函数，Hartree 对其作了一个变分计算，以便使能量 E 达到最低，即

$$E=\frac{\langle\psi|h|\psi\rangle}{\langle\psi|\psi\rangle} \tag{10.51}$$

如果ψ正是系统基态的波函数，则E就是系统的基态能量。变分原理保证随着ψ的变化，E保持稳定而且是基态能量的上限。将式（10.50）代入式（10.51），并对ψ_i^*作变分，可以得到一组 Hartree 方程：

$$\left(-\frac{\hbar^2}{2m}\nabla^2+V(\boldsymbol{r})+\frac{e^2}{4\pi\varepsilon_0}\sum_{i\neq j}\int\frac{\psi_j^*(\boldsymbol{r}')\psi_j(\boldsymbol{r}')\mathrm{d}\boldsymbol{r}'}{|\boldsymbol{r}-\boldsymbol{r}'|}\right)\psi_i(\boldsymbol{r})=\varepsilon_i\psi_i(\boldsymbol{r}) \tag{10.52}$$

从上式可以看出，其很像是单电子的能量本征值方程，换言之，多电子系统中的相互作用可以简化为有效势场下的单电子运动，这个有效势场可以定义为

$$V_{\text{eff}}=V(\boldsymbol{r})+\frac{e^2}{4\pi\varepsilon_0}\sum_{i\neq j}\int\frac{\psi_j^*(\boldsymbol{r}')\psi_j(\boldsymbol{r}')\mathrm{d}\boldsymbol{r}'}{|\boldsymbol{r}-\boldsymbol{r}'|} \tag{10.53}$$

现在每个电子的势场可以看成是由所有其他电子的平均贡献$\sum_j\psi_j^*(\boldsymbol{r}')\psi_j(\boldsymbol{r}')$所决定的。必须注意到，$\varepsilon_i$并非真正的单电子能量，从下式可以得到证实：

$$E=\frac{\langle\psi|H|\psi\rangle}{\langle\psi|\psi\rangle}=\sum_i\varepsilon_i-\frac{e^2}{8\pi\varepsilon_0}\sum_{i\neq j}e^2\int\frac{\psi_j^*(\boldsymbol{r}')\psi_j(\boldsymbol{r}')\psi_i^*(\boldsymbol{r}')\psi_i(\boldsymbol{r}')}{|\boldsymbol{r}-\boldsymbol{r}'|}\mathrm{d}\boldsymbol{r}\mathrm{d}\boldsymbol{r}' \tag{10.54}$$

事实上，Hartree 方程式（10.52）可以通过迭代自洽求解。当采用自洽场近似时，其包括一系列项的求和，而且每项取决于单个电子的坐标。很显然，自洽的计算是必要的，因为计算电子之间相互作用势时必须知道电子本身的状态，反过来计算电子本身的状态又需要知道电子之间的相互作用势。首先，可以假设电子处于一组特殊的本征态，先计算有效势场，再重新计算本征态，反复进行这个过程，直到电子状态与有效势场的自洽性得到满足。

众所周知，因为电子存在自旋，它是 Fermi 子，因而电子的量子态必须满足 Pauli 不相容原理，因而多电子体系的波函数可以进行线性组合以满足反对称条件，其可以用 Slater 行列式进行表示，则有

$$\psi(\{\boldsymbol{r}\})=\frac{1}{\sqrt{N!}}\begin{vmatrix}\psi_1(\boldsymbol{r}_1) & \cdots & \psi_1(\boldsymbol{r}_N)\\ \vdots & & \vdots\\ \psi_N(\boldsymbol{r}_1) & \cdots & \psi_N(\boldsymbol{r}_N)\end{vmatrix} \tag{10.55}$$

上式就是 Hartree-Fock 近似。将式（10.55）代入式（10.51）并作变分计算，可得到一组 Hartree-Fock 方程：

$$\begin{aligned}&\left(-\frac{\hbar^2}{2m}\nabla^2+V(\boldsymbol{r})+\frac{e^2}{4\pi\varepsilon_0}\sum_{i\neq j}\int\frac{\psi_j^*(\boldsymbol{r}')\psi_j(\boldsymbol{r}')}{|\boldsymbol{r}-\boldsymbol{r}'|}\mathrm{d}\boldsymbol{r}'\right)\psi_i(\boldsymbol{r})\\&-\left(\frac{e^2}{4\pi\varepsilon_0}\sum_{i\neq j}\int\frac{\psi_j^*(\boldsymbol{r}')\psi_j(\boldsymbol{r}')}{|\boldsymbol{r}-\boldsymbol{r}'|}\mathrm{d}\boldsymbol{r}'\right)\psi_j(\boldsymbol{r})=\varepsilon_i\psi_i(\boldsymbol{r})\end{aligned} \tag{10.56}$$

上式与 Hartree 方程相比，Hartree-Fock 方程多了一项交换相互作用项，来源于每一对自旋平行电子对。在采用 Hartree-Fock 方程时，通常假定自旋向上和自旋向下的电子波函数的空间部分是相同的，亦即每个轨道被双重占据，并且由 Slater 行列式决定的波函数是自旋单电子态。这就是所谓的约束 Hartree-Fock 方法，此方法可以在很多没有涉及磁性的问题中合理使用。但对于有磁性的系统，情况就完全不同了，这时自旋向上和自旋向下的两组波函数不需要是全同的，也不需要是正交的，这就是无约束 Hartree-Fock 方法。显然求解无约束 Hartree-Fock 方程比求解约束 Hartree-Fock 方程要复杂[11-15]。

10.2.4　Hohenberg-Kohn 定理

由前面的知识可以知道，如果金属结构中含有 N 个电子，在求解 Schrödinger 方程时，就要求得含有 $3N$ 个变量的波函数，这种求解不仅相当困难，而且实际上，并不能直接观察到 N 个电子具有某套特定坐标 $(\boldsymbol{r}_1,\boldsymbol{r}_2,\cdots,\boldsymbol{r}_N)$ 的波函数。从理论上而言，能够测量的物理量是 N 个电子在某套特定坐标 $(\boldsymbol{r}_1,\boldsymbol{r}_2,\cdots,\boldsymbol{r}_N)$ 出现的概率，这个概率值就是 $\psi^*(\boldsymbol{r}_1,\boldsymbol{r}_2,\cdots,\boldsymbol{r}_N)\psi(\boldsymbol{r}_1,\boldsymbol{r}_2,\cdots,\boldsymbol{r}_N)$（前者是后者的共轭复数）。实际上，与该概率值密切相关的一个物理量就是空间中某个具体位置上的电荷密度 $\rho(\boldsymbol{r})$。又由前面的式（10.50）可知，N 个电子的系统的总波函数可以写成单电子波函数的乘积形式。因而，电荷密度 $\rho(\boldsymbol{r})$ 就可以用单电子波函数的形式进行定义：

$$\rho(\boldsymbol{r})=2\sum_i \psi_i^*(\boldsymbol{r})\psi_i(\boldsymbol{r}) \tag{10.57}$$

上式中，求和项中的每一项就是每个电子位于 $\boldsymbol{r}$ 处的概率值，其中的 2 是考虑了电子的自旋，因为根据 Pauli 不相容原理，每个单电子的波函数能够被不同自旋的两个电子所占据。电荷密度 $\rho(\boldsymbol{r})$ 仅是三个坐标的函数，而且含有 Schrödinger 方程全波函数解的大量信息，因而通过 Schrödinger 方程在求解金属多电子体系的基态能量时，就将求解全电子波函数问题转化为求解电荷密度的问题，从而使求解大为简化。基于这样一种思想，Hohenberg 和 Kohn 提出了两个基本定理，从而奠定了密度泛函理论（density functional theory，DFT）的基础。下面以金属电子为例，讨论 Hohenberg 和 Kohn 的两个定理，首先明确一个前提，即所处理的金属电子体系的基态是非简并的，且不计自旋的金属电子系统 Hamilton 量 H 为

$$H=T+U+V \tag{10.58}$$

式中，T 为电子动能项；U 为电子之间的 Coulomb 排斥能项；V 为对所有电子都相同的外场项。

定理 10.1　在外部势场 $V(\boldsymbol{r})$ 中相互作用着的束缚电子系统的基态电子密度 $\rho(\boldsymbol{r})$ 唯一地决定了这一势场，也就是说，从 Schrödinger 方程得到的基态能量是

电荷密度的唯一函数。

证明　设 $\rho(\boldsymbol{r})$ 是势场 $V_1(\boldsymbol{r})$ 中由 N 个电子组成的系统的非简并基态电荷密度，基态波函数为 $\psi_1(\boldsymbol{r})$，基态能量为 E_1，则有

$$E_1 = \langle \psi_1 | H_1 | \psi_1 \rangle = \int V_1(\boldsymbol{r}) \rho(\boldsymbol{r}) \mathrm{d}\boldsymbol{r} + \langle \psi_1 | T + U | \psi_1 \rangle \tag{10.59}$$

式中，H_1 为与 $V_1(\boldsymbol{r})$ 对应的总的 Hamilton 量；T 和 U 分别为动能和相互作用势能算符。假设存在另一个势场 $V_2(\boldsymbol{r})$，它不等于 $V_1(\boldsymbol{r})$，其基态波函数为 ψ_2，其也不等于 ψ_1，但两者具有相同的 $\rho(\boldsymbol{r})$，则

$$E_2 = \langle \psi_1 | H_1 | \psi_1 \rangle = \int V_2(\boldsymbol{r}) \rho(\boldsymbol{r}) \mathrm{d}\boldsymbol{r} + \langle \psi_2 | T + U | \psi_2 \rangle \tag{10.60}$$

由于 E 是非简并的，则根据 Rayleigh-Ritz 变分原理可给出两个不等式：

$$E_1 < \langle \psi_2 | H_1 | \psi_2 \rangle = \int V_1(\boldsymbol{r}) \rho(\boldsymbol{r}) \mathrm{d}\boldsymbol{r} + \langle \psi_2 | T + U | \psi_2 \rangle = E_2 + \int \left[V_1(\boldsymbol{r}) - V_2(\boldsymbol{r}) \right] \rho(\boldsymbol{r}) \mathrm{d}\boldsymbol{r} \tag{10.61}$$

和

$$E_2 < \langle \psi_1 | H_2 | \psi_1 \rangle = E_1 + \int \left(V_2(\boldsymbol{r}) - V_1(\boldsymbol{r}) \right) \rho(\boldsymbol{r}) \mathrm{d}\boldsymbol{r} \tag{10.62}$$

将不等式（10.61）和式（10.62）两边相加，则得到一个自相矛盾的结果：

$$E_1 + E_2 < E_1 + E_2 \tag{10.63}$$

由此得出结论，对于原来的假设，存在另一个势场 $V_2(\boldsymbol{r})$，它不等于 $V_1(\boldsymbol{r})$ + 常数，它们具有不同的波函数，但却具有相同的电荷密度 $\rho(\boldsymbol{r})$，这种假设明显是错误的。

定理 10.2　在金属电子数不变条件下，能量泛函对电荷密度函数的变分就得到系统基态的能量，也就是说，使整体泛函最小化的电荷密度就是对应于 Schrödinger 方程完全解的真实电荷密度。

对于给定的 $V(\boldsymbol{r})$，能量泛函 $E[\rho]$ 定义为

$$E[\rho] \equiv \int \mathrm{d}\boldsymbol{r} V(\boldsymbol{r}) \rho(\boldsymbol{r}) + \langle \Phi | T + U | \Phi \rangle \tag{10.64}$$

再定义一未知的、与外场无关的泛函 $F[\rho]$，则有

$$F[\rho] \equiv \langle \Phi | T + U | \Phi \rangle \tag{10.65}$$

式（10.65）与式（10.64）相比，其少了一项外场的贡献。根据变分原理，电子数不变时，任意态 Φ' 的能量泛函为 $E_G[\Phi']$，则有

$$E_G[\Phi'] \equiv \langle \Phi' | V | \Phi' \rangle + \langle \Phi' | T + U | \Phi' \rangle \tag{10.66}$$

在 Φ' 为基态 Φ 时取极小值。令任意态 Φ' 是与 $V'(\boldsymbol{r})$ 相联系的基态；而 Φ' 和 $V'(\boldsymbol{r})$ 依赖于系统的电荷密度函数 $\rho'(\boldsymbol{r})$，则 $E_G[\Phi']$ 必是 $\rho'(\boldsymbol{r})$ 的泛函，根据变分原理，则有

$$\begin{aligned} E_G[\Phi'] &= \langle \Phi' | T + U | \Phi' \rangle + \langle \Phi' | V | \Phi' \rangle \\ &= E_G[\rho'] \\ &= F[\rho'] + \int \mathrm{d}\boldsymbol{r} V'(\boldsymbol{r}) \rho'(\boldsymbol{r}) > E_G[\Phi] \\ &= F[\rho] + \int \mathrm{d}\boldsymbol{r} V'(\boldsymbol{r}) \rho(\boldsymbol{r}) = E_G[\rho] \end{aligned} \tag{10.67}$$

从上式可以看出，对所有其他的与 $V'(\boldsymbol{r})$ 相联系的电荷密度函数 $\rho'(\boldsymbol{r})$ 来说，$E_G[\Phi]$ 为极小值，换言之，如果得到了基态电荷密度函数，就确定了能量泛函的极小值，并且这个极小值等于基态的能量 $E_G[\rho]$ [11-15]。

10.2.5 Khon-Sham 方程

根据 Hohenberg-Kohn 定理，基态能量就是电荷密度的函数，也就是说，可以采用电荷密度描述电子的运动状态，而且电荷密度是可测量的，它唯一地依赖于波函数。根据前面的知识，对于 N 个电子体系，其运动状态可以用一个总波函数 $\psi(\boldsymbol{r}_1, \boldsymbol{r}_2, \cdots, \boldsymbol{r}_N)$ 来描述。然而，电子的自旋也是一个新的坐标，根据 Pauli 不相容原理，自旋方向相同的两个电子的波函数交换位置时具有坐标反对称性，即

$$\psi(\cdots, \boldsymbol{r}_i, \cdots, \boldsymbol{r}_j, \cdots) = -\psi(\cdots, \boldsymbol{r}_i, \cdots, \boldsymbol{r}_j, \cdots) \tag{10.68}$$

这种反对称性使自旋方向相同的电子彼此远离，而且满足 Pauli 不相容原理的具有自旋反平行的两个电子也相互排斥，另外由于 Coulomb 静电作用，各电子间也会产生排斥力。结果在整个体系中，这种电荷的静电相互作用能为

$$E_{\mathrm{H}} = \frac{e^2}{8\pi\varepsilon_0} \int \mathrm{d}\boldsymbol{r} \mathrm{d}\boldsymbol{r}' \frac{\rho(\boldsymbol{r}) \rho(\boldsymbol{r}')}{|\boldsymbol{r} - \boldsymbol{r}'|} \tag{10.69}$$

另外，Pauli 不相容原理导致波函数的反对称性使电子彼此分开产生排斥力，由此会导致静电能的降低，这部分降低的能量称为交换能（exchange energy）。由于电子间的 Coulomb 排斥作用也会导致静电能的降低，这部分降低的能量称为关联能（correlation energy）。交换能和关联能之和称为交换-关联能，通常用 E_{XC} 表示。结果，电子之间相互作用的能量为

$$E_{\mathrm{e}} = E_{\mathrm{H}} + E_{\mathrm{XC}} \tag{10.70}$$

与基态电荷密度对应的总能是电子间相互作用能及电子动能之和：

$$F = T + E_{\mathrm{e}} = T + \frac{e^2}{8\pi\varepsilon_0} \int \mathrm{d}\boldsymbol{r} \mathrm{d}\boldsymbol{r}' \frac{\rho(\boldsymbol{r}) \rho(\boldsymbol{r}')}{|\boldsymbol{r} - \boldsymbol{r}'|} + E_{\mathrm{XC}} \tag{10.71}$$

电荷密度泛函理论的基本假设是总能 F 由给定的电荷密度 $\rho(\boldsymbol{r})$ 唯一表示，$\rho(\boldsymbol{r})$ 是 $\boldsymbol{r}$ 的函数，所以 F 对 $\boldsymbol{r}$ 的函数关系可以看成是 $\rho(\boldsymbol{r})$ 的泛函，即 F 是 ρ 的泛函。另外，E_{H} 也是 ρ 的泛函。

只考虑电子体系时，原子核对电子的作用可以看成一个外电场 $V(\boldsymbol{r})$，原子核

与电子之间的相互作用为

$$E_{en} = \int \mathrm{d}\boldsymbol{r} \rho(\boldsymbol{r}) V(\boldsymbol{r}) \tag{10.72}$$

如果原子核是电子的唯一外电场，则有

$$V(\boldsymbol{r}) = -\frac{e}{4\pi\varepsilon_0} \sum \frac{Z_i}{|\boldsymbol{r} - \boldsymbol{R}_i|} \tag{10.73}$$

式中，Z_i 是第 i 个核上的电荷。

因此，基态电子体系的总能可表示为

$$E(\rho) = F(\rho) + E_{\mathrm{en}}(\rho) \tag{10.74}$$

根据式（10.71），$F[\rho]$ 可以分成三部分，即

$$F[\rho] = T[\rho] + \frac{e^2}{8\pi\varepsilon_0} \int \mathrm{d}\boldsymbol{r}\mathrm{d}\boldsymbol{r}' \frac{\rho(\boldsymbol{r})\rho(\boldsymbol{r}')}{|\boldsymbol{r} - \boldsymbol{r}'|} + E_{\mathrm{XC}}[\rho] \tag{10.75}$$

式中，右侧第一项代表电子的动能；第二项代表电子之间的一般 Coulomb 能；第三项是交换-关联能。通过对总能量求变分，并增加电子数守恒的条件，即 $\int \delta\rho(\boldsymbol{r})\mathrm{d}\boldsymbol{r} = 0$，则有

$$\int \delta\rho(\boldsymbol{r}) \left(\frac{\delta T[\rho]}{\delta\rho(\boldsymbol{r})} + V(\boldsymbol{r}) + \frac{e^2}{4\pi\varepsilon_0} \int \frac{\rho(\boldsymbol{r}')}{|\boldsymbol{r} - \boldsymbol{r}'|} \mathrm{d}\boldsymbol{r}' + \frac{\delta E_{\mathrm{XC}}[\rho]}{\delta\rho(\boldsymbol{r})} - \mu \right) \mathrm{d}\boldsymbol{r} = 0 \tag{10.76}$$

式中，μ 来源于 Lagrange 乘子，相对于化学势是恒定的。式（10.76）给出

$$\frac{\delta T[\rho]}{\delta\rho(\boldsymbol{r})} + V(\boldsymbol{r}) + \frac{e^2}{4\pi\varepsilon_0} \int \frac{\rho(\boldsymbol{r}')}{|\boldsymbol{r} - \boldsymbol{r}'|} \mathrm{d}\boldsymbol{r}' + \frac{\delta E_{\mathrm{XC}}[\rho]}{\delta\rho(\boldsymbol{r})} = \mu \tag{10.77}$$

定义一个有效势场：

$$V_{\mathrm{eff}}(\boldsymbol{r}) = V(\boldsymbol{r}) + \frac{e^2}{4\pi\varepsilon_0} \int \frac{\rho(\boldsymbol{r}')}{|\boldsymbol{r} - \boldsymbol{r}'|} \mathrm{d}\boldsymbol{r}' + V_{\mathrm{XC}}(\boldsymbol{r}) \tag{10.78}$$

式中，交换关联势为

$$V_{\mathrm{XC}}(\boldsymbol{r}') = \delta E_{\mathrm{XC}}[\rho] / \delta\rho(\boldsymbol{r}') \tag{10.79}$$

考虑用一组无相互作用的电子来获得动能项，同时假设 N 个电子的系统具有 N 个单电子波函数，则有

$$\rho(\boldsymbol{r}) = \sum_{i=1}^{N} |\psi_i(\boldsymbol{r})|^2 \tag{10.80}$$

动能可以写成

$$T_{\mathrm{s}}[\rho(\boldsymbol{r})] = \frac{\hbar^2}{2m} \sum_{i=1}^{N} \int \nabla\psi_i^*(\boldsymbol{r}) \cdot \nabla\psi_i(\boldsymbol{r}) \mathrm{d}\boldsymbol{r} = \frac{\hbar^2}{2m} \sum_{i=1}^{N} \int \psi_i^*(\boldsymbol{r}) \cdot (-\nabla^2) \psi_i(\boldsymbol{r}) \mathrm{d}\boldsymbol{r} \tag{10.81}$$

这里，可以认为$T_{\mathrm{S}}\left(\rho(\boldsymbol{r})\right)$是$T(\rho)$的一个恰当的近似，对于$T_{\mathrm{S}}\left(\rho(\boldsymbol{r})\right)$和$T\left(\rho(\boldsymbol{r})\right)$的不同之处可以在$E_{\mathrm{XC}}(\rho)$中加以考虑，结果得到一个本征方程：

$$\left(-\frac{\hbar^2}{2m}\nabla^2+V_{\mathrm{eff}}(\boldsymbol{r})\right)\psi_i(\boldsymbol{r})=\varepsilon_i\psi_i(\boldsymbol{r}) \tag{10.82}$$

其中的有效势场就是式（10.78）的定义。式（10.82）是类似 Hartree 方程的单电子方程，其中有效势$V_{\mathrm{eff}}(\boldsymbol{r})$和电荷密度$\rho(\boldsymbol{r})$由式（10.78）和式（10.80）给出，这个自洽方程就是 Kohn-Sham 方程。

Khon-Sham 方程的求解需要迭代自洽计算来完成，其自洽计算基本流程图如图 10.16 所示。从图 10.16 可以看出，在计算开始，首先定义一个初始的、常识性的电荷密度$\rho_0(\boldsymbol{r})$，然后基于初始电荷密度$\rho_0(\boldsymbol{r})$确定有效势场$V_{\mathrm{eff}}(\boldsymbol{r})$，再进一步求解 Khon-Sham 方程，得到单电子波函数$\psi_i(\boldsymbol{r})$，根据$\psi_i(\boldsymbol{r})$计算新的电荷密度$\rho(\boldsymbol{r})$，再将电荷密度$\rho(\boldsymbol{r})$与初始电荷密度$\rho_0(\boldsymbol{r})$进行比较：如果两者相同或者两者差值满足计算精度，则该电荷密度就是基态电荷密度，可以用于计算基态总能量；如果两种电荷密度不同或两者差值不能满足计算精度，则对初始电荷密度进行修正，再重复上述迭代计算过程，直到获得满意的电荷密度。另外可以发现，如果经验丰富，能够得到一个很好的初始电荷密度$\rho_0(\boldsymbol{r})$，将会显著地减少计算时间。自洽计算完成后，则基态总能量为[11-15]

$$E_G=\sum_{i=1}\varepsilon_i-\frac{e^2}{8\pi\varepsilon_0}\int \mathrm{d}\boldsymbol{r}\mathrm{d}r'\frac{\rho(\boldsymbol{r})\rho(\boldsymbol{r}')}{|\boldsymbol{r}-\boldsymbol{r}'|}+E_{\mathrm{XC}}[n]-\int\rho(\boldsymbol{r})V_{\mathrm{XC}}(\boldsymbol{r})\mathrm{d}\boldsymbol{r} \tag{10.83}$$

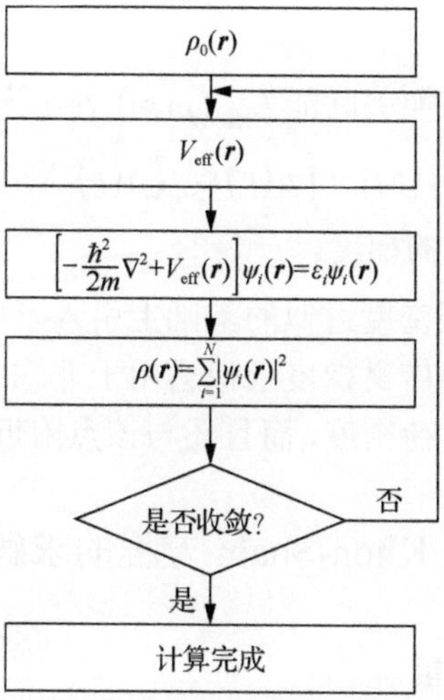

图 10.16 Kohn-Sham 方程自洽计算的流程示意图

10.2.6　交换关联泛函

通过 10.2.5 节可以看出，要想求解 Khon-Sham 方程，需要确定有效势场 $V_{\mathrm{eff}}(\boldsymbol{r})$，这就需要确定电子之间的交换关联势 $V_{\mathrm{XC}}(\boldsymbol{r})$，而根据式（10.79），交换关联势就是交换关联能 $E_{\mathrm{XC}}(\rho)$ 对电荷密度 $\rho(\boldsymbol{r})$ 的导数。当然这并不是一个普通的导数，因为交换关联能是电荷密度的泛函，但该泛函的精确形式通常是不知道的，因而需要对交换关联能 $E_{\mathrm{XC}}(\rho)$ 进行近似处理。目前主要的近似处理方法就是局域密度近似（local density approximation, LDA）和广义梯度近似（generalized gradient approximation, GGA）。

1. *局域密度近似*

对于局域密度近似，交换关联能 $E_{\mathrm{XC}}(\rho(\boldsymbol{r}))$ 表示为

$$E_{\mathrm{XC}}^{\mathrm{LDA}}(\rho(\boldsymbol{r}))=\int\rho(\boldsymbol{r})\varepsilon_{\mathrm{XC}}(\rho(\boldsymbol{r}))\mathrm{d}\boldsymbol{r} \tag{10.84}$$

式中，$\varepsilon_{\mathrm{XC}}(\rho(\boldsymbol{r}))$ 是密度为 $\rho(\boldsymbol{r})$ 的均匀电子气的单个电子的交换关联能，注意它不是泛函，是 $\boldsymbol{r}$ 的函数。它还可分解为交换贡献 ε_{X} 和关联贡献 ε_{C}：

$$\varepsilon_{\mathrm{XC}}(\rho(\boldsymbol{r}))=\varepsilon_{\mathrm{X}}(\rho(\boldsymbol{r}))+\varepsilon_{\mathrm{C}}(\rho(\boldsymbol{r})) \tag{10.85}$$

局域密度近似是将交换关联能只看作电荷密度的函数，因而其对于均匀电子气的情形是严格成立的，所以局域密度近似方法对电荷密度变化不剧烈的体系会有比较好的结果。

2. *广义梯度近似*

对于广义梯度近似，交换关联能 $E_{\mathrm{XC}}(\rho(\boldsymbol{r}))$ 表示为

$$E_{\mathrm{XC}}^{\mathrm{GGA}}(\rho(\boldsymbol{r}))=\int\rho(\boldsymbol{r})\varepsilon_{\mathrm{XC}}(\rho(\boldsymbol{r}),\nabla\rho(\boldsymbol{r}))\mathrm{d}\boldsymbol{r} \tag{10.86}$$

式中，$\nabla\rho(\boldsymbol{r})$ 代表电荷密度的梯度。

广义梯度近似是在局域密度近似的基础上引入了电荷密度的梯度，用来考虑电子分布的不均匀性。因而广义梯度近似适用于非均匀电子气的情形，此时交换关联势不仅取决于某点的电荷密度，而且还与该点附近电荷密度的导数有关[11-15]。

10.3　Khon-Sham 方程的求解方法

10.3.1　平面波展开及截断能

基于密度泛函理论的第一性原理计算的实质就是求解 Kohn-Sham 方程。由于平面波是自由电子气的本征函数，而且金属中离子芯与外层价电子的相互作用很小，因而它可以用来作为描述简单金属的电子波函数。另外，平面波具有标准正

交化和能量单一的特性，对于任何原子都适用而且等同对待空间中的任何区域，不需要修正重叠误差，因此平面波函数基组是求解 Kohn-Sham 方程的有效工具。实际上，在求解 Kohn-Sham 方程时，由于原子核对于金属电子产生的势场项在原子中心是发散的，这将会导致金属电子的波函数变化剧烈，因而需要采用大量的平面波基组来展开。根据金属晶体的空间平移对称性及金属晶体结构的周期性，由 Bloch 定理，金属晶体中的电子波函数可以表示为

$$\psi_k(\boldsymbol{r}) = \exp(\mathrm{i}\boldsymbol{k}\cdot\boldsymbol{r})u_k(\boldsymbol{r}) \tag{10.87}$$

式中，$\boldsymbol{k}$ 是波矢；$u_k(\boldsymbol{r})$ 在空间中是一个周期性函数，且具有与超晶胞相同的周期。由于$u_k(\boldsymbol{r})$具有周期性，因而其可以用一系列特殊的平面波展开，即

$$u_k(\boldsymbol{r}) = \sum_G c_G \exp(\mathrm{i}\boldsymbol{G}\cdot\boldsymbol{r}) \tag{10.88}$$

其中，$\boldsymbol{G}$ 为倒易空间的矢量，且 $\boldsymbol{G} = m_1\boldsymbol{b}_1 + m_2\boldsymbol{b}_2 + m_3\boldsymbol{b}_3$（其中 m_i 为整数），而且上式对所有 $\boldsymbol{G}$ 矢量求和。另外，对于任意实空间矢量 $\boldsymbol{a}_i$，则有 $\boldsymbol{G}\cdot\boldsymbol{a}_i = 2\pi m_i$。

将式（10.87）和式（10.88）合并，则有

$$\psi_k(\boldsymbol{r}) = \sum_G c_{k+G} \exp\left(\mathrm{i}(\boldsymbol{k}+\boldsymbol{G})\boldsymbol{r}\right) \tag{10.89}$$

从上面的表达式可以看出，即使在 $\boldsymbol{k}$ 空间的一个 $\boldsymbol{k}$ 点上进行估算求解，也需要对无限多个 $\boldsymbol{G}$ 矢量进行求和，这无疑在工作量上是巨大的。然而，对于式（10.89）所表达的函数，可以单独表示为 Schrödinger 方程的解，这些解中所包含的动能是

$$E = \frac{\hbar^2}{2m}\left|\boldsymbol{k}+\boldsymbol{G}\right|^2 \tag{10.90}$$

通常而言，求解金属电子体系的 Schrödinger 方程中具有较低能量的解在物理上更有意义，因此可以给出一个截断能 E_{cut}，使式（10.89）对于 $\boldsymbol{G}$ 矢量的无穷加和项限制在如下范围内，即

$$\frac{\hbar^2}{2m}\left|\boldsymbol{k}+\boldsymbol{G}\right|^2 \leqslant E_{\mathrm{cut}} \tag{10.91}$$

通过上面的讨论可以看出，在进行密度泛函理论计算时，必须定义一个截断能 E_{cut} [16-20]。

10.3.2　赝势平面波法

1. 赝势的基本定义

所谓的赝势，就是将金属原子芯区电子集合所产生的真实电荷密度，用符合真实离子实的某些重要物理和数学特性的圆滑电荷密度来代替。通常而言，当采用全电子密度泛函理论来处理价电子和芯区电子时，采取等同对待的方式，因而全电子密度泛函理论的使用范围是很小的。然而，采用赝势来计算金属晶体的性

质时，将芯区电子的特性看作定值，即芯区电子被认为是冻结的，它并不参与化学成键。在赝势近似中，用较弱的赝势代替芯区电子所受的强烈的 Coulomb 作用，因而赝波函数比较平缓，结果只需考虑价电子的波函数，在不影响计算精度的条件下，可以很大程度上降低相应的平面波截断能。图 10.17 为 Al 原子的赝势示意图。很明显，赝原子并不能准确反映真实原子自身的性质，但在描述体系中原子之间的相互作用时是近似正确的。

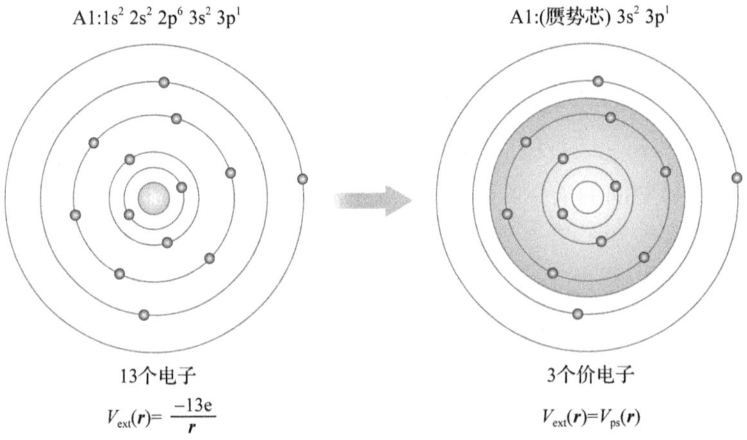

图 10.17　Al 原子赝势示意图

可将真实电子波函数 $\psi_n(\boldsymbol{r},\boldsymbol{k})$ 看作赝势电子波函数 $\varphi_n(\boldsymbol{r},\boldsymbol{k})$ 和内层电子波函数 $\phi_j(\boldsymbol{r},\boldsymbol{k})$ 的线性组合，即

$$\psi_n(\boldsymbol{r},\boldsymbol{k})=\varphi_n(\boldsymbol{r},\boldsymbol{k})-\sum_j \lambda_{nj}(\boldsymbol{k})\phi_j(\boldsymbol{r},\boldsymbol{k}) \tag{10.92}$$

上式中的系数 $\lambda_{nj}(\boldsymbol{k})$ 可由正交条件 $\int \mathrm{d}\boldsymbol{r}'\phi_j^*(\boldsymbol{r},\boldsymbol{k})\psi_n(\boldsymbol{r},\boldsymbol{k})=0$ 确定，即

$$\lambda_{nj}(\boldsymbol{k})=\int \mathrm{d}\boldsymbol{r}'\phi_j^*(\boldsymbol{r},\boldsymbol{k})\varphi_n(\boldsymbol{r},\boldsymbol{k}) \tag{10.93}$$

根据真实波函数 $\psi_n(\boldsymbol{r},\boldsymbol{k})$ 所满足的 Schrödinger 方程：

$$\left(T+V(\boldsymbol{r})\right)\psi_n(\boldsymbol{r},\boldsymbol{k})=E_n(\boldsymbol{k})\psi_n(\boldsymbol{r},\boldsymbol{k}) \tag{10.94}$$

可得到赝波函数满足如下方程：

$$\left(T+U_{\mathrm{ps}}\right)\varphi_n(\boldsymbol{r},\boldsymbol{k})=E_n(\boldsymbol{k})\varphi_n(\boldsymbol{r},\boldsymbol{k}) \tag{10.95}$$

进一步有

$$U_{\mathrm{ps}}\varphi_n(\boldsymbol{r},\boldsymbol{k})=V(\boldsymbol{r})\varphi_n(\boldsymbol{r},\boldsymbol{k})+\int \mathrm{d}\boldsymbol{r}'V_R(\boldsymbol{r},\boldsymbol{r}')\varphi_n(\boldsymbol{r}',\boldsymbol{k}) \tag{10.96}$$

式中，

$$V_R(\boldsymbol{r},\boldsymbol{r}')=\sum_j \phi_j^*(\boldsymbol{r}',\boldsymbol{k})\left(E_n(\boldsymbol{k})-E_j\right)\phi_j(\boldsymbol{r}',\boldsymbol{k}) \tag{10.97}$$

U_{ps} 称为原子赝势（pseudo potential）。根据密度泛函理论，原子赝势包括金属离

子赝势 $U_{\mathrm{ps}}^{\mathrm{ion}}$ 、价电子 Coulomb 势 $V_H^{\mathrm{ps}}(\boldsymbol{r})$ 和交换关联势 $V_{\mathrm{XC}}(\boldsymbol{r})$ ，即 $U_{\mathrm{ps}}=U_{\mathrm{ps}}^{\mathrm{ion}}+V_H^{\mathrm{ps}}(\boldsymbol{r})+V_{\mathrm{XC}}(\boldsymbol{r})$ ，其中后两项 $V_H^{\mathrm{ps}}(\boldsymbol{r})$ 和 $V_{\mathrm{XC}}(\boldsymbol{r})$ 可以通过真实电荷密度计算得到，此时可以等于相应的全电子势。赝波函数与真实波函数具有完全相同的能量本征值，而且赝势包括局域项和非局域项[16-20]。

2. 模守恒赝势法

模守恒赝势（norm conserving pseudo potential, NCPP）所对应的波函数不仅与真实势对应的波函数具有相同的能量本征值，而且在原子芯半径 r_{c} 之外的区域，与真实波函数的形状和幅度都相同，即模守恒。另外，在原子芯半径 r_{c} 之内的区域，赝势波函数变化缓慢且没有太大的动能。这种赝势能产生正确的电荷密度，适合自洽计算。

第一性原理模守恒赝势可分为局域项和非局域项两部分，即

$$U_{\mathrm{ps}}=\sum_{v}V_{\mathrm{loc}}\left(\boldsymbol{r}-\boldsymbol{R}_v\right)+\sum_{v}U_{\mathrm{NL}}\left(\boldsymbol{r}-\boldsymbol{R}_v,\boldsymbol{r}'-\boldsymbol{R}_v\right) \tag{10.98}$$

式中，v 是对离子势求和。考虑到原子球对称性，用球谐函数将赝势的非局域部分写成

$$U_{\mathrm{NL}}\left(\boldsymbol{r},\boldsymbol{r}'\right)=\sum_{l,m}Y_{lm}^{*}(\theta',\varphi')Y_{lm}(\theta,\varphi)V_l\left(\boldsymbol{r},\boldsymbol{r}'\right)=\sum_{l,m}|lm\rangle\langle lm|V_l\left(\boldsymbol{r},\boldsymbol{r}'\right) \tag{10.99}$$

若将 $V_l\left(\boldsymbol{r},\boldsymbol{r}'\right)$ 取成半局域形式，即径向是局域的，只有角部分是非局域的，即 $V_l\left(\boldsymbol{r},\boldsymbol{r}'\right)=V_l\left(\boldsymbol{r}\right)\delta\left(\boldsymbol{r}-\boldsymbol{r}'\right)$，并定义角动量 l 的投影算符 $P_l=\sum_{m}|lm\rangle\langle lm|$ ，则半局域的原子赝势可以写成如下形式：

$$U_{\mathrm{ps}}(\boldsymbol{r})=\sum_{v}V_{\mathrm{loc}}\left(\boldsymbol{r}-\boldsymbol{R}_v\right)+\sum_{vl}V_l\left(\boldsymbol{r}-\boldsymbol{R}_v\right)P_l \tag{10.100}$$

为了简化计算，上面半局域赝势部分可以用一个非局域赝势来近似：

$$U_{\mathrm{NL}}\left(\boldsymbol{r},\ \boldsymbol{r}'\right)=\sum_{l,m}\frac{\left|V_l\varphi_m\right\rangle\left\langle V_l\varphi_m\right|}{\left\langle\varphi_m\left|V_l\right|\varphi_m\right\rangle} \tag{10.101}$$

3. 超软赝势法

超软赝势（ultrasoft pseudopotential，USPP）中总能量与采用其他赝势平面波方法时相同，非局域势 V_{NL} 表达如下：

$$V_{\mathrm{NL}}=\sum_{nm,I}D_{nm}^{(0)}\left|\beta_n^I\right\rangle\left\langle\beta_m^I\right| \tag{10.102}$$

式中，投影算符系数 β 和系数 $D^{(0)}$ 分别代表赝势和原子种类；指数 I 对应于一个原子位置。

总能量用电荷密度可以表示为

$$\rho(\boldsymbol{r})=\sum_i\left[\left|\phi_i(\boldsymbol{r})\right|^2+\sum_{nm,I}Q_{nm}^{(I)}(\boldsymbol{r})\left\langle\phi_i\mid\beta_n^I\right\rangle\left\langle\beta_m^I\mid\phi_i\right\rangle\right] \tag{10.103}$$

式中，ϕ 是波函数；$Q(\boldsymbol{r})$ 是严格位于原子芯区的附加函数。超软赝势完全由局域部分 $V_{\mathrm{loc}}^{\mathrm{ion}}(\boldsymbol{r})$ 和系数 $D^{(0)}$、$Q(\boldsymbol{r})$、β 来确定。赝势是通过引进一系列正交条件来建立的，即

$$\left\langle\phi_i\middle|S\middle|\phi_j\right\rangle=\delta_{ij} \tag{10.104}$$

其中，S 是哈密顿量重叠算符，其可以表示为

$$S=1+q_{nm}\left|\beta_n^I\right\rangle\left\langle\beta_m^I\right| \tag{10.105}$$

其中，系数 q 可以通过对 $Q(\boldsymbol{r})$ 积分得到。结果，超软赝势的 Kohn-Sham 方程可以表示为

$$H\left|\phi_i\right\rangle=\varepsilon_i S\left|\phi_j\right\rangle \tag{10.106}$$

哈密顿量 H 可以表示为动能和局域势能之和，即

$$H=T+V_{\mathrm{eff}}+\sum_{nm,I}D_{nm}^{(I)}\left|\beta_n^I\right\rangle\left\langle\beta_m^I\right| \tag{10.107}$$

其中，$D_{nm}^{(I)}$ 可以通过下式求得：

$$D_{nm}^{(I)}=D_{nm}^{(0)}+\int\mathrm{d}\boldsymbol{r}V_{\mathrm{eff}}(\boldsymbol{r})Q_{nm}^I(\boldsymbol{r}) \tag{10.108}$$

10.3.3 缀加平面波法

在了解缀加平面波法之前，首先必须了解 Muffin-tin（糕模）势。Muffin-tin 势的基本思想是将金属原胞划分为两种不同的区域，一种是以原子为中心的、半径为 ρ_v 的球形区域，该区域被称为 Muffin-tin 球，另一种区域为各个 Muffin-tin 球之间的间隙区域（图 10.18）。尤其注意的是，各个 Muffin-tin 球之间不能相交。在 Muffin-tin 球内部区域，取球对称势，在间隙区域，取常数势，通常选取合适的能量零点，使此常数为零。这种势场模型被称为 Muffin-tin 势，则一个原胞中的势场可表示为[16-20]

$$V(\boldsymbol{\rho})=\begin{cases}V(\boldsymbol{\rho}), & \boldsymbol{\rho}<\boldsymbol{\rho}_v\\0, & \boldsymbol{\rho}\geqslant\boldsymbol{\rho}_v\end{cases} \tag{10.109}$$

基于 Muffin-tin 势，以原子核为圆心取一个 Muffin-tin 球，球内芯区电子采用原子轨道波函数作为基组，而球外（间隙区）自由电子采用平面波作为基组，两者通过连接条件连接在一起。Muffin-tin 球内区域，也可以称为缀加区域，因而该方法可以称为缀加平面波（augmented plane wave，APW）方法。在球内，Kohn-Sham 方程解的形式如下：

$$\varphi_{lm}(\boldsymbol{\rho})=Y_{lm}(\hat{\rho})R_l(E,\boldsymbol{\rho}) \tag{10.110}$$

式中，$\hat{\rho}$ 是以原子为中心的矢径 $\boldsymbol{\rho}$ 的角度部分；$Y_{lm}(\hat{\rho})$ 为球谐函数；$R_l(E,\boldsymbol{\rho})$ 是径向波函数，它满足如下径向 Kohn-Sham 方程：

$$-\frac{1}{\boldsymbol{\rho}^2}\frac{\mathrm{d}}{\mathrm{d}\boldsymbol{\rho}}\left(\boldsymbol{\rho}^2\frac{\mathrm{d}R_l}{\mathrm{d}\boldsymbol{\rho}}\right)+\left(\frac{l(l+1)}{\boldsymbol{\rho}^2}+V_v(\boldsymbol{\rho})\right)R_l(E',\boldsymbol{\rho})=E'R_l(E',\boldsymbol{\rho}) \tag{10.111}$$

其中，$V_v(\boldsymbol{\rho})$ 是第 v 个球内对称的势；l 为角量子数。第 v 个球内，缀加平面波函数可以写成上面分波函数 $\varphi_{lm}(\boldsymbol{\rho})$ 的线性组合：

$$\phi_v(\boldsymbol{\rho})=\sum_{l=0}^{\infty}\sum_{m=-l}^{+l}A_{lm}Y_{lm}(\boldsymbol{\rho})R_l(E',\boldsymbol{\rho}) \tag{10.112}$$

式中，A_{lm} 是线性组合的系数。

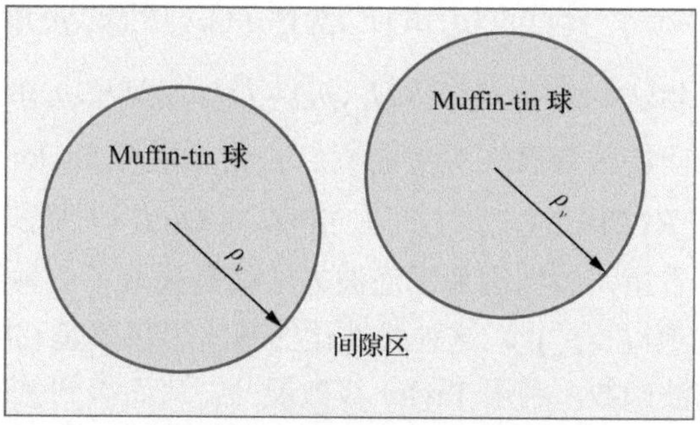

图 10.18　Muffin-tin 势场示意图

在球外，势场为零，解具有平面波的形式。假设第 v 个球球心的位置矢量为 $\boldsymbol{r}_v$，则 $\boldsymbol{r}=\boldsymbol{r}_v+\boldsymbol{\rho}$，所以在第 v 个球外：

$$\mathrm{e}^{\mathrm{i}\boldsymbol{k}\cdot\boldsymbol{r}}=\mathrm{e}^{\mathrm{i}\boldsymbol{k}\cdot\boldsymbol{r}_v}\mathrm{e}^{\mathrm{i}\boldsymbol{k}\cdot\boldsymbol{\rho}} \tag{10.113}$$

式（10.113）后面一个因子可以按球谐函数展开：

$$\mathrm{e}^{\mathrm{i}\boldsymbol{k}\cdot\boldsymbol{\rho}}=4\pi\sum_{l=0}^{\infty}\sum_{m=-l}^{+l}i^l j_l(\boldsymbol{k\rho})Y_{lm}^*(\hat{k})Y_{lm}^*(\hat{\rho}) \tag{10.114}$$

式中，$\hat{k}$、$\hat{\rho}$ 分别表示矢量 $\boldsymbol{k}$、$\boldsymbol{\rho}$ 的角度部分；$j_l(\boldsymbol{k\rho})$ 为 l 级 spherical Bessel 函数。在球表面上，满足 $\boldsymbol{\rho}=\boldsymbol{\rho}_v$，则根据波函数的连续条件，可以求出系数 A_{lm}，即

$$A_{lm}=4\pi\mathrm{e}^{\mathrm{i}\boldsymbol{k}\cdot\boldsymbol{r}_v}i^l Y_{lm}^*(\hat{k})j_l(\boldsymbol{k\rho}_v)/R_l(E',\boldsymbol{\rho}_v) \tag{10.115}$$

故，缀加平面波方法基函数的表达式为

$$\phi(\boldsymbol{k},\boldsymbol{r})=\begin{cases}4\pi\mathrm{e}^{\mathrm{i}\boldsymbol{k}\cdot\boldsymbol{r}_v}\sum\limits_{l=0}^{\infty}\sum\limits_{m=-l}^{+l}i^l j_l(\boldsymbol{k\rho}_v)Y_{lm}^*(\hat{k})Y_{lm}^*(\hat{\rho})R_l(E',\boldsymbol{\rho})/R_l(E',\boldsymbol{\rho}_v), & \boldsymbol{\rho}\leqslant\boldsymbol{\rho}_v\\ \mathrm{e}^{\mathrm{i}\boldsymbol{k}\cdot\boldsymbol{r}}, & \boldsymbol{\rho}>\boldsymbol{\rho}_v\end{cases} \tag{10.116}$$

10.3.4　线性缀加平面波法

基于 10.3.3 节提到的缀加平面波法，在 Muffin-tin 球内给缀加平面波法增加一项对能量求导项，则有

$$\phi_L(\boldsymbol{k},\boldsymbol{\rho})=\begin{cases}\sum_{lm}\left(a_{lm}R_l(E)+b_{lm}\dot{R}_l(E)\right)Y_{lm}(\hat{\rho}), & \boldsymbol{\rho}<\boldsymbol{\rho}_v\\ \Omega_c^{-1/2}\mathrm{e}^{\mathrm{i}\boldsymbol{k}\cdot\boldsymbol{\rho}}, & \boldsymbol{\rho}\geqslant\boldsymbol{\rho}_v\end{cases} \tag{10.117}$$

式中，$\dot{R}_l(E)=\dfrac{\partial R_l(E)}{\partial E}$；$\Omega_c$ 代表元胞体积。上面的基函数称为线性缀加平面波（linear augmented plane wave，LAPW）基函数，与缀加平面波基函数相比，此时球内的径向波函数 R 不再是能量本征值的函数，而是某个确定值 E，有待选定。因为各个分波基函数在球面上是连续的，而且其导数也是连续的，根据这两个条件，可以确定系数 a_{lm} 和 b_{lm}，则有

$$\begin{cases}a_{lm}=4\pi\Omega_c^{-1/2}\rho_v^2 i^l[j_l'(k\rho_v)\dot{R}_l(E_l,\rho_v)-j_l(k\rho_v)\dot{R}_l'(E_l,\rho_v)]Y_{lm}^*(\hat{k})\\ b_{lm}=4\pi\Omega_c^{-1/2}\rho_v^2 i^l[j_l(k\rho_v)R_l'(E_l,\rho_v)-j_l'(k\rho_v)R_l(E_l,\rho_v)]Y_{lm}^*(\hat{k})\end{cases} \tag{10.118}$$

事实上，对径向波函数 R 在参考能量点 E_0 附近进行 Taylor 级数展开，则有

$$R_l(E)=R_l(E_0)+(E-E_0)\dot{R}_l(E_0)+O((E-E_0)^2) \tag{10.119}$$

通过上式可以看出，线性缀加平面波方法就是采取了一种线性化处理，波函数的误差就是二次项 $(E-E_0)^2$。这种线性化的基本思想就是利用在某个能量点 E_0 上已经得到的径向波函数，利用 Taylor 级数展开，从而得到 E_0 点附近其他能量点的波函数，而无须重新求解 Schrödinger 方程[16-20]。

10.3.5　投影缀加平面波法

全电子波函数法计算结果精确，但计算量很大，计算效率不高。赝势波函数法计算速度快，但有时计算精度不够。因而在超软赝势的基础上，结合线性缀加平面波法的优点，得到了一个更具普适性的方法，即投影缀加平面波（projector augmented wave，PAW）法。在该方法中，赝波函数仍然采用超软赝势的方法，在内部缀加一个额外较为真实的原子势，称为投影缀加波。

对于与芯区电子波函数正交的全部电子波函数的 Hilbert 空间，真实电子波函数都表现出了强烈的振荡性，这就使数值处理变得极为复杂。为此，可以将真实电子波函数的 Hilbert 空间转变为一个所谓的赝波函数的 Hilbert 空间。要将真实电子波函数的信息反映到虚构的赝波函数上，需要进行一个线性变换，将物理上相关的全电子波函数转换为方便求解的赝波函数。这里面提到的全电子波函数就是全部单电子 Kohn-Sham 波函数的叠加，不要与多电子波函数相混淆。下面关于投影缀加平面波法的描述中，对于所有与赝波函数相关的物理量，都在其符号上面加了一个波浪号。

已知转换算符 T，该算符可以将赝波函数 $|\tilde{\psi}\rangle$ 转换为全电子波函数 $|\psi\rangle$，即

$$|\psi\rangle=T|\tilde{\psi}\rangle \tag{10.120}$$

设$\langle A\rangle$代表某一算符A的期望值，则基于式（10.120），则赝波函数$|\tilde{\psi}\rangle$可以直接表示为

$$|\tilde{\psi}\rangle=\langle\psi|A|\psi\rangle \tag{10.121}$$

则在赝波函数 Hilbert 空间中的赝势算符$\tilde{A}=T^{\dagger}AT$，其期望值为

$$|A\rangle=\langle\tilde{\psi}|\tilde{A}|\tilde{\psi}\rangle \tag{10.122}$$

同样，可以将总能量直接表示为赝势波函数的泛函。基态赝波函数可以通过下式获得：

$$\frac{\partial E\left[T|\tilde{\psi}\rangle\right]}{\partial\langle\tilde{\psi}|}=\varepsilon T^{\dagger}T|\tilde{\psi}\rangle \tag{10.123}$$

下面选择一个特定的变换，该变换只考虑局域的、以原子为中心的赝波函数的贡献，即

$$T=1+\sum_{R}\hat{T}_R \tag{10.124}$$

每个局域转换算符$\hat{T}_R$只在包围原子的缀加区域起作用。这意味着全电子波函数和赝波函数在缀加区域之外是完全一致的。正如前面介绍的线性缀加平面波法所言，缀加区域就等价于 Muffin-tin 球或原子球，而在赝势平面波方法中的缀加区域则对应于原子的芯区。

对于每个缀加区域的局域转换算符$\hat{T}_R$可以通过下式加以确定：

$$\left|\phi_i\right\rangle=\left(1+\hat{T}_R\right)\left|\tilde{\phi}_i\right\rangle \tag{10.125}$$

式中，$\left|\phi_i\right\rangle$为转换算符$T$的目标波函数；$\left|\tilde{\phi}_i\right\rangle$为初始赝波函数集，其与芯区电子波函数正交，否则在缀加区域将是完备的。因此，初始状态的赝波函数$\left|\tilde{\phi}_i\right\rangle$被称为赝分波函数，目标波函数$\left|\phi_i\right\rangle$被称为全电子分波函数。这些全电子分波函数自然就成为孤立自由原子径向 Schrödinger 方程的解，在必要条件下，它们与芯区电子波函数是正交的。所以，下标i代表原子位置R、角动量量子数$L=(l,m)$以及一个额外的指数n，指数n用来区分具有相同位置和角动量的不同分波函数。对于每个全电子分波函数，可以选择一个对应的赝分波函数$\left|\tilde{\phi}_i\right\rangle$。在缀加区域外，赝分波函数必须与对应的全电子分波函数是完全相同的，而且它们在缀加区域内，应该形成一个完备的波函数集。在选择赝分波函数期间，必须开发其余的自由度，以将物理上相关的全电子波函数信息映射到方便求解的赝波函数。这些赝波函数应该是光滑的函数。

这种正式的定义必须转变成一个转换算符的解析表达式。事实上，在缀加区域内，每个赝波函数可以用赝分波函数加以展开，即

$$|\tilde{\psi}\rangle=\sum_{i}\left|\tilde{\phi}_i\right\rangle c_i \tag{10.126}$$

因为

$$|\phi_i\rangle = T|\tilde{\phi}_i\rangle \tag{10.127}$$

则相应的全电子的波函数的形式为

$$|\psi\rangle = T|\tilde{\psi}\rangle = \sum_i |\phi_i\rangle c_i \tag{10.128}$$

在式（10.126）和式（10.128）中具有相同的系数c_i，因此，全电子波函数可以表示为

$$|\psi\rangle = |\tilde{\psi}\rangle - \sum_i |\tilde{\phi}_i\rangle c_i + \sum_i |\phi_i\rangle c_i \tag{10.129}$$

式中，分波函数的展开系数c_i仍然是待定的。

由于要求转换算符是线性的，因而系数c_i必须是赝波函数的线性函数。所以系数c_i就是赝波函数$|\tilde{\psi}\rangle$与一些固定函数$\langle \tilde{p}_i|$的标量积，即

$$c_i = \langle \tilde{p}_i|\tilde{\psi}\rangle \tag{10.130}$$

式中，$\langle \tilde{p}_i|$被称为投影函数，对应每一个赝分波函数，都恰好有一个投影函数。

在缀加区域内，投影函数必须满足下式：

$$\sum_i |\tilde{\phi}_i\rangle\langle \tilde{p}_i| = 1 \tag{10.131}$$

则一个赝波函数的一个原子中心的展开式$\sum_i |\tilde{\phi}_i\rangle\langle \tilde{p}_i|\tilde{\psi}\rangle$与赝波函数本身是完全相同的。这意味着下式成立：

$$\langle \tilde{p}_i|\tilde{\phi}_j\rangle = \delta_{ij} \tag{10.132}$$

虽然原则上有很多投影函数可以被选择，但在缀加区域内，投影函数必须是局域化的。投影函数最普遍的表达式为

$$\langle \tilde{p}_i| = \sum_j \left(\langle f_k|\tilde{\phi}_l\rangle\right)_{ij}^{-1} \langle f_j| \tag{10.133}$$

式中，$\langle f_j|$形成了一个任意的线性独立函数集。如果函数$\langle f_j|$是局域化的，则投影函数就是局域化的。

总之，价电子波函数和虚构的赝波函数之间的线性转换算符被建立如下：

$$T = 1 + \sum_i \left(|\phi_i\rangle - |\tilde{\phi}_i\rangle\right)\langle \tilde{p}_i| \tag{10.134}$$

通过转换算符，则 Kohn-Sham 方程中真实全电子波函数可以通过下式由赝波函数获得：

$$|\psi\rangle = |\tilde{\psi}\rangle + \sum_i \left(|\phi_i\rangle - |\tilde{\phi}_i\rangle\right)\langle \tilde{p}_i|\tilde{\psi}\rangle \tag{10.135}$$

式中，右侧第一项为赝波函数，第二项包含真实原子轨道波函数、赝原子轨道波函数以及投影函数，是对赝波函数的补偿。通过式（10.135）可以看出，要想确定转化算符，就需要确定三个量，即全电子分波函数、赝分波函数和每个赝分波函数的投影函数。全电子分波函数可以通过对原子能量的 Schrödinger 方程积分确定，而且其与芯区电子波函数是正交的。赝波函数在缀加区域外与全电子分波函数是完全一致的。对于每个赝分波函数的投影函数，在缀加区域内都是局域化的，而且满足式（10.132）。

投影缀加平面波法具有线性缀加平面波方法的计算精度，虽然芯区电子被冻结，但是能够得到真正的价电子波函数。投影缀加平面波法采用平面波基组展开，具有超软赝势类似的效率。目前最流行的商用第一性原理计算软件之一的 VASP 就是采用投影缀加平面波法进行计算的[16-21]。

10.4　金属塑性变形第一性原理模拟应用案例

10.4.1　钴镍合金塑性变形第一性原理模拟

Chowdhury 等[22]采用第一性原理（密度泛函理论）计算了钴镍合金的广义层错能（generalized stacking fault energy，GSFE）和广义平面层错能（generalized planar fault energy，GPFE），基于宏观尺度、介观尺度和原子尺度研究了钴镍合金的塑性流动行为。GSEF 曲线和 GPFE 曲线所代表的能量 γ 可以通过计算理想晶体结构与剪切变形后的晶体结构之间的自由能差值，再除以剪切面积 A 来获得，其计算公式如下：

$$\gamma = \frac{E_{\text{sheared}} - E_{\text{bulk}}}{A} \tag{10.136}$$

式中，E_{bulk} 为理想晶体结构的自由能；E_{sheared} 为剪切变形后的晶体结构的自由能。

相应的钴镍合金的 GSFE 曲线和 GPFE 曲线第一性原理计算流程图如图 10.19 所示。对于 GSFE 曲线，可以获得不稳定层错能 γ_{us} 和内禀层错能 γ_{isf}；对于 GPFE 曲线，可以获得不稳定孪晶层错能 γ_{ut} 和共格孪晶层错能 γ_{tsf}。本节通过比较 $\gamma_{\text{isf}}/\gamma_{\text{us}}$ 以及 $\gamma_{\text{ut}}/\gamma_{\text{us}}$ 的比值来研究钴镍合金的位错滑移形核机制和变形孪生形核机制。

1. *模拟方法*

通过模拟超晶胞尺寸来保证 γ 能级的收敛性。在模拟计算材料体系时，通过在超晶胞上施加三维周期性边界条件来消除自由表面能对超晶胞的影响。在 γ 平面（{111}滑移面）上，对应<112>晶体学方向施加剪切位移，从而产生相应的剪切力。同时确保除了剪切力外不存在其他力的作用。使用可视化分子动力学（visual molecular dynamics，VMD）软件对模拟数据进行后处理。

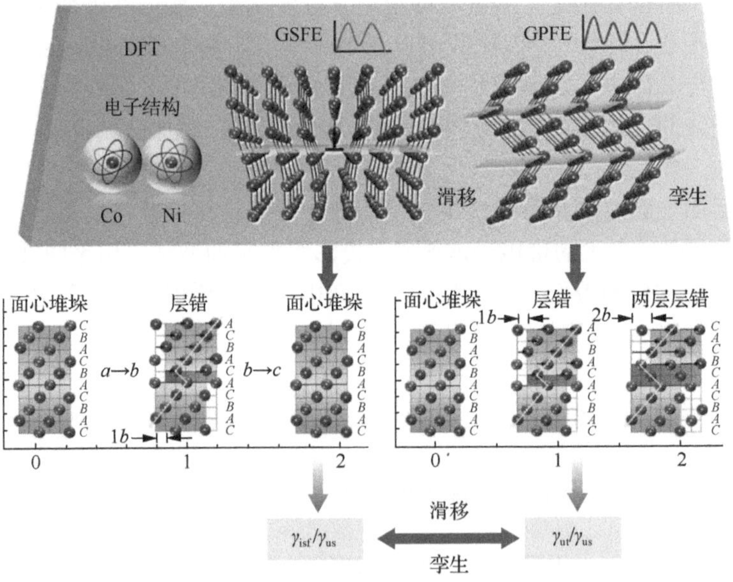

图 10.19　钴镍合金塑性变形第一性原理模拟基本思想示意图[22]

对于密度泛函理论计算，采用商用 VASP 软件包来构建钴镍合金的固溶体模型。在构造钴镍合金面心立方结构时，采用共轭梯度迭代法来实现整个晶体能量的最小化，并更新相应的原子位置。在迭代过程中，调整的新的原子位置与原子间能量分布（通过求解价电子密度建立）遵循最陡下降方向的先前原子的位置共轭。在密度泛函理论中，原子核（正电荷）和周围电子云（负电荷）的带电性质是不变的。采用投影缀加平面波法来描述原子核与电子之间的静电相互作用。在变形过程中，由于 Coulomb 势的相互作用（关联效应），电子运动是相互关联的。为了使每个电子能态唯一（即满足 Pauli 不相容原理），两个电子的密度在交互位置上必须是反对称的（交换效应）。采用广义梯度近似计算交换关联能。基于密度泛函理论的求解方案是在倒易空间通过在布里渊区划分网格来进行的。布里渊区划分为 12×12×12 的网格（使用 Monkhorst-Pack 的方式划分 k 点，截断能为 300eV）。为了保证 Co 和 Ni 元素的磁性，对电子施加自旋磁化条件。

2. 模拟结果

图 10.20 给出了根据密度泛函理论模拟计算得到的钴镍固溶体合金的每个原子势能与晶格常数的函数关系。晶格的基本结构为面心立方结构。合金的晶格常数是通过图 10.20 中对应最小能量的晶格常数大小来确定的，即每个原子的能量

达到−5.4438eV 时，钴镍合金的晶格参数得到确定，其值为 3.521Å。当前的晶格常数与相同成分合金的试验值 3.52Å 吻合较好。图 10.20 中同时给出了钴镍合金的原始晶胞。由于钴镍合金是一种无序合金，即没有长程有序也没有短程有序，溶质原子（Ni）在钴镍置换固溶体合金的基体中随机分布。在确定二元合金的晶格常数后，模拟了由离散原子组成的两个晶体块的刚性剪切，以构造相关的广义平面层错能量分布。

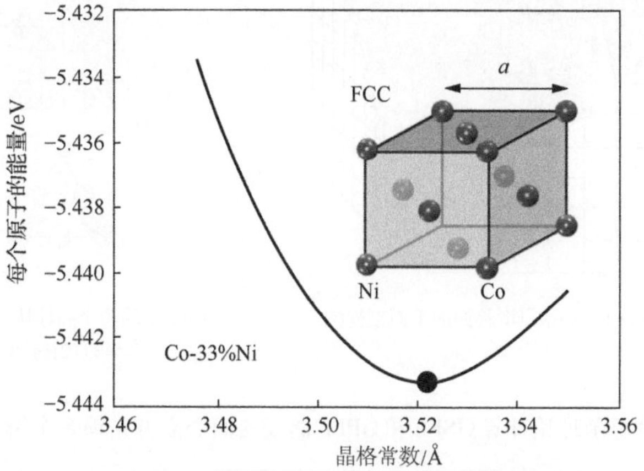

图 10.20 基于密度泛函理论计算的钴镍合金单原子势能随晶格常数的变化曲线[22]

图 10.21（a）为钴镍合金沿着(111)密排滑移面的平面剖视图。滑移/孪生导致原子点阵在滑移/孪生面上产生永久的剪切位移，滑移/孪生方向用图中相应的 Burgers 矢量 $\boldsymbol{b}$ 表示。对于面心立方晶体结构来说，不全位错滑移和孪生变形发生在{111}晶面族并沿着<112>晶向族方向。因此，为了描述特定的滑移/孪生系统发生剪切位移所引起的能量变化，在密度泛函理论模拟计算中，以(111)滑移面为相邻界面的两个晶体块沿[121]晶向做刚性位移。图 10.21（b）给出了两个晶体块沿 Burgers 矢量 $\boldsymbol{u}_{ab}=\boldsymbol{b}=\frac{a_{CoNi}}{6}[112]$ 方向剪切一个位移 $|\boldsymbol{b}|$ 后的结构示意图。该晶体结构表示常规面心立方晶体结构堆垛次序的中断，即面心立方晶格结构中形成层错结构。GSFE 和 GPFE 曲线就是通过计算刚性剪切过程中整个能量曲线与位移的函数关系而构建的，分别如图 10.22 和图 10.23 所示。

图 10.22 给出了基于密度泛函理论计算的钴镍合金固溶体的广义层错能曲线。从初始理想的面心立方堆垛结构开始，沿[121]方向（$a\to b$）发生剪切位移，导致了层错结构的产生。产生层错结构的能量壁垒（即不稳定层错能 γ_{us}）约为 205mJ/m^2。计算得到的内禀层错能 γ_{isf} 为 20 mJ/m^2，与试验值吻合。具有堆垛层错的晶格沿[$\bar{1}$12]方向（$b\to c$）发生同样的剪切位移后，会恢复到理想的面心立方堆垛晶格。由此产生的 γ 面表示与扩展位错相关的原子级周期能量分布，该扩展

位错就是形成层错边界的两个不全位错。在计算相应的 Peierls 滑移临界分切应力时，层错能是一个必须考虑的关键因素。

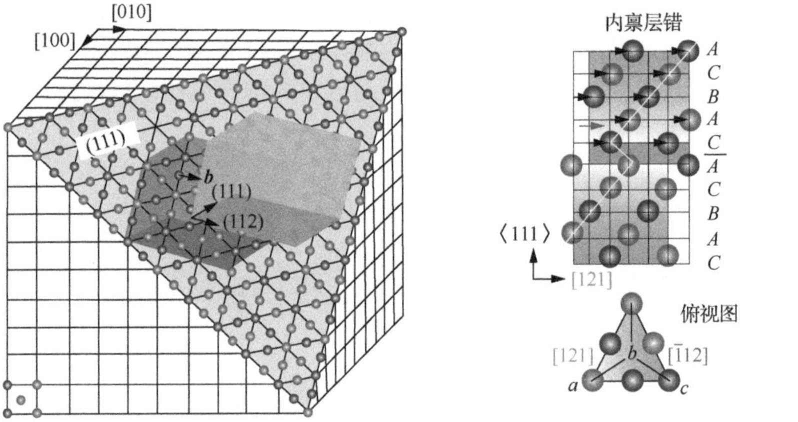

（a）钴镍合金中(111)密排滑移面的平面剖视图　（b）图(a)中的两个晶体块沿Burgers矢量 $u_{ab}=b=\frac{a_{CoNi}}{6}[112]$ 剪切变形后的结构

图 10.21　基于密度泛函理论计算 GSFE 和 GPFE 曲线的面心立方钴镍合金滑移面选择示意图[22]

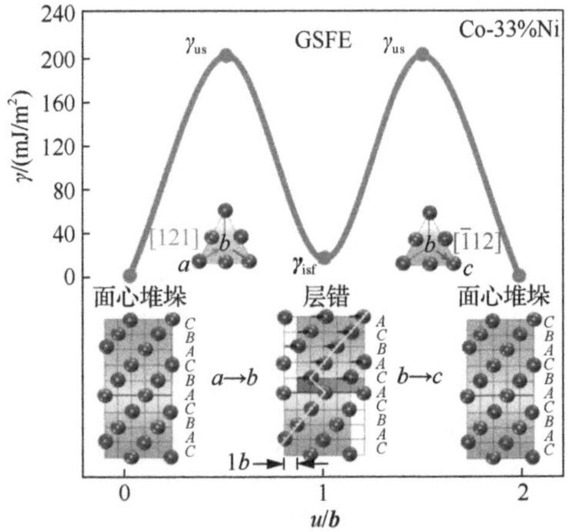

图 10.22　基于密度泛函理论计算的钴镍合金固溶体的 GSFE 曲线[22]

图 10.23 为密度泛函理论计算的钴镍合金固溶体的 GPFE 曲线，可见理想的面心晶体结构在沿[121]方向（$a\to b$）发生一个 Burgers 矢量大小的剪切变形时会导致层错的产生。相应的层错能分布对应于图 10.21 中 GSFE 曲线的前半部分。然而，GPFE 是通过在连续平行的(111)面上沿相同的晶向连续剪切而产生的。位于层错上一层的相邻原子，当产生一个 Burgers 矢量 $\boldsymbol{b}$ 位移时，相对于初始理想的面心立方晶体结构来说，将会导致 $2\boldsymbol{b}$ 的总位移，结果产生了两层层错。相应的

能量壁垒，即不稳定孪晶层错能 γ_{ut} 为 216mJ/m^2，共格孪晶层错能 γ_{tsf} 为 10mJ/m^2（相当于 $\gamma_{isf}/2$）。与两层层错上方相邻原子层上的原子再产生一个 Burgers 矢量位移时，相对于初始理想的面心立方晶体结构来说，则会导致 3***b*** 的总位移，结果就会产生一个孪晶核心。在孪晶核心上方的原子层不断做进一步滑移，最终导致孪晶迁移过程的开始，即孪晶的逐层生长。对孪晶能量路径（即 GPFE 曲线）的研究对于预测孪晶成核的临界分切应力和孪生滑移相互作用临界分切应力是至关重要的。

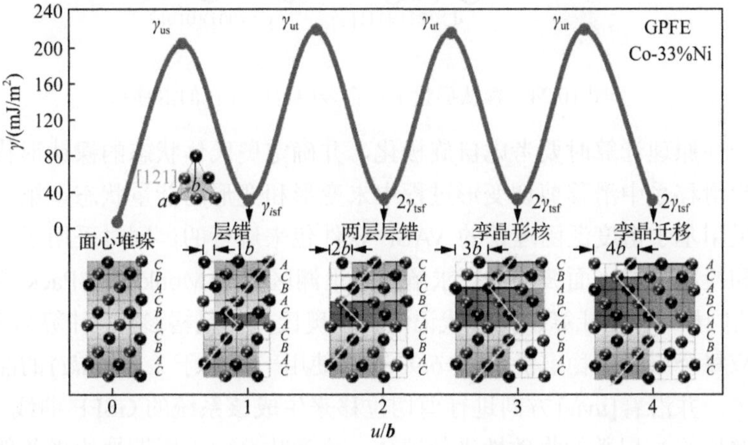

图 10.23　基于密度泛函理论计算的钴镍合金固溶体的 GPFE 曲线[22]

10.4.2　镍钛形状记忆合金塑性变形第一性原理模拟

镍钛形状记忆合金因为具有形状记忆效应和超弹性而在工程中得到了广泛应用。镍钛形状记忆合金的形状记忆效应和超弹性都源于奥氏体到马氏体的相变以及逆相变，因而研究奥氏体镍钛形状记忆合金的塑性变形具有重要的意义。Ezaz 等[23]基于奥氏体镍钛形状记忆合金可能存在的滑移系（图 10.24），采用第一性原理，从原子尺度模拟来分析奥氏体镍钛形状记忆合金塑性变形时的位错滑移机制。

1. 模拟方法

在一个滑移系中位错运动的能量壁垒可以通过 GSFE 来建立。GSFE 被定义为在给定的滑移面与滑移方向上，上半部分弹性体相对于下半部分弹性体做刚性位移所产生的相关能量。在做 GSFE 计算时，为了获得一个完整的广义层错能曲线，就需要将重复的晶胞在各自剪切方向上进行位移。因此，沿[100]和[1$\bar{1}$1]方向总位移的大小分别为 a 和 $a[1\bar{1}1]=\sqrt{3}a$。(hkl)[uvw] 滑移系上的 GSFE 曲线按照每层原子的位移 u_x 除以各自滑移方向[uvw]的位移来绘制。

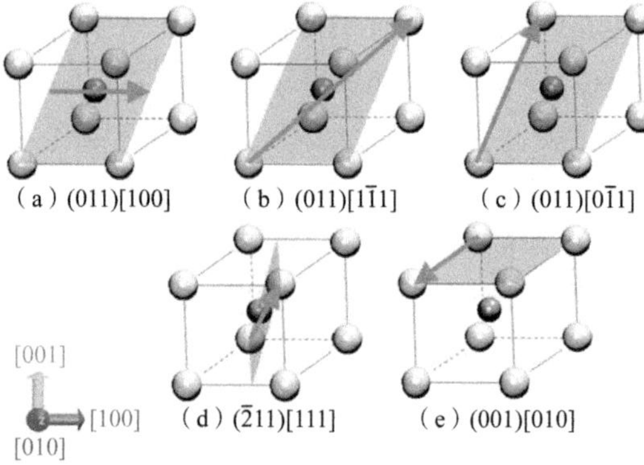

图 10.24　镍钛形状记忆合金中可能存在的滑移系

第一性原理计算时要考虑自旋极化，并确定奥氏体状态的镍钛形状记忆合金在一特定滑移系中滑移剪切变形过程中未变形和变形的能量状态。第一性原理的计算是采用基于密度泛函理论的 VASP 软件包来进行的，同时采用了广义梯度近似方法和投影缀加平面波法进行求解。布里渊区采用 Monkhorst-Pack 方法划分成 9×9×9 的网格。首先计算镍钛形状记忆合金奥氏体的晶格参数，计算后为 3.004Å，此时对应每个原子的稳定能量为−6.95eV。使用一个基于 L 层 (*hkl*) 的晶胞来计算缺陷能量，并沿着[*uvw*]方向进行剪切位移来生成该系统的 GSFE 曲线。对 GSFE 相对于增加的 L 层数的收敛性进行评估，这意味着由于周期性边界条件所导致的相邻晶胞中层错能的相互作用可以忽略不计。一旦 L 层和 L+1 层的能量计算产生相同的 GSFE，就可确保收敛。GSFE 的计算中对体系产生一定大小的位移，并保证内部原子完全弛豫，垂直于滑移面的方向也要进行弛豫，直到原子间力的作用小于 0.02eV/Å。

2. 模拟结果

图 10.25 给出了奥氏体镍钛形状记忆合金在 (011) 面上的原子堆垛结构以及基于 (011)[100] 滑移系计算得到 GSFE 曲线。从图 10.25（a）可以看出，Ni 原子和 Ti 原子仍然按照 *ABAB*…的方式进行堆垛，但位错需要沿[100] 方向运动 *a* 距离才能回到相同的堆垛方式。从图 10.25（b）中的 GSFE 曲线可以看出，基于 (011)[100] 滑移系计算得到 GSFE 曲线是不对称的，而且该滑移系的最大能量壁垒为 142mJ/m^2，这很明显是一个非常低的值。这意味着 (011)[100] 滑移系是非常容易激活的滑移系。

图 10.26 给出了奥氏体镍钛形状记忆合金在 (011) 面上的原子堆垛结构以及基于 (011)[1$\bar{1}$1] 滑移系计算得到 GSFE 曲线。从图 10.26（a）中可以看出，原子沿着[011] 方向按着 *ABAB*…的方式进行堆垛，即晶胞在沿[011] 方向按照每两个平面重

复一次。从图 10.26（b）中的 GSFE 曲线可以看出，当晶体的上半部分发生滑移剪切位移 $\sqrt{3}a/3$（对应 $u_x/a[1\bar{1}1]=0.33$）时，层错能达到最大值 660mJ/m^2，此时处于最近邻位置的是两个相似的原子（Ni 或 Ti）；当晶体的上半部分发生滑移剪切位移 $\sqrt{3}a/2$（对应 $u_x/a[1\bar{1}1]=0.5$）时，层错能值稍有降低，大小为 515mJ/m^2，此时处于最近邻位置的是两个不同的原子。

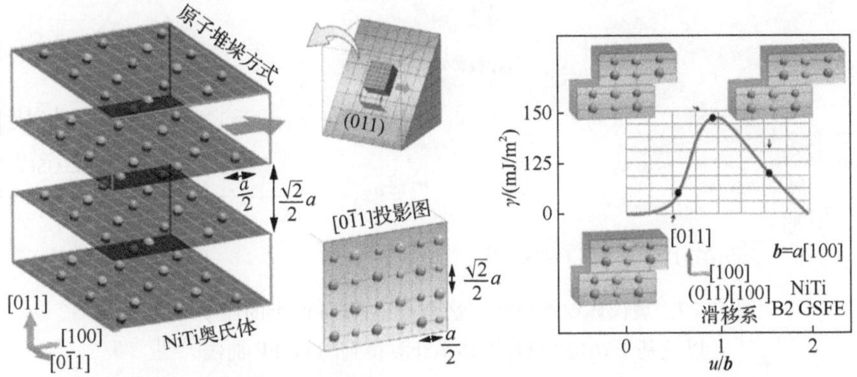

（a）在(011)面上的原子堆垛结构　　（b）计算得到GSFE曲线

图 10.25 奥氏体镍钛形状记忆合金在 (011) 面上的原子堆垛结构以及基于 (011)[100] 滑移系计算得到的 GSFE 曲线[23,24]

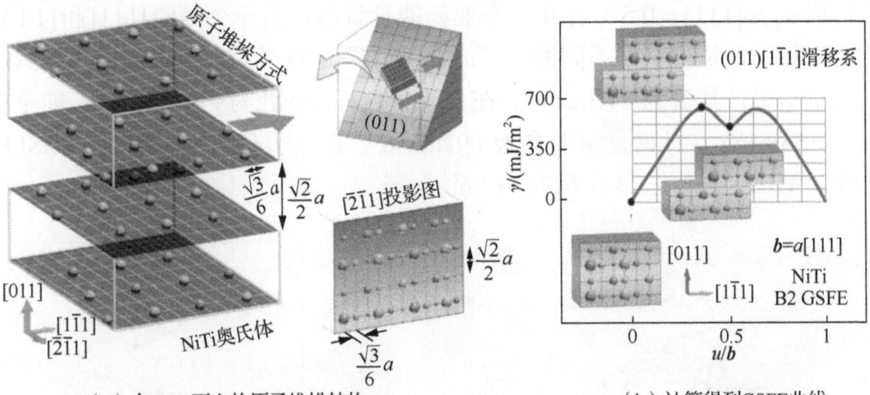

（a）在(011)面上的原子堆垛结构　　（b）计算得到GSFE曲线

图 10.26 奥氏体镍钛形状记忆合金金在 (011) 面上的原子堆垛结构以及基于 (011)[1$\bar{1}$1] 滑移系计算得到的 GSFE 曲线[23,24]

图 10.27 给出了奥氏体镍钛形状记忆合金在 (011) 面上的原子堆垛结构以及基于 (011)[0$\bar{1}$1] 滑移系计算得到 GSFE 曲线。从图 10.27（a）可以看出，Ni 原子和 Ti 原子仍然按照 *ABAB*…的方式进行堆垛，因此位错需要沿着 [0$\bar{1}$1] 方向滑移 $\sqrt{2}a$ 的距离才能回到相同的堆垛方式。从图 10.27（b）中的 GSFE 曲线可以看出，当

剪切滑移 $\sqrt{2}a/2$ 距离时，对应的最高层错能为 1545mJ/m^2。这意味着在塑性变形期间需要非常高的外加应力才能激活 $(011)[0\bar{1}1]$ 滑移系。

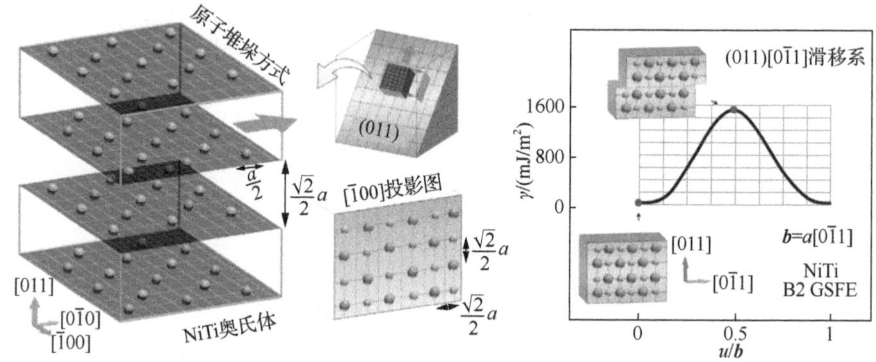

（a）在(011)面上的原子堆垛结构　　（b）计算得到GSFE曲线

图 10.27　奥氏体镍钛形状记忆合金在 (011) 面上的原子堆垛结构以及基于 $(011)[0\bar{1}1]$ 滑移系计算得到的 GSFE 曲线[23,24]

图 10.28 给出了奥氏体镍钛形状记忆合金在 $(\bar{2}11)$ 面上的原子堆垛结构以及基于 $(\bar{2}11)[111]$ 滑移系计算得到 GSFE 曲线。从图 10.28（b）可以看出，$(\bar{2}11)[111]$ 滑移系对应的 GSFE 曲线具有两个明显的特征，一个是在剪切位移为 $\sqrt{3}a/2$ 的中点处（对应 $u_x/a[111]=0.5$）存在一个亚稳能量状态，另一个是沿 $[111]$ 和 $[\bar{1}\bar{1}\bar{1}]$ 方向位错滑移的能量壁垒是不同的。在 $u_x/a[111]=0.33$ 的位置处，位错滑移具有最大的能量壁垒，其值为 847mJ/m^2。在 $u_x/a[111]=0.5$ 处为亚稳定位置，能量壁垒下降了 155mJ/m^2，此时能量壁垒为 692mJ/m^2。在 $u_x/a[111]=0.67$ 处，GSFE 曲线出现了第二个峰值，该值为 795mJ/m^2。

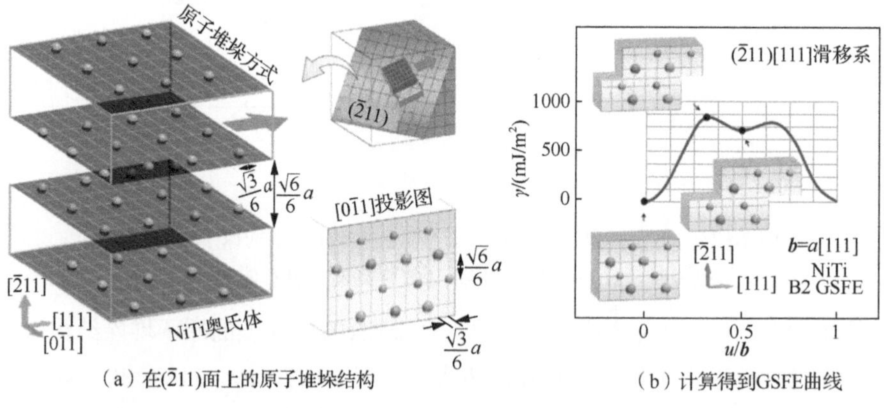

（a）在($\bar{2}$11)面上的原子堆垛结构　　（b）计算得到GSFE曲线

图 10.28　奥氏体镍钛形状记忆合金在 $(\bar{2}11)$ 面上的原子堆垛结构以及基于 $(\bar{2}11)[111]$ 滑移系计算得到 GSFE 曲线[23,24]

图 10.29 给出了奥氏体镍钛形状记忆合金在 (001) 面上的原子堆垛结构及基于 (001)[010] 滑移系计算得到 GSFE 曲线。从图 10.29（a）可以看出，在奥氏体镍钛形状记忆合金晶体结构中，Ni 原子和 Ti 原子沿着[001] 和[010] 方向呈对称方式排列。当晶体沿着 (001)[010] 滑移系发生剪切滑移塑性变形时，滑移距离为 $a/2$（对应 $u_x/a[111]=0.33$）时，面内 Ni 原子和 Ti 原子处于较近距离。从图 10.29（b）中的 GSFE 曲线可以看出，基于 (001)[010] 滑移系计算得到 GSFE 曲线是对称的，该滑移系的最大能量壁垒为 863mJ/m^2。

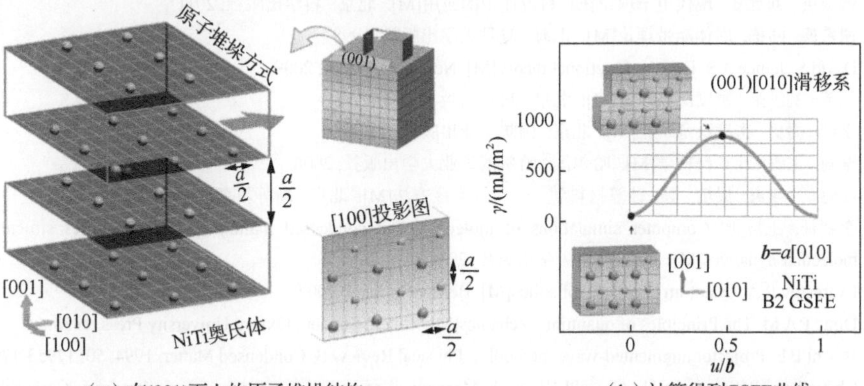

（a）在(001)面上的原子堆垛结构　　（b）计算得到GSFE曲线

图 10.29　奥氏体镍钛形状记忆合金在 (001) 面上的原子堆垛结构及基于 (001)[010] 滑移系计算得到的 GSFE 曲线[23,24]

最后，针对奥氏体镍钛形状记忆合金上面 5 个滑移系计算得到的最大层错能列于表 10.2 中。从表 10.2 中可以看出，(001)[100] 滑移系和 (011)[$1\bar{1}1$] 滑移系具有相对较低的位错滑移能量壁垒，因而其成为奥氏体镍钛形状记忆合金塑性变形过程中最容易激活的滑移系。

表 10.2　奥氏体镍钛形状记忆合金中不同滑移系的最大层错能

滑移面	滑移方向	最大层错能/（mJ/m^2）
(011)	[100]	142
(011)	[$1\bar{1}1$]	660
(011)	[$0\bar{1}1$]	1545
($\bar{2}$11)	[111]	847
(100)	[010]	863

参 考 文 献

[1] 基特尔. 固体物理导论[M]. 项金钟, 吴兴惠, 译. 北京: 科学出版社, 1979.
[2] 费维栋. 固体物理[M]. 哈尔滨: 哈尔滨工业大学出版社, 2014.

[3] 吴代鸣. 固体物理基础[M]. 北京: 高等教育出版社, 2007.
[4] 曹全喜, 雷天民. 固体物理基础[M]. 西安: 西安电子科技大学出版社, 2008.
[5] 尹道乐, 尹澜. 凝聚态量子理论[M]. 北京: 北京大学出版社，2010.
[6] Setyawan W, Curtarolo S. High-throughput electronic band structure calculations: Challenges and tools[J]. Computational Materials Science, 2010, 49(2): 299-312.
[7] Gennaro A, Mauro F, Giorgio P. Quantum mechanics[M]. Cambridge: Cambridge University Press, 2009.
[8] 曾谨言. 量子力学[M]. 北京: 科学出版社, 2013.
[9] 王文信. 原子和分子 Schrödinger 方程的严格解析[M]. 北京: 科学出版社, 2013.
[10] 刘翔, 贾多杰, 丁亦兵. 粒子物理和 Schrödinger 方程[M]. 合肥: 中国科学技术大学出版社, 2014.
[11] 张国英, 刘贵立. 现代电子理论在材料设计中的应用[M]. 北京: 科学出版社, 2011.
[12] 谢希德, 陆栋. 固体能带理论[M]. 上海: 复旦大学出版社, 1998.
[13] David S, Janice A S. Density functional theory[M]. New York: Wiley, 2009.
[14] 胡英, 刘洪来. 密度泛函理论[M]. 北京: 科学出版社, 2016.
[15] 李健, 周勇. 密度泛函理论[M]. 北京: 国防工业出版社, 2014.
[16] 李莉, 王香. 计算材料学[M]. 哈尔滨: 哈尔滨工业大学出版社, 2008.
[17] 江建军, 缪灵, 梁培, 等. 计算材料学——设计实践方法[M]. 北京: 高等教育出版社, 2010.
[18] 李新征, 王恩哥. Computer simulations of molecules and condensed matters: From electronics structures to molecular dynamics[M]. 北京:北京大学出版社, 2014.
[19] Evarestov R A. Quantum chemistry of solids[M]. Berlin: Springer, 2007.
[20] Dirac P A M. The Principles of quantum mechanics[M]. 4th ed. London: Oxford University Press, 1958.
[21] Blochl P E. Projector augmented-wave method[J]. Physical Review B, Condensed Matter, 1994, 50: 17953-17979.
[22] Chowdhury P, Sehitoglu H, Abuzaid W, et al. Mechanical response of low stacking fault energy Co-Ni alloys - continuum, mesoscopic and atomic level treatments[J]. International Journal of Plasticity, 2015, 71: 32-61.
[23] Ezaz T, Wang J, Sehitoglu H, et al. Plastic deformation of NiTi shape memory alloys[J]. Acta Materialia, 2013, 61(1): 67-78.
[24] Chowdhury P, Sehitoglu H. A revisit to atomistic rationale for slip in shape memory alloys[J]. Progress in Materials Science, 2016, 85(6): 1-42.

附录A 张 量 简 介

A1 指 标 符 号

1. Einstein 求和约定

凡是在某一项内（含单项、乘积项、求导项等）具有相重一次且仅一次重复的相同指标，就表示对该指标在它的取值范围内求和。如$a_i x_i \left(i=1,2,\cdots,n\right)$就表示$n$项的和为

$$a_1x_1+a_2x_2+\cdots+a_nx_n=\sum_{i=1}^{n}a_ix_i \tag{A.1}$$

对于求导记号的缩写约定，凡是在下标前面有逗号隔开者，表示逗号前的那个量对该指标相应的位置坐标求偏导数，其表示式如下：

$$\begin{aligned}&(\quad)_{,i}\equiv\frac{\partial}{\partial x_i}(\quad),\text{如}u_{i,j}=\frac{\partial u_i}{\partial x_j}\\&(\quad)_{,ij}\equiv\frac{\partial^2}{\partial x_i\partial x_j}(\quad),\ \text{如}u_{k,ij}=\frac{\partial^2 u_k}{\partial x_i\partial x_j}\end{aligned} \tag{A.2}$$

2. 自由标

凡是同一项内不重复出现的指标，称作自由标。自由标号表示该组变量中的任何一项，如σ_{ij}表示 9 个应力分量（$i,j=1,2,3$）中的任何一个。在同一方程中，各项的自由标号应当相同，而且还可以理解为该方程的形式在该自由标变化范围内均可适用，如被考察微分的平衡微分方程的指标符号表达式可写为

$$\sigma_{ij,j}+f_i=0,\quad i,j=1,2,3 \tag{A.3}$$

此方程中各项的自由标均为i（第一项中的下标j重复，表示对j求和，故j为哑标）。当$i=1$时，式（A.3）变为

$$\frac{\partial\sigma_{11}}{\partial x_1}+\frac{\partial\sigma_{12}}{\partial x_2}+\frac{\partial\sigma_{13}}{\partial x_3}+f_1=0 \tag{A.4}$$

3. Krönecker 符号

Krönecker 符号$\delta_{ij}\left(i,j=1,2,3\right)$表示 9 个量，且有

$$\delta_{ij}=\begin{cases}1, & i=j \\ 0, & i\neq j\end{cases},\quad i,j=1,2,3 \tag{A.5}$$

若$\boldsymbol{e}_i$和$\boldsymbol{e}_j$为 Cartesian 坐标系的基矢，则有

$$\boldsymbol{e}_i\cdot\boldsymbol{e}_j=\delta_{ij} \tag{A.6}$$

4. 排列（置换）符号

排列（置换）符号e_{ijk}定义如下：

$$e_{ijk}=\boldsymbol{e}_i\cdot\left(\boldsymbol{e}_j\times\boldsymbol{e}_k\right) \tag{A.7}$$

式中，$\boldsymbol{e}_i$、$\boldsymbol{e}_j$和$\boldsymbol{e}_k$为 Cartesian 坐标系的基矢。设$\boldsymbol{e}_i=\delta_{ir}\boldsymbol{e}_r$，$\boldsymbol{e}_j=\delta_{js}\boldsymbol{e}_s$，$\boldsymbol{e}_k=\delta_{kt}\boldsymbol{e}_t$ $\left(r,s,t=1,2,3\right)$，由矢量运算律中三重混合积的公式，上式可写为

$$e_{ijk}=\begin{vmatrix}\delta_{i1} & \delta_{i2} & \delta_{i3} \\ \delta_{j1} & \delta_{j2} & \delta_{j3} \\ \delta_{k1} & \delta_{k2} & \delta_{k3}\end{vmatrix}=\frac{1}{2}\left(i-j\right)\left(j-k\right)\left(k-i\right) \tag{A.8}$$

或

$$e_{ijk}=\begin{cases}1 & i,j,k\text{排列顺序为偶排列} \\ -1 & i,j,k\text{排列顺序为奇排列}, \quad i,j=1,2,3 \\ 0 & i,j,k\text{有重复时}\end{cases} \tag{A.9}$$

若$\boldsymbol{e}_i$和$\boldsymbol{e}_j$为Cartesian坐标系的基矢，则两个基矢的叉积可以用排列符号表示，即

$$\boldsymbol{e}_i\times\boldsymbol{e}_j=e_{ijk}\boldsymbol{e}_k \tag{A.10}$$

A2　向 量 简 介

1. 内积、范数和正交

用$\boldsymbol{u}\cdot\boldsymbol{v}$表示任意两个向量或矢量（vector）之间的内积（标量积）（inner product（scalar product）），向量$\boldsymbol{u}$的 Euclidean 范数（norm）表示为

$$\|\boldsymbol{u}\|=\sqrt{\boldsymbol{u}\cdot\boldsymbol{u}} \tag{A.11}$$

当$\boldsymbol{u}$是单位向量（unit vector）时

$$\|\boldsymbol{u}\|=1 \tag{A.12}$$

零向量（zero vector）记为$\boldsymbol{O}$，满足

$$\|\boldsymbol{O}\|=0 \tag{A.13}$$

如果向量$\boldsymbol{u}$和向量$\boldsymbol{v}$是正交的，即相互垂直，那么

$$\boldsymbol{u}\cdot\boldsymbol{v}=0 \tag{A.14}$$

2. 正交基和 Cartesian 坐标系

n 维正交基 $\{\boldsymbol{e}_i\} \equiv \{\boldsymbol{e}_1, \boldsymbol{e}_2, \cdots, \boldsymbol{e}_n\}$ 中的向量相互正交，则满足

$$\boldsymbol{e}_i \cdot \boldsymbol{e}_j = \delta_{ij} \tag{A.15}$$

上式定义一个标准正交基。

如果任意向量能表示为

$$\boldsymbol{u} = u_1\boldsymbol{e}_1 + u_2\boldsymbol{e}_2 + \cdots + u_n\boldsymbol{e}_n = u_i\boldsymbol{e}_i \tag{A.16}$$

其中，

$$\boldsymbol{u}_i = u\boldsymbol{e}_i, \quad i = 1, 2, \cdots, n \tag{A.17}$$

则 $\boldsymbol{u}_i$ 是相对于正交基 $\{\boldsymbol{e}_i\}$ 的 Cartesian 分量。任意向量都可以被它唯一相对于基底的分量定义。可以把任意向量用它的分量表示为一个单列矩阵 $\boldsymbol{u}$：

$$\boldsymbol{u} = \begin{bmatrix} u_1 \\ u_2 \\ \vdots \\ u_n \end{bmatrix} \tag{A.18}$$

一个标准正交基 $\{\boldsymbol{e}_i\}$ 与一个原点 $\boldsymbol{x}_0$，定义了一个 Cartesian 坐标系。类似于向量的表示方法，任意一点 $\boldsymbol{x}$ 都可以被 Cartesian 坐标系内的一个数组来表示：

$$\boldsymbol{x} = \begin{bmatrix} x_1 \\ x_2 \\ \vdots \\ x_n \end{bmatrix} \tag{A.19}$$

上式中的数组被称为 Cartesian 坐标，$\boldsymbol{x}$ 的 Cartesian 坐标 $\{x_i\}$ 是 $\boldsymbol{x}$ 相对于原点 $\boldsymbol{x}_0$ 的位置向量 $\boldsymbol{r}$ 的 Cartesian 分量，即

$$\boldsymbol{r} = \boldsymbol{x} - \boldsymbol{x}_0 \tag{A.20}$$

即

$$x_i = (\boldsymbol{x} - \boldsymbol{x}_0) \cdot \boldsymbol{e}_i \tag{A.21}$$

3. 向量的叉积

在三维空间内，把两个向量 $\boldsymbol{u}$ 和 $\boldsymbol{v}$ 的叉积记作

$$\boldsymbol{w} = \boldsymbol{u} \times \boldsymbol{v} \tag{A.22}$$

其分量表达式为

$$\boldsymbol{w}_i = e_{ijk}\boldsymbol{u}_j\boldsymbol{v}_k \tag{A.23}$$

一些常用的叉积关系如下：

$$\boldsymbol{u} \times \boldsymbol{v} = -\boldsymbol{v} \times \boldsymbol{u} \tag{A.24}$$

$$(\boldsymbol{u}\times\boldsymbol{v})\cdot\boldsymbol{w}=(\boldsymbol{v}\times\boldsymbol{w})\cdot\boldsymbol{u}=(\boldsymbol{w}\times\boldsymbol{u})\cdot\boldsymbol{v} \tag{A.25}$$

$$\boldsymbol{u}\times\boldsymbol{u}=0 \tag{A.26}$$

A3　张量的定义

用一个标量T_{ij}表示 9 个数的集合，该集合可表示为如下矩阵形式：

$$T_{ij}=\begin{bmatrix} T_{11} & T_{12} & T_{13} \\ T_{21} & T_{22} & T_{23} \\ T_{31} & T_{32} & T_{33} \end{bmatrix} \tag{A.27}$$

在 Cartesian 坐标范围内当坐标转换时，如果这 9 个数据服从以下的转换关系，即

$$\begin{aligned} T'_{ij} &= \beta_{i'k}\beta_{j'l}T'_{kl} \\ T_{kl} &= \beta_{i'k}\beta_{j'l}T'_{ij} \end{aligned} \tag{A.28}$$

则这 9 个数的集合定义了一个张量（tensor）。可以证明

$$\boldsymbol{T}=T'_{ij}\boldsymbol{e}'_i\boldsymbol{e}'_j=T_{ij}\boldsymbol{e}_i\boldsymbol{e}_j \tag{A.29}$$

式中，$\boldsymbol{e}_i\boldsymbol{e}_j$和$\boldsymbol{e}'_i\boldsymbol{e}'_j$称为并矢量，在某些文献中又记作$\boldsymbol{e}_i\otimes\boldsymbol{e}_j$和$\boldsymbol{e}'_i\otimes\boldsymbol{e}'_j$，也称为两个矢量的并矢积（dyadic product）。以上定义的$\boldsymbol{T}$称为二阶张量（two-order tensor）。它的分量转换关系式（A.28）与矢量分量的转换关系式形式相同，只不过转换系数β出现两次。$\boldsymbol{T}$就是张量的抽象记法，式（A.29）为其分解式。张量与向量一样，均具有不变性。应力和应变都是二阶张量。向量可以看作一阶张量，而标量则可视为零阶张量。在谈到张量的某些运算法则时，也可以包括向量。同理还可以定义高阶张量，如三阶张量：

$$\boldsymbol{T}=T'_{ijk}\boldsymbol{e}'_i\boldsymbol{e}'_j\boldsymbol{e}'_k=T_{ij}\boldsymbol{e}_i\boldsymbol{e}_j\boldsymbol{e}_k \tag{A.30}$$

向量$\boldsymbol{u}$和向量$\boldsymbol{v}$的并矢积表示为$\boldsymbol{u}\otimes\boldsymbol{v}$，则向量$\boldsymbol{w}$到向量$(\boldsymbol{v}\cdot\boldsymbol{w})\boldsymbol{u}$的映射关系式为

$$(\boldsymbol{u}\otimes\boldsymbol{v})\boldsymbol{w}=(\boldsymbol{v}\cdot\boldsymbol{w})\boldsymbol{u} \tag{A.31}$$

张量就可以表示这样一种映射关系，两个矢量的并矢积又称为张量积（tensor product），对任意向量$\boldsymbol{s}$、$\boldsymbol{t}$、$\boldsymbol{u}$、$\boldsymbol{v}$、$\boldsymbol{w}$和张量$\boldsymbol{S}$，则存在如下关系：

$$\boldsymbol{u}\otimes(\boldsymbol{v}+\boldsymbol{w})=\boldsymbol{u}\otimes\boldsymbol{v}+\boldsymbol{u}\otimes\boldsymbol{w} \tag{A.32}$$

$$(\boldsymbol{u}\otimes\boldsymbol{v})^{\mathrm{T}}=\boldsymbol{v}\otimes\boldsymbol{u} \tag{A.33}$$

$$(\boldsymbol{u}\otimes\boldsymbol{v})(\boldsymbol{s}\otimes\boldsymbol{t})=(\boldsymbol{v}\cdot\boldsymbol{s})\boldsymbol{u}\otimes\boldsymbol{t} \tag{A.34}$$

$$\boldsymbol{e}_i\otimes\boldsymbol{e}_i=\boldsymbol{I} \tag{A.35}$$

$$\boldsymbol{S}(\boldsymbol{u}\otimes\boldsymbol{v})=(\boldsymbol{S}\boldsymbol{u})\otimes+\boldsymbol{v} \tag{A.36}$$

$$(\boldsymbol{u}\otimes\boldsymbol{v})\boldsymbol{S}=(\boldsymbol{u}\otimes\boldsymbol{S}^{\mathrm{T}}\boldsymbol{v}) \tag{A.37}$$

A4 张量代数

1. 数乘

设有矢量$\boldsymbol{a}=a_i\boldsymbol{e}_i$和$\boldsymbol{b}=b_i\boldsymbol{e}_i$，若$\boldsymbol{b}=\alpha\boldsymbol{a}$则$b_i=\alpha a_i$，其中$\alpha$为一标量，反之亦然。即

$$\boldsymbol{b}=\alpha\boldsymbol{a}\Leftrightarrow b_i=\alpha a_i \tag{A.38}$$

同理，若有二阶张量$\boldsymbol{T}=T_{ij}\boldsymbol{e}_i\boldsymbol{e}_j$和$\boldsymbol{S}=S_{ij}\boldsymbol{e}_i\boldsymbol{e}_j$，则

$$\boldsymbol{T}=\alpha\boldsymbol{S}\Leftrightarrow T_{ij}=\alpha S_{ij} \tag{A.39}$$

2. 加法

若有$\boldsymbol{T}=T_{ij}\boldsymbol{e}_i\boldsymbol{e}_j$和$\boldsymbol{S}=S_{ij}\boldsymbol{e}_i\boldsymbol{e}_j$，则

$$\boldsymbol{B}=\boldsymbol{T}+\boldsymbol{S}\Leftrightarrow B_{ij}=T_{ij}+S_{ij} \tag{A.40}$$

3. 内积

矢量的内积为

$$\boldsymbol{a}\cdot\boldsymbol{b}=\left(a_i\boldsymbol{e}_i\right)\cdot\left(b_j\boldsymbol{e}_j\right)=a_ib_j\delta_{ij}=a_ib_j \tag{A.41}$$

从上式可以看出，内积相当于指标缩并。

二阶张量与矢量的内积（单点积）为

$$\boldsymbol{b}=\boldsymbol{T}\cdot\boldsymbol{a}=\left(T_{ij}\boldsymbol{e}_i\boldsymbol{e}_j\right)\left(a_k\boldsymbol{e}_k\right)=T_{ij}a_k\delta_{jk}\boldsymbol{e}_i=T_{ij}a_j\boldsymbol{e}_i \tag{A.42}$$

所以

$$\boldsymbol{b}=\boldsymbol{T}\cdot\boldsymbol{a}\Leftrightarrow b_i=T_{ij}a_j \tag{A.43}$$

上式中的右式表示b_i是a_j的线性组合，其系数为T_{ij}。所以二阶张量可以定义为一个线性变换。

同理

$$\boldsymbol{c}=\boldsymbol{a}\cdot\boldsymbol{T}\Leftrightarrow c_j=a_iT_{ij} \tag{A.44}$$

设$\boldsymbol{T}=T_{ij}\boldsymbol{e}_i\boldsymbol{e}_j$和$\boldsymbol{S}=S_{ij}\boldsymbol{e}_i\boldsymbol{e}_j$为两个二阶张量，则它们的内积定义如下：

$$\boldsymbol{U}=\boldsymbol{T}\cdot\boldsymbol{S}=\left(T_{ij}\boldsymbol{e}_i\boldsymbol{e}_j\right)\cdot\left(S_{kl}\boldsymbol{e}_k\boldsymbol{e}_l\right)=T_{ij}S_{kl}\left(\boldsymbol{e}_j\boldsymbol{e}_k\right)\boldsymbol{e}_i\boldsymbol{e}_l=T_{ij}S_{kl}\delta_{jk}\boldsymbol{e}_i\boldsymbol{e}_l=T_{ij}S_{jl}\boldsymbol{e}_i\boldsymbol{e}_l \tag{A.45}$$

即

$$\boldsymbol{U}=\boldsymbol{T}\cdot\boldsymbol{S}\Leftrightarrow U_{il}=T_{ij}S_{jl} \tag{A.46}$$

$\boldsymbol{T}=T_{ij}\boldsymbol{e}_i\boldsymbol{e}_j$和$\boldsymbol{S}=S_{ij}\boldsymbol{e}_i\boldsymbol{e}_j$的另外两种内积（双点积，又称标量积）定义如下：

$$\boldsymbol{T}:\boldsymbol{S}=\left(T_{ij}\boldsymbol{e}_i\boldsymbol{e}_j\right):\left(S_{kl}\boldsymbol{e}_k\boldsymbol{e}_l\right)=T_{ij}S_{kl}\delta_{ik}\delta_{jl}=T_{ij}S_{ij} \tag{A.47}$$

$$\boldsymbol{T}\cdot\cdot\boldsymbol{S}=\left(T_{ij}\boldsymbol{e}_i\boldsymbol{e}_j\right)\cdot\cdot\left(S_{kl}\boldsymbol{e}_k\boldsymbol{e}_l\right)=T_{ij}S_{kl}\delta_{il}\delta_{jk}=T_{ij}S_{ji} \tag{A.48}$$

4. 并积

设 $\boldsymbol{a}$ 和 $\boldsymbol{b}$ 为两个矢量。定义二阶张量 $\boldsymbol{T}$ 为

$$\boldsymbol{T} = \boldsymbol{ab} = \left(a_i\boldsymbol{e}_i\right)\left(b_j\boldsymbol{e}_j\right) = a_ib_j\boldsymbol{e}_i\boldsymbol{e}_j \tag{A.49}$$

上式也可记作

$$\boldsymbol{T} = \boldsymbol{a}\otimes\boldsymbol{b} = a_ib_j\boldsymbol{e}_i\otimes\boldsymbol{e}_j \tag{A.50}$$

所以

$$\boldsymbol{T} = \boldsymbol{ab} \Leftrightarrow T_{ij} = a_ib_j \tag{A.51}$$

设 $\boldsymbol{a}$ 为矢量，$\boldsymbol{T}$ 为二阶张量。定义三阶张量 $\boldsymbol{W}$ 为

$$\boldsymbol{W} = \boldsymbol{aT} = \left(a_i\boldsymbol{e}_i\right)\left(T_{jk}\boldsymbol{e}_j\boldsymbol{e}_k\right) = a_iT_{jk}\boldsymbol{e}_i\boldsymbol{e}_j\boldsymbol{e}_k \tag{A.52}$$

即 $\boldsymbol{W}$ 为矢量 $\boldsymbol{a}$ 与张量 $\boldsymbol{T}$ 的并积，则

$$\boldsymbol{W} = \boldsymbol{aT} \Leftrightarrow W_{ijk} = a_iT_{jk} \tag{A.53}$$

5. 叉积

设两个矢量分别为 $\boldsymbol{a} = a_i\boldsymbol{e}_i$ 和 $\boldsymbol{b} = b_j\boldsymbol{e}_j$，则利用置换符号 e_{ijk}，叉积可表示为

$$\boldsymbol{a}\times\boldsymbol{b} = a_i\boldsymbol{e}_i\times b_j\boldsymbol{e}_j = e_{ijk}a_ib_j\boldsymbol{e}_k \tag{A.54}$$

设 $\boldsymbol{A} = A_{ij}\boldsymbol{e}_{ij}$ 为二阶张量，$\boldsymbol{B} = B_{rst}\boldsymbol{e}_{rst}$ 为三阶张量，则这两个张量的叉积为

$$\begin{aligned}\boldsymbol{A}\times\boldsymbol{B} &= \left(A_{ij}\boldsymbol{e}_{ij}\right)\times\left(B_{rst}\boldsymbol{e}_{rst}\right) = A_{ij}B_{rst}\boldsymbol{e}_i\left(\boldsymbol{e}_j\times\boldsymbol{e}_r\right)\boldsymbol{e}_{st}\\ &= A_{ij}B_{rst}e_{jrk}\boldsymbol{e}_i\boldsymbol{e}_k\boldsymbol{e}_{st} = C_{ikst}e_{ikst}\end{aligned} \tag{A.55}$$

式中，$C_{ikst} = A_{ij}B_{rst}e_{jrk}$，结果为 4 阶张量。

A5　常用的二阶张量

1. 单位张量

对于二阶量 $\boldsymbol{I}$，定义如下：

$$\boldsymbol{I} = \delta_{ij}\boldsymbol{e}_i\boldsymbol{e}_j = \boldsymbol{e}_1\boldsymbol{e}_1 + \boldsymbol{e}_2\boldsymbol{e}_2 + \boldsymbol{e}_3\boldsymbol{e}_3 \tag{A.56}$$

则张量 $\boldsymbol{I}$ 为单位张量（identity tensor）。

若 $\boldsymbol{a}$ 和 $\boldsymbol{T}$ 分别为任意矢量和任意二阶张量，则

$$\begin{cases}\boldsymbol{I}\cdot\boldsymbol{a}=\boldsymbol{a}, & \boldsymbol{a}\cdot\boldsymbol{I}=\boldsymbol{a}\\ \boldsymbol{I}\cdot\boldsymbol{T}=\boldsymbol{T}, & \boldsymbol{T}\cdot\boldsymbol{I}=\boldsymbol{T}\end{cases} \tag{A.57}$$

2. 二阶张量的基本意义

二阶张量代表一个线性转化关系，对于一个二阶张量 $\boldsymbol{T}$，它可以将任意向量 $\boldsymbol{u}$

转化为另一个向量$\boldsymbol{v}$，即

$$\boldsymbol{v}=\boldsymbol{T}\boldsymbol{u} \tag{A.58}$$

对于张量$\boldsymbol{S}$和$\boldsymbol{T}$、向量$\boldsymbol{u}$及实数α，则存在如下性质：

$$(\boldsymbol{S}+\boldsymbol{T})\boldsymbol{u}=\boldsymbol{S}\boldsymbol{u}+\boldsymbol{T}\boldsymbol{u} \tag{A.59}$$

$$(\alpha\boldsymbol{S})\boldsymbol{u}=\alpha(\boldsymbol{S}\boldsymbol{u}) \tag{A.60}$$

$$\boldsymbol{S}\boldsymbol{T}\boldsymbol{u}=\boldsymbol{S}(\boldsymbol{T}\boldsymbol{u}) \tag{A.61}$$

一般来说

$$\boldsymbol{S}\boldsymbol{T}\neq\boldsymbol{T}\boldsymbol{S} \tag{A.62}$$

如果$\boldsymbol{ST}=\boldsymbol{TS}$，那么$\boldsymbol{S}$和$\boldsymbol{T}$就是可互易的（commute）。

3. 张量的转置、对称性及反对称性

设$\boldsymbol{T}$，$\boldsymbol{S}$均为二阶张量，即

$$\boldsymbol{T}=T_{ij}\boldsymbol{e}_i\boldsymbol{e}_j,\quad \boldsymbol{S}=S_{ij}\boldsymbol{e}_i\boldsymbol{e}_j \tag{A.63}$$

若$S_{ij}=T_{ji}$，则记$\boldsymbol{S}=\boldsymbol{T}^{\mathrm{T}}$，称$\boldsymbol{T}$与$\boldsymbol{S}$互为转置（transpose）。显然

$$\boldsymbol{S}=T_{ji}\boldsymbol{e}_i\boldsymbol{e}_j=T_{ij}\boldsymbol{e}_i\boldsymbol{e}_j \tag{A.64}$$

用$\boldsymbol{a}$与$\boldsymbol{c}$表示矢量，显然

$$\begin{aligned}&\boldsymbol{T}\cdot\boldsymbol{a}=\boldsymbol{a}\cdot\boldsymbol{T}^{\mathrm{T}},\ T_{ij}a_j=a_jT_{ji}\\&\boldsymbol{c}\cdot\boldsymbol{T}=\boldsymbol{T}^{\mathrm{T}}\cdot\boldsymbol{c},\ c_iT_{ij}=T_{ji}c_i\end{aligned} \tag{A.65}$$

张量$\boldsymbol{T}$的转置张量$\boldsymbol{T}^{\mathrm{T}}$是唯一的，对于向量$\boldsymbol{u}$和$\boldsymbol{v}$，则下式成立：

$$\boldsymbol{T}\boldsymbol{u}\cdot\boldsymbol{v}=\boldsymbol{u}\cdot\boldsymbol{T}^{\mathrm{T}}\boldsymbol{v} \tag{A.66}$$

如果

$$\boldsymbol{T}=\boldsymbol{T}^{\mathrm{T}} \tag{A.67}$$

那么$\boldsymbol{T}$被称为对称张量（symmetric tensor），如果

$$\boldsymbol{T}=-\boldsymbol{T}^{\mathrm{T}} \tag{A.68}$$

那么$\boldsymbol{T}$被称为反对称张量（skew tensor）。

任意张量$\boldsymbol{T}$都可以被分解为对称部分$\mathrm{sym}(\boldsymbol{T})$和反对称部分$\mathrm{skew}(\boldsymbol{T})$的总和，即

$$\boldsymbol{T}=\mathrm{sym}(\boldsymbol{T})+\mathrm{skew}(\boldsymbol{T}) \tag{A.69}$$

对于对称部分，则有

$$\mathrm{sym}(\boldsymbol{T})\equiv\frac{1}{2}\left(\boldsymbol{T}+\boldsymbol{T}^{\mathrm{T}}\right) \tag{A.70}$$

对于反对称部分，则有

$$\mathrm{skew}(\boldsymbol{T})\equiv\frac{1}{2}\left(\boldsymbol{T}-\boldsymbol{T}^{\mathrm{T}}\right) \tag{A.71}$$

张量还存在如下基本性质：

$$(\boldsymbol{S}+\boldsymbol{T})^{\mathrm{T}}=\boldsymbol{S}^{\mathrm{T}}+\boldsymbol{T}^{\mathrm{T}} \tag{A.72}$$

$$(\boldsymbol{S}\boldsymbol{T})^{\mathrm{T}}=\boldsymbol{T}^{\mathrm{T}}\boldsymbol{S}^{\mathrm{T}} \tag{A.73}$$

$$\left(\boldsymbol{T}^{\mathrm{T}}\right)^{\mathrm{T}}=\boldsymbol{T} \tag{A.74}$$

如果张量$\boldsymbol{T}$是对称的，则

$$\operatorname{skew}(\boldsymbol{T})=\boldsymbol{0},\ \operatorname{sym}(\boldsymbol{T})=\boldsymbol{T} \tag{A.75}$$

如果张量$\boldsymbol{T}$是反对称的，则

$$\operatorname{skew}(\boldsymbol{T})=\boldsymbol{T},\ \operatorname{sym}(\boldsymbol{T})=\boldsymbol{0} \tag{A.76}$$

4. 二阶张量的迹与范数

对于任意的矢量$\boldsymbol{u}$和$\boldsymbol{v}$，则张量$(\boldsymbol{u}\otimes\boldsymbol{v})$的迹（trace）是线性映射，其表示为

$$\operatorname{tr}(\boldsymbol{u}\otimes\boldsymbol{v})=\boldsymbol{u}\cdot\boldsymbol{v} \tag{A.77}$$

对于一般的张量，$\boldsymbol{T}=T_{ij}\boldsymbol{e}_i\otimes\boldsymbol{e}_j$，迹为

$$\operatorname{tr}\boldsymbol{T}=T_{ij}\operatorname{tr}(\boldsymbol{e}_i\otimes\boldsymbol{e}_j)=T_{ij}\delta_{ij}=T_{ii} \tag{A.78}$$

$\boldsymbol{T}$的迹就是 Cartesian 矩阵$\boldsymbol{T}$的对角线元素的和。

张量$\boldsymbol{S}$和张量$\boldsymbol{T}$的内积$\boldsymbol{S}:\boldsymbol{T}$也可以用迹表示为

$$\boldsymbol{S}:\boldsymbol{T}=\operatorname{tr}\left(\boldsymbol{S}^{\mathrm{T}}\boldsymbol{T}\right) \tag{A.79}$$

用 Cartesian 分量形式表示为

$$\boldsymbol{S}:\boldsymbol{T}=S_{ij}T_{ij} \tag{A.80}$$

张量$\boldsymbol{T}$的欧几里得范数表示为

$$\|\boldsymbol{T}\|\equiv\sqrt{\boldsymbol{T}:\boldsymbol{T}}=\sqrt{T_{11}^2+T_{12}^2+\cdots+T_{nn}^2} \tag{A.81}$$

以下基本性质适用于任意张量$\boldsymbol{R}$、$\boldsymbol{S}$和$\boldsymbol{T}$和向量$\boldsymbol{s}$、$\boldsymbol{t}$、$\boldsymbol{u}$、$\boldsymbol{v}$和$\boldsymbol{w}$的点积：

$$\boldsymbol{I}:\boldsymbol{T}=\operatorname{tr}\boldsymbol{T} \tag{A.82}$$

$$\boldsymbol{R}:(\boldsymbol{S}\boldsymbol{T})=\left(\boldsymbol{S}^{\mathrm{T}}\boldsymbol{R}\right):\boldsymbol{T}=\left(\boldsymbol{R}\boldsymbol{T}^{\mathrm{T}}\right):\boldsymbol{S} \tag{A.83}$$

$$\boldsymbol{u}\cdot\boldsymbol{S}\boldsymbol{v}=\boldsymbol{S}:(\boldsymbol{u}\otimes\boldsymbol{v}) \tag{A.84}$$

$$(\boldsymbol{s}\otimes\boldsymbol{t}):(\boldsymbol{u}\otimes\boldsymbol{v})=(\boldsymbol{s}\cdot\boldsymbol{u})(\boldsymbol{t}\cdot\boldsymbol{v}) \tag{A.85}$$

$$\boldsymbol{T}_{ij}=\boldsymbol{T}:\left(\boldsymbol{e}_i\otimes\boldsymbol{e}_j\right) \tag{A.86}$$

$$(\boldsymbol{u}\otimes\boldsymbol{v})_{ij}=(\boldsymbol{u}\otimes\boldsymbol{v}):\left(\boldsymbol{e}_i\otimes\boldsymbol{e}_j\right)=\boldsymbol{u}_i\boldsymbol{u}_j \tag{A.87}$$

如果$\boldsymbol{S}$是对称张量，则有

$$\boldsymbol{S}:\boldsymbol{T}=\boldsymbol{S}:\boldsymbol{T}^{\mathrm{T}}=\boldsymbol{S}:\operatorname{sym}(\boldsymbol{T}) \tag{A.88}$$

如果$\boldsymbol{S}$是反对称张量，则有

$$\boldsymbol{S}:\boldsymbol{T}=-\boldsymbol{S}:\boldsymbol{T}^{\mathrm{T}}=\boldsymbol{S}:\mathrm{skew}(\boldsymbol{T}) \tag{A.89}$$

如果$\boldsymbol{S}$是对称张量，$\boldsymbol{T}$是反对称张量，则有

$$\boldsymbol{S}:\boldsymbol{T}=0 \tag{A.90}$$

5. 二阶张量的逆与行列式

张量$\boldsymbol{T}$如果是可逆的，那么它的逆张量（invertible tensor）记作$\boldsymbol{T}^{-1}$，满足

$$\boldsymbol{T}^{-1}\boldsymbol{T}=\boldsymbol{T}\boldsymbol{T}^{-1}=\boldsymbol{I} \tag{A.91}$$

即

$$\begin{aligned}&\boldsymbol{T}\cdot\boldsymbol{T}^{-1}=\boldsymbol{I},\quad T_{ij}\cdot T_{jk}^{-1}=\delta_{ik}\\&\boldsymbol{T}^{-1}\cdot\boldsymbol{T}=\boldsymbol{I},\quad T_{ij}^{-1}\cdot T_{jk}=\delta_{ik}\end{aligned} \tag{A.92}$$

张量$\boldsymbol{T}$的行列式（determinant）记为$\det\boldsymbol{T}$，也是矩阵$\boldsymbol{T}$行列式的值，张量$\boldsymbol{T}$是可逆的，则满足

$$\det\boldsymbol{T}\neq 0 \tag{A.93}$$

对于任意的非零矢量$\boldsymbol{u}$，如果张量$\boldsymbol{T}$是正定的，则满足

$$\boldsymbol{T}\boldsymbol{u}\cdot\boldsymbol{u}>0 \tag{A.94}$$

任意正定张量（positive definite tensor）都是可逆的。

对于任意张量$\boldsymbol{S}$和张量$\boldsymbol{T}$，则有

$$\det(\boldsymbol{S}\boldsymbol{T})=\det\boldsymbol{S}\det\boldsymbol{T} \tag{A.95}$$

对于任意可逆的张量$\boldsymbol{S}$和张量$\boldsymbol{T}$，则有

$$\det\boldsymbol{T}^{-1}=(\det\boldsymbol{T})^{-1} \tag{A.96}$$

$$(\boldsymbol{S}\boldsymbol{T})^{-1}=\boldsymbol{T}^{-1}\boldsymbol{S}^{-1} \tag{A.97}$$

$$(\boldsymbol{T}^{-1})^{\mathrm{T}}=(\boldsymbol{T}^{\mathrm{T}})^{-1} \tag{A.98}$$

6. 正交张量

对于一个张量$\boldsymbol{R}=R_{ij}\boldsymbol{e}_i\boldsymbol{e}_j$，如果满足

$$\boldsymbol{R}^{\mathrm{T}}=\boldsymbol{R}^{-1} \tag{A.99}$$

则称张量$\boldsymbol{R}$是正交张量（orthogonal tensor），显然有

$$\boldsymbol{R}\cdot\boldsymbol{R}^{\mathrm{T}}=\boldsymbol{R}^{\mathrm{T}}\cdot\boldsymbol{R}=\boldsymbol{I} \tag{A.100}$$

若$\boldsymbol{b}=\boldsymbol{R}\cdot\boldsymbol{a}$，其中$\boldsymbol{a}$和$\boldsymbol{b}$为矢量，则可证明$|\boldsymbol{b}|=|\boldsymbol{a}|$，且$\boldsymbol{a}\cdot\boldsymbol{b}=(\boldsymbol{R}\cdot\boldsymbol{a})\cdot(\boldsymbol{R}\cdot\boldsymbol{b})$。所以正交张量对应的线性变换是保持矢量的长度和内积不变的。这种变换代表一个转动。

7. 张量的特征方程与主不变量

对于给定张量$\boldsymbol{T}$和非零矢量$\boldsymbol{u}$，如果满足

$$\boldsymbol{T}\boldsymbol{u}=w\boldsymbol{u} \tag{A.101}$$

则$\boldsymbol{u}$称为张量$\boldsymbol{T}$的特征向量，$\boldsymbol{w}$称为张量的特征值或主值（eigenvalue）。如果空间内所有向量$\boldsymbol{u}$均满足上式，则称$\boldsymbol{T}$为对应于$\boldsymbol{w}$的特征空间。且存在如下性质，即正定张量的特征值均为正，对称张量的特征空间相互正交。

设$\boldsymbol{S}$是一个对称张量，$\boldsymbol{S}$满足

$$\boldsymbol{S}=\sum_{i=1}^{n}S_i\boldsymbol{e}_i\otimes\boldsymbol{e}_i \tag{A.102}$$

$\{\boldsymbol{e}_i\}$是由$\boldsymbol{S}$的特征向量组成的标准正交基，$\{S_i\}$是特征向量的特征值。$\boldsymbol{S}$相对于基底$\{\boldsymbol{e}_i\}$有如下的对角矩阵表示：

$$\boldsymbol{S}=\begin{bmatrix}S_1 & 0 & \cdots & 0\\ 0 & S_2 & \cdots & 0\\ \vdots & \vdots & & \vdots\\ 0 & 0 & \cdots & S_n\end{bmatrix} \tag{A.103}$$

特征向量$\boldsymbol{e}_i$的方向也称作$\boldsymbol{S}$的主轴或者主方向（principal axis or principal direction）。

张量$\boldsymbol{S}$（对称或者非对称张量）的每一个特征值S_i都满足特征方程：

$$\det(\boldsymbol{S}-S_i\boldsymbol{I})=0 \tag{A.104}$$

在三维空间内，有

$$\det\left(\boldsymbol{S}-\alpha\boldsymbol{I}\right)=-\alpha^3+\alpha^2\boldsymbol{I}_1-\alpha\boldsymbol{I}_2+\boldsymbol{I}_3 \tag{A.105}$$

$\boldsymbol{I}_1$、$\boldsymbol{I}_2$和$\boldsymbol{I}_3$是$\boldsymbol{S}$的主不变量（principal invariant），定义为

$$\begin{cases}\boldsymbol{I}_1\equiv\mathrm{tr}\boldsymbol{S}=S_{ii}\\ \boldsymbol{I}_2(s)\equiv\dfrac{1}{2}\left[(\mathrm{tr}\boldsymbol{S})^2-\mathrm{tr}\left(\boldsymbol{S}^2\right)\right]=\dfrac{1}{2}\left(S_{ii}S_{jj}-S_{ij}S_{ji}\right)\\ \boldsymbol{I}_3\equiv\det\boldsymbol{S}=\dfrac{1}{6}e_{ijk}e_{pqr}S_{ip}S_{jq}S_{kr}\end{cases} \tag{A.106}$$

求解三次特征方程，它的解是$\boldsymbol{S}$的特征值，则有

$$-S_i^3+S_i^2\boldsymbol{I}_1-S_i\boldsymbol{I}_2+\boldsymbol{I}_3=0 \tag{A.107}$$

如果$\boldsymbol{S}$是对称的，可以得到

$$\begin{cases}\boldsymbol{I}_1=S_1+S_2+S_3\\ \boldsymbol{I}_2=S_1S_2+S_2S_3+S_1S_3\\ \boldsymbol{I}_3=S_1S_2S_3\end{cases} \tag{A.108}$$

A6 张量的分解

1. 加法分解

任何二阶张量$\boldsymbol{T}$均可分解为对称张量$\boldsymbol{N}$和反对称张量$\boldsymbol{\Omega}$之和，即

$$\begin{cases}\boldsymbol{T}=\boldsymbol{N}+\boldsymbol{\Omega}\\ \boldsymbol{N}=\dfrac{1}{2}(\boldsymbol{T}+\boldsymbol{T}^{\mathrm{T}})\\ \boldsymbol{\Omega}=\dfrac{1}{2}(\boldsymbol{T}-\boldsymbol{T}^{\mathrm{T}})\end{cases} \tag{A.109}$$

而对称张量$\boldsymbol{N}$又可分解为球张量$\boldsymbol{P}$和偏张量$\boldsymbol{D}$，即

$$\begin{cases}\boldsymbol{N}=\boldsymbol{P}+\boldsymbol{D}, \boldsymbol{N}_{ij}=\boldsymbol{P}_{ij}+\boldsymbol{D}_{ij}\\ \boldsymbol{P}=\dfrac{1}{3}\boldsymbol{N}_{kk}\boldsymbol{I}\end{cases} \tag{A.110}$$

2. 极分解

设$\boldsymbol{F}$是一个正定张量，存在对称正定张量$\boldsymbol{U}$和$\boldsymbol{V}$以及一个转动张量$\boldsymbol{R}$，有

$$\boldsymbol{F}=\boldsymbol{R}\boldsymbol{U}=\boldsymbol{V}\boldsymbol{R} \tag{A.111}$$

分解得到的$\boldsymbol{RU}$和$\boldsymbol{VR}$是唯一的，分别叫作$\boldsymbol{F}$的右极分解（polar decomposition）和左极分解，可由

$$\boldsymbol{U}=\sqrt{\boldsymbol{F}^{\mathrm{T}}\boldsymbol{F}}, \boldsymbol{V}=\sqrt{\boldsymbol{F}\boldsymbol{F}^{\mathrm{T}}} \tag{A.112}$$

求得，其中$\sqrt{(.)}$表示(.)的张量平方根（tensor square root），一个对称张量$\boldsymbol{S}$的张量平方根是唯一的，记为张量 $\boldsymbol{T}$，则满足

$$\boldsymbol{T}^2\equiv\boldsymbol{T}\boldsymbol{T}=\boldsymbol{S} \tag{A.113}$$

$\{S_i\}$和$\{\boldsymbol{e}_i\}$分别表示$\boldsymbol{S}$的特征值和特征向量基，$\boldsymbol{S}$的平方根$\boldsymbol{T}$可以表示为

$$\boldsymbol{T}=\sum_i\sqrt{S_i}\boldsymbol{e}_i\otimes\boldsymbol{e}_i \tag{A.114}$$

式（A.111）和式（A.112）统称为极分解定理，与任意张量$\boldsymbol{F}$相关的旋转向量$\boldsymbol{R}$可以表示为

$$\boldsymbol{R}=\boldsymbol{F}\boldsymbol{U}^{-1}=\boldsymbol{V}^{-1}\boldsymbol{F} \tag{A.115}$$

3. 商法则

若某量与任意一个张量的点积为张量，则该量必为张量。例如，$\boldsymbol{a}$为任意矢量（一阶张量），$\boldsymbol{T}$与$\boldsymbol{a}$点积所得的$\boldsymbol{b}$，即$\boldsymbol{T}\cdot\boldsymbol{a}=\boldsymbol{b}$，都是张量（一阶），即$\boldsymbol{b}$的分量服从坐标转换关系，$b_i=b_{j'}\beta_{j'i}$，则$\boldsymbol{T}$必为张量。

A7　张量的微积分

1. 梯度

1）标量场的梯度（gradient）

设 $f = f(\boldsymbol{P})$ 是位置矢量 $\boldsymbol{P}$（如 $\boldsymbol{P} \in \boldsymbol{R}^3$，$\boldsymbol{P}(x_1, x_2, x_3)$）的标量值函数，即标量场，则 f 的左梯度定义为

$$\text{grad}f = \frac{\partial f}{\partial x_1}\boldsymbol{e}_1 + \frac{\partial f}{\partial x_2}\boldsymbol{e}_2 + \frac{\partial f}{\partial x_3}\boldsymbol{e}_3 \tag{A.116}$$

引进 Hamilton 算子，则有

$$\nabla = \boldsymbol{e}_i \frac{\partial}{\partial x_i} = \boldsymbol{e}_i \partial_i \tag{A.117}$$

f 的左梯度可写成

$$\text{grad}f = \nabla f \tag{A.118}$$

f 的微分可写成

$$\text{d}f = \frac{\partial f}{\partial x_i}\text{d}x_i = (\boldsymbol{e}_i \text{d}x_i) \cdot \left(\frac{\partial f}{\partial x_j}\boldsymbol{e}_j\right) = \text{d}\boldsymbol{P} \cdot \nabla f \tag{A.119}$$

式中，$\text{d}\boldsymbol{P} = \boldsymbol{e}_i \text{d}x_i$。令 $|\text{d}\boldsymbol{P}| = \text{d}r$，$\boldsymbol{e} = \dfrac{\text{d}\boldsymbol{P}}{\text{d}r}$，$f$ 沿 $\boldsymbol{e}$ 的方向导数为

$$\left(\frac{\text{d}f}{\text{d}r}\right)_e = \frac{\text{d}\boldsymbol{P}}{\text{d}r} \cdot \nabla f = \boldsymbol{e} \cdot \nabla f(\boldsymbol{P}) \tag{A.120}$$

2）向量场的梯度

设 $\boldsymbol{a} = a(\boldsymbol{P})$ 是关于位置矢量值函数，即矢量场，则其左梯度定义为

$$\text{grad}\boldsymbol{a} = \nabla \otimes \boldsymbol{a}(\text{简记为grad}\boldsymbol{a} = \nabla \boldsymbol{a}) \tag{A.121}$$

在 Cartesian 直角坐标系下，对于 $\boldsymbol{a} = a_j \boldsymbol{e}_j$，有

$$\begin{aligned}\text{grad}\boldsymbol{a} &= \nabla \otimes \boldsymbol{a} = (\boldsymbol{e}_i \partial_i) \otimes (a_j \boldsymbol{e}_j) = \frac{\partial a_j}{\partial x_i}\boldsymbol{e}_i \otimes \boldsymbol{e}_j \\ &= a_{ij}\boldsymbol{e}_i \otimes \boldsymbol{e}_j = (\nabla \otimes a_{ij})\boldsymbol{e}_{ij}\end{aligned} \tag{A.122}$$

式中，$\nabla \otimes a_{ij} = \dfrac{\partial a_j}{\partial x_i}$，简记为 $(\nabla a)_{ij} = \dfrac{\partial a_j}{\partial x_i}$，其矩阵形式为

$$\nabla \boldsymbol{a}=\begin{bmatrix} \dfrac{\partial a_1}{\partial x_1} & \dfrac{\partial a_2}{\partial x_1} & \dfrac{\partial a_3}{\partial x_1} \\ \dfrac{\partial a_1}{\partial x_2} & \dfrac{\partial a_2}{\partial x_2} & \dfrac{\partial a_3}{\partial x_2} \\ \dfrac{\partial a_1}{\partial x_3} & \dfrac{\partial a_2}{\partial x_3} & \dfrac{\partial a_3}{\partial x_3} \end{bmatrix} \tag{A.123}$$

矢量$\boldsymbol{a}$的微分为

$$\begin{aligned} \mathrm{d}\boldsymbol{a} &= \boldsymbol{a}(\boldsymbol{P}+\Delta\boldsymbol{P})-\boldsymbol{a}(\boldsymbol{P})=\frac{\partial a}{\partial x_i}\mathrm{d}x_i=\frac{\partial a_j}{\partial x_i}\mathrm{d}x_i\boldsymbol{e}_j \\ &= \frac{\partial a_j}{\partial x_i}\mathrm{d}x_k\delta_{ki}\boldsymbol{e}_j=\frac{\partial a_j}{\partial x_i}\mathrm{d}x_k\boldsymbol{e}_k\cdot\boldsymbol{e}_i\otimes\boldsymbol{e}_j \\ &= \left(\mathrm{d}x_k\boldsymbol{e}_k\right)\left(\frac{\partial a_j}{\partial x_i}\boldsymbol{e}_i\otimes\boldsymbol{e}_j\right)=\mathrm{d}\boldsymbol{P}\cdot\nabla\otimes\boldsymbol{a} \end{aligned} \tag{A.124}$$

类似地，可以定义向量场的右梯度，即

$$\begin{aligned} \overline{\mathrm{grad}}\boldsymbol{a} &= \boldsymbol{a}\otimes\nabla=\left(a_i\boldsymbol{e}_j\right)\otimes\left(\boldsymbol{e}_j\partial_j\right)=\frac{\partial a_i}{\partial x_j}\boldsymbol{e}_i\otimes\boldsymbol{e}_j \\ &= a_{ij}\boldsymbol{e}_{ij}=(\boldsymbol{a}\otimes\nabla)_{ij}\boldsymbol{e}_{ij} \end{aligned} \tag{A.125}$$

式中，$(\boldsymbol{a}\otimes\nabla)_{ji}=\dfrac{\partial a_i}{\partial x_j}$，简记为$\left(\nabla\boldsymbol{a}\right)_{ji}=\dfrac{\partial a_j}{\partial x_i}$。

3）张量场的梯度

设$\boldsymbol{T}$为二阶张量，即$\boldsymbol{T}=T_{ij}\boldsymbol{e}_{ij}=T_{ij}\boldsymbol{e}_i\otimes\boldsymbol{e}_j$，其左梯度定义为

$$\begin{aligned} \mathrm{grad}\boldsymbol{T} &= \nabla\otimes\boldsymbol{T}=\boldsymbol{e}_i\partial_i\otimes\left(T_{jk}\boldsymbol{e}_j\otimes\boldsymbol{e}_k\right) \\ &= \partial_i T_{jk}\boldsymbol{e}_i\otimes\boldsymbol{e}_j\otimes\boldsymbol{e}_k=T_{jk,i}\boldsymbol{e}_i\otimes\boldsymbol{e}_j\otimes\boldsymbol{e}_k \end{aligned} \tag{A.126}$$

简记为

$$\mathrm{grad}\boldsymbol{T}=\nabla\boldsymbol{T}=T_{jk,i}\boldsymbol{e}_i\boldsymbol{e}_j\boldsymbol{e}_k \tag{A.127}$$

张量场的右梯度定义为

$$\begin{aligned} \overline{\mathrm{grad}}\,\boldsymbol{T} &= \boldsymbol{T}\otimes\nabla=\left(T_{jk}\boldsymbol{e}_j\otimes\boldsymbol{e}_k\right)\otimes\boldsymbol{e}_i\partial_i \\ &= \partial_i T_{jk}\boldsymbol{e}_j\otimes\boldsymbol{e}_k\otimes\boldsymbol{e}_i=T_{jk,i}\boldsymbol{e}_j\otimes\boldsymbol{e}_k\otimes\boldsymbol{e}_i \end{aligned} \tag{A.128}$$

简记为

$$\overline{\mathrm{grad}}\,\boldsymbol{T}=\boldsymbol{T}\,\nabla=T_{jk,i}\boldsymbol{e}_j\boldsymbol{e}_k\boldsymbol{e}_i \tag{A.129}$$

任意二阶张量$\boldsymbol{T}$的微分为

$$\mathrm{d}\boldsymbol{T}=\mathrm{d}\boldsymbol{P}\cdot\left(\nabla\boldsymbol{T}\right)=\left(\boldsymbol{T}\,\nabla\right)\cdot\mathrm{d}\boldsymbol{P} \tag{A.130}$$

事实上，

$$\begin{aligned}\mathrm{d}\boldsymbol{T} &= \partial_i\left(T_{jk}\boldsymbol{e}_j\boldsymbol{e}_k\right)\mathrm{d}x_i = \partial_i\left(T_{jk}\boldsymbol{e}_j\boldsymbol{e}_k\right)\left(\mathrm{d}x_l\delta_{li}\right) \\ &= \partial_i\left(T_{jk}\boldsymbol{e}_j\boldsymbol{e}_k\right)\left(\mathrm{d}x_l\boldsymbol{e}_l\cdot\boldsymbol{e}_i\right) \\ &= \partial_i\left(T_{jk}\boldsymbol{e}_j\boldsymbol{e}_k\right)\boldsymbol{e}_i\cdot\left(\mathrm{d}x_l\boldsymbol{e}_l\right) = \left(\boldsymbol{T}\,\nabla\right)\cdot\mathrm{d}\boldsymbol{P} \\ &= \left(\mathrm{d}x_l\delta_{li}\right)\partial_i\left(T_{jk}\boldsymbol{e}_j\boldsymbol{e}_k\right) = \left(\mathrm{d}x_l\boldsymbol{e}_l\cdot\boldsymbol{e}_i\right)\partial_i\left(T_{jk}\boldsymbol{e}_j\boldsymbol{e}_k\right) \\ &= \left(\boldsymbol{e}_l\,\mathrm{d}x_l\right)\cdot\boldsymbol{e}_i\partial_i\left(T_{jk}\boldsymbol{e}_j\boldsymbol{e}_k\right) = \mathrm{d}\boldsymbol{P}\cdot\left(\nabla\boldsymbol{T}\right)\end{aligned} \tag{A.131}$$

可以看出，$\boldsymbol{T}\nabla \neq \nabla\boldsymbol{T}$。

2. 散度

1）矢量场的散度（divergence）

设$\boldsymbol{a} = a(\boldsymbol{P})$是一个矢量场，其左散度定义为

$$\mathrm{div}\,\boldsymbol{a} = \nabla\cdot\boldsymbol{a} \tag{A.132}$$

在 Cartesian 直角坐标系下，对于$\boldsymbol{a} = a_i\boldsymbol{e}_i$，有

$$\begin{aligned}\mathrm{div}\,\boldsymbol{a} &= \nabla\cdot\boldsymbol{a} = (\boldsymbol{e}_i\partial_i)\cdot(a_j\boldsymbol{e}_j) = \frac{\partial a_j}{\partial x_i}\delta_{ij} = \frac{\partial a_i}{\partial x_i} \\ &= \frac{\partial a_1}{\partial x_1} + \frac{\partial a_2}{\partial x_2} + \frac{\partial a_3}{\partial x_3}\end{aligned} \tag{A.133}$$

从上式可以看出，矢量场的散度为标量。

类似地，定义右散度为

$$\begin{aligned}\overline{\mathrm{div}}\,\boldsymbol{a} &= \boldsymbol{a}\cdot\nabla = (a_j\boldsymbol{e}_j)\cdot(\boldsymbol{e}_i\partial_i) = \frac{\partial a_j}{\partial x_j}\delta_{ij} = \frac{\partial a_i}{\partial x_i} \\ &= \frac{\partial a_1}{\partial x_1} + \frac{\partial a_2}{\partial x_2} + \frac{\partial a_3}{\partial x_3}\end{aligned} \tag{A.134}$$

显然，$\mathrm{div}\,\boldsymbol{a} = \overline{\mathrm{div}}\,\boldsymbol{a}$，因而矢量场的散度不分左。

2）张量场的散度

设$\boldsymbol{T}$为二阶张量，其左散度定义为

$$\mathrm{div}\,\boldsymbol{T} = \nabla\cdot\boldsymbol{T} \tag{A.135}$$

在 Cartesian 直角坐标系下，有

$$\begin{aligned}\mathrm{div}\,\boldsymbol{T} &= \nabla\cdot\boldsymbol{T} = (\boldsymbol{e}_i\partial_i)\cdot(T_{jk}\boldsymbol{e}_j\otimes\boldsymbol{e}_k) = \frac{\partial T_{jk}}{\partial x_i}(\boldsymbol{e}_i\cdot\boldsymbol{e}_j)\boldsymbol{e}_k \\ &= \frac{\partial T_{jk}}{\partial x_i}\delta_{ij}\boldsymbol{e}_k = \frac{\partial T_{jk}}{\partial x_i}\boldsymbol{e}_k\end{aligned} \tag{A.136}$$

可见，张量场的散度是一个矢量场，其分量为

$$(\mathrm{div}\ \boldsymbol{T})_k = \frac{\partial T_{ik}}{\partial x_i} = \partial_i T_{ik} = T_{ik,i} \tag{A.137}$$

其右散度定义为

$$(\mathrm{div}\ \boldsymbol{T})_k = \frac{\partial T_{ik}}{\partial x_i} = \partial_i T_{ik} = T_{ik,i} \tag{A.138}$$

在 Cartesian 直角坐标系下，有

$$\overline{\mathrm{div}}\ \boldsymbol{T} = \boldsymbol{T}\cdot\nabla = (T_{kj}\boldsymbol{e}_k \otimes \boldsymbol{e}_j)\cdot(\boldsymbol{e}_i\partial_j) = \delta_{ij}\partial_i T_{kj}\boldsymbol{e}_k = T_{ik,i}\boldsymbol{e}_k \tag{A.139}$$

因为一般$T_{ik} \neq T_{ki}$，所以$\mathrm{div}\ \boldsymbol{T} \neq \overline{\mathrm{div}}\ \boldsymbol{T}$（除非$\boldsymbol{T}$是二阶对称张量）。

3. 旋度

1）矢量场的旋度（rotation）

设$\boldsymbol{a} = a(\boldsymbol{P})$是一矢量场，其左旋度定义为

$$\mathrm{rot}\ \boldsymbol{a} = \nabla\times\boldsymbol{a} \tag{A.140}$$

在 Cartesian 直角坐标系下，对于$\boldsymbol{a} = a_i\boldsymbol{e}_i$，有

$$\begin{aligned}\mathrm{rot}\ \boldsymbol{a} = \nabla\times\boldsymbol{a} &= (\boldsymbol{e}_i\partial_i)\times(\boldsymbol{a}_j\cdot\boldsymbol{e}_j) = \frac{\partial a_j}{\partial x_i}\boldsymbol{e}_i\times\boldsymbol{e}_j \\ &= e_{ijk}\frac{\partial a_j}{\partial x_i}\boldsymbol{e}_k = e_{ijk}\partial_i a_j\boldsymbol{e}_k \\ &= (\nabla\times\boldsymbol{a})_k\boldsymbol{e}_k\end{aligned} \tag{A.141}$$

式中，$(\nabla\times\boldsymbol{a})_k = e_{ijk}\partial_i a_j = e_{ijk}a_{j,i}$，展开式为

$$\begin{aligned}\nabla\times\boldsymbol{a} &= \left[\frac{\partial a_3}{\partial x_2} - \frac{\partial a_2}{\partial x_3}\right]\boldsymbol{e}_1 + \left[\frac{\partial a_1}{\partial x_3} - \frac{\partial a_3}{\partial x_1}\right]\boldsymbol{e}_2 + \left[\frac{\partial a_2}{\partial x_1} - \frac{\partial a_1}{\partial x_2}\right]\boldsymbol{e}_3 \\ &= \begin{bmatrix}\dfrac{\partial}{\partial x_1} & \dfrac{\partial}{\partial x_2} & \dfrac{\partial}{\partial x_3} \\ a_1 & a_2 & a_3 \\ \boldsymbol{e}_1 & \boldsymbol{e}_2 & \boldsymbol{e}_3\end{bmatrix}\end{aligned} \tag{A.142}$$

类似地，定义矢量场右旋度为

$$\overline{\mathrm{rot}}\ \boldsymbol{a} = \boldsymbol{a}\times\nabla \tag{A.143}$$

在 Cartesian 直角坐标系下，对于$\boldsymbol{a} = a_i\boldsymbol{e}_i$，有

$$\begin{aligned}\overline{\mathrm{rot}}\ \boldsymbol{a} = \boldsymbol{a}\times\nabla &= (\boldsymbol{a}_j\boldsymbol{e}_j)\times(\boldsymbol{e}_i\partial_i) = e_{ijk}\frac{\partial a_j}{\partial x_i}\boldsymbol{e}_k \\ &= -e_{ijk}\partial_i a_j\boldsymbol{e}_k = -(\nabla\times\boldsymbol{a})\boldsymbol{e}_k\end{aligned} \tag{A.144}$$

式中，$(\nabla\times\boldsymbol{a})_k = e_{ijk}\partial_i a_j = e_{ijk}a_{j,i}$。

设 $\boldsymbol{a}$ 和 $\boldsymbol{b}$ 为矢量，则下列关系式成立：

$$\operatorname{div}(\boldsymbol{a}\times\boldsymbol{b})=\boldsymbol{b}\cdot\operatorname{curl}\boldsymbol{a}-\boldsymbol{a}\cdot\operatorname{curl}\boldsymbol{b} \tag{A.145}$$

$$\operatorname{rot}(\boldsymbol{a}\times\boldsymbol{b})=\boldsymbol{a}\operatorname{div}\boldsymbol{b}+\boldsymbol{b}\cdot\nabla\boldsymbol{a}-\boldsymbol{b}\cdot\operatorname{div}\boldsymbol{a}-\boldsymbol{a}\cdot\nabla\boldsymbol{b} \tag{A.146}$$

2）张量场的旋度

设 $\boldsymbol{T}$ 为任意二阶张量，其左旋度定义为

$$\operatorname{rot}\boldsymbol{T}=\nabla\times\boldsymbol{T} \tag{A.147}$$

在 Cartesian 直角坐标系下，有

$$\begin{aligned}\nabla\times\boldsymbol{T}&=(\boldsymbol{e}_j\partial_j)\times(T_{ik}\boldsymbol{e}_i\boldsymbol{e}_k)=\partial_jT_{ik}\boldsymbol{e}_j\times(\boldsymbol{e}_i\otimes\boldsymbol{e}_k)\\&=e_{jip}\partial_jT_{ik}\boldsymbol{e}_k\boldsymbol{e}_p=\left(\nabla\times\boldsymbol{T}\right)_{pk}\boldsymbol{e}_{pk}\end{aligned} \tag{A.148}$$

式中，$\left(\nabla\times\boldsymbol{T}\right)_{pk}=e_{jip}\partial_jT_{ik}$。

类似地，右旋度定义为

$$\overline{\operatorname{rot}}\,\boldsymbol{T}=\boldsymbol{T}\times\nabla \tag{A.149}$$

在 Cartesian 直角坐标系下，有

$$\boldsymbol{T}\times\nabla=\left(T_{ik}\boldsymbol{e}_i\boldsymbol{e}_k\right)\times\left(\boldsymbol{e}_j\partial_j\right)=e_{kjp}\partial_jT_{ik}\boldsymbol{e}_i\boldsymbol{e}_q=(\boldsymbol{T}\times\nabla)_{iq}\boldsymbol{e}_{iq} \tag{A.150}$$

式中，$(\boldsymbol{T}\times\nabla)_{iq}=e_{kjp}\partial_jT_{ik}$。

附录B 狄拉克符号简介

在量子力学中，狄拉克符号（Dirac notation）是除通常的微积分符号以外另一种常用的符号。利用该符号无须采用具体表象来讨论问题，运算起来更为便捷。

1. *右矢*

右矢（ket vector）的符号为$|\ \rangle$。对于波函数ψ，则$|\psi\rangle$代表希尔伯特（Hilbert）空间（线性矢量空间）中的一个矢量，代表由波函数ψ描述的一个量子态。ψ可以是任意表象，如q表象或p表象。由于矢量空间的线性特征，$c_1|\psi_1\rangle+c_2|\psi_2\rangle=|\psi\rangle$也是Hilbert空间中的一个矢量。

2. *左矢*

左矢（bra vector）的符号为$\langle\ |$。与所有右矢一一对应，$\langle\psi|$有一个由右矢组成的对偶空间（dual space），它代表波函数ψ的复共轭波函数ψ^*。

3. *内积*

左矢$\langle\phi|$与右矢$|\psi\rangle$按$\langle\phi|\ |\psi\rangle=\langle\phi|\psi\rangle$并置称为内积，定义为

$$\langle\phi|\psi\rangle=\sum_i\phi_i^*\psi_i\text{或}\langle\phi|\psi\rangle=\int\phi_i^*(\boldsymbol{r})\psi_i(\boldsymbol{r})\mathrm{d}\boldsymbol{r} \tag{B.1}$$

式中，前者的$\langle\phi|$与$|\psi\rangle$由离散的组分ϕ_i^*和ψ_i表达，后者则在连续空间表达。内积可理解为粒子在状态ψ和状态ϕ间的重叠，或理解为振幅。内积是复数，满足下式：

$$\langle\phi|\psi\rangle=\langle\phi|\psi\rangle^* \tag{B.2}$$

如果

$$\langle\psi|\psi\rangle=\int\psi^*(\boldsymbol{r})\psi(\boldsymbol{r})\mathrm{d}\boldsymbol{r}=1 \tag{B.3}$$

则称ψ是归一的。

4. *完备基集*

考虑一个完备基集（complete basis）$\{|f_i\rangle\}$，它满足正交归一条件：

$$\langle f_i|f_j\rangle=\delta_{i,j} \tag{B.4}$$

则任何右矢 $|\psi\rangle$ 都可表示为

$$|\psi\rangle = \sum_i \psi_i |f_i\rangle \tag{B.5}$$

取 $|\psi\rangle$ 与 $\langle f_j|$ 的内积，得到 $|\psi\rangle$ 在 $|f_j\rangle$ 表达式中的第 j 个组分，即

$$\langle f_j|\psi\rangle = \sum_i \psi_i \langle f_j|f_i\rangle = \psi_j \tag{B.6}$$

5. 厄米算符

如果一个算符（operator）$\hat{H}$ 位于左矢和右矢的中间，则代表在整个空间的积分为

$$\langle\phi|\hat{H}\,|\psi\rangle = \int \phi_i^*(\boldsymbol{r})\hat{H}\psi_i(\boldsymbol{r})\mathrm{d}\boldsymbol{r} \tag{B.7}$$

如果有

$$\langle\phi|\hat{H}\,|\psi\rangle = \langle\phi|\hat{H}\,|\psi\rangle^* \tag{B.8}$$

则称 $\hat{H}$ 是厄米（Hermitian）算符，它的本征值是实数。

6. 形成算符

右矢 $|\psi\rangle$ 与左矢 $\langle\phi|$ 如按 $|\psi\rangle\langle\phi|$ 并置，则形成算符。投影于一个归一的右矢 $|X\rangle$ 上的投影算符（projection operator）为

$$\hat{P}_X = |X\rangle\langle X| \tag{B.9}$$

当 $\hat{P}_i = |f_i\rangle\langle f_i|$ 作用在式（B.5）的刃矢 $|\psi\rangle$ 上时，有

$$\hat{P}_i|\psi\rangle = |f_i\rangle\langle f_i|\psi\rangle = \psi_i|f_i\rangle \tag{B.10}$$

对于 $|\psi\rangle$ 而言，只有一个与 $|f_i\rangle$ 关联的组分 ψ_i 会在投影后留下来。投影算符有下面特性：

$$\hat{P}_X \cdot \hat{P}_X = \hat{P}_X \tag{B.11}$$

所以它被称为等幂的算符（idempotent operator）。

将式（B.6）代入式（B.5），则

$$\begin{aligned}|\psi\rangle &= \sum_i \psi_i|f_i\rangle = \sum_i \langle f_i|\psi\rangle|f_i\rangle \\ &= \sum_i |f_i\rangle\langle f_i|\psi\rangle = \left(\sum_i |f_i\rangle\langle f_i|\right)|\psi\rangle\end{aligned} \tag{B.12}$$

由此得

$$\sum_i |f_i\rangle\langle f_i| = \sum_i \hat{P}_i = \hat{I} \tag{B.13}$$

$\hat{I}$ 称为恒等算符（identity operator）。